T0226182

Helmut Glück
Schrift und Schriftlichkeit

Helmut Glück

Schrift und Schriftlichkeit

Eine sprach- und kulturwissenschaftliche Studie

J. B. Metzlersche Verlagsbuchhandlung
Stuttgart

CIP-Kurztitelaufnahme der Deutschen Bibliothek

Glück, Helmut:
Schrift und Schriftlichkeit : e. sprach- u.
kulturwiss. Studie / Helmut Glück. – Stuttgart :
Metzler, 1987.
ISBN 978-3-476-00608-0

ISBN 978-3-476-00608-0
ISBN 978-3-476-03235-5 (eBook)
DOI 10.1007/978-3-476-03235-5

© 1987 Springer-Verlag GmbH Deutschland
Ursprünglich erschienen bei J. B. Metzlersche Verlagsbuchhandlung
und Carl Ernst Poeschel Verlag GmbH in Stuttgart 1987

Für Annette, Jenny und Maja

Inhalt

Vorwort

Das Thema *Schrift und Schriftlichkeit* hat in den Kultur- und Sozialwissenschaften eine lange Forschungstradition. Diese Tradition ist reich an bewundernswürdigen empirischen wie theoretischen Studien; sie ist jedoch gleichzeitig durch eine extreme disziplinäre Zersplitterung charakterisiert. Die *Schrift* als theoretischer und die historisch konkreten *Schriften* als empirischer Gegenstand, die lesenden, schreibenden und druckenden Menschen, der Prozeß der Vergesellschaftung des geschriebenen Worts – all dies war Gegenstand der Forschung in verschiedenen Disziplinen. Die Sprachwissenschaft (und die Schriftwissenschaft, die sich vor allem aus der Paläographie, der Kodikologie und der Phonetik zu einer Teildisziplin der Sprachwissenschaft entwickelt hat) hat sich empirisch-historisch und systematisch-theoretisch mit dem materiellen Aspekt befaßt: den Zusammenhängen von Laut-, Schrift und Bedeutungsstrukturen, den inneren Strukturgesetzen verschiedener Schrifttypen und Schriftarten und ihrer historischen Entwicklung. In der Sprachphilosophie wurde spätestens seit der Renaissance über eine *optima scriptura* nachgedacht; seit der zweiten Hälfte des 19. Jahrhunderts wurde eine fast unüberschaubare Fülle von Weltalphabeten, die für sämtliche natürlichen Sprachen verwendbar sein sollten, produziert. Die Literatur- und Kulturgeschichte haben die Vergesellschaftung der Schrift studiert: das Entstehen von schriftförmiger Kommunikation und ihr allmähliches Eindringen in verschiedene Gesellschaften: die Entwicklung von *Literalität*. Pädagogen und Bibliologen haben die Agenturen der Schriftlichkeit bearbeitet: die Schulen – die »offiziellen« wie die »inoffiziellen« –, das Buch und das Periodikum (bzw. ihre Vorläufer), d.h. die materiellen Grundlagen für die Entwicklung von Literalität bzw. die mehr oder weniger bewußt geplante Produktion und Reproduktion von Literalität in bestimmten Sektoren gegebener Gesellschaften. Soziologen haben die soziale Reichweite und sozialen Funktionen von Literalität in verschiedenen Gesellschaften und Gesellschaftsstufen untersucht und den Mythos zertrümmert, es gebe hier eine lineare Entwicklung: Literalität kann wieder verschwinden, und die sozialen und ideologischen Widersprüche, die Literalitätsprozesse in jeweils spezifischen Konstellationen begleiten, sind für ihre Erklärung eine conditio sine qua non. Auch die Herausarbeitung des fundamentalen kategorialen Unterschieds zwischen Alphabetisiertheit und Literalität ist im wesentlichen ein Verdienst soziologischer Forschung. Schließlich wäre eine ganze Reihe von Spezialdisziplinen zu nennen: Übersetzungswissenschaft, Typographie, Kodikologie, Epigraphik, Numismatik, Diplomatik, Sphragistik, Lexikographie, Kartographie, Religionswissenschaft, Politikwissenschaft usw.; es soll hier beim Nennen bleiben.

Die Geschichtswissenschaft wird hier mit Bedacht übergangen: sie ist einerseits

die erkenntnisleitende Metawissenschaft, die die generellen theoretischen und methodischen Standards setzen müßte, und sie ist andererseits gewissermaßen ein
König ohne Land, weil sämtliche angeführten Disziplinen ihren Gegenstand bzw.
das, was sie sich jeweils als den Gegenstand *Schrift* konstituieren, natürlich historisch anzugehen haben. Insofern könnten allenfalls zusammenfassende Verallgemeinerungen unter Umständen der Geschichtswissenschaft als genuine Aufgabe vorbehalten bleiben. Da die Schrift eine Manifestation von Sprache und das Schreiben
und Lesen allererst sprachliche Tätigkeiten sind, scheint es jedoch angebracht, auch
diese Aufgabe als Domäne der Sprachwissenschaft zu reklamieren; einer Sprachwissenschaft freilich, die bei den Geschichts- und Sozialwissenschaften in die Lehre
gegangen ist.

Das ist natürlich leichter gesagt als getan. In einem bissigen Aperçu hat der
britische Soziologe D. McRae den springenden Punkt bei allen Debatten über
Sozialgeschichtsschreibung formuliert: »Sociology is history with the hard work left
out, history is sociology with the brains left out« (1957, zit. nach Dreitzel 1976: 40).
In den 25 Jahren, die seither vergangen sind, hat sich die Lage zweifellos etwas
verbessert, aber das grundsätzliche Dilemma ist wohl kaum zu überwinden, solange
man die disziplinären Einteilungen nicht insgesamt in Frage stellen will. Dies ist
nicht die Absicht des vorliegenden Buches; es beschränkt sich darauf, den interdisziplinären Kontakt zu suchen, aber von einer disziplinären Grundlage aus, nämlich
der der Sprachwissenschaft. Es soll einerseits den Blick weiten über den Rand der
(sprach-)historischen Botanisiertrommel hinaus, andererseits ist es der Absicht verpflichtet, vorschnelle Verallgemeinerungen und große Theorien, deren Größe oft vor
allem in der Terminologie und den Ansprüchen liegt, nach Kräften zu vermeiden.
Gefragt sind das sprachlich und historisch Konkrete. Dies ist der Grund dafür, daß
dieses Buch nur implizit die Auseinandersetzung mit zwei Positionen sucht, die man
vielleicht als explizite Auseinandersetzungen erwartet: mit den großen Schrifthistoriographien vom Typ der Werke Jensens oder Diringers, zu denen es sich im
wesentlichen zitierend verhält als zu Sammlungen von Daten ohne weitergehende
theoretische Bedeutung, und mit den Werken von Jacques Derrida, an denen zwar
die brilliant formulierte und teilweise berechtigte Kritik an der Behandlung des
Problems der Schrift in der Sprachwissenschaft dieses Jahrhunderts wertvoll ist, die
aber als theoretische Alternative abgelehnt werden. Mit den genannten Einschränkungen geht es uns also darum, die skizzierte Parzellierung der Forschung über
Schrift und Schriftlichkeit zu überwinden und de Saussures Diktum, daß es der
Blickwinkel sei, der den Untersuchungsgegenstand erst schaffe, nach Kräften zu
widerlegen. Es geht uns darum, ein Verständnis von Schrift und Schreiben bzw.
Lesen zu entwickeln, das in struktureller wie in funktionaler Hinsicht Realismus
beanspruchen kann, und das heißt ein Verständnis, das den Gegenstand so facetten-
reich konstituiert, wie er tatsächlich ist. Interdisziplinarität heißt hier die Ausweitung
des disziplinären sprachwissenschaftlichen Blickwinkels bzw. die Annäherung und
Integration traditionell voneinander separierter Blickwinkel, und selbstredend ist die
Kehrseite ein Mangel an Vollständigkeit bei vielen Aspekten, die in die Beschreibung
Eingang finden und die die Verallgemeinerungen tragen müssen.

Materieller Gegenstand der Analysen von Schrift bzw. von Schreiben und Lesen sind *Texte*. Ihre Medien und deren Charakteristika sind vielfältig: von Stein- und Toninschriften, Papyrus und Pergament, Baumrinden und Holz zu den industriellen Formen des Drucks mit beweglichen Lettern auf seinen verschiedenen technologischen Niveaus bis hin zum Lichtsatz und digital gesteuerten Textproduktionsverfahren. Sie reichen vom annalistischen oder wissenschaftlich-theologischen oder künstlerischen Text quer durch alle sozialen Funktionen, die Geschriebenes bzw. Gedrucktes in verschiedenen historischen Epochen hat – seien es die dynastische Chronik, die Heilige Schrift, die handwerkliche Rezeptur, das Administrieren, der Graffito an einer Mauer oder Idiosynkrasien von Schrift und Malerei wie, beispielsweise, die Ikonographien im byzantinisch-slavischen Bereich oder die neuzeitlichen Schildergalerien auf internationalen Flughäfen oder der Fotoroman. Apropos Geschichtswissenschaft: daß die Trennlinie zwischen *historischer* und *prähistorischer* Zeit an das Vorhandensein von Schriftzeugnissen geknüpft ist, ist mehr als ein Sprung in der Qualität der »Quellen«: diese Trennlinie markiert Kulturrevolutionen (vgl. VANSINA 1961, SCHOTT 1968). Das Vorhandensein der Schrift ist sicher etwas völlig anderes als Literalität, aber sie ist jedenfalls, gleich in welcher konkreten Form und in noch so restringierten sozialen Funktionen, eine Bedingung ihrer Möglichkeit. Der Historiker SCHILLER, der über dieses Problem ausführlich nachgedacht hat, kam zu folgender poetischer Zusammenfassung, deren Pathos die Grenze zur Lächerlichkeit streift:

> Körper und Stimme leiht die Schrift dem stummen Gedanken
> durch der Jahrhunderte Strom trägt ihn das redende Blatt
> Da zerrinnt vor dem wundernden Blick der Nebel des Wahnes
> und die Gebilde der Nacht weichen dem tagenden Licht.
> (FRIEDRICH SCHILLER, *Der Spaziergang*).

Aber nicht nur Historisches wird unser Gegenstand sein, sondern ebenso die sprachwissenschaftlichen Probleme, die das Thema *Schrift und Schriftlichkeit* zu behandeln nahelegt. Schließlich soll ein bisher kaum beachteter Aspekt erörtert werden, nämlich der der *sekundären Funktionen* von Geschriebenem. Eine davon hat LICHTENBERG in folgender Sentenz thematisiert:

> »Wenn sich Prügel schreiben ließen, schrieb einmal ein Vater an seinen Sohn, so solltest du mir gewiß dieses mit dem Rücken lesen.« (LICHTENBERG 1844/1853, II: 73 (1).)

Dieses Buch gliedert sich in sechs Kapitel. Das erste Kapitel befaßt sich mit den Voraussetzungen für die Behandlung des Themas. Die beiden folgenden Kapitel sind den *linguistischen* Aspekten gewidmet; dort wird versucht zu klären, welche grammatiktheoretischen und methodologischen Implikationen die Bearbeitung der geschriebenen Sprachform aufwirft. Ein zentrales Problem dabei ist die Klärung der Begriffe der *sprachlichen Norm* und der *Standardsprache* (Kapitel 2). Im dritten Kapitel wird ein Überblick über die Behandlung der Opposition von geschriebener und gesprochener Sprache in der neueren Sprachwissenschaft gegeben, die für uns mit den Junggrammatikern beginnt. Aus diesem Überblick ergeben sich dann die Positionen, die wir selbst zu diesen Problemen vertreten. Die drei folgenden Kapitel

sind den *soziologischen, (kultur-)historischen* und den *sekundären Aspekten* von
Schrift und Schriftlichkeit gewidmet. Kapitel 4 beschäftigt sich mehr oder weniger
chronologisch damit, daß Sprachgemeinschaften sich historisch sehr häufig als
Schriftgemeinschaften konstituiert haben, und kommt zu dem Schluß, daß das, was
die Sprachwissenschaft als ihren Gegenstand ausgibt, nämlich Sprachen, häufig
(und gerade in den meistbearbeiteten Fällen) Schriftprodukte, Geschriebenes sind,
und zwar allen entgegenstehenden methodologischen Beteuerungen zum Trotz. Kapitel 5 geht ausführlich auf die soziologischen Aspekte des *Schriftlichkeitsprozesses*
ein, namentlich die Frage der Massenalphabetisierung und das – nicht nur epistemologische – Spannungsverhältnis zwischen *Literalität* und *Analphabetentum*. Im abschließenden Kapitel 6 werden die *sekundären Funktionen* der geschriebenen Sprachform thematisiert, die dadurch definiert sind, daß Geschriebenes nicht als Sprachzei-
chen verwendet wird, sondern als *semiotisches Material anderer Ordnung*.

Der Entstehungsprozeß dieses Buches hat sich über einige Jahre hingezogen. Im
Sommer 1984 wurde es von der Fakultät für Geistes- und Sozialwissenschaften an
der Universität Hannover als Habilitationsschrift angenommen. Gegenüber der
dort eingereichten Fassung wurde es noch einmal überarbeitet. Für die Anregungen
und die Kritik, die Anlaß dafür waren, möchte ich OTTO LUDWIG, MANFRED GEIER
und WOLFGANG SAUER (Hannover) sowie WOLF THÜMMEL (Göttingen) herzlich
danken. Ihrer Diskussionsbereitschaft und ebenso der angenehmen Arbeitsat-
mosphäre an der sprachwissenschaftlichen Abteilung des Deutschen Seminars der
Universität Hannover, nicht zuletzt aber auch vielen Diskussionen mit den Teilneh-
merinnen und Teilnehmern an meinen einschlägigen Lehrveranstaltungen in Hannover und Osnabrück, verdankt dieses Buch viel. Zu danken habe ich auch den Kollegen aus der Arbeitsgruppe *Geschriebene Sprache* bei der *Werner-Reimers-Stiftung*
und der Stiftung selbst. Der *Deutschen Forschungsgemeinschaft* bin ich für die Ge-
währung eines Druckkostenzuschusses zu Dank verpflichtet. Wesentliche Anregungen verdanke ich schließlich einigen intensiven Diskussionen mit EWALD LANG und
GISELA APITZSCH (Berlin) sowie ARNDT WIGGER (Wuppertal), denen ich an dieser
Stelle ebenso danken möchte wie RAINER KÖSSLING (Leipzig), JACQUES MAURAIS
(Québec) und GERT SIMON (Tübingen), auf die einige wichtige Anregungen zu Einzelaspekten zurückgehen. Danksagungen dieser Art pflegen damit zu schließen, daß
man auf die Strapazen hinweist, denen die eigene Familie bei der Entstehung und
vor allem beim Abschluß von Büchern ausgesetzt ist. Dieser Tradition möchte ich
treu bleiben und das Buch ganz altmodisch meiner Frau und meinen Töchtern
widmen.

Hannover und Kairo, Februar 1986   Helmut Glück

Technische Konventionen

Zitate aus dem Englischen und Französischen bleiben in den Originalsprachen. Zitate aus dem Lateinischen werden übersetzt, allerdings wird das Zitat vielfach auch in der Originalsprache angeführt. In beschränktem Maße wurde dieses Verfahren auch bei Zitaten aus dem Griechischen verwandt, wo dies aus Gründen der Überprüfbarkeit angezeigt erschien. Zitate aus allen anderen Sprachen sind nur in deutscher Übersetzung wiedergegeben. Eigene Übersetzungen sind durch einen hochgestellten Asterisk am Beginn des Zitats kenntlich gemacht. Die Klammerkonventionen folgen dem allgemeinen Usus: spitze Klammern markieren Einheiten der geschriebenen Sprachform ⟨...⟩, eckige Klammern [...] referieren auf die phonetische Ebene oder zeigen in Zitaten Auslassungen an, Schrägstriche /.../ verweisen auf phonologische Sachverhalte. Die Transkription von Namen oder Zitaten aus anderen Schriftarten erfolgt in den jeweils üblichen wissenschaftlichen Transkriptionssystemen.

Kapitel 1
Voraussetzungen

In diesem Buch wird es um Tätigkeiten und Vorgänge gehen, die jedem Leser bestens vertraut sind: Das Schreiben und das Lesen, das Verfassen und Rezipieren von Texten. Viele Sprachwissenschaftler sind jedoch der Meinung, daß Lesen und Schreiben kein ernsthafter Gegenstand der Sprachwissenschaft seien: als Tätigkeiten und psychische Vorgänge seien sie eine Angelegenheit der Psychologen, und das Lesen- und Schreibenlernen, weil es sich in der Grundschule abspiele, könne höchstens ein Thema für die Didaktiker sein. Schließlich sei die Entzifferung, Kommentierung und textkritische Exegese von alten oder aus anderen Gründen nicht unmittelbar zugänglichen Texten die Domäne von Hilfswissenschaften wie der Paläographie oder der Editionswissenschaften, die der Sprachwissenschaft zwar das Material lieferten, aber nicht mit ihr verwechselt werden dürften.

In diesem Buch wird der Standpunkt vertreten, daß Schreiben und Lesen originäre Gegenstände der Sprachwissenschaft sind. Dabei wird immer wieder als zentrale Frage das Problem zu erörtern sein, in welchem Verhältnis geschriebene und gesprochene Sprache zueinander stehen: die Frage, ob Geschriebenes eine einfache Abbildung von Gesprochenem in einem anderen Medium ist, die Frage, ob ›die Sprache‹ als siamesischer Zwilling verstanden werden soll, nämlich der Rede und der Schrift als den verdoppelten sichtbaren Gliedern und der menschlichen Sprachbegabung als dem gemeinsamen Herzen und Gehirn, wie das etwa Schopenhauer in der Sentenz über die Schrift als »eine ganze neue, ja ganz andersartige Sprache für das Auge« ausdrückte[1]. Ein dritter Standpunkt wäre der, daß Sprachen sich ›verdoppeln‹, sobald sie geschrieben werden: man hätte dann zwei ganz verschiedene Dinge, nämlich eine gesprochene Sprache X und eine geschriebene Sprache Y. Diese Fragen sind nicht nur in theoretischer Hinsicht von größter Bedeutung für die Sprachwissenschaft, weil sie das Problem der Konstituierung ihres Gegenstands, nämlich der Sprache schlechthin, unmittelbar betreffen. Und es wird zu zeigen sein, daß geschriebene Sprache (bzw., wie ich zu sagen vorziehe, die *geschriebene Sprachform*) als linguistisches Problem und Schriftlichkeit als sprach- und kommunikationssoziologisches Problem erheblich mehr Aspekte umfassen, als der im ersten Absatz skizzierte Standpunkt zugestehen möchte.

I. Platon

Natürlich sind diese Fragen nicht neu. Sie werden seit wenigstens zweieinhalbtausend Jahren diskutiert und sind immer neuen Antworten zugeführt worden. Eine davon hat PLATON formuliert, der in seinem Dialog *Phaidros* einen der vielen antiken Schriftursprungsmythen referiert. Berühmt ist diese ›Stelle‹ wohl nicht deshalb, weil sie eine besonders originelle Version dieses Mythos enthielte. Man kann sie auch bei anderen antiken Autoren nachlesen.[2] Bekannt ist sie deshalb, weil dort die geschriebene Sprachform und die Tätigkeiten des Schreibens und Lesen bzw. ihre sozialen und kognitiven Folgen mit großer Skepsis beurteilt werden.[3]

PLATON erzählt dort die Geschichte, wie der Gott Theut (oder Thot) dem ägyptischen König Thamos neben anderen Geschenken auch die Buchstaben, die Kunst des Schreibens überreicht, doch Thamos lehnt dieses Geschenk ab. Er begründet dies damit, daß die Schrift die Menschen dazu verführe, sich nicht mehr ›von innen‹ zu erinnern, nicht mehr ihr Gedächtnis zu benutzen und zu schulen, sondern die Bequemlichkeit der Erinnerung ›von außen‹, durch äußerliche Schriftdokumente vorzuziehen. Die Vernachlässigung des Gedächtnisses (μνήμη), so argumentiert PLATON, werde der Vergeßlichkeit mit allen ihren fatalen Folgen Tür und Tor öffnen; die ›äußerliche Erinnerung‹ (ὑπόμνεσις) sei eine potentielle Gefahr für Bildung und Persönlichkeitsentwicklung schlechthin.[4]

In der Übersetzung von SCHLEIERMACHER lauten die Kernsätze:

> Denn diese Erfindung wird den Seelen der Lernenden vielmehr Vergessenheit einflößen aus Vernachlässigung der Erinnerung, weil sie im Vertrauen auf die Schrift sich nur von außen vermittels fremder Zeichen, nicht aber innerlich sich selbst und unmittelbar erinnern werden. Nicht also für die Erinnerung (μνήμη), sondern nur für das Erinnern hast du ein Mittel erfunden, und von der Weisheit bringst du deinen Lehrlingen nur den Schein bei, nicht die Sache selbst. Denn indem sie nun vieles gehört haben ohne Unterricht, werden sie sich auch vielwissend zu sein dünken, obwohl sie größtenteils unwissend sind, und schwer zu behandeln, nachdem sie dünkelweise geworden statt weise. (274a, b)[5]

Dieser Standpunkt ist für einen modernen Leser, dem PLATON als einer der größten griechischen *Schrift*steller, d. h. Verfasser von Dialogen und Abhandlungen, geläufig ist, sicher befremdlich – schließlich ist es für uns heute eine triviale Feststellung, daß Bildung, Wissenschaft und ›Fortschritt‹ überhaupt auf dem gedruckten Wort beruhen, und die Befürchtung, die ›neuen Medien‹ könnten Buch und Lesekultur historisch überholen, ist ein überzeugender Beweis für diesen Glauben an die kulturstiftende Macht des geschriebenen und gedruckten Worts. PLATONS Standpunkt ist also wohl befremdlich, aber man kann ihn kaum als konservatives ideologisches Raisonnement abtun: er spiegelt die zeitgenössische Praxis des Umgangs mit der geschriebenen Sprachform wider, die zumindest nicht generell über die Funktion der Gedächtnisstütze hinaus entwickelt war. Lernen, Philosophieren, Jurisdiktion, religiöser Kult und Politik waren im 4. Jh. und noch lange danach im allgemeinen an die direkte Interaktion zwischen einem Lehrer und seinen Schülern, einem Gericht und seinem Publikum, einem Redner und seinen Zuhörern gebunden und setzte in der Regel (wenn auch nicht immer: ein Buch habend lernt jeder das Gehörige, schrieb

ARISTOPHANES in den *Fröschen*, 1114) voraus, daß der Lesende den Inhalt im wesentlichen bereits kannte. Ein schönes Beispiel überliefert die von AULUS GELLIUS und PLUTARCH[6] erzählte Anekdote von einem Briefwechsel zwischen ARISTOTELES und seinem Schüler ALEXANDER:

7. Als nun der König Alexander erfahren hatte, dass von Aristoteles auch seine für höhere Unterrichtszwecke bestimmten Schriften herausgegeben (und veröffentlicht) worden seien, entsandte der große Feldherr [...] einen Brief an den Aristoteles (mit dem Bemerken), dieser habe durchaus nicht recht daran gethan, dass er seine höheren Wissenschaftszweige, in denen er selbst von ihm unterrichtet worden sei, nun durch öffentliche Herausgabe seiner Werke allgemein bekannt gemacht habe (und es heisst in dem Brief) wörtlich
8. »Denn in welcher Hinsicht werde ich mich nun noch vor allen Anderen auszeichnen können, wenn das, was ich von Dir gelernt habe, jetzt überhaupt Gemeingut Aller wird. Denn ich will mich ja überhaupt lieber durch Weisheitskenntniss auszeichnen, als durch Macht und Reichthum.«
9. Aristoteles gab ihm eine Rückantwort des Inhaltes: »Erfahre, dass die akromatischen Bücher, über deren Herausgabe Du Dich beklagst und bedauerst, dass sie nicht gerade so wie Geheimnisse verborgen geblieben sind, (eigentlich) weder als herausgegeben betrachtet werden können, noch auch als nicht herausgegeben, weil sie ja doch nur Denen allein verständlich sind, die mich selbst gehört haben.«[7]

Wie groß die Bibliothek in PLATONS Akademie war, ist nicht genau bekannt. Daß er aber einer der großen philosophischen Schriftsteller war und seine Weisheit den »fremden Zeichen« anvertraut hat, wobei er durchaus auch andere Autoren zitierte, ist die andere Seite der Geschichte: das Aufschreiben(-lassen) seiner Werke sicherte ihm Gehör in den Diskussionen außerhalb Athens, und »some of the dialogues may even have been designed to give wider publicity to his teaching and thus attract students to the Academy [...]« (GREENE 1951: 47).

Man kann darauf verweisen, daß das geschriebene Wort im griechischen Kult weitgehend fehlt – es gibt dort keine Heilige Schrift. Ich möchte hier eine längere Passage aus einer Arbeit von R. HARDER zitieren, aus der deutlich wird, daß das prinzipielle Verfügen über ›die Schrift‹ und ihre Anwendung in den Funktionen, die gemeinhin als zentrale Domänen der ›Schriftsprache‹ gelten, keinesfalls miteinander identifiziert werden dürfen:

[...] Das rezitierende Ablesen liturgischer Texte wird gern als ungriechisch verspottet.
Der ganze religiöse Bereich zeigt also deutlich eine Abneigung gegen die Schriftlichkeit. Ein ähnliches Bild bietet die hohe Poesie. Nicht nur die Götter, auch die Helden enthalten sich des Schreibens. [...] Die ganze Vorstellungswelt des Schreibwesens ist völlig an den Rand gedrängt; der berühmte Uriasbrief, den Homer erwähnt, ist gerade in seiner Vereinzelung bezeichnend. Bekannt ist die Schrift; man pflegt aber von ihr abzusehen. Bei Pindar und Aischylos kommt dann freilich das Bild vom Gedächtnis als Schreibtafel zum Vorschein – aus der eigenen Erfahrung also, aus privater Anwendung der Schrift als Gedächtnisstütze. Das ändert aber nichts an dem Gesamtbild: Zurückdrängung des Schreibwesens.
[...] Dichtung heißt dort nicht Schreibwerk, sondern »Verse«; man spricht nicht vom »Buch« des Herodot, sondern von seinen »Erzählungen«, seiner »Rede«. Und der Dichter heißt nicht Schreiber, auch nicht »Seher«, sondern »Sänger« oder »Macher«. Die Dichtergottheit hat nichts mit Schreiben zu tun; sie verleiht dem Begnadeten Gedächtnis und machtvoll bewegende Stimme, pflanzt ihm die Gesänge ins Herz. [...] Der altgriechische Dichter [...] ist nach seinem Selbstbewußtsein wie nach seiner tatsächlichen Rolle der Sprecher der Gemeinschaft.

Gesprochen oder gesungen ist diese Dichtung; sie wird zwar aufgeschrieben, ist aber nicht Schreibwerk. Denn ihr Dasein hat sie nicht im Buch, sondern in der Rezitation oder der Aufführung. Das Lesepublikum ist spät und sekundär; das wahre Publikum ist das Hörpublikum, die im Fest versammelte Gemeinde. Und das Buch, das der Dichter aufschrieb? Es ist nur Textbuch, libretto, und bleibt als Handwerkszeug im Hintergrund. Diese Übung dauert selbst noch in der frühen wissenschaftlichen Prosa; auch die Lehrschrift lebt ursprünglich nur, indem sie (dem Schülerkreis) vorgetragen wird, als »Vorlesung« [...]. Herodot hat seine »Erzählungen« öffentlich vorgelesen, darin allein bestand zunächst ihre »Publikation«. Unter diese Epoche der Mündlichkeit zieht Thukydides den Schlußstrich: er ist »Schrift«-steller im Wortsinn (wie er denn das eigentliche Zitat kennt, das sonst, als unmündliches Element, meist scheu umgangen wird). In der Abrechnung mit dem großen Vorgänger rückt er ihm die Mängel der Mündlichkeit vor, sein Werk war nur ein vorüberrauschender Ohrenschmaus, während er selber, Thukydides, mit seinem geschriebenen Buch ein Besitzstück für die Dauer anbietet – ein Urteil von jener produktiven Ungerechtigkeit aller radikalen Neuerer (wir vergessen nicht, daß in der Tat die Geschichts-»Schreibung« einen tiefen Zusammenhang mit der Schriftlichkeit hat).[8]

PLATONS *Phaidros* wird, wie bereits erwähnt, in der Literatur zur Theorie und Geschichte der Literalität häufig als erste große Formulierung von Skepsis der ›Kulturtechnik‹ des Lesens und Schreibens gegenüber zitiert.[9] R. DISCH (1973b) hat die Positionen PLATONS als unmittelbar traditionsbildend interpretiert und Linien zu den ›kulturpessimistischen‹ Auffassungen von M. MCLUHAN gezogen; er hat auch die Frage gestellt, in welchem Sinne eigentlich von der zivilisatorischen und kulturbildenden Potenz der Schrift noch die Rede sein könne, nachdem Auschwitz, Vietnam und andere »obscenities of the 20th century« geschehen seien. Ähnliche Überlegungen stellen F. FURET und J. OZOUF (1977: 11) bezüglich der Errungenschaften der allgemeinen Alphabetisierung in Mitteleuropa an: sie sei offenbar keine Garantie für ein brüderlicheres Zusammenleben nunmehr aufgeklärterer Menschen, wofür die großen Katastrophen des 20. Jh. Zeugnis gäben. Zwar sind solche Fragen, in denen Widersprüche zwischen den faktischen und den potentiellen Funktionen der geschriebenen Sprachform in historisch bestimmten Gesellschaften thematisiert werden, sicher nicht unpassend, doch aber falsch gestellt; wir werden darauf noch ausführlich zurückkommen (in Kap. 4). PLATONS Ausführungen im *Phaidros* sind aber, was das lange Zitat von HARDER schon deutlich gemacht hat, weder der erste noch ein besonders hervorragender Beleg für eine sehr kritische Beurteilung ›der Schrift‹. Er ließe sich ergänzen etwa durch den Hinweis, daß PLUTARCH dem sagenhaften Begründer der Verfassung Spartas, LYKURG, das Verbot zuschreibt, Gesetze schriftlich aufzuzeichnen (Plut. Lyk. 13,1) und daß »even in the classical period written laws were regarded as inferior to ›unwritten laws‹« (GREENE 1951: 24), durch den Hinweis, daß religiöse Lehren entweder schriftlich nicht tradiert werden durften, wie CAESAR im *Bellum Gallicum* (6, 14) von den gallischen Druiden berichtet oder doch wenigsten nicht schriftlich tradiert werden sollten, wofür es viele griechische und römische Beispiele gibt, etwa die Verse 74–76 im 6. Buch der *Aeneis*, wo Aeneas zur cumaeischen Sybille sagt:

> [...] foliis tantum ne carmina manda
> ne turbata volent rapidis ludibria ventis
> ipsa canas oro [...]

[...] schreib nur nicht deine Sprüche auf Blätter
daß sie verwirrt nicht flattern, ein Spielball reißender Winde
weissage, bitte, mit eigenem Mund [...][10]

Was ist das Ziel dieser Abschweifungen ins humanistische Gymnasium, dieser Digression zu den »Wurzeln des Abendlandes«? Ihr Zweck besteht zunächst einmal ganz einfach darin, vielleicht naheliegende, aber vorschnelle und oberflächliche Generalisierungen über die Funktionen der geschriebenen Sprachform, über Schriftlichkeit und Schriftkultur zu vermeiden. In einer seiner letzten Arbeiten hat J. GOODY, um ein Beispiel zu geben, behauptet, in literalen Kulturen seien es die Götter, die ›die Schrift‹ brächten (soweit trifft das auf den griechischen Fall auch noch zu), und daß deshalb die Götter ebenfalls »literate« gewesen seien:

once writing was introduced, the Voice of God was supplemented by His hand; scriptural authority is the authority of the written (scripted) word, not the oral one. Written religion implies stratification. The written word belongs to the priest, the learned man, and is enshrined in ritualistic religion; the oral is the sphere of the prophet of ecstatic religion, of messianic cults, of innovation. [...] the conflict between priest and prophet, between church and sect, is the counterpart of the fixed text and the fluid utterance. (GOODY 1982: 211f.)

Diese Einschätzungen sind so allgemein wie falsch; GOODY hat hier eindeutig überzogen in der Absicht, historische Konstanten zu konstruieren. Es geht aber weniger um die Kritik dieser und anderer vergleichbarer Fehleinschätzungen, sondern in erster Linie um die Illustration der Auffassung, daß die geschriebene Sprachform und die Tätigkeiten des Schreibens und Lesens historisch sehr verschiedene Funktionen erfüllten und ganz unterschiedliche Interpretationen erfuhren. Sie soll weiterhin als exemplarisches Beispiel für die These gelten, daß man weder die geschriebene Sprachform noch ihre lebenspraktische Verwendung, also das Lesen und das Schreiben unter jeweils spezifischen historischen Umständen, als soziologische, linguistische oder gar anthropologische Konstanten auffassen darf.

Die folgenden Bemerkungen zur Frage des Verhältnisses zwischen geschriebener und gesprochener Sprachform dürften kaum auf Widerspruch stoßen, weil sie mehr oder weniger trivial sind. Die gesprochene Sprachform ist der geschriebenen Sprachform gegenüber in zweierlei Hinsicht (chronologisch zumindest) primär: die Menschen konnten natürlich sprechen, bevor im Mesopotamien des 4. Jahrtausends v. u. Z. Schriftsysteme entwickelt wurden, und jedes Kind lernt das Sprechen, bevor es zu schreiben lernt. Unnötig zu sagen, daß Sprechenlernen als spontaner Prozeß der Aneignung der Sprache und Begriffe zu charakterisieren ist, Schreibenlernen hingegen als gelenkter Vorgang, der expliziten Unterricht voraussetzt. Dabei ist anzumerken, daß weder das Vorhandensein ›der Schrift‹ noch das eines institutionalisierten Schreibunterrichts in irgendeiner Weise Auskunft gibt über die funktionale Reichweite der schriftlichen Kommunikation bzw. über die tatsächliche Verbreitung der Fähigkeit, an Prozessen der Schriftlichkeit teilzuhaben. ›Die Schrift‹ ist in diesen grundsätzlichen Hinsichten der menschlichen« Phylogenese und der menschlichen Ontogenese der Rede gegenüber sekundär, aber diese Feststellung bedeutet für die Analyse des Verhältnisses der beiden Sprachformen zueinander nicht allzuviel. Wenn wir schreiben, sprechen wir die niederzuschreibenden Sätze nicht erst einmal vor uns hin, und wenn wir lesen, tun wir dies in aller Regel ohne laute Artikulation oder Bewegungen der Sprachorgane – und an solchen Fragen wäre das Problem des Verhältnisses der beiden Sprachformen zueinander viel aufschlußreicher zu diskutieren als an den eben angesprochenen Punkten.

II. Schrift und Rede

Die Redeweise von zwei Existenzformen der Sprache, von einer gesprochenen und einer geschriebenen Sprachform, suggeriert eine formale und substantielle Opposition, die keineswegs ganz eindeutig ist, wie folgende Überlegungen zeigen.

Es fällt uns leicht, Schriftdokumente intuitiv zu klassifizieren nach Merkmalen wie ›bürokratisch‹, ›buchsprachlich‹, ›steif‹, ›gelehrt‹, ›hochgestochen‹ u. dgl. einerseits, ›umgangssprachlich‹, ›salopp‹, ›holprig‹ u. dgl. andererseits. Damit sind nicht nur gewisse Stileigenschaften, sondern Verwandtschaftsverhältnisse bzw. Distanzgrade zur gesprochenen Sprachform angesprochen. In solchen Prädikaten werden offenbar bestimmten Typen von Schriftdokumenten Eigenschaften zugeschrieben, die einerseits auf Eigenschaften der gesprochenen Sprache verweisen; andererseits werden bestimmte Formen, die die geschriebene Sprachform in bestimmten Funktionen annimmt, in Gegensatz zu einer implizierten ›Normalform‹ gebracht. Hier interessiert der erste Gesichtspunkt: es ist offenbar möglich und fällt den meisten Menschen leicht, geschriebene wie gesprochene Texte nach dem Kriterium ihrer Distanz (bzw. Nähe) zu einer impliziten Normalform der gesprochenen wie der geschriebenen Sprachform zu sortieren und Aussagen über die pragmatisch-situative Angemessenheit des jeweiligen Textes zu machen. Dies spricht nicht gerade für die These, daß es sich bei den beiden Sprachformen um zwei grundsätzlich verschiedene Erscheinungen handelt, wenn damit mehr gemeint sein soll als die physikalische Substanz. Sicherlich gibt es geschriebene Text, die nicht sprechbar sind, ebenso wie es gesprochene Texte gibt, die in dem für die betreffende Sprache vorgesehenen Schriftsystem nicht oder nur ganz verstümmelt schreibbar wären. Dennoch ist die Feststellung kaum von der Hand zu weisen, daß der größte Teil aller Sprachäußerungen gleicherweise in schriftlicher und in mündlicher Form getan werden kann. Damit ist nicht gesagt, daß die beiden Formen einander äquivalent seien, sondern lediglich, daß sie gegenseitig in großem Umfang ersetzbar sind. Man kann Einkommensteuererklärungen, Liebesgeständnisse, Beschimpfungen oder Verwarnungen wegen Parkens im Halteverbot mündlich oder schriftlich vornehmen, auch wenn das eine erfahrungsgemäß eher mündlich, das andere eher schriftlich erfolgt. Die kommunikative Funktion determiniert die Form der Äußerung jedenfalls nicht durchgängig. Schrift und Rede weisen nicht nur in funktionaler Hinsicht Überschneidungen auf und sind einander oftmals äquivalent. Einige Theoretiker vertreten die Auffassung, daß die Normen der geschriebenen und der gesprochenen Sprachform aufgrund ihrer kommunikativen Funktionen strikt komplementär verteilt seien, »da jede von beiden eine spezifische Funktion hat, in welcher sie von der anderen nicht gut vertreten werden kann« (VACHEK 1939/1976: 233). Noch weitergehend ist die

Meinung von PULGRAM, daß die beiden Sprachformen »may function as complementary and coexistent expressions of language« (1965: 208). Solche Auffassungen sind zu schematisch.

Das Deutsche gehört zu den Sprachen, die gemeinhin *Kultursprachen, Nationalsprachen, Hochsprachen* oder *Literatursprachen* genannt werden. Wir ziehen es vor, Sprachen dieses Typus als *altverschriftete Sprachen* zu bezeichnen. Altverschriftete Sprachen sind solche, die über eine verhältnismäßig lange Zeitspanne als Schriftsprachen verwendet worden sind, und zwar in der Regel in vielfältigen sozialen und kulturellen Funktionen – letzteres, die Funktionen, denen sie jeweils dienen, muß historisch genau spezifiziert werden, wie schon angemerkt wurde.

Ein Kennzeichen altverschrifteter Sprachen liegt darin, daß Ausdrücke in die gesprochene Sprache eingedrungen sind, die auf die Praxis des Schriftlichkeitsprozesses referieren, auch wenn sie funktional und semantisch meist umgeformt worden sind. Ebenso wie der geschriebenen Sprachform Charakteristika zugeschrieben werden können, die auf Funktionen bzw. Merkmale gesprochener Sprachformen referieren, ist der in gewissem Sinn umgekehrte Vorgang nachweisbar, nämlich das Eindringen von Ausdrücken, die auf Sachverhalte und Tätigkeiten bezogen sind, welche ursächlich den Schriftlichkeitsprozeß bzw. seine Produkte betreffen, in die gesprochene Sprachform.

Um diesen Punkt zu verdeutlichen, geben wir nun eine ausführliche Liste von Beispielen, die alle dem Deutschen entstammen; es wäre kein Problem, solche Listen für andere altverschriftete Sprachen vorzulegen:

- ›ABC-Schützen‹ bekommen ›ABC-Bücher‹, wie man früher gewisse Typen von Fibeln nannte, um ›das ABC‹ zu lernen. Diese Abkürzung referiert direkt auf die Schriftform; der generelle Zusammenhang der meisten Abkürzungen mit der Schriftebene kann hier nicht aufgegriffen werden; Beispiel, naheliegenderweise, ›ABC-Waffen‹.
- ›jemandem ein X für ein U vormachen‹,
  ›etwas für das A und O halten‹
  ›X‹ und ›U‹ referieren auf graphische Gestaltunterschiede, die erheblich sind, und der Ausdruck konnotiert die Beschränktheit der Person, mit der man so etwas machen kann. Das ›A und O‹ steht hingegen in einer mystisch-theologischen Tradition.
- Beispiele für die Idiomatisierung von Ausdrücken, die auf Schreibwerkzeuge referieren:
  ›kein Blatt vor den Mund nehmen‹,
  ›jemand ist ein (bzw. kein) unbeschriebenes Blatt‹,
  ›jemandem einen Denkzettel geben‹,
  ›die Leviten lesen‹, ›eine Lektion erteilen‹;
  ›Ruhmesblätter‹ im ›Buch der Geschichte‹ schrieb man des öfteren mit ›eisernem Griffel‹;
  ›das Blatt kann sich wenden‹
- Vielfältig sind auch die Idiomatisierungen von Ausdrücken für Schriftträger bzw. -produkte, z. B. ›Papier‹, ›Buch‹ und ›Druck‹:
  ›etwas bleibt ein Buch mit sieben Siegeln‹
  ein ›Sündenregister‹ haben
  ›in der Kreide stehen‹
  ›Fraktur reden‹
  etwas ›spricht Bände‹
  ›reden wie ein Buch‹
  ›lügen wie gedruckt‹
  ›Papier ist geduldig‹

etw./jdn. ›abbuchen‹, ›abstempeln‹
etwas ›liegt vor einem wie ein aufgeschlagenes Buch‹
etwas ›geht auf keine Kuhhaut‹: hier hat man eine Reminiszenz an den Beschreibstoff Pergament, ebenso wie man in
›abgekartetes Spiel‹ die lat.-griech. Form ›charta‹, dt. ›Papier‹ vorliegen hat. Ausdrücke wie ›Steuerrolle‹, ›Handwerksrolle‹, ›Stammrolle‹ haben die Form der Papyri, eben die Rollenform, konserviert.

– man kann ›papieren‹ und ›geschraubt‹ usw. reden
man kann ›nicht druckreif‹ reden oder auch
›nach der Schrift‹
man kann ›buchhalterisch argumentieren‹ usw.
man ›hört‹ von jdm., wenn man einen Brief von ihm bekommt,

– man kann jemandem etwas ›schriftlich geben‹ oder
›hinter die Ohren schreiben‹; manchmal muß man Geld oder dgl.
›in den Schornstein schreiben‹, usw.;
man kann gut oder schlecht ›angeschrieben‹ sein

– Komposita mit -schreiben und -lesen, die nicht auf die jeweils bezeichnete Tätigkeit referieren, sind beispielsweise:
›vorschreiben‹, ›zuschreiben‹, ›beschreiben‹, ›umschreiben‹
›Handschrift‹ (kann sich auf Ohrfeigen beziehen),
›Überschrift‹ (kann sich auf Leitgedanken einer Rede beziehen)
›Spurenlesen‹, ›vom Munde/den Augen/vom Gesicht ablesen‹

– Interpunktion:
man kann hinter eine Behauptung ein ›Fragezeichen‹ oder ein ›Ausrufungszeichen‹ setzen, man kann seine Zuhörer auffordern, Anführungszeichen mitzuhören (»Ich sage das nur in Gänsefüßchen«), man kann sich weigern, auch nur ›ein Komma zurückzunehmen‹, und stößt meistens auf Dankbarkeit, wenn man ›einen Punkt setzt‹.

Wir setzen jetzt diesen Punkt. Die Beispiele sind weder vollständig noch systematisch, und sie betreffen allesamt die Ebene des Lexikons bzw. der Phraseologie. Hier geht es nur darum zu zeigen, daß sich Ausdrücke und Wendungen, die auf die geschriebene Sprachform referieren, in nicht unerheblicher Zahl und mit teilweise weitgehenden Verschiebungen der ursprünglichen Bedeutung in der gesprochenen Sprache vorzufinden sind. Dieser Sachverhalt ist eines von mehreren Motiven dafür, direkte, an sprachlichen Fakten beobachtbare Wechselwirkungen zwischen geschriebener und gesprochener Sprachform anzunehmen (vgl. LEVITT 1978).

III. Lesen und Schreiben

Lesen und Schreiben sind Vorgänge, die zunächst einmal individualpsychologisch konzipiert werden müssen, wobei für die – historisch unzweifelhaft frühere – Praxis des lauten, in der gesprochenen Sprachform ausgeführten Lesens eine synchrone Koexistenz beider Sprachformen im Lesevorgang anzusetzen ist. Lesen und Schreiben sind jedenfalls Vorgänge bzw. Tätigkeiten, die in den Köpfen einzelner Menschen ablaufen und durch das Auge bzw. die Hand- und Armmuskulatur vollzogen werden. Solche psychologischen und physiologischen Aspekte bleiben ausgeklammert[11]; hier sollen die kommunikativen Dimensionen dieser Tätigkeiten interessieren. In aller Regel wird gelesen und geschrieben, um bestimmte kommunikative

Zwecke zu erreichen; auch das ›Für-sich-Lesen‹ bzw. das ›Für-sich-Schreiben‹ kann unter gewissen Voraussetzungen so aufgefaßt werden. Beide Tätigkeiten haben jedenfalls Funktionen, die gerichtet sind auf bestimmte interindividuelle oder individuelle Ziele.[12] Eine schöne Aufzählung der Funktionen des Lesevorgangs in dieser Hinsicht hat G. MILLER vorgelegt:

The word »reading« is ordinarily used to refer to many different and only loosely related perceptual skills – we proofread one way, we memorize another way, and we comprehend still another way; then we go on to read for amusement, or translate from another language, or skim for an overview, or puzzle out an handwritten message, or search for a target, or read aloud to others, or lull ourselves to sleep, or read a label on a bottle in the medicine cabinet, or worship our gods, or sing our verses. Wittgenstein chose the concept of a game to illustrate the diversity of meanings a word can have, but he might have made the point equally well in terms of reading.
(MILLER 1972: 377)

Man könnte fortfahren: wir müssen lesen, um eine Telefonnummer im Telefonbuch nachzuschlagen, um im Versandhandel eine Bestellung aufzugeben, um Bankauszüge kontrollieren zu können, beim Autofahren usw.

Dasselbe gilt – mutatis mutandis – für den Schreibvorgang: man kann einen Brief schreiben, der je nachdem anders aussehen wird, ob der Empfänger ein Sachbearbeiter in einer Behörde, der oder die Geliebte, die Lokalredaktion der Zeitung oder eine Urlaubsbekanntschaft ist. Man kann Tagebucheintragungen schreiben, die nur für den Schreiber selbst Lesegegenstand sein sollen, oder Notizen als Gedächtnisstütze, etwa beim Einkaufen. Man kann schreiben, ohne einen bestimmten individuellen Leser als Adressaten im Auge zu haben: so etwa, wenn man schreibt, um zu publizieren, oder wenn man Wandparolen sprüht oder Graffiti auf Hörsaalbänke oder in Toilettenwände ritzt. Man kann für sich allein, für eine Literaturzeitschrift, für den achtzigsten Geburtstag eines Verwandten, als Beigabe zu einem Liebesbrief Gedichte verfassen – man wird dies in der Regel nicht tun in amtlichen oder geschäftlichen Schreiben, d.h.: die Form des Schriftprodukts richtet sich nach der Funktion, die ihr Verfasser ihm zuschreibt. Die Interpretation solcher Funktionen ist selbst erheblichen Variationen unterworfen; der Verfasser mag seinem Schriftprodukt ganz andere Funktionen zuschreiben als sein Leser, oder er kann bestimmte Formeigenschaften seines Schriftprodukts für funktionsadäquat halten, die der Leser nicht dafür hält; so läßt sich beispielsweise die bekannte Erscheinung der Stilblüte erklären.

Es ist offensichtlich, daß es sich bei den Beispielen in dieser Liste um recht unterschiedliche Tätigkeiten handelt und die Begriffe ›Lesen‹ und ›Schreiben‹ ziemlich allgemeine Überbegriffe für eine ganze Reihe konkreter, unterschiedlichen Absichten und Zwecken dienender Aktivitäten sind. Anders ausgedrückt: wenn man über ›das Lesen‹ oder ›das Schreiben‹ spricht, spricht man über Abstraktionen.

Man kann diese vielfältigen Erscheinungsformen nicht-psychologisch betrachten, indem man danach fragt, welche Funktionen Lese- bzw. Schreibtätigkeiten in einer bestimmten Gesellschaft, etwa unserer gegenwärtigen Gesellschaft, erfüllen. Man müßte dann feststellen, daß man lesen muß, um reibungslos öffentliche Verkehrsmit-

tel zu benutzen, um in einem Supermarkt einzukaufen, um eine Adresse und die
Wohnungsklingel einer Person zu finden, die man zum ersten Mal besucht, um im
Fußballstadion den Platz zu finden, dessen Systemstelle auf der Eintrittskarte abgedruckt ist (etwa: Block B, Eingang 24, Reihe 6, Nr. 43) – die Beispiele lassen sich
beliebig vermehren. Diese Formulierung der Problemstellung geht davon aus, daß
die gesellschaftliche Kommunikation in einem beträchtlichen Umfang schriftförmig
abläuft und sehr häufig, ja regelmäßig der Ablauf von Kommunikationsprozessen
durch laufenden Wechsel zwischen mündlicher und schriftlicher Form der Kommunikation charakterisiert ist.

Es ist kaum nötig zu betonen, daß die oben angeführten Interpretationen und
Einschätzungen der geschriebenen Sprachform im *Phaidros* unter solchen Gesichtspunkten obsolet sind: PLATON bezog sich auf eine ganz andere Entwicklungsstufe
der gesellschaftlichen Kommunikation, in der die Schriftlichkeit erst dabei war, sich
strukturell, als gesellschaftliche Selbstverständlichkeit, zu verankern. Es geht hier
um mehr als die Feststellung, daß der Komplex Schrift – Schriftlichkeit – Schriftkultur historisch zu behandeln ist (das ist zwar leicht einsehbar, wird aber oft genug
nicht besonders ernstgenommen), nämlich darum, bei der Formulierung von Theorien über diesen Komplex die Geschichte als konstitutives Moment zu begreifen,
also nicht nur als ›Steinbruch‹ für soziologische und linguistische ›Daten‹ zu verwenden, sondern als theorierelevante Kategorie. Diese Überlegungen rechtfertigen es,
der in der europäischen Forschung häufig als prinzipiell gesetzten Dichotomie zwischen der gesprochenen Sprachform als dem ›Mittel der direkten Kommunikation‹,
der geschriebenen Sprachform als dem ›Mittel der indirekten Kommunikation‹ mit
Skepsis zu begegnen. Gerade solche Ansätze, die sich selbst als funktionalistisch
verstehen, müssen daran gemessen werden, wie weit sie die funktionale ›Reichweite‹
der beiden Sprachformen empirisch zu charakterisieren erlauben. Die angesprochenen Ansätze, deren bekannteste Vertreter tschechische Funktionalisten (VACHEK,
JEDLIČKA u. a.) sind, kranken an ihrer wenig flexiblen Orientierung auf das theoretische Konstrukt der *Literatursprache*, wenn sie über die geschriebene Sprachform
handeln, und dies läßt andere Funktionen beider Sprachformen als die ›literatursprachlichen‹ etwas aus dem Blick geraten.[13]

Sehen wir uns das Beispiel *eine Adresse suchen* einmal genauer an.

Ich komme mit der Bahn in einer fremden Stadt an und möchte Bekannte besuchen, die in der Elisabethstr. 46 wohnen. Ich spreche in der Bahnhofshalle irgend-
jemanden an, der mir sagt, daß ich mit der Straßenbahn, Linie 6, bis zum Wolfgangplatz fahren und dort in die Buslinie 15 umsteigen solle, dort müsse ich den Fahrer
nochmal fragen. Um dies auszuführen, muß ich zunächst feststellen, wo die Haltestelle der Linie 6 ist; ich finde vielleicht ein Schild in Pfeilform, auf dem ich lese »Zu
den Straßenbahnen« o. ä., und gehe zu einem Unterstand, vor dem ein gelber Pfo-
sten mit einem runden grünrandigen gelben Schild am oberen Ende steht, auf das
das Zeichen ⟨H⟩ gemalt ist. Unterhalb des Ⓗ-Schildes befinden sich kleinere recht-
eckige Schilder, auf denen ich das Zeichen ⟨6⟩ suche und finde. Vielleicht habe ich
Glück und treffe einen Fahrkartenverkäufer, sonst muß ich als nächstes die Gebrauchsanweisung für den Fahrscheinautomaten studieren und mir so das Billett

besorgen. Wenn ich dann in der Bahn bin, muß ich feststellen, wie viele Haltestellen es bis zum Wolfgangplatz sind: ich kann jemanden fragen oder das Schema des städtischen Verkehrsnetzes, das irgendwo an der Decke klebt, suchen und dort feststellen, nach wie vielen Halten ich aussteigen muß. Außerdem muß ich, bevor ein Kontrolleur kommt, meinen Fahrschein in einen gelben oder blauen Kasten stecken, wo er bedruckt oder gelocht wird – das weiß ich durch die Lektüre der Gebrauchsanweisung auf dem Fahrkartenautomaten oder lese es auf einem anderen Schild im Wagen (es könnte mir auch der Fahrkartenverkäufer gesagt haben). Damit ich die Fahrkarte mit der richtigen Seite in den Schlitz stecke, muß ich schon wieder lesen oder wenigstens ein aufgedrucktes Symbol ⟨➡⟩ richtig interpretieren. Schließlich komme ich am Wolfgangplatz an; dort wiederholt sich das Spiel teilweise, bis ich im Bus sitze. Der Fahrer sagt mir dort, daß ich bis zur Haltestelle Giselastraße mitfahren solle und von dort die Giselastraße geradeaus bis zum Zeitungskiosk an der Ottostraße gehen solle, dann rechts in die Karlstraße, dort sei es dann die zweite Querstraße. Ich lese also beim Gehen der Reihe nach die Straßenschilder, bis ich die Elisabethstraße erreicht habe. Dort stelle ich fest, ob die Häuser die ›normale‹ oder die ›preußische‹ Numerierung haben, indem ich die Nummern zweier Nachbarhäuser vergleiche, und dann weiß ich auch, in welcher Richtung das Haus Nr. 46 liegen muß. Schließlich bin ich bei Nr. 46 und finde auf dem Klingelbrett den Namen meiner Bekannten, klingle und habe damit die Aktivität »eine Adresse finden« erfolgreich abgeschlossen, bei der ich nicht weniger als fünfzehnmal irgendwelche Aufschriften oder Texte oder graphische Symbole und Schemata gelesen habe. Wir halten das Beispiel für sehr durchschnittlich und keineswegs konstruiert: es illustriert die Aussage, daß die schriftförmige Kommunikation unseren gegenwärtigen Alltag ganz und gar durchdringt und jedem Mitglied unserer Gesellschaft Lese- und in anderer Weise auch Schreibleistungen permanent abverlangt werden.

Wir glauben, daß unsere umständliche Beschreibung diesem komplexen Vorgang besser gerecht wird als HAAS' (1976b: 144f.). Vermutung, daß diese Handlungssequenz optimal bewältigbar würde, wenn man jemanden finde, der »takes pencil and papers to *show* me ›at a glance‹ with the help of a diagram, rather than attempt to string it out in unsurveyable and unrememberable discourse«: auch mit einer solchen graphischen Hilfe wäre die Prozedur des Findens laufend auf weitere Informationen der skizzierten Art angewiesen. Wir wollen dieses Beispiel noch plastischer machen, nicht indem wir auf die traurige Lage von Analphabeten hinweisen (die für solche Fälle natürlich ihre ›Tricks‹ und Vermeidungsstrategien entwickeln), sondern die Geschichte eines befreundeten Kollegen erzählen, der sich bei einem Besuch der Stadt 杭土 mit einem Stadtplan in der Tasche verlaufen hatte. Da der Kollege, ein Professor für Sprachwissenschaft, das Chinesische nur unvollkommen beherrschte, war er in einer ungemütliche Lage: sein Stadtplan enthielt zwar alle Angaben in englischer Übersetzung der Straßennamen, natürlich in lateinischen Lettern gedruckt, aber alle Schilder waren nur mit chinesischen Schriftzeichen beschrieben, so daß hier keine Orientierung möglich war. Der Versuch, einen Polizisten einzuschalten, mißlang: der Polizist konnte nur mangelhaft lateinische Lettern lesen und schon gar kein Englisch. Selbst der Versuch, ihm Straßennamen oder den Namen des

Hotels vorzusagen, scheiterte, weil die englische bzw. deutsche Aussprache dieser Namen seiner chinesischen Perzeption unverständlich blieben, d. h., daß er es nicht schaffte, die artikulatorischen Bemühungen dieses Kollegen in einen sinnvollen Zusammenhang zu ihm bekannten Lauten oder Silben des Chinesischen zu bringen. Die Geschichte endete damit, daß der Polizist zu der naheliegenden Einsicht kam, daß Ausländer ins Ausländerhotel im Stadtzentrum gehören, und ihn dorthin geleitete. In diesem Erlebnis, so resümierte der Kollege, sei ihm zum ersten Mal richtig klar geworden, was es heiße, Analphabet zu sein. [14]

IV. Schriftlichkeit und Schriftkultur

Die geschriebene Sprachform und ihre gesellschaftlichen Funktionen und Wirkungen sind zweierlei Dinge, die man empirisch wie theoretisch säuberlich auseinanderhalten muß. Ein Beispiel ist der muttersprachliche Unterricht an unseren Schulen, in denen die Lehrer des Faches Deutsch den Kindern das Schreiben und Lesen beibringen, um sie mit der hier und heute existierenden Schriftkultur vertraut zu machen. Dieser Aspekt des Muttersprachenunterrichts ist dem eigentlichen Lese- und Schreibunterricht konzeptionell sicherlich übergeordnet; Muttersprachenunterricht heißt – nicht erst seit heute – in erster Linie, die gesamte nachwachsende Generation bekannt zu machen mit gewissen Dokumenten literarischen, moralischen und ideologischen Inhalts, mit Institutionen, Routinen und ›Spielregeln‹ der jeweiligen Gesellschaft, in deren Rahmen sie sich bewegen und verhalten soll. Das ›technische‹ Lesen- und Schreibenlernen ist nicht mehr als eine Vorbedingung für das Erlernen dieses Kanons von Einstellungen und Verhaltensweisen. [15] Die Zusammensetzung dieses Kanons ist von politischen Voraussetzungen bzw. ideologischen Kräfteverhältnissen abhängig; ein Blick auf die Lehrpläne für das Fach Deutsch vor und nach 1945 oder auf die Lehrpläne der beiden deutschen Staaten illustriert diesen Sachverhalt hinlänglich. Es liegt deshalb nahe, die ebenso einleuchtende wie grobe Unterscheidung zwischen *Schreib- und Lesefähigkeit* im *technischen* Sinn einerseits und der Beherrschung der *Schriftlichkeit* in einer gegebenen Gesellschaft, womit die eben skizzierten Sachverhalte bezeichnet werden sollen, auch begrifflich einzuführen. *Schriftlichkeit* ist grundsätzlich zu unterscheiden von Schriftbeherrschung im technischen Sinn, die *Alphabetisiertheit* genannt werden soll. Unter Schriftlichkeit ist zweierlei zu verstehen: einerseits ein gesellschaftlicher Zustand, der durch die Analyse eines Kanons und der ihn begründenden Wert- und Normvorstellungen beschreibbar ist, andererseits eine individuelle Fähigkeit, die es den einzelnen Mitgliedern der betreffenden Gesellschaft erlaubt, sich in diesem Prozeß der Schriftlichkeit funktional mehr oder weniger angemessen zu bewegen, sich *literal* zu verhalten. Auf dieses ›mehr oder weniger‹ werden wir noch zu sprechen kommen, da es ein eminentes soziales Problem beinhaltet: auch Analphabeten verhalten sich in Schriftlichkeitsprozessen in bestimmter Weise. Und BAUDOUIN DE COURTENAY, der zu den wichtigsten (und bedauerlicherweise nach wie vor am wenigsten bekannten) Verfechtern einer ›Schriftlinguistik‹ gehört, irrt gewaltig, wenn er folgende psychologistische Verkürzung des Problems in eine Art Lehrsatz gießt:

* Für einen Menschen, der nur spricht, der Analphabet ist, kann keine Rede von irgendeinem Verhältnis zwischen der Schrift (pis'mo) und der Sprache sein. Eine Beziehung zwischen etwas Nichtexistierendem und etwas Existierendem ist vollkommen unmöglich. (BAUDOUIN DE COURTENAY 1912/1963: 212).

Die Redeweise davon, daß Schriftlichkeit ein gesellschaftlicher Zustand sei, ist unpräzise: es handelt sich um einen dynamischen *Prozeß*, der voller Widersprüche steckt; allenfalls zum Zwecke der Analyse ist es gerechtfertigt, ihn hin und wieder als – instabilen – fixen Zustand zu konzipieren. Dieser *Schriftlichkeitsprozeß* ist einerseits, auf der Ebene des gesellschaftlichen Bewußtseins, charakterisiert durch Kanonisierungs- und Dekanonisierungsvorgänge, die sich als politische, literarische oder religiöse Fehden abspielen. Andererseits ist er dadurch bestimmt, daß die gesellschaftliche Kommunikation in gewissen (und wechselnden) Funktionen schriftlich erfolgen muß, sollte oder kann, daß es also bestimmte funktional definierte Domänen für die schriftliche Form der Kommunikation gibt, komplementär dazu solche für mündliche Kommunikationsformen, und schließlich eine breite Mittelzone, in der beide Formen als adäquat gelten bzw. nur graduelle Präferenzen für eine der beiden Formen durchgesetzt sind. Voraussetzung für solche Funktionsdifferenzierungen in modernen Gesellschaften ist allerdings – und hier gibt es gravierende Unterschiede zu älteren Gesellschaftsformationen –, daß die Schrift als Medium der gesellschaftlichen Kommunikation materiell durchgesetzt ist und es eine mehr oder weniger durchschlagende Norm für alle Mitglieder dieser Gesellschaft ist, das Medium der Schrift funktional angemessen zu handhaben. Anders ausgedrückt: sie müssen am Schriftlichkeitsprozeß teilhaben bzw., um diesen Prozeß nicht objektivistisch zu mythologisieren, diesen Prozeß in Gang halten. In den osteuropäischen Fachdiskussionen nennt man die Vorgänge, die wir hier als Schriftlichkeitsprozeß bezeichnen, *Schriftkultur*: wenn in einer besimmten Gesellschaft Schriftlichkeit als elementare Kommunikationsform sozial realisiert ist, verfügt sie über Schriftkultur. Als terminologische Regelung bietet sich an, unter *Schriftlichkeit* die prozessualen Aspekte zu fassen und ihre Produkte, gesellschaftliche Zustände, als *Schriftkultur*. Zwar sind diese Zustände, wie gesagt, in gewissem Maße Abstraktionen und grundsätzlich instabil, d.h. für (gelegentlich ruckartige) Veränderungen anfällig, aber man kann ihnen materielle Attribute zuschreiben wie etwa den organisierten Muttersprachenunterricht, Presse- und Verlagswesen und eine Infrastruktur von Datenbanken und Informationssystemen; Buchhandlungen, Bibliotheken u. dgl. sind verhältnismäßig altmodische Institutionen.

Die Existenz von Schriftkultur setzt voraus, daß mindestens ein gewisser Teil der Mitglieder der betreffenden Gesellschaft lesen und vielleicht auch schreiben kann, und daß eine noch größere Gruppe von Menschen, in der Regel eine Mehrheit, mit geschriebenen Texten funktional adäquat umgehen kann. In entwickelten Schriftkulturen ist es eine selbstverständliche soziale Norm, daß jeder aktiv an Schriftlichkeitsprozessen teilnehmen kann. Leute, denen die technische Voraussetzung dazu fehlt (nämlich das Lesen- und Schreibenkönnen), müssen ›Übersetzer‹ zur Verfügung haben und sie im Bedarfsfall einsetzen können; – ein Verwaltungsstaat und eine bürokratisierte industrielle Ökonomie nehmen auf Analphabeten keine Rücksicht. Um Beispiele zu geben: in gewissen Teilen Vorderasiens kann man vor den Postämtern ganze Trupps von professionellen Briefeschreibern bzw. -vorlesern finden, die mit ihrer Kunst einen bescheidenen Lebensunterhalt verdienen, und es hat schon immer zu den Aufgaben des Briefträgers in den Elendsvierteln der nordamerikanischen Großstädte gehört, den Empfängern von Briefen der Wohlfahrt oder der Justizbehörden vorzulesen, was man von ihnen wollte – sofern der Briefträger selbst richtig lesen konnte und sofern die Adressaten über feste Adressen und Briefkästen verfügten. Dies als zwei Beispiele dafür, daß Schriftkulturen durchaus auch ohne durchgängige Alphabetisierung aller Mitglieder der Gesellschaft funktionieren können – im Konfliktfall haben, wie gesagt, die Analphabeten die Konsequenzen dafür zu tragen, daß sie den Normen nicht entsprechen. Und es ist bekannt, daß in vielen Ländern auch heute noch staatsbürgerliche Rechte an den Nachweis des Lesen- und Schreibenkönnens gebunden sind, etwa in den USA.[16]

In einer sehr anregenden Nachbetrachtung zu einer der großen amerikanischen Konferenzen zu Problemen des Lesens und Schreibens, deren Beiträge in dem wichtigen Band *Language by ear and by eye* (KAVANAGH/MATTINGLY 1972) publiziert wurden, stellte G. MILLER mit deutlicher Bezugnahme auf die US-amerikanische Situation fest:

> [...] The fact is that our technological progress is creating a socioeconomic system in which the ignorant, illiterate individual is useless and barely tolerated at a level of existence we call »welfare«. In order to escape this modern version of purgatory, a person must have enough education to contribute to our technological society. If you have been excluded from access to that education, or have valid reasons for resisting assimilation into the system, your outlook can only be described as bleak. (MILLER 1972: 375).

Wir werden auf diesen Aspekt des Schriftlichkeitsprozesses noch öfter und ausführlicher zu sprechen kommen.

V. Geschriebene Sprachform, gesprochene Sprachform und sprachliche Bedeutungen

Teilhabe an den Prozessen der Schriftlichkeit setzt weit mehr voraus als bloße ›Beherrschung der Schrift‹. Es genügt nicht, das Lesen und Schreiben *technisch* zu beherrschen, um am Schriftlichkeitsprozeß umfassend teilhaben zu können. Andererseits verhält es sich aber so, daß die Abwesenheit dieser Fähigkeiten, also das, wodurch man Analphabeten charakterisiert, nicht unbedingt ein unüberwindliches Hindernis für ihre aktive Beteiligung am Schriftlichkeitsprozeß ist: auch Analphabeten können sich literal verhalten und tun dies in unserer Gesellschaft in der Regel auch. Allerdings ist die Unterscheidung zwischen Literalität und Alphabetisiertheit, also ›Schriftbeherrschung‹ im technischen Sinn, ziemlich grob. Deshalb sollen diejenigen Aspekte der Schrift, die als technische bezeichnet wurden, etwas genauer betrachtet werden.

Jeder gebildete Westeuropäer ist im Prinzip ohne weiteres in der Lage, jede Folge von lateinischen Schriftzeichen zu lesen, d.h. zunächst einmal: ihnen gewisse Lautwerte zuzuordnen, also eine Serie von Relationen zwischen Schriftzeichen und Sprachlauten herzustellen. Ein Beispiel dafür ist Beispiel (1), das jeder lesen kann, der das lateinische Alphabet ›beherrscht‹, aber nicht verstehen wird, wenn er die Sprache nicht kennt, in der er verfaßt ist:

(1)   Uksele koputamine kestis, põrutused läksid ikka tugevamaks. Sillamäed tõusid kõik. Milla riietus ruttu. Aadu ja Anu ajasid vammused selga. Vanamees kiisis veel, kes seal on, ja avas ukse ning kummardas.[17]

Wir sind also im Prinzip in der Lage, in diesem Sinne alles Lateinisch Geschriebene zu lesen, aber wir sind keineswegs immer dazu in der Lage, das Geschriebene und die daraus ableitbaren Lautfolgen mit Bedeutungen zu verbinden. Hingegen sind wir, gewisse Erinnerungen an den Mathematikunterricht der Mittelstufe vorausgesetzt, sehr wohl in der Lage, Sätze wie

(2) $a^x \cdot b^x = (ab)^x$

(2') $a^x \cdot a^y = (a^{x+y})$

zu verstehen, auch wenn sie einem arabischen oder chinesischen Lehrbuch entnommen sind. Bei Sätzen wie (2) ist das, was umgangssprachlich als ›Aussprache‹ bezeichnet wird, offenbar ziemlich unabhängig von der Möglichkeit, Beziehungen zwischen den beiden Folgen von Schriftzeichen und Folgen von Bedeutungen herzustellen. Hier liegt ein Fall vor, in dem die lautliche Realisierung der Schriftzeichenfolge für die Herstellung eines Zusammenhangs zwischen dieser Folge und ihrer Bedeutung nicht an bestimmte einzelsprachliche, also deutsche oder französische usw., Lautformen gebunden ist.

Bei HAAS (1976) rangieren solche Fälle unter »semantically informed, underived script«: an (2) und noch mehr an der folgenden Abbildung (Abb. 1) dürfte deutlich werden, daß es bei der Verwendung des Begriffs »Ableitung« notwendig ist, die Ableitungsbasis genau zu bestimmen. Im vorliegenden Fall haben wir es nämlich eindeutig mit einem gemischten System zu tun, dessen einer Teil das lateinisch-griechische Alphabet zur Ableitungsbasis hat. Ich möchte damit nicht mehr sagen, als daß HAAS' bedenkenswerte Kategorien offenbar zyklisch auftreten können. Dies ist eine der Vorbedingungen dafür, daß die auf Seite 16 folgende Karikatur überhaupt als witzig verstanden werden kann.

Dies sind aber erst zwei von neun möglichen Kombinationen. Der Übersichtlichkeit halber verwenden wir im folgenden eine abkürzende Schreibweise, nämlich ⟨A⟩ für Lautformen, ⟨B⟩ für geschriebene Ausdrücke, ⟨C⟩ für die Ebene der sprachlichen Bedeutungen und ⟨¬⟩ als Negationszeichen, die das Nichtvorhandensein der betreffenden Dimension anzeigt. Es ergeben sich dann:

1. AB (¬ C)
für (1): die Realisierung von Lautformen aus Schriftzeichenfolgen ohne Rekurs auf die Bedeutungsebene

Abb. 1
(aus: *The New Yorker Magazine*, 16. 7. 1973, p. 24;
cit. nach BARON 1981: 123)

2. BC (¬ A)
   für (2): die Rekonstruktion der Bedeutungsebene aus der geschriebenen Sprachform ohne Rekurs auf Lautformen
3. AC (¬ B)
   für (3): die Rekonstruktion der Bedeutungsebene aus Lautformen ohne Rekurs auf die geschriebene Sprachform. Dieser Fall ist gegeben beim Vorlesen unter der Bedingung, daß die Zuhörer den vorgelesenen Text verstehen, aber selbst nicht lesen können, also Analphabeten in technischer Hinsicht sind. Dies ist bei Vorschulkindern der Fall oder auch, im Falle des Beispiels (3), bei jedem, der das hebräische Alphabet nicht beherrscht:

(3)   די סאָפּפּעצעטישע ייִדישע
אָרטאָגראָפיִץ איז אַ דירעקטער
רעזולטאָט פֿון דער
אָקטיאַבער - רעצפּפּאָליפּעציִץ.

(3) ist Jiddisch und in lateinischer Transkription sofort verständlich:
di sovetiše jidiše ortografie iz a direkter rezultat fun der oktjaber-revoljucije.
(LECHT 1932: 3).

4. BA (¬ C)
   von Lautformen zu geschriebenen Formen ohne Kenntnis von Bedeutungen
   Beispiel für diese Konstellation ist die Anfertigung von Transkripten unverständlicher ge-

sprochener Äußerungen, was in der linguistischen Feldarbeit kein ungewöhnliches Verfahren ist.

Die beiden nächsten Fälle sind trivial.

5. CB (¬ A)

stellt den normalen ›stummen‹ Lesevorgang dar, bei dem – vielen überzeugenden Studien zufolge – Bedeutungen ohne das Dazwischentreten von Lautformen aus Schriftzeichenfolgen rekonstruiert werden.[18]

6. CA (¬ B)

schließlich ist der noch normalere Vorgang der mündlichen Sprachäußerung, der selbstredend ohne Vermittlung oder Beteiligung der geschriebenen Sprachform ablaufen kann.

Man kann damit fortfahren, jeweils zwei Variablen als unbekannt zu setzen, und kommt dann zu

7. A (¬ B ¬ C)

wofür man vielleicht glossolalische Sprachproduktionen als Beispiel anführen könnte;

8. B (¬ A ¬ C)

wäre der Fall der unentzifferten Schriften. Es kann aber auch die folgende Abb. 2 als empirischer Fall angeführt werden (wir verzichten darauf, ihn näher zu kommentieren):

Abb. 2
(aus: *Der Spiegel* Nr. 47/1982, p. 140)

9. C (¬ A ¬ B)

ist schließlich ein Fall, dessen Kommentierung Psychologen oder Philosophen obläge, weil linguistische Erörterungen ohne ein Minimum an sprachlichen Daten unterlassen werden sollten, und jene fehlen hier völlig.

Was folgt daraus?

Alphabetische Schriften haben gewisse formale Grundfunktionen, die es uns erlauben, Folgen von Schriftzeichen nach bestimmten Zuordnungsregeln Folgen von Lauten zuzuweisen, ohne daß wir Bedeutungen rekonstruieren könnten. Die Schriftzeichen-Laut-Beziehung ist in dieser grundsätzlichen Hinsicht offenbar unabhängig von der Kenntnis der Sprache, die sie repräsentiert. Andererseits hängt die Möglichkeit, Bedeutungen mit Folgen von Schriftzeichen oder Lauten zu verknüpfen, von der Kenntnis der betreffenden Sprache ab. Dieser Aussage scheint der Fall, für den

(2) steht, zu widersprechen. Dieser Schein löst sich auf, wenn beachtet wird, daß in (2) kraft allgemeiner, möglicherweise universeller Konventionen einzelsprachunabhängige Bedeutungen ohne Rekurs auf einzelsprachliche Lautfolgen als geschriebene Ausdrücke direkt repräsentierbar sind. Die hier geschriebene ›Sprache‹ der Arithmetik ist ja gerade dadurch charakterisiert, daß ihre Elemente und Verknüpfungsregeln ganz unabhängig von einzelsprachlichen phonetischen Realisationsweisen verwendbar sind, d. h. diese ›Sprache‹ ist in ihrer geschriebenen Form vollgültig ausdrückbar, und sie bedarf keines Rekurses auf die gesprochene Sprachform.

Schriftbeherrschung, so ist aus (1) zu folgern, muß mehr umfassen als die Fähigkeit, Beziehungen zwischen Folgen von Schriftzeichen und Lautfolgen herzustellen: ihnen müssen sprachliche Bedeutungen zugeordnet werden können. Dies setzt voraus, daß wir die Sprache, mit deren graphischen oder phonetischen Ausdrucksformen wir konfrontiert werden, beherrschen. Und das gilt auch für (2); (2) unterscheidet sich von den übrigen Fällen vor allem dadurch, daß die ›Sprache‹, die in (2) realisiert wird, durch ihre geschriebene Form festgelegt und definiert ist, während ihre gesprochenen Realisationen sehr unterschiedlich ausfallen können.

Alphabetische Schriften haben zwei technische Grundaspekte: erstens die materielle Gestalt der Schriftzeichen, aus denen ihr Alphabet besteht, zweitens die diesen Schriftzeichen jeweils unmittelbar zugeordneten Lauteinheiten bzw. Lautzonen. Ersteres nennen wir den *materialen* Aspekt, letzteres den *relationalen* Aspekt. Theoretisch wesentlicher sind die komplexen nichttechnischen Aspekte, die wir *substantielle* Aspekte nennen: in ihnen ist geregelt, in welcher Weise sprachliche Bedeutungen in der geschriebenen Sprachform repräsentiert werden. Bereits die Konstruktion einer graphematischen Ebene fällt in die Domäne der substantiellen Aspekte, weil dort mit sprachlichen Bedeutungen operiert werden muß. Die substantiellen Aspekte werden im materialen und relationalen Aspekt realisiert, dort finden sie ihren graphischen Ausdruck: insofern sind Klärungen der beiden technischen Aspekte Voraussetzungen für die Diskussion der substantiellen Aspekte.[19]

Wenn man sagt, daß unser Alphabet das lateinische Alphabet sei, meint man natürlich mehr als seine graphische Form, die Gestalt seiner Schriftzeichen. Man meint ebenso die Beziehungen zwischen den Schriftzeichen dieses Alphabets und den Lauten bzw. Lautfolgen, die sie in allen möglichen einzelsprachlichen Verschriftungen in diesem Alphabet repräsentieren. Diese Beziehungen sind alles andere als einheitlich; sie wurden im Lauf der Zeiten einzelsprachlich spezifiziert, indem die Laut-Schriftzeichen-Beziehungen den grammatischen Strukturen der jeweiligen Sprache, insbesondere dem phonologischen und morphologischen System, mehr oder weniger stark angepaßt wurden. Dies führte häufig zu Veränderungen an den Schriftzeichen selbst, indem etwa neue Schriftzeichen aus alten abgeleitet oder aus anderen Alphabeten übernommen wurden. Ein Beispiel für letzteres sind etwa die isländischen Schriftzeichen ⟨ð⟩ und ⟨þ⟩ oder die kyrillischen Schriftzeichen ⟨ш⟩ und ⟨щ⟩. Die Ableitung von neuen Schriftzeichen aus vorhandenen kann entweder durch graphische Modifikationen erfolgen, etwa durch Diakritika, z. B. ⟨ä, ü, ö⟩ im Deutschen, ⟨ś, ć, š, č⟩ in slavischen Sprachen, ⟨ş⟩ im Rumänischen und ⟨ç⟩ im Französischen usw., oder durch Ligaturkonventionen, z. B. ⟨ß⟩ im Deutschen, ⟨æ⟩

im Norwegischen, ⟨ÿ⟩ im Niederländischen oder auch durch Modifikationen am Buchstabenkorpus, z. B. ⟨ø⟩ im Norwegischen, ⟨ł⟩ im Polnischen. Neue Einheiten für ein Schriftsystem können aber genauso gewonnen werden durch die Konventionalisierung von Schriftzeichenkombinationen, d. h. die Einführung kombinierter Grapheme, z. B. ⟨sch, ch⟩ im Deutschen, ⟨dz, dż, dź, rz, sz, ść, cz, sczc⟩ im Polnischen. Dennoch sind die Laut-Schriftzeichen-Beziehungen im ›Geltungsbereich‹ der einzelnen Basisalphabete in einem elementaren Sinn übereinzelsprachlich festgelegt und gleichartig; es gibt feste Beziehungen fast aller lateinischer (kyrillischer, arabischer usw.) Schriftzeichen zu ihren ›lautlichen Entsprechungen‹. Um ein Beispiel zu geben: es ist kein Fall bekannt, in dem das Zeichen ⟨a⟩ einen Verschlußlaut, etwa [g] oder [p] repräsentieren würde. ⟨a⟩ steht primär für tiefe Zentralvokale, ist darauf aber nicht ausschließlich festgelegt, sondern kann auch für andere Vokalzonen stehen. Dies zeigen z. B. engl. ⟨mate⟩ [meit] oder frz. ⟨chanter⟩ [ʃɔ̃te:] wo ⟨a⟩ in dieser Position nach bestimmten, dem jeweiligen Schriftsystem eigentümlichen Zuordnungsregeln einen vorderen steigenden Diphtong bzw. einen nasalierten hinteren tiefen Vokal repräsentiert.

Es steht außer Zweifel, daß die Beziehungen zwischen Schriftzeichenfolgen und Lautfolgen in verschiedenen Sprachen höchst unterschiedlich geregelt sind. Dennoch kann von elementaren, im einzelnen Schriftzeichen festgelegten (historisch sozusagen versteinerten) Abbildbeziehungen ausgegangen werden. Das lateinische Alphabet (und alle anderen Alphabete genauso) inkorporiert als Resultat langfristiger gleichmäßiger Verwendung in seinen einzelnen Schriftzeichen Referenzen auf gewisse Lautzonen, die nicht beliebig ausdehnbar sind, noch, und das ist das Hauptargument, historisch beliebig ausgedehnt wurden. So ist der am Zahndamm gebildete Reibelaut in allen uns bekannten Sprachen, die lateinisch verschriftet sind, grundsätzlich mit den Zeichen ⟨s⟩ assoziiert, und das gilt auch umgekehrt: das Zeichen ⟨s⟩ ist mit alveolaren Spiranten assoziiert. Daß diese Lautgruppe vielfach auch durch andere Zeichen bzw. Zeichenkombination wiedergegeben werden kann (im Deutschen gibt es mindestens acht verschiedene Möglichkeiten, z. B. ⟨ti⟩ wie in ⟨Station⟩ oder durch das Zeichen ⟨c⟩ wie in ⟨Celle⟩ oder durch das – im lateinischen Basis-Alphabet nicht vorhandene – Schriftzeichen ⟨ß⟩ wie in ⟨Kuß⟩), setzt diese primäre und stabile Assoziation von einzelnen Schriftzeichen und phonetischen Zonen nicht außer Kraft.

In dieser *relativen* Stabilität der Korrelationen zwischen bestimmten Schriftzeichen und bestimmten phonetischen Zonen liegt einer der technischen Vorzüge von Alphabetschriften: sie können relativ leicht auf neuzuverschriftende Sprachen übertragen werden, und zwar unabhängig von deren strukturellen Eigenschaften. Derjenige Teil der Schriftzeichen, der solche Lauteinheiten oder -gegensätze repräsentiert, die in der jeweiligen Bezugssprache wie in der zu verschriftenden Sprache existieren, kann relativ problemlos übernommen werden; im übrigen hat man üblicherweise Modifikationen oder Kombinationen von Schriftzeichen des Ausgangsalphabets der ›Neuerfindung‹ von Schriftzeichen vorgezogen. Es gilt festzuhalten, daß alphabetische Schriften von den Sprachen, die sie repräsentieren, in einem grundsätzlichen Aspekt weitgehend ablösbar sind; theoretisch gesagt: denkbare graphematische

Universalien hätten keine wesentlich schlechteren Argumente für sich als phonematische Universalien.

Der in diesem Abschnitt vorgetragene Systematisierungsvorschlag beruht auf der Annahme, daß die drei Ebenen der geschriebenen Sprachform, der gesprochenen Sprachform und der sprachlichen Bedeutungen voneinander prinzipiell unterschieden werden können. Diese Voraussetzung bedarf näherer Betrachtungen und muß ausführlicher erörtert werden. Welche theoretischen Konstruktionen jedoch auf der Basis dieser relativ schlichten Annahmen bereits möglich werden, soll der folgende Abschnitt illustrieren.

VI. Tarzan

Der amerikanische Linguist F.W. HOUSEHOLDER knüpft in seinen *Linguistic speculations*, die 1971 erschienen sind, an die generativ-phonologische Theorie CHOMSKYS und HALLES (1968) über die Schriftebene an.[20] Er sucht den Nachweis zu führen, daß die geschriebene Sprachform zumindest aus systematischen Gründen (nach den Kriterien der Einfachheit und Generalisierbarkeit grammatischer Regeln) als primär anzusetzen sei gegenüber der Ebene der gesprochenen Sprachform. Die theoretische Argumentation HOUSEHOLDERS übergehen wir hier; wir werden lediglich das Beispiel diskutieren, mit dem sein Kapitel über die »primacy of writing« eingeleitet wird. Dieses Beispiel ist dem durch Filme und Groschenhefte weltberühmt gewordenen Roman *Tarzan of the Apes* von EDGAR RICE BURROGHS (1912) entnommen. Die Geschichte handelt davon, wie TARZAN das Lesen und Schreiben gelernt hat.

TARZAN verliert seine Eltern, als er noch ein Baby ist. Er wird von einer Affenmutter adoptiert und aufgezogen und lernt von ihr die Sprache des Affenstammes, zu der sie gehört (sein Name TARZAN ist ein Kompositum dieser Sprache), ebenso wie er die ›Fremdsprachen‹ anderer Dschungeltiere lernt. Als er zwölf Jahre alt ist, entdeckt er in der Hütte seiner verstorbenen leiblichen Eltern Bücher: eine Fibel, Kinderbücher, Bilderbücher und ein großes Lexikon. Die Bilder gefallen ihm ›natürlich‹ aber die »strange little bugs«, die komischen kleinen Käfer auf dem Papier, stürzen ihn in tiefes Grübeln.

Er beißt sich fest an einem Bild eines kleinen Affen, der ihm ähnlich sieht, abgesehen davon, daß er außer im Gesicht und an den Händen mit einem merkwürdigen bunten Fell bewachsen ist – »for such he thought the jacket and trousers to be«. Unter diesem Bild befanden sich drei Käfer: *Boy*. Diese drei Käfer wiederholten sich auf anderen Seiten des Buches laufend. TARZAN stellt auch fest, daß es verhältnismäßig wenig »individual bugs« gibt; alle »individual bugs« wiederholen sich genauso wie Konfigurationen von Typ *Boy*. Unter einem anderen Bild, das denselben buntfelligen jungen Affen mit einer Art Schakal darstellt, findet er die Käferkonfiguration *A Boy and a Dog*. Und so, langsam und mit größter Konzentration, lernt TARZAN lesen »without having the slightest knowledge of letters or written language, or the faintest idea that such things existed«, und, notabene, ohne je ein Wort in englischer Sprache gehört zu haben.

Später findet TARZAN dann Bleistifte und malt die kleinen Käfer nach – so lernt er schreiben. »His education progressed«, schreibt BURROGHS. ROBINSON CRUSOE ist ein Waisenknabe gegen TARZAN – ROBINSON hatte das kulturelle und technische Wissen seiner Zeit im Kopf und mußte lediglich die Bedingungen neu schaffen, die dieses Wissen praktisch werden lassen konnten. TARZAN holte sich dieses Wissen aus einem Konversationslexikon, dessen Sprache er nicht kannte, allein über seine geniale Rekonstruktion des Funktionierens einer Alphabetschrift. Und noch mehr: er bekommt im Laufe seines Studiums heraus, daß er zu einer anderen Rasse gehört als seine Mitaffen, daß er sich seines unbehaarten Körpers gar nicht zu schämen braucht: er ist ein *M-A-N*, sie sind *A-P-E-S*, Freund Tantor ist ein *E-L-E-P-H-A-N-T* (letzteres kann allerdings kaum als eine sensationelle Entdeckung gewertet werden).

HOUSEHOLDER stellt zu Recht fest, daß neben dieser Leistung die Entzifferung der ägyptischen Hieroglyphen, des Sumerischen oder der Linear-B-Schrift eine Kinderei seien: hatten die Gelehrten, die sich diesen Aufgaben unterzogen, doch genaue Vorstellungen über die Zusammenhänge zwischen geschriebenen und gesprochenen Sprachformen, bestand ihre Aufgabe doch lediglich darin, gegebenen Schriftzeugnissen Lautformen und Grammatik der Sprachen, die sie wiedergaben, zuzuordnen. TARZAN ahnt zunächst nicht einmal, daß es solche Zusammenhänge geben könnte: er liest und schreibt ausschließlich »by eye«, ohne irgendwelche Assoziationen zu Lauten oder Lautmustern herstellen zu können. Er lernt eine Alphabetschrift ideographisch zu lesen und kommt aufgrund seiner »active intelligence of a healthy mind« sogar hinter das Geheimnis der Phonographie, allein aufgrund der Struktur der Schrift.

Vollends abenteuerlich wird die Geschichte, als TARZAN zum ersten Mal einem leibhaftigen Menschen begegnet, wobei er Pech hat: es ist ein frankophoner Belgier, und TARZAN kennt nur geschriebenes Englisch. Man verkehrt schriftlich miteinander; TARZAN bittet D'ARNOT: »Teach me to speak the language of men.« D'ARNOT tut das gern – nur bringt er TARZAN Französisch bei statt Englisch. TARZAN lernt schnell und kann nach zwei Tagen kurze Sätze auf Französisch produzieren; dann merkt sein Lehrer, daß es problematisch sei, »to teach him the French construction upon a foundation of English«. Die Geschichte endet damit, daß TARZAN fließend Französisch spricht und fließend Englisch liest und sich in der jeweils fehlenden Teilfertigkeit weiter zu vervollkommnen vornimmt.

Für HOUSEHOLDER liegt der Wert des TARZAN-Beispiels darin, daß hier im Sinne seiner Auffassungen der logische Zusammenhang zwischen geschriebener und gesprochener Sprachform in eine chronologische Ordnung gebracht sei – hier sei die »primacy of writing« in einer Biographie illustriert. HOUSEHOLDER bestreitet zwar nicht, daß jedes Kind zunächst sprechen lernt (TARZAN lernt ja auch zunächst die äffische Sprache) und dann das Lesen und das Schreiben: danach »we must go back and correct all the errors we made by learning to speak first«, und noch in TARZANS Problemen mit dem Englischen als der ersterlernten geschriebenen Sprache und dem Französischen als der ersterlernten Sprechsprache sieht er die »abnormality of the usual arrangement« symbolisiert (248). Da wir HOUSEHOLDERS Ansichten nicht teilen, liegt für uns der Wert dieses Beispiels woanders: es zeigt zunächst einmal, wie souverän generative Phonologen gelegentlich mit empirischen Problemen umgehen. HOUSEHOLDER erklärt mit dieser Argumentation nicht nur so gut wie alle vorchomskyschen Schrifttheorien, sondern auch die Spracherwerbsforschung in der Tradition VYGOTSKIS oder PIAGETS zur Makulatur – nur hat TARZAN eben in der grauen Realität der Sprach- und Schriftgeschichte so wenig ein Vorbild wie in der des kindlichen Erwerbs von Sprache in ihrer gesprochenen oder in ihrer geschriebenen Form. Es ist unergiebig, hier weiter zu polemisieren.

Es ist undenkbar und empirisch ohne Beispiel, daß jemand ohne die Kenntnis der sozialen Grundfunktionen der geschriebenen Sprachform zum Lesen und Schreiben kommt. Dies ist die wesentliche Implikation des gesellschaftlichen Zustands, den wir als *Aliteralität* bezeichnen: das Nichtvorhandensein gesellschaftlicher Erfahrungen mit geschriebenen Sprachformen, und TARZANS äffische Gesellschaft ist absolut aliteral. Aus diesem soziologischen Gesichtspunkt ergibt sich die Unbrauchbarkeit dieses Beispiels in der einen Hinsicht. Man kann nun noch die oben angestellten

Überlegungen über die verschiedenen möglichen Rekonstruktionsprozeduren für die Beziehungen zwischen geschriebener Sprachform, gesprochener Sprachform und sprachlichen Bedeutungen auf diesen Fall anwenden. TARZAN war in der Lage, arbiträre graphische Formen und Konfigurationen solcher Formen als Mittel der Repräsentationen sprachlicher Bedeutungen zu identifizieren, woraus folgt, daß sich seine »faculté de langage« auf die Schriftform erstrecken mußte, d. h. daß die geschriebene Sprachform zu seinen »ideae innatae« gehörte. Er war weiterhin in der Lage, Rekonstruktionsprozeduren entsprechend dem Schema B (¬ A ¬ C) auszuführen, und dies auch noch, ohne die Operationen zu kennen, nach denen man solche Aufgaben bearbeiten kann. Es erübrigt sich, über den Folgekalkül mit seinem Umweg über die Lautformen bzw. die Grammatik des Französischen weiter nachzudenken.

HOUSEHOLDER ist, so scheint es, Gefangener seiner theoretischen Schemata geworden. Er hat versucht, durchaus scharfsinnige und diskutable systematische Erkenntnisse der generativen Phonologie in die Empirie, wenn auch eine fiktive Empirie, zu übertragen, und dabei versäumt, sich die Frage nach dem soziologischen und historischen Realismus seiner Fragestellung vorzulegen. Hätte er das getan, wäre er vielleicht zu dem Ergebnis gekommen, daß die BURROGHSsche Verdoppelung des Kaspar-Hauser-Syndroms viel eher das Gegenteil dessen beweist, was HOUSEHOLDER zu beweisen sucht, daß nämlich aus der Kontrafaktizität dieses fiktiven Falls die »primacy of speech« zu folgern wäre und keine »primacy of writing«.

VII. Grapheme, Buchstaben, Alphabete, Schriftsysteme

Im folgenden Abschnitt werden einige Definitionen für zentrale sprachwissenschaftliche Termini gegeben, mit denen im weiteren Verlauf der Untersuchung zu arbeiten sein wird. Sie beziehen sich auf Alphabetschriften. Diese Definitionen sind im wesentlichen strukturalistischen Ansätzen verpflichtet, die angesichts der neueren generativ-phonologischen Theorien einerseits, der interaktions-, text-, diskurstheoretischen Modelle der Schreib- und Leseprozesse und ihrer Weiterungen andererseits altmodisch erscheinen mögen. Der maßgebliche Gesichtspunkt bei dieser Entscheidung liegt darin, daß die strukturalistischen Verfahren einen sicheren methodischen und ›handwerklichen‹ Boden unter den Füßen bieten. Es wird hier darauf verzichtet, auf die Literatur Bezug zu nehmen; dies wird in den nächsten Kapiteln extensiv geschehen.

Ganz unspezifisch und ausschließlich auf die materielle Substanz von sprachlichen Äußerungen bezogen werden die Ausdrücke *geschriebene Sprachform* und *gesprochene Sprachform* verwendet. Sie referieren auf empirische Sprachäußerungen. Jede mündliche Sprachäußerung ist ein Beleg für die gesprochene Sprachform einer Sprache, und hierunter fällt auch das Vorlesen eines schriftförmigen Textes. Entsprechend gilt jedes Schriftprodukt als Beleg für die schriftliche Sprachform einer Sprache, auch schriftliche Aufzeichnungen und Transkriptionen von mündlichen Äußerungen. Es gibt Sprachen, von denen nur Belege in geschriebener Sprachform vorliegen, nämlich sogenannte unentzifferte Sprachen, ebenso die Mehrzahl der sogenannten ›toten‹ Sprachen, und es gibt schriftlose Sprachen: das Nichtvorhandensein einer geschriebenen Sprachform definiert sie als schriftlos. Mit diesen Festlegungen schließen wir uns an das glossematische Konzept an, demzufolge Rede und Schrift als ›Substanzen des Ausdrucks‹ zu fassen sind; weiterhin gehen wir davon aus, daß die Ebene der ›Form des Ausdrucks‹ als Doppelebene zu konzipieren ist, also nicht nur das phonematische System, sondern auch das graphematische System der jeweiligen Sprache zu beschreiben hat. Damit stellen wir uns gegen extrem funktionalistische Auffassungen (wie sie von Theoretikern der Prager Schule (VACHEK, HAVRÁNEK u.a.) oder von A.A. LEONT'EV formuliert worden sind), denen zufolge die sozialen Funktionen, nicht die materiellen Erscheinungsformen von Äußerungsakten die Grundlage für die elementaren Klassifikationen darstellen sollen; bei den Prager Theoretikern führt dies zu der Annahme, daß mündliche Realisationsweisen der »Schriftsprache« und schriftliche Realisationsweisen der gesprochenen Alltagssprache anzusetzen sind, bei LEONT'EV zu der Auffassung, daß das gleichzeitige Beherrschen gesprochener und geschriebener Sprachform einer Sprache als Form von Zweisprachigkeit gelten müsse.

In Alphabetschriften ist die geschriebene Sprachform materiell realisiert in diskreten graphischen Gebilden, die Zeichencharakter besitzen; ihre Zeichenrelationen sind durch Analysen der Struktur der geschriebenen Sprachform selbst, ebenso aber auch durch die Analyse der Formen und Funktionen der Korrelationen zwischen den Elementen der geschriebenen Sprachform und den verschiedenen Komponenten der Grammatik der betreffenden Sprache zu klären. Die phonologische Komponente nimmt dabei eine besondere Rolle ein (was sich aus der Definition von ›Alphabetschrift‹ ergibt). Diese graphischen Zeichen sind voneinander durch Spatien abgetrennt (sieht man von Kurrentschriften oder Ligaturkonventionen ab; letztere können sich auf einzelne Zeichenverbindungen oder auf das gesamte Schriftsystem beziehen, z.B. im Devanagari, im Koreanischen oder im Amharischen – diese Fälle werden hier ausgegrenzt). Jedes komplexe Element der geschriebenen Sprachform ist als diskontinuierliche Folge solcher diskreter Zeichen zu charakterisieren; es gibt allerdings den Fall, daß ein elementares Zeichen mit einem komplexen Zeichen einer höheren Hierarchieebene zusammenfällt, etwa bei den russischen Präpositionen ⟨у⟩, ⟨к⟩, ⟨в⟩, ⟨о⟩ und ⟨с⟩. Alphabetschriften sind im Prinzip dadurch definiert, daß ihre kleinsten Elemente in (mehr oder weniger komplexen) Korrelationen zur phonologischen Komponente stehen. Zwar gibt es keine Alphabetschrift, die ›strikt phonologisch‹ wäre, aber andererseits gilt, daß die phonologische Ebene die primäre Bezugsebene für die Beschreibung der elementaren Einheiten der geschriebenen Sprachform darstellt. Damit ist in keiner Weise ausgeschlossen, daß andere Komponenten Korrelationen zu minimalen oder komplexen Einheiten der geschriebenen Sprachform eingehen und u.U. zur wichtigsten Bezugsebene werden können.

Trotz der vielen bedenkenswerten Einwände, die gegen diese Auffassung vorgetragen worden sind (z.B. HAAS 1976, EISENBERG 1983b, 1983c), möchten wir an dieser ›engen‹ Definition des Graphems festhalten, die die Annahme einer primären Korrelation zur phonologischen Komponente zum Ausdruck bringt. *Grapheme* definieren wir daher als solche graphischen Zeichen, die mit Phonemen, Phonemalternanten oder Phonemverbindungen in Korrelation stehen. Diese Defintion lehnt sich an die Bestimmung von *Phonographem* an, wie ALLÉN (1965) und MCLAUGHLIN (1963) diese Einheiten genannt haben.

Mit dieser Definition des Graphems ist gesagt, daß ein graphisches Zeichen nicht per se, sondern nur unter bestimmten Bedingungen Graphemstatus erhält, und daß der Graphemstatus eines Zeichens immer nur für bestimmte Distributionen und nicht als prinzipielle Charakteristik des betreffenden Zeichens gelten darf, es sei denn, das betreffende Zeichen besitzt in jeder Distribution Graphemstatus.

Solche graphischen Zeichen, die zwar einen selbständigen Buchstabenkorpus haben (im Druck zwischen zwei Spatien, in Kurrentschriften mindestens zwischen den beiden mittleren Zeilen durch mindestens einen Strich repräsentiert sind), aber keinen Graphemstatus zugewiesen bekommen, werden Hilfsgraphe genannt. *Hilfsgraphe* sind beispielsweise die Mitglieder kombinierter Grapheme (z. B. dt. ⟨sch⟩ usw.), bei denen eine Kombination von Schriftzeichen Graphemstatus hat, nicht jedoch die einzelnen Elemente der Kombination. Reine Hilfsgraphe liegen in solchen Fällen vor, in denen Schriftzeichen darauf beschränkt sind, phonologische Reihen zu notieren (und nicht Phoneme), z. B. im Russischen das Zeichen ⟨ь⟩ zur Markierung der Palatalitätskorrelation, in einigen ostkaukasischen Sprachen (z. B. dem Abazinischen) das Zeichen ⟨I⟩ zu Markierung der Glottalisierungskorrelation, das Zeichen ⟨в⟩ zur Markierung der Labialisierungskorrelation (vgl. BOEDER 1969, JAZYKI NARODOV SSSR IV/1967).

Die Menge aller Grapheme und Hilfsgraphe bildet das *Alphabet* einer Sprache. Die Elemente eines Alphabets heißen *Buchstaben*. Die Statuszuweisung für einen Buchstaben ergibt sich aus seiner graphischen Umgebung. Beispiele sind ⟨n⟩, das im Französischen (unter gewissen Bedingungen) als Nasalitätsindex für den vorgehenden Vokal fungiert oder (graphische) Gemination zur Bezeichnung phonologisch relevanter oder allophonischer Sachverhalte. Alphabete sind allerdings in der Regel durch andere Einteilungsgesichtspunkte charakterisiert als die phonologischen Systeme, mit denen sie korrespondieren. So wird beispielsweise die Palatalitätskorrelation im Russischen in bestimmten Fällen durch den erwähnten Hilfsgraphen ⟨ь⟩ bezeichnet. In anderen Fällen ist diese Korrelation in der Definition des phonologischen Wertes des Schriftzeichens bereits festgelegt (⟨ж⟩, ⟨ш⟩, ⟨ц⟩ stehen stets für [−palatal], ⟨ч⟩, ⟨щ⟩ stets für [+palatal]), und in weiteren Fällen ist diese Korrelation auf der graphischen Ebene reihenbildend, nämlich bei den Vokalzeichen (⟨a⟩: ⟨я⟩, ⟨y⟩: ⟨ю⟩ usw.); die ›palatalisierte Reihe‹ notiert für das jeweils vorangehende Buchstabenzeichen das Merkmal [+palatal]. Ein Beispiel sind folgende phonologische Minimalpaare, die mit ›graphematischen Minimalpaaren‹ korrespondieren:

(4)   /mat/ ⟨мат⟩ ›Matte‹
       /mat'/ ⟨мать⟩ ›Mutter‹
       /m'at/ ⟨мят⟩ ›gequetscht‹
       /m'at'/ ⟨мять⟩ ›quetschen‹

Das *Grapheminventar* einer Sprache darf nicht als eine einfache Liste aller Grapheme dieser Sprache verstanden werden; eine Redeweise wie »⟨d⟩ ist ein Graphem des Deutschen« wäre unzulässig. Von Grapheminventaren kann nur dann sinnvoll gesprochen werden, wenn die Regularitäten expliziert sind, nach denen einzelne Buchstaben Graphemstatus zugewiesen bekommen und die die möglichen Distributionen, Kombinationen, Substitutionen usw. für jeden einzelnen Buchstaben beschreiben. Diese Regularitäten sind durch Analysen der *Schriftstruktur* zu ermitteln. Dies geschieht durch die Analyse von Texten. Analysen der Schriftstruktur dürfen nicht verwechselt werden mit Theorien über diese Regularitäten (mit deren Voraussetzungen wir uns hier beschäftigen), die EISENBERG (1983b) als *Orthographien* bezeichnet.

Grapheminventare und die sie konstituierenden Regularitäten kann man als *Graphie* oder *Schriftsystem* einer Sprache bezeichnen, wobei der Terminus *Schriftsystem* als Hypernym verwendet werden soll, weil er auch für die analogen Sachverhalte bei nichtalphabetischen Schrifttypen Geltung haben soll.

Einige Hinweise zur Verdeutlichung: sämtliche westeuropäischen Sprachen werden gegenwärtig auf der Basis eines Alphabets geschrieben, das man das lateinische nennt. Die Alphabete der einzelnen westeuropäischen Sprachen sind jedoch nicht miteinander identisch; im Deutschen gibt es z.B. die Buchstaben ⟨ä, ö, ü⟩, die es etwa im Französischen nicht gibt: dort werden die Phoneme, die im Deutschen durch »umgelautete« Schriftzeichen graphematisiert sind, anders repräsentiert. Differenzen bezüglich der Struktur und des Umfangs von Alphabeten sagen nichts aus über Differenzen der phonologischen Struktur der jeweiligen Sprachen. Diese rein auf die graphische Form bzw. den Umfang der Liste der graphischen Formen bezogenen Differenzen lassen es strenggenommen berechtigt erscheinen, von einem französischen, italienischen, deutschen usw. Alphabet zu sprechen. Diese Redeweise würde allerdings kräftig gegen den eingebürgerten Sprachgebrauch verstoßen. Wir sprechen deshalb von verschiedenen *Alphabetvarianten* auf der Grundlage des lateinischen Alphabets, das wir gelegentlich auch *Basisalphabet* nennen werden, und der *Graphie* einzelner Sprachen, z.B. der Graphie des Deutschen, Russischen, Englischen usw. Die Beziehung einer Graphie zu einem bestimmten Basisalphabet wird auch in der Weise terminologisiert, daß beispielsweise die Graphien des Deutschen, Französischen oder Tschechischen *lateinisch basiert* genannt werden, die des Russischen oder Serbischen *kyrillisch basiert*, die des Persischen oder des Urdu als *arabisch basiert* bezeichnet werden. Um auf die Unterschiede zwischen verschiedenartig basierten Graphien zu referieren, werden wir auch von *Schriftarten* sprechen (der lateinischen, kyrillischen, arabischen usw. Schriftart), während der Terminus *Schrifttyp* für die begriffliche Fassung des Unterschieds zwischen alphabetischen und nichtalphabetischen Schriftsystemen reserviert werden soll.

Nun haben bekanntlich sowohl das lateinische Alphabet als auch die verschiedenen Alphabetvarianten, die für verschiedene Sprachen gebräuchlich sind, durchaus unterschiedliche graphische Gestalten für jedes einzelne ihrer Elemente parat. Wir meinen damit weder die vielen hundert verschiedenen Serien von Drucktypen, die die Setzer *Schriften* nennen, und auch nicht die verschiedenen nationalen Varianten der Normalform des lateinischen, kyrillischen usw. Basisalphabets, noch gar die

unendliche Vielfalt der handschriftlichen Varianten, die einige Gelehrte zum Gegenstand eines besonderen Wissenschaftszweiges, der Graphetik, entwickelt sehen wollen (vgl. etwa ALTHAUS 1973a). Hier geht es um Varianten, die E.P. HAMP (1959:
1ff.) als »subgraphemic« bezeichnet hat: die verschiedenen Alphabetreihen der Ma-
juskel (formales Charakteristikum: zwei Grenzlinien) und der Minuskel (Ober- und
Unterlängen); beide Reihen haben jeweils eine buchschriftliche (druckschriftliche)
und eine Kurrentvariante. Dabei kann man gelegentlich Inkongruenzen beobachten;
so gibt es für die längst zum selbständigen Buchstaben gewordene Ligatur ⟨ß⟩ des
Deutschen keine Majuskelgestalt – sie wird dann in ⟨ss⟩ aufgelöst. Im Griechischen
gibt es, wie im Hebräischen oder Arabischen, Positionsvarianten, nämlich ⟨σ⟩ gegenüber ⟨ς⟩ und der Majuskelform ⟨Σ⟩. Ein anderer Fall sind Schriftzeichen, die in
diesen Oppositionen durchgängig ›neutral‹ bleiben, etwa solche Schriftzeichen, die
lediglich phonematische Reihen markieren; dasselbe gilt für Begriffzeichen wie ⟨&,
%, §⟩ und dgl. Die differentielle Analyse der Buchstabengestalten ist die traditionelle Domäne der Paläographie und Epigraphik; neuerdings wird solchen Fragen
auch in psycholinguistischen Arbeiten eine gewisse Aufmerksamkeit geschenkt. Hier
sind solche Probleme allerdings nur am Rande von Interesse; hier geht es um terminologische Festlegungen, in diesem Fall darum, daß Elemente eines Alphabets auch
dann als Exemplare eines Buchstabens aufgefaßt werden, wenn ihre graphische
Gestalt uneinheitlich ist (z.B. dt. ⟨G, g, g, g, g, g⟩ etc).[21] Bei Bedarf werden wir die
Mitglieder solcher Mengen von Buchstabengestalten *Buchstabenvarianten* nennen.

VIII. Alphabetischer und nichtalphabetischer Sektor
von Alphabetschriften

Bei der Untersuchung eines Schriftsystems ist zu unterscheiden zwischen seinen
technischen und seinen substantiellen Aspekten. Unter *technischen Aspekten* sind
einerseits die rein graphischen Eigenschaften von Schriftzeichen bzw. von Alphabeten zu verstehen, die wir den materialen Aspekt genannt haben, andererseits die für
verschiedene Sprachen verschieden geregelte Beziehung der Schriftzeichen und
Schriftzeichenfolgen zur Lautebene, soweit sie unabhängig von sprachlichen Bedeutungen konzipiert werden kann. Wir haben hier vom relationalen Aspekt gesprochen. Unter *substantiellen Aspekten* verstehen wir die Beziehungen von Schriftzeichen bzw. Schriftzeichenfolgen zu sprachlichen Bedeutungen. Die Frage, ob die
Lautebene bei der Herstellung von Beziehungen zwischen der Ebene der Schriftzeichen und der Ebene der sprachlichen Bedeutungen eine prinzipielle oder nur eine
vermittelnde, oder vielleicht nur eine sekundäre Rolle spielt, bleibt zunächst offen.

    Bei der Untersuchung beider Aspekte, der technischen wie der substantiellen,
unterscheiden wir zwischen einem *alphabetischen* und einem *nichtalphabetischen
Sektor* der geschriebenen Sprachform. Der alphabetische Sektor ist dadurch gekenn-
zeichnet, daß er in einer noch zu klärenden Weise auf die Lautebene der Sprache
beziehbar ist. Obwohl evident ist, daß Alphabetschriften auf Analysen von phonologischen Strukturen beruhen und alphabetische Schriftzeichen sich auf Elemente der

Phonemstruktur beziehen, bedürfen sowohl das praktische Funktionieren dieser Beziehung in verschiedenen Sprachen als auch ihr theoretischer Status noch gründlicher Erörterungen. Der nichtalphabetische Sektor bezieht sich auf andere Ebenen des Sprachsystems als die phonologische Ebene. Mit dieser Aussage ist allerdings impliziert, daß es prinzipiell möglich ist, den nichtalphabetischen Sektor auf einzelne Ebenen des Systems der gesprochenen Sprache zu beziehen, etwa auf Einheiten wie Wörter oder Syntagmen. Zur Illustration dieses Gesichtspunktes diene Beispiel (5):

(5)   Peters R4 war zu 50% überladen, als er auf der B54 mit einem 2CV zusammenstieß, der mit C&A-Reklame beklebt war.[22]

Sicherlich kann man die Ausdrücke ⟨R4⟩, ⟨50%⟩, ⟨B54⟩ und ⟨C&A⟩ leicht phonographisch beschreiben, indem man die phonetische Repräsentation der Zeichennamen angibt, z.B. [ʔɛʁˈfiːʁ] und nicht etwa [ʔɛʁˈkatᶎ] usw. Letzteres wäre allerdings als phonetische Repräsentation anzusetzen, wenn ⟨R4⟩ in einem Satz wie (6) vorkommt:

(6)   Gisèle aime sa R4, parce qu'elle est une voiture très robuste.

Die ›Ausbuchstabierung‹ von Begriffszeichen wie ⟨R4⟩ hängt zunächst einmal von der phonetischen Form des Zeichennamens ab, und diese phonetische Form ist nicht immer eindeutig festgelegt, sondern kann mehrere Varianten haben, wie das Beispiel ⟨2CV⟩ in (5) zeigt, das im Deutschen sowohl als [døˈʃvoː] und [tsvaɛtseˈfaɔ], aber auch als [ʔɛntə] realisiert werden kann. Es geht hier einerseits darum, daß solche nichtalphabetischen Elemente in Alphabetschriften nicht notwendig auf einen Zeichennamen festgelegt sind, der sie in jeder Einzelsprache eindeutig, wenn auch über den Umweg über die phonetische Form dieses Namens, als komplexe Einheit der geschriebenen Sprachform identifizieren lassen würde. Zum anderen geht es darum, daß viele dieser Einheiten in identischer graphischer Gestalt in verschiedenen Einzelsprachen auftauchen und entsprechend verschiedene Zeichennamen haben können, die gelegentlich als ›Fremdwörter‹ in andere Sprachen übernommen werden, wie die Variante 1 der deutschen ›Ausbuchstabierung‹ von ⟨2CV⟩ zeigt. Ein schönes Beispiel dafür ist das Zeichen ⟨&⟩, eines der verbreitetsten Begriffszeichen. Es wird in den meisten europäischen Sprachen verwendet und ist in den Schreibmaschinentastaturen enthalten; daß die wichtigste Konjunktion, die gleichzeitig (in allen uns bekannten Sprachen) zu den höchstfrequenten Lexemen gehört, als Begriffszeichen usuell geworden und tradiert worden ist, ist nicht besonders erstaunlich. ⟨&⟩ wurde aber auch, in der Variante ⟨ ꝫ ⟩ der Noten, bis ins 17. Jh. als Bestandteil von Alphabetlisten, also als silbisches Graphem geführt; im Mittelalter war diese Praxis verbreitet. So findet sich in den *Kasseler Glossen* die Gleichung

(26) Nomen habet namunhab&,[23]

wobei uns bemerkenswert scheint, daß hier die althochdeutsche Form und nicht die lateinische »abgekürzt« ist. Es gibt aufschlußreiche Beispiele dafür, daß der Status dieses Zeichens schon früh Gegenstand grammatischer Reflexion war. Im *Ersten grammatischen Traktat* in der *Edda* heißt es:

* ꝫ ist eher eine Silbe als ein Buchstabe (ſtafr), und im Lateinischen ist es *e* und *t*, und in

unserer Sprache ist es *e* und þ, wenn man es verwenden wollte, aber ich gebrauche es nicht in unserer Sprache und unserem Alphabet [...]. (zit. nach JELLINEK 1930: 18f.)

Das lat. [et] wäre im Isländischen als [eþ] zu adaptieren, eine Form, die im Isländischen nicht vorkommt. Die andere Möglichkeit, dem Zeichen das isländische [oc] (›und‹) zuzuordnen, wird nicht erwogen, und so meint der Verfasser, daß das Zeichen überflüssig sei – er behandelt es als Lautzeichen, also als Zeichen mit einer festen Korrelation zu einer Lautform, nicht als Begriffszeichen. Auch in England und Frankreich wurde der *titulus* als Bestandteil des Alphabets betrachtet; im Englischen ist der Ausdruck *ampersand* (aus *and per se and*) zum Namen des ⟨&⟩ geworden.[24] *Begriffszeichen* sind solche Elemente von alphabetischen Schriftsystemen, deren Zeichencharakter durch eine feste Verbindung zu Elementen der Bedeutungsebene konstituiert wird. Begriffszeichen treten erst sekundär über ihre Zeichennamen zu einzelsprachlichen Lautformen in Beziehung, und zwar Lautformen von Elementen der lexikalischen Ebene (oder höherer Ebenen, v.a. Syntagmen). Zur phonologischen Ebene stehen sie somit nur in vermittelten Bezügen, weshalb es naheliegt, Begriffszeichen nicht als Sonderfälle innerhalb der graphematischen Ebene zu behandeln, sondern als eigenständige Komponente der geschriebenen Sprachform zu betrachten. Alphabetische Schriftsysteme wären damit als Systeme mit zwei verschiedenen Typen von minimalen Einheiten charakterisiert. Neben die Menge der Buchstaben, die durch Korrelationen zur phonologischen Ebene definiert sind, tritt die Menge der Begriffszeichen, die durch Korrelationen zur morphologischen und lexikalischen Ebene charakterisiert ist.

Begriffszeichen sind ein wichtiger Teilbereich des nichtalphabetischen Sektors von Alphabetschriften. Beide Sektoren sind nicht einzelsprachspezifisch zu erfassen. Allerdings ist der alphabetische Sektor für jede Einzelsprache gesondert zu beschreiben, weil er aufgrund seiner direkten Beziehung zur phonologischen und morphonologischen Ebene jeweils spezifischer Anpassungen bedarf. Begriffszeichen sind demgegenüber bequem ohne einzelsprachbezogene Spezifikationen zu beschreiben. Sie sind nicht in der Korrelation zur (einzelsprachspezifischen) Substanz des lautlichen Ausdrucks definiert, sondern in der Korrelation zu Inhaltssubstanzen, d.h. Begriffszeichen sind unabhängig von der Lautform definiert, die in einzelnen Sprachen ihrem Ausdruck dient, und sie sind prinzipiell in jeder Sprache dann verwendbar, wenn der Begriff, den das jeweilige Begriffszeichen repräsentiert, vorhanden bzw. entwickelt worden ist. Wir verzichten darauf, die hier gegebene Bestimmung von ›Begriffszeichen‹ im Hinblick auf die vielfältigen Vorschläge zur Definition von Begriffen wie *Semasiogramm, Ideogramm, Logogramm, Glossogramm* usw. näher zu erörtern. Auch die Frage, ob die gemeinhin als *Piktogramme* bezeichneten Symbole, die in den letzten zwanzig Jahren eine rapide Verbreitung erfahren haben, als Begriffszeichen oder Sonderfälle davon aufzufassen sind, soll nicht diskutiert werden; der Hinweis soll genügen, daß es hier (wie häufig bei kategorialen Festlegungen dieser Art) Grauzonen gibt, in denen sich das Zeicheninventar, das wir als Menge der Elemente eines Schriftsystems auffassen, mit konventionellen Zeichen anderer Ordnung berührt. Beispiele wären ☽ neben einer Datumsangabe, ⊕ auf einem Stück Blech an einer Jacke, ›Gaunerzinken‹, Warenzeichen usw.

Im folgenden beschränken wir uns darauf, eine Serie von Beispielen für Begriffszeichen im Sinne der obigen Definition zu geben. Man kann damit beginnen, den
einschlägigen Teil einer Schreibmaschinentastatur zu zitieren: ⟨ =, %, &, (,), §, + ⟩;
weitere häufig zitierte Beispiele sind Ziffern: ⟨1, 2, 3…⟩, Währungszeichen wie
⟨$, £⟩, mathematische und logische Zeichen, viele ›fachsprachliche‹ Zeichen wie z. B.
⟨❀, ☏, ®, ♀, † …⟩.

Begriffszeichen sind festgelegt auf die Repräsentation von Elementen der Bedeutungsebene; ein interessanter Unterschied besteht noch darin, daß sie entweder
direkt lexikalisierbar sind wie ⟨R4⟩, ⟨©⟩ oder ⟨9⟩, aber auch ⟨2CV⟩, oder aber der
Paraphrasierung bedürfen, d. h. daß ihre Zeichennamen mit sprachlichen Mitteln
erläutert werden müssen, z. B. in einem Telefonbucheintrag wie

(7)   Wolf, Danielle, Waldemarstr. 2 ⟨☎⟩ 23704

wo das Zeichen ⟨☎⟩ darauf verweist, daß es sich um einen Anschluß mit Anruf-
beantworter handelt. Wichtiger ist aber, daß Begriffszeichen ebenso wie die Elemente des alphabetischen Sektors mehrere Repräsentationsbeziehungen eingehen
und dadurch eine Art spezieller graphischer Syntax konstituieren. Wir meinen damit
nicht (triviale) Fälle wie den, daß ⟨ + ⟩ im Deutschen als *und* oder *plus* interpretiert
werden kann, sondern Konstrukte wie ⟨Maier + ⟩, worin angezeigt ist, daß eine
Person namens Maier verstorben ist, ⟨ + Wittler⟩, bei dem es sich um einen Bischof,
oder ⟨ + + + ⟩, wo es sich schließlich um einen Analphabeten handelt. Damit ist
verdeutlicht, daß es zur Bestimmung von Begriffszeichen nicht ausreicht, ihre graphische Gestalt mit einem (oder mehreren) Element(en) der Bedeutungsebene zu
assoziieren, sondern daß der Verwendungskontext für ihre Interpretation relevant
ist. Am Rande sei auf die Selbstverständlichkeit verwiesen, daß Begriffszeichen
natürlich nur im Rahmen eines bestimmten Schriftsystems, d. h. unter Bezugnahme
auf den alphabetischen Sektor dieses Systems, als Begriffszeichen definierbar sind,
nicht durch ihre graphische Gestalt allein. Dies kann am hier gewählten Beispiel
extensiv demonstriert werden, weil ⟨ + ⟩ in vielen Schriftsystemen Element des alphabetischen Sektors ist. ⟨ + ⟩ repräsentiert in der Glagolica [a], in den angelsächsi-
schen Runen [j], im jezidischen System [ṣ], im japanischen Katakana die Silbe [na],
im Brahmi die Silbe [ka], im phönizischen, einigen Varianten des älteren griechischen
und im amharischen Alphabet [t], im Koptischen ⟨ + ⟩ für den ›Doppellaut‹ (Reichsdruckerei 1924: 20) [ti] gegenüber ⟨T⟩ für [t], schließlich im Georgischen (xucuri)
[kʔ] usw. (vgl. JENSEN 1958: 543).

Zu erwähnen ist schließlich, daß ein graphisches Symbol im Rahmen eines bestimmten Schriftsystems sowohl im alphabetischen wie im nichtalphabetischen Sektor auftreten kann, wobei es für beide Sektoren getrennt zu interpretieren ist, d. h.
ganz verschiedene Repräsentationsfunktionen übernehmen wird. Wissenschaftszweige mit einem breiten Bedarf an Symbolen verwenden bekanntlich verschiedene
Alphabete für ihre Darstellungen, wobei die einzelnen Zeichen natürlich neu, für den
jeweiligen Zweck passend interpretiert werden und dann als Begriffszeichen aufzufassen sind wie in (8) (wo die Möglichkeit der gliedweisen Integration algebraischer
Summen dargestellt wird):

$$(8) \quad \int \sum_{r=1}^{m} f_r(x)\, dx = \sum_{r=1}^{m} \int f_r(x)\, dx$$

Das zweite (und letzte) Beispiel ist die Figur des Kreises, die in vielen Alphabeten als Buchstabengestalt verwendet wird. Im griechisch/lateinisch/slavischen Bereich ist ⟨o⟩ mit [o] assoziiert (in primärer Relation; daß es eine Reihe einzelsprachlich spezifischer sekundärer Interpretationen gibt, soll hier nicht weiter berücksichtigt werden). Darüber hinaus kann ⟨o⟩ in vielen verschiedenen Kontexten als Begriffs-zeichen verwendet werden, wofür ich folgende Beispiele anführen will (die Liste ist weit davon entfernt, vollständig zu sein):

(9) ⟨2°⟩   *Folioformat*, ⟨4°⟩ *Quartformat* (Maßeinheit für Buchformate)
(10) ⟨ o ⟩   *Vollmond* (Populärastronomie, etwa in Taschenkalendern)
(11) ⟨O⟩   *windstill* (Meteorologie; weitere Systemglieder:
                 ⟨╰─o 1⟩ *leichter Zug* ⟨ ╙─o 5⟩ *frische Brise*)
(12) ⟨o⟩   (*wolkenlos*; (Meteorologie; weitere Systemglieder:
                 ⟨◗⟩ *›heiter‹*, ⟨◉⟩ *bedeckt*)
(13) ⟨O⟩   *Sonnenpflanze* (Botanik; weitere Systemglieder:
                 ⟨◖⟩ oder ⟨⊖⟩ *Halbschattenpflanze*
(14) ⟨O⟩   *Weiblich* (Botanik) vs. ⟨□⟩ *männlich*)
(15) ⟨n°⟩   *Altgrad, Winkelgrad* (1° = 60′, Geometrie)
(16) ⟨o⟩   *Kreis* (360°; Geometrie)
(17) ⟨%, ‰⟩   *Prozent, Promille*
(18) ⟨o⟩   = ⟨oct⟩ = ⟨8vo⟩ = ⟨8o⟩ *Oktavformat* (vgl. (9))
(19) ⟨o⟩   = ⟨oh⟩ = ⟨ Ω⟩ *Ohm* (physikalische Maßeinheit).

Aus diesen Überlegungen und Beispielen folgt: der nichtalphabetische Sektor tritt zur gesprochenen Sprachform in einer Weise in Beziehung, die mit den Instrumenta-rien phonographischer Konzeptionen der Schriftebene nicht behandelt werden kön-nen. Phonographische Schriftkonzeptionen gehen grundsätzlich davon aus, daß un-mittelbare und direkte Korrelationen zwischen den kleinsten systematischen Ele-menten der geschriebenen Sprachform und den kleinsten systematischen Elementen der gesprochenen Sprachform bestehen, und sie gehen davon aus, daß diese direkte Korrelation das wesentliche oder gar einzig legitime Funktionsprinzip von Alpha-betschriften sei bzw. sein sollte. Sie haben oftmals normativen Charakter, indem sie weniger das gegebene System der geschriebenen Sprachform in seinen komplexen Beziehungen zur gesprochenen Sprachform beschreiben, sondern solche Aspekte, die nicht phonographischen Prinzipien entsprechen, zu Defekten erklären. Abwei-chend davon vertreten wir die Auffassung, daß Schriftanalysen notwendig über die phonographische Analyse hinausgreifen müssen, d.h., daß es nicht ausreicht, die geschriebene Sprachform zur phonologischen Struktur der gesprochenen Sprach-form in Beziehung zu setzen, um erstere zu erklären. Dessenungeachtet bleibt natür-lich die Phonologie ein wesentlicher und unverzichtbarer Bezugspunkt für Schriftanalysen. Kurz gesagt: phonologische Untersuchungen sind für uns zwar keine hinreichende, sehr wohl aber eine notwendige Voraussetzung für Analysen der geschriebenen Sprachform.

Aber auch der alphabetische Sektor ist mit phonographischen Verfahren nicht hinreichend beschreibbar. Der alphabetische Sektor darf nicht mit Transkriptionen von Phonem- oder gar Lautfolgen gleichgesetzt werden. Jedes alphabetische Schriftsystem weist Eigenschaften auf, die nicht dem phonographischen Prinzip der direkten Entsprechung zwischen den einzelnen Elementen der Schrift- und der Lautebene folgen. Umgangssprachlich sagt man, daß solche Eigenschaften durch die Wirksamkeit ›orthographischer‹ Regeln zustande kommen. Diese ›nichtphonographischen‹ Eigenschaften des alphabetischen Sektors sind von zwei Seiten her zu untersuchen: einmal von der Seite der Schriftebene, die beispielsweise Graphemkombinationen in Beziehung zu einzelnen Elementen der Lautebene setzen kann (z. B. im Deutschen die ⟨sch⟩-Schreibung für das Phonem /š/⟩. Man kann durch bestimmte Positionsregeln einem Graphem verschiedene phonemische Entsprechungen zuweisen (z. B. im Deutschen dem Graphem ⟨s⟩ das Phonem /š/ im Anlaut vor Verschlußlauten, die am Zahndamm oder mit den Lippen gebildet werden; /šp/, /št/), oder man kann schließlich ein Graphem auf die Repräsentation mehrerer verschiedener Phoneme festlegen (z. B. im Deutschen ⟨c⟩ oder ⟨v⟩). Dies sind nur einige Beispiele, die illustrieren sollen, daß der alphabetische Sektor allein durch seine Korrelationen zur Ebene der segmentalen Phonologie nicht zureichend beschreibbar ist. Man muß die eben vorgetragenen Beispiele nur umkehren, um zu zeigen, daß dies auch umgekehrt gilt: das Phonem /š/ wird graphisch nach bestimmten Umgebungsregeln entweder als ⟨sch⟩ oder als ⟨s⟩ repräsentiert, das Phonem /k/ als ⟨k⟩ oder als ⟨c⟩ (oder als ⟨ck⟩ nach kurzen Vokalen in vielen Fällen), oder als ⟨ch⟩ vor ⟨s⟩, z. B. in ⟨Fuchs⟩ oder ⟨Dachs⟩ oder als ⟨g⟩ z. B. in ⟨flugs⟩ oder im Wortauslaut, z. B. ⟨Flug⟩ – es ist offensichtlich, daß hier Fragen der Morphologie und der Syntax eine erhebliche Rolle spielen und ›reine‹ phonologisch-phonographische Konzeptionen viel zu kurz greifen.

Geschriebene Sprachformen haben einige Eigenschaften, die in gesprochenen Sprachformen keine direkten Entsprechungen haben (z. B. Spatien, einige Interpunktionszeichen oder Verfahren der typographischen Auszeichnung beim Drukken). Dasselbe gilt auch umgekehrt; es gibt Eigenschaften der gesprochenen Sprachformen, die in der geschriebenen Sprachform nicht repräsentiert sind bzw. repräsentiert werden können (vielfach: Akzent- und Intonationsverhältnisse, z. B. feinere prosodische Abstufungen). Dieser Sachverhalt wurde in einigen neueren Untersuchungen zum Argument dafür gemacht, die Schriftebene als im wesentlichen autonomes System aufzufassen, zu dessen Erklärung die gesprochene Sprachform wenig oder nichts beitragen könne.

Allerdings gibt es die Möglichkeit, durch explizite Thematisierung diese Aspekte in der geschriebenen Sprachform zu repräsentieren. In der Regel geschieht dies durch Lexikalisierung, d. h. die Verwendung von Verben, die Sprechmodi bezeichnen, z. B. ›rufen‹, ›knurren‹, ›hauchen‹ usw., oder von Adverbien, die dieselbe Bezeichnungsfunktion erfüllen. COOK-GUMPERZ/GUMPERZ (1981: 101 f.) haben dies das »LY-

phenomenon«* genannt; sie haben beobachtet, daß einige Kinder Textpassagen
beim Lesen korrigierend wiederholten, sobald sie merkten, daß ihre Intonation mit
der jeweiligen »LY«-Charakteristik nicht übereinstimmte. Als eher literarisches Stilmittel dürfte das Verfahren einzuordnen sein, eine Äußerung in direkter Rede auf ein
Verb im übergeordneten Satz zu beziehen, das Tätigkeiten verschiedener Art bezeichnet und höchstens indirekt auf einen bestimmten Sprechmodus referiert.

Der Rubrik *Kohl* der *Weltbühne* ist eine kleine Sammlung authentischer Beispiele
zu entnehmen, in denen dieses Verfahren hinlänglich transparent wird; der Artikel
trägt seine Überschrift »Leicht besoffene Syntax. Nebst Offenbarungseid« zu Recht:

> »Wer ist es?« konnte ich meine Neugierde nicht zügeln.
> »Halt! Wo wollen Sie hin?« umklammerte mich ein Karbolmäuschen.
> »Lassen Sie das Rauchen!« nahm Rückert ihr die Schachtel fort.
> »Welche Schulbildung haben Sie?« war ihm ein Verdacht gekommen.
> (MANTEL 1983: 1485)

Beispiel (20) stellt den literarischen Versuch dar, mit Hilfe einer nichtkonventionellen
(und deshalb als literarisch verstehbaren) graphischen Anordnung ein bestimmtes
Intonationsmuster zu fixieren:

N
E
H
E
T
S
F
U

(20)   KANNST DU DENN NICHT A DU FLEGEL?

(PETER MELZER, *In der Straßenbahn*, in: WIEMER 1974: 215).

Das Verhältnis zwischen gesprochener und geschriebener Sprachform ist zunächst
einmal ein Verhältnis, das sich herstellt in der sozialen Praxis von Menschen. Auch
von den Theoretikern, die von einer Autonomie der Schriftebene ausgehen, wird
anerkannt, daß die Sprache in der gesprochenen Sprache sowohl phylogenetisch wie
ontogenetisch ihre primäre Existenzform hatte: die Menschen verfügten vor der
Erfindung der Schrift über Sprache, und jedes Kind lernt zu sprechen, bevor es zu
schreiben lernt (um dann, worauf HOUSEHOLDER zu Recht hingewiesen hat, vielfach
seine gesprochene Sprache zu korrigieren). Die sprachliche Kommunikation der
Menschen ist eine Tätigkeit, die für ihre soziale Praxis konstitutiv ist. Sie erfüllt
bestimmte Funktionen in dieser Praxis. Man kann das gesellschaftliche Leben analytisch gliedern in bestimmte Funktionszusammenhänge. Für die einzelnen Funktionszusammenhänge kann festgestellt werden, welche Formen der Kommunikation
vorherrschen – nonverbale, mündliche oder schriftliche Formen. Die Konventiona-

---

* »LY« referiert auf das Suffix -*ly*, das im Englischen Adverbien markiert.

lität der Form einzelner Kommunikationszusammenhänge gibt darüber Aufschluß, welche funktionale Kapazität ihnen zugeschrieben wird. Die Schwierigkeit besteht nun einerseits darin, daß das Geflecht der sozialen Funktionen, auf die die Kommunikationspraxis einer gegebenen Gesellschaft abgebildet werden soll, unendlich kompliziert ist. Man muß deshalb entweder mit radikalen Abstraktionen arbeiten – praktisch heißt das, daß man eine bestimmte soziologische Theorie übernimmt – oder man beschränkt sich von vornherein darauf, exemplarisch zu verfahren. Das bedeutet, daß man mehr oder weniger intuitiv bestimmte kommunikative Zusammenhänge als besonders typisch und charakteristisch heraussucht und an ihrem Beispiel erörtert, welche sozialen Funktionen von welchen Formen der Kommunikation erfüllt werden. Die andere Schwierigkeit ist womöglich noch gravierender. Sie besteht darin, daß schon der Begriff ›gegebene Gesellschaft‹ weitgehende Abstraktionen enthält. Eine ›gegebene Gesellschaft‹ ist in sich heterogen – verschiedene Gruppen ihrer Mitglieder, etwa Angehörige verschiedener sozialer Klassen, verschiedener Altersgruppen, Männer und Frauen, werden sich in äußerlich gleichen kommunikativen Situationen unter bestimmten Umständen ganz verschieden verhalten, verschiedene kommunikative Praktiken verwenden, verschiedene soziale Funktionen des Kommunikationsvorgangs für wesentlich halten. Zweitens hat jede ›gegebene Gesellschaft‹ ihre Geschichte – und zwar nicht nur eine Geschichte, die zurückliegt und für die Analyse und Erklärung ihrer sozialen Praxis und der zugehörigen Kommunikationsformen sehr aufschlußreich ist. Sie trägt ihre eigene Geschichte *in sich* – das, was eben als strukturelle Heterogenität skizziert worden ist, kann ebenso als historische Ungleichzeitigkeit gefaßt werden (z. B.: Verhalten in sozialen Hierarchien, festgemacht an der Verwendung von Höflichkeitsformen, etwa dem Siezen). Und schließlich hat jede ›gegebene Gesellschaft‹ ihre Umgebung, sie ist konfrontiert mit anderen ›gegebenen Gesellschaften‹, die in allen hier interessierenden Aspekten mehr oder weniger abweichend strukturiert sein können. Dieser Punkt ist sehr wichtig, wenn man mit Begriffen wie ›Schriftlichkeit‹ oder ›Analphabetismus‹ operiert: Schriftlichkeit, die in einer wenig entwickelten Gesellschaft der Dritten Welt auf einen Priesteradel einerseits, eine europäisierte Elite andererseits begrenzt ist, hat völlig andere soziale Inhalte und gesellschaftliche Funktionen als Schriftlichkeit in einer europäischen Industriegesellschaft. Analphabetismus in einer, wie man sagt, unentwickelten Gesellschaft ist gleichfalls vollkommen anders zu beschreiben und zu bewerten als in sogenannten entwickelten Gesellschaften. Ein eindrückliches Beispiel hierfür liefert unsere eigene Realität in der Bundesrepublik, wo seit etwa fünf Jahren immer mehr erwachsene Analphabeten entdeckt und umgehend den geeigneten pädagogischen Maßnahmen zugeführt worden sind. In vieler Hinsicht anders wird eine zweite Gruppe von Analphabeten in unserem Lande wahrgenommen und behandelt, nämlich Angehörige der eingewanderten Minderheiten. Bei ihnen, insbesondere den Frauen, hält man es keineswegs für erstaunlich, daß viele von ihnen nicht lesen und schreiben können. Auch sehen die Strategien, mit denen man sie alphabetisieren möchte, erheblich anders aus. Die Einschätzung der Hintergründe und der soziokulturellen ›Legitimität‹ des Analphabetismus dieser beiden Gruppen hängt offensichtlich zusammen mit recht präzisen Vorstellungen darüber, was das Nichtlesenkönnen für einen deutschen Bürger, Schulabsolventen, Arbeitnehmer und Steuerzahler bedeutet: es ist eine soziale Katastrophe. Bei türkischen oder kurdischen usw. Frauen ist man dagegen sehr viel leichter bereit, den Zustand für normal zu halten, für eine Art von Folklore, was mit bestimmten Vorstellungen von ›Kulturunterschieden‹ zusammenhängt. Es gibt offenbar sehr unterschiedliche Auffassungen darüber, was der soziale Inhalt von Schriftlichkeit und Analphabetentum ist, welche der Funktionen der Schriftlichkeit für welche sozialen Gruppen unverzichtbar oder entbehrlich sind. Probleme dieser Art werden Gegenstand der nächsten Kapitel sein.

Kapitel 2
Der Aufbau von Grammatiken und die ›Schriftebene‹

In diesem Kapitel werden wir uns ausführlich mit der Frage beschäftigen, welche Korrelationen zwischen der geschriebenen und der gesprochenen Sprachform von Sprachen, die alphabetisch verschriftet sind, bestehen bzw. prinzipiell etabliert werden können. Dabei soll so verfahren werden, daß Material aus vielen verschiedenen Sprachen herangezogen wird, um diese Korrelationen zu beleuchten. Im Zentrum des Interesses steht nicht die Frage, wie die Beziehungen der beiden Ebenen in einer bestimmten Sprache, im Neuhochdeutschen etwa, geregelt sind. Diese Formulierung der Fragestellung hat zweifellos den Nachteil, daß keine der im folgenden angesprochenen Sprachen auch nur im entferntesten angemessen beschrieben bzw. diskutiert würde, was die fraglichen Korrelationen angeht – wir werden keine Aufrisse der Graphie einer bestimmten Sprache vorlegen. Folglich werden viele Besonderheiten einzelner Sprachen (d.h. der in einzelnen Sprachen konventionalisierten Korrelationen zwischen den beiden Ebenen) unberücksichtigt bleiben. Dieser Nachteil ist kaum zu vermeiden; er ist aber im Hinblick auf das Interesse der Untersuchung von geringem Gewicht: uns interessiert die Rekonstruktion der allgemeinen Prinzipien, nach denen die beiden Sprachformen untereinander in Beziehung gesetzt werden, und nicht die – im übrigen in den einzelnen Nationalphilologien in mehr oder weniger erschöpfender Weise bereits durchgeführte – Analyse von einzelsprachlichen »Fällen«.[1]

Zunächst müssen wir uns einigen grundsätzlichen Fragen zuwenden:

1. Beide Ausdrucksebenen müssen analytisch bezogen werden auf die verschiedenen Ebenen der Grammatik, in die Sprachen zum Zwecke ihrer Beschreibung und Erklärung zerlegt werden. Sind die einzelnen Ebenen innerhalb (im wesentlichen Phonologie, Morphologie, Syntax und Semantik) und jenseits (Pragmatik, Semiologie im allgemeinen und ihre Weiterungen) der Grammatik für beide Ausdrucksebenen als identisch anzusetzen, oder besitzt ihre Ausdrucksebene ihre eigene, spezifische Grammatik (und Meta-Grammatik)?

2. Beide Ausdrucksebenen sind nur faßbar durch Idealisierungen: die Grammatik einer Sprache beschreibt eine bestimmte Varietät dieser Sprache, die bei altverschrifteten Sprachen ihre sozial bereits durchgesetzte Standardnorm inkorporiert. Bei neuverschrifteten Sprachen hat diejenige Varietät, die sich die (natürlich aufgrund nichtsprachlicher Mechanismen) zur maßgeblichen Grammatik avancierende Beschreibung zum Gegenstand nimmt, gute Aussichten, zur Standardvarietät zu werden. Folglich muß das Problem der Setzung und Durchsetzung von Sprachnormen als zentrale theoretische Frage betrachtet werden; es ist sowohl auf der Ebene der Sprachstruktur als auch auf der Ebene der Sprachverwendung

zu behandeln. Daß dabei sprachgeschichtliche Gesichtspunkte von entscheidender Bedeutung sind, ist offensichtlich.

I. Probleme der grammatischen Ebeneneinteilung

Das in Kapitel 1 vorgeschlagene Modell sieht vor, daß den beiden Ausdrucksebenen
der geschriebenen und gesprochenen Sprachform einer Sprache eine Bedeutungsebene zugeordnet ist, die die beiden Ausdrucksebenen zueinander in Beziehung setzt,
was die substantiellen Aspekte der sprachlichen Kommunikation betrifft. Der Ausdruck *Bedeutungsebene* lehnt sich an das glossematische Konzept des *plane of content* an. Er ist, dabei eine ganze Reihe theoretischer Probleme außer acht lassend, auf
das hier behandelte Problem weitgehend zurechtgestutzt. Die Bedeutungsebene soll
sämtliche Dimensionen der Grammatik, der sprachlichen Bedeutungen und der
Regeln der Sprachverwendung abdecken, die außerhalb der in Kapitel 1 charakteri-
sierten technischen und relationalen Aspekte liegen (die ohne Rekurs auf die Bedeutungsebene behandelt werden können). Die technischen Aspekte geschriebener
Sprachformen sind durch die Regeln zu beschreiben, nach denen die geschriebene
Sprachform intern, ohne Bezug auf außenliegende Gegebenheiten, strukturiert ist.
Die relationalen Aspekte betreffen die Zusammenhänge, die zwischen den kleinsten
Einheiten der geschriebenen und gesprochenen Sprachform etabliert sind (im wesentlichen solche zwischen der Phonemstruktur der betreffenden Sprache und ihrer
graphematischen Struktur). Diese Betonung von Zusammenhängen, die üblicherweise als phonographische Abbildmodelle oder Vorstellungen über Graphem-Phonem-Korrespondenzen behandelt (Abhängigkeitshypothesen) und gegenwärtig
weitgehend abgelehnt werden, bedarf einer ausführlicheren Begründung, die später
gegeben werden wird. Hier muß lediglich festgehalten werden, daß einerseits historische und soziologische Gesichtspunkte zu berücksichtigen sind (also »außersprachliche« Gesichtspunkte zur Klärung »innersprachlicher« Verhältnisse), andererseits
keine unidirektionale Determination (d.h.: die Phonemstruktur wird in der Gra-
phemstruktur nicht einfach »abgespiegelt«) anzusetzen ist, sondern von einem mehr
oder weniger dynamischen Korrelationsverhältnis und Prozessen gegenseitiger Beeinflussung (womit auch die »diachrone« Dimension angesprochen ist) ausgegangen
werden muß.

Es ist offensichtlich, daß die substantiellen Aspekte, in denen die Bezüge zur
Bedeutungsebene geregelt sind, für die Zwecke einer grammatiktheoretisch brauchbaren Ebeneneinteilung hoffnungslos überfrachtet, d.h. entschieden zu wenig differenziert sind. Dies kann man vorläufig einerseits praktisch rechtfertigen: der Gegenstand dieser Überlegungen bedarf zunächst weniger einer umfassenden grammatiktheoretischen Fundierung als vielmehr einer Topographie des Terrains, auf dem er
angesiedelt und zu untersuchen ist. Ein weiteres Argument ergibt sich aus folgender
Überlegung: wenn man annimmt, daß die geschriebene Sprachform eine der möglichen ›Substanzen des Ausdrucks‹ der Sprache, eine der beiden Ausdrucksebenen
natürlicher Sprachen ist, dann folgt daraus, daß die Ebeneneinteilungen, die für

grammatische Analysen vorgenommen werden, für beide Ausdrucksformen Verbindlichkeit haben müssen. Allgemeiner formuliert: eine Syntax einer Sprache ist grundsätzlich für *beide* Ausdrucksebenen dieselbe – Besonderheiten einer »Syntax der gesprochenen (resp. geschriebenen) Sprache« sind (heterogene) Akzidenzien, die im übrigen nur in bezug auf eine »Normalform« der Syntax als Besonderheiten charakterisierbar sind. Dasselbe gilt für andere Ebenen der Grammatik oberhalb der Phonologie – damit ist nicht gesagt, daß es in den höheren Ebenen keine Teilbereiche gebe, in denen gesprochene und geschriebene Sprachformen spezielle und nicht für die jeweils andere Form geltende Charakteristika besäßen. Wir vertreten also die Meinung, daß die Grammatiken von Sprachen grundsätzlich *unabhängig* von den Spezifika der beiden Ausdrucksebenen konstruiert und in Ebenen zerlegt werden sollten. Dies scheint uns hinreichend gerechtfertigt durch das allgemeingültige methodologische Postulat, daß die Struktur einer Sprache unabhängig von den akzidentiellen Besonderheiten ihrer empirischen Erscheinungsformen analysiert und rekonstruiert werden muß. Dies gilt auf jeden Fall dann, wenn diese Strukturbeschreibung und -analyse den Anspruch erheben will, die Grammatik der betreffenden Sprache zu rekonstruieren. Die dabei notwendigen Abstraktions- und Idealisierungsschritte, die von den empirischen Erscheinungsformen dieser Sprache generalisierend wegführen, betreffen notwendigerweise nicht nur regional, sozial, stilistisch oder durch Sprachwandelprozesse bedingte Variation, sondern auch die beiden ›Substanzen des Ausdrucks‹, die gesprochene und die geschriebene Sprachform. Für die linguistische Systematik solcher Analysen heißt das, daß die beiden Ausdrucksebenen nicht nur auf der phonologisch-graphematischen Doppelebene zu analysieren sind, sondern auch auf allen anderen Ebenen der Grammatik. Nach unserer Auffassung ist es problematisch, der junggrammatischen und der strukturalistischen Tradition der Grammatikforschung pauschal vorzuwerfen, sie habe die »spezifischen Probleme der geschriebenen Sprache und der Schreibung« vernachlässigt und versäumt, der Grammatik ein besonderes »graphisches oder graphematisches Teilsystem bzw. eine entsprechende Ebene«[2] anzugliedern. Zweifellos ist es richtig, daß die gemeinhin unter den Bezeichnungen *Orthographie* und *Interpunktion* zusammengefaßten Gegenstandsbereiche in der Regel nicht als eigenständige grammatische Probleme behandelt werden, sondern ausgeklammert bzw. implizit bleiben. Ebenso unzweifelhaft ist aber, daß die beiden Ausdrucksebenen nicht nur im Bereich von Orthographie-Orthoepie (bzw. Interpunktion – Teilen der suprasegmentalen Phonologie, der Syntax, der Semantik) einander gegenübertreten, sondern das gesamte Sprachsystem durchgängig in beiden Ausdrucksebenen realisiert wird, d.h. umgekehrt: eine grammatische Beschreibung hat sich auf *beide* Ausdrucksebenen zu beziehen. Eine theoretisch diskutable Klärung des Problems kann kaum darin liegen, daß man »die Grammatik« um eine graphematische Komponente erweitert, wie es häufig vorgeschlagen wird. Es ist vielmehr notwendig, für *jede* Ebene der Grammatik zu untersuchen, ob es Teilbereiche gibt, in denen eine der beiden Ausdrucksformen dominant ist oder die nur in einer der beiden Ausdrucksformen realisiert sind.

Jedem Sprecher des Deutschen ist intuitiv klar, daß es viele lexikalische und grammatische Formen gibt, die konventionellerweise (u.U. sogar kraft »performativer Normen«) nur in *einer* Ausdrucksform zulässig sind; in den Grammatiken sind solche Konventionen gemeinhin nicht explizit behandelt. Leicht einsehbar sind Beispiele wie »mich schläfert« für »ich bin müde«, »behende«, »geschwind« für »flink, schnell«, »gemach« für »langsam« usw., die in gesprochenen Äußerungen in Alltagsregistern als gekünstelt, hochgestochen oder sonstwie anomal wahrgenommen würden. Sie sind weitgehend beschränkt auf die geschriebene Sprachform und auch dort auf bestimmte Kontexte festgelegt. Es bedarf keiner Erläuterungen, daß solche Fälle sehr zahlreich sind. Ebenso leicht kann man Fälle anführen, die andere Ebenen der Grammatik betreffen. Ein Beispiel sind die Konjunktive des Deutschen, die in den letzten Jahren nicht nur Gegenstand von deskriptiven Studien waren, sondern sogar zu »Empfehlungen zum Gebrauch« Anlaß gaben, was auf einen gesellschaftlichen Bedarf an Klärungen hindeutet. Stark flektierte Konjunktivformen sind, soviel kann man ohne weitere Ausführungen sagen, nicht charakteristisch für die gesprochene Sprachform, sondern weitgehend auf »archaisierende« und »stilbewußte« Register der geschriebenen Sprachform beschränkt, ein Satz wie

(1)   O wenn du doch flöhest; du verlörest wenig und gewönnest viel

ist als gesprochene Äußerung undenkbar und ruft als geschriebene Äußerung starke Assoziationen an manieristische Dramen des 18. Jhs. hervor.[3] Solche Beispiele betreffen den Fall, daß bestimmte sprachliche Gegebenheiten ausschließlich oder ganz überwiegend in der geschriebenen Sprachform auftreten. Beispiele für den umgekehrten Fall sind leicht denkbar und können ausgespart bleiben. Es steht außer Zweifel, daß solche Gegebenheiten in Wörterbüchern bzw. Grammatiken des Deutschen zu registrieren bzw. zu beschreiben sind: sie gehören zum Lexikon bzw. zur grammatischen Struktur des Deutschen, auch wenn sie empirisch nur oder vorzugsweise in einer der beiden Ausdrucksformen vorkommen. Dies ist in der Lexikographie bzw. der Grammatikschreibung auch stets geschehen. Indizes wie »veraltet«, »buchsprachlich« oder »gehoben« bzw. »ugs.«, »vulgär« oder »kolloquial« beziehen sich auf solche Sachverhalte. Nichtsdestoweniger werden sie selbstverständlich als Bestandteile des Lexikons bzw. der Grammatik des Deutschen behandelt.

Diese Beispiele sind auch zur Begründung einer weiteren These verwendbar. Sie besteht darin, daß das Verhältnis zwischen der gesprochenen und der geschriebenen Sprachform eine sprachgeschichtliche Dimension aufweist, die nicht nur historisch relevant ist, sondern auch für synchrone Analysen erhebliche Bedeutung haben kann. Für die Ebene der Syntax dürfte der Hinweis auf bestimmte Nebensatztypen (z.B. »freilich…, denn…«-Konstruktionen) oder die schulmäßigen ›Regeln‹ für die Zeitenfolge in der indirekten Rede reichen, um unsere Behauptung zu illustrieren. In allen diesen Fällen hätte man Teilbereiche von Grammatikkomponenten, für die spezifische Regeln für nur eine der beiden Ausdrucksformen zu formulieren wären. Wie vor allem tschechische und sowjetische Forscher an reichem Material gezeigt haben, sind solche Erscheinungen für etablierte Schriftsprachen nicht nur charakteristisch, sondern können als linguistischer Ausdruck sprachsoziologischer bzw. performativ-pragmatischer Regularitäten aufgefaßt werden. Für das Russische wird hier üblicherweise das Beispiel der sogenannten Kirchenslavismen zitiert, die in gesprochenen Äußerungen selten sind, in geschriebenen Texten (auch und gerade in der Tagespresse) jedoch zum »guten Stil« gehören. Solche Erscheinungen werden häufig nicht in die Domäne der Grammatik gezogen, sondern unter Begriffen wie *bon usage, kul'tura reči, Stil* u. dgl. zusammengefaßt und ausgeklammert; sie sind traditionell das Terrain expliziter Normsetzungen und Vorschriften zu »gutem« Sprachgebrauch und werden von der sich deskriptiv verstehenden Grammatikforschung zumeist ausgeklammert.[4]

Hingegen gibt es im Rahmen der empirischen Sprachforschung, die Korpusanalysen der linguistischen Intuition als Datenbasis vorzieht, brauchbare Ansätze, die weitgehend frei von präskriptiven Absichten Frequenzmuster für bestimmte grammatische und pragmatische Merkmale oder Strukturen festgestellt haben.[5] Empirische Frequenzanalysen sind grundsätzlich für alle Ebenen und Struktureinheiten der Grammatik durchführbar, obwohl sie natürlich nicht überall signifikante Differenzen zwischen der gesprochenen und der geschriebenen Ausdrucksebene feststellen werden (so dürfte die Syntax des einfachen SVO-Satzes im Deutschen oder Englischen in beiden Ausdrucksebenen identisch sein). Solche empirischen »Performanz«-Analysen sind nicht neu. Während des Soziolinguistik-Booms der 60er und 70er Jahre gab es zahlreiche Untersuchungen, die unter anderen Begriffsnamen solche Frequenzanalysen durchführten. Man geht kaum zu weit, wenn man den Verdacht äußert, daß die populären Auffassungen vom Gegensatz zwischen »restringiertem« und »elaboriertem Code« viel stärker auf Gegensätze der beiden Ausdrucksebenen der Sprache (und ideologische Interpretationen dieser Gegensätze) bezogen sind als auf signifikante Korrelationen zwischen bestimmten sprachlichen Strukturen und den (meist eher kuriosen) Vorstellungen der Soziolinguisten von der sozialen Schichtung moderner Gesellschaften.[6]

Kürzlich hat W. L. CHAFE eine kleine Studie publiziert, in der für einige grammatische und pragmatische Strukturen Frequenzanalysen in gesprochenen und geschriebenen Texten (produziert von amerikanischen Studenten) durchgeführt wurden. Die untersuchten Merkmale sind für die soziolinguistische Forschungstradition nichts Neues; die Ergebnisse zeigen, daß offenbar hochsignifikante Korrelationen zwischen den beiden sprichwörtlichen Codes und den beiden Ausdrucksebenen der Sprache bestehen (was die Frage rechtfertigt, ob der neueren Soziolinguistik trotz ihres beeindruckenden methodologischen Apparates nicht doch ein wichtiger Gesichtspunkt entgangen ist). CHAFE hat diese Frage nicht behandelt; ihm ging es um die empirische Bestätigung der Tatsache, daß gesprochene und geschriebene Texte verschiedene Distributionsmuster für eine Reihe sprachlicher Einheiten aufweisen. Er hat dabei zwei Hypothesen bestätigt gefunden, die im Grunde wenig originell sind:

1. speaking is faster than writing (and slower than reading)
2. speakers interact with their audience directly, whereas writers do not (ebd. 36).

Die erste Hypothese bedürfte einer Diskussion im Hinblick auf die vielen tachygraphischen und stenographischen Systeme, in denen die Schreibgeschwindigkeit an die

Sprechgeschwindigkeit angenähert wird, und die zweite Hypothese müßte präzisiert werden durch die Berücksichtigung des Umstands, daß ein nicht unerheblicher Teil der mündlichen Kommunikation eben nicht mehr als face-to-face-Interaktion (Telefon) bzw. wie die schriftliche Kommunikation unidirektional abläuft (AV-Medien).

CHAFE hat folgende Resultate gewonnen: In der geschriebenen Sprachform überwiegen

– Nominalisierungen	55.5.	gegenüber 4.8
– Genitivattribute	12.3.	bis 4.1 gegenüber 0.1
– Partizipien: PPA	20.7	gegenüber 7.1
PPP	14.9	gegenüber 1.2
– attr. Adjektive	134.9	gegenüber 33.5

ebenso Mehrfachbesetzungen bestimmter syntaktischer Positionen (z.B. Expansionen von NP-Stellen zu (NP + NP) usw.), Aufzählungen, Präpositionalphrasen usw. Gesprochene Texte sind demgegenüber charakterisiert durch das Vorherrschen von

– Personaldeixis	61.5	gegenüber 4.6
– Referenzen auf ›mentale Prozesse‹	7.5	gegenüber 0.0
– ›Monitoring‹: *well*	7.0	gegenüber 0.0
you know	13.6	gegenüber 0.0
I mean	2.5.	gegenüber 0.0
– ›emphatic particles‹: *just*	7.5.	gegenüber 0.4
really	5.1	gegenüber 0.0
– ›fuzziness/vagueness‹	18.1	gegenüber 5.5
– direkten Zitaten	12.1	gegenüber 4.2

(ebd. 40–45).

Was besagen diese Resultate? Nun, wir meinen, daß man kaum behaupten kann, daß die 0.0-Werte für *well* oder *I mean* besagen, daß *well* oder *I mean* ausschließlich in der gesprochenen Sprachform vorkämen. Es geht um Häufigkeitsverteilungen, nicht darum, daß Struktureigenschaften der beiden Ausdrucksebenen einander kontrastbildend gegenüberstünden. Es geht um den im ersten Kapitel festgestellten Sachverhalt, daß der »größte Teil aller Sprachäußerungen gleicherweise in mündlicher oder schriftlicher Form getan werden kann«. Diese Feststellung kann nun dahingehend präzisiert werden, daß der größte Teil der lexikalischen und grammatischen Elemente und Regeln, auf denen Sprachäußerungen beruhen, in *beiden* Ausdrucksebenen vorhanden bzw. wirksam ist. Eine Grammatik einer Sprache L beschreibt also im wesentlichen solche Struktureigenschaften dieser Sprache, die beiden Ausdrucksebenen gemeinsam sind – ggf. dazutretende ›Grammatiken der gesprochenen (bzw. geschriebenen) Sprache‹ (sc. der Sprache L) können allenfalls Besonderheiten der beiden Ausdrucksebenen erfassen (die, wie oben gesagt, auf eine von beiden Ausdrucksebenen abstrahierende Normalform der Sprache bzw. der Grammatik dieser Sprache bezogen werden müssen, damit Abweichungen und Besonderheiten überhaupt sichtbar werden können).[7] Im übrigen gilt es, folgende Sentenz von JUEN REN CHAO zu beherzigen, wenn man allgemeine Feststellungen treffen möchte:

There is no people in the world that has no language, but there are many languages in the world that have no writing (CHAO 1968: 101).

Die bisherige Argumentation, die auf die kommunikativen Funktionen, die Verwendung von sprachlichen Einheiten in den beiden Ausdrucksmodi abhebt, ist durch Annahmen zu ergänzen, die sich auf das Sprachsystem selbst beziehen. Wir gehen davon aus, daß Sprachsysteme derart in Hierarchien zu zerlegen sind, daß jede Ebene dieser Hierarchie in bezug auf die jeweils übergeordnete Ebene genau angebbare Funktionen erfüllt, *Konstruktionsfunktion* besitzt (in der Terminologie des Prager Funktionalisten). Die Elemente einer Ebene sind die minimalen Einheiten der Elemente der jeweils nächsthöheren Ebene, und die für erstere geltenden Verteilungsregularitäten werden durch Gesetzmäßigkeiten determiniert, die auf der nächsthöheren Ebene zu ermitteln sind.

II. Die Einheit der Grammatik

Die folgenden Ausführungen beziehen sich auf Alphabetschriften. – Als Ebenen des Sprachsystems bzw. Komponenten einer Grammatik nehmen wir eine phonologische, eine morphologische, eine syntaktische und eine Textebene an (sie beschäftigt sich mit sprachlichen Einheiten jenseits der Satzkategorie). Dazu tritt die Lexik, die den Wortschatz darstellt, auf dessen Basis die übrigen Komponenten der Grammatik operieren, sowie die Semantik, die den Formen von Ausdruck und Inhalt Substanz zuordnet; auch die Semantik liegt quer zu den übrigen Komponenten, weil sie innerhalb jeder Komponente die dort analysierte Formseite mit ihrer Inhaltsseite verbindet. Jede Komponente besitzt in Schriftsprachen mindestens zwei Ausdrucksformen: Texte, Sätze, Syntagmen, Wörter und Silben können in der geschriebenen oder in der gesprochenen Ausdrucksform realisiert werden. Dabei werden einer bestimmten Inhaltsform zwei verschiedene Ausdrucksformen zugeordnet. Diese Ausdrucksformen werden primär in der phonologischen Komponente beschrieben, deren graphisch-optisches Korrelat die graphematische Ebene ist. Aber ebenso wie die phonologische Komponente die *eine* Form des Ausdrucks aller höheren Hierarchieebenen darstellt und von den Regularitäten jeder der anderen Komponenten beeinflußt ist, stellt die graphematische Komponente die *andere* Form des Ausdrucks aller höheren Hierarchieebenen dar und ist entsprechenden Einwirkungen ausgesetzt. Die phonologische Komponente ist der graphematischen Komponente in synchronen Analysen altverschrifteter Sprachen insofern äquivalent, als keine gewichtigen theoretischen Argumente für ein Determinationsverhältnis angeführt werden können; es ist von Interdependenzen und gegenseitiger Determination auszugehen, wie v. a. die tschechischen Theoretiker gefordert haben. In diachronen Analysen und ebenso bei der Analyse neuverschrifteter Sprachen ist die Dominanz der phonologischen über die graphematische Ebene offenkundig, weil Neuverschriftungen, aber auch ›Schrift‹- oder ›Orthographiereformen‹ die phonologische Ebene als zentralen Bezugspunkt haben. Die Annahme funktionaler Äquivalenz bei struktureller Autonomie der beiden Ebenen ist folglich nur für den Spezialfall der synchronen Analyse altverschrifteter Sprachen (»Literatursprachen«) gerechtfertigt (soweit sie nicht Gegenstand von Reformbestrebungen sind); in allen übrigen Fällen ist von funktionaler Äquivalenz bei struktureller Abhängigkeit der graphematischen von der phonematischen Komponente auszugehen. Insgesamt soll von dem Grundsatz der *Einheit der Grammatik* ausgegangen werden. Grammatiken haben das Gesamtsystem von Sprachen zu beschreiben, d.h. ihre Ausdrucks- und ihre Inhaltsseite. Dies rechtfertigt zwar die Annahme einer besonderen graphematischen Komponente, aber nicht die Auftrennung der Grammatik einer Sprache in zwei Teilgrammatiken, die einander gegenübergestellt werden (wie dies in den Theorien einiger tschechischer Gelehrter, namentlich bei VACHEK und JEDLIČKA, gefordert wird, ebenso von einigen französischen Autoren wie DERRIDA und ESCARPIT).

Ganz ähnliche Auffassungen hat neuerdings W.U. WURZEL, der zu den wichtigsten Vertretern der generativen Phonologie im deutschen Sprachraum gehörte, vertreten (1984: 211 Anm. 22). WURZEL behandelt in dieser Studie die Voraussetzungen für eine dialektische Theorie der Sprachveränderung. Er kommt zu dem Ergebnis, daß die graphematische Komponente einerseits auf allen übrigen Komponenten der Grammatik basiert, aber »relativ autonom funktioniert«, daß aber andererseits »Buchstabenschriften« durch »Motivationszusammenhänge zwischen der phonologischen und der graphematischen Struktur« konstituiert seien. Veränderungen der phonologischen Struktur bei Nichtveränderung der graphematischen Struktur reduzieren folglich diese Motivationsbeziehungen. Die – ursprünglich im Prinzip an der phonologischen Komponente orientierte – »Orthographie« wird »historisch« und büßt an Motiviertheit ein:

Wenn die Motiviertheit einer Buchstabenschrift über ein bestimmtes Minimum hinaus sinkt, dann kann die Orthographie nicht mehr funktionieren (zumindest nicht als Buchstabenschrift). Der zugespitzte Widerspruch muß durch eine Anpassung der Orthographie an die phonologische Struktur gelöst werden (ebd.).

Nun sind keine überzeugenden Argumente dafür zu erkennen, altverschriftete Sprachen als den empirischen Regelfall zu betrachten, an dem allgemeine Sprachtheorien zu messen seien. Es ist gesagt worden, daß neuverschriftete Sprachen aus der Theoriebildung als nebensächlich ausgeschlossen werden könnten, weil sie in der Regel unmittelbare Produkte sprachplanerischer Tätigkeit seien. Weil sich Sprachplanung stets auf bestimmte linguistische Theorien stütze, gingen die jeweiligen theoretischen Annahmen gewissermaßen als Setzungen in die Neuverschriftungen ein und prägten folglich die fraglichen Bedingungsgefüge im Sinne der betreffenden Theorie.[8] Diese Auffassung muß zurückgewiesen werden, weil sie nicht berücksichtigt, daß *jede* Verschriftung auf sprachanalytischen Annahmen beruht (wofür die Geschichte der Sprachwissenschaft reich an Beispielen ist). Unter diesem Gesichtspunkt würde das Argument nur noch darauf hinauslaufen, daß man das historische Alter von Schriftsprachen als substantielles Unterscheidungskriterium betrachten solle, was nicht einleuchten kann. Auch trägt sie dem funktional wie strukturell wichtigen Unterschied zwischen phonematischen Transkriptionen (die üblicherweise zum

Zwecke linguistischer Analysen angefertigt werden) und funktionierenden Schriftsprachen, die auf phonematischen Verschriftungsprinzipien beruhen, nicht gebührend Rechnung.

Es ist notwendig. hier eine begriffliche Anmerkung einzuschieben. Der Terminus *Ebene* muß strikt darauf begrenzt werden, entsprechend definierte Komponenten des Sprachsystems zu bezeichnen. Von einer *graphematischen Ebene* kann deshalb nur dann gesprochen werden, wenn damit die – parallel zur phonologischen Komponente konstruierte – Ebene der minimalen Einheiten der geschriebenen Ausdrucksebene gemeint ist; der Hinweis erübrigt sich, daß *-ebene* in der Komposition *Ausdrucksebene* kategorial anders verwendet ist. In der einschlägigen Literatur wird diese Differenz allerdings häufig nicht beachtet: oft werden Ausdrücke *graphische Ebene* oder *Schriftebene* (für die entsprechende *Ausdrucksebene*) undifferenziert neben Ausdrücke wie *phonologische Ebene, morphologische Ebene* usw. gestellt. Im zweiten Fall hat man mit *Systemebenen*, mit Komponenten der Grammatik zu tun, im ersten Fall mit *planes of expression*, was mit *Ausdrucksebenen* übersetzt worden ist. Hält man diese Differenzierung nicht durch, kann es zu weitreichenden Unklarheiten kommen (ein Beispiel ist folgender Satz: »Prinzipien [der Schreibung, HG] [stellen] nur die Projektion der verschiedenen Ebenen bzw. einzelner ihrer Erscheinungen auf die graphische Ebene dar [...]« (RAHNENFÜHRER 1980: 251)).

Auf einem ganz anderen theoretischen Hintergrund ist die Frage zu behandeln, welche Distributionsmuster die Einheiten einzelner Grammatikkomponenten in den beiden Ausdrucksebenen aufweisen. Hier geht es nicht um Sachverhalte, die das Sprachsystem betreffen, sondern um Konventionen, die die Verwendung bestimmter sprachlicher Einheiten in konkreten Äußerungsakten regeln. Solche Konventionen werden in der tschechischen Tradition als *funktionale Stile* bezeichnet; auch der Begriff des *Registers* ist hier einschlägig. Diese Konventionen können nicht innerhalb des Sprachsystems selbst beschrieben werden, weil sie keine sprachlichen Einheiten darstellen. Sie steuern kraft außersprachlicher Übereinkünfte, deren Erklärung soziologische und psychologische Gesichtspunkte in breitem Umfang einzubeziehen hat, die angemessene Verwendung sprachlicher Einheiten. Ihre Beschreibung geschieht im Rahmen der linguistischen Pragmatik, die wiederum auf die einzelnen Komponenten der Grammatik bezogen werden kann. Pragmatische Untersuchungen setzen, sofern sie empirisch vorgehen, mit der Deskription von Distributionsmustern an, also mit der Feststellung von Häufigkeiten und Umgebungsmustern für bestimmte sprachliche Einheiten. Ob man die dabei festgestellten Regelmäßigkeiten als »pragmatische Regeln« oder »kommunikative Normen« bezeichnen soll, sei dahingestellt; es ist auf jeden Fall zu beachten, daß man es hier mit »Regeln« völlig anderer Art zu tun hat als bei sprachsystembezogenen Regeln. Man läuft sonst Gefahr, den Regelbegriff völlig auszuhöhlen (pragmatische »Regeln« sind oft schlichte Frequenzlisten bzw. Matrizen von Häufigkeitsverteilungen). Es gibt viele anspruchsvolle Ansätze, dieses Problem durch die Konstruktion von verschiedenen Typen von Regeln, deren ›Härte‹, ›Reichweite‹ etc. skaliert werden kann, zu lösen; sie können hier nicht diskutiert werden.[9] Hier ist festzuhalten, daß Theorien, die von der Annahme zweier separater Grammatiken für die beiden Ausdrucksebenen einer Sprache ausgehen, an diesem Punkt massive kategoriale Probleme bekommen müssen.

Ein Beispiel dafür liefern NERIUS/SCHARNHORST (1980b: 44ff.), wo solche Fragen unter der Bezeichnung »linguistischer Normbegriff« erörtert werden; sie unterscheiden zwischen »Sprachsystemnormen«, »kommunikativen Normen« und empirischem »Usus«. Das grundlegende Paradoxon der Zirkularität von langue-parole-Dichotomien wird nicht angesprochen, ebensowenig die Frage der (historischen) Dialektik von Norm-System-Differenzierungen. Dasselbe gilt in noch stärkerem Maße für viele neuere amerikanische Arbeiten, die an diesem Punkt vielfach sehr undifferenziert verfahren, wie folgende Äußerung belegen kann:

In fact, the written language as we practice it today is so formally and functionally different from most spoken language that some people have suggested that it is a distinct dialect (or rather ›grapholect‹). (RADER, 1982: 187)

Für die Analyse der geschriebenen Sprachform muß also vom Prinzip der Einheit der Grammatik ausgegangen werden. Grammatiken suchen das System von Sprachen, die innere Struktur ihrer einzelnen Komponenten und deren funktionale Zusammenhänge zu beschreiben und zu erklären. Ihr Material entnehmen sie empirischen Sprachäußerungen, die entweder in der geschriebenen oder in der gesprochenen Ausdrucksform vorliegen. Grammatiken beziehen sich auf sprachliche Struktureigenschaften, die den Ausdrucksformen der betreffenden Sprache zugrundeliegen. Entsprechend nehmen wir an, daß nur an solchen Punkten die Annahme separater Grammatikebenen für die gesprochene und die geschriebene Sprachform gerechtfertigt und sinnvoll ist, an denen die Substanz der kleinsten Einheiten des Ausdrucks materiell verschieden ist, namentlich auf der phonologischen bzw. graphematischen Ebene. Auf höheren Ebenen der Grammatik ist von der einheitlichen Gültigkeit der jeweiligen Strukturbeschreibungen für beide Ausdrucksebenen auszugehen. Damit ist nicht gesagt, daß es keine Teilbereiche innerhalb der höheren Ebenen gebe, die ausschließlich in einer der beiden Ausdrucksformen realisiert werden; dort manifestieren sich die oben angesprochenen Besonderheiten der ›Grammatik der gesprochenen (bzw. geschriebenen) Sprache‹ einer Sprache. Ich möchte dazu EISENBERGS grundsätzliche Feststellung zitieren:

Das Schriftsystem einer Sprache ist als eines ihrer Teilsysteme anzusehen, das nicht irgendwie neben oder außerhalb der anderen Teilsysteme steht, sondern integrativer Bestandteil des Gesamtsystems ist (1981: 79).

Allerdings muß festgehalten werden, daß Elemente höherer Ebenen der Grammatik assymmetrisch repräsentierbar sind. Begriffszeichen wie ⟨7, %, £, ®, &⟩ oder Interpunktionszeichen müssen der graphematischen Ebene als minimale Einheiten besonderen Typs zugeordnet werden; sie konstituieren den nichtalphabetischen Teil von Alphabetschriften.

Distributions- und Frequenzanalysen schließlich ist ein grundsätzlich anderer theoretischer Status als Strukturanalysen zuzuweisen. Frequenzanalysen sind auf allen Ebenen des Sprachsystems durchführbar und tragen nichts aus für Reflexionen über Ebenenmodelle; sie betreffen konventionelle Präferenzmuster für die Verwendung bestimmter sprachlicher Einheiten beim Sprechen oder Schreiben, nicht die Grammatik selbst.

III. Sprachnormen und Grammatik

In den vorausgegangenen Überlegungen zur grammatiktheoretischen Einordnung der beiden Ausdrucksebenen der Sprache ist weitgehend von der Frage abstrahiert worden, auf welche Art von empirischem Material die Rekonstruktionen aufbauen sollen, die Beschreibungen der Sprachstruktur ergeben. Nimmt man diesen Abstraktionsschritt zurück, steht man vor dem Problem, nach welchen Gesichtspunkten eine Normalform der Sprache, ein repräsentativer Standard, festgelegt werden soll.

Auf den ersten Blick scheint das ein einfaches Problem zu sein: für altverschriftete Sprachen ist es leicht zu lösen, wenn man die geschriebene Normalform, wie sie in orthographischen Regelwerken festgelegt ist, als Standard der geschriebenen Sprache und ein System von orthoepischen Vorschriften (das in der Regel am geschriebenen Standard orientiert ist) als Standard der gesprochenen Sprache festlegt. Letzterer bezieht sich weitgehend auf die ›korrekte Aussprache‹, also die lautliche Ebene. Bei neuverschrifteten Sprachen kann man im Prinzip genauso verfahren, obwohl hier die Oberflächlichkeit dieser Lösung des Problems viel stärker ins Auge fällt. Hier ist offensichtlich, daß die Setzung bestimmter struktureller Eigenschaften als Standardformen (mit der alternative Eigenschaften als nonstandard-Varietäten und Abweichungen gesetzt werden) ein Normierungsvorgang ist. Nicht nur die ›Wahl einer Dialektbasis‹ stellt einen solchen Normierungsvorgang dar. Jede einzelne Entscheidung für ein bestimmtes Wortbildungsmuster, für ein bestimmtes Derivationsschema, für ein bestimmtes syntaktisches Muster impliziert eine Entscheidung gegen alternative Möglichkeiten. Umfassendes Anschauungsmaterial bietet die sowjetische Sprachplanungsarbeit der letzten sechzig Jahre.[10]

Standardfestsetzungen sind also unabdingbare Voraussetzungen für grammatische Beschreibungen. Bereits bei SUETON findet man diese Erkenntnis; er bestimmt (Aug. LXXXVIII) als verbindliche Art zu schreiben »formulam rationemque scribendi a grammaticis institutam« (»*die von den Grammatikern festgelegte Regel und Methode zu schreiben«, zit. nach MAROUZEAU 1910/11: 268). Bei Neuverschriftungen ist dies evident, bei altverschrifteten Sprachen ist dieser Zusammenhang zwar oft verdunkelt, weil er erst durch sprach- und sozialgeschichtliche Rekonstruktion transparent gemacht werden muß, dennoch ist er auch hier konstitutiv. ›System‹ und ›Norm‹ sind unter diesem Blickwinkel nur zirkulär zu bestimmende Kategorien (vgl. HAAS 1982b).

Seit den Junggrammatikern und verstärkt seit dem klassischen Strukturalismus ist es ein selbstverständliches Postulat, daß grammatische Analysen sich vorrangig mit gesprochener Sprache zu befassen hätten. Dieses Postulat hat aber nichts daran ändern können, daß sich Grammatiken altverschrifteter Sprachen ganz selbstverständlich an deren Standardvariante orientiert haben. Die Standardvariante altverschrifteter Sprachen ist das Produkt von Normierungsvorgängen und Vereinheitlichungsprozessen, bei denen die geschriebene Sprachform eine ausschlaggebende Rolle spielte. Nun ist es sicherlich wichtig, bei der Anfertigung von Grammatiken das Ziel der Deskription gegenüber den Verlockungen der Präskription nie aus dem Auge zu verlieren; bei allen Differenzen wird wohl keine Schule der heutigen Sprachwissenschaft noch ernsthaft das folgende Postulat vertreten, nach dem »[...] die Grammatik zu zeigen hat, nicht wie gesprochen wird, sondern wie gesprochen werden soll«. (WUSTMANN 1891: 29).

Es hat jedoch den Anschein, als sei diese Alternative weniger prinzipieller als vielmehr relativer und vor allem methodischer Natur. Eine deskriptive Grammatik für eine traditionsreiche Schriftsprache wird in jedem Falle mit Material arbeiten müssen, das unmittelbares Produkt präskriptiver Eingriffe ist und in der ›ungezwungenen Umgangssprache‹ nicht auftritt. Sie muß solches Material aus schriftlichen Belegen schöpfen und gerät damit in das theoretisch aufschlußreiche Dilemma, daß ihr Deskriptionsmaterial in der fraglichen Hinsicht heterogen ist: sie kann nicht umhin, Präskriptionen zu deskribieren. Zu einem Dilemma wird dieser Sachverhalt freilich nur dann, wenn er nicht bemerkt oder übergangen wird. Es läßt sich – je nach den Notwendigkeiten der vorausgesetzten Theorie – vermeiden, indem es expliziert wird. Als Beispiel möge HJELMSLEVS Kapitel über »Sprache und Nicht-Sprache« (1943/74: 100–110) dienen.

Deskriptive Grammatiken befinden sich in der paradoxen Situation, daß sie Normen und Vorschriften in die Beschreibung aufnehmen müssen, wenn sie vollständige Beschreibungen erreichen wollen, weil das zu beschreibende Material voller Normen und Vorschriften steckt, obwohl sie doch die Präskription möglichst vermeiden wollen und ablehnen. GLOY (1975: 87–118) hat dieses Dilemma für die Theorie der generativen Grammatik unter der Überschrift »Normierende Effekte linguistischer Methoden« ausführlich erörtert. Er diskutiert dort die Idealisierungsproblematik. In generativen Konzepten wird die Frage nach dem empirischen Realismus durch die theoretisch geforderten Abstraktionen zumindest zurückgedrängt. Der Widerspruch zwischen Intuition und Empirie bei der Datenkonstitution wird zu einem positiven Bestandteil der Theorie selbst gemacht. GLOY zeigt, daß die generativen Konzepte von Grammatikalität und Akzeptabilität massive Normfestlegungen voraussetzen; die üblicherweise als eine Form sozialer Normen verstandenen Sprachnormen werden dabei ins Psychologische gewendet und verschwinden in der Intuition des Grammatikers, in seinem »eigenen Dialekt«, wie CHOMSKY sich ausdrückt. Es gibt theoretisch anspruchsvolle Versuche, diese Aporien aufzuheben, etwa in den Werken von COSERIU oder in KANNGIESSERS (1972) Modell der »koexistierenden Grammatiken«, in dem die Vorstellung von »homogenen Sprachgemeinschaften« als empirisch inadäquate, weil zu starke Idealisierung kritisiert und die Grammatik einer Sprache als »Familie von Grammatiken« aufgefaßt wird, die unterschiedlichen, aber aufeinander beziehbaren Regel- und Normsystemen folgen. Bei KANNGIESSER ist die mentalistische Escamotage des Normproblems, wie sie in der ›klassischen‹ Version der Transformationsgrammatik zur Theorie erhoben wurde, ein Stück weit zurückgenommen. Dies ist auch in KLEINS (1974) Konzept der »Varietätengrammatik« oder

BIERWISCHS Konnotationsmodell geschehen; beide Ansätze wären einer ausführlicheren Würdigung im Hinblick auf die hier erörterten Probleme bedürftig.

Diese Probleme sind natürlich auch in Arbeiten erörtert worden, die soziolinguistischen oder sprachhistorischen Interessen verpflichtet sind. Wendet man die Frage historisch, so wird sofort deutlich, daß es theoretisch und vor allem methodisch schwierig ist, festzulegen, was als Datenbasis und Bezugsgröße für die Konstruktion der »Grammatik einer Sprache L« gelten soll. In einer neueren französischen Arbeit wird das Problem in der Weise behandelt, daß man den Begriff ›Sprache‹ und damit implizit den der Grammatik historisch reformuliert: ›Sprache‹ ist das Produkt politisch-ökonomischer Zentralisierungsprozesse, während die Sprech- und Schreibweisen der vorhergehenden Epochen als ›phonisch-graphische Codes‹ bzw. ›Dialekte‹ firmieren:

On appellera code phono-graphique l'ensemble des règles de correspondance entre graphèmes et phonèmes pratiques par un individu, un milieu ou une époque. Au moyen âge, la variété des dialectes et donc des systèmes phonologiques, et la multiplicité des centres de culture et des écoles de scribes amènent à constater que plusieurs codes phono-graphiques étaient pratiqués simultanément. Le développement du centralisme étatique et l'extension du français entraînent, avec les siècles, une codification croissante. On ne considérera ici que des phénomènes généraux, sans faire état des différences régionales ou individuelles (BLANCHE-BENVENISTE/CHERVEL 1978: 55).

Diese Herangehensweise hat den Vorzug, klare Explikationen des Bezugsrahmens vorzunehmen. Standardsprachen (und damit die Möglichkeit ihrer Deskription in einer »Grammatik der Sprache L«) sind Korrelat bzw. Ergebnis rekonstruierbarer historischer Prozesse. Dies hat den – wohl unvermeidbaren – Nachteil, definitiv nichtsprachliche Gesichtspunkte zur Festlegung zentraler sprachanalytischer Kategorien heranziehen zu müssen. Ein Nachteil ist dies freilich nur dann, wenn die jeweiligen Bezugsebenen nicht systematisch expliziert werden. Es kann kaum ernsthaft bestritten werden, daß Sachverhalte, die nach systematischen Gesichtspunkten als außersprachlich zu klassifizieren sind (also z.B. soziale Gegebenheiten), auf sprachinterne Sachverhalte einwirken und dort strukturelle Veränderungen auslösen, modifizieren und verhindern können. Eine Reihe der wesentlichen Gesichtspunkte, die bei der Diskussion des Verhältnisses zwischen »Innersprachlichem« und »Außersprachlichem« unbedingt zu berücksichtigen sind, haben wir an anderer Stelle erörtert (GLÜCK 1979b,: insbes. Kap. 2); es lohnt für diesen Zusammenhang auch der Hinweis auf HALLS wertvolle Studie über die *External History of the Romance Languages* (1974), wo dieser »Nachteil« zum Programm der gesamten Darstellung befördert worden ist.

Solche expliziten Verfahren, in denen die Dialektik von »Innerem« und »Äußerem« systematisch berücksichtigt wird, sind auf jeden Fall brauchbarer als terminologische Notlösungen, wie sie etwa in der Arbeit von NERIUS/SCHARNHORST (1980b, insbes. 49) vorgeschlagen werden. Auffällig ist dort, daß die zur Charakterisierung der einzelnen Termini herangezogenen Kriterien sehr heterogen sind. Ihr Vorschlag läuft auf eine Skalierung der (sozialen?) »Verbindlichkeit« konkurrierender Charakteristika der geschriebenen Sprachform hinaus: »Schreibungen« werden an Verbindlichkeit übertroffen von »Schreibgewohnheiten«, diese von »Schreibungsnormen«, über denen schließlich die »einheitliche literatursprachliche Norm« steht; letztere ist durch ein weitgehendes Zusammenfallen von »Usus« und »Norm« charakterisiert. Sie bringt als (offenbar sozialpsychologisches) Korrelat »in der Gesellschaft ein starkes Normbewußtsein« hervor, das sich in allgemein akzeptierten Vorstellungen von »Sprachrichtigkeit« ausdrückt, die »ein zusätzliches Attribut sprachlicher Normen und keineswegs von vornherein jeder Sprachnorm eigen« ist (51).

Vieles bleibt hier unklar. So wäre zu erläutern, worauf sich diese »Verbindlichkeit« beziehen soll: ist damit gemeint, daß »die Orthographie« durch mehr oder weniger institutionalisierte Kontrolle durchgesetzt werden muß? Dann wären allerdings die Erscheinungsformen der geschriebenen Sprachform im wesentlichen von außersprachlichen Gegebenheiten bestimmt, und die Differenzen zwischen den verschiedenen Graden der »Verbindlichkeit« wären in erster Linie von den verschieden effektiven Sanktionsmöglichkeiten der Kontrollinstanzen bestimmt. Die Skala der »Verbindlichkeit« liefe dann auf die bekannten Unterscheidungen zwischen vorbildlichem, gutem, durchschnittlichem, schlechtem und falschem Gebrauch der geschriebenen Sprachform hinaus, also im Grunde auf dasselbe, was die Normierer seit jeher als Setzungen bzw. Duldungen oder Verbote verkündet haben.

Der Vorschlag von NERIUS und SCHARNHORST beabsichtigt offenbar, solche wertenden Charakterisierungen zu vermeiden. Sie möchten den Schluß von bestimmten formalen Merkmalen eines Schriftprodukts auf soziale oder charakterliche Eigenschaften seines Verfassers unterlassen. Es ist aber die Frage, ob dies allein durch die Einführung einer neuen Terminologie zu gewährleisten ist. »Schreibungen« oder »Schreibgewohnheiten« können natürlich mit der »einheitlichen literatursprachlichen Norm« zusammenfallen: in diesen Fällen wäre jede Unterscheidung überflüssig. Sie fallen aber bekanntlich nicht immer mit jener zusammen. Dann aber, wenn hier Unterschiede auftreten, sind Bewertungen unumgänglich, umgangssprachlich gesagt: Unterscheidungen zwischen ›richtig‹ und ›falsch‹, ›zulässig‹ und ›schlecht‹ usw. Und nun stellt sich die weitere Frage, ob die Bewertung von solchen Alternativen rein konventionell und ganz und gar auf die Wirksamkeit institutioneller Kontrollen zurückführbar ist. Wenn dem so wäre, könnte man zwar erklären, weshalb beispielsweise die Schreibungen ⟨Meer, Mehr, mehr⟩ für dieselbe Phonemkette auftreten dürfen, und ⟨meer, mer, Mer⟩ nicht. Man könnte aber nicht erklären, weshalb Schreibungen wie ⟨yks⟩ oder ⟨&⟩ für [meːʁ] nicht zugelassen werden – hierfür sind nämlich die invarianten (oder – höchstens – stark eingegrenzter Variation unterworfenen) Regularitäten in den Beziehungen zwischen phonologisch-morphologischer und graphematischer Repräsentation lexikalischer Einheiten ausschlaggebend. Die »Verbindlichkeit« der Realisationsformen einzelner Einheiten der geschriebenen Sprachform hängt also nicht nur von sozialen Konventionen ab (ausgedrückt in »richtig-falsch«-Oppositionen), sondern ebenso von den systematischen Eigenschaften der jeweiligen Sprache. Sie legen die Spielräume für Variation, innerhalb derer dann über »Verbindlichkeit« debattiert werden kann, weitestgehend fest. Natürlich ist es notwendig und ein Fortschritt für die Diskussion, wenn soziologische, historische und psychologische Gesichtspunkte bei der Erörterung des Problems der sprachlichen Normen und des Standards ernsthaft in Rechnung gestellt werden. Es besteht aber die Gefahr, daß dieser Fortschritt sich als rein terminologisch erweist, wenn die linguistischen Gesichtspunkte dabei unterbewertet werden oder gar ein antagonistischer Gegensatz zwischen linguistischen und sozialen Gegebenheiten unterstellt wird.

Junggrammatische Autoren verhalten sich dem Problem der Standardnormen gegenüber noch ziemlich unbefangen und zitieren die maßgeblichen Dichter in ihren Belegen; strukturalistische Grammatiken tun dies in der Regel nicht und beziehen sich auf alltägliches Sprachmaterial, was das angesprochene Dilemma nicht außer Kraft setzt. Das Spannungsverhältnis zwischen gesprochenen und geschriebenen Sprachformen kann eben nicht mit dem unklaren Verhältnis zwischen Usus, Norm und System, Hochsprache und Umgangssprache o. dgl. identifiziert werden: als prinzipielles theoretisches Problem wäre es damit beiseite geschoben, aber nicht gelöst. Dieser Punkt verdient deshalb solche Aufmerksamkeit, weil er in den Sprachnormtheorien der letzten hundert Jahre sehr selten zur Kenntnis genommen wurde; Ausnahmen wie BAUDOUIN DE COURTENAY und einige Vertreter des Prager Strukturalismus und der sowjetischen Schulen der Sprachplanung sprechen nicht gegen diese Einschätzung.

Beispielhaft für die vorherrschende Betrachtungsweise kann folgende Sentenz des großen russischen Grammatikers A. A. ŠACHMATOV stehen, die vor 85 Jahren formuliert wurde:

[...] es wäre überhaupt ganz seltsam, wenn eine wissenschaftliche Einrichtung sich entschlösse, darauf hinzuweisen, wie man sprechen muß, statt aufzuzeigen, wie man spricht.[11]

ŠACHMATOV und seinen Schülern, die eine der beiden Hauptrichtungen der russischen Grammatiktheorie entwickelt und umfangreiche Grammatiken verfaßt haben, kann man zugute halten, daß sich in ihrer Position zu dieser Frage einfach der szientifische Objektivismus ausdrückt, der um die Jahrhundertwende üblich war; das oben angeführte Zitat von WUSTMANN charakterisiert eine (extreme) Gegenposition, die den positivistischen Impetus der Junggrammatiker besser verstehen hilft. Eine zum Thema der vorliegenden Untersuchung passende Formulierung derselben Haltung findet sich bei O. BEHAGHEL:

So wenig wie der Geschichtsforscher die absolut gute Verfassung ergründen kann, oder ein theoretischer Jurist über die beste Einrichtung eines Gefängnisses entscheiden kann, so wenig der Anatom Kleidermuster schneidet, so wenig ist der Sprachforscher als solcher verpflichtet, Regeln für die Schreibung zu geben. Die Frage der Rechtschreibung ist durchaus eine Frage, die am grünen Baum des Lebens erwachsen ist, eine reine Frage der Praxis, vor allem der Schule und der Druckerei. Wenn erst der Schullehrer und der Setzer befriedigt sein werden, dann kann der Mann der Wissenschaft geruhig Ja und Amen sagen (1880: 155).

Derselbe objektivistische Optimismus, der von den sozialen Implikationen des Problems völlig absieht, muß in neueren Arbeiten befremdlich wirken, weil die Fragestellung doch erheblich differenzierter formuliert ist als um die Jahrhundertwende. In den jüngsten westdeutschen Debatten zu Normfragen sind Positionen vertreten worden, die sich leicht auf ŠACHMATOVS junggrammatische Denkfigur zurückführen lassen: wenn die Sprachwissenschaft vollständig auf die Chimäre der puren Deskription festgelegt wird, versteht sich von selbst, daß Fragen der Sprachnormen als außerhalb ihres Gebietes liegend und wissenschaftsfremd charakterisiert werden müssen. Einen in dieser Hinsicht extremen Standpunkt haben J. HERINGER und B. STRECKER vertreten; wir werden ihre Überlegungen kurz glossieren, um die theoretische *und* praktische Relevanz des Problems etwas deutlicher hervortreten zu lassen.

HERINGER steht der Tätigkeit der Normsetzung sehr skeptisch, den praktischen Prozessen der Normdurchsetzung völlig ablehnend gegenüber. Sprachnormen existieren für ihn vor allem

[...] für die Sicherheit dummer Machthaber und kommunikativer Idioten [...]. Sie sind unnütz, weil sie sowieso nur verordnen, was ohnedies jedermann aus eigenem Antrieb tun würde. Wo sie nicht überflüssig sind, sind sie unerträglich, weil sie in eine Angelegenheit eingreifen, die unser aller Angelegenheit ist. Die Sprache ist nicht die Sache einiger weniger, auch wenn sie noch so schlau sind und sich vielleicht sogar noch dafür dünken (1980: 58, 62f.).

Diese Auffassung mag in gewisser Hinsicht verständlich sein angesichts der oft fatalen praktischen Konsequenzen, die Sprachnormen bzw. ihre sanktionierende Kontrolle empirisch in der Tat haben (wir denken dabei nicht nur an Schülerkarrieren, sondern auch an Rechtschreibtests, mit denen in Großbetrieben und Staatsbehörden über die Vergabe von Lehrstellen und Arbeitsplätzen entscheiden wird). Dennoch ist sie problematisch.

HERINGER steht mit seinen Auffassungen zwar innerhalb der sprachwissenschaftlichen Diskussion relativ isoliert da, dürfte aber bei vielen Lehrern auf Zustimmung gestoßen sein, die den Rechtschreibunterricht als Zwangsmaßnahme und wesentliches Vehikel des ›heimlichen Lehrplans‹ mit Skepsis betrachten. Das in dieser Haltung implizierte Mißverständnis wird offenkundig in einem Aufsatz von STRECKER, (1983), dessen Argumentation darauf hinausläuft, daß die ›Freigabe‹ aller Sprachnormen eine notwendige Bedingung für die Verwirklichung wahrer Demokratie und individueller Selbstbestimmung sei. Es predigt einen unrealistischen linguistischen Liberalismus, und er übersieht völlig, daß Sprachbeherrschung im Sinne der existierenden Normverhältnisse handfest mit dem Ausüben von Macht bzw. dem Unterworfensein unter bestehende Machtstrukturen zusammenhängt. Hier wird das Pferd vom Schwanz her aufgezäumt: man kann kaum ernsthaft über eine radikale Veränderung der Strukturen der gesellschaftlichen Kommunikation reden, wenn man vorher nicht wenigstens angedeutet hat, wie man die Gesellschaft verändert sehen möchte, die die beanstandeten Kommunikationsstrukturen hervorgebracht hat und perpetuiert. HERINGER und STRECKER tun so, als könne man soziale Ungleichheit dadurch aufheben, daß man die allgemeine Gleichberechtigung in der gesellschaftlichen Kommunikation ausruft. Wenn alle, von Burda und Springer bis zu Lieschen Müller, die kommunikativen Ideale von HABERMAS ernstnähmen und sich die Moral der Konversationsmaximen von GRICE zu eigen machten, wäre die demokratische Gesellschaft verwirklicht. Und so viel Blauäugigkeit erweckt schon den Verdacht, daß hier Effekthascherei eine Rolle spielt. STRECKER schreibt:

daß Sprachen eine Sache ihrer Sprecher sind und daß niemand berufen ist, darüber zu befinden, wie die Sprecher ihre Sprache zu sprechen haben. [...]

Der Wandel der Sprachwissenschaft von einer normativen zu einer deskriptiven Wissenschaft stellt sich unter moralischem Gesichtspunkt als Fortschritt dar, weil er eine unerträgliche Anmaßung zurücknimmt. (1983: 7)

Offenbar will er die Schulen schließen und die Universitäten verkleinern – dort wird »den Sprechern« nämlich beigebracht, wie sie ihre Sprache sprechen (und schreiben) sollen. Ob es zu einer substantiellen Humanisierung des gesellschaftlichen Lebens führen würde, wenn jeder Sprecher einer Sprache seine Sprache für *die* Sprache erklären könnte, muß bezweifelt werden. Es gibt starke Argumente dafür, in der Herausbildung und der effektiven Kontrolle überregionaler sprachlicher Standards eine der Grundvoraussetzungen für das Funktionieren moderner Gesellschaften zu sehen. Zwar ist prinzipiell nichts dagegen einzuwenden, daß HERINGER und STREKKER die Formen der gesellschaftlichen Kommunikation geradezu umstürzlerisch humanisieren wollen (das will KARL KORN ja auch), aber es ist eine ganze Menge dagegen einzuwenden, daß sie zwar B sagen, aber vom A nichts wissen wollen, nämlich der Gesellschaft, die ihre Mitglieder in so quälende Kommunikationsstrukturen knechtet. Die Frage der Moral, die nach ihrer Auffassung wissenschaftlichen *Verfahren* inhärent ist, mag hier unbehandelt bleiben, auch wenn der Hinweis nicht versäumt werden soll, daß die Gegenüberstellung von Normativität und Deskriptivismus in der Linguistik ihre dialektischen Tücken hat, wie z.B. GLOY (1975) ausführlich dargestellt hat.

Im übrigen sind die aufgeregten Entlarvungen und entlarvenden Aufregungen von HERINGER und STRECKER gar nicht so originell, wie es auf den ersten Blick scheinen mag, und sie wurden auch an Konsequenz und Provokanz durchaus schon übertroffen. Während der – von den Zeitgenossen so genannten – »sprachlichen Wirren« in der Sowjetunion der 20er Jahre entwickelte sich eine Art »Szenesprache«, von der POLIVANOV sagte, sie verhalte sich zum alten Standard des Russischen wie eine Fremdsprache. [12] Man beschränkte sich damals auch nicht darauf, Orthographien bzw. Graphien und ganze Alphabete zu reformieren; die Forderung, stilistische und orthographische Normen einfach abzuschaffen und jeden Schreibenden nach eigenem Gusto gewähren zu lassen, wurde durchaus ernsthaft diskutiert:

* Schule und Presse sollen die Freiheit der Orthographie ausrufen. Die Schule soll aufhören, die Orthographie zu lehren, und die Presseleute sollen damit aufhören, in den Rechtschreiblexika nachzuschlagen (zit. in PANOV 1964: 9).

Der bedeutende sowjetische Sprachwissenschaftler und Sprachlehrer LEV ŠČERBA hat den Konsequenzen der »sprachlichen Wirren« einen Aufsatz mit dem beziehungsreichen Titel *Der Analphabetismus und die Gründe dafür* (1927) gewidmet; aus sicherer historischer Distanz hat der sowjetische Grammatiker PANOV (1964) einen hübschen Essay über die »orthographische Frage« verfaßt, in der er die Abenteuer und Schwierigkeiten der Stadt Kakografópol und ihrer Bewohner darstellt, bei denen die ›Freiheit der Orthographie‹ herrscht – natürlich mit dem Ergebnis, daß die bestehende russische Orthographie trotz bestimmter Mängel das gesellschaftliche Leben erheblich erleichtert. Der Titel dieser Arbeit *Und dennoch ist sie gut...* deutet an, worin das aufzudeckende Mißverständnis liegt: Mängel und Reformbedürftigkeit von Sprachnormen bzw. Kritik an den Instanzen, die sie durchsetzen und kontrollieren, darf nicht verwechselt werden mit der Kritik an Sprachnormen *an sich*; letzteres scheint mir eine theoretisch nicht zu rechtfertigende Spielerei zu sein, deren größter Reiz (im Falle der Attacken STRECKERS und HERINGERS) in der betretenen Reaktion einiger sich getroffen fühlender hommes des lettres liegen dürfte.

IV. Normen und Normierung in der geschriebenen Sprachform

Neuerdings hat EISENBERG (1983b) das Normproblem im Hinblick auf die geschriebene Sprachform erörtert. Er ist dabei von den Normtheorien COSERIUS (1971) und HARTUNGS (1977) ausgegangen, bei denen die spezifischen Besonderheiten der geschriebenen Sprachform im Hintergrund bleiben. EISENBERG zeigt zunächst, daß COSERIUS Ansatz, demzufolge Norm und funktionelles System als konstitutive Bestandteile des Sprachsystems aufzufassen sind, auf die Probleme, die sich bei der Analyse der geschriebenen Sprachform ergeben, kaum anwendbar sind: erstens deshalb, weil eine »Schriftnorm oder Orthographie« (EISENBERG 1983b: 43) grundsätzlich auch mit extensionalen Mitteln (d.h. mit Listen von ›Ausnahmen‹) arbeiten können muß, und zweitens deshalb, weil Objektbereich (»Schriftsystem«) und Theorien über diesen Objektbereich (»Orthographien«) auseinandergehalten werden müssen, d.h. daß die Normen, die die Beschreibung enthält, nicht mit den Normen verwechselt werden dürfen, die dem Objekt inhärent sind. Problematisch scheint uns allerdings seine im wesentlichen psychologisch motivierte Differenzierung zwischen »expliziten« (»bewußten«) und »impliziten« (»unbewußten«) Normen (im Anschluß an HARTUNGS Auffassungen), die er jedoch nicht gleichgesetzt wissen will mit der Unterscheidung zwischen »gegebenen« und »gesetzten« Normen, die bekanntlich in der Diskussion über Normprobleme traditionell eine große Rolle spielt. Es ist zu befürchten, daß EISENBERGs Einteilung rasch auf kaum lösbare Widersprüche stoßen wird. Sind Neologismen oder ›neue‹ Schreibungen (z.B. ⟨Fotograf⟩, ⟨Fisik⟩) jeweils als »implizite« Normen, als schlichte Fehler oder – im Moment ihrer Produktion – bereits als explizite Normen zu charakterisieren, und wie erklärt sich, daß die Schreibung ⟨Fotograf⟩ sicher eher als »explizite« Norm oder wenigstens als zulässige Variante, analoge Schreibungen wie ⟨Fisik⟩ oder ⟨Fonetik⟩ eher als Fehler bzw. implizite Normen oder als Spleen von phonographischen Reformern betrachtet werden dürften? Wie ist in diesem Ansatz der Sachverhalt berücksichtigt, daß offensichtlich nicht nur das Sprachsystem bzw. seine (normierenden) Beschreibungen und die Individuen, die es aktualisieren, eine Rolle spielen, sondern auch die durchschlagenden sozialen Kontrollen und Sanktionen, die gemeinhin für die Einhaltung einer gewissen Distanz zwischen »expliziten« und »impliziten« Normen für die geschriebene Sprachform sorgen?

Wichtig ist auf jeden Fall EISENBERGs Feststellung, daß Eigenschaften des Objektbereichs (»Sprachstruktur«) von Eigenschaften des Modellbereichs (»Sprachtheorie«) unterschieden werden müssen (er stellt dies mit Blick auf die bekannten Idiosynkrasien der generativen Theorien fest); allerdings ist nicht ganz klar, weshalb er

diese berechtigte epistemologische Mahnung mit psychologischen Argumenten ein-
leitet. EISENBERG hat gezeigt, daß die Diskussion der Normproblematik von grundsätzlicher Bedeutung für die Entwicklung von Theorien über die geschriebene
Sprachform ist. Seine Unterscheidung zwischen Orthographien als Theorien über
Schriftsysteme, als Normen im Sinne von Regelwerken (»alle orthographischen Re-
gelsysteme sind in diesem Sinne schwach äquivalent«, p. 51) einerseits, dem Schriftsystem als dem Objektbereich, dessen Regularitäten (die als seine »Normiertheit«
aufgefaßt werden können) in orthographischen Modellen aufzudecken und zu beschreiben sind, ist einleuchtend und vielleicht dazu geeignet, den terminologischen
Wirrwarr, der auf diesem Gebiet vorherrscht (und der nichts anderes als theoretischer Wirrwarr ist, wie wir in Kapitel 3.VIII. sehen werden), allmählich Klärungen
zuzuführen.

An dieser Stelle können wir keine ausführliche Auseinandersetzung über die neueren Normtheorien und ihre Brauchbarkeit für die Bearbeitung der Probleme der
geschriebenen Sprachform führen.[13] Festzuhalten ist, daß Normfragen von unmittelbarer Relevanz für die Analyse des Verhältnisses zwischen gesprochenen und
geschriebenen Sprachformen sind, weil die Festlegung einer geschriebenen Sprachform und Reformen solcher Festlegungen Normierungsvorgänge sind. Die Tradierung geschriebener Sprachformen erfolgt stets durch die Aneignung der in ihnen
festgelegten Normen durch die jeweils nachwachsende Generation, die sie sich ler-
nend, durch bestimmte Formen organisierten Unterrichts, anzugewöhnen hat. Umgekehrt ist die Spannung zwischen geschriebener und gesprochener Sprachform von
großer Bedeutung für die Entwicklung von Normtheorien; Normtheorien sind eben,
wie gesagt, nicht gleichzusetzen mit Hypothesen über den ›bon usage‹ und ›Gutes
Deutsch in Wort und Schrift‹, die sich so trefflich kritisieren lassen.

Eine unserer Auffassung nach realistische Behandlung des Problems findet sich in
den *grundzügen einer syntax der deutschen standardsprache* von CLEMENT und THÜM-
MEL (1975). In diesem Werk, das als generative Konstituentensyntax konzipiert ist,
wird in einem methodischen Einleitungskapitel die Frage der empirischen Basis der
zu beschreibenden »deutschen standardsprache« folgendermaßen behandelt:

Wir wollen die syntax der deutschen standardsprache beschreiben. Es ist jedermann unklar,
was die deutsche standardsprache genau ist; d.h. es gibt keine brauchbare definition des
begriffs ›deutsche standardsprache‹. Dennoch läßt sich davon vortheoretisch sinnvoll reden.
Die deutsche standardsprache (DSS) ist vor allem geschriebene sprache, genau genommen:
eine mischung verschiedener sprachen, die zueinander in einer spezifischen ähnlichkeitsbezie-
hung stehen. Gesprochen wird sie – bei unterschiedlicher realisierung – in anlehnung an die
geschriebene sprache auf der grundlage der jeweiligen regionalsprache.
(CLEMENT/THÜMMEL 1975: 13)

Wir beabsichtigen nicht, diese Position ausführlicher zu kommentieren; nur so viel
soll festgehalten werden, daß CLEMENT/THÜMMEL das Verhältnis zwischen gesprochenen und geschriebenen Sprachformen ausdrücklich als relevante Frage für die
Konstruktion des theoretisch zentralen Begriffs der Standardsprache thematisieren.
Ihr Ansatz hat den großen Vorzug, das Problem des Verhältnisses zwischen den
beiden Ausdrucksformen der Sprache und soziologisch determinierten Kategorien

wie *Standardsprache* zu explizieren und auf vordergründige terminologische Harmonisierungen, wie sie etwa bei JEDLIČKA (1978) vorherrschen, zu verzichten.

Grammatiken von Schriftsprachen haben sich mit deren Standardvariante zu befassen – schließlich sind diese dadurch definiert, daß eine solche Standardvariante existiert. Deshalb sind die Normen, die die jeweilige Standardvariante charakterisieren, nicht nur als Zwischen- und Endresultate eines permanenten Kodifizierungsprozesses aufzufassen, sondern auch als positive Daten, auf die sich grammatische Analysen und Beschreibungen dieser Sprache stützen und stützen müssen. Der Standard von Schriftsprachen und damit auch ihre Grammatiken sind aber sowohl durch solche Normensysteme determiniert, die sich auf die gesprochene Sprachform und die mündliche Kommunikation beziehen, als auch durch solche Normensysteme, die sich auf die geschriebene Sprachform und die schriftliche Kommunikation beziehen. Es steht allerdings außer Zweifel, daß umfangreiche Teilbereiche dieser Normensysteme für beide Sprachformen bzw. für beide Kommunikationsweisen gleichermaßen gültig sind.

Aus diesen Feststellungen ergibt sich der Schluß, daß bei Schriftsprachen (und insbesondere bei altverschrifteten Sprachen) von einer immanenten methodischen Zirkularität bei ihrer grammatischen Beschreibung auszugehen ist, die einschneidende Konsequenzen für eine Theorie der geschriebenen Sprachform hat. Grammatiken von Schriftsprachen, auf die geschriebene Sprachformen als *besondere* Varianten ebendieser Sprachen bezogen werden sollen, inkorporieren die geschriebene Sprachform in beträchtlichem Umfang bereits als *Daten*, obwohl dies selten so explizit gemacht wird wie in der zitierten Grammatik von CLEMENT/THÜMMEL. Dies ist in viererlei Hinsicht der Fall:

1. das empirische Material, auf das sich grammatische Beschreibung von Sprache stützt, besteht bei Schriftsprachen in beträchtlichem Umfang aus geschriebenem bzw. gedrucktem Material.
2. derjenige Sektor des Datenmaterials, der als gesprochene Sprachform reklamiert wird, muß zum Zwecke grammatischer Bearbeitung in die geschriebene Sprachform umgesetzt werden, wobei die üblichen Abstraktionen vorgenommen werden müssen (dies hängt natürlich auch von der Feinheit der Transkription ab).[14]
3. gesprochene und geschriebene Sprachform stehen in ständiger Wechselwirkung; ebenso wie es in der gesprochenen Sprachform ›buchsprachliche‹ oder ›gestelzte‹ Wendungen und Satzkonstruktionen gibt, gibt es in der geschriebenen Sprachform ›Kolloquialismen‹ oder ›umgangssprachliche Ausdrücke‹ u. dgl. Der Gegensatz ist wesentlich nicht einer der Form, sondern er ist bestimmt von der sozialen Bewertung eines Äußerungsaktes; von ihr leiten sich solche Charakterisierungen ab.
4. Normierungsvorgänge und Normen sind auf einer sehr materiellen und (kultur-) technischen Ebene für den Verlauf des Schriftlichkeitsprozesses von Belang, insofern nämlich, als Sprachnormen, und zwar sowohl bezüglich der gesprochenen als auch der geschriebenen Sprachform, in aller Regel Korrelate bzw. Produkte sozialer Differenzierungsprozesse sind.

Für die Entwicklung einer Theorie der geschriebenen Sprachform ist also die Frage nach den Sprachnormen und nach dem Standard, der auf ihnen beruht, von zentraler Bedeutung. Sie ist dies einerseits in methodischer und systematischer Hinsicht, weil Grammatiken von Schriftsprachen definitionsgemäß normenbestimmt sind und zirkulär mit der geschriebenen Sprachform zusammenhängen. Es wäre deshalb unsinnig, einer Grammatik des Deutschen eine ›Grammatik des geschriebenen Deutsch‹ gegenüberzustellen. Andererseits sind Normsetzung und Normimplementation als historische und soziale Prozesse für eine Theorie der geschriebenen Sprachform von ebenso großer Wichtigkeit. Dies soll an dieser Stelle nicht näher ausgeführt werden; zwei illustrierende Zitate sollen andeuten, welche Fragen dabei zu erörtern wären. 1872 schrieb WILHELM LIEBKNECHT, einer der Begründer der deutschen Sozialdemokratie:

[...] Daß die Sprache unserer sogenannten Nationalliteratur [...] der Masse der Nation nicht verständlich ist, das wird ziemlich allgemein zugegeben. Indes mehr oder weniger gilt das gleiche von sämtlichen Kulturvölkern. (LIEBKNECHT 1872: 135f.)

Hundert Jahre später schrieb der große sowjetische Germanist VIKTOR ŽIRMUNSKIJ:

* Die Kenntnis der Literatursprache, ebenso wie Bildung und mitunter das einfache Lesen- und Schreibenkönnen sind ein Privilegium der herrschenden Klassen; die nationale Einheitssprache bleibt in ihrer gesprochenen Form eine »Sprache der Gebildeten«, d.h. im wesentlichen: der Vertreter der herrschenden Klassen. Muttersprache der breiten Volksmassen bleiben weiterhin die lokalen Dialekte [...] (ŽIRMUNSKIJ 1968: 28),

die, so kann man hinzufügen, in der Regel ohne Schriftform bleiben. Der Prozeß der Alphabetisierung ihrer Sprecher hat folglich den bekannten Umweg über das Erlernen sowohl der gesprochenen wie der geschriebenen Sprachform der zugehörigen ›Hoch‹-Sprache zu nehmen – mit allen objektiven und subjektiven Schwierigkeiten, die auf diesem Umweg warten.

Kapitel 3
Autonomietheorien und Abhängigkeitstheorien

Das zentrale sprachwissenschaftliche Problem, vor das sich jede Theorie der geschriebenen Sprachform gestellt sieht, ist die Frage nach dem Verhältnis zwischen gesprochenen und geschriebenen Sprachformen. Das Verhältnis zwischen ›Sprache und Schrift‹ ist in der Forschungsliteratur zwar Gegenstand permanenter Auseinandersetzungen, aber es ist weder theoretisch noch begrifflich geklärt. Dies ist nicht zuletzt dem Umstand geschuldet, daß die fragliche Beziehung sich einer einfachen Definition schon deshalb entzieht, weil sie von den jeweils vorausgesetzten sprachtheoretischen Ansätzen bestimmt wird. Immerhin lassen sich die relevanten Vorschläge für eine Theorie der geschriebenen Sprachform an genau diesem Punkt in Gruppen einteilen. Sie teilen sich in zwei Hauptgruppen auf, nämlich solche Ansätze, die von einer systematischen *Abhängigkeit* der Schriftebene von der Ebene der gesprochenen Sprache ausgehen (z.B. DE SAUSSURE oder der klassische amerikanische Strukturalismus), und solche Konzepte, die mehr oder weniger dezidiert die *Selbständigkeit* der Schriftebene postulieren (z.B. die Prager Strukturalisten, viele neuere sowjetische Arbeiten, z.B. AMIROVA 1977 oder, nolens volens, Sinologen): einer stärker an Strukturgesichtspunkten orientierten *Abhängigkeitshypothese* (nach der die geschriebene Sprachform wesentlich von der gesprochenen Sprachform determiniert ist) steht also eine eher an funktionalen Gesichtspunkten interessierte *Autonomiehypothese* gegenüber (die ein solches Determinationsverhältnis bestreitet).

Wir haben im letzten Kapitel über einige grammatiktheoretische Voraussetzungen der beiden Konzepte gesprochen, wobei wir nicht übersehen dürfen, daß diese Konzepte in der Regel nicht ›rein‹ vertreten werden, sondern mit den verschiedensten Modifikationen und Einschränkungen.[1]

Ziemlich unübersichtlich ist die Situation bei der analytischen Terminologie. Für die Abhängigkeitstheoretiker sind die Elemente eines Schriftsystems prinzipiell durch ihre Relationen zur jeweiligen Bezugsebene des Sprachsystems definiert, also ein Logogramm durch seine Relation zu einem lexikalischen Wort, ein Syllabogramm durch seine Relation zu einer (grammatischen) Silbe, ein Graphem durch seine Relation zu einem Phonem, während bei Autonomietheorien die Begrifflichkeit im Prinzip unabhängig von dieser Relation konstruiert wird.

Bedauerlicherweise sind die jeweiligen Terminologien häufig kaum expliziert, so daß Mißverständnissen Tür und Tor geöffnet ist (nicht zuletzt wegen der grassierenden Äquivokationen bei zentralen Begriffen):

Ein heilloses Durcheinander: das ist der Eindruck, den man gewinnt, wenn man sich die Terminologie in Untersuchungen zur Schriftlichkeit einmal genauer ansieht. Der eine spricht von ›Schrift‹, meint aber schriftsprachliche Äußerungen. Der andere spricht von ›Schriftspra-

chen‹, meint aber nur die Schrift. Ein Dritter meint alles zusammen, wenn er von ›geschriebener‹ oder ›schriftlicher Sprache‹ spricht. Man ist sich nie sicher und kann sich auch nie sicher
sein, was ein Autor genau meint, wenn er einen der vielen Ausdrücke gebraucht, die im Bereich
der Schriftlichkeit gebildet sind. Aufschluß gibt meist – nicht immer! – erst der Kontext. Das ist
ein unbefriedigender Zustand. (LUDWIG 1983b: 1; vgl. auch AMIROVA 1977: 20)

Die Probleme liegen auf der Hand: man benötigt explizite Definitionen der betreffenden sprachlichen Elemente, und dazu sind wiederum Entscheidungen für eine
bestimmte Theorie über die jeweilige Systemebene notwendig. Diese Feststellung ist
keineswegs trivial. Um Beispiele zu geben: eines der kompliziertesten Probleme der
gegenwärtigen chinesischen Sprachplanung ist die Festlegung der Kategorie des
Wortes, die unmittelbare Konsequenzen für die Lexikographie und die Festlegung
der verbindlichen pinyin-Formen hat. Fürs Deutsche tauchen hier ebenfalls Probleme auf, insbesondere bei den Konventionen für die ›Getrennt- und Zusammen-
schreibung‹ und die Silbentrennung (vgl. HERBERG 1980). Ein anderes Beispiel sind
die – einzelsprachlich höchst unterschiedlich geregelten – Konventionen über die
Adaptation von »Fremdwörtern«, die sich auf eine der möglichen Bezugsebenen
stützen müssen. Im Russischen oder Serbokroatischen ist dies im wesentlichen die
Lautform, im Deutschen und Englischen dagegen vorwiegend die geschriebene
Form der jeweiligen ›Quellsprache‹. [2]
   Autonomiekonzepte geraten unvermeidlich in Konflikt mit der Tatsache, daß
Schriftsysteme, entgegen ihrer Grundannahme, oft sehr handfest mit der gesprochenen Sprachform zusammenhängen und von ihr gelegentlich unübersehbar determiniert sind, was sich besonders bei Schriftschaffungen und Schrift- oder Orthographiereformen zeigt. In diesen Fällen müßten – in der Logik dieses Ansatzes – ein
und derselben gesprochenen Form einer Sprache zwei verschiedene geschriebene
Formen derselben Sprache als autonome Systeme gegenübergestellt werden. Es er-
hebt sich dann die Frage, ob in einem solchen Fall die ja offensichtliche Diskontinui-
tät auf der Schriftebene als spezifische Form eines partiellen Sprachwechsels oder als
ein mehr oder weniger massiver Sprung im (bezüglich der gesprochenen Sprachform
nur als kontinuierlich konzipierbaren) Prozeß des Sprachwandels aufzufassen wäre.
Schwierigkeiten dürften einigen Autonomietheoretikern auch diejenigen Fälle machen, wo verschiedene Schriftsysteme gleichzeitig nebeneinander verwendet werden,
während die gesprochene Sprachform in einer einheitlichen Standardvariante festgelegt ist (z. B. kroatisch vs. serbisch, wo die Differenzen zwischen den gesprochenen
Sprachformen (Ijekavisch vs. Ekavisch usw.) mit den Differenzen zwischen den
geschriebenen Sprachformen kaum etwas zu tun haben; ebenso andere lateinisch-
kyrillische Paare von Schriftsystemen). Schrifttheorien hängen also stark ab von der
Art der Theorien über die Bezugsebene im Sprachsystem und die Form der Bezugnahme.
   Es braucht kaum begründet zu werden, daß die Diskussion solcher Probleme für
verschiedene Typen von Schriftsystemen verschieden aussehen muß. Läßt man einmal die Geschichte der Schrift beiseite und beschränkt sich auf die gegenwärtig in
Gebrauch befindlichen Schriftsysteme, so ist leicht einsehbar, daß eine Erörterung
der beiden Hypothesen am Beispiel eines im wesentlichen logographischen Systems

wie dem des Chinesischen ganz andere Probleme zu berücksichtigen hätte und zu anderen Ergebnissen kommen müßte als die Erörterung eines modernen Alphabetsystems. Schließlich gilt, daß die Beziehungen zwischen einer natürlichen Sprache und dem Schriftsystem, in dem sie geschrieben wird, vom linguistischen Standpunkt aus völlig arbiträr sind. Die Festlegung auf ein bestimmtes Schriftsystem ist eine Folge politischer Umstände, die sich häufig in der Form religiöser Affinitäten bzw. Gegensätze äußern. Wir wollen uns aber zunächst kurz der Frage zuwenden, weshalb diese Beziehungen und vor allem ihre Bewertung und der häufig auftretende Wunsch, sie zu korrigieren, gar zu optimalisieren, eines der beherrschenden Themen der ›Schriftlinguistik‹ waren und sind.

I. Die Suche nach der *optima scriptura*

> Warum solte man sich weigern oder schämen, seine Sprache so auf das Papir zu malen, wi si im Munde ist? Erfordert das nicht di Natur der Schrift?
>
> JAKOB HEMMER, *Grundris einer dauerhaften Rechtschreibung. Deütschland zur Prüfung vorgelegt.* Mannheim 1776, zit. nach JELLINEK 1913: 300 f.

Diskussionen über optimale Schriftsysteme und Orthographien sind stets für die Philologen viel aufregender gewesen als für die lesende und schreibende Mehrheit, und Fälle, daß durch sprachplanerische Analysen sozial durchgreifende Veränderungen der Praxis des Lesens und Schreibens bewirkt worden wären, sind erst in jüngster Zeit häufig belegt. Die wichtigsten Fälle sind sicherlich die Einführung der Lateinschrift in der Türkei (1928)[3] und die Reform bzw. Erstverschriftung einiger Dutzend sowjetischer Sprachen am Ende der 1920er Jahre im lateinischen Schriftsystem.[4]

BODMER nahm das türkische Beispiel zum Anlaß für die Bemerkung, daß es falsch sei, wenn behauptet werde, »daß man die Sprachgewohnheiten eines Volkes nicht durch Parlamentsbeschluß ändern könne« (Bodmer o.J.: Text zu Abb. 31). Abb. 3 auf Seite 60 zeigt das berühmte Foto vom ATATÜRK, wie er das neue Alphabet lehrt. Dieses Foto gehört zum Kernbestand der Illustrationen von ATATÜRK-Hagiographien und war die Vorlage für die bei BODMER (a.a.O.) abgebildete Briefmarke (Abb. 4).

Auch die in diesem Jahrhundert vollzogene endgültige Umstellung des geschriebenen Vietnamesischen von den beiden traditionellen logographischen Systemen auf das lateinische System kann hier erwähnt werden.[5] Die ›Latinisierungsfähigkeit‹ des Vietnamesischen wird hin und wieder als Argument für die grundsätzliche Möglichkeit der Latinisierung des Chinesischen vorgebracht (z.B. JENSEN 1958: 171), was der Naivität nicht entbehrt.

Es gibt natürlich eine Unmenge weiterer Fallbeispiele für Erstverschriftungen

Abb. 3
ATATÜRK lehrt das neue Alphabet (1928)
(aus: *Atatürk's Republic of Culture*.
New York: Turkish Center 1971: 11.)

bzw. Schriftreformen in diesem Jahrhundert. Dabei ist nicht nur an die sprachenpo-
litisch hervorragenden Fälle wie das Indonesische, das Ivrit, Swahili oder Neunor-
wegische zu denken, sondern auch an eine kaum überschaubare Vielfalt von Verschriftungen, die vor allem von europäischen und nordamerikanischen Kirchen und
Sekten (insbesondere verschiedenen Bibel- und Missionsgesellschaften) erarbeitet
worden sind, wobei es sich häufig um Sprachen kleiner und kleinster Gemeinschaf-

Abb. 4
Dasselbe.
(aus: BODMER a.a.O.)

ten handelt.[6] Man kann hier auch einige (manchmal eher kuriose) Beispiele für ›moderne Schrifterfindungen‹ erwähnen, wie sie in SCHMITT (1980) zusammengestellt sind.[7]

In fast allen diesen Fällen (soweit uns bekannt ist, sind die wesentlichen Ausnahmen die bei SCHMITT referierten Fälle und einige Verschriftungen bzw. Reformen von Minderheitensprachen in China, die nach dem Vorbild des chinesischen Systems bearbeitet wurden) stand die Frage nach der angemessenen Repräsentation der Lautstruktur bzw. der phonematischen Struktur der jeweiligen Sprache im Vordergrund des Interesses. Abgesehen von diesen wenigen Sonderfällen ist ›Verschriftung‹ offenbar gleichbedeutend mit ›Schaffung einer Alphabetschrift‹, ›Orthographiereform‹, gleichbedeutend mit ›Reform einer Alphabetschrift‹, wobei in der Regel mit ›Reform‹ gemeint ist, daß die betreffende Orthographie an phonographische Prinzipien anzunähern sei. Zu erwähnen sind schließlich die – historisch reich belegten – Spekulationen und Auseinandersetzungen über eine ›optima scriptura‹. Dabei sind zwei Hauptgruppen auseinanderzuhalten: eher ›philosophische‹ (logische, semantische u. dgl.) Systeme, in denen versucht wurde, die Struktur der Welt oder wenigstens relevanter Ausschnitte der Wirklichkeit im System der Schrift zu repräsentieren; als Beispiele können Bischof WILKINS, LEIBNIZ und für dieses Jahrhundert die Konstrukteure von vielerlei ›Sinnschriften‹, etwa ANDRÉ ECKARDT mit seiner »Weltschrift SAFO«, genannt werden. Auf der anderen Seite gibt es phonographische Reformer, deren Ansprüche insoweit bescheidener sind, als sie sich in der Regel auf die Reform einer bestimmten Sprache beschränken (auch wenn sie häufig nicht um die Feststellung herumkommen, daß ihr jeweiliges System für jede beliebige Sprache geeignet ist).[8]

Mit allen diesen Vorschlägen, Vorstellungen und Phantastereien hätte es eine umfassende Theorie der geschriebenen Sprachform im Prinzip zu tun. Daß es klug ist, sich angesichts dieser Mannigfaltigkeit, die nicht nur an ihren Rändern von Merkwürdigkeiten durchsetzt ist, zu bescheiden, bedarf kaum einer Begründung. Wir werden uns deshalb auf solche Schriftsysteme beschränken, die es dazu gebracht haben, Medium realer Schriftkulturen zu werden. Damit sollen die alternativen Systeme, die am Konservatismus oder der mangelnden Einsicht derer, denen sie das Leben erleichtern sollten, gescheitert sind, keineswegs grundsätzlich abgewertet werden.

Linguistische Analysen von Schriftsystemen betreffen in erster Linie die Form dieser Systeme und ihre interne Struktur. Trivialerweise unterscheiden sich die Ergebnisse solcher Analysen nach Maßgabe der theoretischen Annahmen, die ihnen vorausgesetzt sind; phonologische Ansätze werden üblicherweise zu anderen Ergebnissen kommen als Ansätze, deren Ausgangspunkt morphologische oder Wortbildungsregularitäten sind. Dies betrifft Urteile über konkret vorhandene Schriftsysteme »aus linguistischer Sicht« ganz unmittelbar: die Geschichte der Debatten über phonographische Reformen an altverschrifteten Sprachen wie dem Englischen, Deutschen oder Russischen ist voll an Beispielen für einen erbitterten Kampf der Schulen, und alle beteiligten Kontrahenten haben, akzeptiert man ihre analytischen Axiome, die Wahrheit auf ihrer Seite. Wir sprechen hier von linguistischen Analysen nicht bezogen auf Theorien über Grammatiken i.S. des 2. Kapitels, sondern bezogen auf Interpretationen der Zusammenhänge zwischen den gesprochenen und geschriebenen Sprachformen in einer bestimmten Einzelsprache, die Gegenstand von Reformforderungen sind; für explizite Theorien gilt das Gesagte allenfalls mit Einschränkungen.

Allerdings interessiert sich ›die Gesellschaft‹ zum Leidwesen der jeweiligen Reformer in den meisten Fällen nicht sonderlich für deren Verbesserungsvorschläge. Wir werden in den Kapiteln 4 und 5 in einiger Ausführlichkeit unsere Annahmen über die historische Entwicklung von Literalität und Alphabetisierung darlegen und dafür plädieren, Formen und innere Strukturen von Schriften stets in möglichst engem Zusammenhang mit ihren gesellschaftlichen Funktionen zu betrachten. Wenn man diesen Zusammenhang für relevant hält, erklärt sich relativ leicht, weshalb die Geschichte so reich an Beispielen für florierende Schriftkulturen ist, deren Schriftsysteme »aus linguistischer Sicht« ganz ungeeignet, der Sprachstruktur unangemessen, übermäßig kompliziert und dergleichen mehr genannt werden[9]: solche Mängel scheinen die Gesellschaft, die das mangelhafte Schriftsystem verwendet, nur unter ganz bestimmten Voraussetzungen so zu stören, daß sie sich zu praktischen Änderungen entschließt. Dafür sind aber in aller Regel politische Gesichtspunkte von größerem Gewicht als linguistische. Die Alphabet- und Orthographiereformen im Europa des 20. Jahrhunderts, unter den Bedingungen entwickelter Literalität, geschahen unter dem Gesichtspunkt, daß die Hebung der Volksbildung ein möglichst leicht und schnell und von allen erlernbares und verwendbares Schriftsystem voraussetze. Die Schriftstruktur wurde als ein Faktor (neben vielen anderen) in einem politisch-sozialen Veränderungsprozeß aufgefaßt, und hierin liegt der Grund sowohl für die durchgeführten als auch für die unterlassenen Reformen. Die Mangelhaftigkeit von Schriftsystemen »aus linguistischer Sicht« hat solche Reformen wohl nie verursacht.

Zumindest im Prinzip kann deshalb HALLES etwas überzogener Einschätzung nicht widersprochen werden, daß

[...] the possibility that learning to read is so powerful influenced by social and cultural factors [...] that all other factors – and I refer here to orthographic systems, visual shapes of letters, proper sequencing of reading materials, [...] – might at best have third-order or fifth-order effect and could, therefore, affect the success or failure of any literacy program only in a very marginal fashion (HALLE 1972: 154).

II. Abhängigkeitstheoretische Ansätze

> Schreiben ist ein Mißbrauch der Sprache,
> stille für sich lesen ist ein trauriges Surrogat
> der Rede.
>
> GOETHE, *Dichtung und Wahrheit*, II 10.

Die Abhängigkeitshypothese zieht sich ziemlich konstant durch die Geschichte der neueren Sprachwissenschaft. Seit den Junggrammatikern über die klassischen ameri-

kanischen Strukturalisten bis hin zu WEISGERBER und der Tagmemik wird die
Schriftebene mehr oder weniger dezidiert der gesprochenen Sprachform untergeord-
net. Während die Junggrammatiker noch gewisse Wechselwirkungen zwischen bei-
den Ebenen annahmen (etwa PAUL oder BAUDOUIN DE COURTENAY), postulieren
führende Vertreter des Strukturalismus eine völlige Unterordnung (etwa DE SAUS-
SURE im *Cours*: »[...] das gesprochene Wort allein ist ihr [der Sprachwissenschaft]
Objekt«) oder gar Nichtberücksichtigung der Schriftebene (z.B. HARRIS in den
Methods in Structural Linguistics oder, natürlich mit WEISGERBER (1964), der sich für
Orthographiereformen starkmachte: dies betreffe ja die Sprache als solche
nicht[10]). Für die jüngste Vergangenheit sind hier GLEASON 1961 oder die einfluß-
reiche Schule von PIKE und NIDA zu nennen, aber auch sowjetische Autoren wie
MUSAEV (1965) oder MAKAROVA (1969b). Die älteren Ansätze gehen, grob gesagt,
davon aus, daß die phonematische und graphematische Ebene isomorph seien;
Grapheme seien als graphische Repräsentationen von Phonemen aufzufassen. Beide
Ebenen seien verbunden durch Analogiebeziehungen zwischen ihren jeweiligen El-
menten, wobei die Phoneme als primäre, die Grapheme als abgeleitete, sekundäre
Einheiten aufgefaßt werden. Dies impliziert weitere Analogien: zwischen phonetischen Einheiten und Graphen als materiellen Realisationen von Graphemen, zwischen Allophonen und Allographen, und führt schließlich zur Definition des Graphems als kleinster bedeutungsunterscheidender Einheit der geschriebenen Sprache
(PULGRAM 1951, BOLINGER 1975, Kap. 14). Zum lexikographischen Ordnungsprin-
zip hat sich dieser Standpunkt im *Lexikon der germanistischen Linguistik* ausgewach-
sen, wo die Probleme der geschriebenen Sprachform in den beiden Artikeln *Graphemik* und *Graphetik* abgehandelt werden (ALTHAUS 1973a, b). Noch weiter geht die
Auffassung, nach der das Graphem in Analogie zur Phonemdefinition zu bestimmen ist als

a class of written symbols in a given set of manuscripts, such that (1) all members of the class
are in complementary distribution or free variation and (2) the class belongs to a set of classes
which are mutually contrasting (STOCKWELL 1952: 14f.);

kürzer ausgedrückt: Grapheme sind nach dieser Auffassung ganz analog der klassischen Phonemdefinition »minimally significant graphic units« (ebd. p. 14, Anm.).
Nur konsequent im Sinne der klassischen Phonologie ist insofern auch der etwa bei
VOLOCKAJA/MOLOŠNAJA/NIKOLAEVA (1964: 10f.) formulierte Vorschlag, Graphemen keine materielle Realität zuzubilligen: »*ein Graphem kann man nicht schreiben – schreiben kann man nur ein Allograph«. Die Analogie zu den klassischen
Phonem-Definitionen ist unübersehbar. Entsprechend besteht die von ihnen vorgeschlagene Tabelle der Grapheme der russischen Schriftsprache aus einer durchnume-
rierten Liste der Buchstabennamen, in der die Grapheme durch die Ziffern repräsentiert sind – die Auflistung graphischer Realisierungen von Graphemen, etwa Drucklettern, wäre ja bereits eine Auflistung von Allographen.

Nach dieser Auffassung ist geschriebene Sprache im wesentlichen als Wiedergabe
gesprochener Sprache aufzufassen und von ihr weitgehend determiniert. Die Graphie einer Sprache wäre demnach im Extremfall eine phonemische Transkription.

Entsprechend wurden Abweichungen vom phonographischen Prinzip oft als Mängel der betreffenden Graphie interpretiert; sie wurde als unvollkommene oder beschränkte Repräsentation der Phonemebene (im Sinne der jeweiligen Auffassungen) verstanden, deren Interpretation eines ständigen Rekurses auf letztere bedürfe (so argumentiert z. B. GLEASON 1961). Auch die traditionelle Kritik der europäischen Orthographiereformer stützt sich üblicherweise auf phonographische Ansichten.

Als Abhängigkeitstheorien sind jedoch nicht nur phonographische Ansätze im weiteren Sinne zu verstehen, sondern alle Modelle, in denen die geschriebene Sprachform auf Komponenten einer Grammatik bezogen wird, die ihrem Konzept nach auf Analysen der gesprochenen Sprachform aufgebaut ist. Die relevantesten nichtphonographischen Abhängigkeitsmodelle wurden im Rahmen der generativen Grammatik, insbesondere im Rahmen der älteren generativen Phonologie entwickkelt; sie werden im folgenden anzusprechen sein.

In der neueren Literatur zur Theorie der geschriebenen Sprachform ist zu Recht häufig beklagt worden, daß in der strukturalistischen Sprachwissenschaft im weitesten Sinn die geschriebene Sprachform häufig als Forschungsgegenstand einfach übergangen oder mit sehr fragwürdigen Argumenten als sekundär und uninteressant abgetan worden sei.[11] Wir werden im folgenden sehen, daß dieser Vorwurf in einigen (wichtigen) Fällen etwas voreilig ist und darauf zurückgeführt werden kann, daß die Kritiker mit isolierten Zitaten anstatt mit dem größeren Kontext der Theorien und Methodiken der betreffenden Gelehrten gearbeitet haben. Generell ist der Vorwurf allerdings berechtigt; es ist überflüssig, sehr ausführlich darzustellen, zu welchen oberflächlichen Urteilen strukturalistischer Doktrinarismus und theoriebedingte Blindheit auf diesem Gebiet gelangt sind.

»Das Studium der geschriebenen Sprache ist für die Phonetik und die Phonologie irrelevant«, schrieb 1976 der britische Phonetiker R. SAMPSON (1976: 16), und:

Die meisten Linguistiker jedoch neigen dazu, die gesprochene Sprache als primär zu betrachten. Sie haben festgestellt, daß in unserer abendländischen Welt, wie auch in manchen nichtabendländischen Kulturkreisen, die geschriebene Sprache eine deutliche und sehr wichtige Rolle spielt, daß sie aber nichtsdestoweniger zweitrangig ist (1976: 15f.),

um anschließend den Schriftspracherwerb mit dem Erlernen des Fahrradfahrens zu vergleichen. Die geschriebene Sprache als ein Register, eine stilistische Variante der ›eigentlichen‹ Sprache aufzufassen, ist ein Vorschlag von André MARTINET (1960/ 1963: 147), der auch folgende Anregungen zur disziplinären Einordnung »der Schrift« formuliert hat:

Die Untersuchung der Schrift stellt gegenüber der Sprachwissenschaft eine besondere Disziplin dar, praktisch genommen allerdings einen Anhang zu ihr. Der Sprachwissenschaftler sieht also grundsätzlich von den Schriftverhältnissen ab; er bezieht sie nur so weit in seine Betrachtung ein, als sie – was im ganzen selten ist – einen Einfluß auf die Form der lautlichen Zeichen haben. (MARTINET 1960/1963: 16; vgl. auch ders. 1972b: 75f.)

Um MARTINETS Auffassungen gerecht zu werden, wäre es allerdings notwendig, näher auf seine Theorien über die ›double articulation‹ einzugehen, was in diesem Rahmen nicht möglich ist.

Der für die sowjetische Forschung maßgebliche Gelehrte V. Istrin (1953), den man schlecht strukturalistischer Vorlieben zeihen kann, äußerte sich im gleichen Sinn:

[...] L'écriture est un moyen de communication entre les hommes complémentaire du langage articulé, réalisé à l'aide de diverses sortes de signes graphiques, reflétant d'une manière ou d'une autre le langage articulé et servant à la transmission de ce langage et à sa fixation dans le temps. [...] L'écriture n'est pas un instrument de communication essentiel, mais auxiliaire, complémentaire de la langue; [...].
(Istrin 1953, cit. nach ders. frz. 1958: 36, vgl. auch pp. 46 und 60).

Denselben Tenor, aus dem DE SAUSSURES Verdikte über ›Die Schrift‹ unüberhörbar herausklingen, findet man noch 60 Jahre nach dem Erscheinen des *Cours* in einem autoritativen Artikel in den *Current Trends in Linguistics*, den G. Trager verfaßt hat:

Languages are systems of symbols, and writing is a system for symbolizing systems, i.e. it is a secondary symbol system (Trager 1974: 374).

Ähnliche Auffassungen finden sich auch bei D. Wunderlich (1974), wo im Zusammenhang einer Explikation der »gesellschaftlichen Prozeduren des Sprechens« [!, H.G.] die geschriebene Sprachform am Ende der Liste als »abgeleitete Manifestationsform« genannt wird. »Schriftsysteme« sind für Wunderlich aber nur eine dieser von der gesprochenen Sprache »abgeleiteten Manifestationsformen«; dazu treten »zu besonderen Zwecken entwickelte Schriftsysteme (wie Stenographie)«, Systeme visueller und taktiler Zeichen, elektro-magnetisch oder elektronisch vermittelte Zeichensysteme, Laut-Transkriptionssysteme und schließlich wissenschaftliche Notationssysteme anderen Typs (1974: 44f.). Schließlich kann A. Penttilä zitiert werden, dessen Arbeiten ein wesentlicher Anknüpfungspunkt für die *Graphematik-Debatten* in den *Linguistischen Berichten* am Anfang der 70er Jahre gewesen waren:

Wenn man die Selbständigkeit der geschriebenen Sprache so verstehen wollte, daß sie unabhängig von der gesprochenen Sprache wäre – eine solche Auffassung könnte die Betonung der Selbständigkeit einer Sprache veranlassen – so ist ohne weiteres festzustellen, daß die Buchstabenschriften – von denen hier die Rede ist – weder in Bezug auf ihr Entstehen noch in Bezug auf ihren Aufbau von der gesprochenen Sprache unabhängig sind. Im Gegenteil sind sie von der gesprochenen Sprache sehr abhängig und dies immer gewesen (1970: 34).

Wir werden nun einige ältere Beispiele für die Begründung der Abhängigkeitshypothese zitieren, wobei klar sein muß, daß sie zwar nicht beliebig ausgewählt wurden, aber erheblich erweitert werden könnten und insofern nur exemplarisch sind. Eingangs wurde bereits darauf hingewiesen, daß in der Tradition der Junggrammatiker und des klassischen Strukturalismus die Abhängigkeitshypothese vorherrschend war, wenn auch nicht durchgängig in so platten mechanistischen Modellen, wie die neuere Kritik an diesen Traditionen häufig annimmt.

Edward Sapir, einer der beiden Hauptvertreter der klassischen amerikanischen Ethnolinguistik, äußerte sich zum Problem der geschriebenen Sprachform in der Weise, daß es verschiedene Möglichkeiten gebe, das »whole system of speech symbolism« in andere Formen zu überführen, z.B. in das Lippenlesen oder in die geschriebene Sprachform, womit ein eindeutiges Determinationsverhältnis angenommen ist:

each element (letter or written word) in the system corresponds to a specific element (sound or sound-group or spoken word) in the primary system. Written language is thus a point-to-point equivalence, to borrow a mathematical phrase, to its spoken counterpart. The written forms are secondary symbols of the the the spoken one – symbols of symbols – [...] (SAPIR 1921/1971: 20)

Allerdings kann beim lautlosen »eye-reading« die gesprochene Sprachform als Vermittlungsinstanz für die Rückkoppelung der geschriebenen Sprachform an die ›Sprache‹ an sich substituiert werden: ›stumme‹ Leser

are merely handling the circulation medium, the money, of visual symbols as a convenient substitute for the economical goods and services of the fundamental auditory symbols. (20)

Diese bemerkenswerte Metapher reizt zu ideologiekritischen Betrachtungen: visuelle Symbole als sprachliches Gegenstück zur Geldwirtschaft und die Rede, die gesprochene Sprachform als materielles Gut mit unmittelbarem Gebrauchswert!

In seinen sprachtheoretischen Überlegungen vertritt SAPIR jedoch alles andere als eindimensionale Abbildhypothesen; Sprache ist für ihn – natürlich – etwas anderes als ihr bloßer Ausdruck. Sie folgt inneren Formprinzipien und ist untrennbar mit der Perzeption und dem Denken derer verbunden, die sie sprechen:

The ease with which speech symbolism can be transferred from one sense to another, from technique to technique, itself indicates that mere sounds of speech are not the essential fact of language, which lies rather in the classification in the formal patterning, and in the relation of concepts. Once more, language, as a structure, is on its inner face the mold of thought. It is this abstracted language, rather more than the physical facts of speech, that is to concern us in our inquiry. (21 f.)

Erheblich direkter geht fast gleichzeitig OTTO JESPERSEN das Problem an. JESPERSEN ist aus zwei Gründen zitierenswert: er gehört einerseits in die große Tradition der Phonetik des 19. und frühen 20. Jahrhunderts, in der die gesprochene Sprache zum ausschließlichen Objekt der Untersuchung erklärt wurde, und andererseits hat er wie nur wenige seiner Zeitgenossen (hier wären vor allem SCHUCHARDT, BAUDOUIN DE COURTENAY und PAUL zu nennen) soziologische Gesichtspunkte bei der Formulierung von Theorien über Sprache für wichtig gehalten. Im Zusammenhang einer Darstellung der sozialen Rolle des Lateinischen im Mittelalter und in der Renaissance kommt er im 1. Kapitel seines theoretischen Hauptwerks *Language. Its Nature, Development and Origin* (1922) übergangslos zu der apodiktischen Feststellung,

that all language is primarily spoken and only secondarily written down, that the real life of language is in the mouth and ear and not in the pen and eye [...] (1922/1968: 23).

Erst mit der Durchsetzung der modernen Phonetik im 19. Jh. habe sich eine Umorientierung ergeben, aber keine durchgängige, denn auch noch in seiner Gegenwart gelte, daß

the fundamental significance of spoken as opposed to written language has not yet been fully appreciated by all linguists. [...] But there can be no doubt that the way in which Latin has been for centuries made the basis of all linguistic instruction is largely responsible for the preponderance of eye-philology to ear-philology in the history of our science. (23 f.)

Allerdings konnte JESPERSEN auch gewaltig schimpfen auf die Unzulänglichkeiten der geschriebenen Sprachform, wie er sie sah, und auf ihre vermeintlichen Ursachen, wie folgende Passage belegen kann:

Während die sprache (die wirkliche, d. h. die gesprochene sprache), sich verändert hat, fuhr man gedankenlos fort, so zu schreiben wie die väter schrieben, mit immer grösserer kluft zwischen laut und schrift. [...] Auf diese weise sind wir nun soweit gekommen, dass wir statt wie früher etwa 30 zeichen und ihre ein für allemal feststehenden werte zu lernen, nun auch die schreibweise von tausenden von wörtern, von ausnahmen und ausnahmen von den ausnahmen lernen müssen. Diese sind zu einem grossen teil nur alte, wertlose einfälle von schreibersknechten, buchdruckergesellen und schulmeistern ohne sprachliche bildung oder sprachbegriff, unbegründete willküren, die nun von geschlecht zu geschlecht weitergeschleppt werden einzig und allein aus dem grund, weil sie sich nun zufälligerweise festgesetzt haben, und die nun in jedem land mit alter kultur jährlich millionen stunden arbeit verursachen, stunden, die mit bedeutend grösserem nutzen angewendet werden könnten, z. b. um grössere kenntnis der natur- und menschenlebens zu verbreiten. Es liegt etwas tragikomisches darin, daß die kenntnis der unzähligen sinnlosigkeiten der »rechtschreibung« nachgerade im bewusstsein der allgemeinheit als die wahre grundlage und das wichtigste kennzeichen der bildung gilt, so daß jeder, der versehentlich »vem« schreibt statt »hvem«, gebrandmarkt ist als ungebildet und unwissend, und jeder, der dies vorsätzlich tut, als ein narr, sonderling oder allgemeingefährlicher umstürzler alles bestehenden.[12]

Trotz dieser starken Worte ging es JESPERSEN wohl nicht nur darum, Orthographiereformen durchzusetzen (die dänische Reform von 1948 geht auch auf seine Aktivitäten zurück), sondern auch darum, einer neuen methodischen Orientierung zum endgültigen Durchbruch zu verhelfen und der herkömmlichen Philologie des 19. Jh. ihren Anachronismus zu zeigen. Dies hinderte ihn keineswegs daran, in anderen Kontexten mit großen Mengen literarischer Belege Sprachgeschichte zu betreiben (wie das damals und vielfach heute noch üblich war und ist).[13] Das theoretische Verdikt über »die Schrift« stellt sich also in der praktischen linguistischen Arbeit erheblich anders dar als im isolierten Zitat.

Dasselbe gilt für LEONARD BLOOMFIELDS Äußerungen zu diesem Thema. Neben CHARLES HOCKETT ist er wohl der meistzitierte Autor, wenn die Auffassung belegt werden soll, daß im amerikanischen Strukturalismus die geschriebene Sprachform inadäquat und stiefmütterlich behandelt worden sei. Am berühmtesten ist wohl folgendes Zitat:

Writing is not language, but merely a way of recording language by means of visible marks. [...] All languages were spoken through nearly all of their history by people who did not read or write; the languages of such peoples are just as stable, regular, and rich as the languages of literate nations. [...] In order to study writing, we must know something about language, but the reverse is not true.
(BLOOMFIELD 1933/1935: 21)

An Deutlichkeit steht diese Äußerung derjenigen von JESPERSEN nicht nach. Sie darf dennoch nicht einfach als definitive programmatische Sentenz genommen werden, die man dahingehend interpretieren müßte, daß die geschriebene Sprachform theoretisch völlig uninteressant und praktisch nebensächlich sei. BLOOMFIELD ist nämlich keineswegs der Auffassung, daß die geschriebene Sprachform bei der linguistischen Analyse auszublenden sei; als Beispiel kann das Kapitel 25 (»Cultural Borrowing«) desselben Werkes angeführt werden.[14] Noch deutlicher erscheint die Voreiligkeit des Verdikts über *den* amerikanischen Strukturalismus, wenn man berücksichtigt, daß nicht nur BLOOMFIELD, sondern eine ganze Reihe anderer wichtiger Vertreter dieser »Schule« intensiv mit Problemen des Lesen- und Schreibenlernens[15] und des Verschriftens schriftloser Sprachen befaßt waren (es genügt, auf die Namen PIKE, FRIES, NIDA und GUDSCHINSKY hinzuweisen). Deshalb meinen wir, daß die Auseinandersetzung mit älteren Konzepten erheblich differenzierter ausfallen muß; was für SAUSSURES schematische Abrechnung mit der »Tyrannei des Buchstabens« an Einwänden zutreffen mag[16], gilt noch längst nicht für *den* Strukturalismus. Damit soll nicht gesagt sein, daß der junggrammatische und später strukturalistische ›common sense‹ in dieser Frage durch größere theoretische Skrupel charakterisiert gewesen sei. Es trifft zu, daß üblicherweise die gesprochene Sprachform als der eigentliche Schauplatz des sprachlichen Verkehrs betrachtet wurde, dem man die Daten zu entnehmen habe; für viele andere Formulierungen dieser Art kann abschließend folgendes Zitat angeführt werden, das der Einleitung zu einer Arbeit über die schwedische Rechtschreibung entnommen ist:

* [...] die Rechtschreibung oder Orthographie einer Sprache ist *keine wissenschaftliche Frage* im üblichen Sinn, sondern eine praktische, pädagogische und soziale Frage. Es handelt sich eher um eine Kunst als um eine Wissenschaft. [...]
Die Schriftsprache (skrivsättet, eig. ›Schreibweise‹) interessiert den Philologen (språkmannen, eig. ›Sprachmann‹) nur insofern, als die Schrift ihm für vergangene Zeiten die einzige Möglichkeit bietet, Kenntnisse über die Sprache selbst zu erhalten, die wirkliche Sprache, in der Rede. Er muß dabei die Schrift übersetzen und durch sie zu der Aussprache eines Wortes zu einer bestimmten Zeit vordringen. Der Gegenstand der Wissenschaft ist nämlich die *gesprochene Sprache*.
[...] Die Schriftkunde [grafiken] oder – wenn es speziell um die Lautschrift geht – die Alphabetkunde [alfabetiken] liegen an der Peripherie der Sprachwissenschaft (LUNDELL 1934: 5).

III. Autonomietheoretische Ansätze

> [...] da mir Reden und Schreiben ein für allemal zweierlei Dinge scheinen, von denen jedes wohl seine eigenen Rechte behaupten möchte.
>
> GOETHE, *Dichtung und Wahrheit*, II 6.

Autonomietheoretische Ansätze gehen davon aus, daß die geschriebene Sprachform als autonomes, von der gesprochenen Sprachform im Prinzip unabhängiges System aufzufassen sei. Man kann diese Konzepte sehr grob in zwei Untergruppen einteilen: einmal solche Ansätze, die sich darauf beschränken, die Autonomie der beiden Systeme als Autonomie zweier Substanzen des sprachlichen Ausdrucks zu konzipieren, wobei die gemeinsame Bezogenheit beider Ausdruckssubstanzen auf die Grammatik der betreffenden Sprache nicht in Zweifel gezogen wird, und zum anderen solche Ansätze, die von einer grundsätzlichen strukturellen und funktionalen Doppelheit ausgehen und die ›Einheit der Grammatik‹ aufgeben.
In den neueren Diskussionen ist immer wieder behauptet worden, daß die For-

schungen zum Verhältnis von gesprochener und geschriebener Sprachform bis vor kurzem durch plump phonographische Auffassungen bestimmt gewesen sein. Wir haben im letzten Abschnitt gesehen, daß dies so nicht zutrifft. Wiederum kann BAUDOUIN DE COURTENAY als wichtiger ›Klassiker‹ genannt werden; er hat sich zeitlebens mit Fragen der geschriebenen Sprachform befaßt.[17] Eine seiner wichtigsten Arbeiten dazu ist der 1912 erschienene Aufsatz *Über die Beziehungen der russischen Schrift zur russischen Sprache*, der u.W. bislang nicht ins Deutsche übersetzt worden ist. Dort werden *pis'mo* (Schrift) und *jazyk* (Sprache) einander nicht nur als Ausdruckssubstanzen, sondern auch als psychologische Qualitäten entgegengesetzt, zwischen denen

* keinerlei zwangsläufige, »natürliche« Verbindung existiert, sondern lediglich eine arbiträre Verknüpfung (slučajnoe sceplenie), die Assoziation heißt, besteht.
(B. DE COURTENAY 1912/1963: 211).

BAUDOUIN DE COURTENAY vertritt die Auffassung, daß Phoneme (im Sinne seiner Definitionen; vgl. HÄUSLER 1976, MUGDAN 1984) die minimalen Einheiten der »sprech- und hörbaren Sprache«, Grapheme diejenigen der »geschriebenen und sichtbaren Sprache« seien; ein wesentlicher Unterschied liege darin, daß »die Schrift« segmental sei, aus diskreten Minimaleinheiten bestehe, während Phoneme in kleinere Einheiten (*Kineme* und *Akusmen*) und deren psychische Repräsentationen zerfielen. Auf BAUDOUIN DE COURTENAYS Arbeiten bezogen sich nicht nur seine Schüler und Nachfolger in der Zeit vor der Durchsetzung der *Neuen Lehre* MARRS um 1930 (zu nennen sind hier neben L.S. ŠČERBA vor allem G.O. VINOKUR und V.V. VINOGRADOV).

Unschwer sind seine Auffassungen auch in der kulturhistorischen Schule wiederzufinden; L.S. VYGOTSKIJ, der die geschriebene Sprachform als die »Algebra der Sprache« (1934/1972: 225) bezeichnete und ihre funktionale Spezifität betonte, etwa ihren monologischen Charakter[18], ihre Abstraktheit, ihre Explizitheit usw., gab folgende Bestimmung:

Die schriftliche Sprache ist eine besondere sprachliche Funktion, die sich in Aufbau und Funktion von der mündlichen Sprache nicht weniger unterscheidet als die innere Sprache von der äußeren. [...] Sie ist eine Sprache ohne Intonation, ohne das Musische, Expressive, überhaupt ohne lautliche Seite. Sie ist eine Sprache im Denken, in der Vorstellung, aber eine Sprache, der das wesentlichste Merkmal der mündlichen Sprache fehlt, nämlich der »materielle Laut« (ebd. 224).

VYGOTSKIJS Ansätze sind in der sowjetischen Psycholinguistik seit den 60er Jahren weiterentwickelt und vertieft worden, und sie wurden zu einem zentralen Bezugspunkt für die tätigkeitstheoretischen Modelle des Schriftspracherwerbs und der ›geschriebenen Sprache‹; es genügt, auf das Werk A.A. LEONT'EVS hinzuweisen. Für die Rezeption dieser wichtigen und produktiven Forschungsrichtung im Westen können M. COLE, F. JANUSCHEK, O. LUDWIG oder S. SCRIBNER zitiert werden.

Von erheblicher praktischer Bedeutung waren in der sowjetischen Forschung seit dem Ende der 20er Jahre bis zu den *Briefen zur Linguistik* 1950/51, die STALIN zugeschrieben werden, die Auswirkungen der Stadialtheorie auf die Forschung über Schriftprobleme. Es scheint sich im wesentlichen so verhalten zu haben, daß die

Alltagsarbeit der linguistischen Feldforschung, der Schaffung von Alphabeten und Schriftsystemen usw. nicht sonderlich stark von jenen Theorien berührt worden ist, auch wenn es sich um die amtliche Doktrin handelte. Das grundsätzliche Aufbegehren gegen den Dilettantismus der Marristen hat den großen Wissenschaftler E. D. POLIVANOV das Leben gekostet, andere Gelehrte mußten ›die Köpfe einziehen‹ – hierin lag die praktische Bedeutung der Stadialtheorie. MARR hat sich extensiv mit dem Problem »Sprache und Schrift« befaßt; ihn interessierten vor allem die welthistorischen Dimensionen des Themas, aber durchaus auch die praktische Sprachplanungsarbeit (er ist durch das nur zwei Jahre lang verwendete und extrem phonographische »abchazische analytische Alphabet« (vgl. MARR 1926) selbst als Sprachplaner hervorgetreten, und er hat den Vorbereitungen für die Umstellung des Türkeitürkischen auf das lateinische Alphabet mitgearbeitet). Als Stadialtheoretiker hat MARR eher autonomietheoretische Modelle favorisiert, wie folgende Passage zeigen kann:

* [...] die Notwendigkeiten einer gesteigerten Akkumulation von Ideen, für die die Mittel der Gestensprache leicht ausreichten und deren Aufkommen von der Entwicklung der materiellen Kultur bedingt war, besonders der Produktion und ihrer Technik und damit untrennbar verbunden auch den sozialen Strukturen, riefen einen dialektischen Prozeß ins Leben, in dem sich die ursprünglich einheitliche kinetische oder lineare Sprache, die Gestensprache, in zwei Sprachen aufteilte, die Lautsprache und die geschriebene Sprache (zvukovoj-pis'mennyj jazyk), d. h. die Schrift (pis'mo), ursprünglich die magische Schrift. So waren Sprache und Schrift auf dieser Stufe der Stadialentwicklung freilich weder Zwillinge oder Doppelgänger, aber doch Bruder und Schwester, Kinder, die die Notwendigkeiten des Lebens gezeugt haben, geboren aus der kinetischen oder Gestensprache, die nur reifen konnten im Kampf mit jener. (MARR 1930: 17f.)

Sein Jünger I. I. MEŠČANINOV verschärfte dieses Diktum noch, als er 1931 schrieb:

* Es ist mehr als wahrscheinlich, daß die frühesten Stadien der Schrift in Epochen entwickelt wurden, die sogar noch vor der Herausbildung der artikulierten Lautsprache liegen. Folglich ist die Schrift generell der Lautsprache vorhergegangen (MEŠČANINOV 1931: 7).[19]

Andere Traditionen des autonomietheoretischen Ansatzes finden sich im Prager Funktionalismus und in einigen Studien im Umkreis des amerikanischen Distributionalismus. Über die Theorien von J. VACHEK, B. HAVRÁNEK, A. JEDLIČKA u. a., die eine Richtung innerhalb der Prager Schule repräsentieren (TRUBECKOJS einschlägige Auffassungen werden wir gesondert betrachten), wird gleich noch zu sprechen sein. Die – nach unserer Einschätzung ziemlich uneinheitlichen – Ansätze, die sich in ganz verschiedener Weise auf den amerikanischen Strukturalismus berufen, werden wir nicht näher erörtern, weil sie schon in vielen anderen Arbeiten referiert worden sind (z. B. bei NERIUS/SCHARNHORST 1980).[20]

Die funktionalistischen Formulierungen der Autonomiehypothese im Umkreis der Prager Schule beziehen sich sehr stark auf die Kategorie der Norm, die wir in Kapitel 2 behandelt haben. Die einflußreichsten Arbeiten dieser Richtung stammen von den tschechischen Gelehrten BOHUSLAV HAVRÁNEK und JOSEF VACHEK; sie haben vor allem auf die osteuropäische Diskussion bestimmenden Einfluß gehabt. VACHEK geht davon aus, daß sich geschriebene und gesprochene Sprachformen in der Praxis der gesellschaftlichen Kommunikation funktional komplementär zueinander verhalten. Die *Schriftsprache* (spisovný jazyk) zeichnet sich gegenüber der *alltäglichen Umgangssprache* (běžně mluvený jazyk) durch Polyfunktionalität aus. Sie ist in unvergleichlich höherem Maße kodifiziert und (synchron) normbestimmt, hat gesamtgesellschaftliche Gültigkeit (im Gegensatz zu jener, die regional und sozial fragmentiert ist), und sie ist schließlich, da sie ja in bezug auf ihre *Funktionen* definiert ist, in bezug auf ihre *Form* nicht festgelegt: auch gesprochene Sprache ist unter gewissen Umständen (in gewissen öffentlichen *und* privaten Funktionalstilen) als Schriftsprache zu definieren. In der tschechischen Forschung wird diese *gesprochene Schriftsprache* als *hovorový jazyk*, regelmäßig mit *Konversationssprache* übersetzt, bezeichnet; in den Sprachkultur-Diskussionen verschiedener Länder sind weitere Bezeichnungen üblich (z. B. ›język kulturalny‹, ›literaturnyj jazyk‹, ›standardnyj jazyk‹, vgl. JEDLIČKA 1978: 52–62, HAVRÁNEK 1969).

Bereits 1939 schlug VACHEK (1939: 446ff.) vor, das Verhältnis von (empirisch konkreten) Schriftäußerungen zur Schriftsprache (als System) analog zum Verhältnis zwischen parole und langue im Sinne von DE SAUSSURE (auf den er sich ausdrücklich bezieht) zu fassen. Abgelehnt wird die Vorstellung, daß es eine übergeordnete gemeinsame Norm für die gesprochene und die Schriftsprache gebe; VACHEK spricht vom »Binormismus der Gebildeten«, die sich beide Normensysteme angeeignet haben.[21] Diese bemerkenswerte Kategorisierung, in der die objektive Form des Untersuchungsgegenstandes umstandslos seinen sozialen Funktionen untergeordnet wird, führt folgerichtig zu der Annahme, daß in entwickelten Schriftkulturen zwei voneinander verschiedene Systeme von Sprachnormen existierten, die insoweit voneinander unabhängig seien, als keine übergeordneten, für beide Systeme verbindlichen Normen bestünden. Die materielle Gestalt und die strukturellen Eigenschaften der Sprachäußerungen, in denen sich Sprachnormen manifestieren (und die der Bezugspunkt für die Konstruktion von Normtheorien sein müssen), sind für VACHEK zweitrangig: sein Hauptinteresse ist die Realisierung sprachlichen Handelns im sozialen Verkehr, und hieraus gewinnt er seine zentralen theoretischen Kategorien. Insofern scheint die Frage berechtigt, ob sein Ansatz nicht bereits so stark soziologisiert ist (obwohl man explizite Bezugnahmen auf elaborierte Gesellschaftsmodelle vermißt), daß man ihn kaum noch auf sprachliche Sachverhalte bzw. Prozesse im strikten Sinn anwenden kann. Dieselbe Frage kann man auch anderen Autonomietheoretikern stellen, etwa A. A. LEONT'EV, der zwei diskrete Sprachsysteme, zwei Normsysteme und zwei Sphären der individuellen Sprachpraxis annimmt und zu dem Schluß gelangt, daß

* ebenso wie bei der Zweisprachigkeit zwischen den mündlichen und den schriftlichen Normen dauernde wechselseitige Beeinflussung herrscht (LEONT'EV 1964: 71).

Hier scheint der Begriff der Sprache völlig im Normbegriff aufgelöst, und seine spätere Modellformulierung, nach der einem (abstrakten) System sprachlicher Formen sprachliche Substanz, nämlich die Norm und die Rede (als individuelle Manifestation der Norm) gegenüberstünden (1974: 58ff.), hebt dieses quidproquo nicht auf.

Das unbestreitbare Verdienst der Prager Theoretiker der Schriftsprache liegt darin, daß sie unbeirrt und mit Untersuchungen, die ein breites Themenspektrum abdecken, auf die Aporien und den Dogmatismus der bis vor einigen Jahren vorherrschenden phonographischen Konzepte der PIKE-NIDA-Richtung hingewiesen haben (vgl. WIGGER 1982). Man muß ihnen andererseits vorhalten, daß sie dabei ihrerseits in gewisser Weise dogmatisch geworden sind, indem sie nämlich Untersuchungen der sprachlichen Formen und der darauf begründeten Strukturen vernachlässigt haben zugunsten von Funktionsanalysen, die gelegentlich zu Eklektizismus und Prinzipienlosigkeit neigen, wofür JEDLIČKA (1978) zitiert werden kann.[22]

Schließlich sollen noch zwei Formulierungen der Autonomiehypothese zitiert werden, die nicht funktionalistisch argumentieren. W. MOTSCH vertrat 1963 die Auffassung, daß phonematische Transkriptionen nicht als mögliche Formen von Graphien betrachtet werden dürften. Bei solchen Transkriptionen handle es sich nicht um die Konstituierung einer graphischen Komponente für eine gegebene Sprache, sondern um

* die mechanische Darstellung (odnoznačnoe izobraženie) der Symbole für die Phonemkomponente mittels graphischer Symbole, was jedoch zu keinen Änderungen bei den Regeln führt. Somit haben wir es in diesem Fall nur mit unterschiedlichen Substanzen, nicht jedoch mit Unterschieden der grammatischen Ebenen zu tun (MOTSCH 1963: 93).

Offensichtlich ist diese Überlegung eher glossematischen Theorien als den tatsächlichen sprachlichen Gegebenheiten verpflichtet. Worin die reale Differenz zwischen der Darstellung der Phonemkomponente mittels graphischer Symbole und der graphischen Ebene bestehen soll, bleibt unklar. MOTSCH dürfte hier den unbestreitbaren Sachverhalt im Auge gehabt haben, daß bei altverschrifteten Sprachen große Differenzen zwischen ihrer Graphie und Transkriptionen ihrer Phonemstruktur bestehen, wobei er übersieht, daß solche Transkriptionen in anderen Fällen sehr wohl zu Graphien werden können – es geht hier um Fragen der sozialen Realisierung im kollektiven Gebrauch, nicht um prinzipielle linguistische Statusfragen. Entsprechend wird man seine Konklusion,»daß man schriftliche und mündliche Sprache als zwei Sprachen ansehen muß« (p. 95), als unbegründet ablehnen müssen. Eine andere, ebenfalls ziemlich weitgehende Formulierung der Autonomiehypothese findet sich in der Arbeit von A. E. KAŠEVAROVA:

*1. Schrift ist Sprache (pis'mo est' jazyk), wenn auch Sprache anderer Qualität als die gesprochene Sprache.
2. Die geschriebene Sprache ist ein Zeichensystem, das vom Zeichensystem der gesprochenen Sprache unabhängig ist; beide haben ihre spezifischen Eigenheiten und folgen ihren eigenen Gesetzmäßigkeiten, die der Vereinigung von Signifikaten mit materiell verschiedenen Signifikanten entspringen.
3. Zwischen der geschriebenen und der gesprochenen Sprache existiert lediglich ein bedingter, reflexartiger (uslovno-reflektornyj) Zusammenhang (KAŠEVAROVA 1973: 101 f.).

KAŠEVAROVA zitieren wir deshalb, weil sie in einer keinesfalls funktionalistisch zu nennenden Tradition argumentiert; sie hat ihre Auffassungen im Rahmen kybernetisch-mathematischer Sprachmodelle entwickelt, in denen der materielle Zustand der Untersuchungsobjekte verständlicherweise eine zentrale Rolle spielt. Im Resultat ähnlich, wenn auch in der Ableitung kaum vergleichbar, sind ihre Feststellungen mit denen einiger Glossematiker, auf die wir noch eingehen werden, was zeigt, daß Autonomiehypothesen nicht nur im Rahmen funktionalistischer Konzepte, sondern auch in mehr oder weniger objektivistischen Ansätzen entstanden sind.

Endlich kann F. HOUSEHOLDER (1971) noch einmal erwähnt werden, der seine theoretischen Annahmen auf der Grundlage der generativen Phonologie entwickelt hat. Er spricht das Problem an, daß viele Sprachen keine geschriebene Form besitzen; folglich stellt sich die Frage, wie sein Konzept der »primacy of writing« in solchen Fällen durchgehalten werden kann, in der die betreffende Sprache gar nicht geschrieben wird. Sein Lösungsvorschlag ist überraschenderweise funktionalistisch; er weist darauf hin, daß orale Kulturen in der Regel ›hohe‹ Register, bestimmte Prestige-Stile für religiöse Themen, für das Tradieren von Mythen und Epen usw. entwickeln, die sich von der gesprochenen Sprache des Alltags erheblich unterscheiden. Für diese ›hohen‹ Register postuliert er zugrundeliegende Formen, die »in something related to Chomsky's and Halle's systematic phonemic shape« (1971: 263) seien; die Ähnlichkeit seiner Argumentation mit derjenigen der Prager Funktionalisten im Fall der ›Konversationssprache‹ ist auffällig. Während man aber den Prager Theoretikern zugute halten kann, daß ihr Interesse in erster Linie den kommunikativen Funktionen von Sprache und erst in zweiter Linie sprachlichen Formen und Strukturen gilt, wird man bei HOUSEHOLDER nicht umhin können, von einem Bruch in der Argumentation zu sprechen. Sein Schwenk zu funktionalistischen Betrachtungsweisen kann wohl nur mit dem Bemühen erklärt werden, die Ansprüche seines Modells auf universelle Gültigkeit aufrechtzuerhalten.

Häufig wird in autonomietheoretischen Ansätzen festgestellt, daß Schriftzeichen bzw. Grapheme im Sinne der jeweiligen Definitionen gar nicht mündlich realisiert zu werden brauchen, um funktionieren zu können, nämlich beim Lesen. Ein Beispiel dafür ist der oben zitierte Standpunkt VYGOTSKIJS (vgl. dazu auch LUDWIG 1983d). Weiterhin gebe es graphische Zeichen, die keine direkte Entsprechung auf der phonematischen Ebene hätten, z. B. einige Interpunktionszeichen oder Mittel der graphischen Auszeichnung wie Variation der Drucktypen, Sperrung, Unterstreichungen, Gliederung in Absätze u. dgl. Eine Zusammenstellung von »visual morphemes [which] exist at their own level, independently of vocal-auditory morphemes« hat BOLINGER (1946: 340) vorgelegt; BAZELLS (1956) merkwürdige Theorie, daß die Morphemebene (im Sinne des klassischen Strukturalismus) die hauptsächliche Bezugsebene von alphabetischen Schriftsystemen sei, soll nur nebenbei erwähnt werden. Zum ersten Argument ist zu sagen, daß Lesen und Vorlesen, laut Lesen sicher verschiedene Vorgänge sind; die neuere psycholinguistische Forschung zum Leselernprozeß bei Kindern bestätigt dies (vgl. z. B. WEIGL 1974). Man kann aber darauf hinweisen, daß das Rezitieren von Geschriebenem vor einem Auditorium die historisch frühere Form des Lesens ist; die in Kapitel 1 dargestellte Einschätzung PLATONS ist nur einer von vielen Belegen dafür, daß Lesen in der Antike und noch lange Zeit später Vorlesen bedeutet (vgl. BALOGH 1927).

Die Frage, ob Lesen ein lautes Vortragen des geschriebenen Textes bedeutet oder das ›moderne‹ Lesen, bei dem die Lautebene im Prinzip ausgeschaltet ist, hat Auswirkungen auf die theoretische Konzeption. Wenn Lesen in der sozialen Praxis das

Vorsprechen eines geschriebenen Textes bedeutet, dann ist es konzeptionell unvermeidlich, zwischen der Schrift- und der Bedeutungsebene eine vermittelnde Lautebene anzusetzen, in der das Geschriebene als ›Sprache‹ realisiert wird und so Bedeutungen ausdrücken kann. Die soziale Praxis der Realisierung der geschriebenen Sprachform in Äußerungsakten ist nicht nur von soziologischem und historischem Interesse, sondern wirkt sehr direkt auf die linguistische Beschreibung und Interpretation der dabei ablaufenden sprachlichen Vorgänge ein. Und es ist nicht immer einfach, die notwendigen Abstraktionen als empirisch vertretbar auszugeben: auch gegenwärtig, wo das ›moderne‹ Lesen die prototypische Form ist, gibt es Fälle, in denen die ›alte‹ Form bewahrt ist; gewissermaßen seitenverkehrt ist sie konserviert in Ausdrücken wie ›von jdm hören‹ in der Bedeutung: ›von jdm eine schriftliche Mitteilung bekommen‹.[23]

In den folgenden Abschnitten sollen in kurzen Skizzen die Auffassungen einiger der wichtigsten Sprachwissenschaftler dieses Jahrhunderts zur Frage der geschriebenen Sprachform dargelegt werden. Dies geschieht nicht nur aus wissenschaftsgeschichtlichem Interesse sondern auch deshalb, weil das verbreitete Zitieren maßgeblicher sprachwissenschaftlicher ›Klassiker‹ zur Untermauerung gewisser Behauptungen in neueren Arbeiten oft der sachlichen Berechtigung entbehrt; so ist es beispielsweise üblich, HERMANN PAUL oder LEONARD BLOOMFIELD als bornierte Verfechter der Abhängigkeitshypothese anzugreifen, was sie nicht waren. Ebenso schien es nützlich zu sein, einige Hauptschriften solcher ›Klassiker‹ auf schrifttheoretische Ansätze durchzugehen, die in den neueren Diskussionen nicht genannt werden, aber zur Kenntnis genommen werden sollten.

IV. Hermann Paul

Die Abhängigkeitshypothese, derzufolge die geschriebene Sprachform von der gesprochenen Sprachform determiniert und ihr somit untergeordnet ist, hatte sich mit dem Sieg der junggrammatischen Theorien über die zeitgenössische Philologie weitgehend durchgesetzt. Gegenstand der sprachwissenschaftlichen Arbeit hatte ihnen zufolge die gesprochene Sprache zu sein. Die Orientierung auf die gesprochene Sprache ist eines der Glaubensbekenntnisse der Junggrammatiker, das sich auch nach ihnen noch lange gehalten hat. Seine Anwendung hilft das schnelle Aufblühen der historisch-vergleichenden Sprachwissenschaft (die nach *Laut*gesetzen, nicht nach Schreibvarianten suchte) ebenso erklären wie das der experimentellen Phonetik und ihrer Wirkungen auf den Sprach- bzw. Fremdsprachenunterricht oder der empirischen Dialektgeographie. HERMANN PAUL kann wohl neben J. BAUDOUIN DE COURTENAY als der maßgebliche Theoretiker der junggrammatischen Schule betrachtet werden. Im folgenden Abschnitt soll einigermaßen ausführlich dargestellt werden, wie PAUL das Verhältnis von ›Sprache und Schrift‹ konzipiert hat; dies nicht nur aus wissenschaftshistorischen Gründen (S. KANNGIESSER hat zu Recht betont, daß PAULS *Prinzipien* auch systematisch für die moderne Forschung von Interesse sein können[24]), sondern deshalb, weil in einer ganzen Reihe von neueren schrifttheore-

tischen Abhandlungen[25] behauptet wird, daß die junggrammatische Doktrin die
Vernachlässigung oder Nichtbeachtung der Schriftebene in der sprachwissenschaftlichen Theoriebildung gefordert habe. Es wird zu zeigen sein, daß dies nur vordergründig zutrifft, und daß gerade PAUL durchaus aktuelle Theorieansätze formuliert
hat, die sich allerdings erst dann verstehen lassen, wenn man seine Konzeption
insgesamt betrachtet und pointierte Bemerkungen, die ihm den Ruf eines undifferen-
zierten Verfechters der Dominanz der gesprochenen Sprache verschafft haben, in
einen Gesamtzusammenhang stellt.

In PAULS *Prinzipien der Sprachgeschichte** wird in den theoretisch orientierten Anfangskapiteln verschiedentlich auf ›die Schrift‹ Bezug genommen. In der Regel geschieht dies zum Zwecke ihrer Abgrenzung von der ›eigentlichen‹ Sprache. Die
›eigentliche‹ Sprache manifestiert sich in der gesprochenen Sprache: das ist eine
konzeptionelle Selbstverständlichkeit. Für die Sprachtheorie ist die geschriebene
Sprachform eher nebensächlich, wenn auch nicht bedeutungslos; relativ empirienahe
Theorieteile sind durchaus angewiesen auf einen gelegentlichen Rekurs auf ›die
Schrift‹. Ein Beispiel dafür ist PAULS Explikation des Begriffs der *Nation* im Gegensatz bzw. parallel zu dem der *Sprachgenossenschaft*:

Die Grenzen der einzelnen Nationen sind nur nach den Schriftsprachen, nicht nach den
Mundarten mit einiger Sicherheit zu bestimmen. (PSG 48; vgl. DG I: 81 ff.)

Im 21. Kapitel, das den Titel »Sprache und Schrift« trägt, wird das Verhältnis von
geschriebener und gesprochener Sprache ausführlich erörtert.

Es ist wichtig für den Sprachforscher, niemals aus den Augen zu verlieren, daß das Geschriebene nicht die Sprache selbst ist, daß die in Schrift umgesetzte Sprache immer erst einer
Rückübersetzung bedarf, ehe man mit ihr rechnen kann. Diese Rückübersetzung ist nur in
unvollkommener Weise möglich [...] (PSG 373),

schreibt er dort einleitend, um dann zu der apodiktischen Feststellung zu kommen,
daß

die Schrift [...] nicht nur nicht die Sprache selbst [ist], sondern sie ist derselben auch in keiner
Weise adäquat (PSG 374).

Die Begründung beruht im wesentlichen auf phonetischen Argumentationen. Keine
Schrift könne Lautkontinua wiedergeben, sondern immer nur Punkte darin, ergo:
»Sprache und Schrift verhalten sich wie Linie und Zahl« (ebd.; vgl. auch DG I: 118f.
oder OF: 4 »wie Zahl und Raum«). Daß Geschriebenes nicht mehr sein kann als –
im Sinne des herrschenden Paradigma – höchst unvollkommene Wiedergabe von
Gesprochenem, ist selbstverständlich. Sie braucht es auch nicht, weil sie bloß dem
»gewöhnlichen praktischen Bedürfnisse« dient, für das nur »lautliche Differenzen
von funktionellem Wert« (ebd.) von Belang sind, welche durch Alphabete ja wiedergegeben werden. Ähnliche Gesichtspunkte führt er für den Zusammenhang von
Syntax und Interpunktion an (DG III: 4f.). PAUL sieht deutlich, daß Alphabet-

---

* Die *Prinzipien der Sprachgeschichte* sind im folgenden Abschnitt mit ›PSG‹ abgekürzt. ›DG‹ steht für die
Deutsche Grammatik; hier verweisen die römischen Ziffern auf den jeweiligen Band. ›OF‹ ist das Kürzel für
PAULS Abhandlung *Zur orthographischen Frage*.

schriften nach Gesichtspunkten funktionieren, die man später allgemein phonematisch nannte (vgl. DG I: 144ff., OF: 4ff.). Sein theoretischer Bezugsrahmen ist jedoch noch so weit von den strukturellen Betrachtungsweisen der späteren Prager Schule entfernt, daß es ihm zwar möglich war, diese offenbare Tatsache zu benennen, nicht jedoch, sie systematisch gebührend zu verarbeiten; er bleibt in einem Wust von Beispielen stecken. Im weiteren referiert er einige bekannte ›Unzulänglichkeiten‹ der Schriftstruktur des Deutschen aus phonographischer Sicht; er kommt zu der Feststellung, daß der Zusammenhang zwischen einem Buchstaben und einem Laut kein realer sei, sondern lediglich auf einer »Assoziation der Vorstellungen« (380) beruhe – auch hier wieder die Idiosynkrasie von strikter Phonetik und aus heutiger Sicht krudem Psychologismus. Dies sei der Grund dafür, daß der Lautwandel von dem »mit dem Buchstaben verbundenen Lautbild« (380) ganz unabhängig sei. Deshalb könnten sich spätere Sprachzustände mit Schriftkonventionen, die auf früheren Sprachzuständen beruhen, lange gut vertragen. Die »Konstanz der Orthographie« ist sogar eine wichtige Bedingung für ihr befriedigendes Funktionieren (382ff.). Dennoch ist ein Einfluß der Schrift auf die Sprache

wenn überhaupt, nur mit bewußter Absicht möglich, und eine derartige Veränderung würde wieder etwas der natürlichen Entwicklung durchaus Widersprechendes sein. Solange diese ungestört ihren Weg geht, bleibt nichts anderes übrig, als die Unbequemlichkeiten weiter zu tragen oder die Orthographie nach der Sprache zu ändern (PSG 380).

Das heißt nun keineswegs, daß er sich ein Sprachamt oder eine Sprachpolizei wünscht, die diese Unbequemlichkeiten zu gegebener Zeit per Dekret abschaffen: alle »gesellschaftlichen Einrichtungen, wozu auch die Orthographie gehört, [...] sind sämmtlich allmäliger Veränderung unterworfen« (OF 23). Vermeiden läßt sich das nicht, weil jede Veränderung letztlich auf ein einzelnes Individuum zurückgeht – auch die unzähligen ›Veränderungen‹, die sich nicht durchsetzen und als Schwankungen im Strom der Sprachgeschichte versinken. Nur »förmliche Gesetzgebung« könnte dem eventuell entgegenwirken:

Kann eine solche aber irgendwie erstrebenswert sein? Ein Nachtheil aller Gesetzgebung [...] liegt darin, daß sie durch die Laune und Willkür einzelner im Augenblick maßgebender Persönlichkeiten bestimmt werden kann, ohne der Vernunft und dem allgemeinen Bedürfnis Rechnung zu tragen. Ein zweiter Nachtheil ist der, daß durch sie alle allmählige, stätige Entwickelung abgeschnitten wird, daß alle Reform fortan nur ruckweise geschehen kann, mit gewaltsamen Übergängen, die viele Unbequemlichkeiten mit sich führen. Es ist demnach klar, daß jeder, der eine ruhige Entwickelung der Orthographie wünscht, ein gesetzgeberisches Eingreifen für verderblich halten muß. (OF 23, vgl. auch OF 38f.)

Ein weiterer Grund zur Skepsis gegenüber Versuchen, die »Unbequemlichkeiten« von Amts wegen abzustellen, liegt in der sachlichen Aussichtslosigkeit solcher Versuche, denn die ständige, unmerkliche und unvorhersehbare Veränderung der Sprache würde jedes noch so geplante und noch so flexible Eingreifen von Sprachbehörden zu einem Hase-und-Igel-Spiel werden lassen, bei dem jene immer verlieren würden:

Es erhellt jetzt wohl zur Genüge, daß eine genaue Anpassung der Schrift an die Rede überhaupt unmöglich ist, eine annähernd genaue mit den größten Schwierigkeiten verknüpft (OF 8).

Bezogen auf eine der theoretischen Grundannahmen PAULS, das *Prinzip der sprachlichen Ökonomie*, ist ›die Schrift‹ (ohne daß er dies explizit feststellt) als Störfaktor für den ›natürlichen‹ Entwicklungsprozeß einzuschätzen:

Jede Sprache ist unaufhörlich damit beschäftigt, die unnützen Ungleichmäßigkeiten zu beseitigen, für das funktionell Gleiche auch den gleichen lautlichen Ausdruck zu schaffen. [...] Trotz aller Umgestaltungen, die auf dieses Ziel losarbeiten, bleibt es ewig unerreichbar (PSG 227).
Die Sprache ist allem Luxus abhold (PSG 251).

›Die Schrift‹ ist, wie die vorangegangenen Ausführungen gezeigt haben, ein inadäquater, verzerrender Abklatsch ›der Sprache‹. Somit ist sie geradezu dazu prädestiniert, Unregelmäßigkeiten zu konservieren (indem etwa archaische Schreibungen isolierten Formen das Überleben in der gesprochenen Sprache sichern) und dem – natürlich in erster Linie aus anderen, sprachimmanenten Gründen unerreichbaren – Ziel der ökonomischen Ausgeglichenheit entgegenzuwirken. Es ist deutlich, wie weitgehend die geschriebene Sprachform ›der Sprache‹ theoretisch untergeordnet ist. Seine Ansicht, daß sich die Orthographie nach der Sprache zu richten habe, ist wenig überraschend, selbst auf dem Hintergrund der Tatsache, daß die *Prinzipien* ebenso wie seine *Deutsche Grammatik* eine regelrechte Fundgrube für Fälle sind, in denen sich das Deutsche ›geändert‹ hat durch den Einfluß der kanonischen Schriftsteller auf den Standard, des schriftsprachlichen Standards auf die Dialekte (vgl. z.B. PSG 73), des Lateinischen und in beträchtlichem Maße auch des Französischen auf gesprochene wie geschriebene Varianten des Deutschen (im Falle des Lateinischen zwangsläufig – das gesprochene Latein der Renaissance und sein Verhältnis zum geschriebenen Latein und zu den verschiedenen Nationalsprachen ist ein Problem für sich). Gelegentlich finden sich Passagen, in denen PAULS Geringschätzung der Schriftebene in die Nähe des Doktrinären gerät. Als Beispiel möge eine Stelle aus dem 16. Kapitel der PSG dienen, in dem die »Isolierung« (lautliche Assimilationsprozesse) behandelt wird. Er schreibt dort, daß der Lautwandel »eine Menge zweckloser Unterschiede erzeugt« (d.h. paradigmatische Zusammenhänge auflöst; PSG 196). Beispiele sind griechische Verbalparadigmata, germanische Ablautreihen und die Assimilationsregeln für die Nasalkonsonanten im Griechischen:

vgl. die mehrfachen Formen griechischer Präpositionen wie ἐν-, ἐμ-, ἐγ-, συν-, συμ-, συγ-. Daraus entsteht für die folgenden Generationen eine unnütze Belastung des Gedächtnisses (PSG 197; vgl. ALLEN 1968: 31–37).

Die Gedächtnislast betrifft die Schreibweise, nicht die ›Aussprache‹ – daß Assimilationsvorgänge in Sprachwandelprozessen geradezu zentrale Erscheinungen sind, war PAUL natürlich völlig klar (vgl. OF 31 f.) und ist Gegenstand des fraglichen Kapitels. Seine Bemerkung kann sich nur darauf beziehen, daß die Schreibkonvention, die jemandem in der Tat Mühe bereitet, der Griechisch als Fremdsprache lernt, das Gedächtnis belastet.˙
Soweit die Doktrin: ganz auf dem Boden der junggrammatischen Polemik gegen die theorielose Philologie des späten 19. Jh. wird der uferlosen Textkritik und -exegese das sprechende Individuum und sein Produkt, gesprochene Sprachäußerungen, in scharfen Formulierungen entgegengehalten. Anders in der praktischen Analyse:

hier kommt ›die Schrift‹ zu eigenen, an vielen Stellen explizierten und begründeten Rechten an der Seite ›der Sprache‹. Und aus solchen Passagen, die durchaus ihren theoretischen Stellenwert haben, läßt sich ein anderes Bild gewinnen.

Völlig unbestritten ist für PAUL, daß die Entwicklung ›der Schrift‹ bis zu einem gewissen Grade unabhängig von ›der Sprache‹ verläuft und des öfteren, vornehmlich bei ›etymologischen‹ Schreibungen, kein sichtbarer synchroner Zusammenhang mehr besteht. Hier zeigt die sprachgeschichtliche Rekonstruktion bzw. das Studium der älteren Sprachstufen (d. h.: von *Schriftzeugnissen*), wie die historische Auseinanderentwicklung zu den gegenwärtigen Resultaten geführt hat:

Wir dürfen es als einen allgemeinen Erfahrungssatz hinstellen, daß in den Anfängen der schriftlichen Aufzeichnung einer Sprache, mögen sie auch noch so unvollkommen sein, doch das phonetische Prinzip ganz allein maßgeblich ist, daß dagegen andere Rücksichten erst allmählich bei reicherer literarischer Entfaltung zur Geltung kommen (OF 12).

Das heißt aber auch, daß im Frühstadium der Verschriftung einer Sprache direkte Korrespondenzen existiert haben müssen zwischen der gesprochenen Sprache und ihrer Verschriftung; erst im weiteren Verlauf kommt es zur

Verselbständigung der geschriebenen gegenüber der gesprochenen Sprache. Sie kommt auch erst da vor, wo eine wirkliche Schriftsprache sich von den Dialekten losgelöst hat, und ist das Produkt grammatischer Reflexion (PSG 385).

›Die Schrift‹ ist also zunächst einmal in theoretischer Hinsicht ›der Sprache‹ untergeordnet, und sie ist außerdem durch ihren ›Konservatismus‹ in ständig wachsendem Gegensatz zu der sich laufend weiterentwickelnden gesprochenen Sprache (gemäß dem Ökonomieprinzip). Beides führt nun dazu, daß ›die Schrift‹ sich faktisch immer weiter aus der – ohnehin unzureichenden – Verbindung zur ›Sprache‹ löst. ›Die Schrift‹, einmal geschaffen, entwickelt sich zu laufend wachsender Autonomie; sie schafft sich ein eigenes System, was das ihr innewohnende Prinzip des Strebens nach »immer größerer Konstanz, auch auf Kosten der lautphysiologischen Genauigkeit« (PSG 382, auch OF 13f.) bewirkt. Dieser »natürliche Entwicklungsgang« (ebd.) ›der Schrift‹ ist dem der ›eigentlichen‹ Sprache, die dem Ökonomieprinzip unterworfen ist, direkt entgegengesetzt, und auch hieraus wird deutlich, daß ›der Schrift‹ ein beträchtliches Maß an Selbständigkeit zukommt. Veränderungen ›der Schrift‹ erfolgen in der Regel bewußt, auf Initiative kleinerer Teile der Sprachgenossenschaft, und stets in Sprüngen – ganz anders als der ›Sprachwandel‹, der unmerklich, kollektiv und kontinuierlich abläuft (PSG 382, 388 u.ö.). Allerdings ist die »wohlthätige Wirkung des Analogieprinzips« (OF 30) auch in der Entwicklungsgeschichte ›der Schrift‹ spürbar:

Es ist ein in der Sprachgeschichte sich immer wiederholender Vorgang, daß Lautverschiedenheiten, die sich zwischen nahe verwandten Formen gebildet haben, wieder ausgeglichen werden dadurch, daß der eine Theil sich nach der Analogie des andern umformt. Es giebt nun auch solche Angleichungen in der Schreibung, die von der Aussprache nicht mitgemacht werden (OF 20).

PAUL führt dann einige Beispiele an, etwa die Nichtmarkierung der Auslautverhärtung oder die einheitliche Markierung der Infinitivformen durch ⟨en⟩ in der geschriebenen Sprachform des Deutschen. Wichtig ist hier, daß eines der zentralen theoretischen Prinzipien offenkundig nicht nur in ›der Sprache‹, sondern auch in ›der Schrift‹ wirksam ist, was ein weiteres Indiz dafür darstellt, daß sie als konzeptionell vergleichbar und nicht notwendig einander grundsätzlich bekriegend aufgefaßt werden.

Noch ein weiterer Gesichtspunkt ist anzusprechen, nämlich das Funktionieren ›der Schrift‹ für die einzelnen Individuen. An verschiedenen Stellen weist PAUL auf den fundamentalen Unterschied zwischen dem Buchstabieren, der Reduktion der Schriftzeichen auf die korrespondierenden Einzellaute, und ›wirklichem‹ Lesen hin. Die Möglichkeit – und immanente Notwendigkeit – der Automatisierung der individuellen Lese- und Schreibtätigkeit hat eine direkte Konsequenz für die Bestimmung des Verhältnisses zwischen Bedeutungs- und Schriftebene, denn sie

gehen eine direkte Verbindung ein, und die Vermittlung [durch die buchstabierende Herstellung einer Beziehung von Schrift- und Lautebene, H.G.] wird entbehrlich. Auf dieser direkten Verbindung beruht ja die Möglichkeit des geläufigen Schreibens und Lesens (PSG 381, vgl. auch 51).

Dieser Gesichtspunkt wird, nachdem er lange Zeit in den Hintergrund getreten war, seit einigen Jahren wieder stärker beachtet, wofür insbesondere die Arbeiten von HAAS gesorgt haben. Allerdings scheint diese Distinktion für die Psychologen auch heute noch von größerem Gewicht zu sein als für die Sprachwissenschaftler, deren Modellkonstruktionen diesen Aspekt nur selten berücksichtigen. PAUL hat diesen ›doppelten Zugang‹ des lesenden Individuums zum gelesenen Text (SCHEERER 1983: 187ff.) thematisiert und, ohne die psychologischen Implikationen näher zu erörtern, als relevanten Gesichtspunkt für sprachtheoretische Klärungen des Schriftproblems herausgestellt. Die Schriftebene kann also in ein direktes Verhältnis zum lesenden Subjekt treten, sie kann ohne Rekurs auf die Lautebene mit ›der Sprache‹ in Verbindung treten, wie sie in Köpfen der Individuen existiert. Hier ist noch einmal anzumerken, daß PAUL mit großem Nachdruck ein individualpsychologisches Sprachkonzept verficht, z.B.: »Alle psychischen Prozesse vollziehen sich in den Einzelgeistern und nirgends sonst« (PSG 11), gegen die STEINTHAL-Tradition gerichtet; »die Realität der Sprache ist die Einzelseele. Aller Verkehr der Seelen untereinander ist nur ein indirekter auf physischem Wege vermittelter« (PSG 12) – womit hinreichend klar ist, daß ›die Schrift‹ auch in Beziehung auf die Individuen als »von der Sprache emanzipiert« (PSG 51) zu denken ist. Es kann also keine Rede davon sein, daß die Schriftebene aus der gesprochenen Sprache abzuleiten ist – ganz im Gegenteil: ›die Schrift‹ ist ein autonomes, »emanzipiertes« System mit eigenen Struktureigenschaften, das zwar theoretisch von minderer Bedeutung ist, aber doch keinesfalls als einfache Ableitung von ›der Sprache‹ aufgefaßt werden darf.[26]

Dazu trägt PAUL einen weiteren wichtigen Gedanken vor. ›Die Schrift‹ muß sich von ihren notwendigerweise phonographisch bestimmten Anfängen entfernen, weil buchstabenweises Lesen und Schreiben »ein ziemlich complicierter Vorgang [ist], der nicht so rasch von Statten gehen kann« (OF 12). Im Lauf der Zeit kommt es dazu, daß sich »Buchstabengruppen, das Schriftbild eines Wortes direkt mit der Bedeutung« verknüpfen: »ohne solche Abkürzung würde geläufiges Schreiben und Lesen gar nicht möglich sein« (ebd.). Und diese Variante des Ökonomieprinzips bewirkt gewissermaßen zwangsläufig eine Auseinanderentwicklung der beiden Sprachformen: man liest und schreibt nicht, um Lautsegmente zu rekonstruieren bzw. zu fixieren, sondern um sprachliche Bedeutungen zu (de)kodieren, eine Operation, die durch die Morphologisierung und Lexikalisierung der geschriebenen Sprachform des Deutschen entscheidend erleichtert wurde. Und es wäre eine »irrige Annahme [...], als hätte der Einzelne immer noch die Schreibung jedes Wortes durch eine lautliche Analyse zu finden« (OF 29). Allerdings sei diese irrige Annahme in der zeitgenössischen Sprachgemeinschaft weit verbreitet; die meisten Menschen glaubten, sie sprächen Buchstaben aus und schrieben Laute nieder:

Einen inneren Grund, um dessetwillen wir in 〈fallen, finden, für, füllen〉 ein 〈f〉, in 〈Vater, vier, vor, voll〉 ein 〈v〉 zu schreiben hätten, giebt es natürlich nicht, wiewohl sich viele Leute einbilden, daß sie das 〈v〉 anders sprechen als das 〈f〉, ein charakteristisches Beispiel dafür, wie sehr heute das Urtheil über die Lautverhältnisse durch den Einfluß der Orthographie getrübt ist (OF 18).

PAUL kommt dann zu einer bemerkenswerten Konklusion: von *Orthographie* im eigentlichen Sinn solle man überhaupt erst dann sprechen, wenn die geschriebene Sprachform so weit grammatikalisiert sei, daß sie segmentunabhängiges Lesen bzw. Schreiben erlaube: »es liegt schon im Wesen der Orthographie, daß die Alleinherrschaft des phonetischen Prinzips gebrochen sein muß« (OF 13).

Es wäre leicht möglich, diesen Abschnitt erheblich auszudehnen durch das Referat weiterer einschlägiger Passagen aus anderen Arbeiten PAULS. Hier geht es darum zu zeigen, daß sein theoretisches Verdikt über ›die Schrift‹ auf bemerkenswerte Weise damit in Kontrast steht, daß ›die Schrift‹ in der praktischen Grammatikarbeit in eigene und unangefochtene Rechte gesetzt bzw. darin belassen wird. Es kann keine Rede davon sein, daß PAUL (und auch andere große Junggrammatiker – man denke an BAUDOUIN DE COURTENAY oder BEHAGHEL)[27] ›die Schrift‹ aus dem Gegenstandsbereich der Sprachwissenschaft verbannen und eine reine ›linguistique de la parole‹ etablieren wollte. PAUL ist, trotz seiner hier skizzierten theoretischen Anschauungen, nie so weit gegangen wie F. DE SAUSSURE, der im *Cours* die Schrift einfach aus dem Untersuchungsfeld ausgrenzt (was in seiner Nachfolge dann auch einige Strukturalisten getan haben). Man könnte, wollte man die junggrammatische Diskussion eingehender aufarbeiten, die Auseinandersetzungen über die Frage verfolgen, ob es eine mittelhochdeutsche Schriftsprache gab.[28] Diese Auseinandersetzungen waren für die Herausbildung theoretischer Anschauungen über ›Sprache und Schrift‹ von einiger Bedeutung. Ebenso lohnend wäre es, einzelne Grammatiken und Handbücher daraufhin durchzugehen, wie diese Probleme praktisch behandelt worden sind; es würde sich zeigen, daß die Junggrammatiker sehr wohl zwischen theoretischen Überzeugungen und methodischen Verfahrensweisen zu unterscheiden wußten.

Es war für PAUL völlig klar, daß ›die Schrift‹ ein historisch entwickeltes, soziale und funktionale Differenzierungsprozesse ausdrückendes und gleichzeitig bewirkendes Phänomen darstellt. Kristallisationspunkt ist die Herausbildung der Gemeinsprachen (in Opposition zu den ›Dialekten‹; vgl. auch BEHAGHEL 1896). Die Gemeinsprachen sind »zunächst schriftlich fixiert« (DG I: 131), also unmittelbares Produkt ›der Schrift‹, und sie produzieren sekundär »eine Regelung der gesprochenen Sprache« (ebd.), d.h. sie wirken unmittelbar, vermöge ihrer normsetzenden Kraft, auf die gesprochene Sprachform ein (vgl. auch BRAUNE 1904):

Wir wollen hier ganz davon absehen, daß die Mehrheit des Volkes vielmehr umgekehrt die »richtige« Aussprache erst an Hand der Schrift erlernt (OF 4).

In diesem Prozeß verändert sich das Verhältnis der beiden Pole zueinander: die »künstliche« (DG I: 134) Schriftsprache wird, als »Kennzeichen von Bildung« (ebd.) in immer stärkerem Maße zur gesprochenen, »natürlichen« (ebd.) Sprachform, weil

ein Teil der heranwachsenden Jugend einen Sprachtypus, der für ihre Eltern noch eine künstliche Sprache gewesen war, von vornherein als seine natürliche Sprache erlernt, der sich dann doch wieder später ein der Norm nach angenäherter Typus zur Seite stellt (DG I: 134).

Die Opposition zwischen ›Sprache‹ und ›Schrift‹ ist damit aufgelöst in der Dialektik historischer Prozesse: gemeinsprachliche Normen, die als schriftsprachliche Kunstprodukte entstehen, geraten in die allgemeinen Prozesse der sprachlichen Evolution und verlieren darin ihren künstlichen Charakter. Sie werden zu Elementen der »natürlichen«, d.h. der gesprochenen Sprachform, wobei die Opposition zwar einerseits hinfällig wird, sich aber andererseits durch die ständige Neubildung von Standardnormen laufend reproduziert und deshalb prinzipiell erhalten bleibt als soziale Opposition, die sich in immer neuen sprachlichen Fakten ausdrückt. Damit ist die theoretische Konfrontation der beiden Ausdrucksebenen historisch relativiert; sie sind keine invarianten, fixen Gegebenheiten wie bei DE SAUSSURE, sondern immer nur für die jeweilige Gegenwart als oppositionsbildende Systeme faßbar. ›Die Schrift‹ ist, und das wäre unser Fazit, bei PAUL kein hermetisches Gebilde, das in unüberbrückbarem und isoliertem Gegensatz zu ›der Sprache‹ stünde, sondern ›Sprache und Schrift‹ sind je spezifische, aber eng miteinander verbundene und einander durchdringende Aspekte des sprachhistorischen Evolutionsprozesses, und schließlich, um an sein wissenschaftstheoretisches Credo zu erinnern, ist dieser Prozeß für ihn der Gegenstand der Sprachforschung schlechthin:

Es ist eingewendet worden, daß es noch eine andere wissenschaftliche Betrachtung der Sprache gäbe, als die geschichtliche. Ich muß das in Abrede stellen (PSG 20).

V. Nikolaj S. Trubeckoj

TRUBECKOJS Ruhm als Klassiker der modernen Sprachwissenschaft beruht auf seinen Arbeiten zur phonologischen Theorie. In enger Verbindung mit den anderen Köpfen der Prager Schule und insbesondere R. JAKOBSON hat er die Theorie der Phoneme, die bei BAUDOUIN DE COURTENAY und seinen Schülern, insbesondere L.S. ŠČERBA, in psychologischen Kategorien schon vorgedacht gewesen war, an ungeheuer breitem sprachlichem Material in funktionalistischer Perspektive ausgearbei-

tet. TRUBECKOJS phonologische Theorie ist einer der konzeptionellen Hauptbe-
zugspunkte sowohl des amerikanischen als auch des Kopenhagener Strukturalismus;
das von ihm formulierte Modell der phonologischen Ebene der Grammatik hat im
wesentlichen Bestand gehabt bis zur transformationsgrammatischen »Wende«.

TRUBECKOJ hat, sieht man von einigen Miszellen ab (1930, 1935b), keine Arbeiten
vorgelegt, die sich speziell mit Problemen der geschriebenen Sprachform befassen.
Dies ist einerseits erstaunlich: Die Analyse des Systemcharakers der »kleinsten be-
deutungstragenden Einheiten« hätte es nahegelegt, auch die Frage der materiellen
Realisierung dieser Einheiten in den beiden Ausdruckssystemen der geschriebenen
und gesprochenen Sprachform theoretisch zu diskutieren. Andererseits hat er, was
gewissermaßen in der Natur der Sache liegt, das Verhältnis der beiden Ausdruckssy-
steme zueinander laufend an praktischen Problemen erörtert, etwa an Fragen der
Transkription schriftloser Sprachen (vgl. etwa seine Kritik an USLARS und DIRRS
Inkonsequenzen in 1931a). Die Nichtberücksichtigung dieses Verhältnisses in der
expliziten theoretischen Modellbildung besagt also nicht, daß er es bei der empirischen Fundierung seines Modells übersehen oder ausgeblendet hätte; es ist nicht
unsere Aufgabe, nach Gründen für dieses Vorgehen zu suchen. Uns interessiert hier,
wie der Begründer der modernen Phonologie mit diesem Verhältnis umgegangen ist.

In seiner *Altkirchenslavischen Grammatik* (1954: 8f.) betont TRUBECKOJ mit
großem Nachdruck, daß diese Sprache aus historischen wie methodischen Gründen
als eine »mehr oder weniger künstliche Sprache« zu verstehen sei.[29] Das Verfahren
der maßgeblichen Handbücher, orthographische Schwankungen ausschließlich als
Dialektschwankungen zu erklären, greife deshalb zu kurz (man findet diesen Erklä-
rungsansatz noch in KRISTOPHSONS Arbeit von 1977). Die historische Phonologie
des Altkirchenslavischen müsse, so TRUBECKOJS Konsequenz, als Phonologie einer –
synchron – nicht gesprochenen, sondern ausschließlich geschriebenen Sprache konzipiert werden. Man kann in diesem Standpunkt unschwer die etwa bei HAVRÁNEK
bereits 1931 (p. 276) formulierte Auffassung wiederfinden, nach der »die
Schriftsprache [...] ihr eigenes phonologisches System hat«. Das Grundproblem
aller historischen Sprachforschung, aus Schriftzeugnissen Hypothesen über gesprochene Sprachformen entwickeln zu müssen,[30] das TRUBECKOJ schon in früheren
Arbeiten verschiedentlich thematisiert hatte[31], verdoppelt sich damit und ent-
schärft sich gleichzeitig in gewisser Weise: das methodische Axiom besagt nämlich,
daß die Quellentexte gar nicht zur Rekonstruktion des Systems einer gesprochenen
Sprache verwendet werden können und folglich auch nicht müssen, sondern daß sich
die historische »Lautlehre« auf die Ebene der geschriebenen Sprachform beschränken könne und müsse. Terminologisch hat TRUBECKOJ diese Auffassung nicht fixiert; er spricht unterschiedslos von »Lauten«, »Phonemen« usw.

Den Vorgang der Schriftschaffung denkt TRUBECKOJ in stark psychologischen
Kategorien. Die notwendige Voraussetzung für diesen Vorgang sei die Möglichkeit,
die Neuschöpfung an das vorbildhafte Schriftsystem einer anderen Sprache anlehnen zu können. Dabei seien die »Triebkräfte« im *phonologischen Denken* bezüglich
der zu verschriftenden Sprache, im *Schriftdenken* bezüglich der vorbildhaften Sprache zu suchen: »[...] die jedem System immanente Logik führt zur Schaffung eines

neuen Schriftsystems« (1954: 15f.). Im Falle des Altkirchenslavischen hat man es mit dem »Schriftdenken« des byzantinischen Griechisch als dem Vorbild und »den Anforderungen des altkirchenslavischen phonologischen Systems«, deren »Trieb-kraft« das neue Schriftsystem hervorbringt, als dem »phonologischen Denken« zu tun. Die Schaffung des altkirchenslavischen Schriftsystems wird so als eine reflek-tierte Amalgamierung des griechischen Modells und phonologischer Analysen einer impliziten, aber rekonstruierbaren altkirchenslavischen Norm erklärt, die man sich als eine Art dialektübergreifenden Durchschnitt zu denken hat. TRUBECKOJ warnt ausdrücklich davor, »aus den Schriftdenkmälern phonetische Substanz ableiten zu wollen« (1954: 61). Die Schriftdenkmäler gestatten allerdings eine kontrollierbare Rekonstruktion der phonologischen Struktur der Sprache, die sie repräsentieren. Diese Auffassung zeigt, daß TRUBECKOJ systematische Homologien, im wesentlichen sogar eindeutige Korrelationen zwischen Phonem- und Graphemebene angenom-men hat, also die Abhängigkeitshypothese vertrat, auch wenn er dies nach unserer Kenntnis nirgends in theoretischen Sätzen formuliert hat.

Hier kann auf entsprechende Überzeugungen wichtiger Theoretiker des Prager Kreises (etwa HAVRÁNEKS und VACHEKS) und maßgeblicher sowjetischer Gelehrter (etwa JAKOVLEVS oder POLIVANOVS) verwiesen werden, die für TRUBECKOJ vermut-lich kaum diskussionsbedürftig waren, ebenso auf einige programmatische Äuße-rungen des Prager Kreises insgesamt. In der 9. These von 1929 heißt es, daß

die funktionale Sprachwissenschaft [...] ein Alphabet und eine Orthographie zu schaffen [hätte], die [...] auf der synchronischen Phonologie basieren, die bei der graphischen Überfüh-rung der phonologischen Korrelationen die größtmögliche Ökonomie der Schrift sichert [...], (THESEN, 1929/1976: 67).

In der 10. These ist von der »Widerspiegelung« des phonologischen Systems in der »Rechtschreibung« die Rede (ebd. 72), und in der Gemeinschaftsarbeit *Allgemeine Grundsätze der Sprachkultur* von 1932 heißt es:

Das orthographische System soll das phonologische System der Sprache ideal erfassen, aber nicht dessen phonetische Realisierung; weder die differenzierende morphologische Verwendung noch die visuelle, für das Lesen wichtige Funktion der Schreibweise darf vergessen werden. (ALLG. GRUNDSÄTZE 1932/1976: 78).

Es muß als Widerspruch erscheinen, daß maßgebliche Protagonisten der Autono-miehypothese so eindeutig abhängigkeitstheoretische Auffassungen geäußert haben. Man kann dies vielleicht damit erklären, daß es sich hier um frühe Formulierungen handelt, die im Laufe der späteren Forschungsarbeit als revisionsbedürftig erkannt worden sein mögen. Man könnte aber auch vermuten, daß den Prager Theoretikern stets klar gewesen ist, daß Theorien über die geschriebene Sprachform auch die historisch konkreten Zustände von Sprachen bzw. Sprachkulturen zu berücksichti-gen haben, daß also für Neuverschriftungen andere, nämlich notwendigerweise ab-hängigkeitstheoretische Erklärungsmodelle anzusetzen sind, während autonomie-theoretische Modelle nur für altverschriftete Sprachen mit entwickelten Schriftkultu-ren diskussionsfähig sind.

Aus diesen Überlegungen heraus erscheint es wenig überraschend, daß TRUBEC-KOJ abhängigkeitstheoretisch argumentiert; er hat in seiner altkirchenslavischen

Grammatik die Entstehung einer Schriftsprache bearbeitet und rekonstruiert, und der Prozeß der Verschriftung einer Sprache ist (soweit ein alphabetisches Schriftsystem verwendet wird) stets durch die Abbildung von Analysen der Lautstruktur dieser Sprache auf ein Inventar von Schriftzeichen bestimmt, die Phoneme bzw. phonemische Korrelationen repräsentieren.

Dasselbe Denkmuster findet sich in seiner Schrift über die *phonologische Darstellung* (1932a), wo dem Phonembestand bzw. der phonologischen Struktur einer Sprache ausdrücklich die psychische Repräsentiertheit im *Sprachbewußtsein* ihrer Sprecher zugeschrieben wird. Phoneme sind dort nicht nur analytische Begriffe zur Darstellung systematischer Relationen, sondern auch psychologische Entitäten – hier ist BAUDOUIN DE COURTENAYS Vorbild unübersehbar, und die Einwände, die gegen diese Auffassung vorgebracht wurden, sind wenig überraschend (vgl. SCHMITT 1936, 1938, HJELMSLEV/ULDALL 1936 als Beispiele). Im Zusammenhang seiner Darstellung der Neutralisierung von Oppositionen äußert er die Meinung, daß solche »neutralisierten Phoneme [...] vom Sprachbewußtsein als besondere Phoneme empfunden [werden]«. Weshalb? Weil

in vielen ›nationalen‹ Schriftsystemen einige von diesen Phonemen durch besondere Zeichen wiedergegeben werden (1932a: 34).

Die angeführten Beispiele betreffen bezeichnenderweise das Altgriechische und das Avesta (Devanagari); er erklärt die griechischen Affrikatengrapheme ⟨ξ⟩ und ⟨Ψ⟩ als Ausfluß einer intuitiven Wertung der Verbindung eines neutralisierten Okklusivs mit /s/, als eines »ganz besonderen Phonems« durch das »Sprachbewußtsein« (1932a: 35). Auch hier ist deutlich, daß TRUBECKOJ sich die Schriftebene als unmittelbar von der Phonemebene determiniert denkt.

In den *Grundzügen* (1939) ist die geschriebene Sprachform nirgendwo direkt thematisiert. Implizit ist das Verhältnis von gesprochener und geschriebener Sprachform jedoch verschiedentlich angesprochen, vor allem dann, wenn Geschriebenes zum Studium der Phonemstruktur einer bestimmten Sprache herangezogen wird.[32] TRUBECKOJ geht davon aus, daß geschriebenes Material als unmittelbare Datenbasis für phonologische Analysen verwendbar ist. Ein Beispiel ist das Kapitel VII über »phonologische Statistik«. Er erläutert dort, daß Textgattungen ein entscheidender Parameter für die Interpretation der Ergebnisse phonologischer Statistik seien: die Auswertung eines wissenschaftlichen Textes ergebe gemeinhin ganz andere Ergebnisse als die von Leitartikeln, Telegrammen usw. (1939: 233). Um diese Auffassung zu illustrieren, gibt er ein Beispiel, wie phonologische Statistik aussehen könne:

Ich schlage aufs Geratewohl K. Bühlers ›Sprachtheorie‹ auf und nehme auf S. 23 einen beliebigen Abschnitt von 200 Wörtern. [...] Nun nehme ich einen anderen Text von wiederum 200 Wörtern, nämlich den Anfang des ersten Märchens aus A. Dirrs ›Kaukasischen Märchen‹ [...]. (1939: 231)

Auf dieser Materialbasis analysiert er die Akzentstruktur, die Silbe-Lexem-Relationen, die V-C-Distribution, die Frequenz einzelner Phoneme und weitere phonologisch-morphologische Aspekte des Deutschen.

Diese Art der Handhabung der Verhältnisse zwischen gesprochenen und geschriebenen Sprachformen hat Kritik ausgelöst. Die Entwicklung der Prager Theorien der Schriftsprache, die gleichzeitig verlief, kann als praktische Kritik verstanden werden. Es gibt aber auch explizite Kritiken an TRUBECKOJS Positionen. In A. SCHMITTS (1938) Antikritik zu TRUBECKOJ (1937), wo SCHMITTS Einwände gegen die Prager phonologischen Theorien diskutiert worden waren, wird eine von strukturalistischen Gedankengängen deutlich beeinflußte Theorie der Sprachlaute vorgetragen, in der als eine Variante der »Sprachlaute« die »buchstabenbestimmten Sprachlaute« eingeführt werden. Es handelt sich dabei um einen »durch die Schrift bestimmten Lautbegriff«: diese »Laute« sind einfach dadurch bestimmt, daß sie stets »mit dem gleichen Buchstaben geschrieben werden« (SCHMITT 1938: 70). Die offenkundige Naivität dieses Modells darf aber nicht darüber hinwegtäuschen, daß SCHMITT dabei einen durchaus wichtigen Sachverhalt im Auge hatte. Der »Einfluß des Schriftbildes«, wie SCHMITT sich ausdrückt, ist in altverschrifteten Sprachen natürlich ganz unbestreitbar von Belang für Beschreibungen und Analysen der phonologischen bzw. »Sprachlaut«-Systeme, zumindest insoweit, als die geschriebene Sprachform die gesprochene Sprachform auch auf dieser Ebene der Grammatik beeinflussen kann. Auf die unterschiedlichen Formen der »planmäßigen« Schaffung lautrepräsentierender »buchstabenbestimmter Laute« und ihrer Entstehung in der »Rechtschreibung der meisten Kultursprachen in allmählicher geschichtlicher Entwicklung« weist SCHMITT (1938: 175) ausdrücklich hin. Ein Beispiel für diesen Vorgang wird ironischerweise von TRUBECKOJ selbst immer wieder zitiert: das griechische ⟨φ⟩ bzw. ⟨ϑ⟩, das über die altkirchenslavische und die altrussische Schrifttradition zunächst als »Fremdlaut« [f] Verbreitung fand und schließlich als eigenständiges Phonem ins Russische integriert wurde.

Eine eigenständige Theorie der geschriebenen Sprachform, die als Gegenstück oder Ergänzung seiner phonologischen Theorie betrachtet werden könnte, hat TRUBECKOJ nicht entwickelt. Nur gelegentlich hat er Probleme der ›Schrift‹ auch explizit angesprochen, so in den zitierten paläographischen Miszellen oder in seinem Vortrag auf dem zweiten Linguistenkongreß (1931) in Genf, dem folgendes Zitat entnommen ist:

Eine ganz besondere und neue Beleuchtung bekommt vom phonologischen Standpunkt das Problem der Beziehung zwischen Sprache und Schrift. Ein praktisches Schriftsystem bezweckt nicht die Wiedergabe aller tatsächlich gesprochenen Laute, sondern nur derjenigen Gegensätze, die einen phonologischen Wert haben. [...] Man muß sich immer daran erinnern, daß die Schrift nicht das phonetische, sondern immer nur das phonologische System der Sprache wiedergibt, und daß das phonologische System sich nicht mit dem phonetischen deckt. (1933: 111).

Hier ist zusammengefaßt, was die Erörterungen dieses Abschnitts bereits ergeben haben: Alphabetschriften spiegeln im wesentlichen die phonologische Struktur der jeweiligen Sprache wider bzw. haben sie widerzuspiegeln, sind also von jener direkt determiniert. Anders als PAUL, der als Germanist und Sprachhistoriker vor allem an der Grammatik der germanischen Sprachen und ihrer Geschichte interessiert war, hat sich TRUBECKOJ auch und vor allem mit nicht verschrifteten Sprachen oder solchen, die sich auf den ersten Stufen des Verschriftungsprozesses befanden, befaßt (namentlich nordwest- und ostkaukasischen Sprachen). Daraus erklärt sich eine Verschiebung der Perspektive: für TRUBECKOJ war die Tatsache, daß alphabetische Verschriftungen sich in ihren Anfangsstadien immer auf die phonologische Ebene zu beziehen haben, ein Grund dafür, daß er es nicht für notwendig hielt, ein Problem näher zu behandeln, das in Bezug auf seine phonologische Theorie als Scheinproblem erscheinen mußte. Für ihn war klar, daß Verschriftungen auf der phonologischen Struktur aufbauen müssen; die Probleme altverschrifteter Sprachen, bei denen lange Evolutionsprozesse in beiden Ausdruckssystemen zu Widersprüchen und Inkongruenzen führen, waren nicht sein Thema. Es ist deshalb alles andere als verwunderlich, daß TRUBECKOJ eine relativ unkomplizierte Variante der Abhängigkeitshypothese vertreten hat; verwunderlich ist höchstens, daß offenbar innerhalb des Prager Kreises, wo ja gleichzeitig die ersten expliziten Formulierungen der Autonomiehypothese entwickelt worden sind, keine größeren Auseinandersetzungen über diesen Aspekt der Sprachtheorie stattgefunden haben.

VI. Louis Hjelmslev und H.J. Uldall

Gesprochene und geschriebene Sprache sind im glossematischen Konzept zwei der (vielen anderen möglichen) *Substanzen* oder *Ausdrucksformen*, die eine Sprache besitzt, »Sprache« verstanden als Form,

which is independent of the particular substance in which it is manifested, and which is defined only by its functions to other forms of the same order (ULDALL 1944: 148).

Nach diesem Konzept ist es unsinnig, die Frage nach Determinationsbeziehungen zwischen gesprochener und geschriebener Sprachform zu stellen: »they simply co-exist« (ULDALL 1944: 149). Zusammenhänge lassen sich lediglich in der Weise konstruieren, daß man beide Ausdrucksformen auf eine gemeinsame Inhaltsebene bezieht; *units of expression*, die sich in verschiedenen *Substanzen* ausdrücken, aber auf ein und dieselbe *unit of content* referieren (bzw.: deren Funktion sie sind), werden als *Keneme* zusammengefaßt. Der Zusammenhang besteht darin, daß bestimmte Ausdrücke der gesprochenen Sprachform in gleicher Weise wie bestimmte Ausdrücke der geschriebenen Sprachform Funktionen derselben *unit of content* bzw. Elemente desselben *Kenems* sind.

Ableitungen der gesprochenen Sprachform aus der geschriebenen Sprachform und umgekehrt sind im glossematischen Modell unzulässig – theorieintern ist das trivial (HJELMSLEV 1943/1974: 101ff., ULDALL 1944). Ebenso trivial ist dies wahrscheinlich auch im Hinblick auf die von MAAS (unter Bezug auf die Glossematiker) angesprochenen Verfahren im pädagogischen Alltag des Schreib-Lese-Unterrichts an Grundschulen, der (zumindest überwiegend) davon ausgeht, daß die »›Figuren‹ des Sprechens und des Schreibens keinerlei logische Beziehung zueinander haben« (MAAS Ms. 1980: 9). Es ist allerdings wenig wahrscheinlich, daß die Glossematiker solche Zusammenhänge im Blick hatten. Wichtig sind ihre Auffassungen in theoriegeschichtlicher Hinsicht; sie gehören zu den konsequentesten und, nach unserer Auffassung, intelligentesten Formulierungen der Abhängigkeitshypothese. Wir möchten sie dieser Gruppe zurechnen, weil hier die Einheit der Grammatik gewahrt ist, ohne daß damit Annahmen über eine direkte Determination einer der beiden Ausdrucksformen der geschriebenen und der gesprochenen Sprachform durch die jeweils andere gemacht würden. Man hat es mit einem gleichberechtigten Nebeneinander der beiden wichtigsten »Substanzen des Ausdrucks« natürlicher Sprachen zu tun, deren Zusammenhang sich nicht auf der Ebene der Form des Ausdrucks, der phonematischen Ebene (der eine graphematische Ebene zur Seite gestellt werden muß) ergibt, sondern auf der Ebene der Grammatik selbst. Außerhalb der Kenems existiert kein logischer Zusammenhang zwischen den möglichen Formen des Ausdrucks. Deshalb lassen sich auch keine im strengen Sinn linguistischen Aussagen darüber machen, welche der verschiedenen »graphischen ›Substanzen‹« (HJELMSLEV 1943/1974: 102) aufgrund welcher Bedingungen und Umstände das aktuell verwendete schriftliche Ausdruckssystem einer konkreten Sprache bzw. ihres Inhaltssystems wird. In der Logik der glossematischen Theorie dürfte diese Frage ganz einfach falsch gestellt sein; sie betrifft Zusammenhänge, die für die Glossematiker (im Sinne des allgemeinen strukturalistischen Paradigma) außerhalb des Gebietes liegen, das der Sprachtheorie zugewiesen ist:

[...] wie es von der neueren Sprachwissenschaft hinlänglich bekannt ist, sind diachronische Betrachtungen irrelevant für die synchronische Beschreibung. (HJELMSLEV 1943/1974: 102)

So richtig es einerseits ist, auf die Arbitrarität des Verhältnisses zwischen Sprachen und dem bestimmten, empirisch vorliegenden Schrifttyp, in welchem ihre »graphische Substanz« materialisiert ist, zu pochen, so unbefriedigend ist es andererseits, wenn dies ausschließlich synchron abgeleitet wird. Es ist unergiebig, deshalb das (heute auch nicht mehr sonderlich originelle) Lamento über die Geschichtslosigkeit strukturalistischer Theorien anzustimmen; man hat solche Theorien in *ihren* historischen Kontext einzubetten und im Rahmen dieses Kontextes zu beurteilen. Werden sie jedoch als theoretische Folie für Versuche herangezogen, ein »sozialwissenschaftliches Verständnis von Schrift und Schreiben zu entwickeln« (MAAS Ms. 1980: 1), so müssen ihre Unzulänglichkeiten unter Gesichtspunkten, die in der heutigen Diskussion eine Rolle spielen, erörtert werden. Der skizzierte glossematische Ansatz greift jedenfalls dort zu kurz, wo er aus dem Fehlen von strukturimmanenten linguistischen Determinationsbeziehungen zwischen geschriebener und gesprochener Sprachform auf das Fehlen von Determinationsbeziehungen anderer Ordnung schließt. Dieser Schluß wird zwar nicht explizit formuliert, aber er läßt sich aus den gewählten methodischen Postulaten und Verfahren extrapolieren: ›nichtsprachliche‹ Fakten sind durch die Axiome der Theorie aus der Betrachtung ausgeschlossen. Im Sinne dieser Axiome sind solche heteronomen Determinanten natürlich nicht ›innersprachlich‹ begründbar – sonst wären sie nicht heteronom. Es ist aber kaum zu übersehen, daß sozialhistorische Faktoren für die Entwicklung des Verhältnisses zwischen gesprochenen und geschriebenen Sprachformen, zwischen ›Sprache‹ und ›Schrift‹, empirisch bzw. historisch wirksam sind und Determinationsbeziehungen begründen. Die vollkommen richtige Aussage, daß es keine inneren, logischen Präferenzen einer bestimmten Sprache für einen bestimmten Schrifttyp oder eine bestimmte Schriftart gibt, muß dahingehend präzisiert werden, daß es äußere, sozialhistorische Faktoren gibt, aus denen solche Präferenzen abgeleitet werden können. Auf die weitere Frage nach der Bewertung der Leistungsfähigkeit, der Adäquatheit einer bestimmten Schriftart bzw. eines bestimmten Schrifttyps bezüglich struktureller Eigenschaften einer bestimmten Sprache soll hier nicht weiter eingegangen werden.

An dieser Stelle ist es jedoch angezeigt, auf einige Vorschläge von WILLIAM HAAS etwas ausführlicher einzugehen. In seiner Arbeit *Writing: The basic options* (1976b) hat er, unter ausdrücklicher Bezugnahme auf die Glossematik, ein relativ geschlossenes Modell für eine Theorie der geschriebenen Sprachform vorgelegt, das wir trotz der im folgenden formulierten Einwände für einen der besten und produktivsten Entwürfe für eine solche Theorie halten, die derzeit vorliegen. HAAS hat in dieser Arbeit zunächst versucht, auf der Basis einiger Distinktionen wie [± semantisch leer] und [± außersprachlich motiviert] eine Typologie der grundsätzlich möglichen und der empirisch belegten Schrifttypen vorzulegen, die mit einigen der überkommenen Aporien der klassischen Schrifthistoriographien aufräumt. Weiterhin stellt er fest, daß keines der in seiner Klassifikation vorgesehenen Systeme rein belegt sei; auch hierin sehen wir eine wichtige Erkenntnis, die geeignet ist, den oftmals bloß noch terminologischen Streit über den ›wirklichen‹ Charakter der einzelnen Typen von Schriftsystemen überflüssig zu machen. Sein Vorschlag, daß Schrifttypen in dieser Hinsicht klassifiziert werden sollten

upon the lowest level of speech, recorded at the lowest level of writing, i.e. recorded at the level of graphemes (182),

erscheint allerdings nicht unproblematisch. Auf den ersten Blick leuchtet es zwar ein, daß man Alphabetschriften grundsätzlich auf die phonematische Ebene bezieht, auch wenn höhere Ebenen der Grammatik dort eine nicht zu unterschätzende Funktion haben können. Ebenso wird man die chinesische Schrift als im wesentlichen logographisch, also auf die lexikalische Ebene bezogen, verstehen, auch wenn sie unbestreitbar Korrelationen zu anderen Ebenen, etwa der phonetischen, aufweist. Gegen HAAS' Formulierung ist allerdings einzuwenden, daß sie keine generelle, sondern nur eine Tendenzaussage sein kann, wie folgende Beispiele zeigen: man kann in Alphabetschriften häufig den Sachverhalt nachweisen, daß Schriftzeichen oder Teile von Schriftzeichen nicht auf Elemente der phonemischen Ebene, also Phoneme, Allophone und Kombinationen oder Varianten davon referieren, sondern auf reihenbildende phonemische Merkmale, d.h. die kleinsten Einheiten, aus denen diese Elemente zusammengesetzt sind.

Beispiele dafür sind etwa der Palatalisierungsmarker ⟨ь⟩ im russischen und vielen anderen kyrillischen Alphabeten und der Glottalisierungsmarker ⟨I⟩ oder der Labialisierungsmarker ⟨в⟩ in einigen ostkaukasischen Alphabeten. Entsprechende Funktionen können Diakritika übernehmen; im Ungarischen ist die Quantitätskorrelation des Vokalismus in der Graphie systematisch bezeichnet durch die Opposi-

tion zwischen einem bzw. zwei Punkten und einem bzw. zwei Akuten: ⟨ö⟩ : ⟨ő⟩, ⟨i⟩
: ⟨í⟩ etc.; man kann hier auch auf die Markierung der Nasalitätsverhältnisse in der
Graphie des Polnischen, die Markierung der Quantitätsverhältnisse im Tschechischen und viele weitere Fälle hinweisen.[33]

Schließlich muß erwähnt werden, daß im glossematischen Konzept weder Phoneme noch Grapheme als sprachliche Zeichen, sondern als zeichenkonstituierende
figurae betrachtet werden. Lediglich solche Schriftzeichen, die direkt auf sprachliche
Bedeutungen referieren, dürften demnach ohne weitere Vermittlungsschritte auf der
Ebene der Beziehungen zwischen *contenu* und *expression* angesiedelt werden. Dies
wäre bei Begriffszeichen wie ⟨&, §, %⟩ oder vielen chinesischen Schriftzeichen der
Fall, wo »identité entre contenu et expression« gegeben ist und »la chaine n'est pas
analysable en figures«, wie B. MALMBERG feststellte.[34]

HAAS hat versucht, den glossematischen Ansatz für seine Klassifikationen der
möglichen und der empirisch belegten Schriftsysteme fruchtbar zu machen. Er ge-
langte dabei zu der Auffassung, daß ›low level‹-Systeme, d.h. solche, bei denen die
Elemente des Schriftsystems primär mit der phonemischen oder der Silbenebene
korrespondieren, als kenematisch definiert werden könnten; sein Gedanke besteht
darin, daß sie, weil sie ja der Form des Ausdrucks zugeordnet sind, auch als Aus-
druckselemente, eben Keneme, aufgefaßt werden könnten. Auf der anderen Seite
sind dann solche Systeme, die auf höhere Ebenen der Grammatik wie die Morphem-
und die Wortebene bezogen sind, folgerichtig plerematisch, da sie in die Domäne der
Form des Inhalts fallen. Er meint, mit dieser theoretisch verstandenen Distinktion
den Schluß begründen zu können, daß »the structure of an original script differs
radically from the structure of a spoken language« (155) – wobei er übersieht, daß
»spoken language« und »script« nach glossematischer Auffassung stets *kenemati-
sche* Systeme sind, deren Verhältnis zur plerematischen Ebene absolut gleichberechtigt ist, gleichgültig ob es sich um eine Alphabetschrift, eine Bilderschrift, das Mor-
sealphabet oder einen Flaggencode handelt. Deutlich wird die Unangemessenheit
der HAASschen Adaptationsvorschläge auch dann, wenn er schreibt, daß »pleremic
scripts« dazu tendierten, mit »graphemic metaphors« zu operieren (167): Meta-
phern können wohl kaum anders denn als Operationen auf der Inhaltsebene verstanden werden, während man, nach glossematischer Auffassung, graphemische
Sachverhalte wohl grundsätzlich auf die Ausdrucksebene beziehen muß, gleichgültig, was die dominante Referenzebene des betreffenden Schriftsystems ist.

Trotz dieser Vorbehalte halten wir die Vorschläge von HAAS für beachtenswert.
Man kann sein Verdienst bereits darin sehen, daß er Ansätze aktualisiert hat, die
ohne Zweifel diskussionswürdige Grundlagen für eine konsistente Theorie der geschriebenen Sprachform abgeben können, eben die glossematischen Lehren. Soweit
wir sehen, hat sich außer HAAS lediglich AMIROVA extensiv auf HJELMSLEV bezogen.
Aufgrund der bekannten »Sprachbarriere« spielen ihre einschlägigen Arbeiten in der
westlichen Diskussion allerdings keine Rolle, so daß HAAS für sich beanspruchen
kann, diese fruchtbaren Ansätze aktualisiert und in gewisser Weise weiterentwickelt
zu haben.[35]

VII. Noam Chomsky und Morris Halle

In jüngerer Zeit wurden komplexere Varianten der Abhängigkeitshypothese formuliert, die sich auf das Werk von CHOMSKY und HALLE (1968) stützen. In diesem Buch ist auf der Grundlage der generativen Phonologie überzeugend nachgewiesen, daß viele Gebilde auf der Schriftebene, die nach herkömmlichen phonographischen Gesichtspunkten als defektiv betrachtet werden, in systematischen Beziehungen zu verschiedenen Komponenten des Sprachsystems stehen und deshalb als Ausdrucksformen anderer Ordnung zu verstehen sind. Sie zeigen, daß die englische Orthographie viel systematischer ist, als bei Analysen auf der Basis der klassischen strukturalistischen Phonologie erkennbar ist:

[...] conventional orthography is remarkably close to the optimal phonological representation when letters are given a feature analysis – much closer, in most respects, than standard phonemic transcription (CHOMSKY/HALLE 1968: 69).

Ausgangspunkt ist die Annahme, daß ein *optimales orthographisches System* Variation in der gesprochenen Sprachform nur dort markiere, wo sie nicht durch generelle Regeln vorhersagbar sei. Benutzer von Orthographien seien üblicherweise Leser (bzw. Schreiber), die die betreffende Sprache beherrschen und deshalb die (phonetische) Oberflächenstruktur der Sätze kennen, indem sie bei der Produktion bzw. Rezeption von geschriebenen Sätzen dieselben Regeln anwenden, die sie bei der Produktion bzw. Rezeption der gesprochenen Sprachform einsetzen. Eine optimale Orthographie müsse folglich eine Repräsentationsform für jede lexikalische Einheit haben und könne dadurch enge Korrespondenzen zwischen semantischen Einheiten und orthographischen Repräsentationen herstellen.

A system of this sort is of little use for one who wishes to produce tolerable speech without knowing the language [...] For such purposes a phonetic alphabet, or the regularized phonetic representations called »phonemic« in modern linguistics, would be superior. This, however, is not the function of conventional orthographic systems. They are designed for the use of the speakers of the language (49).

Vorausgesetzt ist dabei ein *idealer Leser/Schreiber*, der seine (Schrift-)Sprache ausgezeichnet kennt, in einer völlig homogenen Sprachgemeinschaft (bezüglich der Schriftform der Sprache) lebt, und bei der Anwendung seiner (Schrift-)Sprachkenntnis in der aktuellen Lektüre bzw. Schreibtätigkeit von solchen grammatisch irrelevanten Bedingungen wie

– begrenztem Gedächtnis
– Zerstreutheit oder Verwirrung
– Verschiebung in der Aufmerksamkeit und im Interesse
– Fehlern (zufälligen oder typischen)

nicht affiziert wird (um CHOMSKYS berühmte Definition (1965/69: 13) auf die hier interessierenden Aspekte zurechtzulegen). Daß es sich hier um radikale Idealisierungen handelt, ist zu oft gesagt und bemängelt worden, als daß es hier ausführlich wiederholt werden müßte. Es ist offensichtlich, daß diese Idealisierungen an Stichhaltigkeit nicht gewinnen, wenn man die geschriebene Sprachform als ihre empirische Grundlage annimmt. Die Zahl der Leser/Schreiber, die ihre (Schrift-)Sprache »ausgezeichnet kennen«, ist – aus außersprachlichen Gründen – in der Regel gering. (Schrift-)Sprachgemeinschaften zeichnen sich eher durch Heterogenität als durch Homogenität aus (bezüglich der Grade der (Schrift-)Sprachbeherrschung), und die angeführten »grammatisch irrelevanten Bedingungen«, insbesondere die vierte (»Fehler«), sind bei der Analyse und Interpretation der geschriebenen Sprachform von ganz beträchtlicher Bedeutung. Trotz solcher – wenig origineller – Vorbehalte gegen diesen Ansatz, geschriebene Sprachformen im Rahmen generativer Theorien zu behandeln, ist er wegen seiner theoretischen Stringenz höchst beachtenswert. Er fällt in die Gruppe der Abhängigkeitstheorien, weil er von der ›Einheit der Grammatik‹ ausgeht und beide sprachlichen Ausdrucksebenen als output-Komponenten behandelt, deren Relationen zueinander nur über die Rekonstruktion struktureller Gegebenheiten innerhalb der Grammatik analysiert werden können. Die beiden output-Komponenten der *phonetischen Repräsentation* bzw. der *optischen Repräsentation* sind die Produkte von Transformationsprozessen in tieferliegenden Ebenen der Grammatik. Dabei werden allerdings keine psychologisch interpretierbaren Erzeugungsprozesse angenommen (vgl. z.B. CHOMSKY 1970: 12).

Die Rekonstruktion der Prozedur des Lesens folgt im wesentlichen dem Vorbild des *Aspekte*-Modells. Ein Leser R hat die Grammatik G seiner Sprache L internalisiert. Jeder linearen Kette W von geschriebenen Symbolen in konventioneller Orthographie ordnet er als interne Repräsentation eine Kette S aus abstrakten Symbolen zu. R ist aufgrund seiner Kenntnis von G und »much extralinguistic information regarding the writer and the context« in der Lage, die Äußerung zu verstehen und S eine Oberflächenstruktur Σ zuzuordnen, aus der er die phonetische Repräsentation von S erzeugen kann und damit schließlich »the physical signal corresponding to the visual input W« (CHOMSKY/HALLE 1968: 50):

Using the rules that govern ordinary speech, he then converts this surface structure, with the given lexical representation, to a phonetic representation, ultimately, a physical signal. (CHOMSKY 1970: 12)

R liest um so leichter, je stärker die für W verwendete Orthographie die von G erzeugten zugrundeliegenden Repräsentanten fixiert, da ja die Internalisierung von G seine Sprachkenntnis ausmacht (CHOMSKY/HALLE 1968: 49f., CHOMSKY 1970: 12 und passim). Es ist unübersehbar, daß R beim Lesen nichts anderes tut als seine Kenntnis der Grammatik der »ordinary speech« auf geschriebene Äußerungen anzuwenden; das »Beherrschen einer Sprache L« heißt eben grundsätzlich, alle relevanten Eigenschaften eines idealen Sprecher/Hörers zu besitzen, die Voraussetzung und Grundlage dafür sind, die Sprache L auch lesen und schreiben zu können.

An vielen weiteren Punkten wird dieses Determinationsverhältnis näher illustriert; wir können uns hier auf zwei Beispiele beschränken. Grundsätzlich ist die Analyse der Struktur von Sprachen, d.h. die Konstruktion von Grammatiken, als Analyse der Beziehungen zwischen *sound and meaning* durchzuführen. Diese Beziehungen sind universeller Art (CHOMSKY 1970: 4f), während die Beziehungen zwischen *spelling and meaning* prinzipiell zweitrangig sind. Beim Lesen- (und Schreiben-)Lernen wird nicht ein neues, unbekanntes System sprachlicher Einheiten bzw. Beziehungen erlernt, das nur entfernte oder gar keine Korrelationen zum bereits Bekannten, eben der jeweiligen Sprache L und ihrer Grammatik, besäße. Im Gegenteil: es geht grundsätzlich darum,

[... to bring] to consciousness a system that plays a basic role in the spoken language itself. (CHOMSKY 1970: 4)

Die konzeptionelle Hierarchie ist klar: geschriebene Sprachformen sind Ableitungen aus Grammatiken, deren Datenbasis gesprochene Sprachformen (als ontogenetisch primäre Dimension der Performanz) bzw. mentale Dispositionen (*innate ideas*) sind. Es ist auffällig, daß CHOMSKY und HALLE sich auf Ausführungen über den Leser beschränken und Schreibaktivitäten nicht näher berücksichtigen; man kann davon ausgehen, daß darin kein theoretisches Problem, sondern ein Abkürzungsverfahren zu sehen ist und daß das Schreiben lediglich eine Umkehrung der Prozesse darstellt, die beim Lesen ablaufen (was empirisch unrealistisch und theoretisch fragwürdig wäre).[36]

Es wurde bereits erwähnt, daß CHOMSKY und HALLE die Angemessenheit von Orthographien an den Begriff des Sprachverstehens knüpfen. *Optimal* ist eine Orthographie nach ihrer Auffassung dann, wenn sie abstrakte Repräsentationen S von G möglichst konsequent (und nichtredundant) fixiert und wenn R ein »native« Leser ist. Ist er das nicht, ist eine phonemische Transkription die optimale Orthographie. Wir haben es hier mit einer komplementären Bewertung zu tun, bei der Eigenschaften von Repräsentationen von S bzw. von Σ mit psychologischen Zuständen von R (»Sprachverstehen«) in Beziehung gesetzt werden, so daß binäre Entscheidungen möglich werden; dieser Gesichtspunkt wurde bereits von HERMANN PAUL (1880b: 8f.) erörtert.

Diese Auffassung ist entschieden zu schematisch; diskutabel wäre sie – im Hinblick auf die Empirie – nur dann, wenn man sämtliche verwendeten Kategorien nicht mit binären Indexen versehen, sondern als Skalen konzipieren würde. An einer Stelle wird dies sogar von den Autoren selbst nahegelegt; sie sprechen davon, daß ganz verschiedene »Dialekte« (hier zu verstehen als nichtidentische Mengen von »phonetic repretations«) identische Systeme zugrundeliegender abstrakter Repräsentationen (S (von G)) haben können. Aus diesem Grund sei »Dialektvariation« nur in dem Umfang für Forschungen über den Leseprozeß und das Lesenlernen von Belang, in dem die einzelnen »Dialekte« auf der syntaktischen und lexikalischen Ebene Unterschiede voneinander aufwiesen.

Außerdem sind, nach der Auffassung von CHOMSKY und HALLE (1968), die im Transformationszyklus spät eingreifenden phonetischen Regeln (im Gegensatz zu den zugrundeliegenden Repräsentationen) »by and large« ziemlich resistent gegen historische Veränderungen, was ein »widely confirmed historical fact« sei (49). Es sei dahingestellt, welcher Grad an empirischem Realismus und theoretischer Erklärungskraft diesen Auffassungen von Dialekt (einer Sprache L) und Sprachwandel zugestanden werden kann; hier geht es darum zu zeigen, daß CHOMSKY und HALLE durchaus Gesichtspunkte anführen, die strenggenommen nicht in den Bereich ihrer theoretischen Modelle gehören. Wichtig scheint uns auch, daß CHOMSKY ausdrücklich darauf hinweist, daß seine Analysen für den Schreib-Lese-Unterricht keine besondere Bedeutung besäßen und nicht geeignet seien, didaktisiert zu werden, weil

the dominant factor in successful teaching is and will always remain the teacher's skill in nourishing, and sometimes even arousing, the child's curiosity and interest and in providing a rich and challenging intellectual environment in which the child can find his own unique way toward understanding, knowledge, and skill (CHOMSKY 1970: 4)

Angesichts des Tempos und der Breite, in denen die (v.a. auf BIERWISCHS Vermittlung zurückgehende) Rezeption des Generativismus in der westdeutschen sprachdidaktischen Diskussion durchgeschlagen hat, ist diese Erinnerung nützlich; daß die Vorstellungen der Sprachdidaktiker vom Status und der Wirkungsweise dessen, was sie als *Graphem-Phonem-Korrespondenzregeln*, abgekürzt *GPK-Regeln*, handeln, mit generativer Phonologie nicht mehr sehr viel zu tun haben, ist allerdings auch ohne solche Verweise unübersehbar. Jedenfalls ist CHOMSKYS Weitsicht zu loben: er hat explizit davor gewarnt, vom Studium von GPK-Regeln theoretische oder unterrichtspraktische Einsichten zu erhoffen:

As to the question of phoneme-grapheme correspondence, it may be that this is something of a pseudoissue. If by *phoneme* is meant the unit constructed in accordance with modern principles, then there is little reason to expect that phoneme-grapheme correspondences will be of much interest because it appears that phonemes are artificial units having no linguistic status. Hence, it is not clear why one should investigate phoneme-grapheme correspondences at all. (CHOMSKY 1970: 15)

Das GPK-Konzept wird hier bereits aus theorieinternen Gründen für gegenstandslos erklärt; nur im Rahmen der klassischen strukturalistischen Phonologie kann es nach CHOMSKY Sinn machen, die Frage nach solchen Korrespondenzen zu stellen. Im Rahmen der generativen Phonologie (die ja ihre Vorläufer in entscheidenden Punkten revidiert) können bei GPK-Analysen nur Trivialitäten herauskommen: wenn als phonologische Komponente diejenige Derivationsebene angesetzt wird, in der alle vorhersagbaren Abweichungen festgelegt sind (also der Ableitungszustand von Sätzen, die sämtliche phonologischen Regelzyklen bereits durchlaufen haben, »the level exemplified by the topmost lines of the derivations [...]« (ebd.), ergibt sich eine (fast durchgängige) Serie von Eins-zu-Eins-Entsprechungen, d.h. das, was man traditionellerweise als phonematische Transkription bezeichnet. Andernfalls handelt es sich um »ordinary phonology«, weil die Analyse der Graphem-Phonem-Korrespondenzen notwendigerweise bis zur syntaktischen und lexikalischen Komponente zurückgehen muß – und die Analyse dieses Derivationsabschnitts ist eben die Domäne der Phonologie. Aus diesen Überlegungen ergibt sich weiterhin, daß GPK-Verhältnisse für den Leseunterricht belanglos sind:

[...] the rules of sound-letter-correspondences need hardly be taught, particularly, the deepest and most general of these rules. [...] These rules, it appears, are part of the unconscious linguistic equipment of the nonliterate speaker. [...] What the beginning reader must learn (apart from true exceptions) is simply the elementary correspondence between the underlying segment of his internalized lexicon and the orthographic symbols. (CHOMSKY 1970: 15f.)

Wir haben gesehen, daß Orthographien i.S. von CHOMSKY und HALLE nach dem Kriterium der Sprachbeherrschung ihrer Benutzer bewertet werden müssen. Eine

Orthographie ist für »native speakers/hearers« dann optimal, und zwar »optimal for the spoken language« (CHOMSKY 1970: 11), wenn sie alle Informationen enthält, die ein Leser/Schreiber benötigt, um graphische Sequenzen auf syntaktische Oberflächenstrukturen bzw. die in sie eingegebenen lexikalischen Repräsentationen zu beziehen. Bei diesen Informationen handelt es sich ausschließlich um solche, die von den phonologischen Regeln nicht vorhergesagt werden (über den phonologischen Regelapparat verfügt der Leser/Schreiber ja, weil er gleichzeitig und in erster Linie Sprecher/Hörer ist). Eine optimale Orthographie ist deshalb nicht so sehr aus praktischen Gründen optimal, sondern aus prinzipiellen Erwägungen und unabhängig von Performanzgesichtspunkten: es gibt ein Natürlichkeitskriterium für die Bewertung von Orthographien. *Natürlich* ist eine Orthographie (für »native« Sprecher/ Hörer) dann, wenn sie in der lexikalischen Repräsentation enthalten ist. Die Form der lexikalischen Repräsentationen, die Form, in der die einzelnen lexikalischen Einheiten (als Ketten von Segmenten) in die syntaktischen Oberflächenstrukturen eingeführt werden, bestimmt direkt die Form des graphischen ›output‹, und umgekehrt: der graphische ›output‹ repräsentiert direkt diejenigen Aspekte der lexikalischen Einheiten, die durch die phonologischen Regeln nicht vorhergesagt werden können, kurz: »[...] a lexical representation [...] provides a natural orthography for a person who knows the language« (CHOMSKY 1970: 7, vgl. auch HALLE 1969: 17). Zu welchen Blüten voreilige Verallgemeinerungen solcher Auffassungen führen können, haben wir in Kapitel 1 am Beispiel von HOUSEHOLDERS Überlegungen zum Schriftspracherwerb TARZANS gesehen.

Es bleibt – »as is quite natural« – lediglich ein Rest an »true irregularities«, z. B. vom Typ der Ablautbeziehungen in den germanischenen Sprache (ebd.), deren theoretischer Status ziemlich dunkel bleibt; vgl. z. B. WURZEL (1970), der in einer Auseinandersetzung mit CHOMSKY und HALLE (1968) für die Restitution einer eigenständigen morphologischen Komponente zwischen Syntax und Phonologie und unabhängig vom Lexikon plädiert. WURZEL zeigt an Beispielen aus dem Deutschen überzeugend, zu welchen Unzuträglichkeiten es führen muß,wenn Flexions- und Derivationsregularitäten in die lexikalische Repräsentation »abgeschoben« werden. Auch EISENBERG (1983c) hat diesen Punkt betont und darauf hingewiesen, daß insbesondere die Lexikalisten aus dem generativen Lager für die Reetablierung einer morphologischen Komponente der Grammatik eintreten.

Als Tendenz stellt er fest, daß man in den letzten Jahren davon abgekommen sei, die einzelnen Teilsysteme der Grammatik strikt voneinander zu trennen und den Möglichkeiten der gegenseitigen Beeinflussung und Wechselwirkung der einzelnen Komponenten mehr Beachtung schenke. EISENBERGS Arbeit ist ein schöner Beleg für diese Tendenz (auch wenn EISENBERG selbst keine generativen Auffassungen vertritt). Dort wird nicht nur gezeigt, daß die geschriebene Sprachform (in hochliteralen Gesellschaften) »growing influence [...] on the native speaker's knowledge about his language« ausübt, sondern auch der – von CHOMSKY und HALLE strikt in die phonologische Komponente eingeschlossene – Sachverhalt plausibel gemacht, daß die lexikalische und v.a. die morphologische Komponente für das »functioning of the writing system« in erheblichem Maße verantwortlich sind.[37]

Natürliche Übereinstimmungen bestehen nach CHOMSKYS Konzept zwischen lexikalischen Repräsentationen und graphischem output (einschließlich einiger Irregularitäten) einerseits und generativen Ableitungsbeziehungen zwischen dem phonetischen output und der syntaktischen Oberflächenstruktur (nach der Eingabe des Lexikons, das die »natürliche Orthographie« bereits enthält) andererseits, die durch das Wirken der phonologischen Komponente zustandekommen. Der graphische output ist wesentlich dadurch charakterisiert, daß dort, anders als beim phonetischen output bzw. bei phonematischen Transkriptionen, tieferliegende Regularitäten direkt repräsentiert werden. Die geschriebene Sprachform ist nach diesem Konzept in denjenigen Aspekten, die nicht von der phonologischen Komponente determiniert sind, unmittelbar von der tieferliegenden Stufe der lexikalischen Repräsentation geprägt. An vielen Stellen in CHOMSKY/HALLE (1968) und CHOMSKY (1970) ergeben sich auffallende Übereinstimmungen zwischen reanalysierten phonologischen Phrasen und konventioneller Orthographie, wogegen für die Erzeugung des phonetischen output zusätzliche Regeln angesetzt werden müssen. Dies könnte daran liegen, daß die Form der lexikalischen Einträge häufig die der konventionellen Orthographie ist, d.h. daß die konventionelle Orthographie auf einer früheren Stufe des Erzeugungsprozesses eingegeben wird und deshalb viel engere Korrespondenzen zu tieferliegenden Strukturrepräsentationen aufweist als der phonetische ›output‹. Um ein Beispiel zu geben: Wenn man für Wörter wie ⟨ellipse, eclipse⟩ als Formen der lexikalischen Repräsentation /elips, eklips/ ansetzt, schließt eine bestimmte Regel (R 63, eine Variante der *Main Stress Rule*) die letzte Silbe als Akzentstelle aus (weil ihr vokalischer Nukleus ›simple‹ ist). Der Hauptakzent gerät auf die erste Silbe, was die inkorrekten phonetischen Realisationen *[Elips, Eklips] ergeben würde. Setzt man hingegen die Wortformen in konventioneller Orthographie als Formen der lexikalischen Repräsentation an, also /elipse, eclipse/, operiert dieselbe Regel (63) über einem anderen ›letzten vokalischen Nukleus‹, nämlich /e __ # /, wodurch die paenultima zu einem ›strong cluster‹ wird, das den Hauptakzent tragen kann. Folglich ist eine »›e‹-Elision Rule (64)« einzuführen, deren Operationsbasis Wortformen in konventioneller Orthographie sind:

(64)   e $\longrightarrow$ ∅ / __ #

und diese Regel generiert dann die korrekten phonetischen Formen (CHOMSKY/ HALLE 1968: 45). Auf dem Hintergrund dieser Beobachtung (die sich auch an anderen Stellen machen läßt[38]) erscheint die immer wieder – mit deutlichen Spitzen gegen den Reduktionismus phonographischer Konzepte – vorgetragene Ansicht, derzufolge »konventionelle« nichtphonographische Orthographien unmittelbar mit zugrundeliegenden abstrakten Repräsentationen korrespondieren, in anderem Licht: es könnte methodische Gründe haben, d.h. auf einem Zirkelschluß beruhen. Wenn nämlich die Form dieser abstrakten Repräsentationen den (späteren) graphischen Formen derselben Einheiten gleich oder sehr ähnlich ist, kann das daran liegen, daß die Form der lexikalischen Repräsentationen die Form der terminalen graphischen Ketten zirkulär vorwegnimmt und dann natürlich auch produzieren muß. Diesen Umstand scheint KLIMA (1972: 61) im Auge zu haben, wenn er feststellt, daß die optimale Orthographie im Konzept von CHOMSKY und HALLE nur auf einen Schreiber/Leser bezogen sein kann, der nicht nur die jeweilige Sprache, sondern auch ihr orthographisches System bereits kennt, also im Rahmen seiner Kompetenz auch über dieses System verfügt.[39]

In Deutschland wurde die Theorie der generativen Phonologie vor allem von BIERWISCH (1972, 1973) auf Probleme des Verhältnisses zwischen geschriebener und gesprochener Sprachform angewendet. Sein Modell wurde vor allem von Sprachdidaktikern breit und nicht immer mit durchdringendem Verständnis rezipiert. Es beruht auf der Annahme geordneter Mengen von Graphem-Phonem-Korrespondenzen, die bestimmten Regeln (GPK-Regeln) folgen; solche GPK-Regeln etablieren explizite Relationen zwischen der graphischen Form von Wörtern bzw. Sätzen und verschiedenen Niveaus der phonologischen Ebene (im Sinne der generativen Phonologie). Erwähnenswert ist die Arbeit von WEIGL und BIERWISCH (1974), in der empirische Evidenzen für die Klärung der Frage diskutiert werden, ob in generativen Modellen eine autonome »graphemische Struktur G« oder eine »durch bestimmte orthographische Regeln von der phonemischen Struktur P« (p. 446) abgeleitete Graphemebene anzusetzen sei. Unter Verweis auf Ergebnisse der Aphasieforschung tendieren sie zu der Auffassung, daß eine einheitliche zugrundeliegende Ebene »der abstrakten internen Repräsentation oder von Korrespondenzregeln, die zwischen zwei Repräsentationsformen vermitteln, plausibel« sei (ebd.), d.h. daß die graphematische Komponente in die phonologische Komponente zu integrieren sei bzw. eine integrierte phonologisch-graphematische Komponente als Bestandteil der Grammatik (»Kompetenz«), nicht der Sprachverwendung (»Performenz«) bestehe.

Damit wäre ein beträchtlicher Schritt von einfachen abhängigkeitstheoretischen Vorstellungen zu dialektisch-dynamischen Interdependenzmodellen getan, in denen die Einheit der Grammatik bewahrt bzw. wiederhergestellt ist.

Es ist evident, daß bei Neuverschriftungen in alphabetischen Systemen die phonematische Ebene die Konstruktion der Graphie bestimmt. Ebenso gilt, daß die phonematische Ebene bei ›jungen‹ Schriftsprachen, d.h. solchen, deren orthograpische, stilistische und literarische Normen noch nicht vollständig kodifiziert oder vollständig durchgesetzt sind, die graphematische Ebene dominiert. Selbst bei traditionsreichen Schriftsprachen zeigt sich die Dominanz der phonematischen Ebene dann, wenn über Reformen diskutiert und beschlossen wird: sie zielen in der Regel auf Anpassungen der Graphemebene an die gesprochene Sprache, also die Phonemebene – sei es durch Änderungen in der bestehenden Graphie, sei es durch einen Wechsel der Graphie. Man kann daraus schließen, daß die seit einigen Jahren verbreitete Unterscheidung zwischen *phonological deep* und *phonological shallow* Orthographien im wesentlichen ein quidproquo ist – es geht um *historische* und nicht um *phonologische Tiefe*. Die Forschung über die Schriftstruktur altverschrifteter Sprachen wird deshalb notwendigerweise häufig, ja ganz überwiegend mit *phonological deep orthographies* zu tun haben, während sich bei der Beschäftigung mit neuverschrifteten Sprachen oder solchen, die planmäßige Schriftreformen oder Orthographiereformen durchlaufen haben, in der Regel *phonological shallow* Systeme zeigen werden. Entsprechend können Theorien wie diejenige von CHOMSKY und HALLE

Geltung nur für – vergleichsweise sehr seltene – Einzelfälle wie das Englische beanspruchen. Sie können hingegen nicht den Anspruch erheben, allgemeingültige
theoretische Aussagen über die Korrelationen zwischen den Strukturen der geschriebenen und der gesprochenen Sprachform machen zu können. Anders gesagt: die
Konzeption der Graphem-Phonem-Beziehungen und die Beantwortung der Frage,
welcher Status den beiden Ausdrucksebenen im Aufbau der Grammatik zugewiesen
wird, hängt nicht nur von den jeweiligen grammatiktheoretischen und methodischen
Prämissen ab, sondern auch vom untersuchten Gegenstand (dem jeweiligen ›Fall‹)
und den Erklärungszielen. Parallel angelegte Untersuchungen zum Mazedonischen
oder zum Türkischen würden zwangsläufig zu anderen Resultaten kommen müssen
als solche zum Englischen oder Irischen. Und dafür gäbe es keine Gründe, die in der
Struktur der jeweiligen Sprachen lägen, sondern nur historische und andere außersprachliche Gründe. Wenn solche historischen und soziologischen Gesichtspunkte bei der Analyse und den anschließenden theoretischen Verallgemeinerungen berücksichtigt werden, ergibt sich, daß die Opposition zwischen »phonological deep«
und »phonological shallow orthographies« in aller Regel diachronisch umformuliert
werden kann in die Opposition zwischen altverschrifteten und neuverschrifteten
oder neureformierten Sprachen. Es ist deshalb angezeigt, unterschiedliche Typen
von Schriftstrukturen (die üblicherweise als Ausfluß unterschiedlicher ›Prinzipien
der Orthographie‹ mißverstanden werden) mit dem historischen Entwicklungsgang
und -stand der jeweiligen Schriftkultur in Zusammenhang zu bringen, um zu kontingenten Theorieansätzen zu kommen, die über Einzelfälle hinauszugreifen geeignet
sind.

Die Arbeit von CHOMSKY und HALLE ist trotz dieser Einwände sicherlich eine der
tiefschürfendsten und brillantesten Fallstudien zu einer Einzelsprache aus den letzten Jahren. Sie hat Widerspruch und Zustimmung ausgelöst und, vor allem, einen
fast unübersehbaren Wust von unterrichtsbezogenen Bearbeitungen, didaktischen
Vereinfachungen und anderen gelegentlich beklagenswert theorieblinden Weiterent-
wicklungen nach sich gezogen, über die im nächsten Abschnitt zu sprechen sein wird.
Hier soll nur noch erwähnt werden, daß die *Sound Patterns of English* in der Theo-
rieentwicklung des Generativismus bereits zur Geschichte gehören. Die generative
Phonologie geht seit längerem nicht mehr von segmentalen Modellen aus, sondern
von Prozeßmodellen, die über gegenseitig assymetrischen Strukturmodellen operieren; ihre Relevanz für das Studium der hier interessierenden Probleme wäre gesondert zu erörtern. Sie sollen hier ausgeblendet bleiben; von vordringlichem Interesse
war in diesem – insoweit wissenschaftsgeschichtlichen – Abriß die Wirkung, die
CHOMSKY und HALLE mit diesem Buch auf die Debatten über eine Theorie der
geschriebenen Sprachform hatten und noch haben.

VIII. Die ›Prinzipien‹ der Didaktiker

Abhängigkeitstheoretische Ansätze haben generell mit dem Problem zu tun, daß das System der geschriebenen Sprachformen dem System der gesprochenen Sprachformen, wie sie – dem Anspruch nach – in modernen Grammatiken beschrieben werden, in mehr als einer Hinsicht nicht homolog ist. Solche Ansätze haben aber gerade diesen Punkt zu bewältigen; sie müssen zeigen können, durch welche – wie auch immer gebrochenen und komplexen – Determinationsverhältnisse die Schriftebene von der gesprochenen Sprachform abgeleitet ist.

Daß das keine ganz einfache Sache ist, zeigt ein Blick auf die deutsche sprachdidaktische Literatur. Dort ist fast durchgängig versucht worden, diese Frage durch die Annahme verschiedener, recht heterogener *Prinzipien* zu lösen, deren theoretischer Status ziemlich unbestimmt bleibt. Man erklärt dort gewisse Klassen von Relationen zwischen den beiden Ausdrucksebenen zur Domäne eines bestimmten Prinzips, wobei man von der Schriftebene ausgeht. Die Syntax beispielsweise ist nur in dem Umfang von Interesse, als sie in orthographischen Konventionen oder in der Interpunktion fixiert ist – die Frage, welche syntaktischen Sachverhalte in einem Schriftsystem abgebildet werden und welche nicht, scheint nebensächlich zu sein. Man nimmt also an, daß das Schriftsystem des Deutschen der Wirksamkeit einer ganzen Serie verschiedenartiger Beziehungen zum gesprochenen Deutsch (und seiner Geschichte) ausgesetzt ist. Üblich sind Listen folgender Art:

1. phonologisches (phonematisches) Prinzip
2. etymologisch-morphologisches Prinzip
3. historisches Prinzip
4. logisches (logisch-semantisches) Prinzip (von H. MOSER (1955) zum dominanten Prinzip der deutschen Orthographie erklärt)
5. grammatisches Prinzip
6. graphisch-formales Prinzip[40]

Die häufig zitierte Arbeit von AUGST (1974b) bietet eine Liste mit anderen Begriffsnamen, die sich jedoch nicht substantiell von der oben zitierten Aufstellung unterscheidet. AUGST nennt folgende Prinzipien: 1. Lautprinzip, 2. Stammprinzip, 3. Homonymieprinzip, 4. ästhetisches, 5. pragmatisches, 6. grammatisches Prinzip; ihr theoretischer Status bleibt ebenso ungeklärt wie ihr struktureller und funktionaler Zusammenhang. Dasselbe gilt von JANUSCHEKS (1978: 68f.) Aufzählung, wo von einem phonetischen, einem phonologischen, einem historisch-konservierenden, einem ideographischen und einem piktographischen Prinzip die Rede ist; JANUSCHEK geht es dabei allerdings weniger um eine theoretische Diskussion, sondern vor allem darum zu zeigen, daß »unsere heutige Schrift [...] keineswegs eine rein alphabetische ist.« (68).

Mit solchen Listen von *Prinzipien der Orthographie* hat man zwar ziemlich breite Spielräume für die Behandlung schwieriger Fälle geschaffen, weil eines der vielen Prinzipien immer brauchbar sein wird, sich aber gleichzeitig das Problem eingehandelt, daß die Analyse methodisch fragmentiert wird und kein einheitlicher theoretischer Bezugspunkt mehr erkennbar ist. Solche ungeordneten Listen von Prinzipien, bei denen nicht klar ist, ob sie einander äquivalent sein sollen oder wie anderenfalls eine Hierarchie aussehen würde, lassen sich kaum noch auf eine ausgewiesene Grammatikkonzeption beziehen. Sie führen wohl unvermeidlich zu dem eklektischen, unklaren Verhältnis zwischen Grammatik und Orthographielehren, das allgemein bekannt ist und beklagt wird. Ebensowenig scheinen uns solche Listen von Prinzipien die Formulierung zusammenhängender Theorien über die geschriebene Sprachform zu erlauben, weil die angenommenen Prinzipien, die ja die wesentlichen theoretischen Kategorien liefern müßten, übermäßig heterogen und unzureichend definiert und gegeneinander abgegrenzt sind (in struktureller wie in funktionaler Hinsicht). Die verbreitete Prinzipienmethode ist eine Variante der Abhängigkeitshypothese, die sich dadurch auszeichnet, daß sie in vielfältiger Weise auf die gesprochene Sprache und sogar die Sprachgeschichte Bezug nimmt, ohne eine zusammenhängende Theorie der gesprochenen Sprache, der Sprachgeschichte zu haben, kurz: ohne sich sprachtheoretisch zu fundieren.[41] Dies führt zur Aporie.

Diese Prinzipienlehren sind grundsätzlich kritisiert worden. KOHRT hat den Ausdruck *Prinzip* für überflüssig und verwirrend erklärt; es handle sich um einen

metaphorische[n], nurmehr pseudo-analytische[n] Begriff, der zur Erhellung wenig beiträgt und für eine tiefergreifende Analyse eher hinderlich ist (KOHRT 1979: 23).

KOHRT hat seine Auffassung mit der Erörterung einer Reihe einschlägiger Studien, in denen die Prinzipienlehre kultiviert wird, eindrucksvoll belegen können; sein Referat hat tatsächlich »fast die Wirkung einer Groteske«, wie EISENBERG (1983 b: 54) zutreffend bemerkt. Allerdings hat sich KOHRT weitgehend darauf beschränkt, die Vorstellungen der Didaktiker über die Wirksamkeit der phonologischen Komponente (und ihre Vorstellungen von Phonologie und Phonetik) zu analysieren. EISENBERG (1983 b) setzt seine Kritik umfassender an. Er spricht (unter Berufung auf MENZEL 1978) von einem »Prinzipienwirrwarr« und weist darauf hin, daß jedes dieser Prinzipien eine »geeignete Theorie über die Teilsysteme des Sprachsystems voraus[setze], denn sie nennen sich phonetisch, morphologisch, semantisch, grammatisch, phonologisch und syntaktisch« (54). Man kann hier noch weiter gehen: solche Prinzipien setzen nicht nur geeignete (Teil-)Theorien über das Sprachsystem voraus, sondern sie sind selbst Modelle über die Ausdrucksseite des jeweiligen (Teil-)Systems, also (Teil-)Theorien über das Sprachsystem. Den Prinzipien der Orthographie theoretischen Status zubilligen hieße, die geschriebene Sprachform als Ausdruckssystem eines separaten Inhaltssystems (im glossematischen Sinn) aufzufassen. Man hätte also davon auszugehen, daß es ein spezielles, bezüglich der jeweiligen Sprache zumindest für die Bereiche, für die man Prinzipien ansetzt, als autonom zu setzendes System gibt. Diese Systeme müßten vom Sprachsystem abgrenzbar sein aufgrund der Spezifika ihrer Ausdrucksseite, aus denen zwingend auf Spezifika der Inhaltsseite zu schließen wäre. Und dies wäre ein ziemlich konsequentes autonomietheoretisches Konzept. Andererseits würde genau dies allem widersprechen, was an (abhängigkeitstheoretischen) Begründungen für Prinzipienlehren vorgetragen worden ist; diese Prinzipien sollen ja gerade das Gegenteil davon klären, nämlich die

Form der Korrelationen zwischen geschriebener Sprachform und Sprachsystem bzw. die Form der Beziehungen zwischen den beiden Ausdrucksebenen der Sprachform. EISENBERG hat dies an einer anderen Stelle seiner Arbeit selbst gesehen; am Schluß des fraglichen Paragraphen schreibt er:

Ich meine, man verhilft der Schrift in einer lange verschrifteten Sprache wie dem Deutschen sprachwissenschaftlich nicht zu ihrem Recht, solange man etwa einerseits von ›der Morphologie‹ spricht, andererseits aber von ›dem morphologischen Prinzip‹ der Schrift. Das Deutsche hat nur eine Morphologie, es ist dieselbe für das Gesprochene und das Geschriebene. Aus sprachwissenschaftlicher Sicht spricht alles dafür, nicht von den Prinzipien der Schrift zu reden, sondern nur von sprachlichen Ebenen (EISENBERG 1983b: 66).

Worum geht es bei den Prinzipienlehren? Die Suche nach Prinzipien der Orthographie stellt den Versuch dar, die Struktur von Schriftsystemen explizit zu beschreiben durch die Formulierung von Regeln bzw., wo dies auf Schwierigkeiten stößt, durch die Aufstellung von Listen von Fällen. Es geht um die Rekonstruktion der Mechanismen, mittels derer die geschriebene Sprachform aus der Sprachstruktur abgeleitet werden kann bzw. die es erlauben sollen, eine der Varianten der Ausdrucksseite auf die Inhaltsseite der Sprache zu beziehen. Bei altverschrifteten Sprachen haben sich diese Ableitungsbeziehungen im Laufe von Sprachwandelprozessen und durch Veränderungen der funktionalen Anforderungen an *beide* Ausdrucksebenen kontinuierlich von einem (historisch vielleicht einmal mehr oder weniger realisierten) phonographischen Ideal entfernt. Folglich gibt es tendenziell immer weniger solcher Ableitungsbeziehungen. Die entsprechenden Gegebenheiten können nicht mehr durch den Rekurs auf die phonologische Komponente beschrieben bzw. erklärt werden, und es werden komplexere Analyseverfahren, die die gesamte Grammatik einbeziehen, notwendig. Entsprechend ist die Redeweise, daß die Morphologie und die Syntax eine immer größere Rolle für die Analyse der Schriftstruktur spielten, nicht nur zutreffend, sondern im Grunde genommen nicht mehr als eine andere Formulierung des hier festgestellten Sachverhalts. Was diachron weitgehend als versteinerte, durch sprachliche Evolution verdunkelte und obsolet gewordene Repräsentation der phonologischen Komponente erklärt werden kann, erscheint synchron als Zunahme und allmähliches Überhandnehmen der determinierenden Kraft anderer Komponenten des Sprachsystems als der phonologischen.

Die Schwierigkeiten, mit denen die Prinzipienlehren aufgrund ihrer theoretischen Unzulänglichkeit nicht fertigwerden können, lassen sich nur dann beheben, wenn explizit geklärt wird, aus welchen Komponenten die Grammatik bestehen soll, auf die man die Schriftebene beziehen will, und wie diese Grammatik intern strukturiert ist. Nur dann ergibt sich im Rahmen der Abhängigkeitshypothese die Möglichkeit, die Schriftebene in vernünftigen und expliziten Kategorien auf die sie determinierende gesprochene Sprache bzw. deren Grammatik zu beziehen. Wenn man also, beispielsweise, eine distributionalistische Grammatik zum Bezugspunkt wählen will, so muß man darauf achten, daß man die Schriftebene innerhalb der Komponenten einer solchen Grammatik kategorial unterbringen kann. Entscheidet man sich für einen generativen Ansatz, gilt dasselbe entsprechend; CHOMSKY und HALLE 1968 haben ein Lehrstück über die absolut konsequente Realisierung dieses Postulats vorgelegt und beispielsweise Latinismen und Gallizismen serienweise strikt innerhalb des Rahmens der phonologischen Komponente ihrer englischen Grammatik interpretiert.[42]

Solche orthographischen Prinzipienlehren sind keineswegs eine Besonderheit der deutschen sprachdidaktischen Diskussion. Sie sind auch in anderen Ländern bzw. bei der Ausbildung von Muttersprachenlehrern für andere Sprachen in verbreitetem Gebrauch. Deshalb betrifft dieses Eingehen auf ein ›deutsches‹ Problem durchaus keine deutschen Sonderprobleme. Es muß als eine exemplarische Illustration eines ebenso problematischen wie handlichen Analyseverfahrens verstanden werden, daß in der Forschung über die geschriebene Sprachform und mehr noch in der dazugehörigen bzw. von ihr abgeleiteten Lehre recht verbreitet ist.[43] Diese Prinzipienlehren berühren, wie wir gesehen haben, zentrale theoretische Probleme. Es ist deshalb sinnvoll, über das Beispiel des Deutschen hinauszugreifen, um zu sehen, wie Lösungs- oder wenigstens Verbesserungsvorschläge für die vielfach als unbefriedigend empfundene Praxis des eklektizistischen Bastelns an Einzelproblemen aussehen könnten. Dabei soll nicht verkannt werden, daß die Didaktiker unter dem Zwang stehen, mit Vereinfachungen operieren zu müssen, die zwar kaum theoretisch vertretbar sind, aber mit den besonderen Bedürfnissen der Anwendung und der Operationalisierung in praktischen Kontexten rechtfertigbar sein mögen. Und sie sind natürlich dann am besten zu rechtfertigen, wenn sie als Vereinfachungen und Verkürzungen kenntlich gemacht werden; sie sind nicht zu rechtfertigen, wenn sie als ernsthafte theoretische Entwürfe vorgetragen werden.

Einige beachtenswerte Ansätze, didaktisch brauchbare und dennoch theoretisch ausgewiesene Modelle zu entwickeln, sind in der Sowjetunion erarbeitet worden. Diese Arbeiten sind in der westlichen Forschung so gut wie gar nicht rezipiert worden; auch in den maßgeblichen Beiträgen aus der DDR sind sie kaum berücksichtigt. Im Folgenden wird deshalb ein (sehr grober) Überblick über diese russisch-sowjetischen Theorieansätze gegeben. Er wird sich auf einige Arbeiten aus den 60er und 70er Jahren beschränken, die im wesentlichen distributionalistischen Auffassungen verpflichtet sind. Die dort behandelten Probleme scheinen mir gerade für die deutsche Diskussion von Interesse, weil das Russische in ähnlichem Maße wie das Deutsche ›phonological deep‹ geschrieben wird oder, anders ausgedrückt, seine Orthographie stark von denjenigen Faktoren geprägt ist, für die hierzulande die Wirksamkeit des morphologischen und des etymologischen Prinzips verantwortlich gemacht wird.

A.N. GVOZDEV (1963) unterscheidet zwischen primären und sekundären Graphem-Phonem-Beziehungen; erstere sind gewissermaßen elementare Relationen, letztere positionsbedingte Varianten, in denen sich die Phonementsprechung für dasselbe Graphem ändert. Die Bedingungen dafür werden in graphischen Distributionsregeln formuliert, z.B.:

⟨б⟩ steht in primärer Relation zu /b/ und /bʼ/; es kann darüber hinaus sekundäre Relationen herstellen zu /p/ und /pʼ/ in der Position / — # (z.B. ⟨гроб⟩ /grop/, ⟨дробь⟩ /dropʼ/. (GVOZDEV 1963: 33)

Die Regularität, nach der die Stimmhaftigkeit eines Konsonanten im Wortauslaut (und vor stimmlosen Konsonanten) aufgehoben wird, wurde für die graphische Ebene als sekundäre Eigenschaft aufgefaßt. Man hätte also im zitierten Fall für das Graphem ⟨б⟩ das Paar /b, bʾ/ als primäre, das Paar /p, pʾ/ einschließlich gewisser Distributionsregeln als sekundäre phonematische Entsprechung zu notieren. Noch weiter gehen z.B. A.I. MOISEEV (1969, 1970) und V.F. IVANOVA (1976), die eine Differenzierung zwischen alphabetischer, graphischer und orthographischer Bedeutung von Buchstaben vorschlagen; diese Klassifikation findet sich bereits bei BAUDOUIN DE COURTENAY (1912/1963: 221 ff.). Die *alphabetische Bedeutung* ist hier die Phonementsprechung, die im Buchstabennamen fixiert ist (z.B. dt. /b/ für ⟨b⟩ wegen [beː], /k/ für ⟨k⟩ wegen [kaː] etc.) *Graphische Bedeutungen* sind solche, die nur syntagmatisch realisierbar sind, also in der graphischen Silbe; sie gehen zurück auf gewisse Kompositionsregeln, die in der alphabetischen Bedeutung der einzelnen Buchstaben vielleicht angelegt sind (das ist nicht explizit gemacht), aber jedenfalls nicht realisiert sind. Als Beispiel werden die russischen Vokalgrapheme der jotierten Reihe angeführt, die vorangehende Konsonanten regelmäßig als palatalisiert markieren. Ihre graphische Bedeutung liegt darin, daß in ihnen ein Merkmal, das einer benachbarten graphematischen Einheit zukommt, eben die Palatalität des vorhergehenden Konsonantengraphems, graphisch markiert ist und keine sie selbst betreffende Eigenschaft (sofern sie nicht selbst in Initialposition in der Silbe oder nach einem Vokal stehen). *Orthographische Bedeutungen* sind schließlich solche, die BAUDOUIN DE COURTENAY (1912) als *ersatzweise Verwendungen der Buchstaben* (zamestitel'nye upotreblija bukv) bezeichnet hatte, GVOZDEV als *sekundäre Bedeutungen*: diejenigen Fälle, in denen nach bestimmten Distributionsregeln die primäre Relation (bzw. die alphabetische und/oder die graphische Bedeutung) durch eine abweichende Phonemzuordnung ersetzt wird, z.B. im Deutschen im Falle der sog. Auslautverhärtung oder im Falle der – nach phonemischen Kriterien wenig regelhaften – Schreibungen von /e/ und /ε/ durch ⟨e⟩ und ⟨ä⟩ und ihrer ›gelängten‹ Varianten. Die orthographischen Bedeutungen sind diesen Ansätzen zufolge das wesentliche Verfahren des morphologischen (analogischen, etymologischen usw.) Prinzips, das bereits J.A. GROT (dessen Bedeutung für die russische Tradition mit der von v. RAUMER oder DUDEN in Deutschland vergleichbar ist) 1873 als maßgebliches Prinzip herausgestellt hatte (vgl. IVANOVA 1976: 16 ff.). Sie erlauben es, die Stammschreibung bzw. Morphemschreibung mehr oder weniger regelhaft auf die Phonemebene zurückzubeziehen, indem Übersetzungsregeln formuliert werden, die bestimmte positionsgebundene Graphem-Phonem-Beziehungen auf die zugrundeliegende Beziehung zurückführen lassen und diese Fälle aufzählbar machen. Etwas vereinfacht gesagt: der Vorteil dieses Ansatzes liegt darin, daß er durch die Formulierung orthographischer Übersetzungsregeln die Restklasse der Ausnahmen reduziert und überschaubar hält, ohne sich auf das Glatteis strikter Autonomiehypothesen zu begeben. IVANOVA (1976: 125–130) hat unter ausdrücklicher Berufung auf AVANESOV (dessen Status etwa dem des *Siebs* im deutschen Sprachraum entspricht), praktisch vorgeführt, wie diese Theorieansätze in handfeste Lehre umgesetzt werden können. Sie gibt dort eine komplette Liste der russischen Grapheme, die zunächst die *primären*

Bedeutungen definiert, dann die sekundären, die in *systemhafte* und *nichtsystemhafte* (sistemnye-nesistemnye) zerlegt werden: erstere sind dadurch bestimmt, daß eindeutige Übersetzungsregeln angebbar sind, letztere dadurch, daß keine kontingenten Regeln formulierbar sind. Als Beispiel zitiere ich die Angaben zu ⟨к⟩:

primäre Bedeutung		sekundäre Bedeutung		
		systemhaft		nicht systemhaft
/k/	/k'/	/g/	/g' – g'/	/∅/
⟨кто⟩	⟨кегли⟩	⟨вокзал⟩	к гимну⟩	⟨аккуратный⟩
[kto]	[k'egl'i]	[vagzal]	[g'g'imnu]	[akəratni]

(IVANOVA 1976: 127)[44]

Die nichtsystemhafte sekundäre Bedeutung kann wohl als einfache Übernahme einer lateinisch-französischen Schreibung verstanden werden, die im russischen System in der Tat nicht motiviert werden kann. Interessanterweise fehlen in IVANOVAS Liste zwei sekundär-systemhafte Varianten, die GVODZEV (1963: 34) aufführt: die Spirantisierung von /k/, /g/ vor /k/, /g/ scheint entweder ihren orthoepischen Normen nicht zu entsprechen oder als (fast isolierter) Einzelfall morphologisch-lexikalischer Art ausschließbar zu sein.[45] ŠAPIRO (1961: 37ff.) begründet mit Fällen dieser Art, daß die Orthographie des Russischen prinzipiell von der morphematischen Ebene determiniert sei, weil die graphische Gestalt von Morphemen von positionsabhängigen phonologisch-phonetischen Assimilations- bzw. Dissimilationsvorgängen unbeeinflußt bleibe.

Ganz offensichtlich sind hier die Graphemanalysen von den phonologischen Modellen beeinflußt, auf die sie bezogen werden. Dieser Sachverhalt hat erhebliche Auswirkungen auf die Formulierung von Theorien über die Graphemebene; so wird man mit einem funktionalistischen Phonembegriff, der die Silben- und Wortebene sehr stark in den Vordergrund stellt, zu ganz anderen graphematischen Theorien gelangen als mit einem distributionalistischen Phonembegriff, in dem morphologische und lexikologische Aspekte weniger stark berücksichtigt sind. Ein lehrreiches Beispiel hierfür ist der russisch-sowjetischen Tradition der phonologischen Theorie zu entnehmen, in der die skizzierten Auffassungen stehen. Dort bestanden jahrzehntelang die beiden Schulen von Moskau und Kazan'-Leningrad; erstere ist verknüpft mit dem Namen von FORTUNATOV, ŠACHMATOV und AVANESOV, letztere mit denen von BAUDOUIN DE COURTENAY, ŠČERBA, BOGORODICKIJ und POLIVANOV.[46]

Das Phonemkonzept der *Moskauer Schule* geht, ebenso wie das der Prager Funktionalisten, davon aus, daß Phonemanalysen von der Funktion der betreffenden Einheiten auf der Morphem- und Wortebene auszugehen haben. Wenn ein Morphem in verschiedenen paradigmatischen Reihen oder syntagmatischen Verkettungen modifiziert wird, sind die (struktur- oder kontextbedingt) modifizierten Positionen als allophonische Varianten zu analysieren. Demgegenüber geht die *Leningrader Schule* davon aus, daß Phoneme als minimale lautliche Einheiten der Sprache zu bestimmen sind, die nicht nur abstrakt gefaßt werden sollen (Phoneme sind abstrakt charakterisiert durch artikulatorisch-akustische Eigenschaften, die sie im Hinblick auf *semantische* Funktionen zu Klassen von allophonischen Varianten gruppieren lassen), sondern auch konkrete Existenz haben, eben weil sie gemeinsame phonetische Eigenschaften haben, weil phonetische Ähnlichkeiten feststellbar sind. Ein bestimmtes phonetisches Element wird in allen möglichen Distributionen phonologisch gleich interpretiert. Das Konzept der Neutralisierung und des Archiphonems wird abgelehnt. Die weitreichenden theoretischen Differenzen der beiden Auffassungen schlagen auf die praktische Analyse durch; prominente Streitfälle sind die Beurteilung der Probleme, die die Akzentverhältnisse für die Analyse des Vokalismus des Russischen darstellen, oder die Probleme, die sich aus der Auslautverhärtung ergeben. Letzteres soll kurz glossiert werden, weil hier Parallelen zu den Verhältnissen im Deutschen leicht herstellbar sind. Im Russischen gilt die Regel, daß stimmhafte Konsonanten im Auslaut (und vor stimmlosen Konsonanten) ihre Stimmhaftigkeit verlieren (*Neutralisierung* in der Terminologie der klassischen Phonologie):

(1)	⟨роза⟩	(⟨roza⟩)	[róza]	›die Rose‹	(nom. sgl.)
(1′)	⟨poca⟩	(⟨rosa⟩)	[rasá]	›das Tau‹	(nom. sgl.)
(2)	⟨роз⟩	(⟨roz⟩)	[ros]	›der Rosen‹	(gen. pl.)
(2′)	⟨poc⟩	(⟨ros⟩)	[ros]	›der Taue‹	(gen. pl.)
(3)	⟨луга⟩	⟨(luga)⟩	[lugá]	›die Wiesen‹	(nom. pl.)
(3′)	⟨лука⟩	⟨(luka)⟩	[luká]	›die Krümmung‹	(nom. sgl.)
(4)	⟨луг⟩	⟨(lug)⟩	[luk]	›die Wiese‹	(nom. sgl.)
(4′)	⟨лук⟩	⟨(luk)⟩	[luk]	›die Zwiebel; der Bogen‹	(nom. sgl.)

Nach der Auffassung der Leningrader Schule sind hier die jeweiligen akustisch-artikulatorischen Eigenschaften entscheidend; folglich wird in den Fällen (2) und (4) /s/ bzw. /k/ angesetzt. Konsonantische Elemente haben also in der Distribution

$$ / - \begin{Bmatrix} \# \\ K \, [-sth] \end{Bmatrix} $$

stets das Merkmal [− sth]; anders ausgedrückt: Konsonantenphoneme mit dem Merkmal [+ sth] kommen nur in den Positionen

$$ \begin{Bmatrix} \# \\ V \\ K \, [+sth] \end{Bmatrix} - \begin{Bmatrix} V \\ K \, [+sth] \end{Bmatrix} $$

vor, und nur in diesen Positionen kontrastieren sie mit ihren stimmlosen Entsprechungen. (2) und (2′), (4) und (4′) sind nach dieser Analyse monophonematisch zu werten; Minimalpaare sind lediglich (1) und (1′), (3) und (3′).

Im Gegensatz dazu geht die Moskauer Schule von der Funktion der einzelnen Elemente auf der morphologischen Ebene aus, wobei es theoretisch kein Problem ist, wenn Positionsvarianten verschiedener Phoneme in phonetischer Hinsicht identisch sind. Bedeutungsdifferenzierende Funktion haben solche phonetisch identischen Varianten in der gesprochenen Sprache zwar im Hinblick auf die konkrete lautliche Realisierung nicht, wohl aber im Hinblick darauf, daß jedem Sprecher/Hörer der paradigmatische Zusammenhang gegenwärtig ist. Dieser Zusammenhang wird auf der Schriftebene festgehalten, wo die Bedeutungsdifferenzierung graphematisch durchgeführt ist, indem die fraglichen Phoneme und nicht ihre jeweiligen Positionsvarianten geschrieben und gelesen werden. Daraus folgt, daß die Beispiele (1) bis (4) jeweils Minimalpaare darstellen. Für den graphematischen Aspekt heißt dies, daß die Leningrader Schule diesen Fall als Beleg für das silbische oder morphologische ›Prinzip‹ der russischen Orthographie behandelt, also als eine Abweichung vom phonographischen ›Prinzip‹, die durch orthographische Regeln rückübersetzt werden muß, während derselbe Fall für die Moskauer Schule ein Beleg für den phonematischen Charakter der russischen Graphie ist, das A. A. REFORMATSKIJ so beschrieb:

* Das phonematische Prinzip der Schrift besteht darin, daß jedes Phonem durch ein und denselben Buchstaben ausgedrückt wird, unabhängig von der Position, in der es auftritt; ⟨дуба⟩ (⟨duba⟩) (gen. sgl.) und ⟨дуб⟩ (⟨dub⟩) (nom. sgl. von ›Eiche‹) z.B. schreibt man gleichartig, obwohl man es verschieden ausspricht: in der Form ⟨дуба⟩ als [b], d.h. als einen stimmhaften Konsonanten, aber in der Form ⟨дуб⟩ am Wortende wird dieser Konsonant stimmlos. (REFORMATSKIJ 1967: 373)

Es ist klar, daß in dieser Skizze keine grundlegenden Neuigkeiten mitgeteilt werden. Ihre Funktion besteht in zweierlei: einmal dürfte sie zeigen, daß es durchaus möglich ist, die Prinzipienlehren der Didaktiker durch verhältnismäßig einheitliche und klare Konzepte mit mindestens ebenso großer Erklärungskraft zu ersetzen, und sie hat gezeigt, daß die Theorieabhängigkeit von Modellen der Schriftebene sehr direkt auf die praktische Analyse einwirkt, d.h.: jede Theorie der geschriebenen Sprachform ist unmittelbar determiniert von der allgemeinen Sprachtheorie, auf die sie – implizit oder explizit – bezogen ist.

IX. Repräsentationsfunktionen der geschriebenen Sprachform

Autonomietheoretische Konzepte sind offenbar allenfalls unter ganz bestimmten Randbedingungen begründbar, nämlich bei funktional hochentwickelten, durchgängig normierten Sprachen, die eine Automatisierung des Leseprozesses überhaupt erst zulassen und, vor allem, als Schriftsprachen sozial realisiert sind, wenn sie einer weitgehend alphabetisierten und literalen Sprachgemeinschaft dienen, wenn sie funktional differenzierte, leicht zugängliche und in den betreffenden sozialen Kontexten praktisch verwendete Literatur besitzen usw. Bei schwankender Orthographie etwa muß die phonemische Ebene als Folie der Rekonstruktion der Graphembedeutungen verwendet werden, jedenfalls bei alphabetschriftlich geschriebenen Sprachen. Anders ließe sich wohl kein systematischer Zusammenhang zwischen den folgenden Schreibweisen des Namens erkennen, den wir als SHAKESPEARE zu schreiben und lesen gewohnt sind; alle diese Varianten sind als Schreibungen von Mitgliedern der Familie des Dichters belegt:

Chacsper	Shackspeare	Shakispere	Shaxspere
Saxpere	Shackspere	Shakspeare	Shakyspere
Saxspere	Shackspire	Shakspere	Shakysper

Schackspere	Shagspere	Shaksper	Shaxper
Schakespeare	Shakesepere	Shakspeyr	Shaxpere
Schakespeire	Shakespeere	Shakuspeare	Shaxspere
Schakespere	Shakespere	Shaxeper	Shaxsper
Schakspere	Shakespeyre	Shaxkespere	Shaxpeare
Shakspare	Shakespear		

(aus: PITMAN/ST. JOHN 1969: 65).

Der umgekehrte Fall, daß die Schriftform die Invariante darstellt, auf die sich (bis hin zur gegenseitigen Unverständlichkeit) verschiedene phonetisch-phonologische Realisierungen in gesprochener Sprache beziehen, ist auch belegt; am Beispiel der beiden klassischen Bildungssprachen (griechisch und lateinisch) läßt sich leicht zeigen, daß die Verselbständigung der Schriftform keineswegs bedeutet, daß sie damit von der Ebene der lautsprachlichen Realisierung abgelöst worden wäre. Etwas anders liegt der Fall bei nichtalphabetischen Schriftsystemen.

Wir wollen uns kurz dem Chinesischen zuwenden, dessen Schriftzeichen im Prinzip – nicht in der Praxis – von bestimmten, eindeutig festgelegten Lautrepräsentationen unabhängig sind; praktisch sind viele Schriftzeichen kraft des verbreiteten Verfahrens, sie mit phonetischen Indexen zu versehen, durchaus mit bestimmten Lautentsprechungen assoziiert (vgl. die Diskussion des Beispiels 马克思 ›Marx‹ bei HAAS (1976: 195f.) und BLANCHE-BENVENISTE/CHERVEL (1978: 30f.) mit unterschiedlichen Ergebnissen):

马 ›Pferd‹ hat den Lautwert /mǎ/ (3. Ton). Kombiniert mit dem Logogramm 女 ›Frau‹, dessen isolierter Lautwert /nü/ ist, ergibt sich das Logogramm 妈 ›Mutter‹ mit dem Lautwert /mā/ (1. Ton). 马 in Kombination mit 口 ›Mund‹ /kǒu/ ergibt die Fragepartikel 吗 ›má‹ (2. Ton), in Kombination mit zwei Exemplaren von 口 ergibt sich 骂 /mà/ (4. Ton) mit der Bedeutung ›fluchen, verwünschen‹. Schließlich gibt es eine ganze Anzahl von Komposita, die 马 im Rebusverfahren verwenden, z. B.

马开他 [mǎˀĕrtā] ›Malta‹

马克思主义 [mǎkèsīzhǔyì] ›Marxismus‹

马不陸斯主义 [mǎˀĕrsàsìzhǔyì] ›Malthusianertum‹

(alle ›Lautwerte‹ sind in der gültigen pinyin-Orthographie gegeben).

Man kann – stark vergröbernd – sagen, daß das Chinesische über seine Schrift als Sprache definiert ist. Die chinesische Schrift ist ein *graphisches Esperanto*, das im Prinzip ohne Rekurs auf die gesprochene Sprache gelesen und geschrieben werden kann. Altchinesische Klassiker sind für gebildete Chinesen mühelos lesbar, ohne daß sie Vorstellungen darüber entwickeln müßten, wie die jeweiligen Texte in ihrer Entstehungszeit in gesprochener Sprache realisiert worden sind. Ebenso können Kantonesen und Sprecher des nordchinesischen (Standard-)Dialekts, die sich in der mündlichen Kommunikation nur schwer oder gar nicht verständigen können, selbstverständlich dieselbe Zeitung lesen – sie dürfen sie sich nur nicht gegenseitig vorlesen. Zur Illustration ein Beispiel: 人 ›Mensch‹ wird lautlich realisiert

in Peking Mandarin /rə́n/, in Canton /jàp/, in Hakka / ɲín/, in Suchow /nĕn/, in Fuchow /nə̀ŋ/, in Amoy /lǎŋ/, and in T'ang Min /tʃĭn/. The character 火 ›fire‹ has reference in each of the same languages pronounced /xwó, fɔ̃, fɔ̃, hòu, hūi, hé, hɔ̃/. (GLEASON 1961: 416).

Die gegenwärtigen Bemühungen, eine gemeinchinesische Norm für die gesprochene Sprache *(putonghua)* durchzusetzen (im Schulunterricht, im Radio, Fernsehen und in Filmen), könnten die Esperanto-Funktion der Schrift eines Tages überflüssig machen (und damit eine wesentlichen Voraussetzung für den immer wieder diskutierten Übergang zu einer alphabetischen Schrift schaffen. Vorläufig befinden sich diese Bemühungen aber noch im Stadium eines großangelegten Fremdsprachenunterrichts).

Wir haben hier ein Beispiel dafür, daß systematische Eigenschaften eines Schriftsystems die Art und Weise determinieren, in der es auf Grammatik (und Lexikon) der jeweiligen Sprache zu beziehen ist; bisher ist noch niemand auf die Idee gekommen, das chinesische Schriftsystem als phonographisch zu deklarieren. Andererseits ist klar, daß dieses System keineswegs logographisch oder gar ideographisch (was immer mit ›eidos‹ und ›logos‹ in dieser Verwendung gemeint sein mag) ist: es ist ein gemischtes System, das auf verschiedene Ebenen der Grammatik referiert und dazu ganz verschiedene Verfahren besitzt, u.a. eben das Verfahren, Lautrepräsentationen vorzunehmen. Man muß also, in Abwandlung einer programmatischen Sentenz BAUDOUIN DE COURTENAYS, vom *Mischcharakter aller Schriftsysteme* ausgehen, und das heißt, daß gewisse Eigenschaften, die als prototypisch für den Strukturtyp A gelten, durchaus auch im Strukturtyp B vorkommen können (und umgekehrt). Mit dieser Relativierung erscheint aber auch die Problematik der »properties which are part of every writing system (universal principles of writing)« (LUDWIG 1983d: 36) in anderem Licht – vor der Erörterung der universellen Prinzipien müßte nämlich die Klärung der Frage stehen, welches die möglichen und die empirisch belegten Prinzipien sind.

Wir haben gesehen, daß die hier angesprochenen Fragen keineswegs auf den Schrifttyp beschränkt sind, der gemeinhin als logographisch gilt, sondern auch bei alphabetisch verschrifteten Sprachen unter gewissen Umständen auftreten. Diese Beispiele zeigen, daß es nicht ausreicht, das interne System einzelner Schriftsprachen zu analysieren, sondern daß stets ihre praktische Verwendung mitzuberücksichtigen ist. Geschriebene Sprachformen können unter gewissen Umständen einerseits als relativ weitgehend phonographisch interpretiert werden (so etwa das klassische Latein, wenn man die Rekonstruktionen der Lautformen durch die Philologen für realistisch hält), andererseits als extrem auf Morphologie und Syntax bezogen (so die mittelalterlichen und späteren ›nationalen‹ Varianten des Latein). Die Beziehungen zwischen Laut- und Schriftstruktur sind von historischen Gegebenheiten abhängig, und zwar in erster Linie vom Grad der gesellschaftlichen Entwickeltheit der jeweiligen Sprachgemeinschaft. Nur bei konsolidierten, traditionsreichen Schriftsprachen ist eine Entwicklung der Graphemebene zur relativen Autonomie belegbar (und überhaupt denkbar); in den Anfangsstadien der Entwicklung einer Schriftsprache und -kultur ist bei Verwendung alphabetischer Systeme die Korrelation zwischen Laut- und Schriftebene in aller Regel direkt. Natürlich gibt es auch hier Gegenbeispiele, etwa die Benutzung exoglossischer Schriftsysteme, deren Grapheminventar strukturell oder rein quantitativ nicht ausreicht für eine realistische Repräsentation der Lautstruktur der aufnehmenden Sprache (etwa im Fall der arabischen Graphie für Turksprachen (Vokalharmonie) oder nordwestkaukasische Sprachen (Konsonantismus) usw.). Diese Gegenbeispiele sind aber viel eher die Folge eines gewissermaßen technischen Mangels der Ausgangsgraphie, der in den meisten Fällen durch Uminterpretationen, Erweiterungen usw. abgemildert wurde, und sie widerlegen nicht den Grundsatz, daß das »phonemische Prinzip« für Alphabetschriften grundlegend sei.

Hiervon zeugt nicht zuletzt die (zu Beginn eines Verschriftungsprozesses fast immer unbefriedigende) Lösung des Problems der »Wahl der Dialektbasis«: Sprachen, für die eine Verschriftung angefertigt werden soll, haben in aller Regel keine orthoepische Norm vom Typ der Bühnenaussprache des Deutschen oder des King's English. Um die neugeschaffene Graphie überhaupt lesbar zu machen, muß sie explizit bezogen werden auf eine bestimmte Variante der Sprache, die sie repräsentieren soll. Die Kriterien für die Auswahl dieser Variante sind allerdings aus guten Gründen weder ausschließlich noch – sieht man von den phonographischen Dogmatikern des SIL ab – auch nur dominant systematisch-phonemischer Art, sondern in erster Linie außerlinguistisch bedingt, nämlich von historischen, politischen und sozialpsychologischen (»Prestige«-)Faktoren.

Beispielsweise wurde bei der Verschriftung des Uzbekischen im Lateinalphabet in den 1920er Jahren zunächst eine Variante gewählt, die in sprachhistorischer Hinsicht* als repräsentativ für das Uzbekische gelten durfte, weil sie die Vokalharmonie bewahrt hatte; sie wurde in den 30er Jahren ersetzt durch die Varietät der Stadt Taschkent, die zwar die Vokalharmonie (als Ergebnis jahrhundertelanger Sprachkontakte mit dem Tadžikisch-Persischen) verloren hat, dafür aber in soziologischer Hinsicht erheblich größeres Gewicht besaß. Es ist also andererseits auch nicht zu bestreiten, daß nach einer Periode der Standardisierung und der Normpropagierung eine nunmehr lesende und mit einer bestimmten orthoepischen Norm konfrontierte Bevölkerung im Falle des Konflikts zwischen offiziellem Standard und umgangssprachlicher Praxis bezüglich bestimmter Struktureigenschaften der betreffenden Sprache die geschriebene Sprachform modifiziert werden kann, auch wenn solche Fälle nicht übermäßig häufig sind. Sie sind jedenfalls ein schlagendes Argument gegen Autonomiehypothesen. Etwas vergröbernd kann man sagen: für alphabetisch verschriftete Sprachen ist in den ersten Phasen der Entwicklung einer Schriftkultur und der Lesekundigkeit in der Sprachgemeinschaft notwendig von der Abhängigkeitshypothese auszugehen. Erst und allenfalls für spätere Stadien scheint die entgegengesetzte These von der relativen Autonomie der Graphemebene einen Sinn zu haben; sie setzt offensichtlich einen beträchtlichen Grad an Normiertheit der graphischen Ebene voraus (eine verbindliche und allgemein anerkannte, somit automatisierte Orthographie), und sie setzt voraus, daß die betreffende Sprachgemeinschaft über einen gewissen Grad an Alphabetisiertheit und schriftsprachlichen Traditionen verfügt, an denen sie sich orientiert (vgl. z.B. WEIGL 1979). Nur hin und wieder ist aber das in diesem Sachverhalt liegende Problem in der sprachwissenschaftlichen Diskussion explizit gemacht worden, z.B. bei P. DIDERICHSEN: (1952):

---

* Je stärker eine traditionelle Schriftsprache von der gesprochenen Sprache abweicht, um so notwendiger ist es, daß die Analysen der Schrift- und der gesprochenen Sprache als Analysen

selbständiger Strukturen vorgenommen werden, bevor ihr Verhältnis zueinander studiert wird (zit. nach ALLÉN 1965: 17).

Man greift zu kurz, wenn man das Problem rein synchron betrachtet. In den Anfangsphasen der Entwicklung von Schriftsprachen ist das Abhängigkeitsverhältnis evident. Je traditionsreicher und funktional wie sozial differenzierter eine Schriftsprache ist, desto schwächer kann dieser Zusammenhang werden bis hin zur Umkehrung des Determinationsverhältnisses (in der Praxis), wie das Beispiel des mittelalterlichen gesprochenen Latein zeigt. Dieser historische Aspekt, der sich nicht aus den formalen Eigenschaften von Sprache und ihren Verschriftungen ergibt, sondern aus der sozialen und politischen Situation der betreffenden Sprachgemeinschaft, ist nicht nur empirisch, sondern auch theoretisch als wesentlich zu betrachten.

Wesentlich sind natürlich auch strukturelle Aspekte. Es gilt für jedes Schriftsystem zu untersuchen, welche Struktureigenschaften der betreffenden Sprache in der graphischen Ausdrucksform repräsentiert werden (können). Auch in alphabetischen Schriftsystemen werden natürlich nicht nur phonemische und morphonemische Strukturmerkmale repräsentiert, sondern auch – wie in den Anfangskapiteln erwähnt – Einheiten höherer Systemebenen. Die Wortkategorie wird seit der Einführung des ›Worttrenners‹ in der persischen Keilschriftliteratur auf verschiedenste Weise repräsentiert. In moderneren Graphien geschieht dies üblicherweise mittels eines Spatiums, und zwar mittels des im jeweiligen System kleinsten Spatiums. Die Debatten um Sinn und Unsinn der geltenden Vorschriften für Getrennt-, Zusammen- und Bindestrichschreibung im Deutschen weisen darauf hin, wie virulent die einschlägigen Probleme sind. Es ist dies nämlich ein Bereich, in dem die geschriebene Sprachform die Sprachstruktur erheblich detaillierter zu repräsentieren scheint als ihr gesprochenes Gegenstück, d.h.: es sind sehr viel weitergehende Analysen notwendig, weil die Norm-Bedürftigkeit der geschriebenen Sprachform offenbar so gut wie immer explizite Regeln zuwege bringt (wie widersprüchlich sie auch sein mögen). In flüssiger Rede ist die Akzent- und Pausenfolge (auch in Sprachen mit festem Akzent) üblicherweise eher auf die Markierung syntaktischer Phrasen oder semantischer Komplexe bezogen als auf die Wortkategorie. Suprasegmentale Eigenschaften sind ebenfalls auf verschiedene Weise repräsentierbar, etwa durch Akzentzeichen oder bestimmte Zeichen mit textgliedernden Funktionen, etwa die Anführungszeichen oder ›Gedankenstriche‹. Interpunktionszeichen referieren primär auf die syntaktische Ebene; sie korrespondieren wiederum mit Suprasegmentalia wie Intonationsverläufen, die in der gesprochenen Sprachform ein wichtiges Mittel zur Repräsentation syntaktischer Sachverhalte sind. Sie können aber auch auf die Lexik, insbesondere Wortbildungsstrukturen referieren. Ein Beispiel dafür sind die Tiefsinns-Bindestriche vom Typ »Hoch-Zeit« und »Be-Greifen«, denen das Verb *heideggern* einen beträchtlichen Teil seines Begriffsinhalts verdankt. Neuerdings ist es auf diesem Gebiet auch zu feministischen Spitzenleistungen gekommen, z.B. ⟨herstory⟩, auch ⟨herstory⟩.

BIERWISCH (1972) hat vorgeschlagen, den Begriff *Interpunktionsgraphem* einzuführen, um den besonderen Status dieser unzweifelhaft relevanten Elemente der geschriebenen Sprachform zu betonen. Andere Autoren sprechen gar von *Interpunk-*

temen. Hier ist Vorsicht angezeigt. Es ist zwar klar, daß die Interpunktionszeichen ein besonderes Teilinventar der graphischen Ebene darstellen (sie sind weder Buchstaben noch Begriffszeichen), aber sie sind keineswegs einheitlich auf eine bestimmte Ebene des Sprachsystems bezogen. Dies ist aber ein Definiens aller ›emischen‹ Termini.

Schließlich ist auf die höchst vielfältigen Verfahren der Textstrukturierung hinzuweisen, die Spezifika der gesprochenen Sprachform sind, etwa die Absatzeinteilung, die Zitatauszeichnung, die verschiedenen Anmerkungs- und Verweisungstechniken, die Überschriftengliederung usw. Aber auch diese textuellen Verfahren beziehen sich nicht ausschließlich auf Systemebenen »jenseits« der Satzeinheit, sondern auch auf tieferliegende Ebenen. Ein Beispiel dafür sind die diversen Verfahren der typographischen Auszeichnung einzelner Wörter, Wortgruppen oder Satzteile durch Unterstreichung, Fett-, Gesperrt- oder Schrägdruck usw., der auf der Seite der gesprochenen Sprachform wiederum vor allem Suprasegmentalia entsprechen.

Nicht ohne weiteres von der Hand zu weisen ist das Argument vieler Kritiker abhängigkeitstheoretischer Ansätze, daß keine Sprache bekannt ist, in der durchgängige und ausnahmslose 1:1-Entsprechungen zwischen Phoneminventar und Graphie bestehen. Es gibt Fälle, in denen morphematische Alternanten oder Morpheme als systematische Entsprechungen von Graphemen fungieren, und häufig entsprechen – in komplementärer oder freier Variation – verschiedene Buchstaben(-kombinationen) demselben Phonem, oder es werden verschiedene Phoneme durch dasselbe Graphem repräsentiert. Auch wenn von der oben skizzierten Abhängigkeitshypothese ausgegangen wird, muß im Auge behalten werden, daß wohl sämtliche einzelsprachlichen Graphien an verschieden vielen Systemstellen nur indirekte oder widersprüchliche Phonem-Graphem-Relationen darstellen; die angesprochene systematische 1:1-Relation zwischen Phonem- und Graphemebene ist auf phonematische Transkriptionen beschränkt. Im übrigen gab es verschiedene Versuche, streng phonematische Graphien zu entwickeln und in Gebrauch zu nehmen (z. B. Novgorodov fürs Jakutische, Marr fürs Abxazische, die 1944 berufene Linguistenkommission fürs Makedonische (vgl. Koneski 1952–54, Lunt 1952) und bei einer Vielzahl ›kleiner‹ Sprachen der 3. Welt durch SIL-Linguisten).

Dies zeigt, daß die Einhaltung dieses Prinzips möglich, aber meist aufgrund schwerwiegender Nachteile im Bereich anderer Gesichtspunkte, die bei der Konstruktion einer Graphie zu beachten sind, sehr problematisch ist. Es ist allerdings noch einmal darauf hinzuweisen, daß auch dieser Einwand häufig theoriegebunden ist. Vielfach hängt es nämlich unmittelbar von der Art der phonologischen Analyse und der im Einzelfall bekanntlich sehr unterschiedlichen Graphemdefinition ab, ob und in welchem Umfang Verstöße gegen das »phonemische Prinzip« konstatiert werden – und davon hängt natürlich wiederum die Antwort auf die Frage ab, wie ›reformbedürftig‹ die betreffende Sprache ist.[47]

Kapitel 4
Sprachgemeinschaften und Schriftgemeinschaften

[...] Die Sprache ist begründet in der menschlichen Natur [...], die Schrift ist eine zufällige Erfindung.
[...] die Schrift beruht ganz und gar auf Übereinkunft, auf einer willkürlichen Verabredung [...]; sie ist ganz und gar ein künstliches Werk, wozu die Natur nicht einmal einen Wink gegeben hat.
Da die Schrift somit ganz willkürlich ist, ganz ein Menschenwerk, kann sie auch teilweise oder gänzlich nach menschlichem Gutdünken verändert werden; man kann eine neue Verabredung über sie treffen wie über jede andere Übereinkunft, und das ist hier um soviel leichter, als man die Übereinkunft doch gleichwohl mit jedem heranwachsenden Geschlecht aufs neue vereinbaren muß.
(RASMUS RASK, 1826)[1]

RASK hat in zweierlei Hinsicht recht. Verschriftungen und schriftkulturelle Traditionen beruhen in der Tat auf »Verabredungen«, nämlich der praktischen Vergesellschaftung bestimmter Formen der geschriebenen Sprache in einer gegebenen Schriftgemeinschaft. Solche »Verabredungen« haben sehr verschiedene historische Formen und Funktionen angenommen, und die jeweiligen Schriftgemeinschaften waren keineswegs notwendig mit den gleichzeitig gegebenen Sprachgemeinschaften deckungsgleich, wie die Beispiele des Lateinischen im Mittelalter und in der frühen Neuzeit oder des Englischen in der Welt des ehemaligen Commonwealth zeigen. RASK hat auch insofern recht, als er auf die Veränderbarkeit dieser Konventionen hinweist; die Geschichte ist reich an Beispielen für den Wechsel von einem Schrifttyp zum anderen, von einer Schriftart zur anderen, von einem Schriftsystem zum anderen; letzteres wird üblicherweise als Orthographiereform bezeichnet. All dies sind Fälle von Veränderungen der »Verabredungen«, die die Voraussetzung dafür sind, daß eine »Schrift« tatsächlich eine Schrift sein kann: erst wenn sie als soziales Faktum im gesellschaftlichen Verkehr praktisch geworden ist, ist sie eine Schrift. Und dies setzt in der Tat »Verabredungen« voraus, nämlich explizite Normen, die ihre innere Struktur beschreiben und damit regeln (wie mangelhaft das auch immer geschehen mag), und es setzt Instanzen voraus, die die Einhaltung dieser »Übereinkünfte« kontrollieren, Abweichungen sanktionieren und dafür sorgen, daß »jedes heranwachsende Geschlecht« organisiert mit den geltenden »Übereinkünften« bekanntgemacht wird. Änderungen dieses Gültigen sind, wie RASK zu Recht bemerkt, vom »menschlichen Gutdünken« abhängig. Es stellt sich dann die Frage, nach welchen Kriterien gehandelt wird, wenn den Betroffenen eine Änderung gut dünkt. Wir haben diese Frage schon am Anfang des dritten Kapitels angesprochen und sind dort zu dem Ergebnis gelangt, daß linguistisch begründete Kritik am Hergebrachten offenbar nur selten dazu führt, daß Änderungen tatsächlich durchgeführt werden.

Wir haben dort auch festgestellt, daß der hauptsächliche Motor für faktisch vollzogene Änderungen *politische* Überlegungen sind, d.h. daß die jeweils entscheidungsmächtigen Gruppen einer Gesellschaft die politischen Vorteile einer Änderung gegenüber den stets vorhandenen Nachteilen für übergewichtig erklären und sich daraus praktische Maßnahmen ergeben.

Diese Überlegungen können sich auf ganz verschiedene Gesichtspunkte beziehen, die hier nur in Form von Beispielen illustriert werden können. Es kommt vor, daß eine Regierung aus innenpolitischen Gründen wünscht, daß möglichst alle Schriftsprachen, die innerhalb des Staatsgebiets verwendet werden, in derselben Schriftart geschrieben werden. Das lehrreichste Beispiel hierfür bietet sicherlich die sowjetische Alphabetpolitik, die zunächst die Reform der herkömmlichen Schriftsysteme betrieb, dann aber die Latinisierung und später die Kyrillisierung der Alphabete des Großteils der Sprachen der Sowjetunion durchführte (vgl. GLÜCK 1984). Es kommt vor, daß eine Regierung aus außenpolitischen Gründen eine Reform wünscht, etwa zum Zwecke der Abgrenzung oder zum Zwecke der Demonstration von Zusammengehörigkeit im Hinblick auf andere Länder. Der komplementäre innenpolitische Zweck ist in der Regel die Herstellung von Gefühlen einer nationalen Identität bei der eigenen Bevölkerung, sei es durch die ›Besinnung‹ auf ein nationales Erbe, sei es durch das ostentative ›Bekenntnis‹ zu einem größeren Ganzen. Beispiele hierfür sind die türkischen Reform von 1928[2], die mit den für anachronistisch erklärten arabisch-islamischen Traditionen brechen und die Zugehörigkeit des Landes zum westlichen Zivilisationsbereich demonstrieren sollte, oder die mongolischen Reformen der 1930er und 1950er Jahre, in denen etappenweise die Verbundenheit mit den entsprechenden sowjetischen Änderungen der Alphabetpolitik zu Ausdruck gebracht wurde (1931 wurde in der burjatischen ASSR das Lateinalphabet eingeführt, 1937 wurde es durch die Kyrillica ersetzt. In der mongolischen Volksrepublik wurde 1950 die Kyrillica eingeführt; in der chinesischen Autonomen Provinz der inneren Mongolei geschah dies 1958; vgl. JENSEN 1969: 408).

Es kommt vor, daß eine Regierung die Etablierung einer neuen Schriftsprache duldet oder unterstützt, wenn sie dadurch innenpolitische Konfliktpotentiale entschärfen kann. Ein Beispiel dafür ist die Geschichte der neunorwegischen Sprache.[3] Dasselbe gilt häufig in den Fällen, die gemeinhin als Orthographiereformen bezeichnet werden. Und selbstverständlich geht es in allen angesprochenen Fällen nicht nur – und häufig nicht einmal in erster Linie – um die Politik von Regierungen: Anstöße zu Änderungen, Druck zugunsten oder zuungunsten von Reformen kommen ebenso von gesellschaftlichen Gruppen, seien sie religiös, politisch, gewerkschaftlich oder berufsständisch organisiert.

In diesem Buch sind die Zusammenhänge zwischen Schrifttypen, Schriftarten, Schriftsystemen und Politik so häufig thematisiert, daß es auf Wiederholungen hinauslaufen würde, an dieser Stelle ins Detail zu gehen. Politik erscheint aber historisch keineswegs immer so eindeutig als Politik wie in den vorstehenden Beispielen, sondern sehr viel häufiger in allerlei ideologischen Verkleidungen. »Ideologisch« ist hier keineswegs pejorativ gemeint, sondern als Begriff, der Interpretationen und Verarbeitungen einschlägiger Gegebenheiten und Konflikte bezeichnen soll, deren praktische, reale Charakteristik hinter diesen Interpretationen und Verarbeitungen der handelnden Subjekte im Einzelfall erst einmal zu rekonstruieren wäre. Im wesentlichen waren dies religiöse Ideologisierungen der »Schriftfrage«. Den größeren Kontext der »Sprachenfrage« hat A. BORST (1957/1963) in seinem enzyklopädischen und nach wie vor unverzichtbaren Werk über die *Geschichte der Meinungen über den Ursprung und Vielfalt der Sprachen und Völker* behandelt. Auch wenn BORST an vielen Stellen die »Schriftfrage« anspricht, muß konstatiert werden, daß ein Werk vergleichbaren Formats bislang noch fehlt. Die Arbeit von MIESES (1919), die sich mit der Geschichte der Meinungen über den Ursprung und die Vielfalt der Schriften beschäftigt, ist zweifellos nach wie vor ein maßgebliches Referenzwerk, aber sie ist in vieler Hinsicht veraltet und revisionsbedürftig. Es gibt an diesem Punkt, der für die Geschichte von Schrift und Schriftlichkeit zentrale Bedeutung hat, eine fühlbare Forschungslücke. Der folgende Abschnitt kann diese Lücke sicherlich nicht schließen; er kann aber vielleicht illustrieren, wie breit diese Lücke tatsächlich ist. Dasselbe gilt für den Exkurs zur nationalsozialistischen Schriftpolitik in einigen besetzten Ländern Osteuropas, der zeigen soll, wie vielfältig und gelegentlich makaber die politischen Zusammenhänge zwischen »Sprache und Schrift« sind.

I. »Schrift und Religion«

Historisch gesehen ist es evident, daß die Beziehungen zwischen verschiedenen Schriftarten bzw. -typen und den Sprachen, deren Verschriftung sie dienen, in ›innersprachlicher‹ Hinsicht arbiträr sind. Diese Beziehungen sind durch ›äußere‹ Faktoren determiniert. Schriftarten markieren in der Regel die Ausdehnung politischer oder politisch-religiöser Einflußzonen bzw. deren Grenzen und gelegentlich auch Grenzüberschreitungen; daß alle – hinsichtlich ihrer Verbreitung – bedeutenden Schriftarten historisch mit Religionen bzw. Konfessionen assoziiert sind, ist unübersehbar. MIESES (1919) hat diesen Zusammenhang zum ehernen »Gesetz der Schriftgeschichte« erheben wollen. Zustimmungsfähig scheint mir die etwas vorsichtigere Beobachtung von v. MÜLINEN (1924) zu sein, der meint, daß Schriftverschiedenheit tiefergreifende soziokulturelle Differenzen begründe als Sprachverschiedenheit:

Freilich kann eine Schrift unter besonderen Umständen den Wechsel der Religion überdauern, denn nicht jede neue Kirche bringt eine neue Schrift mit sich; aber das Auftreten einer neuen Schrift wird, wenigstens für den Orient, in den meisten Fällen auf eine neue Kirche schließen lassen (v. MÜLINEN 1924: 90),

denn

In der Tat ist die Schrift eine stärkere Barriere zwischen den Völkern als die Sprache (ebd. 86).

Wir haben es hier mit Fällen zu tun, in denen Sprachgemeinschaften sich nach religiösen Gesichtspunkten durch Schriftverschiedenheit fragmentiert haben, wobei natürlich immer auch die Frage zu stellen ist, wie die Sprachgemeinschaft definiert ist, die sich da aufgespalten hat; es kommt nämlich vor, daß auf das Auseinanderfallen der Schriftgemeinschaft das Auseinanderfallen der Sprachgemeinschaft folgt. Dies wäre ein weiterer Beleg für die Annahme, daß zwischen Sprachen und Schriften wechselseitige und sehr dynamische Abhängigkeiten bestehen, die mit rein sprachwissenschaftlichen Instrumentarien nicht erschöpfend beschreibbar sind, sondern historischer und soziologischer Untersuchungen zu ihrer Erklärung bedürfen. Ob beispielsweise das Karelische ein Dialekt des Finnischen oder das Maltesische ein Dialekt des Arabischen ist, ist eben keine Frage, die von Linguisten entscheidbar wäre, sondern eine so stark politische Frage, daß sie auch politisch beantwortet wurde und den Linguisten nur noch oblag, die wissenschaftlichen Argumente für diese politischen Antworten in Form von Grammatiken der karelischen bzw. der maltesischen Sprache zu liefern.

Für das hier interessierende Problem, nämlich den Einfluß von religiösen Schismen und Konfessionskonflikten auf die Entwicklung der geschriebenen Sprachform von Varietäten, die nach sprachwissenschaftlichen Gesichtspunkten als Einzelsprachen zu werten sind, ist das Serbokroatische zweifellos das wichtigste Beispiel in Europa. Es hat eine ganze Reihe weniger bekannter Parallelen entlang der Grenzzone zwischen dem westeuropäisch-katholischen und östlich-orthodoxen Bereich. Das prominenteste Beispiel ist das Rumänische, wo erst 1868 die traditionelle kyrillische (und griechische) Schrifttradition offiziell aufgegeben wurde. Die Latinisierung des Rumänischen hatte im weitgehend analphabetischen Bessarabien so gut wie keine Auswirkungen; das wenige, was dort vor 1918 in den lokalen Dialekten geschrieben wurde, wurde in der traditionellen Kyrillica verfaßt. 1924 wurde im nunmehrigen sowjetischen Teil der Moldau das Lateinalphabet eingeführt und die Alphabetisierung der Landbevölkerung in Angriff genommen. 1930 wurde wieder auf die Kyrillica umgestellt, um Distanz zum bürgerlichen Rumänien zu demonstrieren. 1933 erfolgte im Zuge der allgemeinen Latinisierungsbewegung die Rückkehr zur Lateinschrift, die dann 1937 wieder durch die Kyrillica ersetzt wurde (vgl. GLÜCK 1983a). Die derzeit verbindliche Orthographie des Moldauischen wurde 1957 festgelegt.[4] Hier wurde im Verlauf von 13 Jahren die Graphie viermal gewechselt, und dieser Fall ist keineswegs einzigartig. Was dies für die Entwicklung einer eigenständigen Schriftkultur an problematischen Folgen haben mußte, braucht kaum dargestellt zu werden.

Weitere Beispiele für die Existenz verschiedener Formen der geschriebenen Sprachform innerhalb einer Sprachgemeinschaft gibt es in verschiedenen Balkangegenden, wo sich bis weit ins 20. Jh. hinein die Regel bestätigt, daß die Schriftart dem religiösen Bekenntnis folgt. Diese Regel gilt auch für andere Teile Ostzentraleuropas, in denen die politisch-religiöse Grenze vielen Veränderungen unterworfen war. Die polnische Szlachta in Galizien hat im Laufe des 19. Jh. mehrfach versucht, dem ›unierten‹ ukrainischen Klerus (die Bauern konnten ohnehin kaum lesen) das lateinische Alphabet aufzuzwingen (vgl. JIRIČEK 1859); 1878 und 1915 dekretierte die österreich-ungarische Regierung vergeblich die Verbindlichkeit des Lateinalphabets für Bosnien (wo das Serbokroatische im wesentlichen kyrillisch, aber auch arabisch geschrieben wurde). In Rußland war zwischen 1863 und 1904 die Herstellung litauischer Druckwerke im lateinischen Alphabet polizeilich verboten; es existierte ein schwunghafter Schwarzhandel mit geistlichen Werken in ›katholischer‹ Schrift von Preußen aus.[5]

Eine andere Gruppe von Fällen betrifft den Konfessionsgegensatz zwischen Protestantismus und Katholizismus bzw. Orthodoxie in Mittel- und Nordeuropa, wo seit dem 16. Jh. verschiedentlich die Unterschiede zwischen den ›protestantischen‹ Alphabetvarianten (gotische Drucklettern, deutsche Kurrentschrift) und dem lateinischen bzw. kyrillischen System als konfessionelles Insignium gedeutet wurden. Auch hier wieder Beispiele:

Im vorrevolutionären Rußland wurde die (wenig umfangreiche) Literatur der orthodoxen Finnen (Karelien) seit dem 19. Jh. in Kyrillica gedruckt, die protestantische finnische und estnische Literatur vorwiegend in Fraktur. Die litauischen Protestanten (v.a. im ehemaligen nördlichen Ostpreußen) bekamen ihre Bücher in Fraktur gedruckt und in den preußischen Volksschulen die deutsche Kurrentschrift beigebracht. Dasselbe gilt für die protestantischen Masuren, für die der Formunterschied zur ›katholischen‹ Antiqua des Polnischen ein wichtiges Moment der abgrenzenden Eigendefinition war.[6] Auch im deutschen Sprachgebiet gab es langwierige (inhaltlich eher skurrile, aber ideologiegeschichtlich hochinteressante) Auseinandersetzungen über die Vorzüge der »deutschen« Schrift. Von BISMARCK ist der Ausspruch überliefert: »Deutsche Bücher mit lateinischer Schrift lese ich nicht«.[7]

Dasselbe gilt für die Wahl eines bestimmten Schriftsystems.

Für das Sorbische wurden zu Beginn der nationalen Schriftkultur im 15./16. Jh. deutsche orthographische Verfahren verwendet (so bei S. BIERLING, Didascalia seu Orthographia vandalica. Bautzen 1683). Im 17. Jh. kam eine an tschechischen und polnischen Vorbildern orientierte ›slavische‹ Orthographie auf; die wichtigen Übersetzungen der Evangelien von Matthäus und Markus ins Obersorbische von MICHAL BRANCEL (FRENZEL) ab 1670 folgen diesem Vorbild. Seine 1706 erschienene Übersetzung des NT orientierte sich jedoch wieder am BIERLINGschen System, das unter den protestantischen Sorben noch lange verbreitet blieb. Die katholischen Obersorben blieben hingegen bei der bohemisierenden Reformorthographie, die der Jesuit Jacob TIČIN in seiner 1679 in Prag erschienenen ›Principia linguae vendicae‹ noch stärker an das tschechische Vorbild angenähert hatte.[8] Häresie ist das entscheidende Movens der JAN HUS zugeschriebenen *Orthographia Bohemica* von 1412, mit der dem Tschechischen eine Graphie gegeben wurde, die weitgehend folgerichtig die Repräsentation des phonologischen Systems des Tschechischen in der graphematischen Ebene versuchte und deshalb – technisch gesehen – den vorgängigen Systemen, die an lateinischen und deutschen Mustern orientiert waren, weit überlegen war. Sie muß deshalb als einer der – nach dem *Ersten grammatischen Traktat*, in dem das Isländische im 12. Jh. ›phonologisch‹ analysiert und graphematisiert worden war[9] – ersten Entwürfe für eine strikt phonographisch ausgerichtete Graphie einer europäischen Volkssprache gewertet werden. HUS (oder wer immer diese Schrift verfaßt hat) war jedoch zweifellos nicht in erster Linie an linguistischen Aspekten interessiert: er wollte, daß das Volk die nach seiner Auffassung notwendige Aufklärung über die aktuell ablaufenden politisch-theologischen Konflikte möglichst effektiv auch aus Schriften erhalten konnte. Man muß deshalb davon ausgehen, daß die

Orthographia Bohemica nicht zuletzt auch ein Alphabetisierungsprogramm ist. Ihr liegt die Absicht zugrunde, die Volkssprache als Mittel der Aufklärung über politisch-religiöse Kontroversen zu verwenden, und deshalb sollte sie zu einer Schriftsprache gemacht werden, die möglichst allgemein verständlich war. Man darf diesen – zweifellos wichtigen – Aspekt allerdings auch nicht überbewerten, weil das faktische Gewicht der beabsichtigten Aufklärung des Volks durch Schriften zu Beginn des 15. Jh., also noch vor GUTENBERGS Erfindung und ihrer Verbreitung, nicht allzu hoch eingeschätzt werden sollte. Außer Zweifel steht jedenfalls, daß die *Orthographia Bohemica* nicht nur linguistischen, sondern auch politischen Zielen dienen sollte:

Sein Plan, auf das Volk nunmehr durch Schriften zu wirken, und ihm seine Predigten trotz des Bannes zugänglicher zu machen, erforderte die stärkere Verbreitung tschechischer Schriften.
Hus kann [...] mit dem Aufruf an die Schreiber [...] hervorgetreten sein, um die jungen tschechischen Laienkreise, die, ohne Latein zu kennen [sic], sich über theologische Fragen zu unterrichten wünschten, für seine Auffassung von Evangelium und Kirche zu gewinnen (SCHRÖPFER 1968: 23, 13).

Die HUSschen Reformansätze wurden von seinen Nachfolgern im Geiste, den Böhmischen Brüdern, mehr oder weniger kontinuierlich tradiert; sie liegen den Erneuerungen der tschechischen, slovakischen sowie der kroatischen und slovenischen Orthographie im 19. Jh. zugrunde.

Auch im deutschen Sprachraum wurde nicht nur die Form des Alphabets (»deutsche Schrift« vs. Antiqua) als konfessionelles Unterscheidungs- und Kampfinstrument verwandt, sondern ebenso die Orthographie: in Österreich, Bayern und anderen katholischen Ländern Süddeutschlands war die ›protestantische Orthographie‹ des Nordens bis weit ins 18. Jh. hinein verpönt, und noch nach den Debatten über den hochdeutschen Standard in den 70er und 80er Jahren jenes Jahrhunderts kam es zu Konflikten dieser Art. Im Jahre 1799

wurde ein angesehener Schulmann [...] auf Betreiben der Jesuiten vom Regensburger Bischof zur Rechenschaft gezogen, weil er – Schulbücher in lutherischer Orthographie herausgab (v. GREYERZ 1921: 154).

Diese Beispiele sind keineswegs isoliert; es gibt eine Vielzahl von vergleichbaren Fällen. Die folgenden Beispiele beziehen sich alle auf die Zeit um die letzte Jahrhundertwende: Orthodoxe, sprachlich turkisierte Griechen gaben um 1900 in Konstantinopel, Haleb und Smyrna (Izmir) türkischsprachige Tageszeitungen heraus, die in griechischen Lettern gedruckt waren. Ebenso existierte eine griechisch-schriftliche Literatur in arabischer Sprache.[10] In Bulgarien und Azerbajdžan gab es eine armenisch-schriftliche Literaturproduktion in türkischer Sprache; Druckereien für diese armenisch-türkische Literatur existierten in Wien, Konstantinopel, Triest und S. Lazaro Veneto:

»Einen Löwenanteil dieser Profanliteratur machen Übertragungen aus der französischen Romanliteratur aus. Eugen Sue, Jules Verne, Alexander Dumas, George Ohnas u.v.a. werden den türkischen Armeniern in guten und billigen Übersetzungen zugeführt« (MIESES 1919: 100).

In den islamischen Gemeinden der litauischen ›Tataren‹ wurde das Polnische in

arabischer Graphik geschrieben.[11] Die litauisch-polnischen Gemeinden der kypča-
kischen Karaimen, die dem jüdisch-karäischen Glauben anhingen, schrieben ihr
Türkisch in hebräischer Graphik.[12] Für lesende indische ›Kulis‹ gab es um die
Jahrhundertwende in Südafrika Zeitungen und Buchverlage, die Afrikaans in arabischer Graphik druckten. In Indien erschienen Zeitungen in englischer Sprache und
arabischer Schrift für anglisierte moslemische Hindus.[13] Eine Fülle von Beispielen
gibt es schließlich für hebräische Verschriftungen der verschiedensten Sprachen
durch (sprachlich) assimilierte Juden; das traditionelle Verbot der Übersetzung der
Thora bezieht sich nämlich nicht so sehr auf die Sprache des heiligen Textes als
vielmehr auf die Schrift:

Vom 2. Jahr seiner Herrschaft an hörte Bar Kochba übrigens auf, in den beiden damaligen
Umgangssprachen Aramäisch und Griechisch zu schreiben. Es durfte hinfort nur noch hebräisch geschrieben werden. (EKSCHMITT 1980: 315)[14]

Vollends exotisch ist schließlich das Beispiel des 1853 ins Leben getretenen *Deseret-
Alphabets* der Mormonen in den USA. Nach jahrelangen, teilweise blutigen Auseinandersetzungen und Verfolgungen hatte diese Sekte in Utah relative Ruhe gefunden
und machte sich an den Aufbau ihres Gottesreiches:

Die Absicht, sich tatsächlich völlig von der übrigen Welt loszulösen, tritt am drastischsten darin
zutage, daß [...] (1853) eine eigene Schrift, ein Alphabet von 32 Buchstaben für den Gebrauch
der Heiligen erfunden worden ist. Es ist auch ein Teil des Buches Mormons im ›Deseret
Alphabet‹ gedruckt worden; aber hier erwiesen sich die realen Mächte doch als die stärkeren,
und so ist es bald in Vergessenheit geraten. (MEYER 1912: 231)

Immerhin wurde das neue Alphabet nicht nur in den Schulen gelehrt, sondern auch
zur Wiedergabe der Inschrift ›Holiness to the Lord‹ auf mormonischen Münzen
verwendet.[15]
   Wir beschließen diesen Punkt. Es ist deutlich geworden, daß die Festlegungen und
gegenseitigen Abgrenzungen von Schriftgemeinschaften noch stärker als die von
Sprachgemeinschaften auf politisch-soziale Konflikte und Differenzierungen zurückgehen und mit Affinitäten von gesprochenen Sprachformen zu bestimmten
Schriftarten bzw. -systemen offensichtlich nichts zu tun haben.
   Wenn die Schrift also »ganz willkürlich, ganz Menschenwerk« ist, »zu dem die
Natur keinen Wink gegeben hat«, um die zitierte Sentenz von RASK zu wiederholen,
dann heißt das, daß die Graphie einer Sprache (ihr Alphabet bzw. ihr nichtalphabe-
tisches Zeicheninventar) nicht kausal bedingt ist von strukturellen Eigenschaften der
Sprache, deren geschriebene Ausdrucksform sie darstellt. Damit ist aber nicht impliziert, daß es keine Faktoren anderer Ordnung gäbe, durch die Affinitäten bestimmter Sprachen zu bestimmten Schrifttypen bzw. -arten bedingt sein können, nämlich
soziale und politische Faktoren; genauer: Faktoren, die bewirken, daß Sprachgemeinschaften für die von ihnen gesprochenen Sprachen ganz bestimmte Schrifttypen
bzw. -arten wählen oder oktroyiert bekommen (bzw. historisch: gewählt oder oktroyiert bekommen haben).
   Weiterhin ist mit der Position, die oben mit RASKs Worten paraphrasiert ist, nichts
ausgesagt über Möglichkeiten und Nutzen von Vergleichen und Bewertungen. Es ist

sowohl möglich als auch sinnvoll, Analysen der Struktur von Sprachen auf verschiedene Schriftarten oder Schrifttypen zu beziehen und anzugeben, welche von ihnen diese Strukturen in welcher Adäquatheit abbilden. Dabei geht es zunächst um Vergleiche: beispielsweise kann man vokalisierte und nichtvokalisierte Texte, die im hebräischen Alphabet geschrieben sind, miteinander vergleichen, von denen ein Paar in jiddischer Sprache, das andere Paar in der lošn kodeš verfaßt ist, und man kann die Ergebnisse dieses Vergleichs bewerten, indem man Kriterien für die Adäquatheit der Abbildung einzelner grammatischer Komponenten festlegt. In diesem Fall würde das Ergebnis zweifellos so aussehen, daß die hebräische Schriftart für das Jiddische in der nichtvokalisierten Variante weniger gut geeignet ist als für das Hebräische.[16] Es geht hier um innersprachliche Gegebenheiten, die miteinander verglichen werden können, wie dies in der kontrastiven Linguistik und der Sprachtypologie geschieht. Diese Vergleiche können transponiert werden auf die Ebene der Schriftarten und Schrifttypen, und daraus können Bewertungen gewonnen werden, wie dies in der Sprachplanung selbstverständlich gemacht wird. Beides hat nichts zu tun mit der Voraussetzung kausaler, natürlicher Affinitäten bestimmter Sprachen zu bestimmten Schriftarten oder Schrifttypen.

Die Ablehnung dieser Annahme ist in der sprachtheoretischen Tradition nicht neu; insbesondere bei den Vertretern der Positionen, die unter der Bezeichnung *Autonomiehypothese* zusammengefaßt sind, finden sich oft dezidierte Aussagen hierzu. Daraus haben wir die Folgerung gezogen, daß ein umfassendes Modell der geschriebenen Sprachform nicht beschränkt werden darf auf ein Modell seiner *inneren*, linguistischen Struktur, sondern ergänzt werden muß durch Modelle über *äußere* Einflußfaktoren, also gesellschaftliche, politische, juristische, religiöse usw. Faktoren, die auf Schriftsysteme, ihre Entwicklung und vor allem ihre Verwendung einwirken. Im folgenden Abschnitt unternehmen wir einen Exkurs zu einem praktischen Fall, der diese Folgerung plausibel machen dürfte. Es geht dabei um Versuche, ein Schriftsystem durch ein anderes zu ersetzen, also um ›Orthographiereform‹. Es kommt hier darauf an, deutlich zu machen, daß es dabei um viel mehr geht als nur um Veränderungen auf der Ebene eines Ausdruckssystems – was für sich genommen eine Binsenweisheit ist. Es soll demonstriert werden, welche soziologischen, wirtschaftlichen und politischen Perspektiven der Planung solcher Veränderungen mitunter zugrundeliegen können, daß Sprachplanung auch auf diesem Gebiet unter gewissen Bedingungen sehr effektive Gesellschaftspolitik werden kann. Unser Beispiel betrifft Sprachplanungsaktivitäten im nationalsozialistischen Deutschland in den Kriegsjahren.

II. Exkurs:
Schriftpolitik im Nationalsozialismus.
Noch einmal: der »Fall SCHMIDT-ROHR«.[17]

In den Jahren 1940–42 legte der seinerzeit ebenso bekannte wie umstrittene nationalsozialistische Sprachwissenschaftler GEORG SCHMIDT-ROHR verschiedenen NS-
Ämtern sprachenpolitische Denkschriften vor, in denen Vorschläge für die Behandlung sprachlicher Fragen in den besetzten Ländern gemacht werden. Er führt dort
als einen Grundsatz an:

Die politische Neuordnung Europas muß sprachliche Spannungsfelder je nach dem richtig
verstandenen deutschen Interesse beseitigen oder neu schaffen. (SCHMIDT-ROHR 1940: 166)

Dieser Grundsatz wird dann auf die Situation in verschiedenen Ländern hin konkre-
tisiert, und dabei spielt die Frage nach der Politik, die den dort existierenden Schriftkulturen gegenüber eingeschlagen werden solle, eine wichtige Rolle. Zunächst einmal differenziert SCHMIDT-ROHR (dem damaligen Usus entsprechend): »geschichtstiefe Großsprachen, die Hochsprachen des Abendlandes« (SCHMIDT-ROHR 1942:
186) sind anders zu behandeln als die Sprachen der osteuropäischen Völker (auch
wenn deren »Geschichtstiefe« durchaus mit der der zentraleuropäischen Sprachen
vergleichbar ist; vgl. dazu SCHMIDT-ROHR 1933: 172ff.):

Scheinvölker wie Polen, Tschechen und Litauer mit in der Retorte im Schnellverfahren herge-
stellten Abklatschkulturen sind etwas nach dem Wesen und Rang anderes als etwa die Franzo-
sen oder als echte Kleinvölker wie die Ungarn. Diese wiederum stehen in anderem Wesenver-
hältnis zu uns als die Holländer, die eine Nebensprache des Deutschen sprechen, als die
Wenden oder Kaschuben, die auch beim Sprechen ihrer Mundarten notwendigerweise deutsch
denken müssen. (1942: 186)

Es ist hier nicht möglich, SCHMIDT-ROHRS Reflexionen über Klein-, Groß-, Haupt-
und Nebensprachen ausführlicher zu referieren; ich muß dafür auf sein opus ma-
gnum von 1932/33 verweisen und möchte den Hinweis anschließen, daß diese von
ihm wenn nicht entwickelten, so doch detailliert ausformulierten Denkfiguren von
der geschichtlich begründeten Hierarchie der europäischen Sprachen im Europa des
20. Jh. noch in wesentlich späteren Arbeiten von KLOSS (»Nebensprachen«) oder
HAARMANN eine Rolle spielen.[18] Bei SCHMIDT-ROHR ist diese Unterscheidung
nicht so sehr sprachtheoretisch als vielmehr ziemlich unverblümt politisch begründet
(was ihn kaum gestört haben dürfte: selbstverständlich war die Sprachwissenschaft
für ihn eine politische Wissenschaft):

Die flink aus neuzeitlichem Nationalismus fabrizierten Kleinsprachen stellen nicht wirkliche
Sonderwelten von Bedeutung dar, aus denen irgendwelche sittlichen oder politischen Sonder-
rechte mit einer wirklichen Berechtigung abgeleitet werden dürfen. Und doch, diese äußere
Verschiedenheit der Klänge genügt oft schon zur Rechtfertigung eines wildbesessenen Sprachnationalismus, [...].
   Die Möchtegern-Kulturen Europas sind der eigentliche Unruheherd. [...].
   Die Versuche der kleinen Gernegroße, eine eigene Kultur aufzumachen, sind besonders
verderblich für die politische Ordnung der Welt. [...] Solch Abklatsch einer anderen Kultur
darf nicht mit unmäßigen Ansprüchen auf staatliche Eigenrechte auftreten. Dieser Nationalis-

mus, der auf einer nur eingebildeten Eigenart beruht und so besonders anspruchsvoll ist, wirkt wahrhaft gefährlich und verheerend. (SCHMIDT-ROHR 1933: 176f.)

Die Schlußfolgerungen liegen auf der Hand: die von der nationalsozialistischen Politik angestrebte »politische Neuordnung Europas« sollte durch eine sprachliche »Neuordnung« ergänzt werden, bei der solche Sprachen, die vor SCHMIDT-ROHR nicht als »echt« und »geschichtstief« bestehen konnten, verschwinden sollten; sie sind »der Fluch des Abendlandes« (ebd. 177).

Entsprechend muß, als die »Neuordnung« von der Theorie zur Praxis gediehen war, gegenüber den verschiedenen Klassen von »Feindsprachen« (1942: 196) abgestuft verfahren werden: etwa durch unmerkliche Zersetzung des Sprachbewußtseins im Falle des Niederländischen, einer »Nebensprache«, wodurch ein Zurückwachsen zur »Hauptsprache«, nämlich dem Deutschen, bewirkt werde.[19] Ganz andere Maßregeln sind v. a. gegenüber den slavischen Schriftsprachen vorgesehen, bei denen funktionale Reduktion auf elementare Verwendungsweisen oder gänzliches »Ausmerzen« das Ziel zu sein habe. Diese Vorstellungen haben ein Pendant in der Politik, die die Propagierung des Deutschen als Fremdsprache in den besetzten Ländern betrifft:

Hinsichtlich der verschiedenen ausländischen Sprechergruppen macht der Spracherlaß Rosenbergs ganz bestimmte Unterschiede: die Bevölkerung der baltischen Provinzen (Estland, Lettland und Litauen) *muß* Deutsch lernen; die Weißruthenen [Belorussen, H.G.] *dürfen* Deutsch lernen; die Ukrainer und die Bewohner der besetzten sowjet-russischen Gebiete *dürfen nicht* Deutsch lernen. Die Ukrainer und Sowjetrussen im Inland sollen nur die wichtigsten technischen Ausdrücke lernen; auch bei ihnen ist es unerwünscht, daß sie einen regelrechten Deutschkurs besuchen (KLEIN 1984: 109).

In der SCHMIDT-ROHRschen ›Schriftsprachenpolitik‹ steht die Liquidation der ›nationalen‹ Schrifttraditionen an erster Stelle; auch der administrative Aspekt ist dabei gebührend bedacht:

Rechtschreibungsfragen.

Die Vorschläge, die ich machte in bezug auf die Zermürbung des polnischen Geschichtsbewußtseins durch Einführung einer neuen Rechtschreibung gelten auch für die Gebiete des Balkans, auf die wir heute Einfluß zu nehmen in der Lage sind. Alle solche Maßnahmen versprechen nur dann volle Wirksamkeit, wenn ein [...] Sprachamt mit erstklassigen Fachleuten führend und wachend dahinter steht (SCHMIDT-ROHR 1940: 168).

Leider ist mir nicht bekannt, wie diese Vorschläge für eine neue polnische »Rechtschreibung« im einzelnen aussahen.

Ausdrücklich ist vorgesehen, das »polnische Geschichtsbewußtsein zu zermürben«; dies läßt darauf schließen, daß die in der dann alten Orthographie gedruckte Literatur nur noch mit Mühe oder gar nicht mehr zugänglich sein sollte. Man kann darüber spekulieren, wie eine solche »Reform« hätte aussehen können: recht nahe liegt die Idee einer Komplizierung und Aufblähung des Regelapparats, um den Zugang zur geschriebenen Sprachform zu erschweren, aber das ist, wie gesagt, eine Spekulation. Vieles spricht jedoch dafür, daß SCHMIDT-ROHR weitergehende Maßnahmen im Auge hatte als einige teutonische Denker in der Tradition des Ostmarkenvereins, die dreißig bis fünfzig Jahre früher ihre Vorschläge zur »Lösung der

Polenfrage« gemacht hatten (vgl. GLÜCK 1979). In den Jahren vor dem ersten Weltkrieg war der Vorschlag diskutiert worden, den preußisch-polnischen Schulkindern nur noch Fraktur und Sütterlin beizubringen:

[...] dann wäre mit einem Schlage der großen Masse unserer polnischen Bevölkerung zunächst die Möglichkeit benommen, polnische Zeitungen zu lesen. Wollten diese dann, wie zu erwarten wäre, im Reichsgebiete dazu übergehen, in deutschem Druck zu erscheinen, so entstünde eine gewaltige Kluft zwischen ihnen und den polnischen Zeitungen des Auslandes, derart, daß sie im Ausland, jene bei uns von den breiten Massen nicht gelesen werden könnten. Auch würde der schriftliche Verkehr zwischen den Polen diesseits und jenseits der Grenze erheblich erschwert. Der ausschließliche Gebrauch deutscher Schrift [...] wäre ein Machtmittel von nicht geringer politischer Wirkung! (BRIEGLEB 1911: 80f.)

Präziser sind SCHMIDT-ROHRs Vorschläge hinsichtlich der ukrainischen Schriftsprache; sie können vermutlich als repräsentativ für die Richtung gelten, in der seine gesamten Vorstellungen über Veränderungen der einzelnen slavischen und baltischen Schriftsprachen gingen. Er führt zunächst aus, welche politischen Vorzüge eine »sprachpolitische Aufspaltung des russischen Reiches« (1942: 187) für die nationalsozialistische Besatzungspolitik haben würde. Diese »sprachpolitische Aufspaltung« stellte er sich so vor: zunächst sollten die Existenzbedingungen der traditionellen und der in der Sowjetzeit neugeschaffenen Schriftkulturen durch »geeignete Mittel« verschlechtert und zerstört werden, was in Gestalt von »Reformen« geschehen sollte. Durch verschiedenartige gesellschafts- und kulturpolitische Eingriffe wollte er diese reformierten Schriftkultur-Ruinen dann voneinander abschotten und isolieren, um unerwünschten sprachlich-nationalen Identifikationen vorzubeugen. Ein wesentliches Mittel, dieses Ziel zu erreichen, war für ihn die Alphabet- und Orthographiepolitik; SCHMIDT-ROHR kam zu dem Schluß, daß die

Schaffung besonderer Schriftsprachen nötig ist, wo man die innere Kraft der Völker erschüttern will.

Völker leben mehr noch von ihrer Schrift als von ihrer Sprache her. Die Schrift ist die wesentlichste Bildnerin der Völker. So etwa wäre für die Ukrainer eine eigene Schrift zu schaffen

1. als sondergeformte Schrifttype
2. als eigenes Alphabet
3. als eigene Rechtschreibung
4. mit eigensprachlicher Formenlehre
5. mit eigensprachlichem Wortschatz unter bewußter Ablösung vom russischem
(1942: 187)

Daß diese Vorschläge, soweit uns bekannt ist, nicht über das Planungsstadium hinausgekommen sind, liegt sicher nicht daran, daß man sie für unbrauchbar befunden hätte. Es lag vielmehr daran, daß die faschistische Besatzungspolitik in Osteuropa durchschlagendere Mittel anwandte, um das – in der aktuellen Situation wohl eher zweitrangige – Ziel der Liquidation nationaler Schriftkulturen zu erreichen: das höhere Schulwesen wurde einfach abgeschafft, die noch geduldeten Volksschulen, soweit sie arbeiten konnten, hatten sich auf die Vermittlung elementarer Lese-, Schreib- und Arithmetikkenntnisse zu beschränken. Die nationalen Intelligenzen wurden erbarmungslos verfolgt mit dem eindeutigen Ziel, sie auszurotten, und eine durchschlagende materielle (Papierkontingentierung, Beschlagnahme oder Zerstörung von typographischen Einrichtungen u. dgl.) und politische Zensur bewirkte ohnehin einen drastischen Rückgang an Gedrucktem in den betreffenden Ländern. SCHMIDT-ROHRS Meinung, daß »die Polenfrage geradezu nach Führung schreit. Sie ist nicht mit Umsiedlung und dem Schwert allein zu lösen.« (1942: 192), wurde von der Realität in den »Generalgouvernements« Polen und »Ostland« oder im »Protektorat Böhmen und Mähren« schlagend widerlegt: man traute dem Schwert mehr zu als dem Griffel (vgl. z. B. CYPRIAN/SAWICKI 1961).

Daß allerdings seine Vorschläge innerhalb der langfristigen Zielsetzungen des Nationalsozialismus zweckmäßig und rational waren, muß festgehalten werden. Unter der Voraussetzung, daß die versklavten Völker Osteuropas auf längere Sicht als Arbeitskräftepotential optimal ausgebeutet werden sollten, war die »Schriftsprachenfrage« als eine der wesentlichsten Implikationen der Kultur- und Bildungspolitik in den okkupierten Ländern von erheblicher Bedeutung. Die Beherrschung des Lesens und Schreibens in einer wie immer gearteten Graphie waren – auf längere Sicht – sicher eine wünschenswerte oder gar notwendige Qualifikation für die Helotenbevölkerung, die man aus den slavischen und baltischen Völkern zu machen gedachte. Um die Brücken zur jeweiligen kulturellen Tradition abzubrechen und Mauern zwischen einzelnen verwandten Schriftsprachen aufzurichten, waren SCHMIDT-ROHRS Vorschläge, Schriftsysteme und Orthographien zu »reformieren«, »Sprachspaltung« zu betreiben, Schriftsprachen zu Dialekten herabzustufen durch die Zerstörung von bestehenden Schriftkulturen bzw. bislang nicht geschriebene Sprachen zu Schriftsprachen zu entwickeln, um den angesprochenen Effekt der »Sprachspaltung« zu erreichen, ohne Zweifel gewissenlos und kriminell in kulturpolitischer Hinsicht. Sie waren aber keineswegs nur »antiliberal« und »antikommunistisch«, wie RÖMER (1971: 68) in einer Abrechnung mit SCHMIDT-ROHR meint, und schon gar nicht der sprachenpolitische Veitstanz eines »antiintellektuellen [...] Irrationalisten« (ebd), sondern es sind Überlegungen, deren sprachensoziologischer Realismus und sprachplanerische Logik unbestreitbar sind: die technokratische Instrumentalisierbarkeit von Graphien und Orthographien ist selten eindrücklicher und kaltschnäuziger vorgeführt worden als von diesem neben WEISGERBER wohl wichtigsten Sprachwissenschaftler des Dritten Reiches.[20]

Als Fazit können wir festhalten: Die Beziehungen zwischen Sprache und Schrift sind arbiträr in dem Sinne, daß es keine Systemeigenschaften von Sprachen gibt, aus denen sich eine »natürliche« oder »logische« Affinität zu bestimmten Schrifttypen oder Schriftarten ableiten ließe. Sie sind in kulturgeschichtlicher und politischer Hinsicht oft sehr direkt determiniert. Ein – einmal etabliertes – Schriftsystem wird von seinen Benutzern (seien sie aktive Schreiber/Leser oder analphabetische, aber nicht aliterale Mitglieder der betreffenden Schriftgemeinschaft) mit anderen als sprachlichen Faktoren assoziiert, namentlich religiösen und politischen. Diese aus sprachwissenschaftlicher Perspektive sekundäre Determinationsbeziehung begründet einen engen, sozialpsychologisch hochgradig besetzten Zusammenhang zwischen Sprache und Schrift. Dieser Gesichtspunkt wurde und wird in der sprachwissenschaftlichen Forschung in der Regel nicht ernsthaft diskutiert; die Diskussionen theoretischer Konzepte über diesen Zusammenhang setzen üblicherweise an einem Punkt an, an dem von sozialen und kulturellen Faktoren bereits abstrahiert ist und überlassen diese Dimension mehr oder weniger ausdrücklich soziologisierenden Dilettanten, wofür PETRAU oder KLAGES als Beispiele genannt werden können. Es ist notwendig, diesen Abstraktionsschritt explizit zu kennzeichnen, wenn man ihn vollzieht: als Postulat muß die Reduktion der gesamten Fragestellung auf ihr wirkliches historisches Terrain, den Zusammenhang der konkreten Praxis des Sprechens mit der des Lesens/Schreibens in konkreten Gesellschaften, gefordert werden. Erst Analysen dieses Zusammenhangs machen, nach unserer Auffassung, sprachanalytische Distinktionen und Modelle auf höheren Abstraktionsniveaus tragfähig und erklärungsrelevant.

III. Sprachen und Nicht-Sprachen

> Wenn einen kein Mensch versteht: das ist national.
>
> JOH. NESTROY: *Häuptling Abendwind oder Das greuliche Festmahl*. Operette in einem Akt. 1862

Alphabetisierung ist ein mehrdeutiger Begriff. Jemand, der lesen und/oder schreiben kann, kann dies in bezug auf ein bestimmtes *Schriftsystem*, und er kann dies in bezug auf eine bestimmte *Sprache*. Wenn das betreffende Individuum oder die Gemeinschaft, in der es lebt, mehrsprachig ist, kann Alphabetisiertheit in bezug auf mehrere Sprachen vorliegen, und es gibt eine Reihe von Fällen, wo dies Alphabetisiertheit in verschiedenen Schriftsystemen impliziert (z. B. Georgier oder Armenier, die Russisch können). Es gibt aber auch bigraphische Gesellschaften, in denen zwei verschiedene Schriftsysteme zum Schreiben bzw. Drucken einer einzigen Sprache benutzt werden (z. B. das serbisch-kyrillische oder das lateinische Alphabet für das Serbokroatische). [21] Schließlich kann das betreffende Individuum lesen und/oder schreiben im Rahmen ganz bestimmter gesellschaftlicher Gegebenheiten und in Ausübung gewisser sozialer Funktionen innerhalb dieser Gegebenheiten. Es ist offensichtlich ein beachtenswerter Unterschied, ob man Alphabetisiertheit unter den Bedingungen einer modernen Industriegesellschaft betrachtet, in denen Minimalkenntnisse im Schreiben und Lesen selbstverständliche Attribute eines »vollwertigen Gliedes der Gesellschaft« (so die UNESCO-Terminologie) sind, oder ob man dies tut in historischer Perspektive oder unter den Bedingungen vorindustriell-agrarischer Gesellschaften, in denen Alphabetisiertheit vielfach wenig verbreitet ist – in sozialer und funktionaler Hinsicht. Diese Probleme sollen im nächsten Kapitel im Detail behandelt werden.

Eine Schwierigkeit ergibt sich aus der Tatsache, daß der Begriff der Alphabetisierung nicht alle Formen des Lesen- und Schreibenkönnens abdeckt. Die chinesische Gesellschaft ist im Wortsinn (soweit man die kleinen Gruppen, die pinyin oder in Alphabetsystemen geschriebene Fremdsprachen lesen können, außer acht läßt) analphabetisch, ohne deshalb in ihrer Mehrheit aus lese- und schreibunkundigen Menschen zu bestehen. Zu beachten sind, jedenfalls begrifflich, auch nichtalphabetische Systeme bzw. diejenigen, die in bezug auf solche Schriftsysteme ›alphabetisiert‹ sind. Da dies ein Widerspruch in sich ist und der Begriff der *Literalität*, der an dieser Stelle oft als hypernymischer Nothelfer eingesetzt wird, dafür reserviert werden soll, den sozialen Aspekt des Lesen- und Schreibenkönnens von seinen technisch-instrumentellen Aspekten abzugrenzen, greifen wir zu einem anderen terminologischen Behelf und geben dem übergeordneten Begriff den Namen *Lese-Schreib-Fähigkeit*.

Es wird im folgenden darum gehen, eine zentrale Voraussetzung dieser Lese-Schreib-Fähigkeit zu erörtern. Gelesen und geschrieben werden bestimmte Sprachen. Was aber eine Sprache ist, ist einer Explikation bedürftig. Aufschlüsse sind von historischen Exkursen zu erwarten: was galt in verschiedenen Epochen als Sprache und konnte damit Gegenstand von Bemühungen lesender und schreibender Menschen sein? Wie unterschied man verschiedene Sprachen voneinander, und wie unterschied man Sprachen von Nicht-Sprachen?

Wir wollen zunächst die letztgenannten Gesichtspunkte noch vernachlässigen und uns der Frage zuwenden, was Lese-Schreib-Fähigkeit in bezug auf eine bestimmte Sprache und ein bestimmtes Schriftsystem bedeutet. Die Sprachwissenschaft rechnet damit, daß auf der Erde mehrere Tausend verschiedener Sprachen existieren.[22] Ein gewisser Teil dieser Sprachen ist sprachwissenschaftlichen Beschreibungen und Analysen unterzogen worden, für einen Teil davon sind mehr oder weniger elaborierte graphisch-orthographische Systeme entwickelt worden, und nur ein verhältnismäßig sehr kleiner Teil ist als Schriftsprache sozial realisiert, d.h. daß die jeweilige Sprachgemeinschaft in ihrer Sprache eine Schriftkultur entwickelt hat, wozu definitionsgemäß das Vorhandensein von Lese-Schreib-Fähigkeit in nennenswerten Bevölkerungsteilen gehört. Letzteres ist deshalb wichtig, weil die Erstellung eines Transkriptionssystems, das ein Sprachwissenschaftler zum Zwecke der Erforschung einer unverschrifteten Sprache anfertigt, dieser noch keine geschriebene Sprachform gibt, sondern allenfalls eine notwendige technische Voraussetzung für ihre Entwicklung schafft.

Zu den ständig diskutierten Kernproblemen der Sprachwissenschaft gehört die Frage, nach welchen Gesichtspunkten einzelne Sprachen voneinander zu unterscheiden seien. Aussagen darüber, wie viele Sprachen auf der Erde gesprochen werden (»einige Tausend«), hängen von der Beantwortung dieser Frage ebenso ab wie Klassifikationen in Sprachfamilien und Sprachgruppen einerseits, Einheiten niedrigerer Ordnung wie Dialekte, vernacula usw. andererseits. Einordnungen in Hierarchien dieser Art verlangen, daß das begriffliche Scharnier festgelegt ist: nur in bezug auf eine *Sprache* kann eine davon abweichende Sprachform ein *Dialekt* sein. Und noch von dieser zwingenden Begriffssystematik gab es Abweichungen; so war es im letzten Jahrhundert in der Afrikanistik üblich, ein Protobantu den empirischen Bantu-Dialekten gegenüberzustellen. Das Mittelstück, nämlich Bantu-Sprachen, ließ man aus. Bekanntlich sind die gegenwärtigen objektivistischen, an »positiven« Fakten orientierten Klassifikationskonventionen (nach Gesichtspunkten wie »strukturelle Distanz«, »gegenseitige Verständlichkeit« usw.) verhältnismäßig jungen Datums. Erst im 16. Jahrhundert schlug allmählich eine Entwicklung durch, in deren Verlauf das Französische, Italienische, Englische oder Deutsche als *Sprachen* aufgefaßt wurden und nicht mehr als *vernacula* (ein Begriff, der von lat. *verna* ›Sklave‹ abgeleitet ist) oder *volgare* in bezug auf *die Sprache*, nämlich das Lateinische. Bei der Mehrzahl der gegenwärtig als *Sprachen* geltenden Sprachen Europas wurde dieser Prozeß erst in den letzten 150 Jahren durchlaufen; junge Beispiele sind die Etablierung des Mazedonischen als eigenständiger Sprache in Jugoslawien am Ende der 1940er Jahre (in Bulgarien gilt dieselbe Sprache als westbulgarischer Dialekt) oder des Gagauzischen, einer türkischen Sprache, die in der moldauischen Sowjetrepublik gesprochen wird. Das Gagauzische wurde im Jahre 1957 vom Obersten Sowjet der UdSSR per Dekret zu einer eigenständigen Sprache befördert. Diese Bemerkungen deuten bereits an, daß es hier um Distinktionen anderer Art geht, als die Sprachwissenschaft normalerweise verwendet. Es sind in erster Linie soziale und politische Gegebenheiten, auf deren Hintergrund Sprachen von Nicht-Sprachen unterschieden wurden und werden, und erst in zweiter Linie werden Ergebnisse der sprachvergleichenden, typologischen usw. Forschung für die Festlegung dieser Unterschiede verwendet.[23]

IV. Antike Meinungen:
Griechen und Barbaren, Menschen und Sklaven

Geht man weiter zurück in der europäischen Geschichte, so zeigt sich sehr schnell, daß Aussagen über den Status bestimmter Sprachformen traditionell handfeste politische und ideologische Machtverhältnisse und -interessen abspiegeln, gleichgültig ob solche Aussagen Sprachformen oder soziale Funktionen von Sprachen betreffen. Um die Unterscheidungen zwischen Hellenen und Barbaren (und später Griechen, Römern und Barbaren) zu referieren, die im Laufe der Jahrhunderte von verschiedenen antiken Autoren vorgenommen wurden, wäre eine erheblich detailliertere Darstellung vonnöten, als sie hier möglich ist[24]; die folgenden Bemerkungen sollen lediglich eine grobe Orientierung ermöglichen. Bereits in der *Odyssee* und in der *Ilias* ist von βαρβαρόφωνοι (›barbarisch Sprechenden‹) und μέροπες sowie ἀλλόθροοι (›Anderssprachigen‹) die Rede[25], aber ohne abwertende Untertöne, und Griechen, Trojaner und Karer können sich ohne Dolmetscher verständigen. Erst erheblich später, etwa bei THUKYDIDES (ca. 456–396) wird betont, daß es einen Zusammenhang zwischen der Unkenntnis des Griechischen und Barbarei geben.[26] Etwas später transportiert der Rhetoriklehrer ISOKRATES (436–338) diesen Unterschied auf die Unkenntnis des Attischen, der Prestigevarietät. Die Leute, die das Attische nicht beherrschen, sind so gut Barbaren wie die, die überhaupt nicht Griechisch können[27]. Aber es finden sich auch vielfältige Belege für den entgegengesetzten Standpunkt, nach dem die Sprache ein äußeres Attribut der Menschen und veränderbar ist, nach dem sie nichts aussagt über den Wert eines Menschen. Menander (342–290) nannte in einem seiner Stücke einen hartherzigen Griechen einen Barbaren, Eratosthenes (ca. 284–202) meinte, man solle die Menschen »nach ihrem Wert und nicht nach ihrer Herkunft beurteilen«[28]. Dennoch bleibt der Gegensatz von ἑλληνίζειν und βαρβαρίζειν ein zentrales Unterscheidungsmerkmal zwischen Griechischem und Barbarisch-Inferiorem. Da ἑλληνίζειν aber mehr meint als griechisch sprechen können, nämlich sich wie ein gebildeter und guter Mensch zu verhalten, kann βαρβαρίζειν durchaus auch konnationale Barbaren betreffen. In erster Linie sind es jedoch diejenigen Barbaren, die weder gebildet und erkennbar gut sind noch griechisch sprechen können, die mit dieser Unterscheidung gemeint sind, besonders dann, wenn sie auch sozial eindeutig eingestuft werden können. Handfesten Ausdruck findet die antike Instrumentalisierung von Sprach- und Kulturunterschieden in Überlegungen zur Sklavenfrage.

Es sind praktische Vorteile, die man aus der Sprachverschiedenheit für die Organisation der Sklavenarbeit ziehen kann. Stellt man die Arbeitsgruppen so zusammen, daß die Sklaven untereinander sich nicht verständigen können, verhindert man, daß sie sich verbrüdern, daß sie anfangen, sich zur Rebellion, zur Flucht oder sonst Unerwünschtem zu verabreden. Daß die Sklaven durch das gegenseitige Lernen anderer Sprachen aus diesem Dilemma herauskommen könnten, wird nicht weiter bedacht; dies deutet ebenso stark auf die Auffassung hin, daß Sprachunterschiede etwas Naturgegebenes sind wie auf die zugrundeliegende Überzeugung, daß die Sklaverei selbst eine natürliche Erscheinung ist.

Sehr deutlich tritt dies in PLATONS *Politeia* zutage; die Tatsache, daß im folgenden Zitat Sprache als eines der natürlichen Attribute des Griechischseins nicht besonders erwähnt wird, mindert seinen illustrativen Wert wohl nicht:

Sollten Hellenen hellenische Bürgerschaften zu Sklaven machen dürfen und nicht viel eher auch andere daran hindern, dies zu tun? Sollten sie es nicht überhaupt zur Sitte machen, daß man Angehörige des griechischen Volkes schone (τοῦ ἑλληνικοῦ γένους φείδεσθαι) aus Besorgnis, unter die Knechtschaft der Barbaren zu fallen? Sollte man nicht überhaupt keine Griechen zu Sklaven haben dürfen?

[...] Kampf zwischen Hellenen und Hellenen ist kein Krieg, da sie von Natur Freunde sind, sondern eine Krankheit, ein Aufruhr; den Namen Krieg verdient nur der Kampf zwischen Griechen und Barbaren, weil nur hier ein Volk dem anderen fremd und entgegengeartet ist; gegen Barbaren mag man sich benehmen, wie leider jetzt Griechen gegenüber Griechen tun. (PLATON, *Politeia* 460ff.).[29]

Explizit thematisiert PLATON die Vorteile, die aus Sprachverschiedenheiten unter den Barbaren für die Arbeitsorganisation gezogen werden können: man solle sie nach Sprachen und Landsmannschaften trennen (und außerdem anständig behandeln), wenn man gute Arbeitsergebnisse erzielen wolle:

[...], daß diejenigen, welche leicht der Sklaverei sich unterwerfen sollen, nicht Landsleute und soviel wie möglich durch die Sprache geschieden seien, und daß man sie nicht allein ihretwillen, als vielmehr des eigenen Vorteils willen gut behandle (PLATON, Nomoi 777c–e).

Analoges berichtet der Historiker DIODOROS SIKULOS (1 Jh. v.u.Z.) über die Arbeitsbedingungen in den oberägyptischen Goldminen, in denen Sklaven arbeiten mußten:

[...] die Wachsoldaten stammen aus barbarischen Völkerschaften und sprechen ganz andere Sprachen, so daß keiner durch ein freundliches Gespräch oder gelegentliche Gefälligkeiten bestochen werden kann.[30]

Solche sehr praxisnahen Instrumentalisierungen von Sprachverschiedenheit sind bei einer ganzen Reihe weiterer antiker Autoren in ähnlicher Form belegt. Der hier interessierende Gesichtspunkt liegt darin, daß Sprachen klassifiziert werden nach den Gesichtspunkten des Innen und Außen, des Eigenen und des Fremden, der Kultur und der Barbarei. Diese Einteilung faßt Sprachunterschiede auf als ein mehr weniger natürliches Attribut des kulturellen, politischen, ja anthropologischen Unterschieds zwischen der eigenen Gruppe und den Fremden. Es erscheint uns ganz unangebracht, hierin ›nationale Überheblichkeit‹ zu sehen, wie das etwa H.J. HERINGER tut, wenn er vom griechischen »Sprachdünkel« spricht (1982b: 8f.) – eine solche Sichtweise kann nur dann zustande kommen, wenn man Kategorien der Neuzeit einfach in die Antike zurückprojiziert (bemerkenswert ist dann auch, daß HERINGER im selben Atemzug kommentarlos von »Kultursprachen« spricht).

Die Differenzierung zwischen ›Hellenen‹ und ›Barbaren‹ wuchs sich nach der Eroberung Griechenlands durch die Römer in einem gewissen Sinn eher noch aus; sie begann nunmehr vor allem den Unterschied zwischen Gebildeten und Ungebildeten zu bezeichnen. Die römische Intelligenz war zweisprachig, die Schickeria wäre es gern gewesen. LUKIAN hat in einer Anleitung zum Vortäuschen des attischen Ideals diese Leute lächerlich gemacht:

Hernach mußt du fünfzehn oder höchstens zwanzig attische Wörter aller Gattung auswendig lernen und dir so geläufig machen, daß sie dir immer, wie von selbst, auf die Zunge kommen. Mit diesen bestreue alle deine Reden wie mit Zucker, unbekümmert, wie wohl oder übel die übrigen dazu passen und was für einen Effekt sie an der Stelle tun, wo du sie anbringst. [...] Nächst diesem hast du besonders darauf zu achten, recht viele unverständliche, unerhörte und bei den Alten selten vorkommende Wörter zu gebrauchen. Von diesen muß du deinen Köcher immer voll haben, um sie auf diejenigen, die mit dir sprechen, abschießen zu können: denn das setzt dich bei dem großen Haufen in Achtung und macht, daß sie dich für einen hochstudierten und über ihren Verstand gelehrten Mann ansehen. Du kannst auch wohl bei der Gelegenheit so weit gehen und ganz funkelneue und wunderseltsame Wörter von deiner eigenen Erfindung ausprägen; und sollte es dir von Zeit zu Zeit begegnen, daß du Soloizismen und Barbarismen begingest, so hilf dir stehenden Fußes mit der Unverschämtheit und nenne einen Poeten oder Proseschreiber, wenn er gleich nie existiert hat, der ein gar gelehrter Mann und großer Sprachkenner gewesen sei und diese Art sich auszudrücken gutgeheißen habe.[31]

Die Differenzierung ist hier ganz offensichtlich nicht auf Sprache als ein nationales Attribut bezogen, sondern auf Sprache als Vehikel von sozialem Prestige. Viele Wissenschaften wurden nie latinisiert, z.B. die Medizin, sondern bis in die Spätantike in griechischer Sprache gelehrt; die Reichsverwaltung war zweisprachig, nicht jedoch die Kommandostruktur der Armee. Aber es ist nicht die Sprache ›an sich‹, ›als solche‹, was den Unterschied zwischen Griechen und Römern bzw. Gebildeten und Barbaren bzw. Ungebildeten begründet. Sie ist ein Bestandteil, allerdings ein zentraler Bestandteil der Opposition, die in dem Gegensatz zwischen ἑλληνίζειν und βαρβαρίζειν ausgedrückt ist. Auch Barbaren können, wenn sie Griechisch und Lateinisch gelernt haben und im übrigen sich hinreichend gebildet haben, zu Hellenen oder Römern werden. Die genannte Opposition ist im Kern eine soziale und politische Opposition, die zwischen Eigenem und Fremdem unterscheidet, und letzteres kann durchaus auch der einheimische Pöbel sein. Die Sprache bzw. die beiden klassischen Sprachen und die Vielzahl der barbarischen Idiome sind eines der zentralen Momente dieser Opposition, aber eben nur eines ihrer Momente, und sie sind zugleich ihr wesentlichstes äußeres Merkmal, an dem sie am besten erkennbar wird.

Die Beherrschung der geschriebenen Sprachform möglichst beider Sprachen ist natürlich die Voraussetzung dafür, als gebildet und nicht-barbarisch gelten zu können, aber damit ist wesentlich mehr gemeint als einfache Lese-Schreib-Fähigkeit: man muß die vorbildlichen Dichter, vor allem natürlich den göttlichen HOMER kennen, man muß rhetorisch und stilistisch geschult sein, man muß Soloicismen, Barbarismen usw. vermeiden und kritisieren können. Lesen- und Schreibenkönnen sind deshalb spätestens seit dem Hellenismus zweierlei Dinge: eine profane Kulturtechnik, die Handwerker, Händler oder Verwaltungsleute selbstverständlich handhaben konnten für ihren alltäglichen Umgang mit Geschriebenem, und andererseits eine elaborierte, auf der Kenntnis eines umfangreichen Kanons an Vorbildern und Vorschriften beruhenden Qualifikation, deren Erwerb Mühe, freie Zeit und die Mittel, beides aufzubringen, voraussetzte.

Auch die angesprochene Differenzierung nach innen, die Konstatierung von Unterschieden in den Sprachformen des Griechischen oder Lateinischen selbst, hat lange Traditionen. HERODOT zitierend, machte sich am Ende des 1. Jh. u. Z. QUINTILIAN Gedanken über die Binnengliederung des Griechischen, wie sie in den Schriften der kanonischen Autoren zu finden ist. Dabei ist zu beachten, daß er sich – wie die ganze Antike – nicht auf eine übergeordnete oder verbindliche schriftsprachliche Norm des Griechischen beziehen konnte, weil das Griechische eine solche einheitliche Standardnorm nicht entwickelt hat. Das Attische hatte zwar Vorbildcharakter, aber es gab kein verbindliches Regelwerk, an das man sich hätte halten müssen. So ist auch ganz folgerichtig die nachklassische Koiné, die überregionale und internationale Schriftsprache des Hellenismus, in den Aufzählungen der griechischen Dialekte enthalten. Die Koiné gilt als der geographisch nicht beschränkte Dialekt, ohne deshalb den übrigen Dialekten übergeordnet zu sein; aufgrund der Tatsache, daß sie als die überregionale Sprachvariante bezüglich der Sprachformen eher ausgleichend und nivellierend ist als profiliert, neigte man im Gegenteil dazu, sie gering zu schätzen.

In *De institutione oratoria* schrieb QUINTILIAN:

[...] plura illis Graecis loquendi genera, quas dialéktous vocant, et quod alia vitiosum interim alia rectum est (1, 5, 29)

In Herodoto vero cum omnia (ut ego quidem sentio) leniter fluunt, tum ipsa diálektos habet eam iucunditatem, ut latentes etiam in se numeros complexa videatur. (9, 4, 18)

[...] quinque Graeci sermonis differentias [...] (11, 2, 50)*[32]

---

* weil sie mehrere Arten von Sprachen haben, die sie Dialekte nennen, und weil das, was in dem einen falsch, manchmal in dem anderen richtig ist (1, 5, 29).
Bei Herodot nun fließt zwar, wenigstens nach meinem Gefühl, alles in einem gemächlichen Strome, vor allem aber enthält schon sein Dialekt etwas so Liebliches, daß er einen verborgenen Rhythmus in sich zu enthalten scheint (9, 4, 18).
... fünf verschiedene griechische Dialekte ... (11, 2, 50).

Solche Stellen aus antiken und mittelalterlichen Autoren sind vielfach zitiert worden als Belege für »moderne«, der gegenwärtigen Soziolinguistik oder Dialektologie als Vorläufer zuordenbare Auffassungen; es mag sein, daß Idiosynkrasien dadurch begünstigt werden, daß die antike Terminologie sich in zentralen Bereichen bis heute erhalten hat. Derartige Genealogien sind kurzschlüssig. Sprach*formen* sind zweifellos Gegenstand der antiken Philologen. In ihren Grammatiken und Rhetoriken haben sie Sprachanalysen vorgelegt, deren Ebeneneinteilung und Aufbau teilweise heute noch verbindlich sind, aber sie haben die moderne Trennung zwischen dem sprechenden (schreibenden) Menschen und seinem verbalen Produkt, also dem eigentlichen Gegenstand der modernen Sprachforschung, nicht ausgeführt. Sprachen sind für sie kein abstraktes Objekt, das von der menschlichen Praxis ablösbar und instrumentalisierbar wäre, sondern ein integrierter Bestandteil der Natur des Menschen bzw. aller sprachbegabter Wesen (daß zwischen beidem ein Unterschied besteht, wird sich im nächsten Absatz zeigen). Sprachen sind nichts Abstraktes, sondern eine naturhafte Begabung bestimmter Klassen von Lebewesen. Einzig als natürliche Eigenschaft dieser Klassen von Lebewesen existiert Sprache, und auf der Folie dieser Grundauffassung sind die zitierten Beispiele ebenso zu sehen wie die antike grammatische, stilistische oder oratorische Literatur oder die volkssprachlichen (d.h.: in den kanonischen Schriftstellern als lexikalische oder grammatische Formen nicht belegten) Effekte etwa der plautinischen Komödien.

Ein letztes Zitat soll diesen Punkt von einer anderen Seite beleuchten. Menschsein ist keineswegs definiert durch die Tatsache, daß es eine Klasse sprachbegabter Lebewesen gibt. Es ist vielmehr so, daß zwar alle Menschen sprechen können, aber das Umgekehrte nicht gilt: nicht jedes sprechende Wesen ist ein menschliches Wesen. Was ein Mensch ist, ergibt sich vor allem aus seinem sozialen Status, der wiederum etwas Natürliches ist (die Tatsache, daß man vom Sklaven zum Menschen aufsteigen oder auch vom Menschen zum Sklaven degradiert werden kann, was PLATON bezüglich der griechischen Innenpolitik so beredt kritisiert, widerspricht dem keineswegs). Das Menschsein oder Dingsein der sprachbegabten Lebewesen ergibt sich also aus ihrem Platz in der natürlichen Ordnung der Welt (und nicht aus ihrer *faculté de langage*, um einen SAUSSUREschen Ausdruck zu verwenden), wie VARRO in seiner Schrift über die Landwirtschaft feststellte:

Quas res rusticas alii dividunt in duas partes [...] alii in tres partes, instrumenta genus vocale et semivocale et mutum, vocale, in quo sunt servi, semivocale, in quo sunt boves, mutum, in quo sunt plaustra.[33]

Die Sprache, die den *instrumenta vocalia* gegeben ist, ändert nichts daran, daß sie *instrumenta* sind, wobei es offenbar gleichgültig ist, ob es sich dabei um die lateinische oder griechische oder eine barbarische Sprache handelt. Immerhin reicht das Merkmal der Sprachfähigkeit aus, einen Unterschied zu den Tieren zu begründen, die eben nur *semivocale* sind. Sprache ist eine Eigenschaft, die der Klasse der sprachbegabten Wesen zukommt, welche empirisch wiederum in den beiden natürlichen Erscheinungsformen des Menschen und des Sklaven auftritt. Sprache ist nichts Abstraktes, das abgelöst werden kann von den praktischen Zusammenhängen, in denen es funktioniert, und sie begründet keineswegs eine grundsätzliche Gemeinsamkeiten der sprechenden Lebewesen außerhalb der gegebenen, naturhaften Bedingungen. Der Satz vom *homo animal loquens* steht dem nicht unbedingt entgegen – ein *instrumentum vocale* ist definitionsgemäß kein Mensch. Daß diese Auffassungen beileibe nicht auf die Antike beschränkt sind, muß betont werden.

Die Differenzierungen zwischen Griechen, Römern und Barbaren, zwischen Gebildeten und Ungebildeten liegen quer zu denen zwischen Menschen und Sklaven, denn man kann gleichzeitig Mensch und Barbar, aber ebensogut gleichzeitig gebildeter Grieche und Sklave sein. Und man kann, wie gesagt, trotz der Naturhaftigkeit dieser Kategorien durchaus von einem Barbaren zu einem gebildeten Menschen werden oder vom Sklaven zum Freien – und umgekehrt. Das Verfügen über Lese-Schreib-Fähigkeiten ist dabei ein Moment des Verfügens über ›die Sprache‹, d.h. vor allem das Griechische und dann auch das Lateinische. Beides beherrscht man nur, wenn man in Grammatik, Rhetorik und Stil geschult ist. Das ist die Voraussetzung dafür, gebildet zu sein. Gebildet können aber auch Sklaven sein, VARROS *instrumenta vocalia*: ohne die versklavten Gelehrten aus Griechenland hätte Rom die griechische Bildung, auf die es so begierig war, kaum einsaugen können. Die Assymetrie der Unterscheidungen zwischen Menschen und Barbaren einerseits, Menschen und Sklaven andererseits ist keineswegs eine für die europäische Antike spezifische Erscheinung, ebensowenig ihre Bezogenheit auf Sprachunterschiede. Im Ausgang der Antike schrieb AUGUSTINUS zu diesem Punkt:

»Erst das Wort macht uns zu Menschen und verbindet uns miteinander, so daß zwei Menschen verschiedener Völker füreinander keine Menschen sind« [wenn sie die jeweils andere Sprache weder verstehen noch sprechen]. (zit. nach MOUNIN 1966: 10).

V. Christliche Meinungen:
Spanier und Heiden, Latein und Freiheit

Ganz ähnliche Beobachtungen teilte 1500 Jahre später HUGO SCHUCHARDT mit. Er stellte fest, daß »[der Einsprachige] auch bei einiger Bildung [...] jede fremde Sprache noch als eine mehr oder weniger barbarische [betrachtet]« (1904/1976: 48). Daß im alten China die Welt in Han (Chinesen) und Barbaren zerfiel, ist bekannt, und ebenso bekannt ist, daß in vielen Sprachen das Ethnonym für die jeweils eigene Sprachgemeinschaft synonym mit dem Wort ›Mensch‹ ist. Die Kehrseite dieses Sachverhalts besteht häufig darin, daß die jeweiligen Nachbarethnien mit ihren unverständlichen Sprachen und ihrem – soweit vorhanden – unleserlichen Geschreibsel als Sprachlose (z.B. werden die Deutschen in den slavischen Sprachen als ›nemci‹ bezeichnet), Stumme, Kauderwelschende oder Analphabeten lexikalisiert sind.

In einer mexikanischen Chronik des 16. Jahrhunderts kann man lesen, wie die Unterhändler des noch nicht gestürzten aztekischen Königs MOTECUZUMA ein Treffen mit den vorrückenden Spaniern beschreiben, bei dem es um Friedensabsprachen ging:

Nur nach Gold hungerten und dürsteten sie, es ist wahr! Sie schwollen an vor Gier und Verlangen nach Gold. Gefräßig wurden sie in ihrem Hunger nach Gold, sie wühlten wie hungrige Schweine nach Gold. Sie rissen die goldenen Banner an sich, prüften sie Zoll für Zoll, schwenkten sie hin und her, und auf das unverständliche fremde Rauschen im Wind antworteten sie mit ihren wilden, barbarischen Reden.[34]

Als die Gesandten den Fremden alles übergeben hatten, machten diese ein strahlendes Gesicht, sie freuten sich mächtig, sie waren entzückt. Als wenn sie Affen wären, hoben sie das Gold hoch; wie zeigten sie in Gebärden ihr Gefallen. Wie erneuerte und erleuchtete sich in ihnen das Herz. Denn es ist gewiß, daß sie es begehrten mit brennendem Verlangen, es reckte sich ihr Körper danach, sie haben einen schrecklichen Hunger nach Gold. Und die goldenen Fahnen reißen sie heftig an sich, schwenken sie hin und her, sehen sie von der einen und von der anderen Seite an. Sie sind wie jemand, der eine barbarische Sprache redet; alles, was sie sagen, ist in barbarischer Sprache.[35]

Als Motecuhzoma geendet hatte, übersetzte Malintzin seine Rede ins Spanische, so daß der Kapitän sie verstehen konnte. Cortes antwortete in seiner seltsamen und wilden Sprache. [...] Malintzin übersetzte diese Rede. Und die Spanier griffen nach Motecuhzomas Händen und klopften ihm auf dem Rücken, um ihm ihre Zuneigung zu zeigen.[36]

Genau anders herum sah der Priester GÓMARA, (ca. 1511–ca. 1562) Hauskaplan der Familie CÓRTEZ, die Sache. Die Conquista habe die Amerikaner von Polygamie, Sodomie und Kannibalismus befreit und gewissermaßen die Bedingung der Möglichkeit geschaffen, sie zu wirklichen Menschen zu machen:

Wir haben ihnen Latein und Wissenschaft beigebracht, was mehr wert ist als noch soviel Gold und Silber, das wir ihnen abnahmen: denn erst durch Bildung sind sie wahre Menschen. Also sind sie durch Unterwerfung und mehr noch dadurch, daß sie Christen geworden sind, befreit worden. (1552).[37]

COLUMBUS hat sich an einigen Stellen seiner Bordtagebücher mit den Problemen der Sprachverschiedenheit auseinandergesetzt; wir können dafür auf die kursorische Darstellung und die Reflexionen von MAAS (1976: 92–95) verweisen. MAAS' Überlegungen kreisen um die These, daß COLUMBUS' Denkansatz neue, bürgerliche Prämissen aufweise; die »optimale Ausbeutung« der Bewohner des neuentdeckten Indien setzte voraus,

daß deren Sprache nicht mehr als etwas Naturhaftes, Unveränderbares betrachtet wird, sondern als etwas, das verändert werden kann; sie müssen die Sprache der Herren so weit *lernen*, daß sie auch komplizierte Arbeitsaufgaben ausführen können. (MAAS 1976: 92)

COLUMBUS' Bemühungen, das ersehnte Gold zu finden, blieben ziemlich erfolglos; hierin darf man den wesentlichen Grund dafür sehen, daß er über andere Möglichkeiten der ökonomischen Ausbeutung der neuentdeckten Länder nachdachte. Schließlich mußte er dem spanischen Hof klarmachen, daß es sich lohnte, Indienexpeditionen zu finanzieren. Bei COLUMBUS sind die Amerikaner zunächst nicht einfach nur Wilde, sondern Menschen von einnehmendem Äußeren (»[...] ich sah niemand, der mehr als 30 Jahre alt war. Dabei sind sie alle sehr gut gewachsen, haben einen schöngeformten Körper und gewinnende Gesichtszüge«)[38], die bestens geeignet sind, als Sklaven nach Kastilien deportiert oder auf ihren eigenen Inseln versklavt zu werden, also profitabel verwendbar sind:

Abb. 5
Los Maestros de Coro y de Escuela.
Chor und Lehrmeister.
Zeichnung von Felipe Guaman Poma de Avala
für sein Buch Nueva Cronica y Buen Gobierno,
eine lange Darstellung der eingebornen
südamerikanischen Kulturen und der spanischen Eroberung,
wahrscheinlich zwischen 1578 und 1613 geschrieben.
(aus: UNESCO-Kurier Nr. 8–9/1982: 11)

Sie haben einen gesunden Menschenverstand, der des Scharfsinns nicht entbehrt. Sie durchfahren alle Meere, und es ist geradezu unglaublich, wie sie über alles genaue Auskunft zu geben wissen [...] Es fehlt ihnen nichts außer den Sprachkenntnissen, um ihnen Befehle zu geben, denen sie ohne Murren nachkommen werden[39],

heißt es im Bericht über die erste Reise. Nachdem die Amerikaner anfangen, Widerstand zu leisten, und eine spanische Garnison vernichten, ändert sich COLUMBUS' Beurteilung erheblich: nun sind sie Wilde, Barbaren, Menschenfresser, denen mit

Feuer und Schwert zu begegnen ist. Dennoch erscheint es ihm weiterhin im Wortsinn lohnend, Besserungsbemühungen zu unternehmen:

Die Lieferungen [aus Spanien] könnten mit Sklaven aus diesen Kannibalen bezahlt werden, die so wild und stattlich, gut gebaut und aufgeweckt sind und die, in Spanien von ihren unmenschlichen Sitten befreit, gewiß besser als irgendwelche anderen Sklaven sein werden.[40]

Soweit der Entdecker Amerikas.

1492 hatte E.A. NEBRIJA der spanischen Krone seine ›Gramática Castellana‹ vorgelegt mit dem ausdrücklichen Hinweis, daß er damit ein Mittel an die Hand geben wolle, die unwägbaren Gefahren zu bannen, die in der Vielfalt der Sprachen lauerten, in denen die spanischen Untertanen sich verständigten: »Er trug ihr [der spanischen Königin] eine neue Waffe an, die Grammatik, die von einem neuen Typ des Söldners, dem letrado, gehandhabt werden sollte«, schrieb IVAN ILLICH (1982: 15). Die Castellanisierung Südamerikas ist sicherlich eine der schwerwiegendsten Folgen der spanischen Kolonialisierung gewesen. Andererseits scheint die Etablierung des Kastilischen als einer Literatursprache, die durch Grammatiken, Wörterbücher, Stilistiken usw. geregelt ist, in gewisser Weise mit der spanischen Expansion in Amerika zusammenzuhängen. Gegen die zentrifugalen Tendenzen, die solchen Expansionsprozessen meist innewohnen, scheinen Normierung, Kodifizierung und Kontrolle der gemeinsamen Sprache der Kolonisatoren und ihre abgestufte und wohldosierte Verbreitung unter den Kolonisierten ein nützliches Mittel zu sein. Bei der Konstituierung der Nationalsprachen Europas ist eine doppelseitige Dialektik wirksam geworden: einerseits die allmähliche faktische wie ideologische Verdrängung des Lateinischen, andererseits die Zurückdrängung der Volkssprachen in die Rolle von patois – das Lateinische hätte im 15. und 16. Jh., schon wegen der klaren funktionalen Aufteilung der jeweiligen Domänen, die Volkssprachen in dieser Weise nicht bedrohen können. Man darf allerdings bei dieser metaphorischen Redeweise vom konfliktreichen Entwicklungsgang des Verhältnisses zwischen Volkssprachen, reussierenden Nationalsprachen und dem Lateinischen die sozialen Entsprechungen dieser Metapher nicht aus dem Auge verlieren: die Entwicklung der entsprechenden Staaten und ihrer Institutionen. In den westeuropäischen Ländern bildete sich (in unterschiedlichem Maße und in unterschiedlichem Tempo) neben dem Monopol an politischen und militärischen Machtmitteln im Innern »eine Art Sprachmonopol« (KUHN 1983: 76) heraus, das weniger durch das stehende Heer, dessen Verfügbarkeit einem bekannten Aperçu zufolge aus einem Dialekt eine Sprache macht, garantiert wurde, sondern »das sitzende Heer der Pädagogen, Linguisten und sonstigen freischaffenden Normierer« (KUHN, ebd.).

Es reicht nicht aus, die Feststellung zu treffen, daß die ideologische Figur der Dichotomie von Fremdem und Eigenem, die Opposition zwischen »der Sprache« und dem Kauderwelsch der jeweils Anderen historisch und geographisch so verbreitet ist, daß man geneigt sein kann, von einer sozialpsychologischen Konstante zu sprechen. Es geht hier nämlich nicht, wie die Beispiele zeigen, in erster Linie um Sozialpsychologie, sondern um sehr handfeste wirtschaftliche und militärische Zusammenhänge. Der Logiker FREGE hat diesen Punkt sehr schön formuliert:

Wenn ein Geograph eine Ozeanographie zu lesen bekäme, in der die Entstehung der Meere psychologisch erklärt wäre, so erhielte er zweifellos den Eindruck, daß doch ganz seltsam an der Sache selbst vorbeigeschossen wäre (FREGE 1967: 192).

Der Topos vom Barbaren und seiner barbarischen Sprache dient der Rechtfertigung von Aktivitäten ganz anderer Art. Ökonomisch-soziale Gegebenheiten sind hier die Folie, auf deren Hintergrund Aussagen über Sprachenfragen zu klären sind. COLUMBUS spricht über Ökonomie, über Geld, wenn er über Sprachunterschiede räsonniert. Der Sprachunterschied ist für ihn in der Tat keine naturhafte Gegebenheit, sondern kann (und soll – im Interesse seines Geldbeutels) verändert werden – und hier liegt ein gewisser Unterschied zu den Auffassungen der zitierten antiken Autoren.

VI. Gelehrte Meinungen: Die natürliche Ordnung der Sprachen und Völker und das Problem der *prima lingua*

Bis zur Renaissance war die Klassifikation der europäischen Sprachen vertikal eindeutig gewesen mit dem Lateinischen als der gemeineuropäischen Verkehrssprache der Gelehrsamkeit, Diplomatie und Verwaltung und den beiden anderen ›heiligen‹ *Sprachen* einerseits, den *vernacula* der verschiedenen Völker andererseits. In der Praxis waren die Verhältnisse etwas komplexer: es gab internationale Handelssprachen mit funktionsspezifischer Schriftkultur wie das Niederdeutsche der Hanse und schriftlose Verkehrssprachen wie das mediterrane Sabir, und es gab seit dem frühen Mittelalter periodische Ansätze zu nationalsprachlichen Schriftkulturen in einigen Ländern. Im Laufe des Mittelalters kam es mit dem Entstehen nationaler Schriftkulturen allmählich zu klaren funktionalen Differenzierungen und schließlich im 15. und 16. Jh. zur begrifflich-ideologischen Emanzipation der Nationalsprachen vom Lateinischen. In Italien reichen einschlägige programmatische Diskusstionen bis ins 13. Jh. zurück; dort wurden bei den Erörterungen der ›*questione della lingua*‹ die sicherlich anregendsten und interessantesten ideologischen Debatten über das Nationalsprachenproblem geführt. In Frankreich beförderte spätestens die Pléiade das *vernaculum* der Île de France zur französischen Sprache (DOLET, DuBELLAY, usw.), was eine bemerkenswerte sprachpolitische Vorgeschichte hatte: Hand in Hand mit der Durchsetzung des Französischen gegenüber dem Lateinischen gingen Versuche (in einer Reihe königlicher Edikte des 16. Jh. belegt), die nichtfranzösischen *vulgaires et langages du pays* zurückzudrängen, die man bis dahin als gleichberechtigt aufgefaßt hatte. Im *Edikt von Villers-Cotterêts* dekretierte FRANÇOIS I. im Jahre 1539:

[...] nous voulons et ordonnons qu'ils soient faits et ecrits si clairement qu'il n'y ait, ne puisse avoir aucune ambiguité ou incertitude ne lieu de demander à interpretation. Et pour ce que de telles choses sont souvent advenues sur l'intelligence des mots latins contenus esdits arrests, nous voulons d'ores en avant que tous arrests ensemble toutes autres procédures, soient de nos cours souveraines et autres subalternes et inferieures, soient de registres, enquestes, contracts, commissions, sentences, testaments et autres quelconques, actes et exploicts de justice, ou qui en dépendent, soient prononcés, enregistrés et délivrés aux parties en langage maternel françois, et non autrement.[41]

G. KREMNITZ ist in seiner Arbeit über die Kodifikation des Occitanischen (1974) zu der Ansicht gelangt, daß dieses Edikt (das eine Vorgeschichte von ähnlichen Erlassen über fast 100 Jahre hinweg besitzt) eindeutig zu interpretieren sei: es diene der Unterdrückung der nichtfranzösischen »ethnischen Sprachen«. Ein anderer, entgegenstehender Gesichtspunkt ist z.B. von BEAULIEUX (1927) betont worden: der Erlaß richte sich gegen das Lateinische. Das Latein der Juristen und Verwaltungsleute sei derart heruntergekommen gewesen (»c'est surtout dans le domaine judicaire que l'abus fut le plus criant«; p. 76), daß das Edikt in erster Linie deshalb ergangen sei, um diesen traurigen Zustand »interdisant désormais de publier des jugements et arrêts en latin« zu beenden (ebd.). Es darf offenbleiben, worin das Hauptmotiv zu sehen ist; man wird davon ausgehen können, daß der zweite Gesichtspunkt jedenfalls nicht nebensächlich war.

In Deutschland bewirkten die Revolutionen des 16. Jh. ebenfalls ein Zurückdrängen des Lateinischen aus wichtigen Funktionszusammenhängen. Hand in Hand damit ging die (nicht nur ideologische) Etablierung des Deutschen als *Sprache*: die Bemühungen um die Schaffung eines *Gemein Teutsch* hatten auch nach den Niederlagen der Volksbewegung, die sie getragen hatte, erhebliche praktische Auswirkungen. Bekanntlich konnte das Deutsche in vielen Funktionen das Lateinische (und wenig später dann: das Französische) als Literatursprache erst im 19. Jh. endgültig ablösen, aber eine bleibende Wirkung hatte die frühbürgerliche Sprachenpolitik dennoch: die sukzessive Verdrängung der tatsächlichen Volkssprachen aus schriftsprachlichen Funktionen und schließlich, vor allem im norddeutschen Raum, langfristig auch als gesprochener Sprache.

Eine unmittelbare Konsequenz der Neuordnung des linguistischen Olymp im 16. Jh. bestand in der Produktion einer Vielzahl von Wörterbüchern, Fibeln, Grammatiken, Stilschulen usw. für die neuen Sprachen bzw. ihre Sprecher, denen man ihre frischgebackenen Sprachen als *Sprachen*, d.h. zum Lesen und Schreiben zu verwendende Sprachen, nahebringen wollte. Es ist auch nur folgerichtig, daß einige der bedeutendsten deutschen Philologen des 16. Jh. (wie ICKELSAMER oder FRANGKH) auch Propagandisten der Massenalphabetisierung in Theorie und Praxis waren. Der Beginn der nationalsprachlichen Philologien (deren Anfänge weiter zurückliegen, aber deren Durchbruch das 16. Jh. markiert), war eine der Vorbedingungen und Begleiterscheinungen der sich nun (in unterschiedlichem Tempo) durchsetzenden orthographischen und stilistischen Normierung der Nationalsprachen von Polen und Böhmen bis Portugal. Dies wiederum kann als eine der entscheidenden Vorbedingungen für eine effektive Alphabetisierung breiter Volksklassen betrachtet werden.

Auf der Ebene der gesellschaftlichen Praxis waren im frühen 16. Jh. in Deutschland zweifellos die Bemühungen um die wirkliche Volkssprache von nachhaltiger Bedeutung (entsprechendes gilt auch für andere Länder, etwa Böhmen (seit dem 15. Jh.), England oder die Niederlande): die Anstrengungen, einheitliche Orthographien und nationale Terminologien zu entwickeln und, vor allem, zu popularisieren. Dies bedeutete den Versuch einer schnellen und möglichst effektiven Alphabetisierung der städtischen Handwerker- und Plebejerschichten, aber durchaus auch der

Bauern, und Hand in Hand damit der breiten Verwendung der geschriebenen Volkssprache in Zusammenhängen, die vorher entweder ›schriftlos‹ oder dem Lateinischen vorbehalten waren. Die Geschichte der Sprachen- und Alphabetisierungspolitik »von unten« in der Reformationszeit ist allerdings noch nicht zusammenfassend dargestellt und stellt ein Forschungsdesiderat dar.

Der Aufschwung der Volkssprachen zu Beginn des 16. Jh. verdankte seine Durchschlagskraft auch der inzwischen technisch hinreichend ausgereiften Kunst des Druckens. Die großräumige Verbreitung des »gedruckten Wortes« war ein wesentlicher Faktor nicht nur für die Wucht dieser Kämpfe und den Grad an politischreligiösem Bewußtsein, der in ihnen zum Ausdruck kam. Massive Anreize und Anlässe zum Lernen und Lehren des Lesens und Schreibens lagen in den ideologischen Konflikten des frühen 16. Jh. selbst; daß Erschwinglichkeit und Verbreitung des Gedruckten das Austragen solcher Konflikte praktisch sehr erleichterten und im Grunde historisch zum ersten Male überhaupt möglich machten, kann als weiterer materieller Faktor angeführt werden.

Maßgebliche Arbeiten zu diesem Komplex hat E. Eisenstein vorgelegt; sie hat betont (1968: 19ff.), daß die Bedeutung der Drucktechnologie für die Fixierung, Standardisierung und Normierung der Nationalsprachen noch weithin unterschätzt werde:

Typography arrested linguistic drift, enriched as well as standardized vernaculars, and paved the way for the more deliberate purification and codification of all major European languages (ebd. 20).

Für all dies spricht nicht zuletzt die höchst repressive Politik der Staatsgewalt gegenüber dem Druckerhandwerk seit seiner Etablierung. Noch im 17. Jh. verfaßte der dänische Humanist Heinrich Harder ein Epigramm zum Lobe der Druckkunst, dessen Optimismus wohl eher ironisch gemeint als naiv ist:

Typographia.
Luce beo multos: doctorum scripta virorum
cum potuere premi, non potuere premi

Die Druckkunst
Vielen verhelf ich ans Licht: seitdem man die Werke Gelehrter
drucken kann, kann man sie unterdrücken nicht mehr.[42]

Die Geschichte der Knebelung der Schwarzen Kunst durch das Konzessionswesen und die Zensur vom 15. bis ins 20. Jh. ist nicht nur eine Kette von Niederträchtigkeiten, sondern auch ein Beweis für die potentielle und gelegentlich auch praktische demokratische Potenz des Druckens, wobei ausdrücklich bemerkt werden soll, daß Gutenbergs Erfindung für sich genommen noch nichts bewegte. Im Gegensatz zu vielen philologischen Abhandlungen hierzu haben dies die staatlichen und kirchlichen Zensoren stets sehr gut begriffen: es ging ihnen kaum darum, *daß* gedruckt wird oder nicht, ob gelesen wird oder nicht, sondern fast immer nur darum, *was* gedruckt und gelesen werden soll oder darf und was nicht. Hieraus ergibt sich, daß der sprichwörtlichen protestantischen Doktrin eher geringe Bedeutung zugemessen werden sollte, derzufolge Luther und die anderen Reformatoren dem Volk die

Bibel, den Katechismus und das Gesangbuch gebracht haben, damit es in ihnen lese. Zwar waren Bücher dieser Art kaum Gegenstand der Unterdrückung, doch sind die Beiträge der protestantischen Fürsten und ihrer Geistlichkeit bei der Bekämpfung des niederen »deutschen« Schulwesens sicher von größerer Aussagekraft als die einschlägigen Bemerkungen LUTHERS. Um die gewünschten Bücher lesen zu können, muß man erst einmal lesen können; wenn man lesen kann, kann man auch andere als die gewünschten Bücher lesen.

Ein eher innersprachlicher Faktor für den Siegeszug der neuen Kultursprachen muß noch erwähnt werden: die sprachreformerischen Bemühungen der humanistischen Gelehrten um das Lateinische. Die Rückorientierung der Renaissance auf das klassische Latein CICEROS und ihr Kampf gegen das verderbte Kirchen- und Küchenlatein ihrer Zeit hat der lateinischen Sprache den Boden unter den Füßen weggezogen, hat sie tendenziell unbrauchbar gemacht für die Verwendung außerhalb der gelehrten Welt. So klassisch und kunstvoll das gelehrte Latein der Humanisten war, so unbrauchbar wurde es für die praktische Verwendung in der Verwaltung, im Handel, in der praktischen Seelsorge usw. Man übertreibt nicht, wenn man sagt, daß die Nutzlosigkeit des Lateinischen in seinen traditionellen Domänen exponentiell zum Grad seiner Reinigung von den Schlacken des jahrhundertlangen Gebrauchs in der Praxis stieg: die »Rettung« des Lateinischen aus dem Verfall des Mönchslatein machte es schließlich zur ›toten Sprache‹.[43] Es entstand ein immer tieferer Graben zwischen dem Latein der Gelehrten, die streng auf Befolgen der klassischen Regeln pochten, und denen, die es lernen und außerhalb der Bildungssphäre anwenden sollten – konsequenterweise suchten letztere nach anderen Lösungen und fanden sie. Der recht platte Aphorismus, daß die Römer es nie zu ihrem Imperium gebracht hätten, wenn sie ihre eigenen Deklinationen und Konjugationen hätten lernen müssen, bekommt hier einen krausen, aber realen Sinn.

Parallel zu diesen Prozessen der faktischen Etablierung einiger *vernacula* als *gemeiner Sprachen* in allen Funktionen und mit allen Rechten laufen vielfältige Versuche, diese Neustrukturierung der linguistischen Hierarchie zu rechtfertigen. Bis ins 19. Jh. geschah dies im wesentlichen durch die Konstruktion sprachgeschichtlicher Genealogien, deren Ausmaß an Abenteuerlichkeit zwar langsam abnahm, in denen sich aber eine (erst allmählich lockerer werdende) Bindung an die alte Einteilung zeigte. Je enger die Verwandtschaft zu einer der klassischen Sprachen, desto höher waren Wert und Respektabilität der betreffenden neuen Kultursprache. Die Gelehrten der Renaissance und des Barock wetteiferten geradezu in der Konstruktion solcher Ableitungen für ihre jeweilige Sprache, wobei anfangs das Unglück der Sprachverwirrung beim Turmbau von Babel den Ausgangspunkt abgab. Fand man die Ursprache wieder (durch den Nachweis ihrer Beziehungen zu ihren Abkömmlingen, nämlich den jeweils interessierenden neuen Kultursprachen), konnte die ursprüngliche Harmonie wiederhergestellt werden. Erster Kandidat auf den Titel der Ursprache war natürlich das Hebräische als die ›Sprache des Paradieses‹, aber es gibt auch Umkehrungen der Thronfolgeordnung. Bereits 1501 hatte H. BEBEL behauptet, das Deutsche sei älter als das Griechische; um 1510 formulierte er den Gedanken, daß Adam im Paradies deutsch gesprochen habe und deshalb das Deutsche die

Ursprache der gesamten Menschheit sein müsse (vgl. Borst 1957/63, Bd. II: 1056f.).
Auch der flämische Gelehrte J. Goropius (1569)

dreht das Schema um und stellt eine germanische Sprache an den Ursprung. Seine Argumente:
germanische Wörter finde man in allen Sprachen, und das Wort ›Germanen‹ selber bedeute,
»die, die vereinen«. (Calvet 1974: 13)

Indem man so eine Sprache auf das Hebräische zurückführte oder es gar durch sie
ersetzte, wurde diese Sprache herausgehoben aus der Mittelmäßigkeit der ge-
schichtslosen Nachbarsprachen bzw. zu einer eigentlichen Sprache gemacht. Damit
verbunden war regelmäßig der Anspruch, daß diese Sprache für alle Funktionen
tauglich (zu machen) sei, die bislang den *tres sacrae linguae* vorbehalten waren. In
gleicher Weise (und in viel zahlreicheren Fällen) wurden Abstammungsbeziehungen
zum Griechischen fabriziert; angesehene Humanisten wie der Heidelberger
J. v. Dahlberg, C. Celtis, Aventinus oder A. Althammer fanden am Anfang
des 16. Jh. einige Tausend griechisch-deutscher Etymologien heraus.[44] Diese Verwandtschaftsverhältnisse wurden dann auch aufs Geschriebene übertragen. Der
Würzburger Abt J. Trithemius erklärte 1508, die alten Deutschen hätten in griechischen Schriftzeichen geschrieben (Borst 1957/63, Bd. II: 1055), ebenso der bereits
erwähnte Tübinger Rhetorikprofessor H. Bebel (Borst a.a.O. 1056f.).

   Auch in Frankreich gab es vielfältige Versuche, den Nachweis zu führen, daß das
Französische vom Hebräischen abstamme, aber auch dort war das Hauptinteresse
darauf gerichtet, es als Tochtersprache des Griechischen erscheinen zu lassen. Berichtete nicht Caesar, daß die gallischen Druiden in griechischen Schriftzeichen
geschrieben hatten[45], hatten die Griechen nicht Massilia gegründet, war nicht das
Französische der Gegenwart (der humanistischen Gelehrten des 16. Jh.) voll von
eindeutig griechischen Wörtern? Mit dieser Genealogie stand das Französische zwar
nicht (wie die verschiedenen Nachkommen des Hebräischen) an der Quelle der
göttlichen Offenbarung, dafür aber am Beginn und im Zentrum aller Kultur und
Zivilisation.[46] In England begründeten Thomas Morus (1478–1535) ebenso wie
sein politischer Gegenspieler William Thyndale (1483–1536), daß das Englische
keineswegs eine barbarische Sprache sei, wie im Ausland oft fälschlich angenommen
werde, sondern wegen seiner offenkundigen Verwandtschaft zum Griechischen und
ganz besonders zum Hebräischen dem Lateinischen gleichzusetzen, wenn nicht gar
vorzuziehen sei. Ähnliche argumentative Bemühungen finden sich in allen wichtigen
Ländern Westeuropas (vgl. Borst a.a.O. 1095ff.).

   Dies ist eine neue Entwicklung. Neu ist nicht die Gleichbewertung von Hebräisch
und Griechisch, die ja mit dem Lateinischen zusammen die traditionelle Dreieinigkeit der heiligen Sprachen, das Trilinguum, ausgemacht hatten. Neu ist vielmehr die
allmähliche Säkularisierung der zentralen ideologischen Aspekte der Sprachenfrage,
die in dieser Neubewertung des Griechischen als der Sprache des Ursprungs von
Kultur und weltlicher Zivilisation liegt: es ist nicht mehr in erster Linie die Sprache
des Neuen Testaments, sondern die Sprache der klassischen Philosophie, Rhetorik
und Dramatik, die in der französischen Kultur des 17. Jh. ihre ebenbürtige Fortsetzung finden. Neu ist vor allem, daß das Französische als die Sprache, in der diese

unvergleichliche moderne Kultur geschaffen wurde, dem Griechischen als seinem Vorläufer gleichwertig ist, daß die französische Sprache die moderne Reinkarnation der unübertroffenen Vorzüge der griechischen Sprache ist, ihrer Logik, Geschmeidigkeit, Schönheit usw. Nicht zufällig wurde in dieser Zeit ein kühner Schritt getan: »[...] bis zu dem Zeitpunkt, wo die Schulen von Port-Royal den Vorrang des Französischen durchsetzten, lehrten unsere alten Oberschulen die Kinder das Lesen am Lateinischen«.[47] Dies stellt, trotz DANTE und der nachfolgenden Debatte der *questione della lingua*, den ersten durchschlagenden Erfolg bürgerlichen Denkens über den doktrinären Schematismus des Mittelalters in der Sprachenfrage dar, obwohl dessen Muster keineswegs aufgegeben werden. Es wird nicht nur die klassische Trinität der heiligen Sprachen vom Sockel gehoben, sondern es wird nach und nach das Gegenprogramm einer säkular definierten Hierarchie der Sprachen ideologisch durchgesetzt, dessen Parameter die Kultur und Zivilisation der Klassik des absolutistischen Zeitalters sind. Die Argumente der Begründung der Rangfolge der Sprache wechseln, aber die Natürlichkeit einer solchen Rangfolge bleibt außer Zweifel. Die linguistische Trinität wird verdrängt durch einen im Kern bürgerlichen Olymp der Kultursprachen. An seiner Spitze steht zunehmend unangefochten das Französische, ohne daß deshalb die übrigen größeren Literatursprachen Europas aus ihm grundsätzlich ausgeschlossen waren. »Jack wold be a gentilman if he coude speke frensske«, sagt ein altes englisches Sprichwort. Friedrich der Zweite von Preußen behauptete (bekanntlich sehr zum Mißvergnügen vieler deutscher Professoren), daß man in deutscher Sprache keine wirklich hohe Dichtung abfassen könne. Natürlich gab es auch eine Vielzahl von Gegenstimmen, die die neue Suprematie des Französischen bekämpften. Wir können diese Auseinandersetzungen hier aber nicht im einzelnen verfolgen; ein exemplarisches Zitat möge genügen.

Ist euch das Wälsche Gewäsch mehr angelegen / als die Mannliche Helden-Sprach ewrer Vorfahren? [...] warumb legstu dich nicht dieselbe zeit vber auff deine Muttersprach / solche in einen Ruff vnd rechten Gebrauch zubringen? vielmehr / als ciner außländischen Zungen also zu Diensten zu sein? Solche Sprachverkätzerung ist anzeigung genug der Vntrew / die du deinem Vatterland erweisest. Deine ehrliche Vorfahren sind keine solche Mischmäscher gewesen / wie jhr fast miteinander jetzt seit.

läßt JOH. MICHAEL MOSCHEROSCH den König ARIOVIST in seinen *Gesichte des Philander von Sittewald* (1643) sagen.[48]

Das 16. und 17. Jh. gelten als das Zeitalter der Entdeckungen, d.h. der militärischen und wirtschaftlichen Expansion zunächst Portugals und Spaniens, dann der mitteleuropäischen Mächte in die außereuropäischen Kontinente. Bei diesen Eroberungen entstand eine Vielzahl von Beschreibungen der fremden Länder, ihrer Bewohner und Sprachen, und die gelehrte Welt Europas wußte sehr bald, daß der orbis linguarum erheblich mehr umfaßte als die Handvoll bereits reussierter Kultursprachen Europas und die zugehörigen Dialekte und patois. Dennoch veranlaßten diese neuentdeckten und bald in einer Vielzahl von Abhandlungen mehr oder weniger professionell beschriebenen außereuropäischen Sprachen keine Veränderungen in der Rangfolge der Sprachen, allenfalls insofern, als die Klasse der barbarischen Sprachen am unteren Ende der Skala drastisch aufgefüllt werden konnte. Diese

Beschreibungen beruhten selbstverständlich auf den traditionellen Kategorien der Grammatik des Lateinischen – daß die neuentdeckten Sprachen meist schlecht in dieses Schema paßten, qualifizierte sie als defekt, roh und barbarisch. Der Empirismus des 18. Jh. lieferte zwar immer besser werdende Beschreibungen und allmählich auch – im Sinne der historisch-vergleichenden Sprachforschung des folgenden Jahrhunderts – realistischere Klassifikationen der europäischen und exotischen Sprachen (beispielsweise PETER SIMON PALLAS' *Linguarum totius orbis vocabularia comparativa*, 1786), aber ein Anlaß, die Sortierung in Sprachen der Kultur und Bildung verschiedenen Ranges einerseits, barbarische Idiome andererseits zu ändern, konnte dies nicht sein. Daß ein Großteil dieser Sprachen schriftlos war, begünstigte dieses Verfahren zusätzlich; aber auch bei altverschrifteten Sprachen, mit denen die Europäer erstmals oder zum ersten Mal intensiv in Kontakt kamen, etwa in Indien, sah man keinen Anlaß, andere Einstufungen vorzusehen, was auf dem Hintergrund des Gesagten eine Selbstverständlichkeit ist.

Nach wie vor fallen die Beschreibung und die analytische Vergleichung (v.a. auf der Basis der Etymologie) bestimmter Merkmale verschiedener Sprachen und ihre Bewertung als Träger und Symbole der natürlichen Hierarchie der Welt theoretisch nicht auseinander. Die Sprachen des politischen und kulturellen Lebens der großen europäischen Mächte sind den übrigen Idiomen nicht nur in jeder Hinsicht überlegen, sondern sie sind ihnen einfach nicht vergleichbar. Der Empirismus ebenso wie der Rationalismus des 18. Jh. war in dieser Hinsicht von den objektivistischen Abstraktionen des späten 19. Jh., als die Sprachformen dann endgültig vom sprechenden Individuum und der sprechenden Gemeinschaft abgetrennt wurden, noch weit entfernt. Im 17. und 18. Jh. wußte man das Urteil der Vernunft noch sehr organisch in seine Sprachbeschreibungen und Sprachanalysen hineinzutragen; so verwundert es kaum, daß die *Grammatik von Port-Royal*, dieser Höhepunkt rationalistischer Sprachphilosophie, bei ihren Analysen mit dem Französischen und etwas Latein auskommt, um das Wesen der Sprache zu klären – andere Sprachen tragen dazu nichts bei. Hierin spiegelt sich auf ironische Weise ein Stück an soziologischem und politischem Realismus: die aufgeklärte Sprachforschung nahm in ihren ideologischen Klassifikationen der Sprachen jedenfalls zur Kenntnis, daß die soziale und politische Wertigkeit verschiedener Sprachen in der Praxis höchst verschieden ist, weil die Gemeinschaften, die sie sprechen, verschieden mächtig, reich und aufgeklärt sind. Sie reißt die Sprachen nicht aus ihrem sozialen Zusammenhang heraus und bewertet, darin liegt der Realismus des Verfahrens, in der jeweiligen Sprache eben diesen Zusammenhang. Noch die romantischen und hegelianischen Sprachvergleichstheorien tragen die Spuren dieses quidproquo. Uns scheinen, trotz der romantischen Umkehrung des Schlusses von der Sprachgemeinschaft auf die Qualität der Sprache in den Schluß von der Architektur der Sprachformen auf die Qualität des Geistes der Sprache, die Unterschiede an diesem speziellen Punkt nicht grundsätzlich zu sein. Der englische Empirist Lord MONBODDO (1714–1799) führte das Huronische (Irokesische) zirkulär und schon sehr unbiblisch als Exempel für eine mögliche Ursprache an: weil die Huronen so primitiv und wild sind, ist ihre Sprache roh und urtümlich und folglich dem Urzustand der Sprache überhaupt nahe, und umgekehrt: die Huronen sind barbarische Wilde, und deshalb kennt ihre Sprache weder Kasus noch Genus noch Numerus noch Modus.[49] Graf GOBINEAU, der in seinem *Versuch über die Ungleichheit der Menschenrassen* (4 Bde., 1853–56) die ›wissenschaftliche‹ Rassenlehre maßgeblich begründete (die deutsche Übersetzung stammt von 1935), stellte dann fest, daß das huronische Gehirn nicht einmal im Keim einen Geist beherberge, der dem der Europäer vergleichbar sei, was keine sonderlich überraschende Konsequenz mehr ist. Ungefähr zur gleichen Zeit schrieb der hegelnde Professor HEYMANN STEINTHAL, daß die Grammatik »in ihrer höchsten Bestimmung Geschichte der Völkerlogik«[50] sei, und: »Die Sprachen sind so verschieden, wie das Bewußtsein der verschiedenen Volksgeister«.[51] Wen wundert dann noch die praktische Schlußfolgerung:

Weil der Irländer den irischen Volksgeist hat, ist er durch solche Schicksale gegangen, und aus beiden Gründen lebt er von Kartoffeln. Jetzt ist, in Folge der Rückwirkung, der irische Volksgeist durch die Kartoffel mitbestimmt. (1860: 346)[52]

Immerhin hatte STEINTHAL es hier mit einer altverschrifteten Sprache mit einer großen literarischen Tradition zu tun. Daraus folgt, daß das Kriterium der Verschriftetheit, besser: das Vorhandensein einer literatursprachlichen Tradition noch im 19. Jahrhundert nicht unbedingt ausreichte, einer Sprache der Rang einer *Sprache*, d.h. versehen mit Präfixen wie Kultur oder Bildung, zuzubilligen. Andererseits gilt, wie die Skizzen in diesem Abschnitt gezeigt haben, daß eine Sprache erst dann zu einer *Sprache* werden kann, wenn sie eine geschriebene Form besitzt oder erhält und so auch verwendet wird. Andere Gesichtspunkte wie typologische Ähnlichkeiten oder Unterschiede oder das Kriterium der gegenseitigen Verständlichkeit oder Unverständlichkeit scheinen bis ins letzte Drittel des vorigen Jahrhunderts hinein keine große Rolle für die Unterscheidung zwischen Sprachen und den verschiedenen Sorten von Nicht-Sprachen gespielt zu haben. Der entscheidende Punkt scheint also in der Verwendung von Sprachen als Schrift- bzw. Literatursprachen und vor allem in den darauf beruhenden ideologischen und sozialen Bewertungen zu liegen. Es ist kaum nötig, zu betonen, daß es dafür keinerlei objektive linguistische Gründe gibt. Die Entwicklung von *Schriftsprachen* (und damit implizit: von *vernacula* zu *Sprachen*) läßt sich nur verstehen, wenn man die gesellschaftlichen und ideologischen Umstände berücksichtigt, unter denen diese Entwicklung ablief; es genügt nicht, ihre innere Geschichte, etwa die Entwicklung von Alphabeten oder Schriftsystemen, zu rekonstruieren, wenn man diesen Prozeß als historischen, d.h. *sozialen* Prozeß verstehen will. Daß allein ein solches Verständnis angemessen ist, ergibt sich aus dem Sachverhalt, daß die schriftsprachliche Kommunikation unbestreitbar auf Veräußerlichung von Sprache beruht: Sprache wird im Prozeß der Schriftlichkeit ein Objekt, das zwischen den Mitgliedern der jeweiligen Gesellschaft in den verschiedensten Funktionen, entsprechend dem jeweiligen Entwicklungsstand der betreffenden Gesellschaft, ausgetauscht wird als Petrefakt (wie VOLOŠINOV es genannt hat), als Konserve, als geronnene, immer wieder aktualisierbare Sprache. Dieser Prozeß ist ein politischer und sozialer Prozeß, und es gilt bei linguistischen wie bei historischen Studien, diese Hauptbewegkräfte der »Schriftgeschichte« gebührend zu würdigen

und aus ihren vielfältigen ideologischen oder religiösen Erscheinungsformen heraus-
zuanalysieren. Es gilt aber auch, diese offenbare Tatsache in der Theoriebildung
ernstzunehmen und, beispielsweise, in der wissenschaftlichen Begriffsbildung zu berücksichtigen, etwa wenn es um – nur scheinbar ›rein linguistische‹ – Probleme wie
die Unterschiede zwischen Sprachen, Dialekten, Regionalsprachen, Kulturdialekten,
Halbsprachen, Varietäten, Vernakularsprachen, Mundarten, Nebensprachen, Pid-
ginsprachen und patois usw. geht (vgl. Thümmel 1977). Zwei kurze Zitate mögen
diesen Punkt abschließend verdeutlichen:

Le dialecte n'est jamais qu'une langue battue, et le langue est un dialecte qui a reussi politique-
ment. (CALVET 1974: 54)
La langue-langue, c'est la langue officielle, légitime, portant la marque de la violence et de
l'inégalité des rapports entre ceux qui la proclament et les autres, en plus grand nombre, forcés
de la déclamer (PIOU 1979: 25).[53]

Diese Einsichten lassen sich direkt übertragen auf die Probleme, um die es hier geht:
Geschriebene Sprachformen sind in der Regel die geschriebenen Sprachformen von
»Dialekten, die politisch reussiert haben« bzw. von »langues«, die dadurch, daß sie
geschriebene Sprachformen besitzen, zu »langue-langues« werden. J. FÉVRIER hat
dies so formuliert:

Le succès d'une écriture est assuré en général ou bien par l'autorité politique, ou bien par les
transactions commerciales, ou bien par la propaganda réligieuse (FÉVRIER 1948: 288).

›Schriften‹ erzielten und erzielen historischen Erfolg eben nicht aufgrund immanenter linguistischer Vorzüge, und sie erleiden historischen Mißerfolg nicht aufgrund
immanenter linguistischer Mängel: es sind vor allem außersprachliche Faktoren, die
die ›Schriftgeschichte‹ bewegen und sie als *Geschichte der lesenden und schreibenden
Menschen* konstituieren.

VII. Phylogenetische Zusammenhänge
von Schreiben, Lesen und Denken

Es gilt in der Schrifthistoriographie als gesicherte Erkenntnis, daß die frühesten
Schriftentwicklungen im vorderen Orient (Ägypten und Sumer) und in China als
voneinander unabhängig zu sehen sind, und ebenso besteht weitgehende Einigkeit
darüber, daß die wesentliche Triebkraft für die ›Erfindung der Schrift‹ (d. h. *praktisch*: die kontinuierliche, funktionsspezifische *Anwendung* der Techniken des Schreibens und Lesens) in ökonomischen Umwälzungen bzw. ihren Konsequenzen für die
Organisation und Administration des wirtschaftlichen Lebens zu suchen ist. GOODY
(1977) hat eindrucksvoll gezeigt, wie die Geschichte der altorientalischen Schriften
mit der Entwicklung von Ordnungsprinzipien wie dem der Liste oder der formula
zusammenhängen und daran Theorien über den Einfluß der Schrift auf die Phylogenese des menschlichen Denkens geknüpft. Der Aphorismus, demzufolge die Schrifterfindung eine »Verzweiflungstat überlasteter Funktionäre« (BARTHEL 1972: 52)[54]
sei, faßt diese Einsicht plastisch zusammen. LEVI-STRAUSS vertrat in seinen *Traurigen*

Tropen die noch weitergehende Ansicht, daß die ursprüngliche Funktion der schriftförmigen Kommunikation bzw. der Verwendung der Schrift als objektiviertem Gedächtnis vor allem die Ausübung staatlicher Gewalt (Besteuerung, Konskription, Jurifizierung von Abhängigkeitsverhältnissen usw.) gewesen sei (1973: 298–300).

Unstrittig ist auch, daß die ›Erfindung‹ der Schrift bzw. ihre kontinuierliche Verwendung (jeder, der sie verwenden will, hat sie zu erlernen) erhebliche Abstraktionsleistungen verlangt. Die graphische Fixierung sprachlicher Sachverhalte – seien es sprachliche Bedeutungen, seien es Elemente bestimmter Ebenen der Grammatik einer Sprache wie Wörter, Phrasen oder Silben – setzt Analysen voraus. Die gesprochene Sprache muß objektiviert werden, sie muß als Gegenstand, der den sprechenden Subjekten äußerlich ist, identifiziert werden. Es müssen Klassenbildungen und Hierarchisierungen vorgenommen werden, z. B. die Festlegung des Wortbegriffs oder des Begriffs des Syntagma; es müssen Regeln konstruiert werden, die die Beziehungen zwischen den Elementen einer bestimmten Klasse, zwischen denen verschiedener Klassen, zwischen verschiedenen Klassen und verschiedenen Hierarchieebenen angeben. Es müssen Übersetzungsregeln für die Korrelationen zwischen den Elementen der Rede und den Elementen der graphischen Fixierung der Rede etabliert werden. Damit ist gesagt, daß die Entwicklung der Schrift die Entwicklung eines bewußten, analytischen Verhältnisses zur Sprache voraussetzt. Es spricht vieles dafür, den Vorgang der ›Schrifterfindung‹ insgesamt als einen (konstitutiven) Aspekt der Entwicklung des menschlichen Denkens vom *wilden* zum *zivilisierten*, vom *rohen* zum *gekochten* Zustand aufzufassen, wie GOODY (1977) in Anlehnung an LÉVI-STRAUSS vorschlägt. LÉVI-BRUHL hatte diesen Gegensatz terminologisch in der Opposition von *prälogischem* und *logischem* Denken festgemacht, HORTON vom *Geschlossenen* im Gegensatz zum *Offenen* gesprochen. SCRIBNER/COLE (1981) sprechen von zwei ›modes of reasonning‹: einem *preliterate (empiric)* und einem *literate (theoretic)* (1981). ONG (1982: 50ff.) hat, unter Berufung auf die Studien von LURIJA (1931/32, 1976) und SCRIBNER/COLE, gegen die Vorstellung von einem »prälogischen oralen Denken« Stellung bezogen und (in diesem wie in früheren Werken) *Oralität* als Grundlage spezifisch strukturierter Handlungs- und Denkformen konzipiert, die nicht unmittelbar mit literalen Kommunikationsformen vergleichbar seien. Allein deshalb verbieten sich nach seiner Auffassung Urteile über Unter- bzw. Überlegenheit der literalen und oralen Kommunikationsweisen. Schließlich haben GLEITMAN/ROZIN (1977) und ROZIN/GLEITMAN (1977) solche Dichotomien, in denen die menschheitsgeschichtliche Entwicklung der Formen und Funktionen des Denkens gefaßt werden sollen, dem Entwurf eines Curriculums für den Schriftspracherwerb zugrundegelegt. Ihre Idee besteht darin, die in der Phylogenese der geschriebenen Sprachformen angeblich beobachtbaren progressiven Abstraktionsleistungen auf den ontogenetischen Erwerb der geschriebenen Sprachform einer Einzelsprache, hier des Englischen, anzuwenden.[55] Damit sind sehr grundsätzliche Fragen angesprochen, die zu Spekulationen einladen. Wir wollen uns damit begnügen, einige historische Bemerkungen zum weiteren Kontext des Problems vorzutragen, aus denen ersichtlich wird, daß die Phylogenese der Schrift auf vielfältige Weise mit der Entwicklung verschiedener Zweige des Wissens zusammenhängt.[56]

Der Prozeß des analytischen Abstrahierens, der für die ›Schrifterfindung‹ und ebenso für die Popularisierung der Schrift, d. h. die Entwicklung einer Schriftkultur, konstitutiv ist, hat Parallelen auf anderen Gebieten. Die Naturforschung ist abhängig von der Möglichkeit der Fixierung von Beobachtungen, benötigt also Techniken der graphischen Notation, die in einem weiteren Sinne als schriftförmig betrachtet werden können. Die altorientalische Mathematik und Geodäsie entwickelten sich aus Astronomie, Hydrographie und anderen Beobachtungswissenschaften. Sie konnten dies aber nur unter der Voraussetzung der Existenz von Techniken der graphischen Aufzeichnung von Zahlen, geometrischen Figuren, Relationen zwischen systematisch definierten Einheiten (etwa Maßstäben). Dasselbe gilt für die Entwicklung von Zeitsystemen und -rechnungen, die über den Wechsel der Jahreszeiten und Tag-Nacht-Folgen hinausreichen (es ist bekannt, daß der Kalender in der gesamten frühen Schriftgeschichte eine große Rolle spielte), ebenso für die Entwicklung von Flächen- und Raumkonzeptionen, die berechenbar und standardisierbar sind (beides ist für die Einführung des Eigentums an Grund und Boden und seiner Besteuerung Voraussetzung). Im vorklassischen Griechenland wurde das längst bekannte Katasterwesen entscheidend weiterentwickelt: ANAXIMANDER, ein Schüler des THALES VON MILET, hat im 6. Jh. v. u. Z. die ersten Landkarten gezeichnet, die nicht einfach eine Vogelperspektive wiedergaben, sondern sich auf solche Strukturmerkmale der Erdoberfläche (bzw. ihre geographische Lage), die für die Schiffahrt und die Landtransportwege der griechischen Kolonisation wesentlich waren, beschränkten: Küstenlinien, Wasserläufe, Gebirge und Pässe, wichtige Städte.[57] Die Karte ist kein verkleinertes Bild mehr, sondern eine »Planskizze der Wirklichkeit«[58] (HARDER 1942), ein Modell der Wirklichkeit. Auf die Zusammenhänge zwischen der Entwicklung der Schrift als einem System der Fixierung sprachlicher Formen bzw. Bedeutungen und der Entwicklung arithmetischer und musikalischer Notationssysteme (»arithmetical ›literacy‹ and musical ›literacy‹«) hat HAVELOCK (1976: 78 ff.) mit Nachdruck hingewiesen; er vertritt die etwas überzogene Auffassung, daß die Techniken der graphischen Fixierung von Sprache, Zahlen und Tönen die drei entscheidenden Pfeiler der westlichen Kultur darstellten.

Schließlich kann man darauf verweisen, daß bereits in der Antike Theorien der Sprachwissenschaft entwickelt wurden, die solche impliziten Abstraktionen bis zu einem gewissen Grade explizierten. In den Wissenschaftstheorien der griechischen und römischen Antike ist es ein Gemeinplatz, daß alle *technai* innerlich miteinander zusammenhängen, daß ihre Denk- und Analyseverfahren miteinander verwandt sind. Insofern erscheinen sie der nichtwissenschaftlichen Praxis des Alltags entgegengesetzt:

omnes artes quae ad humanitatem pertinent habent quoddam commune vinculum et quasi cognatione quadam inter se continentur,*

schrieb CICERO (*pro Archia poeta* 1, 2).[59]

---

* alle Künste, die sich auf die humanitas erstrecken, sind durch ein gemeinsames Band verbunden und hängen gewissermaßen durch Verwandtschaftsbeziehungen miteinander zusammen.

Die Grammatik ist eine zusammengesetzte Wissenschaft, eine μικτὴ τέχτη. Sie umfaßt einen theoretischen, einen praktischen und einen poetischen Teil (die moderne Dreigliederung in theoretische, empirische und angewandte Sprachwissenschaft ist also alt). Als zusammengesetzte Wissenschaft hat die Sprachwissenschaft besondere Beziehungen zu anderen Wissenschaften, namentlich zur Medizin. Bei dem alexandrinischen Grammatiker DIONYSIOS THRAX (2. Jh. v. u. Z.) finden sich aufschlußreiche Analogien (*Scholien* 158, 3): Der Lehre von der Sprache, ihrer Theorie, entsprechen in der Medizin die Lehren über die vernünftige Lebensweise: in beiden Fällen sind praktische Aktivitäten des Fachmanns nicht erforderlich. Der Technik der Heilmittelherstellung entspricht die Praxis des Dichtens, der Herstellung von Versen aus einzelnen Wörtern und Buchstaben; daß die Werke des göttlichen HOMER, *Odyssee* und *Ilias*, aus einer Handvoll Buchstaben zusammengesetzt sind, gab vielfach Anlaß zu rhetorischem Staunen über so viel Genie. Der medizinischen Diorthose, also dem Einrenken von Gelenken oder dem Schienen von Armen oder Beinen, entspricht die grammatische Diothose, nämlich die Heilung verderbter Textstellen, die Bekämpfung von Soloikismen, Barbarismen u. dgl. (vgl. auch VARRO, *ling. lat.* 9, 10–11, wo die Überführung verderbter Sprachgewohnheiten in normgerechtes Sprechen mit der Tätigkeit des Arztes verglichen wird, der einen angeborenen Gehfehler durch Anlegen von Schienen zum Geraderichten der Knie behebt).[60]

In diesem Zusammenhang kann auch die Geschichte der Musik angeführt werden; musiktheoretische Reflexionen trugen in Griechenland zur grammatischen Theoriebildung wenigstens ebensoviel bei wie zur Entwicklung physikalischer Theorien. Die Regelhaftigkeit des Systems der Töne, die im übrigen mit Buchstabenzeichen geschrieben wurden, ermöglichte die Formulierung von Harmonielehren, nach deren Vorbild Modellbildungen in der Lehre von den Sprachlauten und den Redeteilen vorgenommen wurden.[61]

Allen genannten Punkten ist eines gemeinsam. Die Entwicklung systematischer Theorien über den jeweiligen Gegenstand setzt Verfahren voraus, die eine graphische Fixierung der Abstraktionen ermöglichen, welche die betreffende Disziplin an ihren Beobachtungen der Realität vornimmt. Es müssen *Aufzeichnungsverfahren* bestehen, die eine Objektivierung und Systematisierung von Beobachtungen erlauben, und der erste Schritt zur Entwicklung solcher Verfahren ist bereits ein komplexer Objektivierungs- und Systematisierungsvorgang.

Und diese Abstraktionsprozesse implizierten gleichzeitige (sicherlich nicht synchrone, sondern von allen Widersprüchen der Ungleichzeitigkeit von Gleichzeitigem gezeichnete) Veränderungen des Verhältnisses der Menschen zu empirischen Sachverhalten und Vorgängen, die sie von der direkten Wahrnehmung und Beobachtung sukzessive ablösten und in immer abstraktere Systeme faßten. GOODY (1977) hat, wie erwähnt, weitreichende und in vieler Hinsicht faszinierende Hypothesen über Zusammenhänge zwischen der Schriftentwicklung und der phylogenetischen Evolution der Strukturen der menschlichen Kognition entwickelt; zurückhaltender und insofern weniger angreifbar erscheinen folgende Ausführungen MILLERS zu diesem Punkt:

Behind the birth of logic and history there were, no doubt, profound changes of a social and psychological nature. The basic change was that their (sc. Greek) alphabetic writing objectified language, the product of thought, and gave it permanence that the spoken word lacked. Writing also objectified and externalized personal memory, and the existence of written records from the past was obviously propaedeutic to historical studies. Thus, one consequence of writing was improved memory, made possible by the physical persistance of the written record.

I believe that the birth of logic, however, requires a more subjective explanation. The written proposition is a tangible representation of an act of thought. It is a physical thing, an object, and it can be reacted to as any other object can. Thus writing made it possible to react to one's own thoughts as if they were objects, so the act of thought became itself a subject for further thought. Thus extended abstraction became possible, and one of the brilliant abstractions recognized by the Greeks concerned the form of valid arguments. And so, out of writing, logic was born (MILLER 1972: 374).

VIII. Schrifthistoriographie als Teleologie: die »universelle Überlegenheit« des lateinischen Alphabets

Es kann hier nicht näher diskutiert werden, welche Techniken der graphischen Fixierung von sprachlichen Sachverhalten als *Schrift* oder *Protoschrift* usw. aufzufassen sind. Nur soviel soll festgehalten werden, daß keineswegs jedes Verfahren der fraglichen Art als Schrift gelten kann. Ebenso muß konstatiert werden, daß Abgrenzungen zwischen Notationssystemen, denen man das Prädikat *Schrift* verleihen will, und solchen, denen man es absprechen muß, oft auf Schwierigkeiten stoßen, und häufig eine Grauzone von unklaren und strittigen Fällen zurückbleibt. Dies geht in der Regel auf sprach- und zeichentheoretische Festlegungen zurück. Ein Musterbeispiel für die Verwechslung terminologischer Folgen mit theoretischen Ursachen sind HAVELOCKS Polemiken gegen Autoren wie DIRINGER, die vorgriechische phonographische Systeme als Alphabetschriften aufgefaßt haben. Entschieden zu wenig differenziert sind jedenfalls Definitionen wie die folgende:

Unter ›Schrift‹ ist ein System von Symbolen zu verstehen, das zur Wiedergabe von Sprache auf festem Material (Stein, Holz, Papier usw.) dient. Die Schrift kann sich primär auf die semantische Ebene des Sprachsystems beziehen (Begriffsschrift) oder primär auf die phonologische Ebene (Graphemschrift, Silbenschrift),

wie D. NERIUS und J. SCHARNHORST kürzlich in einem Grundsatzartikel zu Theorieproblemen der Orthographie schrieben.[62] Wichtig ist aber der Hinweis, daß die verbreiteten Vorstellungen von einer mehr oder weniger linearen Höherentwicklung der Schrift, ihrem konsequenten stufenweisen Fortschritt, unter den skizzierten Gesichtspunkten problematisch sind. Diese Auffassung charakterisiert einen Großteil der wichtigen Schrifthistoriographien und die zugehörigen geschichtsphilosophischen Debatten; sie ist in einigen Fällen zum Buchtitel geworden *(Vom Kerbstock zum Alphabet* (WEULE), *Vom Felsbild zum Alphabet* (FÖLDES-PAPP), *Vom Bilde zum Buchstaben* (SETHE) oder der Titel der deutschen Übersetzung von GELBS Werk *Von der Keilschrift zum Alphabet*, um Beispiele zu geben).

Lediglich zur Illustration seien kurz entsprechende Stammbäume zitiert. Aus *Vorformen der Schrift* entwickeln sich bei JENSEN (1958) *Ideenschriften (Piktogra-*

phien), die durch die Fähigkeit, »ganze Gedankenkomplexe« darstellbar zu machen, charakterisiert sind. Der entscheidende Schritt hin zur sprachformbezogenen Schrift ist der zur *Wort-Bildschrift*, die sich weiterentwickelt zur *Wort-Lautschrift*, aus der sich schließlich *Silbenschriften* und *Einzellautschriften* ableiten. Bei GELB (1958) wurden als die drei wesentlichen Entwicklungsstufen die Stadien der *Bilder* (»keine Schrift«), der *Vorstufen der Schrift* (*beschreibend-darstellende* und *identifizierend-mnemonische* Methode) und der *ausgebildeten Schrift: Phonographie*, die ihrerseits die Stufenfolge der *Wortsilbenschrift* (z. B. sumerisch, chinesich), der *Silbenschrift* (z. B. aramäisch, japanisch) und der *Alphabetschrift* durchläuft. Vergleichbare Rekonstruktionen finden sich in fast allen anderen wichtigen Schrifthistographien.[63] Gemeinsam ist so gut wie allen Schriftgenealogien, daß sie den ›Sprung‹ vom *Mnemogramm*, von *Gegenstandsschriften, Ikonographien* usw. zu den ›wirklichen‹ Schriften (*synthetische Schriften* bei FEVRIER 1948 und DIRINGER 1948, *synthetische Bilderschrift* bei ISTRIN 1965, *ideographische Bilderschrift* bei JENSEN 1958; andere Autoren haben weitere Begriffe vorgeschlagen) als den entscheidenden Wendepunkt betrachten und die ›Erfindung‹ phonographisch-alphabetischer Prinzipien als eine Kulturrevolution von menschheitsgeschichtlichem Format verstehen. In diesem Zusammenhang sind die verbreiteten Lobgesänge auf den einmaligen Genius des Hellenentums zu sehen. In derartigen schrifttheoretischen Teleologien kann es dann auch kaum eine Frage sein, daß nichtphonographische Systeme generell anachronistisch (oder gar barbarisch) und jedenfall schleunigst durch Alphabetschriften (d. h. in der Regel: das lateinische System) abzulösen seien.

Ein Beispiel für die in der klassischen Philologie nicht selten anzutreffende Graecomanie bietet HAVELOCK, der mit ziemlich rabiaten Argumentationen die Einzigartigkeit der griechischen ›Erfindung‹ des Alphabets zu beweisen sucht. Ganz folgerichtig bestimmt er alle früheren Systeme als Syllabare und grenzt spätere, nicht auf dem graecolateinischen Muster beruhende Systeme wie das arabische oder das neuhebräische als Nicht-Alphabete (und damit zwangsläufig minderwertige Systeme) aus. (HAVELOCK 1976)

Die in der lernpsychologischen Diskussion vielbeachteten Studien von ROZIN/ GLEITMAN und GLEITMAN/ROZIN (1977) operationalisieren solche Hypothesen über eine progressive Höherentwicklung der Schrift zu didaktischen Zwecken. Sie gehen davon aus, daß im ontogenetischen Lernprozeß eines Kindes beim Schriftspracherwerb die Phylogenese der geschriebenen Sprachformen rekapituliert werden könne. Schulanfänger sollen zunächst Bilder analysieren und interpretieren, um zu verstehen, daß Symbole Bedeutungen repräsentieren können. Im nächsten Schritt soll das Rebusverfahren gelehrt werden, durch das der Zusammenhang zwischen ikonischen Symbolen und sprachlichen Bedeutungen transparent gemacht werden soll. Dann wird ein Syllabar eingeführt, mit dessen Hilfe der synthetische Charakter der meisten orthographischen Einheiten verdeutlicht wird, und schließlich kommt man zu der Einsicht, daß phonembezogene kleinste Elemente die »basic orthographic units« sind, aus denen sich alle komplexeren Einheiten zusammensetzen.

Analoge Genealogien gibt es für die sozialen Korrelate der Schriftentwicklung, also für die Geschichte der Literalität. Eine wesentliche Prämisse für the Theoriebildung scheint bereits darin zu liegen, ob man die jeweilige gesellschaftliche Praxis der schriftlichen Kommunikation als Korrelat und Variable in der Entwicklung der (insoweit als autonom vorausgesetzten) Schrift begreift oder ob man umgekehrt bestimmte Stufen der Entwicklung von Schriftsystemen als Korrelate und Variablen gesellschaftlicher Entwicklungsstufen auffaßt. In den maßgeblichen Schrifthistoriographien herrscht die erstgenannte Auffassung vor. Ziemlich verbreitet ist dort die Meinung, daß erst die ›Erfindung‹ der Alphabetschrift (d.h. in der Regel: der griechischen Alphabete) die Bedingung der Möglichkeit kollektiver Schriftbeherrschung, von ›mass literacy‹, überhaupt geschaffen habe. Hier kann wiederum HAVELOCK als Beispiel zitiert werden, demzufolge im antiken Griechenland nicht nur das Alphabet, sondern auch »literacy and the literate basis of modern thought« erfunden (invented) worden sei (1976: 44). Seine Genealogie der Literalität des Abendlandes (p. 20f.) sieht »craft literacy« als den anfänglichen Zustand. Von dort aus entwickelt sich über die Stufen der »semi-literacy« und der »recitation literacy« die »scriptorial literacy« als Höhepunkt, der im Hellenismus erreicht ist. In den ›dunklen Jahrhunderten‹ nach dem Untergang Roms fällt die Entwicklung in den Ausgangszustand der »craft literacy« zurück, was eine Umkehrung der Logik der Geschichte darstelle (52), um dann nach der Erfindung des Buchdrucks (bzw. der praktischen Durchsetzung dieser Erfindung) den neuen Höhepunkt der »typographical literacy« zu erreichen. Solche Schemata sind zwar nicht sonderlich überzeugend, aber in der maßgeblichen Literatur recht verbreitet (vgl. neuerdings SCHLIEBEN-LANGE 1983).

SCHMITT (1980) hat solche Vorstellungen von einer linearen Evolution der Schrift detailliert erörtert und die Auffassung geäußert, daß es keine Gründe dafür gebe, Alphabetschriften als den höchstentwickelten Strukturtyp aller denkbaren Schrifttypen zu betrachten. Er vertritt die Hypothese, daß es keinen Fall gebe, in dem sich eine Silbenschrift direkt zu einer Alphabetschrift weiterentwickelt habe, wohl aber Fälle, in denen sich Silbenschriften auf der Grundlage mehr oder weniger bekannter Alphabetschriften herausgebildet hätten (etwa die Bamum-Schrift in Kamerun und die Alaska-Schrift, beide Ende des 19. Jh. entstanden, an deren Erforschung SCHMITT maßgeblichen Anteil hatte).

Problematisch sind solche Vorstellungen von einer linearen und zielstrebig auf die Phonographie orientierten Evolution der verschiedenen Schrifttypen auseinander auch deshalb, weil es gute linguistische Gründe gibt, die Vorstellung von der gewissermaßen natürlichen Überlegenheit von Alphabetschriften (gemeint ist meistens die lateinische) über andere Systeme, etwa logographische, grundsätzlich in Zweifel zu ziehen.[64] COULMAS (1981) behandelt ausführlich die Frage, ob die linguistische Struktur von Sprachen Argumente für bzw. gegen die Eignung bestimmter Schrifttypen zur Verschriftung der betreffenden Sprache hergebe. Er kommt zu dem Ergebnis, daß die Grammatik des Chinesischen durchaus den Standpunkt nahelege, daß die spezifische Wort- und Morphemstruktur dieser Sprache mit einer hauptsächlich logographisch aufgebauten Schrift in vieler Hinsicht besser und ökonomischer verschriftet sei als mit einer Alphabetschrift. Ein alphabetisches System müßte nämlich selbst dann, wenn einheitliche Konventionen zur Markierung der Wort- bzw. Wortgruppentöne existierten, sehr unhandlich bleiben, weil es Unmengen von homographen Schreibungen produzieren und massive Probleme bei der Notierung von Wortgrenzen bekommen würde (das moderne Chinesisch hat mehrsilbige Wörter, deren Mehrsilbigkeit aber erst in einer alphabetischen Verschriftung zu einem wirklichen Problem wird). So kommt COULMAS zu dem Ergebnis, daß alphabetische Systeme für das Chinesische, aber auch das Japanische keineswegs nur Verbesserungen brächten, und meint deshalb, daß nicht nur politische und kulturelle, sondern auch linguistische Gesichtspunkte für eine Beibehaltung der traditionellen Systeme sprächen.

In diesem Zusammenhang kann auch auf die Arbeit von VOEGELIN/VOEGELIN (1961) verwiesen werden, die einen beachtenswerten Versuch darstellt, auf der Grundlage distributionalistischer Verfahren eine Typologie der historisch belegten Schrifttypen und -arten zu erstellen. Auch wenn dieser Versuch nicht durchgängig überzeugen kann, ist doch hervorzuheben, daß seine Autoren zu der zutreffenden Konklusion kommen, daß sowohl die üblichen Evolutionstheorien als auch ganz besonders die damit verbundenen Superioritätsvorstellungen, die das »greco-russian-greco-latin«-System als den welthistorischen Schlußpunkt feiern, entschieden abzulehnen sind. VOEGELIN/VOEGELIN haben überzeugend gezeigt, daß die traditionelle Opposition zwischen Syllabaren und Alphabeten eine Fiktion ist: Beide Systemtypen haben die phonologische Komponente als primäre Bezugsebene und unterscheiden sich nur durch verschiedene Selektionsverfahren in der Form ihrer Bezugnahme (insbes. 88ff.). Bemerkenswert ist auch ihre Auffassung, daß das chinesische System sich von »potential alphabetic directions inherent in some of the already existing resources of its own writing system« zu einem »increased logographic involvement« (p. 93) hin entwickle, was sie mit der Expansion der wissenschaftlichen Fachsprachen begründen. Wenn ein neuer Terminus in der Chemie, so lautet ihr Argument, aus mehreren Schriftzeichen (»one for each member of the chemical compound« (93)) zusammengesetzt werde, sei seine Transliteration in ein phonematisches System unproblematisch. Werde er jedoch durch eine Modifikation innerhalb eines existierenden Schriftzeichens (d. h. durch die Schaffung eines neuen Schriftzeichens) oder im Rebusverfahren verschriftet, vergrößere dies nur die Anzahl der Referenten eines Homonyms. Nur in der geschriebenen Sprachform wäre der betreffende Terminus formal ausdifferenziert, was in einem alphabetischen System nicht möglich wäre. Insofern ist ihre Argumentation der von COULMAS sehr ähnlich.

Der Auffassung von einer linearen Höherentwicklung der Schrift hin zu alphabetischen Systemen steht schließlich auch der Sachverhalt entgegen, daß die graphische Fixierung von Sprache keineswegs das einzige Verfahren der graphischen Fixierung von Objektivierungen der Realität war und ist und daß verschiedene Verfahren dieser Art nebeneinander verwendet werden: die Notationsverfahren der Mathematik oder der modernen Naturwissenschaften sind sicherlich am ehesten als Semasiographien zu bestimmen. Der Fortschritt in diesen Wissenschaften dürfte nicht zuletzt darauf beruht haben, daß sich ihre Vertreter gehütet haben, den Weg des ›Fortschritts‹ zu Silben- oder Alphabetschriften einzuschlagen. Diese Hinweise mögen genügen, um folgende allgemeine Positionen zu begründen:

Die Konstitution von Schriftsystemen und der Aufbau einer Kultur der geschriebenen Sprachform (Schriftkultur) hat die Objektivierung der Rede, ihre Zerlegung in abstrakte Einheiten zur Voraussetzung. Diese Einheiten müssen graphisch fixiert und im sozialen Verkehr praktisch benutzt werden. Die gesprochene Sprachform ist das Objekt dieser Abstraktionen; die gesprochene Sprachform wird in formale und funktionale Ebenen bzw. Klassen zerlegt, die Bezugspunkt und systematische Basis der graphischen Fixierung werden. Diese Ebenen- und Klassenbildung ist nicht kontingent, sondern in der Regel polynom und synkretistisch; die einschlägigen Schrifthistoriographien zeigen dies eindrücklich. Die älteren Schriftstufen im Vorderen Orient werden gemeinhin semasiographisch genannt, weil sich die Elemente dieser Schriftsysteme direkt auf Bedeutungseinheiten beziehen. Die spätere Herausbildung von Verfahren, mittels derer morphologische Sachverhalte oder semantische und syntaktische Klassenbildungen graphisch fixiert werden können, beziehen sich bereits auf sprachliche Formeigenschaften, setzen also Analysen der Sprachstruktur voraus. Beispiele sind die altorientalischen Determinativschreibungen, die Einführung von Notationen für Wortgrenzen oder das Rebusverfahren, das mit phonetischen Assoziationen arbeitet. Daß Silben- und erst recht Alphabetschriften auf Abstraktionen bezüglich der sprachlichen Formen beruhen, bedarf keiner weiteren Erörterung. Es gilt folglich, daß die geschriebene Sprachform historisch gesehen als progressive Abstraktion von den gesprochenen Sprachformen aufzufassen ist; diese Progression ist allerdings weder linear noch auf das bestimmte Ziel der phonemischen Ebene gerichtet. Nur in dieser Reduktionsbeziehung und logischen Abhängigkeit von gesprochenen Sprachformen ist die geschriebene Sprachform phylogenetisch überhaupt denkbar. Damit ist keineswegs bestritten, daß die weitere Entwicklung der geschriebenen Sprachform als zumindest teilweise autonomer, von der gesprochenen Sprachform nicht kausal determinierter Prozeß zu konzipieren ist. Um solche Fragen der Schriftgeschichte sinnvoll zu diskutieren, ist der ständige Rekurs auf die subjektiven Agenten dieser Geschichte notwendig, die schreibenden und lesenden Menschen. Fast alle oben genannten Schrifthistoriographen haben die Schreiber und Leser der Schriften, die sie referieren, mehr oder weniger ausgeklammert (rühmliche Ausnahmen sind V.A. ISTRIN und M. COHEN). Für uns ist dieser Zusammenhang von zentraler Bedeutung: Schriften bzw., wie unsere Terminologie lautet, geschriebene Sprachformen, sind für uns nur im Hinblick auf ihre technischen Eigenschaften isoliert analysierbar. Der Kern unseres Interesses ist jedoch auf die substantiellen Eigenschaften von Schriftsystemen gerichtet, die sie als Medium für den Ausdruck sprachlicher Bedeutungen qualifizieren. Folglich muß man den Schriftlichkeitsprozeß und seine stationäre Fassung, historisch bestimmte Formen von Schriftkultur, stets als konstitutives und unverzichtbares Moment der Geschichte der geschriebenen Sprachformen im Auge haben.

Bei der Diskussion dieser Fragen geht es nicht einfach um eine soziologisch gewendete Rekapitulation der Geschichte der geschriebenen Sprachformen und des Schreibens. Es ist richtig (und bedarf deshalb keiner langen Wiederholung), daß im sumerisch-mesopotamischen Altertum die ›Schrifterfindung‹ mit spezifischen gesellschaftlichen Ansprüchen an die Mathematik, Astronomie und Verwaltung korrespondierte, daß im antiken Griechenland mit der Verbreitung der Alphabetschrift qualitative Sprünge in einer ganzen Reihe von Wissenschaften einhergingen, und daß schließlich die Erfindung und Durchsetzung des Drucks mit beweglichen Lettern wissens- und bildungssoziologische Revolutionen nach sich zog. Gemeinhin werden diese drei Stationen als die drei entscheidenden Wendepunkte in der Entwicklung der gesellschaftlichen Kommunikation angenommen; vielfach werden sie als Meilensteine auf dem Wege des zivilisatorischen Prozesses oder gar des menschlichen Denkens schlechthin betrachtet.

Es soll hier aber nicht darum gehen, allgemeine Gesichtspunkte erneut zu erörtern, sondern darum, an einigen Stellen etwas genauer zu beleuchten, welche soziale Praxis in halbwegs konkret eingrenzbaren historischen Perioden diesen Generalisierungen entsprach. Wir werden im folgenden Kapitel an einigen Beispielen unter anderem die Frage erörtern, welche Literalitätsformen die Gesellschaften entwickelt haben, denen die ›Urheberschaft‹ der voll ausgebildeten Alphabetschrift zugeschrieben wird,.nämlich die der griechischen und griechisch-römischen Antike. Es scheint mehr als zweifelhaft, ob von der Tatsache, daß sich in Griechenland eine phonographische Alphabetschrift ausmendeln konnte, substantielle Aussagen über den Entwicklungsgang der griechischen Geschichte, des abendländischen Denkens usw. abgeleitet werden können. Das Vorhandensein eines Schriftsystems dieses Typs kann als eine der Bedingungen für die Entwicklung der verschiedenen (oben z.T. genannten) Zweige der Wissenschaften aufgefaßt werden, aber nicht als der Grund dafür; überhaupt sollte die Frage nach Gründen zugunsten der Frage nach Bedingungszusammenhängen vernachlässigt werden.

Kapitel 5
Analphabetentum und Literalitätsprozeß

[...] die Sprache ist das hauptsächlichste Band, das eine Nation umschlingt und woran derselben ihre innere Einheit zum Bewußtsein kommt. [...]
Solche Gemeinsprache aber erringt und behauptet ihre Herrschaft in der Regel durch die Schrift, durch eine geschriebene Litteratur, die in ununterbrochener Fortbildung sich stetig entwickelt. Die Gemeinsprache wird Schriftsprache. [...]
Und das scheint mir nun der maßgebende Gesichtspunct für den Unterschied von Volk und Stamm zu sein. Die Schriftsprache ist das Merkmal des Volkes. Wo eine besondere Schriftsprache vorhanden, da pflegen wir von einer besonderen Nation zu reden. [...]
Man kann sagen: unsere Schriftsprache ist ein Erzeugnis des altdeutschen Kaiserthums, und umgekehrt das neudeutsche Kaiserthum ist ein Erzeugnis der deutschen Schriftsprache und ihrer Litteratur. Das lehrt die Geschichte unseres Volkes.
Wilhelm Scherer, Die deutsche Spracheinheit (1874), pp. 45, 48 f.

In seinem berühmten Einleitungsessay zu dem von ihm herausgegebenen Sammelband über die *Literalität in traditionalen Gesellschaften* stellt Goody (1968/1981) fest, daß eine der wesentlichen gesellschaftlichen Funktionen der geschriebenen Sprachform darin bestehe, daß sie sprachliche Äußerungen objektiviere, die menschliche Kommunikation materialisieren und instrumentalisieren lasse. Gegen diese Feststellung ist wenig einzuwenden. Sie muß aber, wie Goody weiter feststellt, erweitert werden durch die Untersuchung der Frage, welche sozialen Funktionen die schriftliche Kommunikation in verschiedenen historischen Phasen erfüllte und welche gesellschaftlichen Konsequenzen sich daraus jeweils ergaben. Diese Fragestellung ist keineswegs nur historisch, sondern auch methodisch und theoretisch von erheblicher Bedeutung; auf ihrem Hintergrund, um ein Beispiel zu geben, wäre etwa der Sachverhalt zu diskutieren, daß Freire laufend suggeriert und viele seiner Anhänger in Westeuropa zu glauben scheinen, es gebe ein Entweder-Oder hinsichtlich der Alphabetisiertheit bestimmter Gesellschaften und der sie konstituierenden Individuen.

I. Was ist ein Analphabet?

Die gegenwärtigen Kampagnen zur Bekämpfung des Analphabetentums in der Bundesrepublik Deutschland haben die Öffentlichkeit darauf gestoßen, daß es in hochliteralen Gesellschaften Analphabeten gibt. Jede Illustrierte, die auf sich hält, bringt Reportagen über diese ›verschwiegene Minderheit‹.[1] Volkshochschulen und private Institute scheinen nicht schlecht von diesem Geschäft zu leben. Man wird jedoch kaum ernsthaft behaupten können, daß diese ›neuen‹ Analphabeten noch nie

Kontakt gehabt hätten mit der geschriebenen Sprache – ihr Problem liegt darin, daß sie die *Technik* des Lesens und Schreibens nicht hinreichend beherrschen, und nicht darin, daß sie nie oder nicht hinreichend häufig mit Schriftprodukten konfrontiert gewesen wären. Übrigens können die meisten der uns bekannten Analphabeten durchaus lesen in dem Sinne, daß sie sprachliche Symbole sprachlichen Bedeutungen zuordnen können (etwa den Schriftzug CAMEL mit seinem Referenten identifizieren oder zwischen Marlboro und Roth-Händle ⪜ unterscheiden). Ein praktisches Beispiel für die herrschende Verwirrung der Begriffe findet sich in einer Studie von I. KEIM über die alltägliche Bedeutung des Deutschen für eine türkische Arbeiterin. KEIM schreibt, daß es sich bei ihrer Informantin um eine Analphabetin handle (KEIM 1982: 51, 55), was sie aber nicht daran hindert, an anderer Stelle (p. 52) ohne weitere Kommentare festzustellen, daß die Arbeitsanforderungen an diese Frau wesentlich davon bestimmt seien, »einfache geistige Leistungen« zu vollbringen wie das Lesen, Schreiben und Vergleichen von Zahlen, das Wiegen von Paketen, das Eintragen des Gewichts in Tabellen oder Adressenfelder u. dgl.

Mit dem Begriff *Analphabet* kann offenbar recht Verschiedenes gemeint sein. Es scheint so zu sein, daß es sich um einen unzureichend definierten, je nach dem Kontext seiner Verwendung anders zu interpretierenden Terminus handelt. Deshalb ist es notwendig, präzisere Überlegungen zu seinen Begriffsinhalten anzustellen, um zu sehen, welche Dimensionen bei seiner Bestimmung zu berücksichtigen sind. Der Gegensatz von Alphabetisiertheit und Analphabetentum hat, da es sich nicht zuletzt um einen sozialen Gegensatz handelt, zweifellos eine gesellschaftliche Dimension. Für historische Zwecke muß diese Feststellung noch genauer spezifiziert werden; für die Gegenwart gilt, daß Analphabetismus aufgefaßt werden muß als eine der unangenehmsten Folgen sozialer Ungleichheit in den modernen Industriegesellschaften Westeuropas und der USA, aber zunehmend auch den Ländern der Dritten Welt, nicht aber als deren Ursache. Der UNESCO-Beamte RYAN hat dies im Jahre 1981 bei einer Tagung über den Analphabetismus in der BRD so formuliert:

[...] das Analphabetentum [ist] ein Teil des Syndroms der Entehrung und Ungerechtigkeit, welches nicht isoliert von der ganzen Problemstellung behandelt werden kann (RYAN 1981: 14).

Natürlich liegt der Schluß verführerisch nahe, daß man die soziale Ungleichheit über Alphabetisierungskampagnen (Stichwort: FREIRES *conscientacão; Bewußtmachung*) aufheben könne: lesen lernen, politisches Bewußtsein entwickeln, eine gerechte Gesellschaft etablieren. Die Praxis zeigt, daß dieser Schluß ein schöner Traum ist: nicht nur wegen der unschönen Formen der politischen Unterdrückung in vielen einschlägigen Ländern, sondern in erster Linie deshalb, weil Alphabetisierung für die alltägliche Praxis oft wenig erkennbare Vorteile bietet und bieten kann, weil sie keine Änderung der sozialen und ökonomischen Lage der Mehrheit in Aussicht stellen kann. RYAN schreibt dazu Folgendes:

Sicherlich wäre es eine ungeheure Vereinfachung zu behaupten, daß das Analphabetentum Ursache der Armut und Unterentwicklung sei. Aber es kann in unserer Welt beobachtet werden, daß bedeutungsvoller ökonomischer und sozialer Fortschritt ohne weit verbreitete und breit verteilte Bildung nicht stattfindet. (RYAN 1981: 13)

Das ist zweifellos richtig. Andererseits kann nicht übersehen werden, daß weit verbreitete und breit verteilte Bildung eben nicht zwangsläufig zu einem besseren Leben führen; es ist überflüssig, Beispiele anzuführen. In der praktischen Konsequenzenarmut der Alphabetisierung dürfte auch der Grund dafür liegen, daß selbst die übelsten Terrorregimes nichts Grundsätzliches gegen Alphabetisierungsarbeit haben, solange sie für ihre Ziele funktionalisierbar erscheint oder wenigsten politisch nicht aneckt. Es ist, um ein historisches Beispiel zu zitieren, nicht uninteressant, daß das faschistische Italien den »Kampf gegen das Analphabetentum« in den 20er und 30er Jahren nicht nur als Hebel zur Entfernung der Dialekte und Minoritätensprachen aus allen öffentlichen Funktionen, sondern auch als Instrument zur »Faschisierung der Schule« verstand und einsetzte (vgl. KLEIN 1984: 102).[2] Die Abbildungen 6 und 7 sollen einen Eindruck davon ermitteln, welche Hoffnungen Alphabetisatoren bei ihren potentiellen Klienten gelegentlich zu wecken suchten; die von RYAN festgestellte »ungeheure Vereinfachung« ist in vielen Kampagnen durchaus belegbar. Beispiele geben die Abb. 6 und 7.

Abb. 6
Werbeplakat für Alphabetisierungskurse (Indien, 1950er Jahre).
(Aus: LAUBACH/LAUBACH 1960: 55)

Die soziale Dimension des Analphabetismus ist häufig instrumentalisiert worden als Mittel zur rechtlichen Diskriminierung. In vielen Staaten Europas und Amerikas war das Wahlrecht bis in dieses Jahrhundert hinein nicht nur von Herkunft, Besitz und Geschlecht abhängig, sondern auch von der Lese-Schreib-Fähigkeit des einzelnen Bürgers. Viele der ›klassischen‹ Einwanderungsländer machten das Bestehen eines Schreibtests zur Bedingung für die Einwanderung oder den Erwerb der neuen Staatsangehörigkeit.

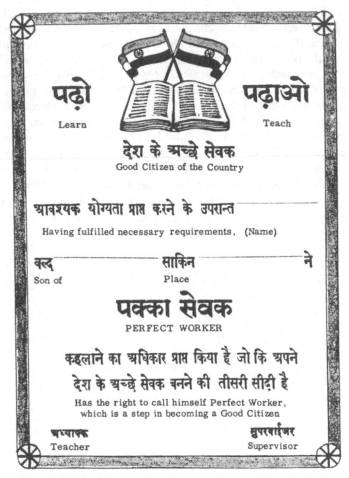

Abb. 7
Zertifikat für einen Analphabetenlehrer nach den Kriterien
der *Methode Laubach*: »Each one teach one« (Indien, 50er Jahre)
(aus: LAUBACH/LAUBACH 1960: 54)

Ein besonders eindrucksvolles Beispiel für diese Form der Instrumentalisierung der Lese-Schreib-Fähigkeit veröffentlichte die *Stuttgarter Zeitung* (am 26. 7. 1983) unter der Überschrift *Schrei des Gefolterten bei der Operation Wohlbefinden*. Es ging dort darum, daß die salvadorianische Junta den sie bekämpfenden Guerilleros eine auf sechzig Tage befristete Amnestie angeboten hatte; nach Ablauf dieser Frist hatten sie sich außer Landes zu befinden, d.h., daß sie ein Exilland finden mußten. In diesem Artikel heißt es:

Die [salvadorianische] Luftwaffe hat Tausende von Flugblättern über dem von den Guerilleros kontrollierten Gebiet abgeworfen, in denen den Befreiungskämpfern Arbeit und Ausreise nach Kanada und Australien versprochen werden. [...]

Voraussetzung für die Ausreise nach Kanada ist, daß sie keine Analphabeten sind. Wer nicht lesen und schreiben kann, muß sehen, wie er in El Salvador überlebt. [...]

Die 170 ehemaligen Guerrilleros, die dies glaubten, fühlten sich nun hereingelegt. Denn kein Land will sie aufnehmen. In ihrem Lager [...] geht die Angst um. [...]

Es gibt viele Beispiele dafür, daß die Zulassung zu bestimmten Berufen und Gewerben, das Recht zur Ausübung öffentlicher Ämter und die Inanspruchnahme gewisser staatsbürgerlicher und ziviler Rechte von der Lese-Schreib-Fähigkeit des oder der Betroffenen abhängig gemacht war. Lese-Schreib-Fähigkeit ist dabei üblicherweise auf die jeweilige Staatssprache bezogen, etwas das Portugiesische in Brasilien oder das Englische in den Vereinigten Staaten. Einige Beispiele aus der US-amerikanischen Gesetzgebung sollen das Gesagte illustrieren.

1915 wurde im Staat New York eine Änderung des Wahlgesetzes beschlossen, deren »original intention – and effect – was to prevent 1.000.000 New York Jews from voting [...]« (LEIBOWITZ 1970: 353) – nur die Lese-Schreib-Fähigkeit im Englischen, nicht aber die im Jiddischen oder Polnischen sollte den Anforderungen des Gesetzes genügen. In 20 US-Bundesstaaten ist das Wahlrecht durch Gesetz (teilweise durch die Verfassung) an die Lese-Schreib-Fähigkeit im Englischen gebunden, die ggf. durch Tests nachzuweisen ist (etwa dadurch, daß der Antrag auf Aufnahme in die Wählerliste eigenhändig ausgefüllt und unterschrieben werden muß). In einem Verfahren gegen solche Bestimmungen entschied der oberste Gerichtshof (1959):

There is information that in many of these States the literacy test is not applied uniformly [...]. [...] a literacy test must be administered uniformly and in writing to all perspective voters if it is administered to any voter in a State or political subdivision (zit. nach LEIBOWITZ 1970: 315)

Lese-Schreib-Fähigkeit im Englischen ist in vielen US-Staaten Voraussetzung für die Ausübung bestimmter Berufe, für die Teilnahme an vielerlei Rechtsgeschäften, für die Einbürgerung. Erst mit dem *Voting Right Act* von 1965 wurde das Wahlrecht auf Bundesebene an den erfolgreichen Abschluß der 6. Klasse einer Schule gebunden und ausdrücklich von der Fähigkeit, das Englische lesen und schreiben zu können, abgelöst (LEIBOWITZ a.a.O. 346). Dennoch bestanden 1970 in vielen Staaten die alten Regelungen weiter; wie detailliert diese Vorschriften manchmal sind, mag folgende Aufzählung illustrieren:

In Delaware müssen Lastwagenfahrer, die Explosivstoffe befördern, »be able to read and write English« (LEIBOWITZ 381), in Iowa gilt dasselbe für die Angehörigen des öffentlichen Dienstes, Richter und die Erlaubnis für Kinderarbeit (ebd. 384), in Missouri für »railroad flagmen« (ebd. 389), in Nevada für Bergleute, die mit Sprengstoff umgehen (ebd. 390), in Texas für Gefängniswächter (ebd. 397).

Analphabeten sind Analphabeten in Bezug auf konkrete gesellschaftliche Gegebenheiten, auf eine bestimmte Gesetzgebung, auf eine bestimmte Verwaltungspraxis, und nicht abstrakt, ›an sich‹; es ist deshalb problematisch, das westdeutsche oder das nordamerikanische Analphabetenproblem mit dem Analphabetenproblem eines Landes der Dritten Welt in unmittelbare Beziehung zu bringen. Dasselbe gilt hinsichtlich solcher Gesellschaften, die als analphabetisch oder halbalphabetisch usw. bezeichnet werden. Gemeinhin als analphabetisch betrachtete Gesellschaften haben mit Schrift und Schriftlichkeit häufig bereits vielerlei Kontakte und Erfahrungen, auch dann, wenn Papier bzw. Geschriebenes als etwas Fremdes und Bedrohliches betrachtet werden oder Gegenstand magischer Verehrung sind. Die Schrift ist – trivialerweise – längst bekannt, bevor der Prozeß der Massenalphabetisierung einsetzt. Durch bestimmte Funktionsweisungen, sei es grapholatrischer oder magischer Art, sei es durch tatsächliche Alphabetisierung einer Klasse, Kaste oder eines Priesterordens in bestimmten Funktionen, spielt die Schrift längst *vor* allgemeiner Alphabetisierung bzw. unabhängig davon eine gewichtige soziale Rolle. Die Aspekte sollen im abschließenden Kapitel ausführlich behandelt werden.

Ein weiterer Gesichtspunkt ist folgender: in vielen früheren (und gegenwärtigen) Gesellschaften ist es der Normalfall, daß die Erwachsenen Analphabeten sind und die Kinder eine Schule nicht oder nur sporadisch besuchen. Lesekundigkeit ist auf wenige soziale und politische Funktionsträger begrenzt. Dieser Zustand ist normal auch insofern, als er als normal betrachtet wird: Lesen und Schreiben sind Angelegenheiten der Leute, deren soziale Funktionen es erfordern oder wünschenswert erscheinen lassen, daß sie lesen und schreiben können, aber keine allgemein erstrebenswerte oder notwendige Kunst. Nicht normal ist folglich, wenn ein gewissermaßen unbefugtes Individuum auf die Idee kommt, lesen und schreiben lernen zu wollen: dieses Individuum verhielte sich sozial abweichend, liefe Gefahr, als Spinner eingestuft zu werden. Man hat sozusagen eine seitenverkehrte Spiegelung der heutigen westeuropäischen Situation vor sich: bei uns landet ein Analphabet bei Pädagogen oder Psychologen, die ihm seine Behinderung behutsam nahebringen und ihn auf Krankenschein therapieren; in der umgekehrten Situation gibt es zwar weder Pädagogen noch Krankenscheine, aber andere effektive Mittel, mit Leuten fertigzuwerden, die bewährte Normen nicht mehr anerkennen wollen (vgl. auch BARON 1981: 185f.).

Von elementarer Wichtigkeit ist es, die gesellschaftlichen Dimensionen von den individuellen, psychologisch zu fassenden Aspekten des Problems zu unterscheiden. Es ist ein grundsätzlicher Unterschied, ob man von einer *literalen Gesellschaft* oder einem *literalen Individuum* spricht; bedauerlicherweise scheint es sich so zu verhalten, daß die in der Literatur nicht eben seltenen Äquivokationen nicht nur in der Terminologie begründet sind, sondern darauf beruhen, daß dieser Unterschied nicht gesehen wird. In welchem Maße ein Individuum literal ist, bemißt sich danach, in welchem Maße es die Funktionen wahrzunehmen in der Lage ist, die in der jeweiligen Gesellschaft als Domänen der schriftförmigen Kommunikation etabliert sind – entsprechend muß ein solches Individuum in verschiedenen historischen Epochen verschieden charakterisiert werden. EISENSTEIN (1968: 5f.) hat im Anschluß an ALTICK (1963: 13) zwischen *literacy* und *habitual book reading* unterschieden. *Literacy* entspricht dabei dem Erlernen des Lesens im elementar technischen Sinn (wir haben dafür den Ausdruck Lese-Schreib-Fähigkeit gewählt), aber nicht notwendig einer aktiven Beteiligung am »book-reading public«, während *habitual book-reading* letzteres und vor allem die Fähigkeit umfaßt, aus Büchern zu lernen. Sie weist weiter darauf hin, daß die gesellschaftlichen Folgen des »learning by reading« parallel zum »learning by doing« (und allmählich an seiner Stelle) der eigentlich interessante

Aspekt sind (vgl. auch EISENSTEIN 1969: 63 ff.). Ob also ein Individuum als Analphabet oder jemand, der über Lese-Schreib-Fähigkeit (*literacy* im Sinne EISENSTEINS)
verfügt, bestimmt wird, sagt nicht unmittelbar etwas darüber aus, ob und in welchem Umfang dieses Individuum an der jeweiligen Schriftkultur teilhaben kann oder
teilhat. Umgekehrt ist mit der Qualifikation einer bestimmten Gesellschaft als literaler Gesellschaft nichts ausgesagt über die Qualität und die Quantität (was die sozialen Funktionen der geschriebenen Sprachform und den Anteil der aktiven Leser und
Schreiber angeht) der betreffenden Schriftkultur.[3]

Welche Folgen es hat, wenn dieser Sachverhalt übersehen wird, kann am Beispiel
des korrespondierenden Begriffs des *Analphabeten* verdeutlicht werden: in vielen
historisch orientierten Studien wird als Kriterium dafür, daß jemand den Status
eines Analphabeten überwunden hat, die Fähigkeit genommen, mit dem eigenen
Namen unterschreiben zu können, eine Festlegung, die für moderne Erhebungen
offensichtlich überholt ist. Dies hindert viele Autoren aber nicht daran, aus den
Resultaten solcher kaum vergleichbarer Untersuchungen den Prozeß der Massenalphabetisierung zu rekonstruieren (ein Beispiel dafür ist die Studie von CIPOLLA
1969). Analoge Schwierigkeiten gibt es aber auch gegenwärtig; die neuere Literatur
ist voll von oft hilflosen Versuchen, positiv zu bestimmen, was ein Nicht-mehr-
Analphabet ›können‹ muß, um sich von einem Analphabeten zu unterscheiden.
Nach meiner Auffassung können solche Versuche einer analytischen Bestimmung
nur in Aporien enden, weil diese Frage nicht durch die Konstruktion sozialpsycholo-
gischer Ontologien lösbar ist. Sie scheint mir nur lösbar zu sein, wenn die jeweils
vorgegebenen gesellschaftlichen Rahmenbedingungen wirklich ernsthaft in die Analyse einbezogen werden. Vereinfacht gesagt: ein Individuum, das ein UNESCO-
Alphabetisierungsprogramm durchlaufen hat, ist genau dann kein Analphabet
mehr, wenn es die Kriterien erfüllt, die UNESCO-Programme für alphabetisierte
Individuen aufstellen. Im Sinne anderer Kriterien, etwa derjenigen von
GUDSCHINSKY oder FREIRE, kann dasselbe Individuum möglicherweise anders eingestuft werden. Ebenso gilt, daß ein Individuum, das in einer ländlichen Gegend etwa
eines afrikanischen Landes im Sinne der Kriterien der dort durchgeführten Alphabetisierungsarbeit sein Analphabetentum überwunden hat, nach einem Ortswechsel in
ein städtisches und industrielles Milieu trotz der erworbenen Kenntnisse wieder als
Analphabet einzustufen sein kann, weil ihm diese Kenntnisse in der neuen Umgebung möglicherweise nichts nützen bzw. die neuen Anforderungen an alphabetisierte
Individuen völlig anders definiert sind. Wir wollen mit diesen Bemerkungen keinem
uferlosen Relativismus das Wort reden. Ein Analphabet, um unsere implizite Argumentation nun explizit zu machen, ist ganz einfach jemand, der lesen und schreiben
und halbwegs rechnen kann – was aber lesen, schreiben und halbwegs rechnen
können heißt, läßt sich nur im Rahmen von gesellschaftlich-historischen Analysen
bzw. Festlegungen bestimmen und nicht ein für allemal. Zweitens ist »können« hier
nicht als positiver, stabiler Zustand aufzufassen, sondern als Skala; entscheidend ist,
wo man den kritischen Punkt ansetzt (das, was oben mit der Redeweise von den
»Kriterien der Alphabetisiertheit« angesprochen wurde). Diese Festlegung ist nicht
willkürlich, weil man zweifellos unverzichtbare Minimalanforderungen formulieren

kann (etwa: das jeweilige Schriftzeicheninventar mit bestimmten Einheiten der gesprochenen Sprachform in Beziehung setzen können), aber sie ist nicht definitiv, ein für allemal auf einen festen Punkt dieser Skala fixierbar – und wie man weiß, verschiebt sich dieser Punkt tatsächlich auch häufig.

Analytische Klärungen des Alphabetisierungsproblems sind also nicht von psychologischen und soziologischen Ontologien zu erwarten, sondern müssen aus den sozialen Beziehungsgeflechten rekonstruiert werden, in die die jeweiligen Individuen eingebunden sind und die insgesamt die Gesellschaft, in der sie leben, konstituieren. Zu fragen ist nach den sozialen Funktionen der Schriftlichkeit in der jeweiligen Gesellschaft, und diese Funktionen sind nicht direkt abhängig von der Zahl und dem Bildungsgrad der Lese- und Schreibkundigen. Sie sind viel stärker abhängig davon, ob Schriftlichkeit in sozial relevanten Funktionen etabliert ist, in welchen religiösen, politischen oder kulturellen Kontexten dies der Fall ist und auf welche Weise das »Übersetzungsproblem« geregelt wird.

E. Hobsbawm hat diesen Zusammenhang in seiner Geschichte des dritten Viertels des 19. Jh. deutlich gesehen und folgendermaßen formuliert:

In der schriftlosen Welt des mündlichen Verkehrs und der mündlichen Tradition stellt Unvermögen des Lesens und Schreibens, Unkenntnis der Nationalsprache oder der nationalen Institutionen keinen Nachteil dar, es sei denn für Menschen, deren Beruf oder Gewerbe derartige Kenntnisse unabdingbar voraussetzt (und zu diesen zählen die Bauern wohl kaum); in einer Bildungsgesellschaft dagegen nimmt der Analphabet eine zweitrangige Stellung ein, und damit besteht für ihn ein starker Anreiz, diese Benachteiligung zumindest für seine Kinder zu beseitigen (Hobsbawm 1977: 236).

II. Agenten und Agenturen des Schriftlichkeitsprozesses

Man kann hier wieder einmal die alte Frage zitieren, ob Homer schreiben und lesen konnte: sie ist offenbar ziemlich unerheblich für die Bestimmung des Verhältnisses zwischen Mündlichkeit und Schriftlichkeit beim Vortragen und Tradieren der Epen im archaischen Griechenland, und in Anwendung auf diesen und viele ähnlich gelagerte Fälle ist Diringers im folgenden zitierte Auffassung, die durchaus Anhänger hat, nicht zutreffend:

Writing had always had an enormous importance in learning and in magic power over the unlearned people, in such a way that even today ›illiterate‹ is almost synonymous with ›ignorant‹. (Diringer 1948: 17)

Solche Auffassungen sind nicht erst durch die Arbeiten von Goody und die neuere Forschung über *orality* als undifferenziert kenntlich geworden. Wir haben diesen Punkt eingangs schon einmal berührt, als wir anhand eines Zitats aus Platons *Phaidros* die Frage besprachen, wie man den Standpunkt begründen könne, daß Bücher grundsätzlich dümmer als ihre Leser seien, aber auf jene abfärbten. Der fragliche Gesichtspunkt ist den graecistischen Diskussionen schon ziemlich lange geläufig (vgl. z. B. Notopoulos 1953). In jeder griechischen Literaturgeschichte kann man Darstellungen der Auseinandersetzungen der ›Konservativen‹ des 4. Jh. v. u. Z., die die Tugenden der Muse Mnemosyne bewahrt wissen wollten (als conditio sine qua non oraler, d.h. traditioneller Kultur) mit ihren ›progressiven‹ Zeitgenossen finden, die die »Erfindung der Schrift« als Wohltat und göttliches Geschenk feierten.[4] Es kann also keine Rede davon sein, daß die von DIRINGER behauptete Beurteilung der Analphabeten durch die Alphabetisierten und der Alphabetisierten durch die Analphabeten eine historische Konstante sei.

Für die Herausbildung und Entwicklung der beiden großen antiken Schriftkulturen Europas ist sicherlich von entscheidender Bedeutung, daß sowohl die griechischen Städte wie später auch Rom ein ausgedehntes Elementarschulwesen mit relativ einheitlichen und erstaunlich zählebigen curricularen Modellen besaßen.[5] Beträchtliche Teile der Bevölkerung waren alphabetisiert: Dies ist ein entscheidender Faktor für Veränderungen der gesellschaftlichen Kommunikation.[6] Diese Veränderung drückt sich in verschiedener Weise aus; beispielsweise in der raschen Ausweitung der sozialen Dämonen der Schriftlichkeit, in der Bürokratisierung der Politik usw., aber auch auf der ›subjektiven‹ Seite, die sich etwa in Werturteilen über das Schreiben, den Schreibunterricht, die Schreiber u.dgl. manifestiert. In den griechischen Staaten und im römischen Reich gab es teils öffentliche, teils private Volksschulen, und ein beträchtlicher Teil der Kinder besuchte diese Schulen, um Lesen, Schreiben und Rechnen zu lernen. Auch Mädchen besuchten diese Schulen, wie beispielsweise einem Epigramm MARTIALS (IX, 68) zu entnehmen ist, in dem er sich über das Geschrei der Schulmeister in seiner Nachbarschaft beschwert:

Du Schulmeister, verwünschter, was haben wir miteinander,
du Person, die zugleich Knaben und Mädchen verhaßt?
Noch hat der Hahn, mit dem Kamme geschmückt, nicht die Stille zerrissen
und mit wildem Geschrei, Schlägen auch donnerst du schon.
[...]
Laß deine Schüler nach Haus! Du Schwätzer, willst du die Summe,
die du bekommst für dein Schrein, haben, damit du nur schweigst?[7]

Dieses Zitat zeigt, daß die Wertschätzung des Elementarlehrers nicht besonders hoch war; der Beruf des Lehrers gehörte spätestens in der Kaiserzeit zu den niederen Tätigkeiten, galt als *res indignissima*[8] und war ein Beruf für Sklaven und Freigelassene – dies stellt einen bemerkenswerten Wandel gegenüber den alten orientalischen Kulturen dar. Lesen und Schreiben wurden als handwerkliche Techniken betrachtet, denen eher weniger Prestige als anderen Handwerken beigemessen wurde – es waren keine Künste, sondern ganz alltägliche, von Sklaven und Lohnarbeitern ausgeführte Routinetätigkeiten. Das Schreiben war ein *opus servile*, eine Knechtsarbeit[9]; die Kulturszene las und schrieb nicht, sondern ließ lesen und schreiben: *non scribo, sed dicto*; heißt es in der *Historia Augusta*.[10] Reiche römische Häuser besaßen eigene Sklavenschulen, in denen bedarfsgerecht der Nachwuchs an Schreibern, Vorlesern, Musikanten usw. herangezogen wurde.[11]

301 verordnete DIOKLETIAN Maximaltarife für Waren und Dienstleistungen; dabei wurde für die Lehrerberufe festgelegt: 250 Denare für Lehrer der Rhetorik pro Schüler und Monat, 200 Denare für Lehrer der Grammatik und Geometrie. Dann kommt ein Sprung: 75 Denare sollen Lehrer erhalten, die Kurzschrift (notae) ver-

mitteln, 50 Denare sind für Elementar- und Kalligraphielehrer vorgesehen. Das Schreiben wurde manufakturmäßig betrieben und in immer differenzierteren Funktionen üblich, entsprechend der immer komplexer werdenden Verwaltungsaufgaben. DIOKLETIANS Tarife erlaubten für 100 Verse (Zeilen) bester Schrift 25 Denare, für weniger gute Schrift 20 Denare; in Griechenland war es in der Kaiserzeit üblich, die Zeilenzahl am Schluß eines Werkes zu vermerken, was nicht nur als Hilfe zum Auffinden von Textstellen dienlich war, sondern wohl eher die Berechnung des Schreiberlohnes erleichtern sollte. Zum Vergleich: ein Scheffel Weizen dürfte 100 Denare kosten; ein Schulmeister mußte wenigstens 30 Schüler haben, um auf den Monatslohn eines Maurers oder Zimmermanns zu kommen (MENTZ 1942: 179).

Es war ein Sklave CICEROS, der nach dem Zeugnis seines Meisters das erste tachygraphische System von Bestand entwickelte, die *Tironischen Noten*. Der Philosoph SENECA vervollkommnete dieses System. Die Beherrschung der Noten wurde im 2. Jh. Schulstoff, *notarius* wurde ein Brotberuf, was die Säkularisierung und Demotisierung des Schreibens in hellstem Licht zeigt. Geschrieben wurde in Schreibfabriken, wo ein Vorleser einer Gruppe von Abschreibern diktierte. In ihren Produkten sind die Werke der antiken Klassiker ebenso überliefert wie die Hörfehler, mangelnden Kenntnisse der Literatursprache und Verschlimmbesserungen der Kopisten, denen die Disziplin der philologischen Textkritik ihre berechtigte Existenz verdankt. Im kaiserzeitlichen Rom existierte ein kommerzieller Handel mit Schriftprodukten, der das ganze Reich umspannte. Man hat berechnet, daß ein Fabrikant, der 100 Schreiber gleichzeitig schreiben ließ, in 14 Tagen bequem eine 1000er Auflage der Epigramme MARTIALS produzieren lassen konnte[12]; die Werke MARTIALS waren, wie auch die anderer bedeutender und unbedeutender Schriftsteller, im ganzen Reich verbreitet:

Nicht bloß in Rom erfreut man sich an den Kindern meiner Muse, sondern im kalten Gotenland hat der Centurio mein Büchlein in seiner von Frost erstarrenden Hand, in Britannien deklamiert man meine Verse. Doch was nützt das? Mein Geldbeutel spürt nichts davon. Hat man keinen Mäzen, so hilft das nichts.[13]

Die manufakturmäßige Produktion ermöglichte einerseits beträchtliche Auflagen, andererseits Preise, die keineswegs so exklusiv waren, wie oft angenommen wird (dies ist richtig für die Prachtausgaben, aber nicht für die normalen Kopien[14]). Auf der Basis solcher Fakten ist die Frage zu erörtern, in welchem Grad die griechisch-römische Antike als literal einzustufen ist: es existierte eine entwickelte und verbreitete Schriftkultur, und es gab beträchtliche Bevölkerungsgruppen, die lesen und schreiben (lassen) konnten, d.h. in bestimmter Weise am Schriftlichkeitsprozeß beteiligt waren. Ganz falsch wäre die Annahme, daß Lese-Schreib-Fähigkeit ein Privilegium der oberen Klassen gewesen wäre; für die hier angesprochene Periode gilt im Prinzip dasselbe, was EISENSTEIN für die Zeit um 1500 festgestellt hat: »literacy was by no means congruent with elite social status« (1968: 5). Für eine Rekonstruktion des Literalitätsprozesses sind solche Fragen sicher von größerer Bedeutung als die (vergleichsweise hervorragend erforschte) Geschichte der Schrift.

Wenn die Erfindung der Schrift im alten Mesopotamien der Beginn der Schriftgeschichte ist, so ist ihr soziales Korrelat, die Herausbildung einer verhimmelten

Schreiberkaste, der Beginn der Geschichte der Schriftlichkeit. So gut wie alle My-then über den Ursprung der Schrift berufen sich auf die Götter; in der Regel wird die Schrift als wertvolles, nur einer kleinen Schar von Auserwählten zum sorgfältigen Gebrauch überlassenes Geschenk betrachtet. PLATONS Qualifikation der Schrift als Danaergeschenk, die am Anfang dieser Arbeit zitiert wurde, ist von gewissermaßen spätzeitlichem Skeptizismus durchtränkt: im 4. Jahrhundert v.u.Z. waren das Schreiben und Lesen schon längst keine exklusiven Geheimwissenschaften mehr, sondern allgemein zugängliche Kulturtechniken. Gesellschaftliche Exklusivität mußte man deshalb auf andere Weise begründen, nämlich mit der geistigen Über-legenheit der Philosophen (die sich in keiner Weise mehr auf die Kunst, Bücher lesen zu können, bezieht). PLATON hat sich dazu in seiner *Politeia* ausführlich geäußert. *Weder schwimmen noch lesen können* ist ein Prädikat für Dummköpfe, das sprich-wörtlich wurde[15]: Lesen kann jeder Esel, und PLATON kritisiert scharf den Stand-punkt, daß Bücher in irgendeiner Weise als Quell von Wissen betrachtet werden dürfen. Noch unduldsamer als LICHTENBERG in seiner bekannten Sentenz, daß »Wenn ein Buch und ein Kopf zusammenstoßen und es klingt hohl, ist das allemal das Buch?«[16] meint PLATON, daß es bei solchen Zusammenstößen gar nicht anders klingen könne als hohl: nur hohle Köpfe stießen mit Büchern zusammen, und Philosophen gingen Büchern ohnedies aus dem Weg:

Wer glaubt, er könne eine Kunst in Buchstaben hinterlassen, und wiederum, wer sie hinnimmt in der Meinung, es werde aus den Buchstaben etwas deutlich und sicher werden, der möchte wohl großer Einfalt voll sein und in Wahrheit nichts von der Weissagung des Ammon wissen, in dem er glaubt, geschriebene Reden seien mehr als bloße Gedächtnishilfe für einen, der schon weiß, was da geschrieben steht. Denn dieses Sonderbare hat die Schrift, und darin gleicht sie der Malerei: auch ihre Schöpfungen der Malerei stehen wie lebendig da; wenn du sie aber fragst, so schweigen sie recht ehrwürdig. Ebenso die Schriften. Man könnte meinen, sie sprächen als verständen sie etwas. Fragst du sie aber lernbegierig nach etwas, was in ihnen steht, so sagen sie immer nur ein und dasselbe. Und wenn eine Rede einmal geschrieben ist, so treibt sie sich überall umher, in gleicher Weise bei denen, die sie verstehen, wie bei denen, für die sie nicht bestimmt ist, und sie weiß nicht, zu wem sie reden soll und zu wem nicht. Und wird sie vernachlässigt oder verleumdet, so bedarf sie immer ihres Vaters als eines Helfers, denn sie selbst ist nicht imstande, sich zu wehren oder sich zu helfen (PLATON, *Phadros*, 60).

Einige Jahrhunderte früher sah man das Problem noch anders; ägyptische Lobreden auf den Beruf des Schreibers zeigen die ältere Auffassung recht plastisch:

Siehe, da ist kein Schreiber, dem es an Nahrung fehlte, an den Gütern des Hauses des Königs, Leben, Wohlergehen, Gesundheit. [...] Sein Vater und seine Mutter preisen Gott, daß er ihn auf den Weg des Lebens gesetzt hat. [...]

Du sollst dein Herz an die Schreibkunst setzen! Siehe, da ist nichts, das über die Schreibkunst geht. Die Schreibkunst, du sollst sie mehr lieben als deine Mutter. Schönheit wird sie vor deinem Angesicht sein. Größer ist sie als jedes andere Amt, sie hat im Lande nicht ihresglei-chen. [...]

Siehe, kein Beruf ist da ohne Vorsteher. Nur der Schreiber, der ist sich selbst Vorsteher. [...]

Erwirb dir dies große Schreiberamt! Angenehm und reich sind dein Schreibzeug und die Papyrusrolle, und du bist täglich fröhlich. Lerne Schreiber an! er ist von der Arbeit befreit [...] Und von der Mühsal erlöst. Du hast nicht viele Herren, nicht eine Menge von Vorgesetzten. Trachte danach, Schreiber zu werden, daß du alle Welt leitest! [...]

Der Mensch vergeht, sein Leib ist Staub, die Seinen alle, sie werden zu Erde – die Schrift ist es, die ihn am Leben erhält im Munde des Vorlesers [...] (zit. nach EKSCHMITT 1980: 92–94).[17]

Hier ist das Schreiberamt kein einfacher Brotberuf, sondern garantiert einen Platz auf der Sonnenseite des Lebens. Dort sind die Plätze jedoch stets sehr begrenzt: und so ist es überhaupt nicht verwunderlich, daß das Schreiben eine elitäre und exklusive Tätigkeit bleibt, solange keine gesellschaftliche Notwendigkeit besteht, die Schreibkunst zu demotisieren. Man hat, sicher nicht zu Unrecht, Zusammenhänge gesehen zwischen der Komplexität von Schriftsystemen, sprich: der Tatsache, daß es langer und intensiver Studien bedarf, sich ihrer frei zu bedienen, und ihrer sozialen Exklusivität. Diese Exklusivität scheint in der Regel zu verschwinden, wenn wirtschaftliche und gesellschaftliche Differenzierungsprozesse es notwendig machen, daß Kaufleute, niedere Verwaltungsleute, Handwerker oder Offiziere lesen und schreiben können. Wenigstens als Hypothese kann man formulieren, daß die Reduktion der Komplexität von Schriftsystemen, d.h. ihre Entwicklung zu abstrakteren und einfacheren Strukturen, damit in Zusammenhang steht, und zwar vor allem deshalb, weil sie breiter und funktional differenziert verwendbar sein müssen. Deshalb ist die Betrachtung der Geschichte der *Anwendung* der einzelnen Schriftsysteme und ihrer institutionalisierten Tradierung in Schulen, Lehrlingsverhältnissen usw. nicht nur als Faktor der *äußeren* Geschichte der Schriftlichkeit von Belang, sondern auch als Faktor, der die *innere* Geschichte der geschriebenen Sprachformen unmittelbar beeinflußt hat.

III. Analphabeten als Leser und Schreiber

Die großen Buchreligionen stützen sich in ihrer Geschichte ganz überwiegend auf analphabetische Anhänger, und selbst die Priester- und Mönchskasten, die für die Tradierung der Lehre durch Verkündigung und Exegese zuständig und im Rahmen der gesellschaftlichen Arbeitsteilung freigestellt waren, waren keineswegs insgesamt und in allen Phasen der Geschichte lese- und schreibkundig, also in der Lage, die heiligen Bücher oder rituellen Texte zu lesen. Über beträchtliche Abschnitte der christlichen Geschichte Europas war ein Klerus zureichend, der unverstandenes Pseudolatein oder Kirchenslawisch vor sich hinmurmeln und die rituellen Bewegungen und Handlungen vollziehen konnte.[18] Die intimen Beziehungen zwischen Buchreligionen und Schriftmagie, z.B. in der Kabbala, zwischen kodifiziertem Glaubensgut und wucherndem Wunder-, Stern- und Aberglauben (bezogen auf den jeweiligen Kodex), dürften nicht zuletzt damit zu erklären sein, daß die unteren Ränge der Priesterschaft zumindest nicht durchgängig einen unmittelbaren, lesenden Zugang zur heiligen Schrift besaßen, die schließlich in einer meist fremden Sprache abgefaßt war (lat., arab., Pali, Sanskrit usw.).

Das Schreiben gilt von der Zeit her, wo es nur wenige konnten, als unheimliche Kunst; es wird häufig zu Zauber verwandt; der mehrfache Sinn des Wortes στοιχεῖον (Grundlage, Reihenglied, Buchstabe, Tierkreiszeichen) regte zu mancherlei Spekulationen an; das Pensum der ersten Schuljahre, das bei vielen die einzige Wissenschaft blieb, wurde zergrübelt. (DORFNSEIFF 1954: 240)

Zur Illustration der Einschätzung, daß die Grenze zwischen Analphabetentum und Lese-Schreib-Fähigkeit vielfach fließend ist und dabei die Funktionen, die das Lesen praktisch hat, zu berücksichtigen sind, soll folgende Passage aus Ph. ARIÈS' *Geschichte der Kindheit* dienen, in der deutliche Anklänge an die platonische Einschätzung der Schriftlichkeit vorhanden sind. Es sind aber nicht mehr als Anklänge; bei PLATON hat man es mit kritischer Skepsis einer verhältnismäßig jungen Technik gegenüber zu tun, im folgenden Zitat damit, daß eine längst eingeführte, traditionelle Technik nicht mehr ausgeschöpft wird, sondern auf die Reste ihrer Möglichkeiten reduziert wird, die in der betreffenden Funktion eben noch brauchbar sind:

Man lernt das, was man zum Sprechen und Singen der Messe braucht, d.h. den Psalter, die Gebete des Kanon, und dies selbstverständlich in lateinischer Sprache, d.h. in der Sprache der Manuskripte, in denen diese Texte fixiert waren. Folglich fand dieser Unterricht auch überwiegend mündlich statt und richtete sich an das Gedächtnis, wie es auch in den Koranschulen der mohammedanischen Länder von heute der Fall ist. [...]
Die Priester konnten fast sämtliche Meßgebete auswendig aufsagen. Damit war die Lektüre nicht mehr ein unabdingbares Mittel zum Wissenserwerb. Sie diente den Schülern nur noch als Gedächtnisstütze, wenn sie einmal den Text vergessen oder ein schwaches Gedächtnis hatten. Das Lesen diente lediglich dazu, das »wiederzuerkennen«, was man bereits wußte, und nicht dazu, etwas Neues zu entdecken, und die Lektüre verlor auf diese Weise an Bedeutung. (ARIÈS 1978: 222f.)

Solche Verschiebungen der Funktionen der Schrift haben aber bekanntlich der Stoßkraft dieser Religionen keinen Abbruch getan; es scheint im Gegenteil so zu sein, daß die gesellschaftlichen Modernisierungsprozesse der jüngsten Geschichte, die – gewissermaßen als eines ihrer sozialen Komplemente – auch allgemeine Alphabetisiertheit einiger Gesellschaften mit sich brachte, die gesellschaftliche Religiosität in den betreffenden Ländern nicht unbedingt gefördert haben. Die heiligen Bücher, ob Bibel, Koran, Thora, brahmanische, buddhistische usw. heilige Schriften, waren keineswegs angewiesen auf allgemeine Alphabetisiertheit, um fester Bezugspunkt der Religiosität, der Kultur oder des Rechts zu sein – lediglich bei den Juden ist ziemlich konsequent Wert darauf gelegt worden, daß die erwachsenen Männer ›die Schrift‹ lesen konnten.

Die heiligen Schriften ihrerseits waren, jedenfalls bis zur Durchsetzung des Drucks im jeweiligen Verbreitungsbereich, in erheblich voneinander abweichenden Schriftarten und -systemen verbreitet. Die einzelnen Religionsräume waren intern durch Schriftverschiedenheiten fragmentiert, selbst wenn die ›heilige Sprache‹ mehr oder weniger unverändert tradiert wurde. In Westeuropa ist wohl die irische Schrift der interessanteste und zählebigste Fall. Im Mittelalter gibt es eine Fülle ›nationaler‹ Minuskelkonventionen, deren Lesbarkeit für Leser der jeweils anderen ›nationalen‹ Schriftvarianten zumindest mit Schwierigkeiten verbunden war.[19] Die bekannte Vielfalt der ›christlichen‹ Schriftarten geht zurück auf die Herausbildung autokephaler Kirchen (georgisch, armenisch, syrische Schriftarten, koptisch, griechisch, lateinisch, slavisch). Auch bei den übrigen ›Hochreligionen‹ war die Schriftform der heiligen Schriften variationsreich. Die in Sanskrit verfaßte Schrift ›Lalita-vistara‹

berichtet davon, daß derjunge BUDDHA (BÔDHISATTVA) zu einem Gelehrten kommt in der Absicht, schreiben zu lernen, und ihn fragt, welche der bekannten Schriften er ihn zu lehren beabsichtigt; Bôdhisattva macht dann Vorschläge und kommt auf eine Liste von nicht weniger als 64 Schriftarten.[20] Etwa die Hälfte dieser Schriftarten ist unbekannt (»Cryptic or imaginative forms«[21]) – die Liste ist nichtsdestoweniger beeindruckend und weist darauf hin, daß der oder die Verfasser dieser Schrift, die zwischen 250 und 865 u.z. entstanden sein soll, ›Schriftbewußtsein‹ besaß(en). Jedenfalls ist das Lesen und Tradieren der ›heiligen Schriften‹ in jeweils recht verschiedenen Schriftarten und -systemen erfolgt; die Geistlichkeit hatte also jeweils spezifische Alphabetvarianten und Schreibkonventionen zu kennen, um die heiligen Schriften autoritativ lehren und tradieren zu können. Uns interessiert hier stärker der Sachverhalt, daß aus der großen Vielfalt der Schriftarten keine Annahmen über die Verbreitung der Alphabetisiertheit abzuleiten sind. Wir haben gesagt, daß es über lange Zeiträume ausreichte, wenn die oberen Ränge der Geistlichkeit und besondere Spezialisten lesen und schreiben konnten, nicht notwendig aber die Leutepriester. Und noch nicht einmal das scheint stets der Fall gewesen zu sein: im Frühmittelalter war es im christlichen Europa keine Seltenheit, daß selbst hohe geistliche Herren nicht lesen und schreiben konnten: dafür hatten sie ihre Vorleser und Schreiber.[23] Voraussetzung für solche Formen der Literalität war allerdings, daß ein Netz von Übersetzungs- und Tradierungsinstanzen bestand, dessen höhere Hierarchiestufen lese- und schreibkundig sein oder entsprechende Dienstleister haben mußten. Die christlichen Kirchen konnten lange mit einem Klerus auskommen, der nicht sonderlich gebildet war; sie konnten es deshalb, weil sich parallel zum Verfall der allgemeinen und klerikalen Bildung spezialisierte Orden herausbildeten, denen – gewissermaßen arbeitsteilig – die Pflege der Gelehrsamkeit oblag; in erster Linie sind hier für Westeuropa die Benediktiner zu nennen. Dasselbe gilt für andere Kulturen; man kann die These aufstellen, daß die Buchreligionen eine spezifische Tradition der Oralität insoweit entwickelten, als es für ihre Priester (und die Laien ohnehin) viel stärker darauf ankam, die heiligen Texte oder wichtige Stücke daraus auswendig zu können und in den einschlägigen Situationen das passende Zitat parat zu haben. Wenn man in Betracht zieht, daß die heiligen Bücher in Sprachen abgefaßt sind, die für die Mehrheit der Gläubigen Fremdsprachen waren, gewinnt die These noch an Wahrscheinlichkeit: es ist eine Sache, Koran- oder Bibelstellen auf Arabisch oder Lateinisch vortragen zu können, und eine andere Sache, in den Volkssprachen für das Volk priesterliche Funktionen wahrzunehmen. Hier scheint mir auch einer der Gründe dafür zu liegen, daß die Buchreligionen Grapholatrie und Schriftmagie keineswegs ausschlossen. Gesellschaften, deren Alphabetisierungsgrad niedrig ist, neigen häufig zu Grapholatrie (der Fetischisierung von Geschriebenem), die einen vielleicht befremdlichen, aber unbestreitbaren Höhepunkt der möglichen sozialen Funktionen von Schriftlichkeit darstellt. Aber auch Gesellschaften, in denen die Schriftlichkeit in zentralen sozialen Funktionen längst durchgesetzt ist (wie im europäischen oder arabischen Mittelalter), entwickeln solche Formen einer sekundären Interpretation bzw. Verwendung von Schrift. Es ist keineswegs der Fall, daß irgendein sozialer Mechanismus zu wirken begänne, der gesellschaftliche Alphabetisierung hervorbrächte, sobald für eine bestimmte Sprachgemeinschaft eine Alphabetschrift entwickelt bzw. in irgendwelchen Funktionen eingeführt ist. Man kann allenfalls sagen, daß das Vorhandensein einer Alphabetschrift günstige Voraussetzungen für solche Entwicklungen schafft, aber solche Entwicklungen auslösen kann sie natürlich nicht. Hierfür sind andere Faktoren maßgeblich, vor allem solche wirtschaftlicher, sozialer und politischer Art. Auch ein einmal erreichtes Niveau gesellschaftlicher Literalität kann wieder verlorengehen, einmal erreichte Quoten an Lesekundigen können wieder zusammenschmelzen, kurz: eine Schriftkultur, die beträchtliche Teile einer Gesellschaft umfaßt, kann zerfallen und sich zurückentwickeln zur Schriftkultur einer Schreiber- und Bürokratenkaste. Die Buchreligionen, die Verwaltung und der Handel sind die klassischen Kernbereiche der Schriftlichkeit. Auch nach dem Zusammenbruch der antiken griechisch-römischen Kultur wurde geschrieben und gelesen, vor allem in den Klöstern, aber ebenso in den Kanzleien der Höfe und in den Kontoren von Händlern (soweit es großräumigen Warenaustausch noch gab). Gesellschaftlich spielte die Schriftlichkeit außerhalb dieser Funktionen nur noch eine bescheidene Rolle. So kann man beispielsweise darauf hinweisen, daß der ehemals weitgehend schriftförmige Literaturbetrieb, ebenso das Rechtswesen, wieder weitgehend oral ablief bzw. das schriftliche *römische* Recht gar nicht übernommen wurde. Dieser Rückgang von Literalität und Alphabetisiertheit bedeutete aber keineswegs, daß es zu einer Zunahme der Wertschätzung der Kunst des Schreibens gekommen wäre, die nur noch vor wenigen beherrscht wurde. Lesen- und Schreibenkönnen galt vielmehr als Brotberuf für einige Professionelle; es ist bekannt, daß nicht nur das Volk, sondern auch die Spitzen der frühmittelalterlichen Gesellschaft ziemlich durchgängig analphabetisch waren:

the medieval potentate did not read and write because he had neither the need nor the wish,

formulierte V.H. GALBRAITH (1935: 203). Die Anekdoten über die Versuche KARLS DES GROSSEN, das Lesen und Schreiben zu lernen (wie viele seiner früheren und späteren Berufskollegen hat er immer mit drei Kreuzen unterschrieben) beruhen wohl eher auf den Problemen seiner Hagiographen, die es nicht ertragen, daß der große Kaiser so etwas für sie Selbstverständliches nicht konnte, und wohl weniger darauf, daß KARL von Hunger nach der Beherrschung einer Technik beseelt gewesen wäre, die für ihn persönlich keinen großen Wert haben konnte. Selbst analphabetische Bischöfe und Äbte waren keine Seltenheit: auch sie hatten ihre Dienstleister. Fürs Vorlesen wie fürs Diktieren hatte man seine Leute; CIPOLLA (1969: 40) vergleicht die Situation mit der für uns besser nachvollziehbaren Konstellation, daß jemand keinen Führerschein macht, weil er einen eigenen Chauffeur bezahlen kann. Sicherlich sind diese Hinweise sehr grob; in Italien und im oströmisch-byzantinischen Reich scheint, trotz aller Rückschritte, die Quote der Lesekundigen und der allgemeine Grad der Literalität stets deutlich über derjenigen Zentral- und Nordeuropas gelegen zu haben. Zu Beginn des XI. Jh. berichtete der deutsche Italienreisende WIPO, daß in Italien »sudare scholis mandatur tota iuventus« (* »die ganze Jugend abkommandiert ist, in den Schulen zu schwitzen« – das ist sicher eine Übertreibung), während »Teutonicis vacuum vel turpe videtur ut doceant aliquem

nisi clericus accipiatur« (*»[während] es den Deutschen sinnlos oder verachtenswert
vorkommt, wenn man jemand lernen läßt, wenn er nicht Kleriker werden soll«.
WIPO, *Tetralogus*, zit. nach CIPOLLA 1969: 41). Aber nicht nur Mönche und ein paar
Händler und Juristen konnten lesen, sondern spätestens im Hochmittelalter auch
viele sozial höhergestellte Frauen, wie H. GRUNDMANN (1958) festgestellt hat. Im
Sachsenspiegel, einer Sammlung von Rechtssätzen, ist festgelegt, daß Bücher nur in
weiblicher Linie vererbt werden sollen – was hätte ein Krieger oder Ritter auch mit
Büchern anfangen sollen?

Die mittelalterlichen Gesellschaften sind zweifellos trotz der skizzierten Reduktion von Literalität als literale Gesellschaften zu bezeichnen. Wesentliche Funktionen wurden nach wie vor schriftlich abgewickelt; der allgemeine Rückgang an Volksbildung führte nirgends zum Verlust der Schriftkultur als solcher; man kann am
Rande darauf hinweisen, daß gerade in den ›finstersten‹ Abschnitten des Mittelalters
neue Alphabete (Glagolica) und Alphabetvarianten (irisch, beneventisch, kurial,
altkirchenslavisch-kyrillisch usw.) ›erfunden‹ bzw. entwickelt und verwendet wurden. Gleichzeitig war die Praxis des Lesens und Schreibens weitgehend die Angelegenheit von subalternen Spezialisten und später von Frauen von Stand, die religiöse
oder schöngeistige Neigungen hatten. Dies änderte sich bis zum 15. Jh. langsam und
in kaum entwirrbaren Widersprüchen von Fortschritten und Rückschlägen. Häufig
werden religiöse Konflikte als Bewegkräfte von Alphabetisierungskampagnen betrachtet: Schismatiker und Ketzer pflegten sich häufig auf den Buchstaben des
heiligen Buches zu berufen, und dann lag es nahe, die Forderung zu erheben, daß
jedermann in den Stand versetzt werden müsse, die Streitfragen durch eigene Lektüre entscheiden zu können. Die ›Bibel für das Volk‹ ist sicher keine Erfindung des
Luthertums. Solche religiös auftretenden Konflikte müssen allerdings nach Möglichkeit auf ihren sozialen Kern zurückgeführt werden, was in jedem Einzelfall sehr
detaillierte Studien erfordert und Aufgabe der Fachhistoriker bleiben muß; sie hätten die Frage zu beantworten, welche soziale Bedeutung die Ketzerpropaganda für
die Massenalphabetisierung hatte. Eine Geschichte der beghardischen, der bogomili-
schen oder der hussitischen Ketzerei (um Beispiele zu nennen) unter diesem Aspekt
bleibt noch zu schreiben. Direkteren Zugang zu dieser Fragestellung bieten solche
historischen Fälle, bei denen produktionsorganisatorische und technische Innovationen rekonstruierbare Auswirkungen auf Struktur und Funktionen der Schriftlichkeit hatten. In einigen bemerkenswerten Studien hat GIESECKE gezeigt, daß die
spätmittelalterlichen Rezept- und Musterbücher für Handwerker im Deutschland
des 15. Jh. keineswegs auf die Alphabetisiertheit ihrer Benutzer schließen lassen:
noch zu diesem Zeitpunkt scheint PLATONS eingangs zitierte Auffassung vom Primat
des Gedächtnisses und des erworbenen Könnens über das Lesen zu gelten. GIESECKE
zeigt sehr schön, daß die von ihm behandelten Bücher, im wesentlichen Abbildungen
und Aufrisse von Gegenständen und technischen Abläufen enthaltend, überhaupt
nur für einen Benutzer von Wert sein konnten, der die betreffende Technik hand-
werklich bereits beherrschte. Zum Verständnis solcher Bücher mußte man nicht
unbedingt lesen können, aber man mußte das Handwerk verstehen.

Analphabetismus impliziert keineswegs, daß die analphabetischen Menschen nicht in der Lage wären, Symbolsysteme zu ›lesen‹ – hier kann an das oben angesprochene Beispiel des CAMEL Warenzeichens erinnert werden; im Rahmen einer allgemeinen Zeichentheorie könnte man hier an den glossematischen Standpunkt anknüpfen, demzufolge die Sprache nur eines von mehreren Systemen für den Ausdruck von Bedeutungen ist. Im europäischen Mittelalter war das Volk durchaus in der Lage, mit Symbolen vollgepfropfte »Bildergeschichten« auf Fresken, Altartafeln, Kirchenfenstern, Ikonen usw. zu ›lesen‹: es war zumindest teilweise in der Lage, symbolisch verwendete Darstellungen von Gegenständen, symbolhafte Farben, Körperhaltungen, Kleidungsstücke u. dgl. Kompositionselemente mit konventionellen Bedeutungen zu identifizieren: *pictura est laicorum literatura* (die Gemälde/ Bilder sind die Literatur der Laien), sagt eine mittelalterliche Sentenz. Um ein Beispiel zu geben: ein Wasserkübel kann die Identifizierung eines Heiligen als St. Florian, der Brände löschen hilft, ermöglichen; hier ist ein direkter Referent verwendet. Um ein Salzfaß als Attribut des hl. Nikolaus zu erkennen, muß man mit der Legende vertraut sein, derzufolge er einmal drei seiner Schüler aus einem Pökelfaß errettet hat (in HOFFMANNS *Struwwelpeter* lebt noch eine schwache Erinnerung daran nach; dort steckt er drei böse Buben in ein Tintenfaß); das Salzfaß kann aber auch das Kennzeichen des hl. Rupert von Salzburg sein, der Schutzheiliger dieser Stadt ist. Ein Bierfaß hingegen verweist auf den hl. Arnold von Soissons, den Schutzheiligen der Bierbrauer; Weinfässer können auf eine ganze Reihe von Heiligen, die durch weitere Attribute identifizierbar gemacht werden müssen, verweisen. Die traditionalen Gesellschaften Europas (und ebenso anderer Kulturkreise) besaßen Mittel des bildlichen und symbolischen Ausdrucks von Bedeutungen von beträchtlicher Komplexität. Um sie dechiffrieren zu können, war Schulung notwendig – die orale Tradierung von Legenden, Mythen etc., woraus folgt, daß ›orale‹ Traditionslinien nicht-schriftliche, aber dennoch graphisch fixierte Komplemente haben können.

In GELBS Klassifikation wäre dieser Fall bereits als eine der »Vorstufen der Schrift« einzuordnen, was er u. E. nicht ist: es handelt sich um ein konventionelles System der graphischen Repräsentation von Bedeutungen anderer Ordnung, für das gilt: »ein Symbol [wird] dazu verwendet, an eine Person oder einen Gegenstand zu erinnern oder diese zu identifizieren« – so charakterisiert GELB (1958: 188) die »beschreibend-darstellende« Form der Vorstufen der Schrift. Es gibt eine Vielzahl anderer Systeme analoger Art, angefangen mit Besitzzeichen, Hausmarken usw., die hier nicht besprochen werden sollen. [24] Das folgende Beispiel betrifft Kalenderzeichen für analphabetische Bauern, die aus dem 17. Jahrhundert stammen. Sie ermöglichen die Gliederung des Jahreslaufes; jedes Zeichen ist einem festen Zeitpunkt zugeordnet. Voraussetzung ist wiederum eine genaue Kenntis der Legenden und Mythen, auf die die einzelnen Zeichen referieren, also eine ausgebildete und ziemlich fest normierte orale Tradition. Diese Zeichen sind keine Illustrationen zu Heiligengeschichten; die Heiligengeschichten werden vielmehr in einen anderen, alltagspraktischen Kontext transferiert und bilden nur noch die Folie, auf der ein ganz anderes Ordnungssystem, eben das der Zeitrechnung, aufgebaut wird; HAAS (1976: 143) spricht hier von »visual semiotics«. [25]

Abb. 8
Kalenderzeichen (17. Jh., entnommen aus NERDINGER 1960: 60)

Auch für säkulare, also wirtschaftliche, politische usw. Funktionen gilt, daß allgemeine Literalität keine Voraussetzung dafür ist, daß die Schrift eine gesellschaftliche relevante Rolle spielt und der *gesamten* Gesellschaft als wichtiges Kommunikationsmittel und Instrument zur Austragung von Konflikten bekannt ist. Es gibt eine Fülle von Beispielen, wie analphabetische Bevölkerungen sich der potentiellen und faktischen Funktionen des Mediums Schrift völlig bewußt sind und sich seiner bedienen. Ebenso gibt es Fälle, in denen das Lesen- und Schreibenkönnen Terrain des ›Klassenkampfes von oben‹ wird; so war es in den Südstaaten der USA vor dem Sezessionskrieg bei Strafe verboten, Sklaven das Lesen und Schreiben beizubringen; man schätzt, daß zu diesem Zeitpunkt allenfalls 2% der schwarzen Bevölkerung der Südstaaten auf irgendeine Weise lesen und schreiben gelernt hatten.

Eine – überaus gelungene – literarische Verarbeitung dieses Sachverhalts findet sich in einer Novelle des sowjetischen Autors ANDREJ PLATONOV, deren Handlung am Anfang des 18. Jh. auf dem russischen Dorf spielt. Der Zusammenhang, in dem das folgende Zitat steht, ist eine schriftliche Beschwerde an den Zaren, die analphabetische Bauern über einen Vojvoden vorbringen, der sie wegen eines Kanalbauprojekts bis aufs Blut ausbeutet. Zwischen dem Vojvoden und dem Ingenieur, der die Arbeiten leitet, wird die Frage diskutiert, wie die Bauern diesen Brief zuwege bringen konnten:

»Ganz einfach: Ein paar Taugenichtse haben bei meinem Schreiber zwei Wochen lang gebettelt, ihnen Tinte zu geben oder ihnen für einen Räucherschinken zu verraten, woraus sie gemacht wird. Mein Schreiber ist aber ein durchtriebener Kerl und selbst Erbbesitzer, er hat ihnen Tinte gegeben, ist ihnen aber nachgeschlichen und hat so alles erfahren und ist auch hinter das Briefchen gekommen. Denn außer in der Wojwodschaftskanzlei gibt es in Epifan keine Tinte, und die Farben ihrer Zusammensetzung kennt niemand!«

»Haben wir das Volk wirklich so geschunden?« fragte Perry. »I wo, Berdan Ramsejitsch! Unser Volk ist nur frech und aufsässig! Du kannst machen, was du willst, die schreiben dauernd Bittschriften und Beschwerden, obwohl sie schreib- und leseunkundig sind und die

Zusammensetzung der Tinte nicht kennen. Warte nur, ich werde sie schon in einem engen Raum unterbringen! Ich werde ihnen zeigen, wo die Auflehnung und die dauernden Beschwerden beim Zaren hinführen. Das ist doch eine Plage Gottes! Weshalb ist ihnen nur die Sprache beigebracht? Wenn sie nicht schreiben noch lesen können, müßte man ihnen auch die Sprache abgewöhnen!« (PLATONOV 1927: 24)

Dieses Beispiel hat zwar den Nachteil, als literarischer Text nicht authentisch zu sein i.S. der Maßstäbe der Historiographie, bietet dafür aber den Vorteil der Anschaulichkeit und Griffigkeit (die Novelle beruht auf quellenmäßig belegten Vorgängen). Es zeigt, daß in der analphabetischen russischen Bauerngesellschaft der Zeit PETERS I. die soziale und politische Wichtigkeit der Verwendung von Schrift offensichtlich klar war. Die Bauern wußten, daß ein vielleicht effektiver und noch legitimer Weg der Gegenwehr gegen den unerbittlich die Knute schwingenden Vojvoden eine Bittschrift an den Zaren selbst ist (die nächste Stufe wäre die Revolte); der Vojvode seinerseits zeigt, daß er über die möglichen Konsequenzen dieses Briefes Bescheid weiß, indem er ihn abfangen läßt. Der in unserem Zitat diskutierte Punkt, wie die Bauern den Brief schreiben konnten, ohne Tinte zu haben und schreiben zu können, ist ein vergleichsweise simples technisches Problem: Das Bestechen eines Kanzleischreibers und das Auftreiben irgendeines Schriftkundigen, vielleicht eines entlaufenen Mönches oder eines verkrachten Intellektuellen usw. läßt sich schon irgendwie bewerkstelligen. Entscheidend ist an diesem Beispiel, daß die von GOODY (1981: 8) formulierte allgemeine Feststellung, daß »komplexe bürokratische Organisationen direkt von der Schrift abhängen«, daß sie »Spaltungstendenzen großer Reiche abschwächt«, ein Korrelat hat auf der Ebene der Beherrschten: auch wenn sie nicht lesen und schreiben können, ist ihnen (sicher abgesehen von anfänglichen Entwicklungsetappen der Herrschaftsliteralität) die Funktion der geschriebenen Sprachform als eines Machtmittels oft klar, und sie entwickeln ihre Listen und Schliche, um sich dieses Machtmittels selber zu bedienen. Im gleichen Kontext ist der historisch ebenfalls vielfach belegte Fall zu sehen, daß das Volk seine Rebellionen damit krönt, daß es Kanzleien und Archive mit ihren Schuldscheinen und Hebelisten anzündet; auch solche Vorgänge zeigen, daß ›die Schrift‹ als Instrument der herrschaftssichernden Kommunikation und des gesellschaftlichen Gedächtnisses identifiziert ist und ihre soziale Funktion zutreffend eingeschätzt wird. Ein schönes Beispiel für die Deifizierung einer offenbar wesentlichen Funktion von Geschriebenem läßt sich aus dem chinesischen Götterhimmel anführen, in dem es einen besonderen Funktionär fürs Schreiben gab:

[...] P'ai-t'ou-tieh, d.h. »das Väterchen mit der Tafel«, der als Trabant und Spion des Stadtgottes in lebensgroßer Figur in der Haupthalle vor dessen Tempel seinen Platz hat, unnatürlich lang und hager dargestellt mit kreideweißem Antlitz und heraushängender Zunge, in langem weißem Gewand und mit hohem zuckerstockförmigem Hut, eine Schreibtafel in der Hand haltend, in die er die Namen der Missetäter einträgt. Polizisten und Häscher verehren ihn als ihren Schutzpatron. (BERTHOLET 1950: 12)

Analphabetismus ist offenbar kein grundsätzliches Hindernis für das Entstehen eines operationalen Verhältnisses zur Schriftlichkeit seitens der Analphabeten, und sie ist kein grundsätzliches Hindernis für die Entwicklung avancierter Formen politischen Bewußtseins und politischer Aktionen. Man kann hier auf viele Resultate der seit einigen Jahren zu einem prominenten Forschungsobjekt gewordenen *oral history* verweisen oder die Volksepik, die inzwischen vielfach den Kassettenrecorder statt der Druckerpresse als zeitgemäßes Medium gefunden hat. Sicher markiert beides wichtige Traditionslinien in analphabetischen Gesellschaften, aber ebenso klar dürfte sein, daß sie keineswegs aliteral sind. Ein illustratives Beispiel, in dem die Rolle der geschriebenen Sprachform für analphabetische Gemeinschaften deutlich wird, gibt das folgende lange Zitat, in dem es um die politische Selbstorganisation anarchistischer Bauern in Andalusien geht (der andalusische Agraranarchismus reicht bis etwa 1870 zurück):

Wir, die wir diese Zeit [1918–1919] durchlebten, werden nie diesen erstaunlichen Anblick vergessen. In den Wäldern, Schuppen und Höfen, wo immer sich Bauern aus welchem Grund auch trafen, um miteinander zu sprechen, gab es nur ein Thema der Unterhaltung, das ständig ernsthaft und heftig diskutiert wurde: die soziale Frage. Wenn sich die Männer von der Arbeit ausruhten, tagsüber während der Zigarettenpausen und abends nach dem Essen, las immer der Gebildetste unter ihnen Flugblätter und Zeitungen laut vor, während die anderen mit großer Aufmerksamkeit lauschten. Dann faßte man zusammen und bestätigte, was man gerade gelesen hatte und pries es in endloser Reihenfolge. Sie verstanden nicht alles. Manche Worte kannten sie nicht. Einige Erklärungen waren kindisch, andere bösartig, das hing von der Persönlichkeit des Mannes ab, aber im Grunde waren alle einer Meinung. Wie sollte es anders sein? War nicht alles, was sie gehört hatten, die *reine Wahrheit*, die sie ihr ganzes Leben lang gefühlt hatten, obgleich sie sie nie auszudrücken vermochten hatten? Jeder las zu jeder Stunde. Es gab keine Grenze für ihre Neugier und ihren Wissensdurst. Selbst die Reiter lasen auf ihren Tieren und ließen Zügel und Halfter schleifen. Wenn sie ihr Frühstück zusammenpackten, steckten sie immer etwas Literatur mit in die Tasche. [...] Zwar gab es 70 oder 80% Analphabeten, aber das war kein unüberwindliches Hindernis. Der enthusiastische Analphabet kaufte seine Zeitung und gab sie einem Genossen zum Vorlesen. Er ließ ihn dann den Artikel anstreichen, der ihm am besten gefallen hatte. Dann bat er einen anderen Genossen, ihm diesen Artikel noch einmal vorzulesen, und nachdem er ihn ein paarmal gehört hatte, konnte er ihn auswendig und wiederholte ihn denen, die ihn noch nicht kannten. Es gab nur ein Wort, dies zu beschreiben: Ekstase.
[...] nach ein paar Wochen bestand der ursprüngliche Kern von 10 oder 12 Eingeweihten schon aus 200; nach ein paar Monaten propagierte praktisch die ganze arbeitende Bevölkerung, von glühendem Bekehrungseifer ergriffen, fanatisch dieses flammende Ideal. Die wenigen, die sich abseits hielten, entweder weil sie zu friedlich oder zu furchtsam waren, oder weil sie fürchteten, den Respekt in der Öffentlichkeit zu verlieren, wurden von Gruppen Überzeugter belagert: In den Bergen, wenn sie ihre Felder pflügten, in der Hütte, der Taverne, auf Straßen und Plätzen. Sie wurden mit Argumenten, mit Verwünschungen, mit Verachtung, mit Ironie bombardiert, bis sie beipflichteten. Widerstand war unmöglich. Nachdem das Dorf einmal bekehrt war, breitete sich die Propaganda aus. [...] Jeder war ein Agitator. So ergriff das Feuer rasch alle entflammbaren Dörfer. Die Arbeit des Propagandisten war jedenfalls leicht. Er brauchte seinen Hörern nur einen Artikel aus der »Tierra y Libertad« oder dem »El Productor« vorzulesen, um ihnen das Gefühl plötzlicher Erleuchtung durch einen neuen Glauben zu geben.[26]

Was zeigt nun dieses Beispiel (das übrigens nur eines von vielen gleichartigen ist)? Eine im technischen Sinne analphabetische Bevölkerung kann sich, um es provozierend auszudrücken, hochliteral verhalten und Schriftprodukte ideologisch und politisch höchst effektiv instrumentalisieren. Der Analphabetismus ist keine unüberwindliche Schranke für literales Agieren, für funktional adäquates Einsetzen von Gedrucktem in politischen Auseinandersetzungen. Es ist nicht so, daß Analphabeten die Verwendung der geschriebenen Sprachform, das zweckmäßige Benutzen von Gedrucktem zwangsläufig versagt sei, wie das weitgehend angenommen wird. Sie können, wie die beiden Beispiele zeigen, das Problem der Leseunkundigkeit bewältigen, ohne selbst lesen zu können, und es dadurch auf ein rein technisches Problem reduzierten. Sie haben den Effekt, den das öffentlichen Vorlesen bzw. Vortragen von Auswendiggelerntem hat, optimal eingesetzt, indem sie die agitatorische Potenz, die dem definitionsgemäß öffentlichen Charakter dieser Art der Kommunikation innewohnt, ausnutzten und die Gegenstände und Inhalte, über die zu debattieren war, unmittelbar ins Leben einfügten. Dieser Punkt ist schon von SCHENDA betont worden:

> Das Vorlesen kann also nicht nur pädagogischen, sondern auch politischen Zwecken dienstbar gemacht werden. Gerade die sozialistische Agitation unter Arbeitern des frühen Industrialismus läßt sich ohne den Vorleseakt nicht denken. Aus dem Vorlesen entwickelte sich die Diskussion über das Gehörte. (1977: 467)

Das Lesen ist hier nicht ein Akt der individuellen Aneignung und Verarbeitung von Informationen, sondern eine kollektive, gemeinsame Instrumentalisierung des Mediums Schrift (bzw. Druck), das nur soweit von Interesse ist, als es für den aktuell ablaufenden Prozeß der gemeinsamen politischen und ideologischen Selbstorganisation nützlich ist. ›Lesen‹ wird zu einer Selbstverständlichkeit: man packt Literatur ein, um bei sich bietender Gelegenheit vorgelesen zu bekommen, was man als wichtig angestrichen hat, und wenn man seinen Text auswendig kann, ist man selber »Vorleser«. Es geht um das Thema, nicht um das Medium der Propaganda. Die Barriere zwischen Analphabeten und Lesekundigen ist damit jedenfalls reduziert: entscheidend ist, was man zur »Bewegung« beitragen kann, den gemeinsamen Zielen, zu den Debatten, die alle bewegen und in die man alle einbeziehen muß, auch die »Friedlichen und Furchtsamen«. Und in solchen Zeiten des Aufbruchs, sei es zu einer besseren Welt, sei es zur Beendigung eines Krieges, sei es zu einer Land- oder Steuerreform usw., ist die genannte Barriere noch offensichtlicher technischer Art als sonst. Wir werden im weiteren Verlauf dieses Kapitels am Beispiel von WILHELM LIEBKNECHTS Bemerkungen zum Analphabetenproblem einige Bemerkungen zur sozialdemokratischen Diskussiontradition machen, die auf dem Hintergrund der beiden eben erörterten Beispiele in einem eigenartigen Licht erscheinen dürfte. Das Problem scheint nicht in erster Linie darin zu liegen, daß die Unterschichten alphabetisiert werden, sondern daß sie das jeweils gewünschte politische Bewußtsein entwickeln bzw. durch praktisches Handeln zeigen, daß sie ihre Interessen vertreten können. Alphabetisierung ist dann nicht mehr (aber auch nicht weniger) als ein effektives Mittel, den Adressaten zu diesem Bewußtsein zu verhelfen, also alles andere als die Verallgemeinerung einer politisch neutralen ›Kulturtechnik‹. Es ist leicht einzusehen, daß das auch der jeweiligen Gegenseite in der Regel vollkommen klar war.

Nun ist andererseits offensichtlich, daß Entwicklungen der besprochenen Art zwar historisch häufig belegt, aber insgesamt doch Ausnahmen sind. Nichts wäre fataler, als wenn man in sozialrevolutionärer Romantik das Lesen- und Schreibenkönnen zu einem grundsätzlich sekundären Problem erklärte. In Gesellschaften hypoliteralen Typs hört die Schriftlichkeit nicht auf, Instrument der Ausübung und Sicherung von Herrschaft zu sein, auch wenn die analphabetische Mehrheit ihre Listen oder ihre Rebellionen gegen sie einsetzt oder sie zu ihren Zwecken gelegentlich funktionalisiert. Das Spannungsverhältnis bleibt: Analphabeten sind die potentiellen (und faktischen) Opfer der Herrschaftsausübung, die über Zehntamt, Hebelisten, Kataster, Gerichtskanzlei und preußische Landräte oder Missionare, Kolonialoffiziere, Kaufleute und ihre Ehefrauen immer häufiger und differenzierter schriftlich daherkommt. Sie sind es zwar nicht deshalb, weil sie Analphabeten sind, sondern deshalb, weil sie Beherrschte sind; allerdings sind (bzw. bleiben) sie Analphabeten, weil sie Beherrschte sind. Es reicht nicht, darauf hinzuweisen, daß »poverty and illiteracy are so inextricably linked« (MILLER 1972: 375): man muß die Frage nach den Determinanten dieses Zusammenhangs stellen. Und es ist wohl kaum bestreitbar, daß es nicht reicht, alphabetisiert zu sein oder zu werden, um automatisch signifikanten wirtschaftlichen und sozialen Nachteilen zu entfliehen; grandioses Anschauungsmaterial bieten die Alphabetisierungskampagnen der letzten dreißig Jahre in der dritten Welt, deren mäßige Erfolge eben damit zusammenhängen, daß der in Aussicht gestellte Lohn, nämlich das Aufhören des Elends, häufig nicht ausbezahlt werden kann.[27]

IV. Zum Prozeß der Massenalphabetisierung in Westeuropa

Natürlich heißt das im letzten Abschnitt Gesagte nicht, daß es gleichgültig wäre, in welchem Umfang die Mitglieder einer Gesellschaft und vor allem: in welchem Umfang bestimmte Gruppen einer Gesellschaft alphabetisiert sind – es versteht sich, daß hier Wechselwirkungen bestehen. Diese Wechselwirkungen sind allerdings nicht als ein doppelseitiger Prozeß des Fortschritts zu immer mehr Literalität und immer breiterer Alphabetisierung zu verstehen (wie beispielsweise in CARLO CIPOLLAS Geschichte der Alphabetisierung in Westeuropa (1969)).[28] Bei CIPOLLA reduziert sich das Problem ziemlich weitgehend auf die Frage, wie man die angeblich kontinuierlich ansteigende Kurve der Alphabetisierungsquoten seit dem 19. Jahrhundert rekonstruieren kann – solche Quoten sagen jedoch wenig aus über die gleichzeitige Entwicklung der gesellschaftlichen Literalität, abgesehen davon, daß es methodisch höchst fragwürdig ist, die Resultate von Erhebungen über Analphabetenquoten, die mit sehr unterschiedlichen Erhebungsverfahren und teilweise widersprüchlichen Zielsetzungen zu verschiedenen Zeitpunkten in verschiedenen Ländern durchgeführt wurde, als solide Grundlage für Vergleiche oder Verallgemeinerungen zu akzeptieren. Andererseits gibt es eine ganze Reihe von Studien, die den qualitativen Aspekt des Problems sehr genau bearbeitet haben. Für die deutsche Entwicklung können dafür die Arbeiten von SCHENDA, ENGELSING, GESSINGER oder KOSELLECK genannt werden, wo an breitem und heterogem Material die Frage untersucht wird, welche Gruppen der Bevölkerung überhaupt gelesen haben, was sie gelesen haben und welche lebenspraktische Bedeutung diese Lektüre für sie hatte. In solchen Studien sind sicherlich sehr nützliche Einsichten in einzelne Ausschnitte des Literalitätsprozesses gegeben, deren Wert höher zu veranschlagen ist als derjenige von quantitativ orientierten Studien. Eine Geschichte des Literalitätsprozesses in Deutschland stellen sie dennoch nicht dar, was nicht zuletzt ihrer – methodologisch gut begründeten – Beschränkung auf mikrosoziologische Einzelfallanalysen geschuldet ist. Ohne eine Rekonstruktion der quantitativen Dimensionen, die trotz der kaum überwindbaren Datenprobleme bearbeitet werden muß[29], läßt sich diese Geschichte jedoch nicht schreiben. Wenigstens ebenso wichtig ist es, Literalitätsgeschichte nicht als isoliertes Teilgebiet der Literatur- oder Schulgeschichte aufzufassen, sondern sie in größtmöglichem Maße auf die »Geschichte der Gesellschaft« im Sinne Hobsbawms zu beziehen. Auch hierin bieten die zitierten Arbeiten wenig mehr als vielversprechende Ansätze. Koselleck ist hier insofern auszunehmen, als er verhältnismäßig weitgehende Versuche unternimmt, den Gegenstand in allgemein-historische Zusammenhänge einzubinden; allerdings sind seine Theorien über die »Sattelzeit« des Übergangs von prämodernen zu modernen Gesellschaften und über den Modernisierungsprozeß nicht ganz unproblematisch.[30]

Interessant ist hier der Gesichtspunkt, daß Literalität und Analphabetentum durchaus über lange Zeiträume hinweg ohne spektakuläre soziale Reibungen koexistieren können: *Schriftkultur setzt keine Massenalphabetisierung voraus.* Andererseits verhält es sich so, daß Massenalphabetisierung nichts aussagt über die Struktur einer Schriftkultur, wofür die beiden deutschen Schriftkulturen der Gegenwart in West und Ost ein Beispiel sind. Aus diesen Gründen ist es wenig fruchtbar, den Literalitätsprozeß als direkt von Stufenfolgen der gesellschaftlichen Entwicklung abhängig zu denken: weder das eine noch das andere verläuft linear. Es ist offensichtlich unergiebig, mit Gleichungen der Art »preliterate society = no writing«, »preindustrial civilized society = socially restricted writing«, »industrial society = (democratic) mass literacy« zu arbeiten, wie dies Sjoberg (1964) exemplarisch vorexerziert: solche Modelle taugen meist nur für die Beispiele, die für sie angeführt werden. Es ist oft behauptet worden, daß der Sprung von der Qualität der modernen gesellschaftlichen Anforderungen an die Literalität in die Quantität der Massenalphabetisierung bedingt sei durch technologische Schübe. Die immanenten Anforderungen an literales Verhalten und Funktionieren, die neue Produktionsverfahren und Organisationsstrukturen an immer größere Teile der Gesellschaft stellten, erzwängen die Massenalphabetisierung. Vor allem die *Schulpflicht* wird oft als Beleg für diesen Zwang zur ›Qualifikation der Ware Arbeitskraft‹ angeführt. Auch das Bedürfnis nach »entertainment« und »amusement« (Cook-Gumperz/Gumperz 1981: 95), das als eine Folge der monotonen und zermürbend repetitiven fabrikmäßigen Arbeitsorganisation entstanden sei, ist verschiedentlich als wesentlicher Faktor genannt worden. Es läßt sich aber nicht bestreiten, daß der Industrialisierungsprozeß zunächst einmal zu niedrigeren und nicht zu wachsenden Alphabetisiertheitsquoten führte, daß die Entwicklung der fabrikmäßigen Massenarbeit eher das Gegenteil, die Dequalifizierung und Bornierung der Arbeit bedeutete. So hatten (nach Cipollas problematischen Schätzungen) um 1850 diejenigen Länder, in denen die Industrialisierung am weitesten fortgeschritten war, keineswegs die niedrigsten Quoten an erwachsenen Analphabeten (England und Wales (1851) 30–33%, Belgien (1856) 40–50 %, Frankreich (1851) 40–45 %), sondern das Bauernland Schweden mit (1850) 10 % sowie das technologisch vergleichsweise rückständige Preußen (1849) sowie Schottland (1850) mit je 20 % (CIPOLLA 1969: 115; vgl. auch PETERSILIE 1923).

Ohne daß wir diese Zahlen für sehr aussagekräftig hielten, glauben wir sie doch als Indikatoren für eine Tendenz der allgemeinen Entwicklungen nehmen zu können, eine Tendenz, die besagt, daß technologischer Fortschritt und Volksbildung sich alles andere als synchron entwickelt haben. Allerdings gibt es Gesichtspunkte, die für eine Umkehrung des Arguments sprechen: in einer zunehmenden Zahl von Produktionssparten bewirkt der technologische Fortschritt, daß Lesen- und Schreibenkönnen unverzichtbare Voraussetzungen für bestimmte Funktionen in der Produktion werden. Ein historisches Beispiel für die politisch-ökonomischen Folgekosten versäumter Innovationen gibt die venezianische Marine. Im 15. Jh. begannen sich neue Verfahren der Hochseenavigation zu entwickeln, deren Anwendung die regelmäßige Buchführung über Positionsberechnungen voraussetzte; schon die Durchführung dieser Berechnungen dürfte für Analphabeten ziemlich aufwendig gewesen sein, und eine Buchführung über diese Berechnungen war ihnen trivialerweise nicht möglich. Bis dahin hatte man sich mit der Küstennavigation begnügt, soweit das möglich war. Für die Verbreitung und Anwendung dieser neuen Technik war man folglich auf lese- und schreibkundige Kapitäne und Navigatoren angewiesen. In Venedig, der führenden mediterranen Seemacht jener Zeit, scheint man versäumt zu haben, die eigenen Seeleute in dieser Hinsicht zu qualifizieren. Zwar machte die Volksbildung in der zweiten Hälfte des 15. Jh. in Venedig erhebliche Fortschritte, dennoch waren am Ende des 16. Jh. die Venezianer gezwungen, ihre Schiffsbesatzungen aus Griechen und Dalmatinern zu rekrutieren. Ob der Niedergang der venezianischen Flotte hauptsächlich dem Analphabetismus ihres Offizierskoprs geschuldet ist, wie CIPOLLA[31] annimmt, ist nicht definitiv zu entscheiden und auch wenig wahrscheinlich – daß das Verschlafen einer technischen Innovation bzw. das Versäumnis, die Bedingungen für die Anwendung dieser Innovation zu schaffen, fatale Folgen haben kann, ist andererseits auch klar. Andere Berufszweige, die für das 16. Jh. in diesem Kontext zitiert werden können, sind die Kanoniere (die in besonderen Schulen Lesen, Schreiben, etwas Rechnen und Ballistik vermittelt bekamen), die Landkartenzeichner, Drucker und Setzer, Uhrmacher, Mechaniker für Präzisionsinstrumente und natürlich Handels- und Verwaltungsberufe.[32]

Neue Technologien bewirken bekanntlich häufig, daß Produzenten nach den damit veralteten Verfahren sich die neuen Verfahren aneignen müssen oder untergehen. In dieser sinistren Dialektik des Fortschritts liegen wertvoller Erklärungsmöglichkeiten für die Entwicklung der gesellschaftlichen Literalität als in den besprochenen Vorstellungen über die synchrone Entwicklung von Industrie und Volksbildung. Technologische Schübe sind indifferent in Bezug auf die sozialen Konsequenzen, die sie auslösen. Deutlicher formuliert: Es liegt im Ermessen derjenigen, die die Verfügung über neue Technologien haben, ob sie deren soziale Folgen als entscheidungsrelevanten Gesichtspunkt betrachten wollen oder nicht, und das ist bekanntlich eher eine Ausnahme (sieht man davon ab, daß Strategien der counter-insurgency politischer und ideologischer Art für ›Notfälle‹ hier mitzuberücksichtigen wären). Wenn technologische Neuerungen spezifische Qualifikationen erforderten, wurden diese Qualifikationen in der Regel auch vermittelt. Aber nicht jede technologische Neuerung verlangt neue Qualifikationen, und vor allem verlangt sie in der Regel nicht die Qualifikation der gesamten bisherigen Produzentenschaft. Bis vor kurzem gab es, so meint jedenfalls RYEN (1981: 15), viele Arbeitsplätze, die einen »starken Rücken«, aber nur einen »schwachen Geist« erforderten. Analphabeten und Halbalphabeten konnten solche Arbeitsplätze ohne größere Schwierigkeiten ausfüllen

und wurden sowohl in ihren eigenen Augen als auch in denen der Gesellschaft produktive Bürger. Es sind gerade diese Arbeitsstellen, die in den letzten dreißig Jahren massenhaft vernichtet worden sind. Statt fünfzehn Erdarbeitern gibt es heute einen Maschinenbediener und vierzehn arbeitssuchende Einzelpersonen für verschiedene und von der Qualität her anspruchsvollere Arten der Beschäftigung (a. a. O.).

Als Tendenz kann man formulieren: Technologische Fortschritte implizieren Fortschritte der technischen Qualifikationen bestimmter Gruppen von Produzenten, aber keineswegs aller. Für letztere bedingen sie zwar die Notwendigkeit, sich mit den neuen Verhältnissen zu arrangieren und sich in ihnen zu verhalten, aber sie bedingen eben keineswegs einen allgemeinen Qualifikationsschub technisch-intellektueller Art; höchstens insofern könnte hiervon die Rede sein, als man die neuen Verhaltensnotwendigkeiten etwas zynisch als soziale Qualifikationen bezeichnen könnte (Stichwort: »Sozialdisziplinierung«).

»Wissen ist Macht« lautet der Titel einer Broschüre von WILHELM LIEBKNECHT. Diese Sentenz ist zu einem geflügelten Wort innerhalb und außerhalb der Sozialdemokratie geworden; sie besagt, daß soziale und politische Auseinandersetzungen auch vom Bildungs- und Wissenshorizont der Kontrahenten beeinflußt seien und der Kampf der Arbeiterbewegung für eine gerechte, später dann: gerechtere Gesellschaft damit stehe und falle, daß unter den Arbeitern Bildung und Wissen verbreitet würden, um überhaupt die Voraussetzungen für einen erfolgreichen Kampf zu schaffen. LIEBKNECHT schildert in seiner Abhandlung, wie die herrschenden Klassen die Arbeiter und ihre Kinder systematisch von Kultur und Wissenschaft fernhielten, wie sie den Klassenkampf in den Volksschulen führten. Weil die staatliche Schule nicht nur unzureichend, sondern in wesentlichen Aspekten falsch, also den Interessen der Arbeiter zuwiderlaufend, ausbilde bzw. indoktriniere, dürften sich die Arbeiter nicht darauf beschränken, ihren Anspruch auf Bildung öffentlich geltend zu machen, sondern hätten selbst Maßnahmen zu ergreifen, sich aus- und weiterzubilden. In LIEBKNECHTS Broschüre spielt die Analphabetenfrage explizit keine große Rolle. Aktive Sozialdemokraten konnten um 1880 lesen und schreiben. Aber vielfach nicht besonders gut, und offenbar noch viel weniger gut konnte dies der Großteil der nichtsozialdemokratischen Arbeiter, den es ja für die Ideen der SPD zu gewinnen galt. Dabei war man aber weitgehend auf die sozialdemokratische Presse und ihre Agitationsbroschüren angewiesen, soweit dies unter den Sozialistengesetzen überhaupt noch – legal oder illegal – ging. Wirkungen waren aber nur zu erzielen, wenn die anvisierten Adressaten ohne allzugroße Mühe lesen konnten, und hier zeichnet LIEBKNECHT ein düsteres Bild:

Mögen immerhin 96 und 98 Prozent des Ersatzes [der Militärentlassenen, H.G.] als ›mit Schulbildung versehen‹ bezeichnet worden sein, die größte Mehrzahl derselben befindet sich doch nur auf der Stufe, um nothdürftig, oft mit sinnverwirrender Orthographie, einige Gedanken niederschreiben und mit enormer Mühe eine Seite herunterbuchstabieren zu können. Der Sinn dessen, was sie lesen, macht der Mehrzahl große Mühe, eine Mühe, der sie sich freilich nur selten unterziehen. (LIEBKNECHT 1872: 19)

LIEBKNECHTs Einschätzung scheint keineswegs übertrieben zu sein; ähnliche Beschreibungen finden sich bis in die Zeit nach der Jahrhundertwende häufig. Hier soll nicht die vieldiskutierte Frage erneut aufgeworfen werden, von welchem Zeitpunkt an der Analphabetismus in Deutschland als im wesentlichen überwunden gelten kann, sondern die Frage, wie in der zweiten Hälfte des 19. Jh., in der dieser Zeitpunkt anzusiedeln sein dürfte, dieser Prozeß politisch und ideologisch interpretiert wurde. Es gibt eine Reihe von Studien zur Geschichte des Lesens und der Lesestoffe in Deutschland zwischen 1750 und dem Beginn dieses Jahrhunderts, unter denen die Arbeiten von SCHENDA hervorragen. In diesen Arbeiten wird ausführlich eingegangen auf die Widerstände, die aufklärerische und kleinbürgerlich-demokratische Protagonisten der Volksbildung antrafen bzw. provozierten: sei es eine Schulbürokratie, die die Curricula der Schulen wie der Lehrerausbildung auf die allernötigsten praktischen Kenntnisse reduziert haben wollen (hier kann man die berüchtigten *Stiehl'schen Regulative* von 1859 als Beispiel nennen), sei es die Zensur (vgl. die Arbeiten von HOUBEN), sei es die Gewerbeaufsicht über den Hausierhandel mit Gedrucktem, über den die nichtstädtische Leserschaft ihre Lesestoffe bezog, sei es die Denunziation von Bildungs- und Unterhaltungsinteresse als *Lesesucht* und *Lesewut*. Ein preußischer Lehrer schrieb 1774 in einem Bericht:

Bei denen virginibus sei das Schreiben und das Lesen nur ein vehiculum zur Liederlichkeit, und manche Eltern wollten ihre Kinder lieber papistisch werden lassen, als zur Schule schicken (zit. nach v. GREYERZ 1921: 147).

Wenig später (1791) beleuchtete KARL GOTTFRIED BAUER die medizinischen Konsequenzen dieser Sucht mit deutlichen Worten:

Die erzwungene Lage und der Mangel aller körperlichen Bewegung beym Lesen, in Verbindung mit der so gewaltsamen Abwechslung von Vorstellungen und Empfindungen

erzeugt schließlich

Schlaffheit, Verschleimung, Blähungen und Verstopfungen in den Eingeweiden, mit einem Worte Hypochondrie, die bekanntermaaßen bey beyden, namentlich bey dem weiblichen Geschlecht, recht eigentlich auf die Geschlechtstheile wirkt, Stockungen und Verderbniß im Blute, reizende Schärfen und Abspannung im Nervensysteme. Siechheit und Weichlichkeit im ganzen Körper. [33]

ERNING, v. KÖNIG, SCHENDA und ENGELSING haben diesen »Kampf gegen die Lesesucht« ausführlich beschrieben. Häufig wird dabei eine Passage von JUSTUS MÖSER aus seinen *Patriotischen Phantasien* (II: 307–309) zitiert, mit der MÖSERs Auffassungen zu diesem Thema charakterisiert werden sollen:

[...] ich fühle, daß das viele Buchstabiren und Schulgehen unsere Jugend vom Spinnrocken zieht, und daß jetzt kein einziger Junge mehr im Kirchspiel sei, der täglich drei Strümpfe knütten kann [...] (308)

In der That aber sehe ich doch eigentlich nicht, was das Schreiben einem Ackermann sonderlich nütze. (309)
Wozu nützt es also, daß man unseren Kindern statt des Flegels die Feder in die Hand giebt, und sie bis in's sechzehnte Jahr mit solchen Tändeleien, die kein Brod geben, herumführt? Ihre Knochen bekommen keine Härte, und ihre Nerven keine Stärke; und wie Manchen versucht nicht eben sein Lesen und Schreiben, nach Amsterdam oder nach Ostindien zu gehen, und dort die Gelegenheit zu suchen, um seinen väterlichen Acker zu meiden? [...] Was die Mädchen betrifft – o ich möchte keines heirathen, das lesen und schreiben kann! Wissen sie das, so wissen sie auch ... (309),

läßt MÖSER einen Bauern über die Schädlichkeit der »modernen« Erziehung für die Kinder räsonnieren – MÖSER dürfte einer der wichtigsten Befürworter eben dieser ›modernen Erziehung‹ gewesen sein. Es ist das Verdienst von S. LEKER (1983: 20ff.), den Gedanken in die Diskussion gebracht zu haben, daß diese Passage als Parodie MÖSERS auf rückständige Osnabrücker Zeitgenossen zu verstehen ist, was ENGEL-SING (1973: 87) und SCHENDA (1977: 53f.) übersehen zu haben scheinen.

Derartige Einwände gegen das Lesen an sich dürften um 1880 im wesentlichen insofern überwunden gewesen sein, als es keine ernstzunehmenden Argumente gegen die Notwendigkeit elementarer Volksbildung mehr gab. Lesen, Schreiben und Rechnen und natürlich die Religion, später die vaterländische Geschichte sollte ein Volksschulabgänger können bzw. kennen. Zwar gab es durchaus noch reaktionäre Stimmen, die die guten alten Zeiten wieder herbeiwünschten und die Übel der Gegenwart auf die übermäßige Bildung schoben, aber sie waren nicht mehr repräsentativ für die Haltung der öffentlichen Meinung und vor allem der Regierungen zur Frage der Volksbildung. Der Anschaulichkeit halber möchten wir einige dieser Stimmen zitieren, etwa die eines evangelischen Konsistorialrats, der zur Mäßigung aufrief:

Wo keine rechte Lust zum Lesen ist, rege man sie nicht an. Es ist nicht zu wünschen, daß der Bauer Zeitungen liest. Auch das Verlangen nach guter Lektüre soll, wenigstens unter Landleuten, nicht hervorgerufen werden. Selbst Erbauungsbücher reiche man nur sparsam. Bibel, Gesangbuch, Katechismus, eine Hauspostille, ein Gebetbuch genügen, dazu am ehesten noch ein Missionsblatt. (zit. nach WENZEL 1974: 331).

Ein anderer Pastor äußerte sich (1890) über die bösen Folgen des Lesens noch ganz im Stil früherer Jahrhunderte (man erinnert sich, daß *Don Quixote* durch das Lesen von Romanen verrückt geworden ist):

Ich habe einen begüterten Landwirt gekannt, der, anstatt zu heiraten und sein Land zu bearbeiten, immerzu las, bis er verrückt war und im Irrenhaus endete; ein anderer Lesebauer wurde als angeblich geheilt aus der Irrenanstalt entlassen, vertiefte sich alsbald wieder in seine Zauberenthüllungsbücher, verkaufte Haus und Land und ging in Schande und Elend in der Stadt unter. Ähnliche Beispiele stehen mir noch mehrfach zu Gebote; im allgemeinen konnte man früher mit ziemlicher Sicherheit annehmen, daß es bei einem vielesenden Bauer ›Nicht ganz richtig im Oberstübchen‹ sei, wenn es auch manchmal zweifelhaft blieb, ob er infolge des Lesens übergeschnappt oder infolge eines ›Schmitzes‹ in die Leserei geraten war, oder ob Lesen und Geistesgestörtheit in Wechselwirkung mit einander standen. (zit. nach SCHENDA 1977: 441f.)

Deutlicher politisch äußerte sich ein namentlich nicht bekannter hinterpommerscher Junker, den die *preußische Lehrerzeitung* 1902 mit offensichtlich satirischen Absichten zitierte:

Mir ist den Teufel was daran gelegen, daß die Kinder etwas lernen; je weniger desto besser, die Arbeiter werden zu klug; glauben Sie mir, die Schulbildung ist die Ursache der großen sozialen Übel (zit. nach WENZEL 1974: 370).

Der springende Punkt wird schließlich in einer Rede des Staatsministers HOFMANN bei der Beratung der Sozialistengesetze im Reichstag 1878 formuliert, womit wir auch den Bogen zu den Ansichten LIEBKNECHTs zu diesen Fragen schließen können:

Wie leicht wird ferner all der gute Samen, den die Schule in das jugendliche Gemüt hineingestreut hat, zerstört und ausgerottet, wenn der junge Mann von dem Lesen, das er in der Schule gelernt hat, in der Weise Gebrauch macht, daß er sozialdemokratische Blätter studirt, wenn er etwa von seiner Fähigkeit im Schreiben, falls er dazu geschickt genug ist, Gebrauch macht, um selbst Artikel in sozialistischen Blättern zu schreiben [...], oder wenn er vermöge seiner Fähigkeit im Reden sich bar zum sozialdemokratischen Agitator ausbildet. (zit. nach TITZE 1974: 79 f.)

In Preußen hatte sich spätestens mit dem Ministerium FALK in den 1870er Jahren eine ›realistische‹, den Bedürfnissen der aufstrebenden Industrie Rechnung tragende Liste durchgesetzt, in der die Frage der Alphabetisierung der Unterschichten kein Diskussionsgegenstand mehr war. Die Volksschule hatte zwei Aufgaben: die Vermittlung elementarer Qualifikationen wie Lesen, Schreiben und Rechnen, deren Bedeutung für die Arbeit im industriellen und im tertiären Sektor inzwischen unübersehbar geworden war, und das Einimpfen ideologisch-sozialer Tugenden wie Pünktlichkeit, Gehorsam, Arbeitsdisziplin, Verantwortungsbewußtsein der Maschine und dem Betrieb gegenüber, von der Liebe zu Kaiser, Volk und Vaterland zu schweigen. SCHENDA hat den Prozeß, um den es dabei geht, als die *Verfleißigung unserer Nation* bezeichnet[34]; andere Autoren, etwa KOSELLECK, sprechen von *Sozialdisziplinierung*. Im Verlauf seiner Verfleißigung wurde das Volk alphabetisiert, nicht weil die preußischen Schulgesetze dies vorschrieben oder wohlmeinende Pastoren und Menschenfreunde zurieten, und auch nicht deshalb, weil die industrielle Produktion nur mit schreib- und lesekundigen Arbeitern hätte aufrechterhalten werden können. Veränderte soziale Umstände riefen veränderte soziale Bedürfnisse hervor. Die Alphabetisierung der Unterschichten in Deutschland ist ein komplexer Reflex tiefgreifender ökonomisch-sozialer Wandlungsprozesse, die neben vielen anderen Resultaten eben auch die *faktische* Realisierung der Schulpflicht, das Aufkommen der Massenpresse und der Massenliteratur und einer staatlichen Verwaltung, die direkt auf die Individuen durchregiert, zur Folge hatten – und damit die Massenalphabetisierung zu einer Voraussetzung für das Funktionieren des sozialen Lebens machten. LIEBKNECHTs Bemerkungen betreffen Widersprüche und Ungleichzeitigkeiten in diesem Prozeß, und sie betreffen natürlich die unterschiedlich politischen Interessen, die die Sozialdemokraten und der preußische Staat innerhalb dieser Prozesse verfolgten. Unstrittig ist dabei, daß die Alphabetisierung durchzusetzen ist. Die gesellschaftlichen und politischen Perspektiven, die sich aus ihr ergeben, sind einander nichtsdestoweniger diametral entgegengesetzt, was einmal mehr den Standpunkt begründen hilft, daß Alphabetisierungsprozesse zunächst einmal als die Herstellung gewissermaßen technischer Vorbedingungen für politisches Handeln überhaupt aufgefaßt werden sollten, nicht als implizite Festlegung der betroffenen Individuen auf politisches Handeln in einer bestimmten Richtung, wie die Auffassung suggeriert, daß Alphabetisierung automatisch zu Aufklärung, Selbstbefreiung und Mündigkeit führe. CIPOLLAS Versuch, diese Prozesse quantifizierend zu erfassen, greift deshalb viel zu kurz; es ist notwendig, solche Rekonstruktionen von Analphabetenquoten durch Daten anderer Art zu ergänzen, wenn man realistische Beschreibungen dieser Prozesse erreichen will[35]; für mustergültig in dieser Hinsicht halten wir die Arbeiten von E. HOBSBAWM. Analphabetentum und Alphabetisierung, die Herstellung von Schriftprodukten, ihre Vervielfältigung und ihre Konsumption sind häufig Gegenstand mehr oder weniger expliziter politischer Auseinandersetzungen oder Handlungen gewesen. Zum ökonomischen Aspekt des Themas, der Tatsache, daß Schriftprodukte ein Wirtschaftsgut sind, mit dem man Geld verdienen oder verlieren kann, werden wir unten noch einige Anmerkungen machen, ebenso zur Frage der Kontrolle der Schriftprodukte und ihrer Konsumenten, d.h. der Zensur. Bezüglich der Frage der (Massen-)Alphabetisierung kann man in der neueren Geschichte zwei Hauptpositionen unterscheiden: die Auffassung, nach der die allgemeine Teilhabe am Schriftlichkeitsprozeß Motor und Grundlage von Zivilisation und Humanität oder einfach besserem Leben ist, und die entgegengesetzte Auffassung, nach der genau dies zu sozialen und sittlichen Schäden führe. Allerdings: es gibt ernstzunehmende Zwischenpositionen, und es ist nur vordergründig richtig, wenn man sich erstere Meinung als die von Fortschrittlern, letztere als die von Reaktionären vorstellt.

Ein zentrales Argument für die Massenalphabetisierung in sozialen Bewegungen verschiedenster Art lag oft darin, daß man sagte, erst alphabetisierte Bevölkerungen seien zu rationalem politischem Agieren im Sinne der jeweiligen Bewegung in der Lage. Diese Auffassung hat beispielsweise eine Tradition in der sozialdemokratischen und später der kommunistischen Theoriebildung; beide Richtungen nahmen an, das die jeweils gewünschten und für notwendig betrachteten Umwälzungen Volksbildung und wissenschaftliche Aufklärung der Massen voraussetzen. LENINS Diktum, daß man in einem analphabetischen Lande keinen Kommunismus aufbauen könne, wird häufig zitiert.[36] Weniger häufig zitiert wird CLARA ZETKINS ziemlich pragmatische Replik:

Klagen Sie nicht so bitter über das Analphabetentum, Genosse Lenin. Es hat auch sicherlich in gewissem Maße die Revolution erleichtert. Es hat das Gehirn der Arbeiter und Bauern davor geschützt, mit bürgerlichen Begriffen und Anschauungen vollgepfropft zu werden,

schrieb sie 1929 in ihren Memoiren.[37]

Recht bekannt sind demgegenüber die vielfach geäußerten Auffassungen von LENINS sozialdemokratischen Kontrahenten in Deutschland und Österreich, daß man aus Gründen ebendieser Art in Rußland von einer sozialistischen Revolution absehen solle: der Bildungsstand der russischen Arbeiter und vor allem der Bauern lasse das Unternehmen aussichtslos erscheinen. Dreißig Jahre später argumentierten die inzwischen etablierten Sowjetführer in fast gleicher Weise gegenüber ihren kämpfenden chinesischen Genossen.

Zusammenfassend kann man festhalten, daß der Literalitätsprozeß ebenso wie der Prozeß der Alphabetisierung in der jüngeren Geschichte aufs engste mit gesellschaftlichen Innovationsprozessen zusammenhängen. Aus diesen Zusammenhängen lassen sich aber keine unmittelbaren Schlüsse auf die sozialen und politischen Funktionen von Literalität und Alphabetisierung ziehen: diese Funktionen ergeben sich als Resultate politisch-sozialer Auseinandersetzungen über die Verfügungsgewalt und die Anwendung der neuen, d.h. nunmehr verallgemeinerter Fähigkeiten. Die moderne Massenalphabetisierung hat zwar eine notwendige Voraussetzung in den gesellschaftlich-technischen Modernisierungsprozessen der letzten 150 Jahre, aber aus diesen Prozessen allein sind keine hinreichenden Erklärungen zu gewinnen. Solche Erklärungen sind, wie etwa ALTHUSSER sehr pointiert herausgearbeitet hat, wohl nur zu gewinnen, wenn gleichzeitig die parallel ablaufenden ideologischen Prozesse berücksichtigt werden.

V. *Literalität*: eine Begriffsexegese

Literalität, der gesellschaftliche Ausdruck des Schriftlichkeitsprozesses, muß als mehrdimensionaler und widersprüchlicher Prozeß aufgefaßt werden. Dieser Prozeß führt nicht von ›niederen‹ zu immer ›höheren‹ Stufen, sondern er schließt Umwege und Rückschläge ein bis hin zu der Erscheinung, daß Schriftkulturen mehr oder weniger spurlos verschwinden. Die übliche Terminologie setzt dem Begriff der Literalität den der *Präliteralität* entgegen; präliterale Gesellschaften werden dort verstanden als solche, in denen autonome Schriftlichkeitsprozesse (noch) nicht eingesetzt haben. Hier sind schärfere Distinktionen angezeigt. Den Zustand des vollkommenen Fehlens von Schriftlichkeit, die gänzliche Unbekanntheit schriftförmiger Kommunikation bezeichnen wir als *Aliteralität* – prähistorische Gesellschaften (deren Bestimmung als aliterale Gesellschaften insofern zirkulär ist, als die Trennlinie zwischen vorgeschichtlicher und geschichtlicher Zeit am Entstehen von Schriftlichkeit festgemacht wird) oder vollkommen von einer – wie auch immer – rudimentär-literalen Außenwelt isolierte Gesellschaften sind aliteral. W.J. ONG spricht hier von *primary oral cultures* (1982: 11 und passim).

Als *präliteral* werden wir solche Gesellschaften bezeichnen, deren Mitglieder fast durchgängig Analphabeten sind, die aber den ›Sündenfall‹ schon hinter sich haben. Präliteral sind solche Gesellschaften, in denen Schriftlichkeit keine relevante soziale Rolle spielt, in denen Schrift und Schreiben gesellschaftlich noch weitgehend unbekannt sind, allenfalls sporadisch und systemlos vorkommen und keine soziale Signifikanz besitzen, aber eben bereits in einzelnen Funktionen vorhanden sind. Die nächste Stufe der Entwicklung ist diejenige, die GOODY und WATT als *oligoliteral* oder *protoliteral* bezeichnen: weitgehend analphabetische Gesellschaften, in denen die Schriftkundigen eine verschwindende Minderheit darstellen, wo zwar die *Technik* des Lesens und Schreibens nicht verbreitet ist, allerdings aber das *soziale Wissen* über die *Funktionen* der Schrift und das allgemeine Bewußtsein, gegründet auf entsprechende kollektive Erfahrungen, von der großen Bedeutung der Schrift für die Herrschaftsausübung.

Keiner der beiden Begriffe scheint mit sonderlich glücklich gewählt. πρωτος hat in dieser Verwendung die Bedeutung ›frühest, zuerst‹, ὀλίγος muß mit ›wenig, unbedeutend‹ übersetzt werden (akzeptabel wäre allenfalls eine Konstruktion auf der Basis der Wendung κατ'ὀλιγού mit der Bedeutung ›allmählich, nach und nach‹). Gegen den Terminus *Protoliteralität* ist einzuwenden, daß er lediglich auf ein Anfangsstadium, auf die allerersten Entwicklungsschritte referieren kann, wo er doch eine ganze Entwicklungsetappe bis hin zur vollentwickelten Literalität bezeichnen soll. Der Begriff *Oligoliteralität* scheint mir noch fragwürdiger, weil er auf die quantitative Dimension referiert, die in den allermeisten Fällen nicht genau rekonstruiert werden kann und im übrigen, wie GOODY und WATT ja selbst annehmen, für die Einschätzung der sozialen Bedeutung der Schriftlichkeit von sekundärer Bedeutung ist. Also bemißt sich der Literalitätsgrad einer Gesellschaft nicht in erster Linie danach, ob 5% oder 15% ihrer Mitglieder lesen und schreiben können. Aus diesen Überlegungen heraus möchten wir den Begriff *Hypoliteralität* vorschlagen (der bereits verschiedentlich verwendet wurde): er soll darauf referieren, daß in Gesellschaften des fraglichen Typs gewissermaßen untergründig, unterhalb der Oberfläche der expliziten Schriftverwendung und der wenigen Prozente an wirklich lese- und schreibkundigen Menschen, literale Kommunikations- und Verhaltensweisen einsickern, sich verbreiten, alte Kommunikationsformen zersetzen, ohne daß sich an der Analphabetenquote oder an der Häufigkeit der Schriftverwendung sehr viel ändern würde. Präliteral sind solche Gesellschaften nicht, weil die Schrift ihre soziale Potenz schon entfaltet hat, das Volk die elementaren Funktionen der Schrift verstanden hat und Strategien entwickeln muß, mit ihr umzugehen (und sei es in Form von Brandstiftung und Revolte). Daß solche Gesellschaften nicht literal sind, ist evident; der vorgeschlagene Terminus soll den Zustand bezeichnen, in dem Schriftlichkeit als soziales und bewußtseinsmäßiges Faktum mehr oder weniger entfaltet funktioniert, die erdrückende Mehrzahl der Individuen aber – technisch gesehen – analphabetisch ist und bleibt. Der Entwicklungsgang wäre dann zu fassen als ein langwieriger und an Zwischenetappen und Überlagerungen reicher Prozeß, der von gänzlicher Aliteralität über präliterale Stadien zur Hypoliteralität und schließlich zur Literalität voranschreitet. Alle diese Begriffe bezeichnen gesellschaftliche Zustände. Ihr Korrelat auf der Ebene der Individuen sind Verhaltensweisen und Einstellungen, aus deren genereller Tendenz die Charakterisierung des jeweiligen Entwicklungsstandes der betreffenden Gesellschaft abzuleiten ist. Analphabeten können sich, wie das Beispiel der russischen und andalusischen Bauern in diesem Kapitel zeigte, völlig literal verhalten, auch wenn sie Vermittler brauchen, um Geschriebenes und Gedrucktes instrumentalisieren zu können. Aliterale Analphabeten können sich der Schrift gegenüber nicht in dieser Weise verhalten; es gibt viele Beispiele für verständnislose Interpretationsversuche von ›sprechendem Papier‹ durch aliterale Personen. Verhältnismäßig bekannt sind die einschlägigen Anekdoten über SEQOIA, der die Weißen wegen ihrer Kunst, Sprachäußerungen raumzeitlich zur Gerinnung zu bringen, beneidete und als einen Grund für ihre Überlegenheit über sein Volk identifizierte. Er ›erfand‹ daraufhin die Cherokee-Schrift, um Waffengleichheit zu erreichen; daß diese Schriftschöpfung dann im wesentlichen dazu diente, die Cherokee der christlichen Mission zuzuführen, ist eine Ironie der Geschichte.[38] Ähnliche Beweg-

gründe werden auch für andere junge Schriftschöpfungen angesetzt; Beispiele sind
die kamerunische Bamum-Schrift und die Alaskaschrift, die in den Werken von
A. SCHMITT detailliert dargestellt sind.

Es ist also ziemlich problematisch, Literalität und ihre Vorstufen danach bestimmen und klassifizieren zu wollen, ob Individuen oder Gruppen von Individuen oder
die große Mehrheit der jeweiligen Gesellschaft die Techniken des Lesens und Schreibens beherrschen (und das ist ohnehin eine Frage des Grades, keine pure Alternative). Entscheidend für solche Bestimmungen sind die Funktionen, die Schriftlichkeit
jeweils hat, anders ausgedrückt: der Entwicklungsstand des Schriftlichkeitsprozesses, dessen objektiver Ausdruck sich am direkten und indirekten Gebrauchswert der
Schriftlichkeit ablesen läßt, während seine subjektive Dimension am Grad der Prä-
senz der Schriftlichkeit im kollektiven Bewußtsein festzumachen ist.

Die Unterscheidung zwischen *Aliteralität* und *Präliteralität* einerseits, *Hypoliteralität* andererseits kann festgemacht werden am praktischen Verhalten von Analphabeten in Situationen, die von Schriftlichkeit determiniert sind. Ein schönes Beispiel
dafür findet sich in GRIMMELSHAUSENS *Simplicissimus*, der zu einer Zeit erschienen
ist, als aliterales Verhalten nur mehr als Lächerlichkeit figurieren konnte. Die Tatsache, daß der Umgang Simplicissimi mit Gedrucktem als völlig begriffsstutzig charakterisiert werden kann, weist darauf hin, daß in Deutschland im 17. Jh. etwaige
Rudimente wirklicher Aliteralität gesellschaftlich obsolet waren – sonst hätte die
Geschichte, wie Simplicissimus das Lesen und Schreiben lernt, für einen zeitgenössischen Leser kein Anlaß zu Heiterkeit sein können.

Das zehnte Kapitel.
Wesgestalten er schreiben und lesen im wilden Wald gelernet.
    Als ich das erste Mal den Einsiedel in der Bibel lesen sah, konnte ich mir nicht einbilden, mit
wem er doch solch ein heimliches und meinem Bedünken nach sehr ernstliches Gespräch haben
möchte; ich sah wohl die Bewegung seiner Lippen, hingegen aber niemand, der mit ihm redete,
und ob ich zwar nichts vom Lesen und Schreiben gewußt, so merkte ich doch an seinen Augen,
daß er's mit etwas in selbigem Buch zu tun hatte. Ich gab Achtung auf das Buch, und nachdem
er solches fortgelegt, machte ich mich dahinter, schlug es auf und bekam im ersten Griff das
erste Kapitel des Hiobs und die davorstehende Figur, so ein feiner Holzschnitt und schön
illuminiert war, in die Augen. Ich fragte diese Bilder seltsame Sachen; weil mir aber keine
Antwort widerfahren wollte, wurde ich ungeduldig und sagte, eben als der Einsiedel hinter
mich schlich: »Ihr kleinen Hudler, habt ihr denn keine Mäuler mehr? Habet ihr nicht allererst
mit meinem Vater (denn also mußte ich den Einsiedel nennen) lang genug schwätzen können?
Ich sehe wohl, daß ihr auch dem armen Knan seine Schafe heimtreibt und das Haus angezün-
det habt. Halt, halt, ich will dies Feuer noch wohl löschen:« Damit stund ich auf, Wasser zu
holen, weil mich die Not vorhanden zu sein bedünkte. »Wohin, Simplici«, sagte der Einsiedel.
»Ei, Vater«, sagte ich, »da sind auch Krieger, die haben Schafe und wollens wegtreiben; sie
habens dem armen Mann genommen, mit dem du erst geredet hast; so brennet sein Haus auch
schon lichterloh, und wenn ich nicht bald lösche, so wird's verbrennen.« Mit diesen Worten
zeigte ich ihm mit dem Finger, was ich sah. »Bleib nur«, sagte der Einsiedel, »es ist noch keine
Gefahr vorhanden.« Ich antwortete meiner Höflichkeit nach: »Bist du denn blind? Wehre du,
daß sie die Schaf nicht forttreiben, so will ich Wasser holen.« – »Ei«, sagte der Einsiedel, diese
Bilder leben nicht; sie seind nur gemacht, uns vorlängst geschehene Dinge vor Augen zu
stellen.« Ich antwortete: »Du hast ja erst mit ihnen geredet; warum wollen sie dann nicht
leben?« Der Einsiedel mußte wider Willen und Gewohnheit lachen und sagte: »Liebes Kind,
diese Bilder können nicht reden; was aber ihr Tun und Wesen sei, kann ich aus diesen schwar-

zen Linien sehen, welches man lesen nennet.« Ich antwortete: »Wenn ich ein Mensch bin, wie du, so müßte ich auch an den schwarzen Zeilen sehen können, was du kannst; wie woll ich mich in dein Gespräch einrichten?« »Nun wohlan, mein Sohn, ich will dich lehren.«
Darauf schrieb er mir ein Alphabet auf birkene Rinden, nach dem Druck geformt, und ich lernete buchstabieren, folgends lesen und endlich besser schreiben, als es der Einsiedel selber konnte, weil ich alles dem Druck nachmalte.[39]

Dieses Beispiel soll hier nicht allzu ausführlich kommentiert werden; der hauptsächlich interessierende Umstand liegt darin, daß Simplicissimus den kommunikativen Charakter des Lesevorgangs allzu wörtlich auffaßt. Der Einsiedel bewegt die Lippen – also unterhält er sich mit jemandem. Daß diese Kommunikation unidirektional ist, kann man erst wissen, wenn man einschlägige Erfahrungen hat. Solche Erfahrungen fehlen dem Waldkind. Der Einsiedel muß lachen über die aufgeregten Rettungsversuche seines Zöglings: das ist ein starker Hinweis auf den grotesken Charakter der Situation (er lacht sonst nie). Simplicissimus vermutet schließlich fälschlich, daß die Lesefähigkeit eine ebenso universelle *human faculty* sei wie die Fähigkeit zu sprechen, muß aber bald einsehen, daß die Beherrschung der Schriftform erlernt sein will. Die schwarzen Zeilen sprechen eben nur zu dem, der ihre Sprache verstehen kann, und sei es nur, daß er fähig ist einzusehen, daß ein Übersetzer nötig ist, wenn er selbst diese Sprache nicht beherrscht.

Der wesentliche Unterschied zwischen präliteralen und hypoliteralen Gesellschaften beruht auf qualitativen Differenzen der gesellschaftlichen Erfahrung mit Schrift und Schriftlichkeit. Die Mitglieder präliteraler Gesellschaften haben nur oberflächliche und nicht in relevante soziale Funktionszusammenhänge eingebundene Erfahrungen mit beidem; dies ist bei Mitgliedern hypoliteraler Gesellschaften grundsätzlich anders, wie die oben angeführten Beispiele zeigen. In der Terminologie von MAAS kann man diesen Sachverhalt so formulieren: *Erfahrungen* – hier solche mit der geschriebenen Sprachform und der Schriftlichkeit – werden gesellschaftlich produziert, aber individuell angeeignet; da die Produktion gesellschaftlicher Erfahrungen mit Schriftprodukten und Schriftlichkeit in einer präliteralen Gesellschaft offenbar anderer Art ist als in einer Gesellschaft, in der sich eine Schriftkultur entwickelt hat, verhalten sich die Mitglieder der jeweiligen Gesellschaft bei der Aneignung ihrer diesbezüglichen Erfahrungen verschieden. Der springende Punkt ist dabei der qualitative Unterschied in den Erfahrungen, die es anzueignen gilt. In präliteralen Gesellschaften werden solche Erfahrungen in Formen angeeignet, die oft Stoff zu ethnographischen Anekdoten geliefert haben, etwa durch gewalttätige Abwehr (indem man Geschriebenes grundsätzlich zerstört und seine Agenten verjagt oder umbringt) oder durch freundliches Ignorieren oder durch funktionale Uminterpretation (indem man Geschriebenes in geeignete Stellen der jeweils eigenen Kosmologie und religiösen Rituale einfügt, ohne sich um seine ›eigentlichen‹ Funktionen zu bekümmern). In hypoliteralen Gesellschaften werden erstere Formen der Aneignung anachronistisch, weil die Schriftlichkeit sich relevante soziale Funktionen bereits erobert hat; Reaktionen des zweiten Typs scheinen hingegen keineswegs dysfunktional zu werden. Hypoliterale Gesellschaften sind als solche definiert, in denen Schriftlichkeit in relevanten sozialen Funktionen durchgesetzt ist, aber die Mehrheit im technischen

Sinne analphabetisch bleibt und nur eine Minderheit das Lesen und Schreiben aktiv beherrscht. Dies korrespondiert mit sozialen Differenzierungen. Es wurde erwähnt, daß in den altorientalischen Schriftkulturen das Amt des Schreibers bzw. die Funktionen der Schriftkundigen hohes soziales Prestige besaßen und ihre Inhaber entsprechende Gratifikationen genossen. Ebenso bekannt ist, daß sie ein Interesse daran hatten, ihre Kunst mit der Aura des Übermenschlichen zu umgeben. Dies hat in der Forschungsliteratur zu der kurzschlüssigen Bezeichnung »aristokratisch-theokratische Schriften« für nicht-phonographische Schrifttypen Anlaß gegeben[40]: Solche Attribute können sich selbstredend nur auf die *Funktion* eines Schriftsystems in einer bestimmten Gesellschaft beziehen. Entsprechend problematisch ist es, phonographische Schriftarten als »demokratische Schriften« zu bezeichnen. Die Struktur eines Schriftsystems darf in keinen kausalen Zusammenhang mit seiner Verwendung in bestimmten Funktionen gebracht werden, und ebensowenig kann aus den Funktionen der Schriftlichkeit in einer bestimmten Gesellschaft auf die Struktur des betreffenden Schriftsystems geschlossen werden.

Es handelt sich um soziale oder sozialpsychologische Vorgänge, wenn – was historisch nicht selten ist – den jeweiligen Bevölkerungsmehrheiten das Lesen und Schreiben als hermetische, mit den Göttern in Verbindung stehende Künste dargestellt wurden, deren Beherrschung Teilhabe an der göttlichen Macht verleiht – Macht verlieh sie ja schließlich in solchen Fällen tatsächlich. Es lag dann auch durchaus nahe, Geschriebenem andere, nämlich magische, zauberische und devotionale Funktionen zuzuschreiben, und oft braucht man den klassischen Erklärungsbehelf des Priestertrugs nicht zu bemühen, weil solche Reinterpretationen von Schriftprodukten vielfach offen zutage liegenden Bedürfnissen der Menschen entgegenkamen, die sie vornahmen. Mit der Struktur des betreffenden Schriftsystems haben diese Erscheinungen nichts zu tun.

Ein schönes Beispiel hierfür hat M. MEGGITT (1981) vorgestellt. Er referiert, welche Funktionszuweisungen die geschriebene Sprachfrom in den melanesischen Cargokulturen dieses Jahrhunderts erfuhr[41]; MEGGITT spricht von Ritualisierung. Als die christlichen Missionsbemühungen in Melanesien einsetzten, trafen sie auf autochtone Religionen, die insofern recht materialistisch waren, als der praktizierende Gläubige »explizite sozioökonomische Vorteile« erwarb, und zwar hier und jetzt und nicht erst im Jenseits. Die christlichen Missionare erschienen den Leuten nicht zu Unrecht als wohlhabende und über Machtmittel verfügende Personen, und die Missionare predigten nicht nur einen neuen Glauben, sondern auch die Gleichheit aller Christenmenschen. Folglich mußte es attraktiv erscheinen, ihnen gleich zu werden, ihren Reichtum und ihre Macht zu teilen. Man schickte die Kinder in die Missionsschulen,

damit sie die neue Kunst des Lesens und Schreibens erlernen und damit rascher zu den mystischen Geheimnissen vordringen konnten, die, wie die Missionare behaupteten, in Bibel und Gebetbuch enthalten waren. Einmal im Besitz dieses esoterischen Wissens, könnten die Eingeborenen dann, wie sie glaubten, direkt über die Hilfe der neuen Gottheit gebieten, ähnlich wie sie ihre eigenen Götter kontrollierten. (MEGGITT 1981: 440)

Es stellte sich bald heraus, daß hier ein Irrtum vorlag; selbst bei fleißigem Kirchgang und striktem Befolgen der neuen Riten blieb man materiell arm und politisch ohnmächtig:

Offenbar schwindelten die Missionare also und verheimlichten dem Volk die wahren Formeln, die zum Gott der Mission führten (ebd. 441).

Eine Folge dieser Erkenntnis bestand darin, daß man die Kinder nicht mehr mit der alten Begeisterung zur Schule schickte und selbst kaum mehr zur Kirche ging, sondern bereit war, neuen Propheten Glauben zu schenken, die auf der Basis der alten Religion mit Versatzstücken aus derjenigen der Missionare etwas Neues schufen, eben die Cargo-Kulte. Geschriebenes wurde in diesen Kulten ein rituelles Mittel neben anderen; MEGGITT betont, daß zwar alle wissen, daß das Schreiben nur ein Ersatz für die mündliche Kommunikation ist, man aber dennoch annimmt, daß ein geschriebener Text darüber hinaus noch irgendwelche anderen, spezifischen Wirkungskräfte hat, die dem gesprochenen Wort abgehen und für die Erlangung des ›cargo‹ von Bedeutung sind. Weiterhin spricht er von diesem Zustand als einem Faktum der Vergangenheit; in den 1960er Jahren waren ihm zufolge diese Auffassungen im wesentlichen überwunden zugunsten einer ›europäischen‹ Interpretation der Schriftlichkeit, deren letzter Rest an Cargo-Interpretation darin bestand, daß Lesen und Schreiben als Voraussetzung für eine Karriere in der Verwaltung, der Polizei oder der Armee betrachtet wurden, von der man sich Wohlstand und Macht versprach – was in gewissem Maße ja auch zutrifft, und deshalb kann man eigentlich nicht von Resten der Cargo-Auffassung sprechen (dieser Sachverhalt ist bedauerlicherweise bei BARON (1981: 183f.) ausgeklammert, die offenbar meint, diesem Beispiel damit ein Plus an Exotik zu verleihen).

Wir können festhalten, daß Schriftlichkeit in vielen Gesellschaften zwei verschiedene Funktionstypen aufweist: ›eigentliche‹ Funktionen, wie die modernen Schrifttheorien und -historiographien sie analysieren, nämlich die graphische Repräsentation von sprachlichen Äußerungen, und vermittelte, sekundäre Funktionen, in denen Geschriebenes bzw. Lese- und Schreibvorgänge als nichtsprachliche Objekte bzw. Handlungen interpretiert und in recht verschiedene ideologische und lebenspraktische Kontexte eingefügt werden. Man kann also sehr wohl avancierte theologische, juristische oder philologische Gelehrsamkeit am einen Ende der Skala mit dumpfem Glauben an Schriftzauber und -magie am anderen Ende verbinden. Solche Gesichtspunkte sind in der bisherigen Forschung über Schriftlichkeitsprozesse nicht mit der gebührenden Aufmerksamkeit behandelt worden. Es ist aber nicht nur legitim, solche Fragen zu stellen, sondern man darf sich von ihrer Bearbeitung wesentliche Einsichten in den Ablauf und die sich wandelnden Strukturen von Schriftlichkeitsprozessen erhoffen. Es geht hier um das Verhältnis von Individuen bzw. ganzen Gesellschaften zu Schriftprodukten als Objekten, die von außen kommen und den Bedürfnissen und Möglichkeiten ihrer Rezipienten entsprechend uminterpretiert und umdefiniert werden. Es gibt keinen vernünftigen Grund, aus der Einsicht in die primären Funktionen der geschriebenen Sprachform die Konsequenz zu ziehen, daß andere Funktionweisen als die, sprachliche Bedeutungen zu repräsentieren, nicht möglich oder inadäquat seien. Diese Fragen werden im Schlußkapitel dieses Buches in einiger Ausführlichkeit behandelt werden.

VI. Hauptaspekte des Literalitätsprozesses

> Wenn ich bedenke, wie jetzt alles durch
> Handel und Bildung und die rasche Über-
> mittlung von Gedanke und Materie mittels
> Telegraphie und Dampfkraft einem Wandel
> unterworfen ist, komme ich zu der Ansicht,
> daß der große Schöpfer die Welt zu einer
> einzigen Nation mit einer einzigen Sprache
> machen will, ein Ziel, das Land- und See-
> streitkräfte fortan überflüssig machen
> würde.
>
> ULYSSES S. GRANT, Präsident der Vereinig-
> ten Staaten von Amerika, 1873 (zit. nach
> HOBSBAWM 1977: 67)

In diesem Abschnitt wird versucht werden, wenigstens grob anzugeben, welche
Hauptaspekte Analysen des Schriftlichkeitsprozesses zu berücksichtigen haben; dies
kann auch als eine Meinungsäußerung darüber, was die vordringlichen Aufgaben
für die weitere Forschung sind, verstanden werden. Es versteht sich, daß solche
analytischen Abstraktionen einzelner Faktoren aus dem Gefüge der Wechselwirkungen des Gesamtprozesses ausschließlich methodisch begründbar und sinnvoll sind.

Für wesentlich halten wir folgende Komponenten, die in diesem Abschnitt in
unterschiedlicher Ausführlichkeit behandelt werden sollen:

1. *Politik*
2. *soziolinguistische bzw. sprachensoziologische Faktoren*
3. *Bildungsgeschichte*
4. *quantitative Relationen (Alphabetisierungsquoten)*
5. *Mediengeschichte*
6. *sozialpsychologische, »subjektive« Gesichtspunkte.*

Die Reihenfolge soll keine Hierarchie ausdrücken; es dürfte ziemlich schwierig, ja
unmöglich sein, die genannten Komponenten nach irgendwelchen Relevanzge-
sichtspunkten zu ordnen.

Über die Bedeutung *politischer* Entscheidungen und Konflikte für den Gang der
Schriftgeschichte und den Schriftlichkeitsprozeß insgesamt wurde in diesem Buch
bereits an vielen anderen Stellen ausführlich gesprochen, so daß es unnötig ist,
diesen Aspekt hier noch einmal zu erörtern. Dasselbe gilt für die *sprachensoziologi-
schen* und *soziolinguistischen* Aspekte. Sie betreffen die Herausbildung und Durchsetzung schriftsprachlicher Normen für größere Kommunikationsräume, die Etablierung von Sprachgrenzen im Hinblick auf Schriftsprachen und die Zuordnung
heterogener Varianten der gesprochenen Sprache zu einer bestimmten Schriftsprache. Dies hat nicht nur Auswirkungen auf den Prozeß der Literalisierung, sondern
wird auch zu einem Moment in den jeweiligen Sprachwandelvorgängen, dessen
Potenz nicht zu unterschätzen ist. Die Durchsetzung normierter schriftsprachlicher
Kommunikation und insbesondere die allmähliche Alphabetisierung der einzelnen

Sprachgemeinschaften beeinflußt die Tendenz und den Umfang des Eindringens unifizierter Normen in die gesprochenen Varianten der jeweiligen Schrift-›Sprachgebiete‹.

Es gibt drittens *bildungsgeschichtliche* Aspekte. Die Geschichte der Formalisierung der Ausbildung der nachwachsenden Generation, also der Einführung und Verbreitung der Schule, spielt eine große Rolle. Allerdings ermöglicht die Geschichte der Schule (der Lehrerbildung, der Curricula usw.) kaum substantielle Einsichten in den Gang des Literalitätsprozesses, wenn ihre äußerlichen Resultate, in erster Linie die allmähliche Verbreitung von Alphabetisiertheit im technischen Sinne, nicht sorgfältig unterschieden werden von ihren soziokulturellen Resultaten; Stichwörter sind *Sozialdisziplinierung* (KOSELLECK), *Verfleißigung* (SCHENDA), *Etablierung der ideologischen Staatsapparate* (ALTHUSSER). Auch hierüber wurde bereits ausführlich gesprochen.

Dann gibt es viertens den höchst sperrigen *quantitativen* Aspekt. Es ist eine triviale Feststellung, daß die Qualität des Literalitätsprozesses von der absoluten und relativen Größe der ihn tragenden und entwickelnden Bevölkerungsteile beeinflußt ist. Hier reicht es nicht, Statistiken über Eheverträge und Schul- oder Militärentlassungen (die wichtigsten Quellentypen) auszuwerten, da sie nicht nur vielfach sehr unzuverlässig und hinsichtlich der Erhebungskriterien undurchsichtig und fragwürdig sind, sondern auch aus einem anderen Grund. Solche Statistiken ermöglichen bestenfalls illustrative Hinweise zur allgemeinen Tendenz der Entwicklung. Sie können freilich nicht mehr erfassen als die Fähigkeit, den eigenen Namen schreiben oder den Katechismus oder das Exerzierreglement ›lesen‹ zu können und nur wenig darüber hinaus. Aussagen über die Entwicklung der Fähigkeiten zu funktional angemessenem Agieren mit Geschriebenem und Gedrucktem, kurz: die Fähigkeit zu aktivem literalem Verhalten, lassen sich aus solchen Daten nicht gewinnen.

Fünftens gibt es *mediengeschichtliche* Aspekte. Es ist notwendig, die Geschichte des Publikationswesens und des Publikationskonsums zur Kenntnis zu nehmen. Besonders wichtig ist dabei der soziale Aspekt: wer aus welchen Gründen zu welchen Zwecken welche Arten von Publikationen gelesen hat bzw. sich vorlesen ließ; schließlich: wie sich diese Variablen allmählich gegeneinander verschoben haben. SCHENDAS apodiktische Formulierung vom »Volk ohne Buch«, die noch das 19. Jh. in Deutschland betrifft, soll gar nicht angezweifelt werden, allerdings: die Frage nach der Literalitätsentwicklung ist breiter anzulegen. Das Volk mußte weniger mit Büchern umgehen lernen als mit Schuldscheinen, Rechnungen, Steuer- und Rekrutenlisten, Zivilverträgen, obrigkeitlichen Bekanntmachungen usw. Es lernte das Lesen im Katechismus, Beichtbrevier und Gesangbuch und erst recht spät im Lesebuch, ohne dabei in der Regel das Lesen im ›eigentlichen‹ Sinne zu lernen, d.h. das Lesen von zusammenhängenden, nicht bereits bekannten Texten. Die klassischen Medien der Lektüre sind Bücher und später Zeitschriften und Zeitungen, aber auch an diesem Punkt ist eine Ausweitung der Perspektiven notwendig. Die Durchsetzung des Buchdrucks hat sicherlich, wie schon verschiedentlich erwähnt, neue Kommunikationsstrukturen zuwege gebracht und den Literalitätsprozeß qualitativ verändert. HAVELOCK (1976: 20f.) spricht hier von *typographical literacy*, die für ihn – offenbar im

Anschluß an McLUHAN – eine qualitativ neue Stufe des Literalitätsprozesses darstellt; hier muß auch auf die Arbeiten von EISENSTEIN verwiesen werden. Dasselbe
gilt aber auch für *spätere* technologische Neuerungen, die durch Senkung der Preise
für Gedrucktes den Markt substantiell erweiterten. Beispiele aus der Zeit der industriellen Revolution sind die Erfindung eines technologisch brauchbaren Verfahrens
zur Herstellung von *Holzschliffpapier* (F.G. KELLER, 1843), dessen Einsatz die Papierpreise und entsprechend die Preise für Gedrucktes aller Art substantiell redu-
zierte, die Entwicklung rentabler *Setzmaschinen* (R. HATTERSLEY, 1866; CH. KA-
STENBEIN, 1869; O. MERGENTHALERS *Linotype-Maschine*, 1886; T. LANSTONS *Mono-
type-Maschine*, 1889/1897; vgl. HUSS 1967) und von *Stempelschneidemaschinen*
(L.B. BENTON, 1885; vgl. STEINBERG 1961: 343–348). Ebenso wichtig waren Veränderungen in der Erscheinungsform der ›Printmedien‹: das Intelligenzblatt des 18. Jh.
entwickelte sich zur Tageszeitung und zum Boulevardblatt, das Buch geriet in Kon-
kurrenz zur Broschur, d.h. billigeren und nicht auf mehrmalige Lektüre angelegten
Verfahren der Bindung. In diesem Jahrhundert hat sich das Taschenbuch vollkommen als gleichwertig durchgesetzt. Es sind aber auch andere kommunikationstechnische Innovationen in Rechnung zu stellen. Beispiele sind die Rationalisierung und
Verstaatlichung des *Postwesens* seit dem Beginn des 19. Jh. und seine Effektivierung
durch das neue Transportmittel der *Eisenbahn* oder die Durchsetzung der *telephoni-
schen Kommunikation*, die die ältere Praxis des Briefeschreibens und Telegraphierens
teilweise ersetzt hat. Die wahrhaft kosmopolitische Überzeugung vom Sieg der
technischen Zivilisation, wie sie in dem Bekenntnis des amerikanischen Präsidenten
GRANT, das diesem Abschnitt als Motto dient, zum Ausdruck kommt, konnte sich
durchaus auch auf die organisatorische Umsetzung der Segnungen dieser erstaunlichen neuen Techniken berufen; bereits 1865 war der internationale Fernmeldever-
ein gegründet worden, 1875 folgte der Weltpostverein, 1878 kam es zu einem Über-
einkommen über internationale Richtlinien für die Wetterdienste (HOBSBAWM 1977:
86f.). Im dritten Drittel des 19. Jahrhunderts stiegen die Auflagen der Zeitungen
explosionsartig an (1876 war die *Rotationsmaschine* erfunden worden; neue Papier-
herstellungsverfahren (Holzpapier) hatten die Papierpreise zwischen 1870 und 1900
um zwei Drittel reduziert); HABERMAS hat die Folgen dieses »Strukturwandels der
Öffentlichkeit beschrieben. Die Überwindung der Zeit- und der Raumdimension, die
üblicherweise als die beiden elementaren Funktionen der geschriebenen Sprachform
charakterisiert werden, waren mit der Erfindung des Telefons und der Phonographie
in das Funktionsspektrum der gesprochenen Sprache aufgenommen worden. Dieser
Sachverhalt wird in der Forschung zur Schrifttheorie noch nicht überall hinreichend
deutlich gesehen; die technische Reproduzierbarkeit gesprochener Sprache ist ein
Faktum, das nicht nur empirisch unübersehbar ist, sondern auch theoretisch ernstgenommen werden muß. Dies macht eine Reformulierung von Theoremen notwendig, die zwar für die historische Dimension nach wie vor zutreffen, aber als generelle
theoretische Bestimmungen von der technischen Entwicklung bzw. ihren sozialen
Konsequenzen überholt sind. Ich denke dabei an ontologisierende Definitionen
folgender Art:

In der Bewahrbarkeit und Wiederholbarkeit von Äußerungen durch die geschriebene Sprache gegenüber der zeitlichen und räumlichen Begrenztheit der gesprochenen Sprache liegt ein erster grundsätzlicher funktionaler Unterschied zwischen beiden Existenzweisen der Sprache, der zweifellos überhaupt die Grundlage für die Entwicklung der geschriebenen Sprache gebildet hat. [...] Durch die Überwindung der Grenzen von Raum und Zeit wird die geschriebene Sprache zu einem Mittel der indirekten Kommunikation, bei der der Kommunikationspartner nicht unmittelbar anwesend ist oder zu sein braucht. Demgegenüber ist die gesprochene Sprache ein Mittel der direkten Kommunikation, bei der ein unmittelbarer Kontakt zwischen den Kommunikationspartnern besteht, ein gemeinsamer Situationsbezug und eine sofortige Rückkoppelung möglich sind.

[...] Bekanntlich wird die gesprochene Sprache heute mittels technischer Medien wie Telefon, Rundfunk, Fernsehen, Tonband auch in der indirekten Kommunikation eingesetzt. Dadurch wird aber die Grundfunktion der gesprochenen Sprache, Mittel der direkten Kommunikation zu sein, nicht aufgehoben (NERIUS/SCHARNHORST 1980: 38).

Zwar wird man nicht bestreiten können, daß die technische Reproduzierbarkeit gesprochener Sprache ihre Grundfunktion nicht außer Kraft setzt, aber es ist, entgegen der Auffassung von NERIUS/SCHARNHORST, ebensowenig bestreitbar, daß die AV-Medien die hergebrachte Aufteilung der beiden Ausdrucksebenen auf komplementäre funktionale Domänen überholt und damit auch die entsprechenden Bestimmungen obsolet gemacht haben. ONG spricht von einem »age of ›secondary orality‹« (1982: 3, 135ff.). Vielfach behandelt worden sind die AV-Medien, die das Buch bzw. die Praxis des Lesens (d.h. einer ganz bestimmten Art des Lesens, die charakteristischerweise als prototypisch gesetzt wird) verdrängt haben sollen:

It is now a commonplace that audio-visual means of communication are taking over wide areas of information, persuasion, entertainment which were formerly the domain of print. At a time of global increase in semi- or rudimentary literacy (true literacy is, as I have tried to suggest, in fact decreasing), it is very probable that audio-visual »culture packages«, i.e., in the guise of cassettes, will play a crucial role. It is already, I think, fair to say that a major portion of print, as it is emitted daily, is, at least in the broad sense of the term, a caption. It accompanies, it surrounds, it draws attention to material which is essentially pictorial (STEINER 1972: 207).

Diese Argumentation ist alles andere als neu; jemanden metaphorisch einen Analphabeten nennen gilt in den Industrieländern wenigstens seit Beginn dieses Jahrhunderts als Beschimpfung und wird in der Regel auch in unserem Zeitalter der ›Neuen Medien‹ noch so aufgefaßt. MCLUHAN hat nicht nur über Segen und Fluch des Buchzeitalters spekuliert, sondern auch über die Perspektiven der in Aussicht stehenden neuen Epoche. POSTMAN hat für seine beeindruckenden Hypothesen vom Ende der Kindheit als dem Korrelat des fortschreitenden Literalisierungsprozesses, vom Ende des ›Geheimnisses‹ als dem identitätsstiftenden Quell der Sozialisierung der Individuen des angeblich präliteralen europäischen Mittelalters ein dankbares Publikum gefunden. Vermutungen über die Bewegkräfte, die der »neuen Kultur« zum Durchbruch verhelfen könnten, sind auch von GOODY und WATT (1981: 97) angestellt worden; sie meinen, daß Tendenzen zu einer Ablösung der »literalen Kultur« durch die Aufhebung der Verinnerlichung und Vereinzelung der Formen der Aneignung von Wissen und Erfahrung begünstigt würden und potentiell zu einer Wiederherstellung der »relativen Homogenität der nicht-literalen Gesellschaft« führen könnten (ebd.). Ziemlich rabiat hat schließlich R. LAKOFF (1982) diese Gedankengänge weitergedacht. Sie konstatiert, daß sich die US-amerikanische Gesellschaft mitten in einer »profound culture revolution« befinde (242), in der die literalen Kommunikationsmodi durch einen »oral mode of discourse« abgelöst würden (240). »Literacy« ist für sie etwas historisch Überholtes; sie zieht den Vergleich zu der Entwicklung vom Pferdekarren zum Automobil (257) und begrüßt in den neuen Kommunikationsverfahren, daß sie uns befähigen würden »to communicate more beautifully and forcefully with one another than can be envisioned now« (257). Die Feststellung, daß die ›neuen Medien‹ bzw. die Realisierung der in ihnen angelegten Kommunikationsmöglichkeiten mit sozialen und pädagogischen Problemen in ursächlichen Zusammenhang gebracht werden könnten (um es vorsichtig auszudrükken), wird von ihr als fortschrittsfeindliches Lamento über den Verlust eines vorgeblich goldenen Zeitalters abqualifiziert (256f.). Zusammenfassend stellt sie fest:

Literacy shortly will not be essential for simple survival any more, nor will there be any need to preserve it as a curiosity or an atavistic skill, like quiltmaking, learned and proudly practiced by a few. [...] We will have at our disposal the emotional closeness of the oral channel, its immediacy, its ready accessibility. And at the same time we will have the preservability, the historical accuracy, the immortality of print, because tapes, like books, can be stored (259).

LAKOFFS Einschätzung ist nicht zuletzt deshalb bemerkenswert, weil dort weder die Frage möglicher Vor- und Nachteile für die Ausführung gewisser kognitiver und analytischer Prozeduren gestellt wird, die den beiden Kommunikationsmodi inhärent sind (und noch weniger die absehbaren Konsequenzen auf das Bewußtsein und die Denkfähigkeit derer, die nicht (mehr) schriftlich kommunizieren (können), thematisiert werden), noch die Frage nach der Verfügungsgewalt über diesen wahrhaft gemeinen ›oral channel‹ und ihrer Kontrolle auch nur angedeutet wird.

Man kann natürlich auch zu ganz entgegengesetzten Schlüssen kommen. Wir möchten dafür einige Gedanken aus einer Rede referieren, die POSTMAN 1984 bei der Eröffnung der Frankfurter Buchmesse gehalten hat. Natürlich stehen weder LAKOFF noch POSTMAN mit ihren Auffassungen allein da; insoweit kann man ihre Argumentationen als exemplarisch verstehen. Weil es hier darauf ankommt, die Konfliktlinien in diesen Diskussionen deutlich werden zu lassen, übergehen wir »mittlere« Positionen, die es selbstverständlich auch gibt.

POSTMAN thematisiert in der genannten Rede die Gefahren, die darin liegen, daß das Fernsehen sämtliche, auch die ernsthaftesten Themen als »entertainment«, als »amusement«, als »show« darbieten muß, und sagt, daß es wegen seines im Prinzip ikonischen Diskurses »mit Argumenten, Hypothesen, Begründungen, Erklärungen oder anderen Instrumentarien abstrakten, expositorischen Denkens nur wenig anfangen« könne. Politische Probleme und Konflikte würden auf ihre mediengerechte Inszenierung reduziert, Theologie verkomme zum Varietéakt, schulischer Unterricht werde zu einem Surrogat von Rockshows verhunzt:

Fernsehen ist nicht bloß Unterhaltungsmedium. Es ist eine Philosophie des öffentlichen Diskurses und genauso fähig, eine ganze Kultur zu verändern, wie es seinerzeit die Druckerpresse war. [...] Wer ergreift schon gegen ein Meer von Amüsement die Waffen? Bei wem beschweren wir uns, und wann, in welchem Ton, wenn jeglicher ernsthafte Diskurs sich in einem Kichern auflöst? Was für ein Gegengift gibt es denn für eine Kultur, die dabei ist, sich buchstäblich totzulachen? (POSTMAN 1985: Sp. 6).[42]

Auch für POSTMAN scheint das Medium selbst für die konstatierten Veränderungen verantwortlich zu sein. Sicherlich ist seine Analyse sehr viel überzeugender als diejenige LAKOFFs, aber auch für sie gilt, daß die Frage nach den bewegenden Kräften, die diesen Zustand bewirken, nicht näher diskutiert wird. Sie erinnert deshalb stark an SCHOPENHAUERs ätzende Abrechnung mit der aufkommenden Massenpresse, der ihr ihre Gesinnungslumperei und Dummheit am grassierenden Sprachverfall nachweisen wollte; KARL KRAUS, den zu erwähnen hier natürlich naheliegt, ist den entscheidenden Schritt weitergegangen und hat sich für die Besitz- und Profitverhältnisse interessiert, die die Kulturschande verursachten, für die er die Presse hielt.

Für diesen Zusammenhang ist aber vor allem die Frage von Interesse, ob es überzeugende Argumente für die Auffassung gibt, daß die ›neuen Medien‹ jegliche Lese-Schreib-Fähigkeit tendenziell obsolet machten, daß die literale Kultur von einer post-literalen ›computer literacy‹ d.dgl. abgelöst werde. Obwohl Einschätzungen der Art, wie POSTMAN sie vorgelegt hat, sicher sehr ernst genommen werden müssen, scheint die Kehrseite der Computerisierung von immer mehr Arbeitsplätzen und Haushalten doch darin zu bestehen, daß die Anforderungen an die Lese-Schreib-Fähigkeit der menschlichen Seite in der Mensch-Maschine-Kommunikation steigen. Dies gibt sowohl hinsichtlich der Frequenz der Situationen, in denen gelesen oder eingetippt werden muß, als auch hinsichtlich der (natürlich- oder maschinensprachlichen) Komplexität des einzelnen Lese- oder Schreibvorganges. Arbeitsanweisungen, Kontrollaufgaben, Informationsabrufe oder einfache bilaterale Kommunikationsabläufe in einer Bildschirmtechnik erfolgen zwar in dieser Technik, aber schriftförmig, und die jeweiligen ›output‹-Komponenten drucken in der Regel Texte aus, die zu lesen sind, und nur in wenigen Fällen kann man von ihnen Ton- oder Bildträger bekommen, bei denen diese Mühe entfiele. Insofern scheint mir LAKOFFs Position *objektiv* falsch zu sein. Kommunikationsmodi und -medien dürfen nicht auf ihre technischen Möglichkeiten reduziert werden, sondern sie müssen unter dem Aspekt erörtert werden, welche sozialen und kulturellen Konsequenzen sie nach sich ziehen können (was die Frage nach der Verfügungsgewalt impliziert). Die Vorstellung vom Ende der literalen Kultur, die im Orkus der AV-Medien versinkt, ist deshalb unbegründet: zweifellos gibt es neue Verteilungen der Funktionen auf ›alte‹ und ›neue‹ Medien in der gesellschaftlichen Kommunikation, aber es ist unrealistisch, deshalb gleich das generelle Verschwinden der literalen Kommunikation freudig oder entsetzt zu konstatieren. Die Konsequenzen der kulturellen Veränderungen, die diese neuen Funktionsverteilungen bewirken, sind mit dieser Feststellung keineswegs als harmlos oder nebensächlich qualifiziert. Es geht hier nur darum, die pauschale Feststellung zu problematisieren, daß wir uns mitten in einem irreversiblen Übergang in eine neue historische Epoche der Postliteralität befänden. Sie ist offensichtlich falsch, wenn die generelle Ablösung der literalen Kommunikationsmodi durch eine ›neue Oralität‹ behauptet wird, aber sie ist diskutabel, wenn sie sich darauf beschränkt, die kulturellen und sozialen Auswirkungen der Neuverteilung der Funktionen der gesellschaftlichen Kommunikation auf die konkurrierenden Kommunikationsmodi zu analysieren und einzuschätzen.

In der BRD, wo ja derzeit solche Probleme politisch als jetzt zu entscheidende

Optionen auf verschiedene Entwicklungsmöglichkeiten in der Zukunft debattiert
werden, dürften Thesen von solcher Allgemeinheit, Tragweite und vor allem Offen-
heit, wie LAKOFF sie vorgetragen hat, selbst in dem Lager kaum Beifall finden, das
den ›neuen Medien‹ vorbehaltlos oder doch immerhin sich resigniert in die Einsicht
fügend, daß sie »doch nicht zu verhindern« sind, und damit positiv gegenübersteht.
Das gegenwärtig noch allgemeine publizistische Entsetzen über die praktischen Auswirkungen der Videotechnik, die ja wohl nur als Prolog zum Zeitalter der ›neuen
Medien‹ eingestuft werden kann, muß unter *dieser* Perspektive eher Anlaß zu Skepsis sein. LAKOFFS Ausführungen haben den großen Vorzug, daß sie ihre konzeptionellen Prämissen zu klaren Konklusionen gebracht hat: sie redet nicht um die Sache
herum und formuliert ein ideologisch eindeutiges Programm. Auf dem Hintergrund
ihrer Schlüsse drängt sich die Frage auf, welche alternativen Konklusionen diejenigen vorzuschlagen haben, die zwar dieselben Prämissen akzeptieren, sich aber gleichzeitig der »Rettung der abendländischen Kultur« verpflichtet wissen – in der BRD
scheint es ja nach wie vor offizieller Konsens zu sein, daß das gedruckte Wort der
Grundpfeiler unserer Zivilisation sei, daß die ›Gefahren der neuen Medien‹ fest im
Auge zu behalten seien und ihnen, etwa durch das bekanntlich nicht sonderlich
effektive Mittel der Indizierung, nach Kräften gesteuert werden müsse. Man kann
die Eigendynamik, die die ›neuen Medien‹ entwickeln, kaum ernsthaft als Naturge-
walt qualifizieren. Dennoch kann man sich darauf verlassen, daß das Hehlwort vom
›Sachzwang‹ (vgl. HENSCHEID et al. 1985: 63f.) in den einschlägigen Debatten bald
eine große Rolle spielen wird, wie das in den USA schon längst der Fall ist. Man
muß sich *politisch* entscheiden, die ›neuen Medien‹ haben zu wollen, und man hat
sich in der BRD politisch *dafür* entschieden. Es ist völlig klar, daß die neue »Sache«
ihre »Zwänge« ausüben wird – die vermutlich keiner der Verantwortlichen je gewollt
haben wird. Wenn also durch die Verkabelung unserer Städte, durch kommerzielle
Fernsehprogramme, Satellitentechnik, großräumige integrierte Dokumentations-
und Informationssysteme usw. die Voraussetzungen dafür geschaffen werden, daß
die genannte Eigendynamik, die absehbaren »Sachzwänge« sich überhaupt entwik-
keln können, können solche Einlassungen kaum als medienpolitische Positionen
ernstgenommen werden, sondern müssen als vernebelndes und apologetisches Ge-
rede, das von den eigentlichen Motiven für diese Politik ablenken soll, charakterisiert werden. Es dürfte schwierig sein, POSTMAN als schwarzmalerischen Technik-
feind abzutun – dafür sind seine Analysen zu schlüssig. Hier geht es aber um aktuelle
Politik, und unser Gegenstand war ja die Frage, ob die ›neuen Medien‹ die überkom-
mene, traditionelle Schriftkultur tatsächlich obsolet machen können.

   Die Essayistik zum Topos vom drohenden Ende der literalen Kultur ist nicht
mehr überschaubar; in Vereinigungen wie dem Börsenverein des deutschen Buch-
handels, der deutschen Lesegesellschaft usw. hat sich ihre Lobby mehr oder weniger
schlagkräftig organisiert. Allerdings befindet sich das große Verlagskapital in einer
double-bind-Situation: die ›neuen Medien‹ sind tendenziell sicher profitträchtiger
als die ›alten‹, und deshalb ist es alles andere als erstaunlich, daß Großverleger den
Kern der Befürworter des Kabelfernsehens und der privaten Sendelizenzen stellen
und gleichzeitig Initiativen gegen den Zerfall einer Lesekultur finanzieren, die öko-

nomisch eben auch ein Faktor ist. Für die Rhetorik zu diesem Thema fühlen sich auch und gerade Politiker in hohen Stellungen zuständig, wenn ein Anlaß gegeben ist. Als Beispiele können HELMUT SCHMIDT und sein Nachfolger zitiert werden.

SCHMIDT wies in einer Rede über »Buch und Demokratie« (am 10. 5. 81) warnend auf die »Gefahr eines neuen Analphabetismus« hin, der »die geschriebenen Wörter geringschätzt und der viele Menschen in eine neue, selbstverschuldete Unmündigkeit hineinlullen könnte«.[43] KOHL betonte in seiner Eröffnungsrede zur Frankfurter Buchmesse 1984 einmal mehr die menschlichen Aspekte, als er ausführte, »wie stark wir alle auf die Sprache angewiesen sind, wieviel sie uns gibt«, und fortfuhr:

Sprache schafft Gemeinschaft und Verständigung. Sie führt die Menschen zusammen, ihr Wissen und ihr Denken, ihr Können und ihr Wollen, ihren Verstand und ihre Herzen. Im Wort vergegenwärtigen wir uns Geschichte und Erfahrungen. Es hilft uns, unser Denken zu ordnen und damit Ordnung in unsere Welt zu bringen. Und allein das Medium Sprache eröffnet die Chance, uns die Dimension der Zukunft zu erschließen.[44]

Welche Zusammenhänge zwischen den Warnern und Mahnern vor dem ›Neuen Analphabetentum‹ des Zeitalters der elektronischen Medien und dem Verlagskapital im einzelnen bestehen, ist schwer auszumachen; jedenfalls ist die »Deutsche Lesegesellschaft« mit dem Verlagshaus MOHN (BERTELSMANN) verbunden, und daß das – in vieler Hinsicht wertvolle – Lexikon »Lesen – Ein Handbuch« (1974) von einem »Verlag für Buchmarktforschung« ediert wurde, paßt ebenfalls in diesen Zusammenhang. Wir möchten mit diesem Hinweis nicht mehr tun als die Frage ›cui bono‹ auf solche Theorien über den Verfall der literalen Kultur des Abendlandes anwenden, und wir sind sicher, daß die hier angesprochene ökonomische Komponente dieser Theorien nicht ihre unbedeutendste ist.[45]

Auf ihren Begriff gebracht sind diese Auffassungen in einer Briefmarkenserie der US-amerikanischen Post, in der das Lesen (in alten Schwarten) und das Schreiben (mit dem Gänsekiel) zu zeitlosen demokratischen Tugenden befördert wurden. Um den Kontext zu illustrieren, enthält die folgende Abbildung 9 drei weitere Marken derselben Serie:

Abb. 9

Es gilt festzuhalten, daß es nicht die jeweils neuen Kommunikationsmittel als solche sind, die Kommunikationsstrukturen und -formen verändern, sondern ihre jeweils spezifische Verwendung; grob gesagt: daß das Fernsehen in der Sowjetunion eine andere Rolle spielt als in den Vereinigten Staaten, ist kein Zufall. In den Auseinandersetzungen über Probleme dieser Art, die vor 20 Jahren in Italien unter dem Stichwort *nouve questioni linguistiche* geführt wurden, hat P.P. PASOLINI die auch heute noch beherzigenswerte Einsicht formuliert:

* Die Instrumente dieser Kultur [der amerikanisierten, technischen, konsumistischen, H.G.] sind die großen Medien der Nachrichtenverbreitung: die Zeitungen, das Radio, das Fernsehen. Instrumente, nichts anderes. Keine autonomen Wesenheiten (auf die man die ganze Verantwortung abschieben kann [...]). Sie sind nicht vom Himmel gefallen. Sich auf sie zu beziehen und in ihnen etwas anderes sehen als einfache Instrumente einer Kultur heißt der Diskussion ausweichen wollen – das kann verschiedene Gründe haben. (PASOLINI 1965/1979: 32)[46]

Wenn man also, und nicht mehr soll PASOLINIs Bemerkung verdeutlichen, über neue Kommunikationstechnologien spricht, soll man die (technische) Möglichkeit nicht mit ihren (denkbaren oder faktischen) Folgen gleichsetzen.[47] KARL KRAUS ist ein grandioses Beispiel dafür, wie sich ein großer Geist in dieses Quidproquo verstricken konnte. Er hat fast sein ganzes Leben lang die Zeitungen und die Journalisten mit leidenschaftlichem Zorn und in unerreichter sprachlicher Kultur bekämpft und wollte sie beide einfach abschaffen, um die Zivilisation und letztlich die Menschheit schlechthin vor dem Verderben zu retten. Sein radikaler Konservatismus hinderte ihn daran, die Verwechslung zu erkennen; BRECHT hat ihm in einer Keunergeschichte ein Denkmal gesetzt:

Herr Keuner begegnete Herrn Wirr, dem Kämpfer gegen die Zeitungen. »Ich bin ein großer Gegner der Zeitungen«, sagte Herr Wirr, »ich will keine Zeitungen«. Herr Keuner sagte:»Ich bin ein größerer Gegner der Zeitungen: ich will andere Zeitungen«. [...]
   Wenn die Zeitungen ein Mittel zur Unordnung sind, so sind sie auch ein Mittel zur Ordnung. Gerade Leute wie Herr Wirr beweisen durch ihre Unzufriedenheit den Wert der Zeitungen. Herr Wirr meint, der heutige Unwert der Zeitungen beschäftige ihn, aber in Wirklichkeit ist es der morgige Wert (BRECHT 1967, Bd. 12: 403).

Es wäre interessant, BRECHTs Perspektive auf die heutigen Realitäten anzuwenden; wir wollen diesen Abschnitt zu den Medien der Schriftlichkeit und den literalen (eben nicht: postliteralen) Techniken der je nachdem erhofften oder befürchteten »neuen Mündlichkeit« abschließen mit der Wiederholung der Feststellung, daß bei der Diskussion dieser Probleme sorgfältig darauf zu achten ist, daß kommunikationstechnische Möglichkeiten nicht gleichgesetzt werden mit der Verfügungsgewalt über diese Möglichkeiten und den Folgen, die sie anrichten: diese Folgen sind in erster Linie Konsequenzen von Entscheidungen über ihre Verwendung und weniger ein Automatismus, der den Medien selbst inhärent wäre. Wenn man dennoch geneigt ist, den »morgigen Wert« der Druck- wie der AV-Medien mit Skepsis zu beurteilen, so liegt dies an politischen Prognosen und nicht daran, daß »die Technik« eine prinzipiell unkontrollierbare Eigendynamik entwickeln müßte. PASOLINI hat übrigens seinen eigenen Standpunkt nicht durchgehalten; 1975 forderte er resigniert die gänzliche Abschaffung des Fernsehens und die Reduzierung der Schulpflicht auf fünf Jahre. Der entsprechende Aufsatz hat den unmißverständlichen Titel *Due modeste proposte per eliminare la criminalità in Italia* (Zwei bescheidene Vorschläge, die Kriminalität in Italien abzuschaffen).[48]

Ein nicht zu unterschätzender Faktor in der Geschichte des Drucks ist, wie bereits erwähnt wurde, die kirchliche und staatliche Zensur bzw. das Konzessionswesen, das die Produktion und Distribution von Gedrucktem unter Kontrolle hielt; der Kampf gegen die Vorzensur und die Unterdrückung des Handels mit Druckwerken gilt traditionell als ein zentrales Anliegen demokratischer Bewegungen, und noch gegenwärtig gilt bekanntlich der Vorwurf, jemand zensiere oder versuche, Zensur auszuüben, als ungemein schwerwiegend. Eine grimmige Ironie der Geschichte der staatlichen Zensur liegt darin, daß die Explosion des Buchmarkts und die Durchsetzung neuer Techniken der Textverarbeitung und -speicherung Bücher als Instrument der politischen Auseinandersetzung tendenziell bedeutungslos und damit als Gegenstand der staatlichen Zensur uninteressant machen.[49] Das allmähliche Verschwinden der Buchzensur könnte so als eine Reaktion auf die zunehmende Bedeutungslosigkeit des Buchs als Medium der gesellschaftlichen Kommunikation verstanden werden; die Auffassung, daß die weitgehende Abschaffung der Zensur ein Sieg der Demokratie und des Fortschritts seien, erschiene dann in anderem Licht. So gesehen könnte, um ein Beispiel zu geben, die Zensurpraxis der sozialistischen Länder und ihr eifriges Bemühen, jede Form der gedruckten und anderswie reproduzierten Kommunikation zu unterdrücken, wenn sie nicht lizensiert ist, als ziemlich altmodische Referenz an ein historisch überholtes Medium mißverstanden werden; allerdings: Das Lesen von Büchern spielt in diesen Ländern eine ganz erheblich größere Rolle als im Westen, so daß das staatliche Interesse an einem Medium, das seine gesellschaftliche Bedeutung nach wie vor besitzt, schon motiviert ist. Staatliche Zensur ist sicherlich ein zuverlässiges Barometer für das potentielle politische Gewicht der einzelnen Formen der gesellschaftlichen Kommunikation, und dieses Gewicht hängt seinerseits davon ab, in welchem Maße die jeweiligen Medien den Leuten zugänglich sind. Massenalphabetisierung müßte dann eigentlich strikteste Zensur des Drucks zur Folge haben – aber das ist offensichtlich nicht der Fall. In der Bundesrepublik interessiert sich die Staatsgewalt so gut wie gar nicht für staatsgefährliche Kneipenwitze, und auflagenschwache Anarchistenblättchen ziehen ihre Aufmerksamkeit auch nur noch gelegentlich auf sich. Und wenn dennoch hin und wieder Polizeiaktionen und Strafprozesse das ›gedruckte Wort‹ zum Gegenstand ihrer Tätigkeit machen, etwa im Falle der »klammheimlichen Freude« eines Göttinger Stadtindianers, deren Nachwirkungen ja auch einige Universitäten erschütterten und PETER BRÜCKNER in seiner Existenz trafen, so muß man sie trotz ihrer Widerwärtigkeit wohl eher als Ausnahmen, nicht als Ansätze einer Renaissance der Pressezensur verstehen, als Ausnahmen, die nurmehr die Rolle des willkommenen Anlasses für das Austragen anders begründeter politischer Konflikte spielen. Die gesellschaftliche Kommunikation unterliegt in der Bundesrepublik und wohl auch in den übrigen westlichen Industriestaaten anderen Kontrollmechanismen, die effektiver und vor allen Dingen viel weniger sichtbar sind; sie heißen nicht mehr ›Zensur‹, sondern ›Ausgewogenheit‹ und ›Pluralismus‹. Die folgende Skizze der Situation in den USA vor zehn Jahren scheint die gegenwärtige Situation in der BRD im wesentlichen zutreffend zu skizzieren:

»New information«, writes William Kuhn, »does not necessarily threaten an enscored power elite. But a new medium does.« Books are simply too sluggish, too personal, too unwidly (even if little and red) to worry the governments and commercial institutions that wield power in the Western democracies. In the United States censorhip is most effectively directed at television, and then, in descending order of importance, at radio and newspaper journalism, films, »respectable« periodicals [...], small circulation magazines [...], little magazines and underground journals [...], and, finally, at books, the least censored because least feared. (Disch 1973b: 9)

Sechstens (und letztens) sind die *Einstellungen* und *Urteile* der jeweiligen Zeitgenossen zur schriftförmigen Kommunikation ein wichtiger Aspekt. Warum und zu welchen Zwecken wollen Analphabeten lesen und schreiben lernen – oder wollen es nicht? Was lesen und schreiben diejenigen, die es können, und zu welchen Zwecken? Was sind die Beweggründe derer, die Alphabetisierungsbemühungen skeptisch oder ablehnend betrachten oder bekämpfen? Zwar ist klar, daß diese Fragen nur sinnvoll behandelt werden können, wenn sie strikt in ihren historischen Kontext gestellt bleiben (eine oberflächlich ähnliche Situation z.B. im frühen 16. Jh. und in der zweiten Hälfte des 19. Jh. in Deutschland beruht auf völlig verschiedenen Bedingungsgefügen). Dennoch kann, mit der angezeigten historischen Vorsicht, die Erörterung der Frage der jeweils konkret handelnden und denkenden Subjekte zur Literalität generell und zu ihrem eigenen praktischen Verhältnis zur Schriftlichkeit wichtige Aufschlüsse erbringen.

Wir wollen vor allem den letzten Punkt, die Frage nach der *subjektiven* Seite im Literalitätsprozeß, noch kurz erörtern.

Gemeinhin wird angenommen, daß differenziertes politisches Bewußtsein und ernsthafte politische Debatten Literalität unabdingbar voraussetzten; oben wurde die entsprechende Tradition in der Arbeiterbewegung angesprochen. Es gibt ältere Traditionslinien; eine davon ist die der Aufklärung, in deren Nachfolge sich die jakobinischen Revolutionäre bemühten, dem Volk »die Sprache« (d.h.: das Französische) und »die Schrift« beizubringen, um es heranzuführen an die politische Reife, die nach ihrer Meinung Bedingung für das Funktionieren der republikanischen Staatsform und Gesellschaft war. Die jakobinische Sprachenpolitik hatte allerdings weder auf der Ebene der Durchsetzung des Französischen als der Sprache der Menschenrechte noch auf der Ebene der allgemeinen Alphabetisierung, d.h. der Volksschulpolitik, durchschlagende praktische Erfolge, wohl aber auf der Ebene des allgemeinen Bewußtseins. Was den hier interessierenden Punkt angeht, so läßt sich sagen, daß ein eindeutiges Resultat dieser Politik darin bestand, daß das Volk das Französische als *die* Sprache und somit auch als den sprachlichen Bezugspunkt *der* Schrift verinnerlichte, ohne es sprechen (jedenfalls in der Mehrheit), lesen oder gar schreiben zu können. Was es praktisch bedeuten kann, *eine* nationale Sprache und *ein* nationales Medium der Schriftlichkeit zu haben, zeigt die Geschichte seither, die Maas so charakterisiert hat:

An die Stelle einer neuen Öffentlichkeit, in der die gesellschaftlichen Subjekte sich artikulieren, gesellschaftliche Erfahrungen vermitteln und so mitbestimmen können, war ein Sprachimperialismus getreten, der zwar noch nicht im Rahmen der Volksschule dem Volk effektiv eine Fremdsprache aufzwingt, ihm aber das Bewußtsein vermittelt, daß seine Sprache keine Sprache ist – und damit die in Frankreich bis heute geltende Schizophrenie im Sprachbewußtsein erzeugt, nach der die tatsächlich eigene Sprache, in der man seine Erfahrungen macht und ausdrückt, eine Pervertierung ist, die fremde, nicht richtig beherrschende Sprache aber die *eigentlich eigene* ist.[50]

Das Problem der Sprachverschiedenheit in Literalisierungsprozessen haben wir schon angesprochen; hier soll vor allem darauf eingegangen werden, daß *Sprachbewußtsein*[51] ein Analogon hat in einem Sachverhalt, den man *Literalitätsbewußtsein* nennen kann. Die praktische Erfahrung mit Schriftlichkeit produziert Urteile, Einstellungen, handlungsleitende Ideologien über Schriftprodukte, schriftliche Kommunikation und Schriftlichkeit generell. Das Volk verhält sich in der alltäglichen Praxis zur Schriftlichkeit in bestimmter Weise, auch wenn es im technischen Sinn analphabetisch ist. Dieses Literalitätsbewußtsein hat oft unmittelbar politische Implikationen; man denke an die Flugblattliteratur der frühen Neuzeit in ganz Westeuropa, die Bauern- und Handwerkerbevölkerungen als ›Leser‹ hatten, welche zwar immer noch weitgehend analphabetisch, aber keineswegs aliteral waren; man denke an das Beispiel der russischen Bauern in diesem Kapitel.

Es spricht sogar einiges dafür, den Begriff *Sprachbewußtsein* unter diesem Gesichtspunkt neu zu diskutieren, weil offensichtlich die Sprachform, auf deren Basis sich Sprachbewußtsein bildet und auf die Sprachbewußtsein gerichtet ist, sehr häufig die geschriebene Sprachform ist. Genauer gesagt: Sprachbewußtsein betrifft das Spannungsverhältnis zwischen unifizierenden Normen, einem nationalsprachlichen Standard, der definitionsgemäß in geschriebenen Sprachformen kodifiziert ist, und den Sprachformen, die das Volk spricht. Mit der Demotisierung der Funktionen der geschriebenen Sprachform geht die Notwendigkeit einher, eine bestimmte Varietät zum Standard zu erklären und zur Nationalsprache in dem Sinne zu machen, daß das Volk, das die Nation zu repräsentieren beginnt, seine »eigentlich eigene Sprache« (MAAS) beigebracht bekommt – und in diesem Prozeß wird die ›Nationalsprache‹ der Literaten, Pfarrer und Advokaten zur Sprache der Nation (vgl. HOBSBAWM 1977: 234ff.). Die Nation wird sprachlich unifiziert, bestimmte Sprachnormen werden verallgemeinert und durchgesetzt. Die preußischen (und bayrischen, badischen, schaumburgisch-lippischen, schwarzburg-rudolstädtischen usw.) Volksschulen sind das vielbesprochene Hauptinstrument für diese Transformation, deren sprachliche Dimension nur eine von vielen Dimensionen ist – jedenfalls fand die ›Verfleißigung des Volkes‹ nicht zuletzt in der Sozialisierung von einheitlich normierten Sprachformen ihren Ausdruck, und diese Sprachformen waren für die Betroffenen *geschriebene* Sprachformen. Die deutsche Nationalsprache (und nicht nur die deutsche) ist in einem doppelten Sinn ein Produkt der Schriftlichkeit: ihre Normierung und Standardisierung oder, wie man sagte, Veredelung, Reinigung, Rettung usw. war das Werk von Literaten, Juristen, Beamten, Offizieren und adligen Sprachfreunden des 17. und 18. Jh. Das ist die eine Seite. Die andere Seite ist die Nationalisierung der Nationalsprache: der Nation mußte, nachdem man im 19. Jh. das Volk zur Nation zu befördern begann, erst einmal klargemacht werden, daß sie eine Nationalsprache besaß und zu erlernen hatte. Sehr radikal und treffend hat P. P. PASOLINI diesen Sachverhalt für die italienische Situation (die in vieler Hinsicht der deutschen Situation – METTERNICH hatte Italien als »bloßen geographischen Ausdruck (zit. nach HOBSBAWM 1977: 113) bezeichnet – viel eher vergleichbar ist als die der anderen nord- und westeuropäischen Länder) formuliert:

* Bei der Einigung Italiens durch das Kleinbürgertum Piemonts bzw. ein sich piemontesisch drapierendes Kleinbürgertum (der Süden war ein Räuberland oder ein Land des »Lazzaronitum«, wie Marx es nannte; etwa neunzig Prozent der Italiener waren Analphabeten, die nicht nur das Italienische nicht schreiben, sondern noch nicht einmal sprechen konnten) hat man geglaubt, daß die sprachliche Vereinheitlichung durch den Pseudo-Humanismus des Kleinbürgertums verwirklicht werden könne, das eine nur literarische Sprache besaß – Italienisch –, die unvorhersehbarerweise zur Nationalsprache wurde (obwohl sie ungefähr neun Zehnteln der Italiener unbekannt war). Und man glaubte, diese Sprache mit denselben Methoden durchsetzen zu können, mit denen man ihm (dem Volk) die Steuern aufzwang, durch die Verwaltung und die Polizei nämlich. [52]

Die Heftigkeit der Reaktionen auf PASOLINIS Provokationen seitens der professionellen Sprachwissenschaft und der Feuilletonistik beweist deutlich, daß er der heiligen Kuh DANTE zu nahe gekommen war, anders gesagt: daß man PASOLINIS Theorien über den konsumistischen Hedonismus, durch den der amerikanische Imperialismus das traditionelle Italien unter sich begrabe, wobei die Herausbildung einer (inhumanen, amoralischen) ›nicht-kommunikativen‹ Form der *newspeak* unausweichlich sei, durchaus als radikalen politischen Angriff verstand, den man mit Argumentationen ganz verschiedener (z.B. linguistischer) Art zu unterlaufen suchte. [53] Allerdings gab es auch Fachlinguisten, die PASOLINIS Thesen der ernsthaften Diskussion für würdig befanden, nicht zuletzt deshalb, weil einige seiner Erkenntnisse einfach nicht bestritten werden können und für jede Sprachgeschichte des Italienischen, die soziologische Gesichtspunkte ernst nimmt, als Trivialitäten zu betrachten sind. Als Beispiel kann TULLIO DE MAURO genannt werden:

* Vor hundert Jahren waren nur zwei Prozent der Bevölkerung in der Lage, das Italienische zu verstehen und effektiv zu verwenden; die übrige Bevölkerung konnte lediglich den eigentlichen heimatlichen Dialekt verwenden. Leute aus Sizilien und Leute aus der Lombardei waren nicht in der Lage, sich gegenseitig zu verstehen. (DE MAURO 1977: 34) [54]

Wie wir im letzten Kapitel schon ausführlich erörtert haben, hängt die Entwicklung von nationalen Schriftkulturen zunächst einmal davon ab, daß eine Nationalsprache vorhanden ist, und Nationalsprachen sind dadurch definiert, daß eine geschriebene Sprachform in einem (mehr oder weniger) standardisierten Schriftsystem als verbindlich festgelegt und durchgesetzt wird. Solche Nationalsprachen treten der Nation, deren Sprache sie werden sollen, zunächst als durchaus fremde Sprachformen gegenüber: fremd als Sprachen, die ein für die meisten (künftigen) Sprachgenossen sozial und kulturell fernliegendes Zentrum der Nation überstülpen wollen, und fremd als Sprachen, die in erster Linie in ihrer geschriebenen Sprachform auftreten und der geschriebenen Sprachform immer neue Domänen erobern, die bis dahin oral gewesen waren oder nicht existiert hatten (Schule, Verwaltung, Verschriftlichung traditionell oraler Bereiche des Rechts, des Wirtschaftslebens, des Steuerwesens usw.). Geschriebenes erscheint so häufig als eines der Machtmittel sich ausdifferenzierender Staatsapparate und wird von den Betroffenen auch so interpretiert. Die Verschriftlichung der Herrschaftsausübung im 18. und 19. Jahrhundert in Europa hängt sehr direkt mit der Verfleißigung des Volkes zusammen, die nicht zum geringsten Teil über seine Beschulung erfolgte – der Ausdruck ›Beschulung‹ bringt gerade in der Konnotation trostlos fürsorglicher Gewalttätigkeit das zum Ausdruck, worum es hier geht. Die Massenalphabetisierung, die gleichzeitig mit dem Aufbau von Verwaltungsstaaten und flächendeckenden Schulsystemen ablief, kann deshalb nicht eindimensional als ein Prozeß aufgefaßt werden, der Abhängigkeiten auflöste und Unmündigkeit beendete, Stichwort: *Wissen ist Macht.* Um diesen Prozeß zu verstehen, sind auch seine ›historischen Unkosten‹ und seine sozialen Konsequenzen zu berücksichtigen, insbesondere die Tatsache, daß alte Abhängigkeiten durch neue ersetzt wurden, und zwar vielfach solche neuen Abhängigkeiten, die der geschriebenen Sprachform als Medium bedürfen. Neue Unmündigkeit hat sich entwickelt, und zwar Unmündigkeit, die nur durch die allgemeine Alphabetisiertheit verbreitet und verallgemeinert werden konnte. Die oben angesprochene sinistre Dialektik des Fortschritts hat ihr Korrelat in dieser sinistren Dialektik des Prozesses der Massenalphabetisierung, und sie pflanzt sich bruchlos fort in derjenigen der ›neuen Medien‹. Es trifft zu, daß Elementarbildung, die Fähigkeit, daß alle lesen und schreiben können, eine der Bedingungen der Möglichkeit von Demokratie ist. Sie ist aber nur eine notwendige, keine hinreichende Bedingung dieser Möglichkeit.

Kapitel 6
Sekundäre Funktionen der geschriebenen Sprachform

> Schreibt man Bücher bloß zum Lesen?
> Oder nicht auch zum Unterlegen der Haus-
> haltung? Gegen eins, das durchgelesen
> wird, werden Tausende durchgeblättert, an-
> dere Tausend liegen stille, andere werden
> auf Mauslöcher gepresst, nach Ratzen ge-
> worfen, auf anderen wird gestanden, geses-
> sen, getrommelt, Pfefferkuchen gebacken,
> mit anderen werden Pfeifen angesteckt, hin-
> ter dem Fenster damit gestanden.
>
> (LICHTENBERG, Sudelbücher, Heft E, 308).

Wir werden uns in diesem Kapitel teilweise mit Themen beschäftigen, die auf den
ersten Blick öfters merkwürdig und abgelegen, ja manchmal abstrus scheinen
mögen. In den beiden letzten Kapiteln haben wir uns mit der sozialen Dimension der
geschriebenen Sprachform, der Schriftlichkeit befaßt: wir hatten danach gefragt, wie
sich der Prozeß der Literalität konstituiert, wie er funktioniert und wie er in das
Leben bestimmter Gesellschaften eingreift. Dabei war ganz selbstverständlich vorausgesetzt worden, daß die Materialisierung literaler Aktivitäten, die materiell fixier-
ten Schriftprodukte und der praktische Umgang mit ihnen, stets in einen eindeutigen
Rapport zu den Sprachen, die da materialisiert und fixiert werden, gestellt werden
können. Es wurde davon ausgegangen, daß Schreiben und Lesen stets auf *sprachliche* Formen und Bedeutungen bezogen sind; als geschriebene Sprachform wurden
Manifestationen bestimmter sprachlicher Elemente verstanden. Die Repräsentationsfunktionen aller Typen von *Schrift*systemen waren auf bestimmte Ebenen des
*Sprach*systems bezogen; die geschriebene Sprachform damit grundsätzlich als eine
Manifestation von *Sprache* aufgefaßt worden.

I. Schreiben und Geschriebenes
in nichtsprachlichen Bedeutungssystemen

Es wird in diesem Kapitel um Verwendungsweisen bzw. Funktionen von Schriftprodukten gehen, in denen die eben angesprochene primäre Repräsentationsbeziehung
durch Darstellungsfunktionen anderer Art überlagert und zurückgedrängt wird, die
wir sekundäre Funktionen nennen. Solche *sekundären Funktionen* sind dadurch charakterisiert, daß sie Zeichenrelationen zwischen Objekten, die die *Form* von Aus-

drücken der geschriebenen Sprachform besitzen, und Zeichensystemen anderer Ordnung herstellen. Die primäre Funktion der geschriebenen Sprachform, sprachliche Zeichen in einer materiellen Substanz, nämlich graphisch auszudrücken, wird überlagert und dominiert von der Funktion, Zeichen anderer Ordnung auszudrücken. Die geschriebene Sprachform wird dabei zunächst einmal von den Funktionen abgetrennt, die in Kapitel 1 als ihre substantiellen Aspekte beschrieben worden sind. Sie wird auf ihre materielle Substanz reduziert und zu Konstruktionsmaterial für den Aufbau neuer semiotischer Systeme gemacht. Die ursprünglichen primären Funktionen, die sprachlichen Repräsentationsfunktionen, bleiben als mehr oder weniger aktualisierter Assoziationsraum zwar erhalten, aber sie werden ungeformt in abhängige Variablen des dominierenden semiotischen Systems.

Die geschriebene Sprachform ist in ihrer primären Funktion im Prinzip denotativ, insofern sie rekonstruierbare Darstellungsfunktionen bezüglich sprachlicher Zeichen ausübt, d.h.: wer die betreffende Sprache beherrscht und die Mechanismen ihrer schriftförmigen Repräsentation kennt, kann im üblichen Sinne lesen. In sekundären Funktionen ist diese denotative Beziehung zwar nicht grundsätzlich außer Kraft gesetzt, aber überlagert und zurückgedrängt durch andere Referenzen bzw. Funktionszuweisungen. Die Prozesse der Semiose, wie sie v.a. im französischen und sowjetischen Strukturalismus ausführlich erörtert worden sind, sind nämlich keineswegs auf a priori bedeutungslose Objekte bzw. Strukturen beschränkt, sondern sie können auch an Material operieren, das bereits zeichenhaft ist, wobei *Semiose* einfach eine systematische Reinterpretation des betreffenden Materials bedeutet; man kann mit einigem Recht (und einiger Vorsicht) auf LOTMANS Konzept der *sekundären modellbildenden Systeme* hinweisen.[1] Die sprachliche Dimension wird nicht aufgehoben, aber anderen, nichtsprachlichen Zeichenrelationen untergeordnet; insofern scheint die Redeweise von ›sekundären‹ Repräsentationsfunktionen gerechtfertigt.

In ihrer primären Funktion ist die geschriebene Sprachform Medium und Instrument der Repräsentation von sprachlichen Zeichen, in sekundären Funktionen wird sie zu Konstruktionsmaterial für andere Zeichensysteme. Sie sind nicht mehr Medium, sondern vorgegebener Gegenstand, in dem sich Zeichenbeziehungen anderer Ordnung materialisieren, seien sie religiöser (magischer, mystischer, zauberischer usw.), seien sie anderer (literarisch-ästhetischer, spielerischer, erotischer usw.) Art – wir werden dies an Beispielen erörtern. Ob diese sekundären Funktionszuweisungen sozial hoch bewertet sind, etwa im Kontext religiöser Bedeutungssysteme, oder ob sie im sozialen Unterholz von Kinderspielen oder abendlichen Belustigungen angesiedelt sind, ist dabei gleichgültig. Die Elemente der geschriebenen Sprachform werden jedenfalls zu Konstruktionsmaterial, das unterschiedslos neben anderen nicht schriftförmigen Zeichen verwendet wird; wir haben hier von einer ganz anderen Seite das Problem der Eingrenzung des Begriffs ›Schriftzeichen‹ vor uns. Daß die geschriebene Sprachform mehr umfaßt als die Menge der Zeichen des Alphabets, ist offensichtlich; wir haben die Problematik der Begriffszeichen als ein Beispiel für den nichtalphabetischen Sektor von Schriftsystemen bereits angesprochen. Andererseits kann natürlich auch nicht jede graphische Form, die in irgendeinem semiotischen

System Zeichenfunktionen ausübt, als Schriftzeichen im strengen Sinn verstanden werden, wie das etwa bei HAAS (1976) weitgehend der Fall ist. Wir halten hier fest, daß ein kategorialer Unterschied zwischen Schriftzeichen und Zeichen anderer Ordnung darin besteht, daß erstere grundsätzlich dadurch bestimmt sind, daß sie sprachliche Zeichen repräsentieren und erst sekundär, durch Uminterpretation, andere Darstellungsfunktionen zugewiesen bekommen. Dieses Problem ist in der Sprachwissenschaft durchaus schon gesehen und bearbeitet worden; auch und gerade im Bereich der Erforschung gesprochener Sprache spielen diese Gesichtspunkte eine Rolle und sind nicht zufällig vor allem in handlungstheoretischen und im weiteren Sinn pragmatischen Forschungsansätzen berücksichtigt worden (wir denken hier weniger an die traditionellen Studien über Glossolalie u.dgl., sondern an Forschungen über kommunikative Rituale, Erzählstrukturen, narrative Routinen u.dgl.; vgl. etwa JANUSCHEK 1976, WERLEN 1983).

In der sprachphilosophischen und anthropologischen Forschungstradition wurde das Problem der kommunikativen gegenüber den magischen Funktionen von Sprache in der Regel mit dem Gegensatz von primitivem und logischem Denken gekoppelt. OGDEN und RICHARDS haben in ihrer klassischen Studie *The Meaning of Meaning* (1923) die Meinung vertreten, daß der Glaube an die magische Kraft sprachlicher Ausdrücke auf der abergläubischen Annahme beruhe, sie stünden in direkten, kausalen Beziehungen zu ihren Referenten. In CASSIRERS *Language and Myth* (1953) wird das *mythische Denken* dem *theoretischen, diskursiven* und *logischen Denken* entgegengesetzt; das mythische Denken sei charakterisiert durch den Hang, das Wort zu hypostasieren und eine natürliche, notwendig vorhandene Beziehung zu seinen Denotaten anzunehmen. Aufgrund dieser Beziehungen besäßen die Wörter physische Kraft, wenn sie mit magischen Absichten verwendet werden. Im logischen Denken werde dieser Zusammenhang als Chimäre durchschaut: Sprache sei nur mehr Symbol und Instrument zur Vermittlung zwischen Sinneseindrücken und begrifflicher Verarbeitung.

Nach MALINOWSKIS *contextual theory of meaning* ist Sprache grundsätzlich ein integriertes Element menschlicher Tätigkeiten, ein »adjunct to bodily activities«, und außerhalb dieses Zusammenhanges, des »pragmatic setting of utterances«, kann sie nicht verstanden, beschrieben und erklärt werden. MALINOWSKI war der Auffassung, daß *magisches Sprechen* anders funktioniere als die alltägliche Rede, weil die ›Eingeborenen‹ glaubten, es könne übernatürliche Effekte erzielen: bestimmte Wörter, Phrasen oder Formeln stellten durch Repetition die Realität her, deren sprachliche Symbole sie seien (vgl. MALINOWSKI 1965/II: 232ff.):

The essence of verbal magic, then, consists in a statement which is untrue and which stands in direct opposition to the context of reality (ebd. 235).

LÉVI-STRAUSS hat vor allem im *Wilden Denken* (1962) demonstriert, daß solche Oppositionen schon deshalb nicht haltbar sind, weil das *mythische Denken* sehr wohl zu komplexen logischen Operationen fähig ist. Dennoch hat sich dieses dichotomische Weltbild vom ›Wilden‹ im Gegensatz zum ›Zivilisierten‹ (das CALVET (1974) für die sprachwissenschaftliche Forschungstradition erörtert hat) in der sprachphilophi-

schen Literatur, soweit sie derartige Fragen überhaupt ansprach, LÉVI-STRAUSS un-
beeindruckt überlebt; als Beispiel zitiere ich eine Passage aus einer Arbeit von A.A.
LEONT'EV:

*[...] Weiter weisen wir auf die Existenz der magischen Funktion der Rede hin. In sozusagen
»reiner« Ausprägung tritt sie in den sogenannten ursprünglichen Gesellschaften zutage (Lévi-
Bruhl 1930, Frazer 1938, Malinowski 1935), wo sie mit der Vorstellung von einer geheimen
Kraft des Wortes verbunden ist, das, einmal angesprochen, unmittelbar bestimmte Veränderungen in der Welt ringsum hervorrufen kann. In der Redetätigkeit der Menschen der europäischen Zivilisation äußert sich diese Funktion lediglich im Vorhandensein von Tabus und
Euphemismen. (A.A. LEONT'EV 1974b: 245).

Die bislang skizzierten sekundären Funktionen von Sprache lassen sich besser verstehen, wenn man die gesellschaftliche Praxis betrachtet, in die sie eingebettet sind.
Es gibt reichlich historische und aktuelle Beispiele; naheliegende Beispiele liefern das
weite Gebiet der Buchstaben- und Schriftmagie im Orient wie im christlichen
Abendland, die verschiedenen Formen der *Grapholatrie* (zu deutsch: Anbetung von
Texten als den Vertretern der jeweiligen Gottheit) und der *Alphabet-* und *Schriftzauber.* Ein Beispiel ist die im alten Tibet bis in dieses Jahrhundert hinein geübte Praxis,
das Wasser von Flüssen mit Holzmodeln zu bestempeln, in die heilige Sprüche
geschnitten sind – auf diese Weise wird die Anbetung der Götter fast so weitgehend
wie beim Aufstellen der Gebetsmühlen reproduzierbar gemacht (GOODY 1981b:
28f.). Die Texte, die hier das Instrument der Anbetung der Götter sind, sind ihrer
primären Funktion offensichtlich entkleidet, weil kein Mensch sie liest – sie sind in
ein anderes System von bedeutungsvollen Handlungen eingebunden, in dem sie

Abb. 10
mani-wall, etwa: Gebetsmauer, in Ladakh;
die Gläubigen schleppen einen Stein an, in den dann ein Priester
heilige Sprüche schneidet zur ständigen Anbetung der Götter.
(Foto: Raphaël Gaillarde, Paris)

Abb. 11
Gebetsmühle in Ladakh
(aus: *Frankfurter Rundschau* v. 5. 11. 1983, Foto: Herzog)

neue, gewissermaßen ganzheitliche Zeichenfunktionen wahrnehmen. Abb. 10 und 11 sollen dies anschaulich machen.

Diese sekundären Funktionen von Schrift bzw. geschriebenen Texten sind keineswegs so exotisch, wie diese ersten Beispiele vielleicht suggerieren. Sie scheinen uns, um ein aktuelles Beispiel zu geben, etwa in der alten, aber ungebrochenen und hier und heute weitverbreiteten Praxis lebendig zu sein, sich Regale und Wohnwände mit Büchern oder Buchattrappen vollzustellen, deren Gebrauchswert in ihrem repräsentativen Rücken und in der Summe der vollgestellten laufenden Meter besteht und nicht darin, daß ihre Besitzer sie jemals lesen (oder zum Zigarettendrehen oder einem anderen materiell sinnvollen Zweck – aber auch das wäre eine sekundäre Funktionszuweisung, wenn auch wieder anderer Art – benutzen) werden. Viele

Möbelgeschäfte verkaufen ihren Kunden mit der Wohnwand repräsentative Buchattrappen, was den Gebrauchswert von Büchern ebenso nachdrücklich illustriert wie viele scharfsinnige Klagen über einen ›postliteralen‹ neuen Analphabetismus. Wir wollen an LICHTENBERGS Bemerkung zu diesem Punkt erinnern, die diesem Kapitel als Motto dient, und sie mit folgendem Zitat, das die altehrwürdige Tradition dieser Praxis ins Licht rückt, noch einmal aufgreifen:

So erzählt der Philosoph Seneca, Bücher würden nur erworben als Schmuck für Wände und zur Schaustellung. Unter so vielen Tausenden von Rollen gähne der Besitzer, den nur die Aufschriften und Titel seiner Bücher ergötzten; gerade bei den ärgsten Müßiggängern finde man gar nicht selten alle möglichen Werke bis unter das Dach hinauf aufgestapelt. Und Lukian (2. Jh.) berichtet von Leuten, die oft nicht einmal die Titel der Werke kannten, die sie aufgespeichert hatten. »Sie hielten diese nur den Mäusen zum Zeitvertreib, den Motten zur Wohnung und den Sklaven, die sie vor beiden behüten sollten, zur Qual« (STEMPELINGER 1933: 8f.).

Sekundäre Funktionen der Schriftlichkeit sind nicht an eine bestimmte Etappe des Literalitätsprozesses gebunden, sondern für alle seine Stufen – außer der Stufe der Aliteralität natürlich – belegt. Die Frage liegt nahe, ob sekundäre Interpretationen von Schriftlichkeit in präliteralen Gesellschaften anders funktionieren als in hypoliteralen oder literalen Gesellschaften. Man kann diese Frage wohl aus grundsätzlichen Erwägungen heraus bejahen: in präliteralen Gesellschaften ist der Spielraum für spontane und nicht durch Traditionen determinierte Funktionszuweisungen größer als in Gesellschaften des hypoliteralen oder literalen Typs, wo der soziale Gebrauchswert der Schriftlichkeit in ihrer primären Funktion durchgesetzt ist – an diesem Gebrauchswert müssen sich sekundäre Interpretationen bzw. Funktionszuweisungen orientieren.

Damit ist nicht ausgeschlossen, daß eigenartige Vermischungen und Überlagerungen verschiedener Stadien auftreten, bei denen verschiedene Schriftsysteme in verschiedenen Funktionen benutzt werden. EISENSTEIN (1968: 9ff., 1969: 77ff.) hat auf den Aufschwung von Magie, Hermetik und Obskurantismus aller Art hingewiesen, der durch die Vergesellschaftung der Technik des Druckens möglich geworden ist (»... it is a mistake to think only about new forms of enlightenment«, 1968: 10) – darin ist die Verbreitung der jeweiligen Symbolsysteme und deren sukzessive Vervollständigung und Verfeinerung eingeschlossen. Die ägyptischen Hieroglyphen waren in solchen Funktionen im Druck, in Gravuren, Stichen usw. verbreitet und geschätzt »more than three centuries before their decipherment« (ebd.), d.h. bevor man ihre primären Funktionen rekonstruiert hatte, und

even after the riddle of the sphinx could be deciphered, unfathomable Rosicrucean manifestos remained, like pyramids on dollar bills, utopian cities of the sun, and various secret societies – to tantalize later scholars. (EISENSTEIN 1969: 81).

Bereits bei der Entwicklung von Schriftsystemen bzw. der Adaptation von Basisalphabeten an eine neuzuverschriftende Sprache spielen solche sekundären Aspekte häufig eine wichtige Rolle. Hinzuweisen ist auf die rituell-magischen Funktionen, denen etwa die Runen und das irische Ogham primär dienten (in beiden Systemen spielte die primäre Funktion nur eine untergeordnete Rolle) oder auf die pythagoreische und die darauf beruhende kabbalistische, gnostische usw. Symbolartistik, die auf die europäischen und vorderorientatlischen Schriftentwicklungen ausgestrahlt hat. Damit ist gesagt, daß sekundäre Funktionen nicht aufgefaßt werden dürfen als zusätzliche, hinzutretende Funktionen, die die primäre Funktion nur ergänzen oder überlagern, sondern als Funktionen anderer Ordnung. In einigen Fällen (etwa den eben genannten) können offenbar sekundäre Funktionen zu den sozial wesentlichen Funktionen der geschriebenen Sprachform überhaupt werden, und es scheint sich sogar so zu verhalten, daß sekundäre Funktionszuweisungen in einem zweiten Reinterpretationsschritt primäre Funktionen erhalten können, also wieder zu Schriftzeichen im eigentlichen Sinn werden. Beispiele für den dominierenden Einfluß von außersprachlichen Symbolsystemen, etwa des Zahlensystems, auf Alphabetentwicklungen bzw. den Umfang von Alphabeten, gibt es reichlich. Das klassische griechische Alphabet enthielt 24 Buchstabenzeichen, denen bestimmte Lautwerte korrespondierten, umfaßte aber insgesamt 27 Zeichen, was sich daraus erklärt, daß die Zahl der Buchstabenzeichen ein Vielfaches von 9 sein mußte, damit gerechnet werden konnte. Dieser Tatsache ist die Erhaltung der Zeichen Koppa, Stigma und Sampi des phönizischen Alphabets im Griechischen geschuldet (vgl. z.B. Pfohl 1968: XXXIII). Derselbe Gesichtspunkt läßt darauf schließen, daß das glagolitische Alphabet ursprünglich 36 Zeichen umfaßt hat – nach Trubeckoj (1954: 17f.) war die zahlsymbolische Funktion der glagolitischen Buchstabenzeichen zunächst wesentlicher als ihre lautsymbolische. Karskij (1928/79: 215ff.) hat die spätere Entwicklung dargestellt und beispielsweise die Übernahme des phönik. ⟨ ϛ ⟩ aus dem Griechischen in die Kyrillica als Zahlzeichen für ›90‹ und seine weitere Entwicklung im kyrillischen System im Detail ausgebreitet. Nur hingewiesen werden kann an dieser Stelle auf die vielfältigen Verwendungsweisen der Alphabetreihe als Ordnungssystem. Die historische Entwicklung dieser Verwendungsweise ist von Daly 1967 aufgearbeitet worden. Zu denken ist dabei aber nicht nur an Techniken zur Systematisierung von Listen wie Wörterbüchern, Bibliothekskatalogen oder Telefonbüchern, sondern auch an Schemata anderer Art, beispielsweise in der Geographie. Buchstaben (vermutlich: die Zahlwerte der griechischen Buchstaben) bezeichneten die Quartiere Alexandrias in der hellenistischen Zeit. Die britischen und kanadischen Postleitzahlen dieses Jahrhunderts funktionieren nach einem ähnlichen Prinzip. Die Stadt Mannheim, am Reißbrett von einem aufgeklärt-absolutistischen Fürsten geplant, ist in einem geometrischen System um das kurfürstliche Schloß herum gebaut und hat noch heute Buchstaben-Zahlen-Kombinationen zur Bezeichnung der einzelnen Blöcke bzw. Straßen. Dasselbe Verfahren ist in nordamerikanischen Städten öfters anzutreffen. Mit diesen Hinweisen soll zweierlei verdeutlicht werden: erstens sind sekundäre Funktionen von Schriften keineswegs aufs Magisch-Mystische beschränkt, und zweitens ist die Entwicklung von Schriftsystemen nicht nur äußerlich, bezüglich ihrer sozialen Verwendungsweisen, sondern auch bezüglich ihrer *inneren Struktur* von sekundären Funktionen oft mitbestimmt.

II. Schriftmystik und Schriftmagie

Die wichtigsten Untersuchungen zu diesem Komplex sind die Arbeiten von DORN-SEIFF (1922) und BERTHOLET (1950); neuere Beiträge vergleichbaren Formats gibt es nicht. Beide Werke enthalten eine Fülle historischen Materials aus den verschiedenen Kulturen der Alten Welt, das hier nur sparsam zitiert werden kann. Die magisch-mystische Verwendung von Schrift erfolgte auf vielerlei Weise, in sehr verschiedenen Zusammenhängen und zu ganz verschiedenen Zwecken. Sie war eingebunden in komplexe symbolische Zusammenhänge, in denen die Schrift nur *ein* System graphischer Symbole neben anderen war. Der Makrokosmos der Symbolik, der Schwarzen Künste und der Zauberei umfaßte mehr als die Schrift bzw. bestimmte Schriftprodukte; Beispiele sind die Tierkreiszeichen, die noch gegenwärtig die Horoskope in der einschlägigen Presse ordnen (im griechischen werden sie mit demselben Begriff bezeichnet wie die Buchstaben: ζωδιακά στοιχεῖα vs. στοιχεῖα (τῶν γραμμάτων)), botanische und alchimistische, astronomische und arithmetische Zeichen usw.[2] Die Schrift im engeren Sinne ist nur eines der Subsysteme des größeren Ganzen der symbolischen Fixierung der physischen und paraphysischen Welt, und Schriftmagie und -zauberei gehören in diesen größeren Kontext. Sie ist aber gleichzeitig historisch eines der wichtigsten Systeme dieser Art – in den Elementen von (alphabetischen) Schriftsystemen erscheint alles, was sprachlich kommunizierbar ist, auf nicht weiter auflösbare Einheiten zurückgeführt; die Redeweise von den Buchstaben als den Atomen der Wirklichkeit ist durchaus motiviert:

Die Wirklichkeit auf wenige letzte Elemente zurückführen und aus ihnen wieder zusammensetzen, das ist ein echtes Alphabet-Verfahren, ein richtiges Buchstabieren der Welt (HARDER 1942: 282).

Diesen Zusammenhang hat HOMMEL (1914: 44) auch fürs Lateinische etymologisch festmachen wollen; er meint, daß *elementum* als Kontraktion der Buchstabennamen von L, M, N, dem Anfang der zweiten Hälfte der Alphabetreihe, zu verstehen sei, womit eine perfekte Analogie zu στοιχεῖον gegeben wäre. Schließlich kann darauf hingewiesen werden, daß in der antiken Naturphilosophie häufig mit Alphabetanalogien operiert wurde, um die Lehre von den Atomen zu veranschaulichen, etwa ihre Anordnung (NA : AN) Lage (b : d : p : q) oder Gestalt (O : I), worauf HARDER (a.a.O.) hinweist.

   In der Schriftmystik und Schriftmagie sind üblicherweise ziemlich komplexe Weltmodelle vorausgesetzt; die fragliche Funktion der Schrift setzt ja voraus, daß außersprachliche Referenzen gegeben sind und im Akt der magischen Beschwörung oder des Zauberns aktualisiert werden. Solche Modelle setzen einerseits Erleuchtung und Wissen bei denjenigen voraus, die sie kennen und den Nichtwissenden gewissermaßen übersetzend erklären können. Andererseits erheben sie auch Anspruch auf eigentliche, tiefere Objektivität: sie stellen das wirkliche, dem naiven ungeschulten Auge verborgene Wesen der Welt dar. Magische Symbolsysteme sind keine einfachen Abbilder der den Nichtkundigen verborgenen und den Eingeweihten wirklich wirklichen Welt, sondern sie sind untrennbar in sie eingebunden, Symbol und Symbolisiertes sind Einheiten. Man kann hier einen Querverweis auf die uralten Debatten zwischen Nominalisten und Realisten in der Sprachtheorie einschieben, wo es um die Frage ging, ob die Ordnung der Welt in den Namen der Dinge enthalten sei: dann käme es ja nur noch darauf an, diese Namen richtig zu verstehen, um die Welt und ihren Aufbau zu durchschauen. GEIER (1984) hat in einer noch unveröffentlichten Vorlesung sehr schön gezeigt, daß die kruden Etymologien des SOKRATES (im *Kratylos*) als Beiträge zu einer anagrammatischen Lösung dieser Probleme aufgefaßt werden können (vgl. dazu auch die HAU-Biographie von GERNHARDT ET AL. (1966: 9), wo eine der zentralen Stellen entsprechend zitiert ist:»Daher wird unter allen Tieren der Mensch allein Mensch genannt, weil er zusam*mensch*aut, was er gesehen hat«; *Kratylos* 399c in der Übersetzung von SCHLEIERMACHER).

Nun braucht allerdings jedes Symbolsystem, genauso wie die Schrift, ihre fachkundigen Interpreten, damit es funktionieren kann; LEVI-STRAUSS hat daraus die Konsequenz gezogen, daß die Durchsetzung dieser Technik als ein wesentliches Moment der Etablierung sozialer Hierarchien und sozialer Ungleichheit zu interpretieren sei (CHARBONNIER 1969: insbes. 24 ff.). Magie und Zauberei sind Geheimwissenschaften: als Wissenschaften sind sie komplex und erfordern Fachleute, die lange studieren, um in sie einzudringen; auch ist die Meisterschaft in Hierarchien gegliedert. Diese Hierarchien von Fachleuten sind Übersetzer für die Unkundigen; sie erklären, was die Unkundigen wissen sollen und halten geheim, was Sache der Fachleute ist. Magie und Zauberei sind angewiesen auf die Spannung zwischen Wissen, Glauben und Ahnungen. Und hier spielt das Geheime eine entscheidende Rolle: die Unkundigen wissen, daß es tiefere Wahrheiten gibt, als sie verstehen und auch nur ahnen können, und sie akzeptieren, daß die Fachleute die Funktionäre dieser Wahrheiten sind – sonst würde das System nicht funktionieren können. Fragen dieser Art gehen weit über unseren Rahmen hinaus; es soll genügen, sie angesprochen zu haben (ein neuerer Überblick über die Magieforschung ist in PETZOLDT 1978 gegeben).

Die folgenden Bemerkungen (bei denen wir uns eng an TAMBIAH 1968 anlehnen) sind lediglich kursorisch und als Orientierung in einem breiteren Kontext gedacht. – Viele Religionen schreiben dem gesprochenen Wort Gottes resp. eines Gottes Schöpferkräfte zu. Daß geheiligte Worte im Munde dazu berufener Menschen magische Kräfte ausüben, wenn sie richtig angewendet werden, ist eine nachvollziehbare Folge. In *Genesis 1,3* spricht Gott zum ersten Mal:»Es werde Licht. Und es ward Licht«, und nachdem er gesehen hat, daß das Licht gut war, schied er es von der Finsternis. In *Gen. 1,5* vollzieht er einen Benennungsakt:»Und er nannte das Licht Tag, und die Finsternis Nacht. Da ward aus Abend und Morgen der erste Tag.« Nachdem Gott die Welt und alles, was darinnen ist, geschaffen hat, überträgt er das Recht des Benennens an den Menschen, dem er schon zuvor *(Gen. 1,28)* die Herrschaft über die Erde übertragen hat:»Denn als GOtt der HErr gemacht hatte von der Erde allerlei Thiere auf dem Felde, und allerlei Vögel unter dem Himmel; brachte er sie zu den Menschen, daß sähe, wie er sie nennete: denn wie der Mensch allerlei lebendige Thiere nennen würde, so sollten sie heißen.« *(Gen. 2,19)*. Und nachdem die Herrschaftsverhältnisse damit geregelt waren, »bauete GOtt der HErr ein Weib aus der Ribbe, die er dem Menschen nahm, und brachte sie zu ihm« *(Gen. 2,22)*. Im Neuen Testament kann man exemplarisch auf *Joh. 1,1-5* hinweisen, wo in einer bemerkenswerten Weise die hebräische Schöpfungsgeschichte mit dem griechischen Logos-Kult verschränkt wird:

Im Anfang war das Wort, und das Wort war bei GOtt, und GOtt war das Wort. [...] Alle Dinge sind durch dasselbige gemacht, und ohne dasselbige ist nichts gemacht, was gemacht ist. In ihm war das Leben, und das Leben war das Licht der Menschen. [...][3]

Die Vorstellung von der Schöpferkraft des Wortes, dem die Macht seines göttlichen Sprechers innewohnt, gibt es auch im Buddhismus. Die schriftliche Fassung der Aussprüche Buddhas (und die Sprache, in der er sie getan hat, Pali), wurden zum Gegenstand religiöser Verehrung. In den vedischen Hymnen spielt das Wort (vāc) eine zentrale Rolle – die Götter regieren die Welt durch magische Formeln. Nach dem parsischen Glauben wurde der Kosmos im Kampf zwischen dem Guten und dem Bösen durch das gesprochene Wort aus dem Chaos geschaffen. Die Sumerer und die späteren semitischen Kulturen Mesopotamiens waren ebenfalls der Ansicht, daß die Welt und alle Dinge durch das Wort Gottes geschaffen worden sind, und nach dem griechischen Logos-Glauben, der bereits angesprochen wurde, verbarg sich das Wesen der Dinge in ihren Namen, die es zu entziffern gelte. In dieser weitverbreiteten Überzeugung von der magischen und schöpferischen Kraft des Wortes liegt sicherlich eine zentrale Voraussetzung dafür, daß seine geschriebene Form zum Gegenstand religiöser Verehrung werden konnte.

Die Eignung der Schrift als Mittel und Gegenstand zauberischer und mystischer Aktivitäten hat sicher einen ganz technischen Grund: in Schriftprodukten sind sprachliche Ausdrücke jeder beliebigen Art fixierbar und als Schriftprodukte manipulierbar. Eine weitere, offenbar sehr verbreitete Vorbedingung dafür scheint darin zu liegen, daß Schreiberkasten Schriftursprungsmythen produzierten, in denen die Schrift als Geschenk der Götter und die Kunst des Schreibens als sakrale Tätigkeit verhimmelt wurden. In Ägypten war Thot der Kulturbringer, der den Menschen die Schrift schenkte: deshalb ist jede Hieroglyphe ein Gotteswort. Im babylonischen Mythos ist es (vor allem) Nebo, der mit seinem »Griffel der Geschichte« das menschliche Leben verlängert oder verkürzt. Die Schrift selbst ist göttlich, da sie am Himmel zu lesen ist (für den, der ›lesen‹ kann): die Sterne bilden die »Himmelsschrift« der Götter. Die Vorstellung von einem göttlichen Buchhalter hat sich in späteren Religionen gehalten (das christliche *Buch des Lebens*, nach dem beim Jüngsten Gericht abgerechnet wird, das islamische *mektūb* »... es steht geschrieben«. *Himmelsbriefe* in verschiedenen Varianten sind auch in Europa bis ins 20. Jh. »zumal in Kriegszeiten« beliebt gewesen.[4] Die Hebräer unterschieden zwischen der Schrift Gottes auf den Gesetzestafeln, die Moses am Berg Sinai bekommt: »die waren steinern, und geschrieben mit dem Finger GOttes« *(Exod. 31,18*; auch *Exod. 31,16* und *5. Moses 9,10)*, und der Menschenschrift, die Moses *(Exod. 34,4)* nach dem Vorbild der zerbrochenen Originale meißelt; in *Jesaia 8,1* findet sich eine Anweisung Jahwes an den Propheten, in Menschenschrift, mit dem Menschengriffel (γραφίς ἀνθρῶηων) einen Brief zu verfassen – daß eine so vornehme Herkunft der

Schrift ihrer Mystifizierung Tür und Tor öffnet, ist nicht verwunderlich. Dasselbe gilt für den Islam, wo Gott in der *Sure 96* besungen wird als der, »der mit der Feder unterrichtete«:

Der Koran selber ist das vom Himmel auf die Erde herabgesandte Buch, dessen Inhalt dem Propheten stückweise in einer ihm und seinen Landsleuten verständlichen arabischen Übertragung offenbart wird, sein Original, nur von Reinen zu berühren, die »Mutter der Schrift« in einer »wohlverwahrten Tafel« erhalten. Geschah es, weil er selber Illiterat war, daß Muhammed einen so besonderen Respekt vor allem Geschriebenen hatte? Bezeichnend ist schon das Bild, dessen er sich im Koran (31,26) einmal bedient: »Wenn alle Bäume auf Erden Federn würden und wüchse das Meer hernach zu sieben Meeren [von Tinte], Allahs Worte würden nicht erschöpft«; dieser Respekt hat ihn dazu geführt, zwischen den Schriftbesitzern, mit denen er die göttliche Offenbarung zu teilen sich bewußt war, und Nicht-Schriftbesitzern einen grundsätzlichen Unterschied zu machen [...]. Im übrigen klingt im Koran der Gedanke des göttlichen oder himmlischen Buches noch in weiteren Varianten an, so, wenn es heißt: »ein Korn ist in den Finsternissen der Erde und nichts Grünes und nichts Dürres, das nicht stünde in einem deutlichen Buch« [Sure 6,59] oder: »Nicht ist deinem Herren das Gewicht eines Stäubchens auf Erden und im Himmel verborgen; und nichts ist kleiner oder größer als dies, das nicht in einem offenkundigen Buch stünde« [Sure 10,62] (BERTHOLET 1950: 11).

Entsprechende Hypothesen über den Ursprung der Schrift und ihre göttliche Natur finden sich auch in den Kulturen Indiens und Chinas. Sie sind eine wichtige Erklärung nicht nur für die verbreitete Tendenz, die Schrift als magisch-mystische Geheimkunst zu interpretieren, sondern auch ein Beleg dafür, daß Schrift und Religion historisch aufs engste zusammenhängen. Die Juden, gleich welcher Sprache, schrieben hebräisch, die Muslime arabisch vom Senegal bis nach China und Indonesien, die Christen lateinisch bzw. in den Alphabeten, die mit den autokephalen Ostkirchen assoziiert sind (hier gilt annäherungsweise: pro Schisma eine Schriftschöpfung, wie MIESES in seinem enzyklopädischen Werk dargelegt hat).

In Islam, Hinduism, Buddhism and Judaism the view has been strictly held that in religious ceremonies the sacred word recited should be in the language of the authorized sacred texts. The problem whether their congregations understood the words or not was not a major consideration affecting neither the efficacy of the ritual nor the change in the moral condition of the worshippers. The Catholic Church maintained the same view in resepct of Latin liturgy until last year. (TAMBIAH 1968: 181).

In einigen Fällen sind die primären und die hier interessierenden sekundären Funktionen von Schriftsystemen kaum voneinander zu trennen. Dies gilt einmal in solchen Fällen, in denen Schreiben ausschließlich auf religiös-rituelle Kontexte beschränkt ist – dies ist der Fall etwa bei den keltischen Oghaminschriften (vgl. GUYONVARC'H 1967) und einem erheblichen Teil der runischen Quellen, besonders wohl solchen, die ›bloß‹ aus einfachen Alphabetreihen bestehen (vgl. KLINGENBERG 1969, GUTENBRUNNER/KLINGENBERG 1967, ARNTZ 1938, DIETERICH 1901). Man übertreibt nicht, wenn man sagt, daß die magisch-religiöse Funktion solcher Schriftsysteme ihrer Funktion, gesprochene Sprache zu fixieren, zumindest gleichwertig war. Geschrieben wurde in solchen Systemen nicht in erster Linie deshalb, weil räumlich entfernten Personen etwas mitgeteilt oder der Nachwelt denkwürdige Begebenheiten erhalten bleiben sollten, sondern weil das Schreiben die Kommunikation mit den Göttern oder das Einsetzen eines Zaubermittels darstellte: »Es unterscheidet, ob eine Kultur ihre Schrift als Technik oder als Mysterium begreift«, schreiben GUTENBRUNNER/KLINGENBERG (1967: 432) als Einleitung ihres Artikels über die Runenschrift. Die anfechtbare Dichotomie von *Gebrauchsschriften* und *Sakralschriften* soll nicht weiter strapaziert werden; festzuhalten ist, daß es Schriftsysteme gegeben hat, deren Funktion nicht vorrangig die Fixierung sprachlicher Bedeutungen zu kommunikativen Zwecken war, sondern magisch-rituelle Beschwörung und Zauberei, die sich der Schriftform als Mittel bediente. Die Frage, ob und in welcher Hinsicht solche Funktionszuweisungen die Form und Struktur der Schrift selbst und die Darstellungsbeziehungen zwischen geschriebener und (rekonstruierter) gesprochener Sprachform beeinflussen, ist, wie bereits gesagt, weitgehend unerforscht und dürfte auch nur schwer zu klären sein. Wenn ein Schriftsystem als ›Gebrauchsschrift‹ in Verwaltung, Handel usw. verwendet wird, schließt dies einen parallelen kultisch-magischen Verwendungskontext keineswegs aus. Es scheint historisch sogar eher so zu sein, daß weit verbreitete Schriftsysteme mit einem sozial in der Regel eher beschränkten Kreis von aktiven Benutzern magischen Funktionszuweisungen vielfach frei zugänglich waren – die Ausbreitung einzelner Schriftarten korreliert, wie wir wissen, keineswegs mit einer Zunahme der relativen Quote der Lesekundigkeit, und auch die Zunahme dieser Quoten ändert an der Möglichkeit der sekundären Interpretation zunächst einmal nichts. Sowohl für die analphabetischen Massen (die Analphabeten überhaupt nur dann werden können, wenn das Geschriebene als soziales Faktum vorhanden ist) als auch die (vielfach priesterlichen) wenigen Schriftkundigen dürfte der Gebrauchswert von Geschriebenem sozusagen spontan viel eher in der magischen Verwendung sinnlich wahrnehmbarer Dinge wie Talismanen, Amuletten, aufzuessenden Papierstückchen mit heilkräftigen Zaubersprüchen usw. bestehen, als in ihren primären Funktionen, auf die die großen Schrifthistoriographien fast ausschließlich abheben.

Diese Bemerkungen sollen andeuten, in welchem sozialpsychologischen Kontext Schriftzauber und -magie anzusiedeln sind. DORNSEIFF weist zu Recht darauf hin, daß die Schrift pyhlogenetisch vielfach nicht einfach als technisches Mittel zur Fixierung sprachlicher Bedeutungen zu verstehen ist, sondern sehr häufig gleichzeitig als Zauber: ein bekritzeltes Stück Ton oder Leder läßt die Rede weit entfernter Personen wiedererstehen »als spräche ein Geist« (1922: 1) – es ist nachvollziehbar und historisch reich belegt, daß die Kunst des Schreibens bzw. ihre Produkte, auf festem Material fixierte Texte, den Nicht-Schriftkundigen als Mysterium erschienen ist, der Verehrung würdig oder Angst und Widerstand auslösend.

Die Anekdoten über die Gründe für neuere Schrifterfindungen in Afrika und Nordamerika (vgl. SCHMITT 1980) formen die klassischen Schriftursprungsmythen insofern blasphemisch um, als die weiße Herrenrasse an die Stelle der alten Götter tritt. Ein Beispiel betrifft die Entstehung der Vai-Schrift; es ist insofern nicht ganz abgelegen, als diese Schrift in jüngster Zeit große Aufmerksamkeit in der Forschung erfahren hat (vgl. die Arbeiten von SCRIBNER und COLE). SCHMITT (1980: 145) berichtet, daß der ›Erfinder‹ dieser Schrift, Mɔmɔlu Duala Bɛikɛlɛ (er lebte in der ersten Hälfte des letzten Jahrhunderts) als Junge mitbekommen hatte, wie Missionare Gedrucktes gelesen hatten. Später war er Botenjunge bei europäischen Sklavenhändlern, deren geschäftliche Korrespondenz er zu bestellen hatte. SCHMITT zitiert eine längere Passage aus der Vai-Grammatik von SIGISMUND WILHELM KOELLE (1854):

They often sent him on an errand to distant places, from which he generally had to bring back letters to his master. In these letters his master was sometimes informed, when Duala had done anything mischief in the place to which he had been sent. Now this forcibly struck him. He said to himself: ›How is this, that my master knows every thing which I have done in a distant place? He looks only in the book, and this tells him all. Such a thing we ought also to have, by which we could speak with each other, though separated by a great distance. (SCHMITT 1980: 145).

Dieses Zitat kann als Beitrag zur Ideologiegeschichte des europäischen Kolonialismus gelesen wurden; die Geschichte der Vai-Schriftkultur ist inzwischen so gut erforscht, daß die soziologischen Gründe für ihre Entstehung und Verbreitung einigermaßen klar geworden sind.

In der antiken wie in der christlichen und der islamischen Welt, ebenso in den asiatischen Kulturen waren Amulette mit eingenähten Fetzen heiliger Texte ebenso üblich wie das Zerstören von Texten, die als schädlich interpretiert werden; Bücherverbrennungen sind keine Erfindung der Nationalsozialisten. Dabei kommt es nicht darauf an, was auf diesen Fetzen oder sonstigen Schriftträgern tatsächlich geschrieben ist, sondern auf ihr Einbezogensein in das jeweilige kosmologische Symbolsystem. Es ist letztlich gleichgültig, ob man einen Bibel- oder Koranspruch eingenäht über der Tür hängen hat oder eine Schusterrechnung, wenn nur das Objekt im vorgesehenen Ritus zum magischen Gegenstand befördert worden ist; eindrücklichste Beispiele liefert das Reliquienwesen verschiedener Religionen.

In der Antike wurde das Wunder der Schrift oftmals durch die Tatsache beleuchtet, daß HOMERS göttliche Werke aus nicht mehr als einer Handvoll Buchstabenzeichen bestanden. Die jüdische Kabbala, die die gematrische Magie hoch schätzte, hat eine ihrer technischen Voraussetzungen in der Tatsache, daß die kanonischen Texte so strikt fixiert waren, daß es zu keiner konsequenten Orthographie kommen konnte. Die masoretischen Redakteure des heiligen Textes waren nämlich bemüht gewesen, durch Einfügung oder Auslassung von matres lectionis (die Buchstabenzeichen א, י, ו, ה mit den Zahlwerten 1, 10, 6 und 5) möglichst viele Psephen mit dem Zahlwert 26 zu produzieren; 26 ist der Wert des Tetragramms יהוה (jhwh, Jahwe/Jehovah). Man hat sämtliche Buchstaben der Thora ausgezählt und so denjenigen gefunden, der genau in der Mitte steht – es ist ganz klar, daß dann auch die geringfügigste Veränderung des Textes undenkbar sein mußte (DORNSEIFF 1922: 110). BERTHOLET (1950: 13) weist in diesem Zusammenhang auf das (heute noch in fundamentalistischen evangelikalen Kreisen gepflegte) protestantische Dogma der Verbalinspiration hin, dessen Verfechter »[...] für jeden Buchstaben, mit Einschluß sogar der hebräischen Vokalpunkte und Akzente, das Diktat des heiligen Geistes verantwortlich machen« wollten.

Diese Form der strikten Buchgläubigkeit setzt natürlich voraus, daß die heilige Schrift in einer ein für allemal feststehenden Form fixiert ist (in der Regel in der Form, die Gott dem jeweiligen Propheten in die Hand diktiert hat (vgl. TAMBIAH 1968: 181 f.); der letzte bekanntere Fall ist die Verkündigung des Buchs *Mormon* an

JOSEPH SMITH in den Jahren vor 1830). Wunderliche Beispiele für diese Spielart der Vergöttlichung von Geschriebenem finden sich in allen großen Religionen; zwei krasse Fälle führt BERTHOLET an. Die brahmanische Lehre schreibt vor, daß die Angehörigen der niedrigsten Kasten (die Šūdras und die Cāndālas) die heiligen Texte weder hören noch lernen dürfen, weil sie unrein wie Leichenstätten seien:

> Wenn ein Šūdra den Veda anhört, sollen ihm die Ohren mit geschmolzenem Zinn oder Lack verstopft, wenn er die heiligen Texte aufsagt, soll ihm die Zunge ausgeschnitten, wenn er sie im Gedächtnis behält, soll sein Körper entzwei gehauen werden,

heißt es in einem Gesetzbuch. Der strenge Monotheismus des Islam, des Christentums und des Mosaismus schob der Deifizierung der heiligen Schriften zwar einen gewissen Riegel vor, aber er verhinderte keineswegs die Entwicklung eines magischen Verhältnisses zum Koran bzw. zur Bibel oder zu Thora, Talmud usw.; Beispiele sind eine »fromme Frau, die volle 40 Jahre lang nur aus dem Koran sprach aus lauter Angst, etwas zu äußern, was falsch sein könnte«[5] oder die Skurrilitäten im Verhalten der karaitischen Sektierer (sie hatten sich vom Judentum abgespalten, weil sie nur die Thora als Gesetz anerkannten), die am Sabbat lieber frierend und ohne Licht in ihren Hütten saßen, als das Gebot zu verletzen. An diesem Punkt ist hinzuweisen auf das verbreitete Übersetzungsverbot: die heiligen Schriften müssen in den heiligen Sprachen studiert werden. Das gilt für das europäische Mittelalter ebenso wie für den Islam, die großen indischen Religionen und den Mosaismus. Die Unterweisung in den heiligen Büchern impliziert deshalb häufig die Unterweisung in der jeweiligen heiligen Sprache; GOODY hat in einer Reihe von Arbeiten nachdrücklich darauf hingewiesen, was diese Situation für die Unterrichtung der nachwachsenden Generation im Lesen und Schreiben bedeutet. Es ist nämlich viel wichtiger, die heilige Schrift zu lernen als das Lesen oder gar Schreiben, und der Unterricht muß sich auf Gedächtnisschulung und die Vermittlung festliegenden, reproduzierbaren Wissens konzentrieren. Mit einer Variante dieser Tradition, den mehr oder weniger verdeckt arbeitenden Koranschulen für türkische Kinder in der BRD, haben Schulbehörden und Öffentlichkeit gegenwärtig massive Probleme, was sicher mit daran liegt, daß diese Art der Wissensvermittlung ihnen so fremd vorkommt, daß sie die sozialen Funktionen, die diese Schulen für eine diskriminierte Immigrantengruppe haben, weder sehen können noch wollen.

Gelegentlich scheint sich allerdings das Übersetzungsverbot nicht so sehr auf die heilige Sprache als vielmehr auf das Schriftsystem zu beziehen, in dem die heiligen Bücher geschrieben sind. Ein lehrreiches Beispiel ist der Kampf der katholischen Kirche gegen die Glagolica in Böhmen und in den südslavischen Ländern; noch eindrucksvoller ist die Geschichte des hebräischen Schriftsystems, das von gläubigen Juden bis ins 19. Jh. immer und überall zum Schreiben der Sprache, die die jeweilige Gemeinde in Gebrauch hatte, verwendet wurde.[6]

Ketzerbewegungen orientieren sich oft an der Forderung, die heiligen Texte dem Volk in seiner Sprache zugänglich zu machen. Dies gilt nicht nur für Westeuropa (und in Westeuropa sind HUS und LUTHER nur die bekanntesten Fälle), sondern auch für die islamische Tradition. In Marokko wurde der Koran im Zusammenhang mit einer Revolte bereits am Anfang des 12. Jh. ins Berberische übersetzt, und der Ruf zum Gebet erging in der Volkssprache statt auf Arabisch (KOHN 1928: 34). Ein modernes Beispiel für eine häretische Verkehrung des Übersetzungsverbotes in ein Übersetzungsgebot liefert der Babismus (Baha'i), eine synkretistische Abspaltung vom schiitischen Islam in Persien. Der Babismus verlangt allgemeine Erziehung (auch für Mädchen), predigt den Verkehr mit allen Menschen gleich welcher Religionszugehörigkeit und tritt sogar für die Verwirklichung der Idee einer allgemeinen Weltsprache ein. Das Erlernen von Fremdsprachen wurde nachdrücklich gefördert,

[...] damit der Sprachenkundige Gottes Sache nach dem Osten und dem Westen der Welt gelangen lasse und sie unter den Staaten und Nationen verkünde in einer Weise, daß die Menschen dazu herangezogen werden [...] (KOHN 1928: 28).

Allerdings muß man im Auge behalten, daß die Tendenz der Buchreligionen, Geschriebenes (oder auch das Alphabet für sich genommen) zum Gegenstand der Verehrung zu machen, nicht mehr als eine Tendenz ist. Immerhin ist das meistdiskutierte Exempel für die Entstehung und Entwicklung der Schrift und der darauf beruhenden Kultur, Griechenland, in dieser Hinsicht ein Beispiel für entgegengesetzte Auffassungen, nämlich die Dominanz des gesprochenen Wortes über das geschriebene in kultischen Dingen; wir haben dazu am Anfang von Kapitel 1 RICHARD HARDER zitiert.

III. Buchstabenzauber und Alphabetmagie

Wir werden uns im folgenden Abschnitt mit einer Reihe von Beispielen für das Zaubern mit Minimaleinheiten der geschriebenen Sprachform befassen, also der magischen Verwendung von Buchstaben, aber auch von kleinen Texten, womit die Ausführungen des ersten Abschnitts über »die Schrift« in solchen Funktionen präzisiert und exemplifiziert werden sollen. Die Darstellung orientiert sich an BERTHOLETS (1950) Arbeit, die ihrerseits gegliedert ist nach den verschiedenen Wirkungsweisen des Alphabet- und Schriftzaubers. Magische Gewalt ist in Bildern enthalten. Es besteht

zwischen Bild und Abgebildetem ein geheimer Rapport, und zwar stellt dieses nicht nur dar, sondern hat Macht über es, zieht es heran und ist Zeichen seiner Besitzergreifung (BERTHOLET 1950: 7).

Diese magischen Kräfte können auf das Schreibmaterial übergehen: Kreide z. B. ist häufig ein Schutzmittel gegen Böses. Auch Tinten können zauberkräftig sein, insbesondere rote Tinten, mit denen man in der christlichen Tradition Teufelsverträge aufsetzte bzw. den Teufel bannte. Mit Blut geschriebene Briefe oder Namen sind besonders wirkkräftig, wie nicht nur GOETHES *Faust*, sondern auch KARL MAYS *Winnetou* belegen. Und vermutlich wählte LUTHER nicht zufällig sein Tintenfaß als Wurfgeschoß, als er auf der Wartburg beim Übersetzen der Schrift den Teufel vertreiben mußte.

Die große Kraft der schriftlichen Kommunikation ist schon in den *Lorscher*

Rätseln (8./9. Jh.) thematisiert worden; auch wenn es dort wie in dem anschließenden Gedicht von NICODEMUS FRISCHLIN (1547–1590) nicht um Magie oder Zauberei im engeren Sinn geht, ist doch unübersehbar, daß in beiden Fällen die Schreibwerkzeuge als Medium großer, der Kontrolle eines einzelnen Menschen entzogener Macht hypostasiert werden:

> Candida virgo suas lacrimas dum seminat atras
> tetra per albentes linquit vestigia campos
> lucida stelligeri ducentia ad atria caeli
> (zit. nach SCHUPP 1972: 20)

> * Wenn die weiße Jungfrau ihre schwarzen Tränen aussät,
> läßt sie häßliche Spuren auf den weißen Feldern zurück,
> die zu den lichtvollen Hallen des sternetragenden Himmels führen.

FRISCHLINS Variation über dieses Thema lautet:

> Non caro sum, de carne tamen, nec sum tibi frugi,
> ni crines adimas, deripiasque cutem,
> ni caput abscindas et caudam, et viscera fisso
> ventri adimas, rima tergaque nostra seces.
> post ubi mox dederis sitienti e vase bibendum,
> efficiens per me quae bona quaeque mala.
> nam sic pota queo ricas et bella movere
> et sedare iterum, quae mihi mota, queo.

> *Anagram*

> Ich komm vom fleisch vnd bin kein fleisch,
> hab hautt vnd haar, das selb ich weiß,
> vnd thuo kein guott man schind mich dann,
> das haut vnd haar bleib auf der ban,
> vnd kopf vnd füeß abghauwen werden,
> der bauch zerspalten ongeferden,
> das eingweid mir werd außgenommen,
> vnd wann ich dann zu trincken bekommen,
> so bin ich nutz, oder bring auch schad,
> richt krieg ahn vnd manch groß bluottbad,
> vnd kans hernach auch wider gstillen,
> wer mag ich sein, sag mirs mitt willen.
> (zit. nach SCHUPP 1972: 75).

Wir haben gesehen, daß die heiligen Bücher potentielle Zauberkraft besitzen und auf jeden Fall sorgfältiger ritueller Verehrung bedürfen. Dasselbe gilt in verstärktem Maße von den Eigennamen von Gottheiten und Heiligen; die vielen Namen Allahs sind dafür ebenso ein Beispiel wie die hebräische Vorschrift, das Tetragramm durch die semantische Lesart *adonai* (Herr) vor Mißbrauch zu schützen. TRAUBES (1907) Werk ist eine Fundgrube von Beispielen für den Umgang mit *nomina sacra*. Da sie alle aus einzelnen Schriftzeichen zusammengesetzt sind, ist im Prinzip jedes von ihnen Kandidat auf rituelle Verehrung, insbesondere diejenigen, die die (mißbrauchverhütenden) Abbreviaturformen der heiligen Namen konstituieren (z.B. $\overline{\text{IΣ}}$, *INRI*, $\overline{\text{ΘΣ}}$, ΙΧΘΥΣ (davon: ⪍⪌ etc.), $\overline{\text{ΚΣ}}$, *CMB* usw.).[7] Die sicherste Methode, sich der geheimen Kräfte der Buchstaben zu versichern, besteht verständlicherweise darin, das gesamte Alphabet zu nutzen; Praktiken dieser Art ist das gesamte Buch von DORNSEIFF gewidmet. DIETERICH (1901) hat gezeigt, daß eine ganze Reihe sogenannter ABC-Denkmäler in diesem Zusammenhang zu sehen sind, eine Einsicht, die in die schriftgeschichtliche Forschung kaum eingegangen ist. Ein Beispiel aus der arabischen Tradition zitiert BERTHOLET:

Buchstaben bilden die Wörter, die Wörter aber bilden die Gebete, und es sind nun die Engel, welche, bezeichnet durch die Buchstaben und versammelt in den geschriebenen oder gesprochenen Gebeten, Wunder wirken, über welche die gewöhnlichen Menschen staunen (p. 14),

heißt es in einer tunesischen Handschrift der *Geschichten aus 1001 Nächten*. Genau dasselbe Muster, allerdings ohne die Vermittlung von Engeln zu bemühen, findet sich in MOSCHEROSCHs *Gesichten des Philander von Sittewald* (1665). Als Mitglied der *Fruchtbringenden Gesellschaft*, in der er den vielsagenden Namen *Der Träumende* trug, könnte MOSCHEROSCH die im Folgenden zitierte Stelle als aufklärerische Denunziation von abergläubischem Verhalten gemeint haben; wir sind uns dessen aber keineswegs sicher:

Wann ich Morgens auffstehe, sprach Grschwbtt, so spreche ich ein gantz A.B.C., darinen sind alle Gebett auff der Welt begriffen, vnser Herr Gott mag sich darnach die Buchstaben selbst zusamen lesen vnd Gebette drauß machen, wie er will, ich könts so wol nicht, er kan es noch besser. Vnd wann ich mein abc gesagt hab, so bin ich gewischt vnd getrenckt, vnd denselben Tag so fest wie ein Maur. MOSCHEROSCH 1665/1974: 305)

In der Tradition der Alphabetmagie ist eine auf Papst HADRIAN (772–795) zurückgehende Vorschrift zu sehen, die in der katholischen Kirche bis in dieses Jahrhundert hinein beachtet wurde: beim Weihen eines Gotteshauses wurde Asche in Kreuzform auf den Boden der Kirche gestreut, und der Bischof schrieb darauf mit seinem Stab die lateinische und die griechische Alphabetreihe. DIETERICH hat den Ritus und den zugehörigen Exorzismus genau beschrieben:

pontifex acceptis mitra et baculo pastorali incipiens ab angulo Ecclesiae ad sinistram intrantis, prout supra lineae factae sunt, cum extremitate baculi pastoralis scribit super cineres *alphabetum graecum* ita distinctis litteris ut totum spatium occupent, his videlicet

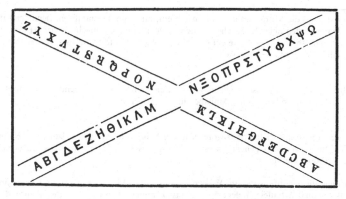

Abb. 12

Deinde simili modo incipiens ab angulo ecclesiae ad dexteram intrantis, scribit *alphabetum latinum* super cineres distinctis literis, his videlicet.

Exorcizo te, creatura salis, in nomini Domini nostri Iesu Christi – ut sanctificeris ad consecrationem huius ecclesiae et altaris ad expellendas omnes daemonum tentationes...

Exorcizo te, creatura aquae, in nomine Dei Patris et Filii et Spiritus sancti, ut repellas diabolum a termino iustorum, ne sit in umbraculis huius ecclesiae et altaris.*[8]

Die Anschauung von der magischen Kraft des Alphabets, das alle Lehren und Weisheiten des neuen Testaments (griechisch) und der Kirchenväter (lateinisch) in sich birgt, ist in diesem Ritus konserviert; es entzieht sich unserer Kenntnis, ob er heute noch in Gebrauch ist. Er ist jedenfalls ein eindrucksvolles Beispiel für die angesprochene Praxis, sich durch magische Interpretation des Konstruktionsmaterials aller Schriftprodukte zu versichern, um alle *potentiellen* Produkte zu erfassen, eine Praxis, die unübersehbar an die oben angesprochenen Interpretationen der antiken Atomisten anknüpft.

Eine verbreitete Form der Buchstabenmystik ist die symbolische Interpretation der Buchstabengestalten, die mit bestimmten Gegenständen oder Verhältnissen anderer Art assoziiert werden. ⟨A⟩ beispielsweise, bestehend aus drei Strichen und am Anfang des Alphabets plaziert, ist als Sigle für die Dreieinigkeit geradezu prädestiniert. ⟨Δ⟩ stand in der griechischen Antike für ›τὸ γυναικεῖον αἰδοῖον‹, die weiblichen Geschlechtsorgane; z.B. ARISTOPHANES, *Lysistrata* 151.[9] Das in den 1930er Jahren von der amerikanischen Schriftstellerin ANAïS NIN verfaßte Buch *Das Delta der Venus* referiert in seinem Titel direkt auf diese Interpretation. Das Schriftzeichen Daleth (hebr. Quadrat ‏ד‎, phönik. Δ , ägypt. Hieroglyp. ⫿ oder ⊏⊐ ›Türflügel‹ als Lautzeichen für [d]) entspricht griech. ⟨Δ⟩ und steht in einer nachvollziehbaren Assoziation zu ersterem für ›Tür, Zugang‹. Weitere Beispiele für sexuelle und erotische Interpretationen von Buchstabengestalten gibt DORNSEIFF (1922: 30, 174); er spricht von »Buchstabenzoten«. Zurückhaltender ist SETHE, der nur noch sekundäre Geschlechtsmerkmale gelten läßt und sich darauf beschränkt, ablehnend LIDZBARSKIS Interpretation zu zitieren, der

---

* Nachdem der Bischof die Mitra und den Hirtenstab empfangen hat, schreibt er, beginnend in der links vom Eintretenden liegenden Ecke der Kirche, so wie vorher die Linien gemacht (gestreut) worden sind, mit der Spitze des Hirtenstabes auf die Asche ein griechisches Alphabet, mit einzelnen Buchstaben, so daß sie den ganzen Raum einnehmen, in dieser Weise:
(s. Abb. 12)

Darauf schreibt er in ähnlicher Weise, beginnend in der Ecke der Kirche, die rechts vom Eintretenden liegt, mit einzelnen Buchstaben ein lateinisches Alphabet, in dieser Weise:
(s. Abb. 12)

[Und dann folgen Exorzismen:] Ich beschwöre dich, die Schöpfung des/aus Salz(es), im Namen unseres Herrn Jesus Christus – auf daß du geheiligt seiest zur Weihe dieser Kirche und ihres Altars, zu vertreiben alle Versuchungen der bösen Geister...

Ich beschwöre dich, die Schöpfung des/aus Wasser(s), im Namen Gottes des Vaters und des Sohnes und des Hl. Geistes, auf daß du den Teufel von der Schwelle zurücktreibest, damit er unter dem Schirm dieser Kirche und dieses Altars keinen Platz habe.

die Form des phönizischen Buchstabens Daleth, dessen Name ›Türflügel‹ bedeutet und der in der Tat diesem Gegenstand wenig ähnlich sieht, zusammen mit seiner Bewertung als *d* aus einer älteren Benennung *dōd* »weibliche Brust« erklären wollte (SETHE 1964: 54).

Das ⟨Y⟩ gilt als ›γράμμα φιλόσοφων‹ (›philosophischer Buchstabe‹); es steht für das beliebte Gleichnis der beiden Wege der Tugend und des Lasters, aber auch als Symbol des Alphabets selbst: ein Arm steht für die Vokale, der zweite für die Mediae, der dritte für die Mutae.

Das Alphabet ist in den vielfältigsten Varianten in einzelne Klassen unterteilt worden, die dann bestimmte magisch-mystische Interpretationen erfuhren. Die sieben Vokalzeichen des Griechischen, die bereits bei KALLIAS im 4. Jh. v.u.Z. (auf den wir noch zu sprechen kommen) als Inkarnationen der Weiblichkeit fungieren, sind die Grundlage ganzer Kosmogonien geworden – sowohl im hellenistisch-gnostischen wie im frühchristlichen und jüdischen Kontext. Ruinen dieser Systeme sind in dem Ausdruck »das A und O sein« petrifiziert, in dem Anfang und Ende des Alphabets für das Allumfassende, Kosmische gesetzt sind.

Magischen Funktionen verdanken die sogenannten Palindrome (Krebswörter) ihren Ursprung. *Palindrome* sind Wörter bzw. Wortgruppen, deren geschriebene Form sich an einer Zentralachse spiegeln läßt, d.h. von rechts nach links und von links nach rechts gelesen dasselbe Resultat erbringen. Einfache Beispiele sind Eigennamen wie ⟨Otto⟩ und ⟨Anna⟩. Ihre magische Bedeutung lag in der Antike darin, daß man einen Zauber außer Kraft setzen konnte, indem man den ihn bewirkenden Spruch rückwärts aufsagte oder niederschrieb: Palindrome waren vor diesem Gegenmittel sicher. In der lateinischen Tradition wurde dem Palindrom deshalb auch der Name *versus diabolicus* beigelegt. Einige Beispiele:

Als Kinderspiele heute noch beliebt, wie das bemerkenswerte Buch von FÜHMANN (1978) belegt, sind die unverwüstlichen Wörtchen wie

(1) *Marktkram, Reliefpfeiler, Rentner, Lagerregal, Gnudung* bzw. Sätzchen wie
(2) *Ein Neger mit Gazelle zagt im Regen nie*
(3) *Ella rüffelte Detlef für alle*
(4) *Neuer Dienst mag Amtsneid reuen,*

deren magischer Charakter getrost bestritten werden darf; außer Zweifel steht jedoch, daß hier das spielerische Interesse auf die Geometrie der Schriftform, nicht die sprachlichen Bedeutungen gerichtet ist und insofern sekundäre Interpretationen ausschlaggebend sind. Für die magisch-zauberische, aber auch die unterhaltend-belustigende Verwendung von Palindromen liefert die griechisch-lateinische Tradition eine Fülle von Beispielen (eine schöne Zusammenstellung findet sich bei WEIS 1960: 52ff.), etwa

(5) Anna tenet mappam madidam, mulum tenet Otto
     (Anna hält einen nassen Lappen, Otto hält ein Maultier).

Palindrome sind vielfach literarisiert worden; WEIS (1960: 54f.) zitiert Gedichte, deren sämtliche Verse als Palindrome konstruiert sind (eine manieristische Spielerei, die im Humanismus und im Barock besonders beliebt gewesen zu sein scheint). Die

Grundform des Palindroms ist durch die Spiegelung der Schriftzeichenkette an der Zentralachse charakterisiert; schematisch: *ABC ... N(/N) ... CBA*. Die Wortgrenzen spielen dabei in der Regel keine Rolle. Ausnahmen gibt es natürlich, etwa die etwas schematisch wirkende Variante

(5')   Anna tenet mappam madidam, mappam tenet Anna,
        (Anna hält einen feuchten Lappen, einen Lappen hält Anna)

die sowohl auf der Buchstaben- wie auf der Wortebene symmetrisch konstruiert ist. Ein letztes Beispiel betrifft die Thematisierung der Palindromform im Epigramm selbst; HEINRICH HARDER (1642–1683) beschimpft hier formvollendet einen Zeitgenossen, indem er den Ausdruck ›saudumm‹ auf einen bemerkenswerten Begriff bringt:

> *Attae peregrinatio*
> Stultus abit patria stultusque revertitur Atta,
>   non secus ac sus ›sus‹ ante retroque manet.

> *Attas Studienreise*
> Dumm verlies Atta die Heimat, und ebenso dumm kam er wieder:
>   Vorwärts oder zurück liest man ›sus‹ immer als ›sus‹

> (zit. nach SCHNUR/KÖSSLING 1982: 152f.; Übers. v. H. SCHNUR).

Es ist kaum nötig, ausführlich zu erörtern, daß die Möglichkeit der Konstruktion solcher Verschen vom Typ der Graphematisierung der jeweiligen Sprache ebenso abhängig ist wie von ihrer morphologischen und syntaktischen Struktur. Aus diesem Grund ist es nicht erstaunlich, daß hier reichlich lateinische, aber nur wenige deutsche und gar keine englischen und französischen Beispiele zitiert werden können: dies liegt wohl vor allem an der »phonological deep« (d.h. stark auf morphologische und syntaktische Gegebenheiten bezogenen) Schriftstruktur dieser Sprachen und ihrem vergleichsweise »analytischen« Strukturtyp – es genügt, auf die Vielfalt bi- und trigraphischer Grapheme bzw. die polyrelationale Besetzung v.a. der Vokalgrapheme im Englischen hinzuweisen. Nur nebenbei soll erwähnt werden, daß es eine ganze Reihe anderer Versformen gibt, die dem Spiel mit der Schriftform gewidmet sind, etwa *Chronogramme*, in denen Jahresangaben enthalten sind, wie in folgendem Epigramm von MICYLLUS:

> Vienna obsessa a Turca
> Caesar In ItaLIam qVo VenIt CaroLVs anno,
> CInCta est RIphaeIs nostra VIenna GetIs,

> * In dem Jahr, als Kaiser Karl nach Italien kam,
> wurde unser Wien von den riphäischen Geten belagert.
> (vgl. WEIS 1960: 82ff.)[10]

dessen Majuskeln als Summe die Jahreszahl 1529 ergeben. Weitere Formen, die hier nicht weiter erörtert werden sollen, wären *Akrostichoi, Anagramme, Charaden* und *Logogriphe (Wortgriflein)*, alles Formen, die heute noch als (meist belehrend gemeinte) Kinderunterhaltungen verwendet werden, wofür FÜHMANN (1978) und das eher deprimierende Buch von GÄRTNER (o.J.) als Beispiele genannt werden können.

Kurz eingehen wollen wir jedoch auf nachgerade artistische Expansionen der Palindromform in die zweite Dimension, deren aus Ziffern komponierte Gegenstücke als ›magische Quadrate‹ bekannt sind. Dies ist weniger aus ästhetischen Gründen gerechtfertigt als vielmehr dadurch, daß das bekannteste Exempel dieser außerordentlich raren Kunstform, das *Sator-arepo-Quadrat*, eines der dauerhaftesten und meistinterpretierten Beispiele für ein Zaubermittel auf der Grundlage von Buchstaben ist. Es läßt sich in vier Richtungen lesen:

(6) SATOR   (6′) sATOR
     AREPO   AREpO
     TENET   TENET
     OPERA   OpERA
     ROTAS   rOTAs

Die Übersetzung des Textes ist umstritten; eine Liste von mehr oder weniger dunklen Interpretationen gibt WEIS (1960: 58). Man hat alles mögliche versucht, in diese Formel christliche Symbolik hineinzugeheimnissen, etwa indem man die Zentralachse TENET mit dem vierfachen seitlichen AO, dem Christusmonogramm, in Beziehung brachte (7′) oder die ganze Formel in ein Paternoster auflöste:

(7″)   P
            A   A   O
                    T
                    E
                    R
    P A T E R N O S T E R
                    O
                    S
            A   T   O
                    E
                    R   (Vgl. DINKLER 1961)

Da die frühesten Belege eindeutig in vorchristliche Zeiten gehören, sind solche Erklärungen für die Entstehung dieser Formel wohl inakzeptabel. Dennoch sind diese Spekulationen von Belang: sie zeigen, wie gering die primäre, sprachzeichenbezogene Bedeutung des Textes (»Der Sämann Arepo hält die Werke, die Räder«) gegenüber allen möglichen sekundären Interpretationen wiegt, die dem Bemühen, die faszinierende Formel für die jeweiligen magischen Systeme zu okkupieren, entspricht, und sie widerlegen die Auffassung von BATINI (1968), daß es sich um einen »scherzo grafico« handle. Eine andere verbreitete Lesart ist »Der Sämann Arepo hält mit Mühen die Räder«. ENDERS (1951) schlug eine anagrammatische Interpretation nach dem Temurah-Prinzip vor: *Petro et Reo Patet Rosa Sarona* (›dem Petrus, obwohl er schuldig ist, steht die saronische Rose offen‹); die *rosa sarona* ist im *Hohelied Salomonis* eine Allegorie für die Braut. Es gibt weiterhin eine Vielzahl gematrischer Erklärungsversuche, die wir hier nicht wiedergeben.

Die große Verbreitung durch zwei Jahrtausende ist Folge der seltenen Vollkommenheit des Quadrats und des Volksglaubens, ein magisches Rebus vor sich zu haben,

schreibt DINKLER (1961: 1374), und WEIS ergänzt:

Kein Wunder, daß dieser geheimnisvollen Zauberformel magische Kraft zugeschrieben wurde und daß man sie zu allen Zeiten als wundertätiges Mittel gegen Tollwut, Liebeskummer, Blitzschlag, Viehseuchen und viele sonstige Übel verwendete (1960: 62).

Abb. 13
Mosaikfußboden der Kirche in Rieve Terzagni bei Cremona, etwa 11. Jh.[11]

    Analoge Konstruktionen, die auf der Basis der Wortkategorie funktionieren, sind in der humanistischen Dichtung belegt; hierbei handelt es sich allerdings eindeutig um literarische Spielereien. Ein recht eindrucksvolles Beispiel ist ein 24 Hexameter inkorporierendes *carmen correlativum* des kroatischen Humanisten MARCUS MARU-LUS SPALATENSIS (*Marko Marulić*, 1450–1524):

Versus in directum stoici, in trasversum epicurei

Dilige	virtutes	damnato	turpia	sperne
delicias	omnes	nomen	servato	pudicum
incestum	fugito	fortis	consortia	quaere
mollia	vitato	convivia	temne	nepotum
quaere	labores	posce	Catonum	communefacta

Verse, die vorwärts gelesen den Stoiker,
senkrecht gelesen den Epikureer charakterisieren

Liebe	die Tugenden	verwirf	Schmähliches	verachte
Genüsse	aller Art	den Namen	bewahre	züchtig(es)
Unzucht	fliehe	des Tapferen	Gesellschaft	Suche
Weichlichkeit	vermeide	die Gelage	verachte	die/der Wüstlinge
Suche	Arbeiten	verlange	der Catonen	Angedenken

(Übersetzung von HARRY SCHNUR, in: SCHNUR/KÖSSLING 1982: 14f.)

Wir wollen diese neuerliche Digression ins Literarische sofort abbrechen mit der Bemerkung, daß offenbar Affinitäten zwischen Buchstaben- und Schriftmagie, deren Bezogenheit auf die materielle Form von Geschriebenem evident ist, und literarischem Manierismus bestehen, der sie in einschlägigen Formen perfektionierte. Ob diese Literarisierungen einzig und allein als intellektuelle Spielereien aufzufassen sind, muß dahingestellt bleiben.

Wir kehren zurück zum eigentlichen Thema dieses Abschnitts. Oben wurde bereits erörtert, daß die Buchreligionen dazu neigten, *nomina sacra* und die Elemente, aus denen sie zusammengesetzt sind, zu verehren und leicht dazu gelangten, das gesamte Alphabet und damit Geschriebenes schlechthin mit Ehrfurcht zu betrachten. Die kabbalistische Ehrfurcht vor Geschriebenen wurde bereits erwähnt; Thorarollen, auf denen ein Buchstabe zuviel oder zuwenig geschrieben war, verloren ihren rituellen Wert und wanderten in die Geniza, einen besonderen Raum innerhalb der Synagoge (nachdem man die heiligen Namen (askaroth šemoth) eingerandet hatte). Analoge Praktiken gibt es in anderen Religionen; aus dem christlichen Mittelalter läßt sich FRANZ VON ASSISI anführen, der

eine unbegrenzte Ehrfurcht vor allem Geschriebenem besaß. Jedes Stück Pergament hob er auf und verwahrte es an heiligem oder wenigstens an ehrbarem Orte. Es konnten ja auf solchen achtlos weggeworfenen Fetzen der Name Gottes oder doch die Buchstaben stehen, aus denen der heilige Name besteht (DORNSEIFF 1922: 135).

Eine Umkehrung der Praxis, allen Schriftprodukten mit Ehrfurcht zu begegnen, besteht darin, in natürlichen Erscheinungen Inskriptionen zu entdecken, die der Hand eines bzw. des Gottes entspringen: man muß sie nur lesen können. Ein Beispiel sind die bereits erwähnten Himmelsschriften. Es gibt andere Schriftträger für göttliche Inschriften, etwa das menschliche Gesicht. BERTHOLD VON REGENS-BURG predigte (im 14. Jh.):

Nû seht, ir saeligen gotes kinder, daz iu der almehtige got sêle unde lip beschaffen hât. Unde daz hat er iu under diu ougen geschriben, an daz antlütze, daz ir nach im gebildet sît. Dâ hât er uns rehte mit geflôrierten buochstaben an das antlitze geschriben. Mit grôzem flîze sind sie gezieret unde geflôrieret. Daz verstêt ir gelêrten liute wol, aber die ungelêrten mügent sin niht verstên. Diu zwei ougen daz sint zwei O. Ein H daz ist nicht ein rehter Buochstabe, ez hilfet nieman den andern: als HOMO mit dem H daz sprichet mensche. Sô sint diu zwei ougen unde die brâwen dar obe gewelbet unde diu nase dâ zwischen abe her: daz ist ein M, schône mit driu stebelînen. Sô ist daz ôre ein D, schône gezirkelt unde geflôrieret. Sô sint diu naselöcher unde daz undertât schône geschaffen reht alse ein kriechsch E, schône gezirkelt unde geflôrieret. Sô ist der mund ein I, schône gezieret und geflôrieret. Nû seht, ir reinen kristenliute, wie tugentliche er iuch mit disen sehs buochstaben gezieret hât daz ir sîn eigen sît unde daz er iuch geschaffen hât! Nû sult ir mir lesen ein O und ein M und aber ein O zesamen: sô sprichet ez HOMO. Sô leset mir ouch ein D und ein E und ein I zesamen: sô sprechet ez DEI, HOMO DEI, gotes mensche, gotes mensche![13]:

Gott hat dem Menschen ins Gesicht geschrieben, daß er sein Eigentum ist! Dieses Beispiel ist noch verhältnismäßig nachvollziehbar, weil hier mit Formassoziationen gearbeitet wird. Gestaltähnlichkeiten konstituieren Buchstaben, die man in die richtige Reihenfolge bringen muß, um sie mit sprachlichen Bedeutungen assoziieren, d.h. dechiffrieren, lesen zu können. Das in den bisher besprochenen Beispielen praktizierte Verfahren wird hier umgekehrt: hier wird a priori bedeutungsloses Material semiotisch aufgeladen, natürlichen Gegebenheiten werden Korrelationen zu sprachlichen Bedeutungen aufgestülpt, so daß die Redeweise von den sekundären Funktionen der geschriebenen Sprachform präzisiert werden muß durch die Feststellung, daß Praktiken des ›Lesens‹ natürlicher Objekte, das Schriftförmigmachen von nicht geschriebenen, sondern vorfindlichen Gegenständen, als gewissermaßen spiegelverkehrte Variante der sekundären Interpretation der geschriebenen Sprachform aufgefaßt werden sollen. Man kommt hier allerdings recht schnell an die Grenzen sinnvoller Einteilungen; das folgende Beispiel zeigt, wie fließend die Übergänge werden können. Es gehören nämlich schon profunde Kenntnisse gnostischer Geheimwissenschaften dazu, damit man am nächtlichen Himmel, der zweifellos zur natürlichen Welt gehört, den mystischen Leib der Göttin Ἀλήθεια *(Wahrheit)* erkennen kann, der aus den Buchstaben des griechischen Alphabets in Athbasch-Anordnung, d.h. ΑΩ, ΒΨ etc., zusammengesetzt ist. Der Kirchenvater IRENAEUS zitiert eine Beschreibung in seiner Schrift *Gegen die Ketzer*:

Κατήγαγον γὰρ αὐτὴν ἐκ τῶν ὕπερθεν δωμάτων, ἵν᾿ ἐσίδῃς αὐτὴν γυμνὴν καὶ καταμάθῃς τὸ κάλλος αὐτῆς, ἀλλὰ καὶ ἀκούσῃς αὐτῆς λαλούσης καὶ θαυμάσῃς τὸ φρόνημα αὐτῆς. ὅρα οὖν κεφαλὴν ἄνω τὸ Α καὶ τὸ Ω, τράχηλον δὲ Β καὶ Ψ, ὤμους ἅμα χερσὶ Γ καὶ Χ, στήθη Δ καὶ Φ, διάφραγμα Ε καὶ Υ, νῶτον Ζ καὶ Τ, κοιλίαν Η καὶ Σ, μηροὺς Θ καὶ Ρ, γόνατα Ι καὶ Π, κνήμας Κ καὶ Ο, σφυρὰ Λ καὶ Ξ, πόδας Μ καὶ Ν. τοῦτό ἐστι τὸ σῶμα τῆς κατὰ τὸν μάγον Ἀληθείας. Τοῦτο τὸ σχῆμα τοῦ στοιχείου, οὗτος ὁ χαρακτὴρ τοῦ γράμματος. καὶ καλεῖ τὸ στοιχεῖον τοῦτο Ἄνθρωπον, εἶναί τε πηγήν φησιν αὐτὸ παντὸς λόγου κτλ*.[14]

Die Göttin könnte ungefähr so, wie auf der linken Figur der Seite 227, oder so, wie auf der rechten Figur derselben Seite, ausgesehen haben.

Man geht wahrscheinlich nicht zu weit, wenn man sagt, daß die üblichen Klassifikationen in ideographische, alphabetische usw. Schriftsysteme oder HAAS (1976) Oppositionen von ›informed‹ gegenüber ›empty‹, ›derived‹ vs. ›underived‹ usw. Typen von Schriften, bei denen auf den meaning-arbitrarity-Gegensatz in den Zeichen selber großer Wert gelegt wird, mit Verwendungsweisen von Alphabeten in solchen Funktionen große Probleme bekämen; daß sie solche Verwendungsweisen nicht behandeln bzw. berücksichtigen, zeigt zumindest, daß sie die Differenzierung in primäre und sekundäre Funktionen wenigstens implizit enthalten.

Wie schon mehrmals bemerkt wurde, ist das von DORNSEIFF und BERTHOLET bearbeitete Material sehr umfangreich; hier kann es nur darum gehen, illustrative

---

* Denn ich führte sie herab aus den oberhalb gelegenen Behausungen [sc. Himmel] damit du sie ansiehst, nackt, und ihre Schönheit erkennst, aber sie auch reden hörst und ihre Weisheit bewunderst. Sieh nun oben als Haupt A und Ω, als Hals B und Ψ, als Schultern und Hände Γ und Χ, als Brust Δ und Φ, als Zwerchfell (Oberbauch) E und Y, als Rücken Z und T, als Unterbauch und Schoß H und Σ, als Schenkel Θ und P, als Knie I und Π, als Schienbeine K und O, als Knöchel Λ und Ξ, als Füße M und N. Dieses ist der Leib der [sc. Göttin] Wahrheit nach dem Magier. Dieses ist der Aufbau des Grundprinzips, dieses ist das Kennzeichen der Schrift (des Buchstabens). Und er bezeichnet dieses Grundprinzip als den Menschen, und er sagt, dies sei der Ursprung jeden Wortes usw.

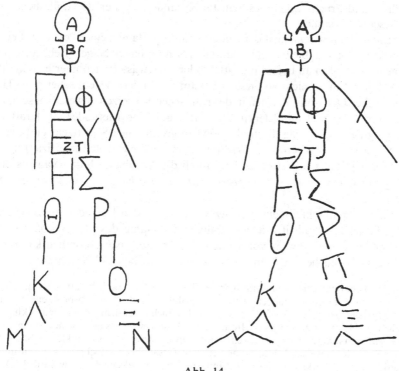

Abb. 14

Beispiele anzuführen, um einen Eindruck davon zu vermitteln, wie vielfältig die magischen und zauberischen Verwendungsweisen von Schrift waren. Wir wollen diesen Abschnitt mit einem kurzen Überblick über schriftzauberische Praktiken beschließen.

Heilzauber wird bewirkt, indem man den Namen des Kranken auf einen Zettel schreibt (›Fieberzettel‹), den man dann verbrennt, vergräbt, im Schuh zerdrückt, einem Krebs auf den Rücken bindet, den man dann ins Wasser wirft usw. Man kann dem Kranken auch Papier, das mit religiös-magischen Wörtern oder Formeln beschrieben ist, zu essen geben, oder man kann das Innere einer Schüssel mit solchen Wörtern beschreiben, in die man eine Flüssigkeit gibt. Der Kranke trinkt dann die in dieser Flüssigkeit aufgelösten Zauberwörter (diese Praxis ist bereits im alten Ägypten belegt). Sehr verbreitet war auch das Verfahren, heilkräftige Formeln auf Eßbares zu schreiben und dann verzehren zu lassen. Hier wird der Objektcharakter des Geschriebenen besonders plastisch deutlich: man nimmt die Kraft von Bedeutungen in sich auf, indem man ihre schriftliche Repräsentation verzehrt.

In der germanischen Tradition ist das Runenschneiden ein bewährtes Therapeuticum: »Runen heilen Vergiftungen«, heißt es. Heilzauber ist im übrigen nicht nur in akuten Fällen nützlich, sondern auch für die Prophylaxe: daher das chronische Tragen von entsprechenden Amuletten. Er erstreckt sich auch auf die Tierwelt;

Gesundheit und Fruchtbarkeit des Haustierbestandes konnten durch ähnliche Verfahren geschützt werden.

Fluchzauber konnte man auslösen, indem man den Namen einer Person auf einen Sarg schrieb oder ein Bleitäfelchen, durch das man einen Nagel trieb, an einem verborgenen Ort, etwa an Begräbnisstätten oder in Gewässern deponierte, damit der Verfluchte den Zauber nicht zu Gesicht bekam. Besonders beliebt scheint die Herstellung solcher Defixionstäfelchen in der römischen Kaiserzeit gewesen zu sein, aus der eine große Anzahl an Belegen überliefert ist. Eine Methode, die Kraft der Verfluchung zu steigern, lag darin, den Text in griechischen Schriftzeichen (aber in lateinischer Sprache) zu verfassen. Wichtig war dabei die genaue Identifizierung der Person, der der Fluch galt; dies geschah durch die Angabe auch des Namens ihrer Mutter getreu dem Grundsatz *mater certa, pater semper incertus.* (vgl. ZINTZEN 1979 mit Lit.)

Bannzauber: man schreibt einen *nomen sacrum*, z. B. den Jesu oder eines Heiligen, um den Teufel, ein Unheil o. ä. abzuhalten; der Name des HL. NIKOLAUS hilft beispielsweise bei der Abwehr von Ratten und Mäusen. Neugeborenen kann man Bibelverse, Gebetbücher u. dgl. in die Wiege legen, um Böses abzuwehren:

So wird im Oldenburgischen dem Kind vor der Taufe ein Gesangbuchblatt unter die Zunge oder unter den Arm gelegt und ein Vater unser ihm in den Mund gesprochen, damit es frühzeitig sprechen lerne. Ein Brief ins Häubchen, das Buch unter dem Kopf macht es klug, wie den Kalender gelehrt, und wenn es ein frommes Buch ist, bewirkt es auch seine Frömmigkeit; darum kocht man ihm (in der Schweiz) ein aus der Bibel gerissenes Blatt in kleinen Stückchen im ersten Brei oder legt dem Täufling eine Seite aus Gesangbuch, Bibel oder Katechismus in das Taufkleid oder Taufkissen. Auch wird ihm ins Wickelband ein Zettel, worauf der Vater einige willkürliche Worte geschrieben hat, oder falls er nicht schreiben kann, ein Stück Gedrucktes gesteckt, angeblich wieder, damit das Kind gut lerne. [...] Hat das Kind seinen ersten Schulgang angetreten, so gibt man ihm die Buchstaben des großen und die kleinen Alphabets ganz fein mit einem Karfreitagsei verhackt zu essen, wie denn eine isländische Sage wissen will, daß der hl. Columba ganz von selbst durch Verschlucken eines Abc-Kuchens das Lesen gelernt habe. (BERTHOLET 1950: 26)

Schwangeren und Wöchnerinnen konnte man entsprechende Amulette anlegen, um sie zu schützen. Insbesondere zum Schutze des materiellen Besitzes (Häuser, Ernte, Tiere usw.) gegen Hagel, Blitz, Gewitter, Sturm, Feuer, Krieg, Wasserschaden, Räuber, Diebe, bösen Blick usw. war diese Variante beliebt; der Zauber wird durch magische Formeln oder Texte bewirkt, die eingemauert, über die Tür genagelt, an die Wand geschrieben, in einen Beutel genäht und aufgehängt werden. So ist beispielsweise die oben erwähnte SATORAREPO-Formel, auf beide Seiten eines Tellers geschrieben, eine wirksame Abwehr von Feuerschaden.

Liebeszauber ist dem Bannzauber insofern verwandt, als er durch magische Einflüsse auf eine andere Person einwirken soll: hier geht es darum, diese Person gefügig zu machen oder überhaupt als Zukünftige(n) zu identifizieren. Auch hierbei ist ein wichtiges Mittel, bestimmte Gegenstände mit dem Namen der betreffenden Person zu beschreiben und dann die zauberkräftigen Riten durchzuführen. Liebesorakel (teilweise heute noch, als Gesellschaftsspiele verkleidet, in Gebrauch) haben zum Ziel, den Namen der Person herauszubekommen, die einem vorbestimmt ist; häufig wird dabei mit Alphabeten gearbeitet, aus denen die Initialen der/des Betreffenden nach rituellen Zufallsprinzipien herausgezogen werden. Das Bleigießen am Sylvesterabend ist eine der Varianten dieser Praktik.

Eine weitere Form des Schriftzaubers ist die *rückwärts gewandte Wahrsagung*, die zur Ermittlung des Schuldigen in Kriminalfällen angewandt wird, etwa indem man Zettel mit den Namen von Verdächtigen beschreibt und den Schuldigen dadurch entdeckt, daß man die Zettel ins Wasser wirft und beobachtet, wessen Namenszettel als erster versinkt. Wir sind hier auf dem weiten Gebiet der *Gottesurteile*, das v.a. die heilige Inquisition in Westeuropa außerordentlich (und sehr brachial) entwickelt hat. Die Wahrsagung von Zukünftigem hat sich häufig der *Bibliomantie* und des *Schrift- und Buchstabenorakels* bedient; man kann z.B. beobachten, in welcher Reihenfolge ein Vogel Körner aufpickt, denen Buchstabenwerte zugeordnet sind, und daraus Orakelwörter bilden. Das Alphabet war, wofür die Geschichte der Runen ein lehrreiches Beispiel ist, als Orakeltechnik beliebt. Die Dissertation von HEINEVETTER (1912) ist der Geschichte der *Würfel- und Buchstabenorakel* gewidmet und enthält reiches einschlägiges Material. In gewisser Weise gehören moderne Kinderspiele, in denen Buchstabenwürfel, -Karten u.dgl. Material die Basis der Handlungen bilden, in diese Tradition; die magische Komponente ist vielleicht in letzten Resten in der verkaufsfördernden Erwartung vieler Eltern, dergleichen erhöhe die Intelligenz ihrer Kinder, übriggeblieben. Unübersehbare Möglichkeiten der magischen Spekulation und Wahrsagung bietet auch die *Gematrie*, bei der mit den Zahlwerten der Buchstaben operiert wird. Zu erwähnen ist schließlich die Praxis, einem Toten Wegbeschreibungen zum Paradies oder einen richtiggehenden Paß zum Totenreich bzw. Himmel mitzugeben, »der ihm in amtlicher Sprache den Weg bahnen soll« (BERTHOLET 1950: 31), was offenbar ein verläßlicheres Mittel ist als die mündliche Fürbitte in Gebeten.

Wir beschließen diesen Abschnitt mit der Wiederholung der Feststellung, daß die Verwendbarkeit der geschriebenen Sprachform – sei es als Alphabetreihe, sei es als Buchstabenkombination ohne Bedeutungsbezug, sei es als ›reguläre‹ Sprachäußerung, die wiederum von ihrem Anwender verstanden werden kann oder auch nicht – in magisch-zauberischen Funktionen überaus vielfältig ist. Wir konnten hier nur einen groben Überblick geben; und es würde viel zu weit führen, die religionswissenschaftlichen, volkskundlich-ethnographischen und historischen Dimensionen dieses Komplexes eingehender zu erörtern. Wenn diese Darstellung ausreicht, einen Eindruck davon zu vermitteln, daß die Konstruktion sekundärer modellbildender Systeme (LOTMAN) und »the wider framework of some study of visual semiotics« (HAAS 1976: 143) relevante Aspekte der Forschung über Schrift sind, hat sie ihren Zweck erfüllt.

IV. Spiel, Poesie, Kunst und Trivialitäten

Buchstaben dienen seit der Antike als Kinderspielzeug. Inwieweit die spielerische Verwendung von Gegenständen in Buchstabenform oder beschriebenem Material auch mystisch-magische Funktionszuweisungen hatte, kann hier offen bleiben. Sicherlich lassen sich die beiden Aspekte voneinander trennen, aber ebenso sicher ist, daß solches »didaktisches Spielzeug« auch dem Wunsch der Älteren zu verdanken ist, daß die damit spielenden Kinder das Alphabet bzw. das Lesen und Schreiben schneller und besser lernen, daß sie ihr Spielzeug in ihre Köpfe aufnehmen möchten, indem sie von seiner sekundären spielerischen Funktion zu seiner primären Funktion vorstießen. Diese etwas hinterhältige Didaktik, Kindern das Angenehme nur wegen seines letztlichen Nutzens vorzusetzen, ist so alt wie die institutionalisierte Erziehung und bekanntlich heute noch weitverbreitet, ebenso die Gegenstrategien der Kinder, die man Interesselosigkeit oder Motivationsarmut nennt. Das Aufessen von Buchstaben scheint eine sehr alte Variante dieser Didaktik zu sein; die Aneignung der Schrift kann kaum sinnfälliger erfolgen als durch das Einverleiben ihrer Elemente, wie wir oben schon bemerkt haben.

Gegenstände in der Form von Buchstaben dienen seit der Antike als Kinderspielzeug; ob stets mit didaktischen Intentionen, soll offenbleiben. HORAZ (Saturae I 1,25) berichtet von Zuckerkuchen als Lockmittel, die elementa zu lernen; dasselbe ist in altirischen Quellen belegt. Bekannt sind in Deutschland die ›Russisch Brot‹ genannten Kekse (die man »bis 1914 als schmackhaftes Gebäck zu essen bekam«, seufzte DORNSEIFF 1922: 17), ebenso Suppen aus ›Buchstabennudeln‹ und Buchstaben aus Gummibärchenmasse. Kinder bekommen heute Setzkästen und Stempelspiele, früher waren es hölzerne oder elfenbeinerne Typen (QUINTILIAN Inst. I 1,26) und Alphabetwürfel. Eßbare Buchstaben zur Steigerung der Lernfreude schlug etwa ERASMUS im 16. Jh. vor; dieses didaktische Verfahren ist u.a. von BASEDOW weiterentwickelt worden und zieht sich durch die Elementardidaktik des 18. und 19. Jahrhunderts. Ein Beispiel ist die Schrift des Helmstedter Professors JOH. GOTTLOB KRÜGER, Gedanken von der Erziehung der Kinder (1752), in der Buchstabenwürfel empfohlen werden,

und außer diesen könnte man ja wohl noch eine ganze Menge Spiele ausdenken, da die Buchstaben dazu zu gebrauchen wären (zit. nach HEUBAUM 1905: 265).

Dem »begriffsstutzigen Sohn des Herodes Atticus« (2. Jh. u.Z.), eines steinreichen athenischen Philosophen und Rhetors, wurden von seinem Vater 24 »Spielkameraden« gemietet, die je einen Buchstaben vorzustellen und sich zu Silben und Wörtern zu gruppieren hatten, damit dieser Sohn das Lesen lerne.[15]

Nicht nur als Kinderspielzeug, sondern auch als Sujet der schönen Literatur und Thema dramatischer Inszenierungen sind das Alphabet bzw. Teile davon seit der Antike periodisch verwendet worden. In der Tragödie Theseus von EURIPIDES beschreibt ein Analphabet die Gestalten der Buchstaben, aus denen sich der Name Theseus zusammensetzt (ΘΕΣΕΥΣ), was verschiedentlich nachgeahmt wurde; der Reiz scheint in dem – höchst literalen – Effekt gelegen zu haben, daß das Publikum sich lustig machen konnte über »das Staunen simpler Naturburschen über neue Erfindungen« (EKSCHMITT 1980: 187), d.h., daß die sozialen Voraussetzungen dafür, sich über Analphabeten zu amüsieren, offenbar bereits gegeben waren. Im Jahre 403 v.u.Z. wurde in Athen das mylesische Alphabet mit seinen 24 Schriftzeichen eingeführt. Unmittelbar darauf, um 400, hat der Komödiendichter KALLIAS diese Neuerung unter dem Titel *Grammatotragōdia* auf die Bühne gebracht, deren Text nicht erhalten und über deren Inhalt wenig bekannt ist. Dramatis personae waren jedenfalls die 24 Buchstaben des neuen Alphabets, die sich zu irgendwelchen Kombinationen gruppierten. Ob die Ziele dieses Dramas eher komödiantischer (EKSCHMITT) oder didaktisch-popularisierender Art waren, ist nicht mehr zu klären.[16]

Probleme der Grammatik und der Orthographie bzw. der ›Aussprache‹ waren seither immer wieder Gegenstand literarischer Versuche. Als besonders originell kann das *Bellum grammaticale* vom ANDREA GUARNA[17] gelten, in dem viele Irregularitäten des Lateinischen in sehr witziger Form als Hinterbliebene und Invaliden eines großen Krieges, den die beiden »potentissimi reges, Verbum scilicet et Nomen«, führten, dargestellt werden. Dieses Werk erlebte über 100 Auflagen und bildete die Vorlage für eine Vielzahl von Bearbeitungen, Übersetzungen und Plagiaten. In Deutschland waren v.a. NICODEMUS FRISCHLINS *Priscianus valupans*, eine satirische Schrift gegen die ungebildeten Feinde der humanistischen Aufklärung (Tübingen 1580) und einige Ingolstädter (JAC. GRETSER) und Münchener Jesuitendramen bekannt. GEORG PHILIPP HARSDÖRFFER, eine der führenden Figuren der *Fruchtbringenden Gesellschaft*, hat in seinen *Gesprechspielen* »Guarnes Erfindung [ungescheut] ausgebeutet« (BOLTE 1908: +78)18]. Wenig später verfaßte SCHOTTEL den *Horrendum bellum grammaticale Teutonicum antiquissimum* (Braunschweig 1673), in dem das Sujet GUARNAS auf die deutsche Sprache und die deutschen Zustände angewendet wird.[19]

Das Buchstabenballett, als dessen ›Vorläufer‹ das erwähnte Drama des KALLIAS betrachtet wird, scheint v.a. im 17. Jh. eine gewisse Popularität erlangt zu haben; der spätere polnische König und nachmalige Regent von Lothringen STANISŁAW LESZCYŃSKI genoß als Kind ein eigens zu seiner Bildung eingerichtetes Ballett dieser Art. Auch in den Jesuitenschulen Süddeutschlands wurde dieses didaktische Mittel gepflegt. Es scheint seither nie ganz außer Gebrauch gekommen zu sein; ein neueres Beispiel ist die von RUDOLF STEINER, der bekanntlich vor kaum einer Obskurität zurückschrak, zusammenphilosophierte Kunst der *Eurythmie*, die zum festen Repertoire der anthroposophischen Erziehung und Lebensführung gehört. Über die exaltierten Sinnzuweisungen, die die Buchstabengestalten dort erhalten, braucht hier nicht gesprochen zu werden; Ziel eurythmischer Übungen bzw. Aufführungen ist es nicht nur, den Blick für die Gestalt der Buchstaben zu schärfen, sondern man soll, indem man die Bewegungen, die man beim Schreiben ausführt, ›ganzheitlich‹ nachvollzieht, ihr Wesen erfassen lernen.

Hier muß auch die seit der Antike im Osten wie im Westen belegte Form des alphabetischen *Akrostichon (abecedarium)*, Wort- oder Versfolgen in alphabetischer Reihenfolge, erwähnt werden. Solche Akrostichi gibt es als religiöse Hymnen und erbauliche Belehrungen, als Verwünschungsrituale und Brachialdidaktiken usw. über die Jahrhunderte hinweg (vgl. DORNSEIFF 1922: 146ff.). Eine wohl nur noch didaktische Variante des Akrostichon sind *Alphabetgedichte*, die häufig illustriert waren. In Deutschland dürfte WILHELM BUSCHS *Naturgeschichtliches ABC* am bekanntesten sein; es hat aber viele Vorläufer und Nachfolger und ist auch eine in anderen Ländern gebräuchliche Form der Grundschulpoesie. Erwähnenswert ist

vielleicht VLADIMIR MAJAKOVSKIJS *Sovetskja azbuka* von 1919, in der die Errungenschaften, Aufgaben und Ziele der Sowjetmacht in Form eines solchen Alphabetge-
dichts propagiert werden (MAJAKOVSKIJ 1919).[20]

Schon ziemlich abstruse bzw. komische, das Essen und die Namengebung betreffende Anekdoten zitiert DORNSEIFF: in *Judas der Ertzschelm* (II, Cöln 1690: 38)
spricht ABRAHAM A SANTA CLARA von

ABC-Mahlzeiten des Antonius Geta, der befohlen habe, man solle alle Mahlzeit die Speisen
nach dem ABC lassen auftragen, beynamtlich beim A lauter A, Andten, Austern, Aalen usw.
und also fortan nach allen Buchstaben. Vgl. auch die Geschichte von dem sächsischen Fami-
lienvater, der seine Kinder nach dem Alphabet tauft: Arnscht, Baul, Ceorch, Deobald, Emil,
Fikdor (DORNSEIFF 1922: 29).

Erwähnenswert sind weiterhin *Alphabeträtsel*, die seit dem 16. Jh. als didaktisches
Verfahren im Elementarunterricht belegt sind. Im *Straßburger Rätselbuch* (ca. 1505)
findet sich folgendes Rätsel:

Rot. Ein wunder ding das ich glauplich hab vernommen,
es sein achtzehen frembd geselln yns landt kommen,
zu molen schön vnd seüberlich,
doch keyner dem andern gelich,
sie haben aller ding kein gebrechen,
dan das yr keiner ein wort kan sprechen,
vnd so man sie dan sol verstan,
müssen sie fünff dolmetschen hon,
on welchs sie man nit verstatt ein wort,
sein der welt zu mol ein großer hort.
(zit. nach SCHUPP 1972: 376).

In BRENTANOS *Wunderhorn* findet sich eine gereinigte Fassung dieses Rätsels, deren
kindertümelnde Hauruckdidaktik den Zuwachs an Aufklärung und pädagogischer
Einsicht, der 300 Jahre später erreicht war, schön illustriert:

Rate, was ich hab vernommen!
Es sind achtzehn Gesellen ins Land gekommen,
Zu malen schön und säuberlich,
doch keiner einem andern glich.
All ohne Fehler und Gebrechen,
nur konnte keiner ein Wort sprechen;
und damit man sie sollte verstehn,
hatten sie fünf Dolmetscher mit sich gehn,
das waren hochgelehrte Leut:
Der erst' erstaunt, reißt's Maul auf weit,
der zweite wie ein Kindlein schreit,
der dritte wie ein Mäuslein pfiff,
der vierte wie ein Fuhrmann rief,
Der fünfte gar wie ein Uhu tut,
das waren ihre Künste gut.
Damit erhoben sie ein Geschrei,
Füllt noch die Welt, ist nicht vorbei.
(zit. nach SCHUPP a.a.O.)

BRENTANO hat die Vorlage ganz offensichtlich auf jenen kindgerechten Ton getrimmt, der bis weit ins 20. Jh. hinein in Fibeln und Elementarschulbüchern dominant geblieben ist. Dazu sei nur soviel angemerkt, daß hier eine Tendenz zum Ausdruck kommt, die in den letzten Jahren unter Titeln wie »Geschichte der Kindheit« Gegenstand der Forschung geworden ist: die Konstruktionen einer von den Realitäten ›des Lebens‹ abgeschotteten artifiziellen Kinderwelt für die Kinder der höheren Klassen. Diese Entwicklung gehört nicht in das Gebiet, das wir zu behandeln haben; wir wollen lediglich festhalten, daß hier eine vermutlich nicht unwichtige sozialpsychologische Voraussetzung für eine Verlagerung des Erstlese- und Erstschreibunterrichts ins frühe Kindesalter geschaffen wurde bzw. literarisch zum Ausdruck kommt. Wir haben es mit der Interpretation des Lesen- und Schreibenlernens als Kinderspiel, Kinderei zu tun, was Auswirkungen auf die gesellschaftliche Bewertung des Erwachsenenanalphabetismus haben mußte. Natürlich ist diese Interpretation älter (vgl. z. B. GESSINGER 1980): Zum Durchbruch dürfte sie in Deutschland in den Jahren um 1800 gekommen sein. Wir wollen uns mit diesem Gesichtspunkt jedoch nicht näher befassen und zum Thema zurückkehren.

Auch das Kartenspiel, das ja so oft als pädagogisch von geringem Wert auf Skepsis stößt, ist vielfach als Alphabetspiel und Medium des Sprachunterrichts verwendet worden. In der *Deutschen Sprachkunst* (Halle a. S. 1630), als deren Verfasser TILEMANN OLEARIUS gilt, ist ein solches Spiel dargestellt. Das Buch ist eine Art Lehrerhandbuch für den Elementarunterricht im deutschen Lesen und Schreiben. Didaktisches Prinzip ist die Anleitung zur Eigenaktivität:

Denn nicht kömpt den Kindern sonsten schwerer vor, als daß sie in der gemeinen Art lesen zulernen, stille sitzen, stille schweigen, vnd die Augen allezeit auff das Buch halten sollen. (zit. nach JELLINEK 1913: 101)

OLEARIUS schlägt ein Kartenspiel *(lusus alphabeticus)* vor, bei dem jede Karte einen Buchstaben und sein Bild darstellt (z. B. ein entsprechend gekrümmter Wurm unter dem ⟨w⟩. Der Ausspielende nennt seinen Buchstaben und legt die Karte auf den Tisch, der nächste desgleichen, wobei es darum geht, Wörter zustandezubekommen. Wer ein Wort ›fertig‹ hat, darf alle ausgespielten Karten einziehen:

einer schlegt aus, spricht: ›a‹. Darauf bekennet der ander ›l‹. spricht ›al‹. Der erste wirfft wiederumb ›t‹. vn spricht: ›alt‹. Weis nun der ander wiederumb zuschlagen, ein ›r‹. spricht er: ›altr‹. Der erste wo ers weis, schlegt zu ›s‹. vnd sagt: ›altrs‹. (zit. nach JELLINEK 1913: 100; pp. 37ff. d. Orig.)

Die Idee selbst ist älter; THOMAS MURNER hat am Beginn des 16. Jh. ein Kartenspiel zur Vermittlung der Grundbegriffe der Logik entworfen (*Chartiludium logicae* usw., Cracoviae 1507), desgleichen ein Brettspiel, das dem leichteren Erlernen der lateinischen Prosodie dienen sollte (*Ludus studentium Friburgensium*, Francphordiae 1511). Er hat

damit solche Erfolge erzielt, daß nicht nur das Buch viele Auflagen erlebte (noch i. J. 1629), sondern er selbst anfangs für einen Zauberer gehalten, seine Erfindung als eine göttliche sogar von der Krakauer Universität bewundert wurde (MÜLLER 1880: 157).

OLEARIUS hat die Idee des sprachdidaktischen Kartenspiels, die heute in vielen Grundschulen und jedem Spielwarengeschäft eine gelegentlich beargwöhnte Selbstverständlichkeit ist, auf das gefürchtete Gebiet der lateinischen Morphologie und Syntax angewandt. Sein ›*lusus grammaticus*‹ ist allerdings nicht näher beschrieben; JELLINEK vermutet folgendes:

Jeder Kasus einer jeden Deklination und Präsens, Imperfekt und Futurum einer jeden Konjugation sollten je auf einem besonderen Blatt stehen. Wahrscheinlich sollte dann ein Knabe ein Nominativblatt ausspielen, der Partner das zugehörige Genitivblatt darauf legen usw. und der Besitzer des Ablativblattes das Spiel einziehen. Analog bei den Konjugationsblättern. Nicht zu ersehen ist, wie sich Olearius es vorstellte, daß auch »alle regulae Syntacticos in einen lusum Grammaticum gebracht vnd mit lust gespielet werden könnten« (JELLINEK 1913: 100).

Es würde diesen Abschnitt über Gebühr befrachten, wenn wir ausführlicher auf literarische Beispiele für die Verwendung von Alphabeten als Sujet eingehen würden. Wir begnügen uns deshalb mit einigen kursorischen Bemerkungen zu einem exemplarischen Fall, nämlich der jiddischen Golemlegende, derzufolge der »hohe Rabbi Löw« im Prager Getto des 17. Jh. seiner schwer bedrängten Gemeinde dadurch Hilfe bringen will, daß er den *Golem* schafft, eine Menschenfigur aus Lehm (die Frankenstein-Figur der Hollywood-Filme ist eine der Säkularisierungen des Golem). RABBI LÖW ist in der Lage, den Golem zu beseelen: er kennt einen der

Abb. 15
Aratea, karolingische Abschrift aus dem 9. Jh. nach einem Original des 4. Jhs.
London, British Museum, Harley Ms. 647, fol. 12,
NORDENFALK, Le haut moyen âge du quatrième ou onzième siècle, S. 91. Verkleinert.
(entnommen aus MUZIKA 1965, Tafel XXV)

geheimnisvollen, aus vier Buchstabenzeichen bestehenden Namen Gottes. Das Tetragramm ist die Grundlage der magischen Verfahren, die Golem Leben geben. Die Geschichte ging schlecht aus, weil der Golem sich selbständig machte und außer Kontrolle geriet. In späteren Golem-Bearbeitungen taucht das Alphabet ebenfalls immer wieder als Instrument magischer Praktiken auf, etwa in GUSTAV MEYRINCKS Golem-Roman, wo der inzwischen zum apokalyptischen Gespenst geschrumpfte Held der Geschichte sich in den Karten des Tarockspiels materialisieren kann (das Tarockspiel hat 22 Trümpfe – ebensoviele Buchstaben hat das hebräische Alphabet) und den Protagonisten des Romans grauenhaft erschreckt.[21]

Sehr interessant sind die nicht erst im 20. Jh. vorkommenden Schrift-Bilder und Bild-Schriften, in denen Verbindungen und Synthesen von Schrift und Malerei bzw. darstellender Kunst hergestellt werden (vgl. MATTENKLOTT 1982). Die Techniken sind verschieden; sie können darin bestehen, einen Text in der Gestalt des darzustellenden Gegenstands anzuordnen, wofür die Beispiele der Abb. 15 bis 17 stehen, aber sie können auch den Textcharakter des benutzten Schriftmaterials ganz aufheben und die Schriftzeichen ›demotiviert‹, um einen Terminus ŠKLOVSKIJS aufzugreifen, in neue Zeichenrelationen einführen.

SOIT
    que

        l'Abîme

    blanchi
        étale
            furieux
                sous une inclinaison
                plane désespérément

                        d'aile

                la sienne
                    par

                        avance retombée d'un mal à dresser le vol
                            et couvrant les jaillissements
                                coupant au ras les bonds

                        très à l'intérieur résume

                l'ombre enfouie dans la profondeur par cette voile alternative

                            jusqu'adapter
                                à l'envergure

                        sa béante profondeur en tant que la coque

                            d'un bâtiment

                        penché de l'un ou l'autre bord

Abb. 16
MALLARMÉ, *Der Würfelwurf* (1897)

LA CRAVATE ET LA MONTRE

Abb. 17

GUILLAUME APOLLINAIRE, *Calligramme*

In diesen Beispielen ist der Textcharakter des Bildes von Bedeutung und nicht aufgehoben in der künstlerischen Form. Anders in den Fällen, die oben als ›Demotivierung‹ angesprochen wurden. Hierfür können KURT SCHWITTERS *Merzbilder* oder PAUL KLEES *Schriftbilder* (Abb. 18, 19) als Beispiele genannt werden, in denen die ästhetische Konstruktionsfunktion des Gedruckten seine primäre Funktion fast völlig zurückgedrängt hat.

Texte bzw. Folgen von Schriftzeichen sind dort, wie bei vielen anderen konstruktivistischen, fufuristischen, dadaistischen usw. Werken, nur noch Kompositionsmaterial. GEIERS Analyse ist sicher nicht nur deshalb zitierenswert, weil sie für eine ganze

Abb. 18
PAUL KLEE: *Gedicht in Bilderschrift* (1939)
(aus: PEIRCE 1967: 237)

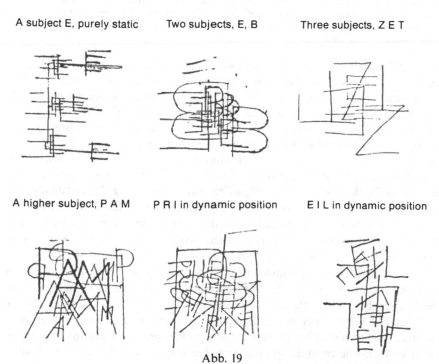

A subject E, purely static   Two subjects, E, B   Three subjects, Z E T

A higher subject, P A M   P R I in dynamic position   E I L in dynamic position

Abb. 19
PAUL KLEE: *Kompositionsübungen mit Großbuchstaben* (1922)
(aus: PEIRCE 1967: 226)

Richtung der Malerei verallgemeinerbar scheint (ein Querverweis auf DERRIDAS Arbeiten ist hier allerdings angezeigt):

Schwitters Schriftbilder signalisieren einen Zustand, in dem es nicht mehr um die signifikante Repräsentation des Realen, der Erfahrung und des Wissens in Zeichen geht, sondern um ihre Substituierung durch Zeichen. Es sind Simulakra der Realität, mit denen Schwitters hantiert, Vexierbilder einer Wirklichkeit, die es nur noch als Schrift gibt. Die schriftliche Spur als Bildelement verweist nicht mehr referentiell auf eine gewußte Wirklichkeit, sondern tritt an deren Stelle. Sie zeigt damit, daß die Welt, in der sie gefunden und verarbeitet werden kann, selbst eine Welt aus Zeichen ist, daß die Erfahrung von Wirklichkeit durch das semiologische Erlebnis verdrängt worden ist. Nicht wie die Welt ist, wird sprachlich beschrieben oder begrifflich symbolisiert, sondern daß sie in Gestalt verschiedener Zeichen und Zeichensysteme erscheint [...]

[...] Die Visitenkarte tritt an die Stelle der Person, die Quittung an die Stelle des Quittierten, die Gebrauchsanweisung an die Stelle des Objekts, die Unterschrift an die Stelle ihres Autors.

[...] das ästhetische Werk, das traditionell als Abbild und Zeichen des Gezeigten verstanden wurde, inszeniert sich nun als Materialität gegeneinander gewerteter Schriftspuren, um gerade damit die Zeichen der Welt aufzubewahren und die Welt als Zeichen zu demonstrieren. Die semiologische Entleerung der Schrift zum Bild und zur graphischen Marke, ihr Festkleben als bloßes Diesda, das unmittelbar optisch aufgenommen wird, ohne zur besonderen Lektüre zu verführen [...], ist zugleich ihre materialistische Errettung als Zeichen, die nicht mehr wie Referentiale einer außersprachlichen Realität entsprechen, sondern wie Spuren in der Wüste des Realen selbst gelesen werden können. In einer Welt, die sich weniger durch den »Sinn« als durch das Auge vermittelt, taucht die Schrift (auf Einlaßkarten und Annoncen, Etiketten und Reklametafeln, Fahrscheinen und Journalen) als Bild auf, um als solches künstlerisch »gewertet« zu werden (GEIER 1980: 69f.).

GEIER hat hier scharfsinnig und eindrücklich beschrieben, in welche semiotischen Dimensionen das Schriftprodukt sich ›verlieren‹ kann, ist es erst einmal von seinen primären Funktionen abgelöst. Textfetzen werden zu Zeichen sui generis; die triviale Tatsache, daß sie ihrerseits aus Zeichen komponiert sind, tritt hinter ihre architektonische Funktion im Bild zurück. Sie repräsentieren keine außer ihnen liegende Bedeutung, was die Grundfunktion jeder Ausdrucksform der *Sprache* wäre, sondern konstituieren eine neue, ästhetische Wirklichkeit, in der sie *sich selbst* repräsentieren als integrale semiotische Einheiten. Sie sind zwar, was ihre äußere Gestalt angeht, keine neuen Zeichen, keine neuen Signifikanten – wie dies z.B. neukonstruierte Alphabete wären – sondern höchst alltägliche Exemplare technisch reproduzierter Sprache, aber sie sind, was ihre Zeichenfunktion betrifft, gewissermaßen semiotische Mutanten. Die Mutation beruht auf dem radikalen Wechsel des Systems von Bedeutungen, das in diesen Textstücken seine Form des Ausdrucks findet: es ist kein sprachliches, sondern ein nichtsprachliches Bedeutungssystem. Von Mutation kann aber nicht nur insofern gesprochen werden, als das Zeichenmaterial materiell dasselbe bleibt, aber seine Referenzen sich ändern, sondern auch insofern, als der Betrachter des Bildes (oder der Leser eines Akrostichon oder der Zuhörer bzw. Zuschauer bei einem schriftmagischen Ritual usw.) die primäre Funktionszuweisung kennen und assoziieren muß, um die neue Funktionszuweisung als Umprägung, Zerstörung, Überlagerung oder Verspottung der alten realisieren zu können. GEIERS zutreffender Hinweis, daß das, was in solchen Bildern an Textfetzen aufgeklebt ist, nicht »zur besonderen Lektüre« dessen, was dort an sprachlichen Bedeutungen abgebildet ist, verführe, kann wohl weiter ausgebeutet werden, indem man ihn auf andere Beispiele anwendet; APOLLINAIRES *Calligrammes* oder die zwischen beiden Funktionszuweisungen in vielen Variationen oszillierenden Schriftbilder bzw. Bild-Texte der russischen Futuristen und Konstruktivisten, um nur zwei exemplarische Fälle zu nennen, bergen reiches Material, wie die Abbildungen 20 und 21 zeigen können.

Abb. 20
ILJA ZDANEVIČ, Seite aus *LidantJU fAram*. 1923
(aus: CHLEBNIKOV 1972/I: Abb. 6.)

Zwar enthalten beide Bildkonstruktionen erkennbare Wort-Teile und Wörter, dennoch wäre es ein sinnloses Unterfangen, hier Übersetzungsversuche zu unternehmen: einmal deshalb, weil der semantische Gehalt einzelner Wortentsprechungen sehr mager wäre, zum anderen, und das ist der wichtigere Grund, weil *zaum*-Poesie weniger in russischer als vielmehr in transrationaler, bewußtseinsüberschreitender Sprache abgefaßt ist und deshalb einer Übersetzung im Prinzip gar nicht bedarf. Ein deutscher Leser kann dies vielleicht dann nachvollziehen, wenn er sich vorstellt, man wollte *Dada*-Poeme in eine andere ›Sprache‹ übersetzen.

Eigenartige und künstlerisch wie poetisch bemerkenswerte Effekte bewirken solche Schrift-Bilder, in denen die primären Funktionen re-etabliert sind, d.h. wo »die besondere Lektüre« wieder konstitutiv für die Konstruktion ist, ohne daß die sekundären Funktionen substantiell zurückträten, wie dies in den üblichen Fällen der

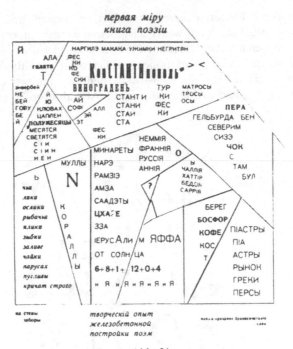

Abb. 21
VASILIJ KAMENSKIJ, Seite aus *Konstantinopol*, 1914.
Überschrift: Das erste Buch der Poesie für die Welt.
Unterschrift: Ein schöpferischer Versuch,
ein Poem aus Eisenbeton zu bauen.
(aus: CHLEBNIKOV 1972/I: Abb. 10.)

»gestalteten Schrift« der Reklame- und Kunstgewerbeindustrie der Fall ist. Die Abb. 22 und 23 auf der folgenden Seite geben zwei Beispiele.

Nur hinweisen können wir auf Versuche, gewissermaßen gegenläufig zu dem skizzierten Verfahren das »Jenseits der Sprache« (GEIER) in die geschriebene Sprache hineinzuverlagern bzw. dort aufzuspüren und zu decouvrieren. Beispiele dafür sind die dadaistische und futuristische Poesie, etwa CHLEBNIKOVS ›Sternensprache‹ oder seine Ausführungen über die ›Grundeinheiten der Sprache‹ (1916/1972, I: 146ff.) und JAKOBSONS (1921) philologische Kommentare dazu sowie die Dichtung des *zaum* überhaupt (normalerweise wird *zaum* mit Ausdrücken wie *transrational, transmental, metalogisch* und (dann schon irreführend) *übersinnlich* übersetzt; vgl. STEMPEL 1972: XII und allgemein LACHMANN 1984. Als Beispiel vgl. Abb. 20). Ganz anders konstruierte, aber von semiotischen Verfahren her analoge Fälle sind Anagrammstudien, in denen Inskriptionen des Sinnes, der jenseits der Dinge liegt, in der geschriebenen Sprachform gesucht werden. DR. FANGEMEIER hat in seinen pataphysischen Studien viele schöne Entdeckungen auf diesem Gebiet gemacht[22]; mit besonderem Nachdruck möchten wir auf eine noch unpublizierte Vorlesung hinweisen, die er im

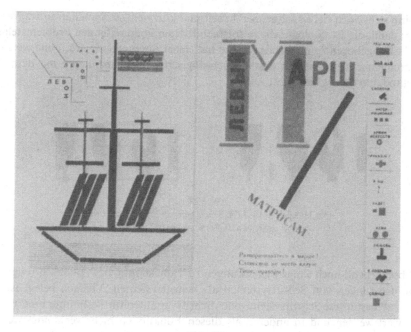

Abb. 22
EL LISSITZKY: Doppelseite aus MAJAKOVSKIJS *Laut vorzulesen*, 1923
(ganz rechts ist der Versuch einer revolutionären Wort- bzw. Begriffsschrift gegeben).
(aus: GRAY 1962: 270).

WS 1983/84 gehalten hat; er hat dort Anagramme und Anagrammatiker, namentlich PLATON, DE SAUSSURE und UNIKA ZÜRN, höchst scharfsinnig, ja kongenial erörtert. In diesem Grenzgebiet von Linguistik, Literaturwissenschaft, Poesie und

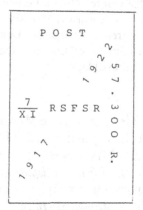

Abb. 23
NATHAN ALTMAN, *Entwurf für eine Briefmarke*. 1922
(aus: GRAY 1962: 262)

Unsinn steht noch viel an lohnender Arbeit und kurzweiliger Spekulation zur Verfügung; damit die Psychologie, die in solchen disziplinübergreifenden Problemstellungen fast angeboren zu nennende Rechte hat, nicht übergangen wird, ohne weiterer Kommentar ein Beispiel für gestaltpsychologisches Experimentieren mit dem Gegenstand, um den es hier geht:

Abb. 24
Die HERING'SCHE *ITA-Täuschung und ihre Auflösung*
(aus: SCHOBER/RENTSCHLER 1972: 67f.).

Abschließend noch einige Bemerkungen zu Tabuisierung bzw. politisch-religiösen Semiotisierungen von Schriftsystemen als Schriftsystemen. Vielfach belegt ist der Fall, daß bestimmte Schriftsysteme oder Schriftvarianten für bestimmte Funktionen reserviert werden und in anderen als diesen Funktionen nicht verwendet werden (dürfen). Bekannte Beispiele sind die hieratische Schrifttradition im alten Ägypten oder die Koexistenz der petrinischen ›Zivilschrift‹ (graždanskaja azbuka) mit der hergebrachten kirchenslavischen Kyrillica in Rußland vom Beginn des 18. bis zum Beginn des 20. Jh. Ein weiteres Beispiel ist die *Romain du Roi*, eine Serie von (letztlich insgesamt 22) ›Schriften‹, die von einer im Jahre 1692 auf Befehl LUDWIGS XIV. eingesetzten Kommission der Académie Royale des Sciences ausgearbeitet worden sind. Diese Kommission stellte umfangreiche mathematische Berechnungen an, um eine Schrift zu entwerfen, die den Ansprüchen der Logik und der Rationalität genügte. Sie wurde 1695 und erneut 1716 in Kupfer gestochen, erfuhr aber schon 1702 (durch GRANDJEAN) Modifikationen, weil sie als optisch unschön empfunden wurde. Ein strenges königliches Dekret beschränkte die Verwendung dieser Schriftart auf die königliche Druckerei; die dahinterstehende Absicht bedarf keines weiteren Kommentars.[23]

C'eſt le ſujet de cette Médaille. On y voit Pallas, tenant un Javelot preſt à lancer; le fleuve de l'Eſcauld effrayé s'appuye ſur ſon Urne. La Légende, HISPANIS TRANS SCALDIM PULSIS ET FUGATIS, ſignifie, *les Eſpagnols défaits & pouſſez au-delà de l'Eſcauld.* L'Exergue, CONDATUM ET MALBODIUM CAPTA. M. DC. XLIX. *priſe de Condé & de Maubeuge. 1649.*

Abb. 25
GRANDJEANS *Romain du Roi*: Imprimerie Royale, Paris, 1702

*Les quatre premières planches de l'*Hiſtoire de Louis XV
par médailles *ont figuré au Salon de 1755; mais l'ouvrage
n'a pas été publié. Il exiſte à la bibliothèque de l'Arſenal une
épreuve des neuf pièces que nous publions aujourd'hui, & elles
ſont accompagnées du texte qui s'y rapportait* (H. n° 7031,
in-fol.).

Abb. 26
GRANDJEANS *Romain du Roi* (italic): Imprimerie Nationale, Paris, 1889,
(aus: UPDIKE 1951: 242f.)

Der deutsche Dichterfürst STEFAN GEORGE hat zwischen 1902 und 1908 eine neue
Type entwickelt, die ausschließlich zum Druck seiner Werke verwendet werden
sollte; sie trägt seinen Namen:

Wie meiner ernsten worte klang.

Abb. 27
Stefan-George-Schrift (1908)
(aus: ZAPF 1950)

Sehr originell war diese Idee allerdings nicht; sie ist im Zusammenhang mit der
seinerzeit vor allem in England verbreiteten Mode des *fin de siècle* und des *Jugend-
stils* zu sehen, den Kunstcharakter literarischer Texte durch die Verwendung neuge-
schaffener archaisierender und vielfach höchst manieristischer ›Schriften‹ zu betonen
(vgl. UPDIKE 1950/II: 202ff.).
Ein letztes Beispiel ist schließlich der Fall, daß eine Schriftart dadurch kanonisiert
wird, daß sie mit einer bestimmten Person bzw. einem bestimmten Periodikum
assoziiert wird und so für eine bestimmte Lesergemeinde gewissermaßen zu einem
graphischen Schibboleth wird; dies ist der Fall bei der Type, in der die *Fackel* von
KARL KRAUS fast vierzig Jahre lang gesetzt worden ist. Ein neuerer Versuch, KRAUS
zu imitieren, nämlich UWE NETTELBECKS *Republik*, ging bis an den interessierenden
Punkt: es gelang ihm, ein Exemplar dieser Type aufzutreiben, und so konnte die
Fackel auch in diesem Aspekt getreulich kopiert werden. Hier liegt eindeutig Manierismus vor; daß die (juristisch seit langem absicherbare) Monopolisierung von
›Schriftzügen‹ und die Patentierung von Schriften (i.S. von: typographischen Sätzen
von einheitlich gestalteten Schriftzeichen) als Kernelement von Reklamestrategien
(z.B. die runden Typen des VW-Konzerns) oder als graphisches Erkennungszeichen
weltanschaulicher Gruppen (z.B. die Type der protestantischen Kirchengesangbü-
cher, die man fast nur in geistlichen Texten findet, oder die Schriftvarianten der
Anthroposophen) verbreitet sind, braucht nicht weiter ausgeführt werden. Wir

haben es hier mit der semiotischen Aufladung der Buchstabengestalten zu tun – es gibt keinen tieferen Sinn hinter diesen ›geschützten‹ Formen (sieht man von Sonderfällen wie den Anthroposophen ab). Die Buchstabengestalten für sich selbst sollen mit dem Produkt oder der Dienstleistung assoziiert werden, sie sollen als besondere, markierte Formen die ›Botschaft‹ von der Sprachform des Namens auf die äußere Gestalt des Zeichenmaterials, in dem dieser Namen ausgedrückt wird, transferieren; ist dieser Transfer gelungen, kann prinzipiell alles, was in der betreffenden Type gedruckt ist, als Werbeträger betrachtet werden. Wir wollen auch hier nicht ins einzelne gehen und uns auf den Hinweis beschränken, daß diese Verfahren im typographischen Handwerk und in der Werbebranche zum Einmaleins gehören (vgl. z. B. WILLS 1968, NERDINGER 1960). Das Problem der Kalligraphie, das hier ebenfalls zu erwähnen wäre, übergehen wir mit dem Hinweis auf HAVELOCKs Einschätzung, daß sie »[...] becomes the enemy of literacy and hence also of Literature and science« (1976: 73).

Weiterhin ist das Phänomen der ›Prestige-Schreibungen‹ zu erwähnen, das in vielen Sprachen etwa bei der Regelung der Majuskel-Konventionen eine Rolle spielt. Weithin üblich ist beispielsweise die Großschreibung der Namen Gottes und seiner Pronominalisierungen; im deutschen Sprachraum war es bis in dieses Jahrhundert hinein üblich, zur Markierung der Differenz zur ›normalen‹ Substantivgroßschreibung die beiden ersten Buchstaben der nomina sacra und ihrer Pronominalisierungen als Majuskeln zu schreiben (*GOtt der HErr, ER hat in SEiner Güte* etc.). Im Russischen gibt es eine säkulare Tradition vergleichbarer Art; Ausdrücke wie *Velikaja Socialističeskaja Oktjabrskaja Revolucija* (»Große Sozialistische Oktoberrevolution«) oder *Velikaja Otečestvennaja Vojna* (»Großer vaterländischer Krieg«) werden stets groß geschrieben. Ferner gibt es ›Prestige-Schreibungen‹, die auf der Graphemebene anzusiedeln sind. Im Deutschen kann man auf archaisierende, nach den amtlichen Regeln des *Duden* oft unzulässige oder gerade noch als Nebenformen geduldete Formen wie ⟨Congress, Centrum, Curt, Claus, Actien-Brauerei⟩ usw. verweisen, auf ⟨ph⟩-Schreibungen an Stellen, an denen das ⟨f⟩ als Norm gilt (z. B. ⟨stenographieren, Photo⟩ usw.), auf französisierende (z. B. ⟨Chocolade, chic, sich moquieren, Liqueur⟩ usw.) und anglisierende (⟨Congress Center, Action, Geschenkcorner, creativ⟩ usw.) ›Differenzschreibungen‹. Erwähnenswert ist dann noch die Frage, wie im Deutschen die – ebenfalls anglisierenden – Abbreviaturwörter und Diminutiva auf /-i/ geschrieben werden, denn sie kommen sowohl als ⟨-y⟩ wie auch als ⟨-i⟩ vor. Während Bildungen wie ⟨Brummi, Chauvi/Schowi, Revi, Krusti⟩ oder ⟨Wessi⟩ [Bewohner der Bundesrepublik Deutschland] wohl nur in der ⟨-i-⟩Form anzutreffen sind und vor allem Kurzformen von Personennamen zur ⟨-y-⟩Form zu tendieren scheinen ⟨Biggy, Conny, Freddy, Robby⟩ usw., was vermutlich eine Erbschaft aus den fünfziger Jahren darstellt, gibt es auch echte graphische Minimalpaare wie ⟨Softi⟩ versus ⟨Softy⟩ (letzteres ist der Markenname eines Zellstofftaschentuchs).[24] Für das Englische kann man als paralleles Beispiel die ⟨-er/-or⟩-›Dubletten vom Typ ⟨adviser/advisor⟩ anführen, bei denen die latinisierende Form ›Prestige‹ ausdrücken soll; D. BOLINGER nannte das »-or-suffix [...] a visual morpheme of prestige« (1946: 336; in diesem Aufsatz finden sich weitere Beispiele).

Dann gibt es schließlich solche Fälle, in denen Normverletzungen als stilistisches Mittel oder als verkaufspsychologischer Trick eingesetzt werden. Im ersten Fall hat man es mit pseudophonetischen Schreibungen einerseits, mit archaisierendem Schnickschnack andererseits zu tun, wofür die *Starckdeutsch*-Bände von MATTHIAS KOEPPEL (1980, 1982) ein Beispiel sind. Pseudophonetische Schreibungen werden oft als Stilmittel zur Charakterisierung von Personen niederer Herkunft und ohne sprachliche Kultur oder (was oft auf dasselbe hinauslief) von Dialektsprechern verwendet. LAKOFF (1981: 252) weist darauf hin, daß Hörer mit ›nachlässigen‹ Sprechweisen je nach den Umständen der Sprechsituation vollkommen zufrieden sein können, während Leser ein Transkript desselben Texts, der nicht orthographisch normalisiert worden ist, für vulgär halten. Sie schließt daraus, daß beim Lesen von Transkripten Reinterpretationen vorgenommen werden, deren Bezugspunkt präzise Vorstellungen von der korrekten Form geschriebener Äußerungen sind. Solche ›phonetischen‹ Schreibungen indizieren natürlich auch dann »slang«, wenn »the word itself would not be pronounced differently in standard and non-standard dialects: *wuz* for *was*, for example.« (ebd.).

Gegenwärtig hat dieses Stilmittel bei uns unter anderen Vorzeichen eine gewisse Renaissance; die Kommentare des ⟨säzzer⟩ bzw. der ⟨säzzerin⟩ in einer ⟨bärliner⟩ Zeitung, die von der ⟨sien⟩ gelesen wird, mögen als Beispiel reichen. In der Werbebranche ist die Verwendung von pseudophonetischen Schreibungen bei Markennamen ein altes Verfahren, dem das Rechtsgebiet des Warenzeichenschutzes seines Existenz zu einem guten Teil verdankt; Beispiele sind Namen wie ⟨Vileda⟩ für ein Scheuertuch, ⟨Sunkist⟩ für Orangensaft, ⟨Botteram⟩ ⟨Rama⟩ und ⟨Sanella⟩ für Margarinen.

Auch eine Schriftart insgesamt, als solche, kann zum Gegenstand semiotischer Aufladung werden. In der amerikanischen Soziolinguistik nimmt der Begriff ›Prestige einer Sprache‹ einen zentralen theoretischen Rang ein (was problematisch ist, aber hier nicht zur Debatte steht; vgl. für Näheres GLÜCK 1979: 78ff.). Man könnte dieses Konzept durch den Begriff ›Prestige von Schriftsystemen‹ erweitern. Im deutschen Sprachraum gibt es seit langem Auseinandersetzungen über Wert und Unwert der ›deutschen Schrift‹, auf die wir nicht näher eingehen. Im kyrillischen und im arabischen ›Schriftraum‹ spielt die Verwendung von lateinschriftlich geschriebenen bzw. gedruckten Einsprengseln (Wörtern, Wortgruppen) in ansonsten ›normal‹ gestalteten Texten eine gewisse Rolle als Stilmittel, um es vorsichtig auszudrücken. Dieses Verfahren hängt unübersehbar mit dem Gesichtspunkt des ›Prestige‹ zusammen. In Griechenland scheint es sich ähnlich zu verhalten; dort spielt die Lateinschrift in der Werbebranche eine Rolle, wovon man sich leicht bei einem Gang durch Geschäftsviertel von Athen oder Piräus überzeugen kann. Bereits das oberflächliche Durchblättern von griechischen Illustrierten zeigt, daß v.a. in der Lebensmittel-, Mode- und Kosmetikbranche zentrale Reklameausdrücke meist die Produktnamen, im lateinischen System (und in der Regel in der ausgangssprachlichen Schreibweise) gedruckt werden; bei Bedarf wird eine Übersetzung ins Griechische in Klammern (und kleineren Typen) dazugesetzt:

Abb. 28
(aus: ΓΥΝΑΙΚΑ Nr. 848, 14. 7. 1982)[25]

Gelegentlich werden ›Lesehilfen‹ gegeben, indem eine Art phonetischer Transkription mitgeliefert wird:

Abb. 29
(aus: ΓΥΝΑΙΚΑ a.a.O.)[26]

Sogar für mehr oder weniger kunstvolle poetische Konstruktionen läßt sich die Spannung, die in der Differenz der beiden Systeme liegt, operationalisieren.

Eau de Givenchy
γεμάτο ζωή, γεμάτο φαντασία.
Eau de Givenchy
φρεσκάδα, γέλιο, ξεγνοιασιά.
Eau de Givenchy!

Abb. 30
(aus: ΓΥΝΑΙΚΑ a.a.O.)[27]

Gelegentlich gehen die Anforderungen an die Leser/innen über die passive Beherrschung des lateinischen Alphabets im technischen Sinn hinaus; in einer Gebrauchsanweisung für undurchlässige Windeln müssen nicht weniger als fünf englische (lateinische) Ausdrücke verstanden werden, die allerdings sämtliche Varianten des Produktnamens darstellen:

(GR)   ΤΟ ΣΩΣΤΟ PAMPERS ΓΙΑ ΤΟ ΜΩΡΟ ΣΑΣ

Γιά καλλίτερη προστασία άπό τήν ύγρασία διαλέξτε:
3-5 κιλά: Pampers Mini γιά ήμέρα καί νύχτα.
4-10 κιλά: Pampers Normal γιά μωρά πού βρέχονται λίγο. Super γιά μωρά πού βρέχονται
μέτρια καί Super Plus γιά μωρά πού βρέχονται πολύ. Γιά τή νύχτα προτείνεται τό έπόμενο
πιό άπορροφητικό μέγεθος Pampers.
9-18 κιλά: Pampers Maxi γιά μωρά πού βρέχονται μέτρια καί Maxi Plus γιά μωρά πού
βρέχονται πολύ ή γιά μεγαλύτερα μωρά. Καί τά δύο μεγέθη γιά ήμέρα καί νύχτα.

Abb. 31
Verpackungsaufdruck[28]

Aber auch der umgekehrte Vorgang ist belegt. Ein Beispiel für eine ›low prestige‹-Interpretation ist folgende Anekdote aus dem 1913 zwischen Griechenland, Serbien und Bulgarien geteilten Makedonien, wo es bekanntlich bis heute sprachenpolitische Probleme gibt:

[...] dans la partie grecque, en 1917 (sans doute aussi avant et après) des destinataires de lettres écrites en macédonien ne trouvaient dans l'enveloppe qu'un papier avec l'avis officiel (en grec, naturellement) »Ecrivez en Grec« (COHEN 1970: 24).

Nur hinweisen können wir auf die Operationalisierung der Unterschiede zwischen einem ›eingebürgerten‹ und einem ›fremden‹ Schriftsystem zu Geheimhaltungszwekken – man verbirgt sprachliche Mitteilungen vor denjenigen, die nur das ›einheimische‹ System lesen können, indem man die betreffende Sprache in einem anderen System schreibt – formal haben wir dabei den in Kapitel 1 erörterten Fall vor uns, daß Lautform und Bedeutung, nicht aber die geschriebene Form verständlich sind. Beispiele dafür gibt KARSKIJ (1928: 250ff.) in seinem »Kriptografija i tajnopis« (»Kyrptographie und Geheimschrift«) überschriebenen Kapitel, wo er die Verwendung des glagolitischen, permischen und griechischen Schriftsystems im 15. Jh., des lateinischen im 17. und 18. Jh. in Rußland beschreibt. Von sekundären Funktionszuweisungen und Uminterpretationen kann hier jedoch allenfalls in Bezug auf diejenigen, die durch solche Verfahren vom Verstehen des Geschriebenen ausgeschlossen wurden, die Rede sein. Man hat es hier jedenfalls mit Verfahren zu tun, deren

Inklination zu magischen Interpretationen von Fall zu Fall gesondert zu erörtern wäre. Magische Geheimschriften, Steganographien, sind v.a. in der Kabbala gut belegt; sie haben in Westeuropa v.a. im 17. Jahrhundert eine gewisse Konjunktur gehabt. Man wird aber sicherlich nicht jedes Vorkommen solcher Geheimschriften über diesen Leisten schlagen dürfen.[29]

V. Einige Konklusionen

Ausgangspunkt waren sekundäre Funktionen der Schrift; der Kern der Differenzierung zwischen primären und sekundären Funktionen betraf die Zeichenrelation, die Schriftprodukte eingehen können. Wir haben an einer Vielfalt von Beispielen gesehen, daß die Dominanz sekundärer Funktionen sehr weit gehen kann, d.h., daß die direkte Repräsentation sprachlicher Bedeutungen vollkommen zurücktritt hinter die Funktion, Zeichensysteme anderer Ordnung darzustellen. »In ritual, language appears to be used in ways that violate the communicative functions«, schrieb S.J. Tambiah (1968: 179). Diese Formulierung ist zu scharf; es geht nicht nur um Verletzungen und Negierungen der primären Funktion der geschriebenen oder der gesprochenen Sprachform, sondern genauso darum, daß beide Funktionen in den verschiedensten Konfigurationen einander überlagern und durchdringen können, etwa dann, wenn zum Zwecke des Lesen- und Schreibenlernens allerlei magische oder spielerisch-didaktische Fisimatenten veranstaltet werden. Der Zweck solcher Aktivitäten ist es, den Personen, auf die sie abzielen, die primäre Funktion der geschriebenen Sprachform nahezubringen, ihnen ihr Erlernen zu erleichtern. Das Mittel dazu ist die Aktualisierung sekundärer Funktionen: sei es die Gestaltung des Materials als Spielzeug, Leckerei, Ballett usw., sei es die Interpretation der Buchstabengestalten als Gestalten natürlicher Gegenstände (ein Verfahren, das heute noch in der Erwachsenenalphabetisierung beliebt ist), sei es die Poetisierung des Buchstabenmaterials, also die Konstruktion neuer semiotischer Systeme, das sich ihrer als Bausteine bedient. In allen diesen Fällen werden die Elemente der geschriebenen Sprachform auf ihre technischen Aspekte im Sinne von Kapitel 1 reduziert und in Konstruktionsmaterial von Zeichensystemen anderer Ordnung mutiert. Mit dieser Distinktion ist impliziert, daß der Begriff ›Schriftzeichen‹ als theoretisches Konzept strikt darauf beschränkt ist, solche Fälle zu bezeichnen, in denen sprachliche Sachverhalte graphisch repräsentiert werden; alle anderen Zeichenrelationen stehen als Repräsentationsfunktionen nichtsprachlicher semiotischer Systeme in Opposition dazu. Uns scheint diese Gegenüberstellung nicht nur deshalb sinnvoll, weil jedes andere Modell den Begriff des Schriftzeichens und die darauf aufbauenden linguistischen Konzepte in dem unübersichtlichen Meer der allgemeinen Semiotik verschwimmen lassen würde, sondern auch aus empirischen Gründen – wir haben in diesem Kapitel gesehen, daß im gesellschaftlich praktischen Umgang mit Schriftzeichen bzw. Schriftprodukten diese Dichtomie der Funktionen sehr breit und variantenreich ausgenutzt wurde. Schließlich sprechen methodische Gründe für diese Auffassung, da ›weichere‹ Konzeptionen (wie etwa W. HAAS' (1976) Modell, das im übrigen sehr bedenkenswert ist) riskieren, die Analyse vollkommen zu fragmentieren und in Einzelaspekten ohne übergeordnete theoretische Bezugspunkte aufzulösen. Genau hier liegt ein wunder Punkt. Offensichtlich können ›rein linguistische‹ Untersuchungsverfahren die Sachverhalte und Prozesse, die Gegenstand dieses Kapitels waren, in keiner Weise erfassen; schließlich handelt es sich um Sachverhalte und Prozesse, die billigerweise nicht zum Gegenstand der Linguistik erklärt werden können, wenn man akzeptiert, daß ihr Gegenstand die Formen und Bedeutungen *sprachlicher* Äußerungen sind. Hier ging es aber explizit um nichtsprachliche Bedeutungssysteme. Der Bezugspunkt ergab sich allein dadurch, daß es sprachliche Ausdrücke waren, die in anderen als sprachlichen semiotischen Systemen verwendet wurden. Es gibt nun zwei Möglichkeiten, an diesem Punkt weiter zu argumentieren. Entweder man stellt sich auf den Standpunkt, daß derartige nichtsprachliche Funktionen von Geschriebenem außerhalb des Gebiets liegen, das der Sprachwissenschaft disziplinär zugewiesen ist. Dieser Standpunkt könnte schon damit begründet werden, daß die Sprachwissenschaft spätestens seit den Junggrammatikern diese Aspekte systematisch ausgegrenzt hat in ihrer logozentrischen Beschränkung auf die sprachliche Signifikation und deren Formen. Man könnte nun einwenden, daß die Berufung aufs Hergebrachte keine Argumentation sei. Bei diesem Einwand würde man die Eigendynamik einer ganzen Reihe wissenschaftlicher Paradigmata in unserem Fach, die Macht des Kanonisierten, salopp gesagt: die normative Kraft des Faktischen, die es selbstverständlich auch bei der Entwicklung wissenschaftlicher Methodologien und Theorien gibt, maßlos unterschätzen. Und das wäre gerade auf einem Gebiet fatal, wo sich eine im Grundsatz fast bruchlose Tradition der theoretischen Einordnung und methodologischen Abwertung ›der Schrift‹ von den Junggrammatikern bis zu CHOMSKY nachweisen läßt, wie wir in Kapitel 3 zu zeigen versucht haben. Aus diesem Grund läßt sich gegen Ansätze, die innerhalb dieses Hergebrachten bleiben, nicht mehr sagen als das, daß sie nicht innovativ sind, und das wäre ebensowenig eine Argumentation. Oder man wagt sich vor, was Risiken in sich birgt, aber auch Chancen eröffnet, dem Hergebrachten argumentativ zu begegnen und die Forschung voranzubringen. Verhältnismäßig wenig riskant erscheint der Schritt in die Geschichte, in diejenige der handelnden Subjekte, notabene, und ihrer Meinungen, Mutmaßungen und Handlungen bezüglich des interessierenden Gegenstands, der geschriebenen Sprachform. Daß dies eine andere Auffassung von Geschichte impliziert, als sie bei der Historiographie ihrer graphischen Erscheinungsformen – denn nichts anderes sind die meisten großen Schrifthistoriographien – üblich ist, ist unübersehbar. Dieser Schritt wurde in diesem Buch an vielen Stellen getan; es muß dem Leser überlassen bleiben, darüber zu urteilen, ob die systematische Behandlung des Gegenstandes durch den permanenten Rekurs auf den historisch konkreten, gesellschaftlich praktischen Umgang der Menschen mit diesem Gegenstand Erhellung erfahren hat. Zur historischen Behandlung des Gegenstands gehört aber zweifellos auch die Behandlung derjenigen Funktionen von Geschriebenem, die Thema dieses Kapitels waren. Insofern wäre es zwar – vielleicht – ›rein linguistisch‹ betrachtet eine einzige große Digression. Aber selbst darüber ließe sich noch streiten. Nach den Gesichtspunkten, denen das Interesse dieses Buches gilt, nämlich: der systematischen Analyse der geschriebenen Sprachform in dialektischer Wechselwirkung mit der Analyse ihrer praktischen Verwendungsweisen und Funktionen, gehört dieses Kapitel ganz zentral und unabdingbar »zum Thema«.

Man könnte sich noch weiter vorwagen, dann aber auf entschieden unsichereres Terrain, nämlich das der allgemeinen Semiotik. Diesen Schritt hat JACQUES DERRIDA getan. Seine Analysen und Spekulationen sind in vieler Hinsicht brilliant und von bestechendem Scharfsinn. Er hat eindrucksvoll zeigen können, zu welchen Bornierungen es führen mußte, daß die Sprachwissenschaft seit DE SAUSSURE auf die Analyse der Signifikationsfunktion des sprachlichen Zeichens festgelegt ist, und er hat plausibel gemacht, daß dies oftmals der willentlichen Verweigerung von Einsichten gleichkam. DERRIDA hat versucht, eine Ontologie der Sprache auf einer umfassenden zeichentheoretischen Grundlage zu entwickeln und dabei auch und gerade transzendentale, jenseits der dürren Bezeichnungsfunktion liegende Bedeutungsräume, in denen sprachliche Zeichen angesiedelt sind, theoretisch zu erfassen. Darin liegen unbestreitbar große Verdienste. Wenn DERRIDAS Versuche, einen übergeordneten theoretischen Bezugsrahmen zu schaffen, in diesem Buch nicht systematisch berücksichtigt wurden und auch hier nicht im Detail gewürdigt werden, so liegt das daran, daß wir seine Vorschläge nicht für hinreichend überzeugend und nachvollziehbar halten, um ihm in die Regionen folgen zu können, in denen er die Theorie der geschriebenen Sprachform (als Teiltheorie einer allgemeinen Zeichentheorie) ansiedeln will. Es ist nach unserer Meinung keine kritische Alternative zur »herrschenden« Linguistik, ihre methodischen Standards und die maßgeblichen Grammatik- und Sprachtheorien pauschal zu verwerfen als verbohrt logozentrisch und unbelehrbar auf die Signifikationsfunktion fixiert – daß diese Kritik überzogen ist, hat sich in Kapitel 3 dieses Buches gezeigt.

Auf diese Abrechnung mit der »herrschenden« Sprachwissenschaft gründen sich DERRIDAS Modelle. Sie haben den entscheidenden Nachteil, daß seine Alternative, die *Grammatologie*, in vielen Punkten hinter die erreichten disziplinären Standards der Sprachwissenschaft zurückfällt. Sie ist oftmals übermäßig allgemein, gelegentlich verschwommen und einem terminologischen Spieltrieb stärker ausgesetzt als dem Hang zur strikten Analyse des Gegenstands. Auch ist sie der strukturalen Existenzphilosophie enger verbunden, als ein zwar unvoreingenommener, aber eben deshalb auch ›ungläubiger‹ Leser der Werke DERRIDAS zu akzeptieren bereit sein muß. Die Entwicklung der Textlinguistik in den letzten zwanzig Jahren sollte Warnung genug sein: man entwertet noch so berechtigte Kritik, wenn die vorgeschlagenen Alternativen sich in literarischem oder philosophischem Nebel verflüchtigen und das Grenzüberschreiten zum methodischen Prinzip wird. Dabei geht nämlich etwas verloren, was wir beim sprachwissenschaftlichen Analysieren und Theoretisieren für unverzichtbar halten: eine begründete, nachvollziehbare und überprüfbare Bestimmung des Gegenstandes, um den es geht, nämlich der Sprache und der Ausdrucksformen, in denen sie erscheint. Und unter *diesem* Blickwinkel sind wir bei aller Einsicht in die Notwendigkeit interdisziplinären Arbeitens doch dafür, die Grenzen zwischen Literaturwissenschaft, Philosophie, Semiotik und Sprachwissenschaft beizubehalten.

Anmerkungen

Anmerkungen zu Kapitel 1

1 SCHOPENHAUER, Parerga und Paralipomena, Bd. II., zit. nach BARTHEL 1972: 13.
2 BORST 1957/1963, Bd. I, insbes. 74–110 und 114–187.
3 PLATONS Auffassung, nach der ›die Schrift‹ eine lediglich dienende Rolle besitzt, die Funktion einer Gedächtnisstütze für einen Leser, der den Inhalt des Textes schon kennt, ist vielfach Gegenstand philologischer und philosophischer Reflexion gewesen; zu nennen sind etwa die Arbeiten von HAVELOCK oder der jüngst erschienene Sammelband »Schrift und Gedächtnis« (ASSMANN/ASSMANN/HARDMEIER 1983), in dem anstelle eines Vorworts die fragliche Passage aus dem *Phaidros* zitiert wird.
4 Vgl. auch PLATON, *Politeia* 423d–427a; *Nomoi* 719e–724b, 811c–812a, 884–888d.
5 PLATON, Werke Bd. 4: 55. In der Übersetzung von RUDOLF RUFENER, die sich stärker an der Lexik und der Syntax des griechischen Texts orientiert, wird diese Passage folgendermaßen wiedergegeben:
»Denn diese Erfindung wird die Lernenden in ihrer Seele vergeßlich machen, weil sie dann das Gedächtnis nicht mehr üben; denn im Vertrauen auf die Schrift suchen sie sich durch fremde Zeichen außerhalb, und nicht durch eigene Kraft in ihrem Innern zu erinnern. Also nicht ein Heilmittel für das Gedächtnis, sondern eines für das Wiedererinnern hast du erfunden. Deinen Schülern verleihst du aber nur den Schein der Weisheit, nicht die Wahrheit selbst. Sie bekommen nun vieles zu hören ohne eigentliche Belehrung und meinen nun, vielwissend geworden zu sein, während sie doch meistens unwissend sind und zudem schwierig zu behandeln, weil sie sich für weise halten, statt weise zu sein.« (PLATON, Klass. Dialoge: 259).
6 PLUTARCH, Vita Alex. VII, 3.
7 AULUS GELLIUS, *Die attischen Nächte* XX, Kap. 5, 7–9. Übers. und hg. von FR. WEISS, Lpz. 1876. Reprint Darmstadt 1981.
8 HARDER 1942, hier zit. nach PFOHL 1968: 288f. – Das Problem der Entstehung und Entwicklung der Schriftlichkeit im antiken Griechenland und die Herausbildung der klassischen griechischen Schriftkultur ist ein bestens bearbeitetes Forschungsfeld der Graecistik. Ein prominenter Streitpunkt ist die Frage nach dem Alter des griechischen Alphabets (vgl. dazu die Aufsätze in PFOHL 1968, namentlich die Beiträge von CARPENTER, HARDER und NILSSON, SIGALAS 1934 und JEFFERY 1961, 1962); wohl noch umfangreicher ist die Literatur über die Frage des Übergangs von der oralen zur literalen epischen Tradition, die gelegentlich auf die Frage zugespitzt wurde, ob HOMER gelesen bzw. geschrieben hat (vgl. LESKY 1954, LORIMER 1948, 1950, KRARUP 1956, GREENE 1951, WADE-GERY 1952, HÖLSCHER 1983, GOOLD 1960, HAVELOCK 1973, ONG 1982: 20ff., 58ff., BORST 1957/1963: 74ff. und natürlich die epochalen Arbeiten von PARRY 1971 und LORD 1960.
Bibliographische Überblicke geben HAYMES 1973, HOLOKA 1973 und FOLEY 1980.
RÖSLER 1983 hat über den Wandel der Funktionen bzw. die Verschiebungen im Funktionsdiagramm von Oralität und Schriftlichkeit von den homerischen Epen bis zum Hellenismus gearbeitet; seine Erkenntnisse können als Antithesen zu HAVELOCKS Überschätzung der Einmaligkeit der griechischen Schriftschaffung zitiert werden. Für das Studium des materiellen Aspekts des Schriftlichkeitsprozesses in der Antike ist die Arbeit von BIRT 1882

auch heute noch unentbehrlich; weitere wichtige Arbeiten sind KENYON 1932, BETHE 1945, STEMPLINGER 1933, SCHUBART 1921.

Für die hier interessierenden philosophischen Aspekte, wie sie im *Phaidros* und der Passage aus HARDERS Abhandlung formuliert sind, kann verwiesen werden auf den berühmten Aufsatz von GOODY und WATT (1963/1981), die Schriften von HAVELOCK und die Arbeiten von DERRIDA. Schließlich sei RAIBLES einsichtsvolle Travestie über den »Text und seine vielen Väter« (1983) erwähnt, in der PLATONS Befürchtungen als methodischer Urgrund von Hermeneutik und Textkritik ironisiert werden.

9 Beispielsweise in J. GOODYS und I. WATTS klassischem Essay *The Consequences of Literacy* (1963/1981) oder in den Werken von W.J. ONG (z.B. 1977: 23–47; 1982: 20ff., 79ff.) und E. HAVELOCK.

10 Alle diese Beispiele sind aus NOTOPOULOS 1953: 517f. entnommen.

11 Die psychologischen und psycholinguistischen Aspekte des Schreibprozesses, des Lesevorgangs und die komplizierten Zusammenhänge zwischen beiden sind in den letzten zwanzig Jahren ein prominenter Forschungsgegenstand geworden. Für die amerikanische Diskussion, die in GUDSCHINSKY 1976 zusammenfassend referiert ist, spielte die eher journalistisch als wissenschaftlich bedeutende Arbeit *Why Johnny can't read – and what you can do about it* von FLESCH (1955) die Rolle eines Auslösers; wichtige Stationen der Forschung markieren etwa die Sammelbände von BRAUN 1971, GOODMAN 1968, GOODMAN/FLEMING 1969, KAVANAGH/MATTINGLY 1972, BRITTON et al. 1975, TANNEN 1982, FREDERIKSEN/DOMINIC 1981 und die Arbeiten von CHALL 1967, SMITH 1971, 1973, WARDHAUGH 1969, KRESS 1982 und FREEDMAN et al. 1983.

Für die westdeutsche Diskussion scheinen uns die Sammelbände von ANDRESEN/GIESE 1979, 1983, GÜNTHER/GÜNTHER 1983 und die Arbeiten von E. WEIGL 1974, 1979 und LUDWIG 1983a–d sowie ANDRESEN 1983/1985 von besonderer Bedeutung. Einen brauchbaren Überblick über die uferlosen Methodendiskussionen gibt GÜMBEL 1980.

12 Vgl. zu diesem Gesichtspunkt LUDWIGS (1983a: 41ff.) Überlegungen zu den verschiedenen Komponenten des Schreibprozesses und seinen bedenkenswerten Versuch, eine empirisch abgesicherte Theorie der »Funktionen des schriftlichen Gebrauchs von Sprache« (1980: 76) als Teiltheorie einer Theorie der Schrift, die er wiederum durch eine Theorie des Wissens fundiert sehen möchte (ebd. 91); überlegenswert finden wir weiterhin seinen Vorschlag, die elementaren Funktionen des »schriftlichen Gebrauchs von Sprache« in Form einer Liste zu fixieren (ebd. 85–90).

13 Vgl. etwa NERIUS/SCHARNHORST 1980b: 39f.

14 ›Analphabet‹ ist, wörtlich genommen, natürlich keine korrekte Charakterisierung; wir werden auf diese Frage zurückkommen.

15 Vgl. dazu ausführlich KRESS 1982.

16 Einen Überblick über die Gesetzgebung und administrative Spezialregelungen in den einzelnen US-Bundesstaaten gibt LEIBOWITZ 1970.

17 Aus einer Erzählung des estnischen Schriftstellers J. MADARIK, zit. nach COMRIE 1981: 136. Die Übersetzung ins Deutsche lautet:

»Das Klopfen an der Tür ging weiter, und sie vibrierte immer stärker. Alle Sillamäs standen auf. Milla zog sich schnell an. Aadu und Anu warfen sich ihre Jacken über die Schulter. Der alte Mann fragte noch einmal, wer da sei, öffnete die Tür und verbeugte sich.«

HAAS (1976) nimmt für solche Fälle eine Differenzierung zwischen »intralingual (intrasystemic)« und »interlingual (intersystemic) relations« vor, in denen die »graphemes [...] have only that ›phonic meaning‹ of interlingual reference which [...] defines them as empty and derived«; letztere müßten von den Benutzern des jeweiligen Systems so umgeformt werden (durch »rules of optional translations«), daß systematische Korrelationen zur Bedeutungsebene der betreffenden Einzelsprache herstellbar würden. Dabei bleiben zumindest zwei Probleme offen: einerseits gibt es Sprachen, bei denen die fraglichen Korrelationen zumindest nicht durchgängig systematisch sind (gerade im Englischen), und andererseits fragt es sich, welche über die pure graphische Form der Schriftzeichen hinausgehenden

Gemeinsamkeiten zwischen Sprachen angenommen werden sollen, die über keine weiteren (typologischen, genetischen, lexikalischen) Gemeinsamkeiten verfügen.

18 Vgl. etwa FRITH 1979 oder NAVON/SHIMRON 1984 (für nichtvokalisierte Texte im Hebräischen, insbes. 97).

19 Vgl. dazu die Ausführungen von HAAS 1976: 133ff. über intrinsische und extrinsische Relationen zwischen Schriftsystemen.

20 Eine ausführliche Darstellung und Diskussion des Konzepts der geschriebenen Sprachform bei CHOMSKY und HALLE wird unten in Kapitel 3.VII. vorgelegt.

21 Diese Anmerkung betrifft natürlich auch nichtalphabetische Schrifttypen, wie folgende Varianten von 心 [xin] ›Herz‹ im Chinesischen zeigen:

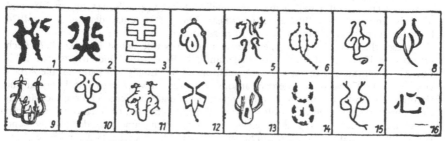

Das Zeichen »sin«, Herz, in 16 verschiedenen Schriften

1. Aus der Inschrift Yü's
2. Dasselbe, von chinesischen Paläographen restauriert
3. Schrift der erhabenen Orte
4. Sternschrift
5. Tierkönigsschrift
6. Troddelschrift
7. Schrift der gebogenen Gerten
8. Doppelschrift

9. Phönixschrift
10. Wolkenschrift
11. Drachenschrift
12. Schrift der Grabsteine und Heiratskontrakte
13. Schrift des weißen Flugs
14. Schildkrötenschrift
15. Glückseligkeitspflanzenschrift
16. Normalschrift k'ai-shu

(aus: HERING 1969: 166. Näheres zur »chinesischen Schrifttheorie« in DEBON 1978)

22 Vgl. zu diesem Punkt HAAS 1976: 181ff. und TRAGER 1974: 382ff.

23 ECKHARD, Abh. Berl. Akad. 1846, DCCCCXXXII: 502f.

24 Vgl. für Näheres JELLINEK 1930: 18ff.; GLEASON 1961: 411.

Anmerkungen zu Kapitel 2

1 Allgemeine Probleme der Orthographiekonstruktion sind behandelt in den Beiträgen zu SMALLEY 1964, in KUHN 1981 und in einigen Publikationen aus dem S.I.L. (vgl. Anm. 2 zu Kapitel 5, S. 269 sowie in der sowjetischen Sprachplanung (vgl. Anm. 10 zu diesem Kapitel, S. 255).
Eine anschauliche Fallstudie liefert GARVIN 1954. Sehr ambitioniert ist die dreibändige Anthologie von FODOR/HAGÈGE 1983/1984 mit einer Vielzahl von Fallbeschreibungen zum Thema *Sprachreform*, in denen das hier interessierende Thema an vielen Stellen angesprochen wird. Zu erwähnen sind schließlich die einschlägigen Sammelbände von J.A. FISHMAN, insbes. *Advances in the Creation and Revision of Writing Systems* (1977) und *Advances in Language Planning* (1974) und die Zeitschrift *Language Problems and Language Planning* (herausgegeben von der U. of Texas Press).
Die Geschichte der Schriftsysteme der im lateinischen Alphabet verschrifteten europäischen

Sprachen hat BALAZS 1968 dargestellt; LENDLE 1935 hat eine entsprechende Studie über die germanischen Sprachen vorgelegt; HAUGEN 1976 beschränkt sich auf die skandinavischen Sprachen. Eine Beschreibung der slavischen Sprachen unter diesem Gesichtspunkt hat ISING 1970 versucht; wichtiger sind wohl die Arbeiten von KARSKIJ 1928 (zur kyrillischen Paläographie), ISTRIN 1963 (zur Geschichte der Kyrillica), IVANOVA 1976 (zur Geschichte des russichen Schriftsystems), POLJANEC 1936 und DIELS 1951 (zu den südslavischen Sprachen) sowie SCHRÖPFER 1968, der eine sehr gut eingeleitete Edition der *Orthographia Bohemica* von J. HUS vorgelegt hat.

Die Geschichte des Schriftsystems des Deutschen und der vielfältigen Versuche, es zu reformieren, sind dokumentiert in J. MÜLLERS (1882) unentbehrlicher Sammlung von Quellentexten, in JELLINEK 1913, SOCIN 1888 und GARBE 1978. Aus der neueren sprachwissenschaftlichen Literatur verdienen der Sammelband von NERIUS/SCHARNHORST 1980 und die Arbeiten von NERIUS 1967, 1975, EISENBERG 1981, 1983a–c und der von AUGST 1974 herausgegebene Sammelband hervorgehoben zu werden.

Zur Geschichte der skandinavischen Schriftsprachen wurde neben HAUGEN 1976 auch GUNDERSEN 1977 konsultiert, für das Niederländische ROYEN 1934 und GEERTS et al. 1977. Für die Geschichte der geschriebenen Sprachformen des Englischen kann auf die Arbeit von SCRAGG 1975 verwiesen werden; ansonsten wurde schwerpunktmäßig Literatur zur Reform des englischen Schriftsystems herangezogen (die sich im Vergleich zur einschlägigen Literatur zum Deutschen durch oft schärfere Polemik, aber häufig auch durch größeren Scharfsinn und Sinn für Ironie auszeichnet). Wir möchten namentlich den Sammelband von HAAS 1969 und die Arbeiten von SHAW 1962 und MACCARTHY 1969 nennen, die sich mit den Resultaten der *Shaw competition* befassen. DOWNING 1962, 1965 (zum *Augmented Roman Alphabet*), PITMAN 1972, Pitman/St. John 1976 (insbes. Kap. 6) und die Bibliographie der NATIONAL BOOK LEAGUE befassen sich mit dem *Initial Teaching Alphabet (ITA)*, ebenso HARRISON 1964, FOLLICK 1965 (nach dem die *Mont Follick Series* benannt ist, in deren Rahmen diese Fragen regelmäßig thematisiert werden), und PITMAN/ST. JOHN 1969. MATHEWS 1966 (Kap. 15) beschäftigt sich mit ›Leselernalphabeten‹ allgemein. Schließlich ist die vorzügliche Arbeit von ABERCROMBIE 1981 zu erwähnen, der Geschichte der Reformalphabete und -schriften für das Englische (mit faszinierenden Faksimiles) behandelt, und endlich PFEIFFER-RUPP 1982.

Abschließend möchten wir noch einige Titel zu einem eher ausgefallenen Gebiet anführen, nämlich der Geschichte der jiddischen Schriftsprache(n) bzw. der Standardisierung und Kodifizierung des Jiddischen, die bisher nicht zu einheitlichen Ergebnissen gediehen ist. Für die ›westliche‹ Tradition des YIVO (Wilna, später New York) können die Arbeiten von WEINREICH 1930, 1980, BIRNBAUM 1979 und GOLD 1977, für die sowjetische Tradition LECHT 1932, LITVANKOV 1928 und FAL'KOVIČ 1966 genannt werden.

2 NERIUS/SCHARNHORST 1980b: 18; ähnlich ALLÉN 1971: 7, KRESS 1982: 16ff.

3 Vgl. für Näheres GLÜCK/SAUER 1985: 242–247, EISENBERG 1986: 121–132.

4 Vgl. dazu GIRKE 1977, die Sammelbände SCHARNHORST/ISING 1976/1982, ŠVEJCER/NIKOL'SKIJ 1978, neuerdings die interessante Studie über die »Sprachecke« der *Literaturnaja gazeta* von CHRISTIANS 1983, den Überblick in JACHNOW 1984b und die – auf die deutsche Situation bezogenen – Arbeiten von GESSINGER/GLÜCK 1983 und GLÜCK/SAUER 1985.

5 Vgl. dazu meine Auseinandersetzung mit LABOVS methodologischen Konzepten zum ›linguistischen Faktum‹ in GLÜCK 1980.

6 Vgl. etwa KRESS 1982: 2ff. und passim oder ONG 1982: 106.

7 Vor allem in den letzten Jahren hat das Interesse am empirischen Studium der Unterschiede und Gegensätze zwischen mündlicher und schriftlicher Sprachverwendung enorm zugenommen, so daß es kaum noch möglich ist, dieses Forschungsgebiet vollkommen zu überblicken. Als allgemeine (und nicht an einzelnen Erscheinungen) orientierte Arbeiten können OLSON 1977, HOŘEJŠI 1971, KRESS 1982, LUDWIG 1983a genannt werden. Einige weitere Hinweise: aufs Deutsche bezogen sind die Arbeiten von SCHANK/SCHOENTHAL 1983, WACKERNAGEL-JOLLES 1973, HEINZE 1979 (am Beispiel von Parlamentsreden); Probleme der ›written‹ gegenüber der ›spoken language‹ im Englischen behandeln SCHALLERT

et al. 1977 und GIBSON et al. 1966. Für das Russische kann die Studie von VOLOCKAJA et al. 1964 genannt werden. Fragen der englischen Syntax sind in O'DONNELL 1974 untersucht, GREEN 1982 befaßt sich mit der Inversion im Englischen, DRIEMAN 1962 hat am Holländischen Satzlängen, Silbenhäufigkeiten und type-token-ratios für verschiedene Wortklassen untersucht. DITTMANN 1976 hat sich dem deutschen Tempussystem gewidmet, MÜLLER 1971 den ungeleiteten Nebensätzen des Deutschen und SCHOENTHAL 1976 dem Passiv im Deutschen. Weitere Literatur, schwerpunktmäßig zu den Forschungsresultaten der IdS-Untersuchungen zum ›Gesprochenen Deutsch‹, ist der Bibliographie in SCHANK/SCHOENTHAL 1983 zu entnehmen.

8 Vgl. für diese Argumentation VACHEK 1964b: 116ff.

9 Vgl. z. B. GLOY 1975, GESSINGER/GLÜCK 1983.

10 Zur sowjetischen Sprachenpolitik, die zweifellos einige der interessantesten und wertvollsten Beiträge zur Sprachplanung und zur Theorie der geschriebenen Sprache hervorgebracht hat, gibt es eine kaum überschaubare Fülle von politischen und linguistischen Publikationen, vor allem natürlich über die in den Sprachen der Sowjetunion. Die Literatur in ›westlichen‹ Sprachen ist vergleichsweise spärlich, und entsprechend wird die sowjetische Forschung oft überhaupt nicht oder nur am Rande zur Kenntnis genommen. Aus der älteren Literatur sind vor allem die Zeitschrift *Revoljucija i pis'mennost' (Revolution und Schriftlichkeit)*, die die Zeitschrift *Kul'tura i pis'mennost' Vostoka (Kultur und Schriftlichkeit des Ostens)* 1931 ablöste und 1933 in *Schriftlichkeit und Revolution* umbenannt wurde und die Sammelbände zum *Neuen türkischen Alphabet*, etwa AGAZADE 1926, zu nennen, daneben vor allem die heute noch aktuellen sprachwissenschaftlichen Arbeiten von E.D. POLIVANOV und N.F. JAKOVLEV. Die Geschichte des *Neuen türkischen Alphabets* ist von WINNER 1952 beschrieben worden. Aktuellere Fragen der sowjetischen Sprachplanung und Sprachenpolitik behandeln MUSAEV 1973, 1975, BASKAKOV 1967, UBRJATOVA 1959, einige Beiträge in GUCHMAN 1960 und AZIMOV/DEŠERIEV 1975. IMART 1983 beschäftigt sich mit den Lehren des sowjetischen Beispiels für die Dritte Welt. Aus der jüngeren westlichen Forschung sind der Sammelband von GIRKE/JACHNOW 1975 sowie GIRKE/JACHNOW 1974, JACHNOW 1977, COMRIE 1981, KRAG 1982 und GLÜCK 1983b, 1984 zu nennen.

11 ŠACHMATOV, A.A., Neskol'ko zamečanij po povodu zapiski I.Ch. Pachmana [Einige Bemerkungen zu der Notiz I.Ch. Pachmans], in: ORJAS 1899, t. LXVII No. 1, p. 32f., zit. nach ŠVARCKOPF 1970, dt. in GIRKE/JACHNOW 1974: 175.

12 »Wenn wir uns vergegenwärtigen, daß die Linguistik zur Abgrenzung von Sprache und Dialekt gerade das Kriterium des gegenseitigen Verstehens oder Nichtverstehens benutzt, dann können wir mit Recht die Sprache von 1913 und die gegenwärtige Sprache der Komsomolzen schon nicht mehr als zwei Dialekte ein und derselben Sprache kontrastieren, sondern als *zwei verschiedene Sprachen.*« (POLIVANOV 1931/1975: 131).

13 Vgl. dazu GLOY 1975, HARTUNG 1977, GESSINGER/GLÜCK 1983.

14 Die dabei auftretenden Probleme sind in der BRD in jüngster Zeit v.a. im Umkreis des IDS diskutiert worden. Einen Überblick gibt die Arbeit von SCHANK/SCHOENTHAL 1983.

Anmerkungen zu Kapitel 3

1 Einen umfangreichen Überblick über verschiedene Varianten beider Ansätze gibt AMIROVA 1977; in JEDLIČKA 1978 findet sich eine detaillierte Übersicht über die Forschung in den sozialistischen Ländern.

2 Vgl. z. B. BLANÁR 1968, HELLER 1980b.

3 Vgl. zur (türkei-)türkischen Schriftreform von 1928 BASKAKOV 1975, BAZIN 1983, GALLAGHER 1971 und die älteren Arbeiten von HEYD 1954 und BOLLANDT 1928.

4 Vgl. GLÜCK 1984 und die in Anm. 10 zu Kap. 2 zitierte Literatur.

5 Seit dem 2. Jh. u.Z. wurde in Vietnam das chinesische Schriftsystem *(chu nho)* verwendet, seit dem 14. Jh. war daneben eine ›relexifizierte‹ Version der chinesischen Logogramme *(chu nôm)* in Gebrauch – den chinesischen Charakteren waren vietnamesische Lautentspre-

chungen zugeordnet. Im 17. Jh. schufen portugiesische Missionare die ersten lateinschriftlichen Systeme für das Vietnamesische *(chu quôc ngu)*, in denen sechs Töne markiert
werden, womit die tonemische Ebene offenbar befriedigend repräsentiert werden kann;
allerdings wird die Vielzahl der diakritischen Zeichen gelegentlich als Mangel gesehen.

6 Beeindruckende Beispiele geben die fünf Bände *Jazyki narodov SSSR* [Die Sprachen der
Völker der Sowjetunion] (1966–1968). Der wohl umfassendste ›Sprachenkatalog‹ ist der
Ethnologue (GRIMES 1984). Daneben sind die Zeitschriften *Language Problems and Lan-
guage Planning* (bis 1976 unter dem Titel *La Monda Lingvo-Problemo* erschienen) sowie die
Notes on linguistics und die *Notes on literacy* des *Summer Institute of Linguistics* von
hervorragender Bedeutung.

7 Daß nicht alle diese jungen Schrifterfindungen bloße Kuriositäten sind, zeigen die Studien
von M. COLE und S. SCRIBNER über die Schriftkultur der *Vai* in Liberia. Vergleichbare
praktische Relevanz scheint die ebenfalls auf einer jungen Schriftschöpfung beruhende
Schriftkultur der Eskimos *(Inuit)* im Norden von Québec und in Labrador zu besitzen. Sie
beruht auf einer modifizierten Variante eines weitgehend phonographisch konstruierten
Syllabars, das der britische Missionar J. EVANS um 1840 für die *Cree* entwickelt hatte (vgl.
JENSEN 1969: 235ff., SCHMITT 1980). Eine ausführliche Darstellung der Geschichte dieses
»unique writing system for many Canadian Inuit« (MARK KALLUAK) und seiner gegenwärtigen Bedeutung gibt HARPER 1983. Die Bemühungen um eine Standardisierung, Optimali-
sierung und Kompatibilisierung des lateinschriftlichen und des silbischen Systems, die
nebeneinander verwendet werden, sind in den Arbeiten von LEFEBVRE 1957, GAGNÉ 1965
und in einigen Beiträgen in BASSE/JENSEN 1979 dokumentiert.

8 Wir wollen hier lediglich *ein* Beispiel zitieren. Es schlägt zwei Fliegen mit einer Klappe, weil
es nicht bloß um ein optimales Schriftsystem, sondern auch um eine ideale Sprache geht;
daß die geschriebene Form einer idealen Sprache ein ideales Schriftsystem besitzt, versteht
sich.
Der badische Pfarrer JOH. MARTIN SCHLEYER erfand vor etwa hundert Jahren nicht nur das
Volapük, eine der vielen – und kurzfristig höchst erfolgreichen – Weltsprachen dieses erfin-
dungsreichen Jahrhunderts, sondern er formulierte auch Prinzipien für eine ideale Orthographie, die allerdings, mit Ausnahme des letzten Punktes, nicht übermäßig revolutionär
ausgefallen sind:
a. Für jeden Laut *ein* Zeichen!
e. Jedem Zeichen nur *eine* Aussprache!
i. *Kein* Zeichen stumm und überflüssig!
o. *Eine* Schreibung und Lesung auf der ganzen Erde!
(SCHLEYER 1888: 13)

Da die Volapük-Kenntnisse der meisten Leser zu begrenzt sein dürften, um das praktische
Walten dieser Grundsätze in der Weltsprache selbst gebührend würdigen zu können, zitieren wir eine ihrer Anwendungen auf das Deutsche, dessen diesbezüglicher Reform sich
SCHLEYER auch gewidmet hat, als einem Vorspiel gewissermaßen auf dem Weg zum Ziel der
Weltherrschaft der Weltsprache:
Jliſlih kónen vìr ále freunde der veltsprahe auf das freudigste fersihern, dás sih tàglih di
stímen dèryènigen mèren, vélhe be⁽aubten, dás únser volapuk vírklih und tàtsahlih ein
gròſes folker- und vélt-bedúrfnis befridige, und in nìht férner zeit zur vàren álspràhe dèr
érde auserkóren vérden durfte. – Gèbe ès Gót, der álgutige véltenlénker, dás dìse stímen
réht be⁽álten – zür ère Gótes, zur einiguη dés álgemeinen ferkères, zur forderunη des
sègenbriηender gròſen, álumersènten folkerfridens! - Dises ist der ìnigste ⁽érzensvúnj dés di
gánze ménj⁽eit in aufrihtigster lìbe umármenden
erfìnders und ferfásers
(Jléyer Yò⁽án Mártin, pfárer und redaktor)
(SCHLEYER 1888: V)
Eine Vielzahl von ›Universalschriften‹ ist in RONAI 1969 dargestellt, etwa die *Pasigraphie*
des preußischen Infanteriemajors MAIMIEUX, eine »neue Kunstfertigkeit, eine Sprache zu

schreiben und zu drucken, welche ohne Notwendigkeit einer Übersetzung verstanden werden kann« (zit. nach RONAI 1969: 20). 1837 publizierte SIR ISAAC PITMAN die *Phonographie*, »a system of short-hand writing based upon a philosophical representation of the forty sounds of language« (zit. nach FRIES 1963: 144), die er bereits 1842 durch eine »*Phonotypy* or printing by sound« (FRIES a.a.O.) ablöste; PITMAN ging es allerdings in erster Linie um ein brauchbares Stenographiesystem und erst in zweiter Linie um eine Universalschrift. 1861 schuf EMILE FOURNER ein *Alphabet Universel*, kurz darauf folgte das *Organic Alphabet* von PAUL PASSY und DANIEL JONES. Erwähnenswert sind auch OTTO JESPERSENS merkmalnotierende Schriftsysteme (die nicht als Alphabete aufgefaßt werden dürfen, weil sie artikulatorische Eigenschaften, nicht aus solchen Eigenschaften zusammengesetzte Komplexe notieren) und die *Weltlautschrift* sowie das *Weltalphabet* des Phonetikers FORCHHAMMER (reiches Material dazu in HEEPE 1928; vgl. auch ABERCROMBIE 1949/50, 1981; PFEIFFER-RUPP 1982). Als Kuriosa können noch das *Universal Alphabet* von LUTHY 1918, die *Semantography* von BLISS 1945 und die *Sinnschrift* SAFO von ECKARDT 1965 genannt werden. Offenbar nicht nur als Medium der Aphatikertherapie sind offenbar die *Jet Era Glyphs* von ZAVALANI/PISER 1982 gedacht, ein piktographisches System, das in einem kalifornischen Krankenhaus für die Therapie von Sprachbehinderten entwickelt worden ist, aber für die Verwendung »as a universal means of communication« auch geeignet ist (ZAVALANI/PISER, p. 151).

9 Vgl. für diesen Standpunkt z.B. SJOBERG 1964, TAULI 1968 oder die Arbeiten von HAVELOCK.

10 WEISGERBERS Auffassungen erwähnen wir, weil bei aller kritischen Distanz zu seinen sprachtheoretischen Auffassungen und seinem Lebenswerk insgesamt nicht übersehen werden darf, daß er einige wesentliche Probleme des Verhältnisses von »Sprache und Schrift« durchaus scharfsinnig diskutiert hat. Er vertritt eine ›energetische‹ Version der Abhängigkeitshypothese, derzufolge »die Schrift« nur als eine (produkthafte, tote) Spielart sprachlicher ›ergoi‹, nicht aber als Bestandteil des individuellen und sozialen Sprachvermögens, als menschliche ›enengeia‹ zu werten sei. »Die Schrift« ist ihm daher etwas grundsätzlich Sekundäres, auch wenn er, in seiner Argumentation stark an die Prager Theorien der ›Literatursprache‹ erinnernd, im Begriff der »Schriftsprache« die tendenzielle Autonomisierung der geschriebenen Sprachform in entwickelten Schriftkulturen konstatiert. Dennoch sind »alle Erscheinungen der Schrift [...] zu messen an den Tatsachen der Sprache« (1964: 20). Ungesund und schädlich ist es für ihn deshalb, wenn »die Schrift«, d.h. eine »Schriftsprache« i.S. seiner Definition, damit beginnt, größeren Einfluß auf »die Sprache« auszuüben: dies führt zu einer »Verkehrung der natürlichen Ordnung« (ebd. 34). Orthographiereformen und überhaupt geplante, bewußte Veränderungen der Struktur der geschriebenen Sprachform sind deshalb etwas, was nur die äußere Seite der Sprache, ihren ›ergon‹-Aspekt betrifft, und sie sind etwas, was man nicht etwa nur in Kauf nehmen muß als periodisch notwendige Remedur gegen sprachwandelbedingtes Auseinanderdriften von »Sprache und Schrift«. Sie sind im Gegenteil etwas immer wieder Notwendiges und eine vornehme Aufgabe für alle wirklichen Sprachforscher, die ihre »Verantwortung für die Schrift« (so der programmatische Titel des Buches) ernst nehmen und recht verstehen, denn: »Sicher kann der Einzelne als solcher wenig ändern. Aber es kommt oft genug die Notwendigkeit einer Stellungnahme, und da wird deutlich, ob er Herr oder Höriger der Schrift ist. [...] Nicht nur, daß der Mensch die Kontrolle über seine Schöpfungen verliert; er wird oft genug geradezu zur Marionette im Selbsterhaltungsprozeß des objektivierten Gebildes. Das ist für die soziologische Betrachtung sehr interessant, aber für den Menschen im Grunde unwürdig. Die mögliche kritische Distanz gegenüber seinen Schöpfungen gehört zu den erreichbaren Freiheiten des Menschen« (ebd. 39).

11 Vgl. z.B. KRESS 1982: 16ff.

12 JESPERSEN, OTTO, *Modersmålets Fonetik*. København 1922. Zit. nach LENDLE 1935: 14f.

13 Vgl. z.B. JESPERSEN ⁹1938 passim, insbes. §§ 252ff.

14 Praktische Beispiele sind etwa BLOOMFIELDS Studien über Assimilationsvorgänge auf der phonetischen Ebene bei Wortentlehnungen, deren geschriebene Form unverändert bleibt;

z. B. span ⟨x⟩ /x/ wird im Engl. als ⟨x⟩ /ks/ adaptiert, so in ⟨Don Quixote⟩ /don ki'xote/ →
/don 'kwiksət/, was später, »certainly under learned influence«, zu /don ki'howti) revidiert
wurde, sich aber in der Derivation /kwik'sotik/ ⟨quixotic⟩ gehalten hat. (1935: 448).

15 BLOOMFIELDS Aufsatz *Linguistics and Reading* (1942) wurde noch in den 1960er Jahren von
amerikanischen Grundschuldidaktikern als revolutionäre Anleitung für eine bessere Unter-
richtspraxis gehandelt; vgl. v.a. BLOOMFIELD/BARNHART 1961 (insbes. die einleitenden Beiträge), FLEMING 1969, und GUDSCHINSKY 1976: 10ff.

16 Vgl. in den *Grundfragen* (1916/dt. 1967) v.a. Kap. VI.f. der Einleitung (pp. 27–40 und
40–43: »Kritik der Schrift«).

17 Neben HÄUSLERS Arbeit von 1969/1976, die sich schwerpunktmäßig mit den phonetischen
und ›psychophonetischen‹ Theorien BAUDOUIN DE COURTENAYS beschäftigt, liegt der
deutschsprachigen Leserschaft mit MUGDANS (1984) Monographie eine ausgezeichnete
Darstellung des Lebenswerks dieses zu Unrecht so wenig bekannten Gelehrten vor. MUG-
DAN hat BAUDOUIN DE COURTENAYS Theorieansätzen zur geschriebenen Sprachform ein
besonderes Teilkapitel gewidmet (80–85), auf das wir hier ebenso verweisen können wie auf
seine Gesamtbibliographie der Werke von und über BAUDOUIN DE COURTENAY (194–234).
Vgl. auch GLÜCK 1985/1986.

18 Hier liegen deutliche Bezugnahmen auf JAKUBINSKIJ 1923 und den BACHTIN-Kreis, insbes.
VOLOŠINOV 1930/1975 vor; vgl. GLÜCK 1976: XLIXff. mit weiteren Hinweisen.

19 Ähnliche Vorstellungen haben auch C. LOUKOTKA (1946) und J. VAN GINNEKEN vertreten;
vgl. ISTRIN 1953/1958 frz., p. 42f. Vielleicht ist es nicht ganz abwegig, an dieser Stelle an
HOUSEHOLDERS Argumentation zu erinnern: hier haben wir »historisch« abgeleitet, was
HOUSEHOLDER mit »immanenter Logik« zu beweisen suchte.

20 Die wichtigeren Einzelstudien enthält folgende Liste: ABERCROMBIE 1981, ALARCOS LLO-
RACH 1968, ALLÉN 1965, 1971, BARON 1981, BAZELL 1956, BIERWISCH 1972, 1973, BLAN-
CHE-BENVENISTE/CHERVEL 1969, BOLINGER 1946, 1968 (Kap. 14), CHAO 1968, EISENBERG
1983, FERGUSON 1971 (Kap. 14), FRIES 1963, GLEASON 1961 (Kap. 25, 26), GUDSCHINSKY
1974, 1976, HALL 1961, HALLE 1964, 1969, ISTRIN 1953/1958, KUHN 1981, LUDWIG 1983d,
MAKAROVA 1969b, MCINTOSH 1966, MCLAUGHLIN 1963, MUSAEV 1965, NIDA 1954, PIKE
1947, PULGRAM 1951, 1965, 1976, STOCKWELL/BARRITT 1954, STUBBS 1980, TRAGER 1974,
VENEZKY 1970, 1976, 1977, VOEGELIN/VOEGELIN 1961, BASSO 1974, KRESS 1982
Wichtige Sammelbände sind KAVANAGH/MATTINGLY 1972, TANNEN 1982, WHITEMAN
1981, GÜNTHER/GÜNTHER 1983, HENDERSON 1983, FREDERIKSEN/DOMINIC 1981, FRAW-
LEW 1982, GOODMAN/FLEMING 1969, HAAS 1969, 1976, GOODMAN 1968 und SMALLEY 1964
(COULMAS/EHLICH 1983 und PELLEGRINI/YAWKEY 1984 lagen uns bei Abschluß des Ms.
noch nicht vor).

21 VACHEK 1939: 445; vgl. auch ders. 1982: 37f., 44ff., wo das Fehlen einer geschriebenen
Sprachform – bei schriftlosen Sprachen – als »functional defect« bezeichnet wird (ebd. 45).

22 In den Sammelbänden von VACHEK 1964 und 1973, BENEŠ/VACHEK 1971 und SCHARN-
HORST/ISING 1976, 1982 sind den westlichen Lesern eine Reihe wesentlicher Studien der
Prager Linguistik zum Problem der ›Schriftsprache‹ zugänglich. Die grundlegenden Formulierungen der Prager ›Theorie der geschriebenen Sprache‹ finden sich bei HAVRÁNEK
1931, wo über die Frage der Abbildung phonologischer Systeme in der geschriebenen
Sprache gehandelt wird, bei HAVRÁNEK 1936 (dort werden Fragen der Norm bezüglich der
gesprochenen und der geschriebenen Sprachform erörtert) und bei VACHEK 1939, 1942 und
HAVRÁNEK 1963, 1971, wo die *Theorie der Schriftsprache* entfaltet ist. Normprobleme
werden weiterhin bei DOKULIL 1971 und VACHEK 1964b behandelt; Probleme einer *Soziolinguistik der Schriftsprache* behandeln DANEŠ 1968 und JEDLIČKA 1978. Kritische Anmerkungen zur Prager *Theorie der Sprachkultur* finden sich bei GIRKE 1977.

23 Vgl. zum historischen Aspekt HENDRICKSON 1929/1930, BALOGH 1927, HARDER 1942,
CHAYTOR 1945, Kap. 1.

24 In den *Indogermanischen Forschungen*; wir zitieren nach dem Klappentext der 9. Auflage
der *Prinzipien*.

25 Z. B. ALLÉN 1965: 11; BASSO 1974: 425f.; NERIUS/SCHARNHORST 1980b: 17.

26 Vgl. auch BEHAGHEL 1899/1927, der in diesem Zusammenhang eine Vielzahl von Beispielen für morphologische und syntaktische Spezifika der geschriebenen Sprachform im Deutschen anführt.

27 BEHAGHEL hat sich in ›Die deutsche Sprache‹ (14. Aufl. 1968) ausführlich zu diesen Fragen geäußert (z.B. pp. 33–56, 149–153).

28 Vgl. PAUL 1873, BEHAGHEL 1896, SOCIN 1888, SINGER 1900. – Ein zusammenfassender Überblick wird in der – im übrigen stark dem Zeitgeist verhafteten und an SCHMIDT-ROHRS sprachtheoretischen Vorstellungen orientierten – Arbeit von BERNDT (1934) gegeben.

29 Eine ähnliche Auffassung vertritt GEORGIEV 1956. – Vgl. auch die Feststellung der 4. These des Prager Linguistenkreises von 1929: »Es ist also die Annahme berechtigt, daß das Altslavische sich gemäß den Gesetzen der Literatursprache entwickelt hat.« (THESEN 1929: 60).

30 Vgl. dazu unsere Bemerkungen über LABOVS Versuche in GLÜCK 1980.

31 Vgl. etwa seine Reflexionen über »Fremdlaute« in den Grundzügen, p. 206 und in DERS. 1935a: 6f.

32 Weitere Beispiele finden sich in der Abhandlung über die phonologischen Systeme des Mordvinischen und des Russischen, wo es heißt, daß beide »einander so ähnlich [sind], daß die Mordwinen für ihre Sprache das russische Alphabet ohne irgendwelche Zusätze und Veränderungen verwenden, ohne dabei die geringsten Schwierigkeiten zu empfinden« (1932b: 38f.). Eine praktische Anwendung finden TRUBECKOJS phonographische Auffassungen in seinem Vorschlag für die Transkription der ostkaukasischen Konsonantensysteme (1931a: 13ff.), wo er Eindeutigkeit der Repräsentationsbeziehungen zwischen Phonemen und »Grundbuchstaben« fordert und bedauert, daß das lateinische Alphabet zu »arm« ist, um dieses Prinzip verwirklichen zu können.

33 Vgl. z.B. BALÁSZ 1968, TRAGER 1974.

34 MALMBERG 1962, zit. nach PULGRAM 1965: 216.

35 Die HJELMSLEV-Rezeption von DERRIDA 1974 (97ff. und passim), der ihn zum Protagonisten einer recht verschwommenen Semiotik stilisiert, und von BLANCHE-BENVENISTE/CHERVEL 1978 können hier übergangen werden.

36 Vgl. dazu z.B. STUBBS 1980, insbes. 19ff., die Aufsätze in FREDERIKSEN/DOMINIC 1981 sowie die Sammelbände von GOODMAN und FLEMING sowie LUDWIG 1983a, 1983c und 1983d. Ausführlichere Kommentare zu CHOMSKYs und HALLES Konzept der ›optimalen‹ Orthographie finden sich in STEINBERG 1971, 1973, wo eine ›oberflächenphonologisch‹ basierte Orthographie zur optimalen erklärt wird.

37 Zitiert nach dem Manuskript (1983c: 4).

38 Beispielsweise bei der ›Cluster Simplification Rule‹ (67), mit der ›Doppelkonsonanten‹ bearbeitet werden: eine im Englischen auf die graphemische Ebene beschränkte Erscheinung, die in der Phonologie im Bereich des Vokalismus zu behandeln wäre.

39 Vgl. auch GLUSHKO 1979 und HENDERSON 1984c: 13f.

40 Vgl. RIEHME 1963, HOFER 1974, NERIUS/SCHARNHORST 1980b, RAHNENFÜHRER 1980, GARBE 1983, SCHEERER-NEUMANN 1983, BAUDUSCH 1981.

41 Dieser Mangel wurde auch von anderen Autoren festgestellt; es hat jedoch den Anschein, als sei Abhilfe im Rahmen solcher Prinzipienmodelle allenfalls mit großen Schwierigkeiten erreichbar. Ein lehrreiches Beispiel ist RAHNENFÜHRER 1980, deren Verwechslung von Grammatikkomponenten und Ebenen des sprachlichen Ausdrucks bereits erwähnt wurde. RAHNENFÜHRER sieht das Problem durchaus, ist aber nicht in der Lage, Konsequenzen daraus zu ziehen. Sie verwendet einen kaum explizierten Begriff von Orthographie, der mit dem der »graphischen Ebene« weitgehend zusammenfällt, und korreliert einzelne Gruppen von »orthographischen« Phänomenen mit verschiedenen grammatischen und textuellen Kategorien, die ihrerseits eher impressionistisch eingeführt werden. Eine intensivere Auseinandersetzung mit diesem Beitrag ist hier nicht möglich; erwähnenswert ist er jedoch schon deshalb, weil er der einschlägige Artikel in dem maßgeblichen DDR-Sammelband zum Orthographieproblem in der DDR ist. Ähnliche Einwände kann man gegen GARBES (1983) Besprechung dieses Werks erheben.

42 Das sind natürlich Begriffe, die in einer generativen Grammatik nichts zu suchen haben. Die ›Herkunft‹ von Wörtern ist in diesem Konzept kein sprachwissenschaftlich relevantes Thema; HOUSEHOLDERS Bemerkungen über die Korrespondenz der Einheiten der systematisch phonetischen Ebene bei CHOMSKY/HALLE mit der »spelling in classical Latin« (1971: 256) sind insoweit befremdlich.

43 Vgl. z.B. IVANOVA 1967 für die russische, BLANCHE-BENVENISTE/CHERVEL 1978 für die französische Diskussion.

44 Vgl. die theoretische Diskussion dieser Fragen in AVANESOV 1956: 28ff.

45 Die Präposition ⟨к⟩ [k] wird dissimiliert zu [x] oder [γ] bei anlautendem [k] oder [g] des Referenznomens; z.B. ⟨к кому⟩ [xkamu], ⟨к горе⟩ [γgar'e]; entsprechend bei ⟨г⟩ [γ] in Fällen wie ⟨мягко⟩ [m'aγko]; unikal ist hingegen die auf die Nominalsuffixe ⟨-ого/-его⟩ und das Pronomen ⟨его⟩ beschränkte Variante ⟨г⟩ [v], während die Variante ⟨г⟩ [γ] vor ⟨д⟩ [d], z.B. ⟨когда⟩ [kəγda], die GVODZEV (1963: 33) notiert, vielfach als nonstandard-Form abgelehnt wird.

46 Vgl. den Abriß bei AMIROVA et al. 1980: 384ff.; in einer 1970 erschienenen bilanzierenden Chrestomatie reklamiert Reformatskij auch für die Moskauer Schule BAUDOUIN DE COURTENAY als ›Stammvater‹.

47 Dafür lediglich ein Beispiel: HOŘEJŠI (1962: 236) stellte fest, daß im modernen Französischen nur 30 von insgesamt 108 bzw. 111 Graphemen monorelational seien; die Grapheme des Französischen würden über 262 verschiedene Lautrepräsentationen ermöglichen. Demgegenüber zählte CHRISTENSEN (1967) nur 34 Phoneme und 26 Grapheme.

Anmerkungen zu Kapitel 4

1 In: *Danske retskrivningslære*, København 1826; zit. nach LENDLE 1935: 52.

2 Vgl. Anm. 3 zu Kap. 3.

3 Vgl. HAUGEN 1966c, 1976 und VIKØR 1975 sowie unsere Rezension dazu (GLÜCK 1979b). Weiterhin sind für eine vertiefte Beschäftigung mit dem norwegischen Sprachenstreit nützlich die Anthologien von HANSSEN O.J. (1970), HANSSEN/WIGGEN 1973, WIGGEN 1974 und SANDØY 1975 sowie die beiden Arbeiten von BLEKEN 1966 und BLAKAR 1973, um je ein Beispiel für ausführliche Begründungen der beiden ›Standpunkte‹ zu nennen. Lesenswert ist nach wie vor der Artikel von STEBLIN-KAMENSKIJ 1968, der am Beispiel des norwegischen Sprachenstreits (und teilweise als Replik auf HAUGEN 1966c) die Möglichkeit von Sprachplanung aus sowjetischer Sicht grundsätzlich erörtert.

4 Vgl. FRITSCHE 1979, KORLÉTJANU 1966, BAHNER 1967 und CLOSE 1974.

5 Vgl. MIESES 1919: 186 sowie DIELS 1951, BAOTIĆ 1978 und BARAC 1977 zum südslavischen Bereich.

6 Vgl. GLÜCK 1979: 101ff.; weitere Beispiele gibt MIESES 1919: 214ff.

7 Zit. in BUCHHOLZ 1965: 327. Allgemein zum Thema ›Deutsche Schrift‹ (und ihrer Abschaffung im Nationalsozialismus) HOPSTER 1985.

8 SCHRÖPFER 1968: 17; PÁTA 1925: 21, 53; MERIGGI 1968: 323ff. Vgl. außerdem den Überblick in LORENC 1981: 692ff. In dieser Anthologie ist auch eine Auswahl einschlägiger Quellen versammelt, die das hier Gesagte hinreichend illustrieren können.

9 Vgl. die von HAUGEN 1972 veranstaltete Textausgabe sowie SPEHR 1929, BENEDIKTSSON 1965 und LEONI 1975.

10 Vgl. MIESES 1919: 98ff. mit weiteren Literaturangaben.

11 »Sie schreiben polnisch mit arabischen Schriftzeichen. Ihre Gebetbücher sind alle in polnischer Sprache und arabischer Schrift. [...] Das arabische Alphabet wurde für die polnische Sprache entsprechend adaptiert, gewisse Buchstaben des arabischen Alphabetes wurden durch diakritische Zeichen hergerichtet, um die eigentümlichen Laute des polnischen Konsonantensystems auszudrücken. [...] Auch russisch (weißrussisch) wird von diesen Tataren oft mit arabischen Lettern geschrieben (Vambéry, Das Türkenvolk)«, schrieb MIESES 1919: 107.

12 Vgl. MUSAEV 1964, ZAJACZKOWSKI 1964.

13 Vgl. MIESES 1919: 107.

14 Vgl. dazu ausführlich MIESES 1919: 109–170; WEINREICH 1980; BIRNBAUM 1971, 1979.

15 Vgl. KARCH 1953, PITMAN/ST. JOHN 1969, THOMSON 1982 (mit Überblick über die Literatur). Mit dem *Deseret-Alphabet* wurde nicht nur ein völlig neues Inventar von Schriftzeichen geschaffen, sondern man nahm gleichzeitig eine phonographische Reform der englischen Orthographie vor, wie die Abb. 33 und 34 auf Seite 262 zeigen.

16 Vgl. NAVON/SHIMRON (1984) mit einem kurzen Überblick zur Vokalnotierung im hebräischen Schriftsystem und dem Hinweis, daß im Neuhebräischen (Ivrit) die Verwendung der Punktierung in Abhängigkeit von der Textgattung geregelt ist: sie wird im wesentlichen nur bei religiösen und literarischen Texten sowie in Kinderbüchern angewendet. Ausführlich zur Geschichte des hebräischen Schriftsystems und seiner Verwendung BIRNBAUM 1971. ARONOFF 1985 beschäftigt sich mit den systematisch grammatischen Funktionen der Punktierung.

17 Der »Fall Schmidt-Rohr« ist unseres Wissens erstmals von SIMON (1979) zusammenfassend dargestellt worden.

18 Vgl. dazu unsere Abhandlung zur *Speisenkarte der Sprachenfresser* (GLÜCK 1985/1986).

Abb. 32
Titelseite des ersten Drucks
im *Deseret-Alphabet* (1868). Der Text lautet
(in englischer Standardorthographie):
»The Deseret First Book by the Regents
of Deseret University.«

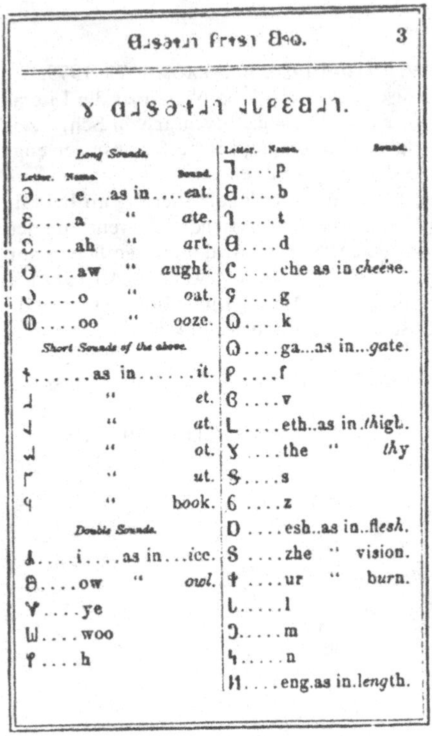

Abb. 33
Liste der Lautwerte der *Deseret*-Schriftzeichen
in Lateintranskription.

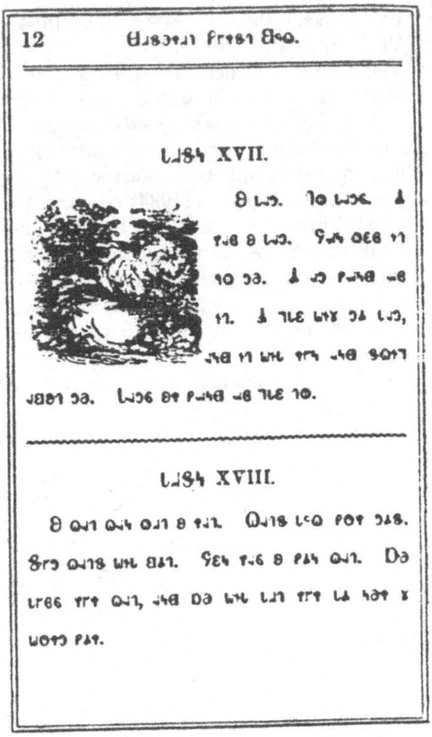

Abb. 34
Seite aus der *Deseret*-Fibel.
Transkribiert lauten einige Sätze:
»Ah lam. To lamz. I av ah lam. I am fond ov it.
I pla with mi lam and it wil run and skip.«

(alles entnommen aus KARCH a.a.O.; weitere Beispiele bei THOMSON 1982.)

19 Vgl. SAUER 1983. Dort ist der ebenso skurrile wie beängstigende Streit um die Ersetzung
von niederländischen ⟨c⟩-Schreibungen durch ›deutsche‹ ⟨k⟩-Schreibungen in den Jahren
1940/41 referiert. »Wer sich jetzt noch auf das C versteift, distanziert bewußt die niederländische von der deutschen Kultur«, schrieb der Präsident des niederländischen »Kultur-
raad« 1941 (zit. nach SAUER a.a.O. 93). SAUER meint, daß jeder, der auf dem ⟨C⟩ beharrte,
»mit dem Schlimmsten rechnen [mußte]«; wichtig ist für diesen Zusammenhang, daß
»der Unterschied von *Kultur* vs. *cultuur* nicht hörbar ist, wer auf ihm besteht, findet
Aufgeschriebenes allemal wichtiger als Aufgesagtes« (ebd.),
oder, anders gesagt, daß das Verhalten bei einer ausschließlich in der geschriebenen Sprachform existierenden Alternative zur Demonstration einer Gesinnung, zur Kundgabe von
Kollaborationsbereitschaft oder Opposition wird. Die partielle Autonomie der geschriebenen Sprachform kann kaum deutlicher gezeigt werden als in solchen Fällen, in denen sie
zum Instrument gesellschaftlich-politischer Auseinandersetzungen gemacht wird, in denen
das praktische Verhalten gegenüber orthographischen Varianten praktische Konsequenzen
anderer Ordnung nach sich ziehen kann.

20 Für Näheres zur Person und zum Werk SCHMIDT-ROHRs vgl. die Arbeiten von SIMON 1979,
1984.

21 Einige Beispiele zum Alltag trigraphischer Gesellschaften, die während einer Reise durch die Kaukasusrepubliken der Sowjetunion im Herbst 1982 gesammelt wurden. Abb. 35, 36, 38 und 39 stammen aus Suxumi, der Hauptstadt der Abxazischen ASSR (im Nordwesten Georgiens), Abb. 37 aus Tbilisi.

Abb. 35
Eingangstür des Abxaz. Gebietssowjet für die Verwaltung
der Kurorte der Gewerkschaften

Abb. 36
Apotheke

Abb. 38
Optikerladen

Abb. 37
Gedenktafel
für einen azerbajdžanischen Dichter
(»Von der Flamme der Liebe
zum Vaterland bin ich entzündet...«)

Abb. 39
Straßenschild (›Frunse-Straße‹)

Abb. 40 zeigt den analogen Fall der Entfernung von Aufschriften in einer bestimmten Schriftart aus der Öffentlichkeit, weil sie politisch unerwünscht sind. Hier ist der englische Text stehengeblieben, der hebräische Text wurde übermalt. Der – eigentlich erwartbare – Text in der arabischen Staatssprache fehlt (noch) bis auf die Kopfzeile. Dieses Schild war in den Jahren der israelischen Besatzung an einem Ausgrabungsort im Süden der Halbinsel Sinai aufgestellt worden.

Abb. 40
Serabit El-Khadim, Ägypten

22 Die 10. Auflage des *Ethnologue* (GRIMES 1984) enthält Einträge zu 5445 bekannten ›Sprachen‹.

23 Über die Problematik der Distinktionen zwischen ›Sprache‹ und ›Sprachen‹ einerseits, Gruppenbildungen niedrigerer Ordnung andererseits, wie sie in Begriffen wie ›Dialekt‹, ›Mundart‹, ›Vernacularsprache‹ usw. ausgedrückt werden, wurden bis in die jüngste Zeit lebhafte Debatten geführt, die längst nicht abgeschlossen sind. Vgl. etwa HAUGEN 1966, FOURQUET 1976, THÜMMEL 1977, JANUSCHEK/MAAS 1981, GLÜCK 1981, 1983a, 1985/86, MAAS 1980 und die Beiträge in PLEINES/WIGGER 1984. Der Hinweis auf die Schriften von F. FANON, A. MEMMI und L.J. CALVET liegt an dieser Stelle nahe.

24 Zusammenfassende Darstellungen geben JÜTHNER 1923, BENGTSON 1954 und BORST 1957/63, Bd. I: 90ff.

25 Beispielsweise die Verse 484ff. im zweiten Buch der *Ilias*; für weitere Belegstellen vgl. BORST a.a.O., p. 90f. und LORIMER 1948, 1950.

26 Vgl. für die Belege BORST a.a.O., p. 102.

27 Vgl. für die Belege BORST a.a.O., p. 106.

28 BORST a.a.O., p. 135.

29 Mit Sprachunterschieden hat diese Stelle nur bedingt zu tun; PLATON geht es bei seinen sprachphilosophischen Überlegungen um die »natürliche Richtigkeit der Namen, die für jedermann, für Hellenen wie Barbaren, die gleiche sei« (*Politikos* 262 DE, zit. nach BORST a.a.O., p. 105). Außerdem wies er verschiedentlich darauf hin, daß weder Griechen noch Barbaren eine Einheit bildeten. Ersteres illustriert unser Zitat hinlänglich, für letzteres kann die Skizze von BORST (a.a.O., p. 104) angeführt werden:

»Er [PLATON] wandte sich gegen die Zweiteilung der Menschen in Hellenen und Barbaren, weil der letztere Begriff keine Einheit bedeute, denn die Barbaren sprächen die verschiedensten Idiome; nur der Grieche hört sie und versteht sie nicht.«

30 DIODOROS SIKULOS, *Bibliothēkē* 3, 12f. Ed., C.H. OLDFATHER, London/Cambridge 1933ff.

31 LUKIAN, *Die Rednerschule oder Anweisung, wie man mit wenig Mühe ein berühmter Redner werden könne*, Übers. v. C.M. WIELAND. Ed. J. WERNER/H. GREINER-MAI, Weimar ²1981 (= LUKIAN Werke Bd. 3): 216–232, hier: 225. Vgl. dazu MAROUZEAU 1911/12: 267ff.

32 QUINTILIAN, *Inst. oratoria* 1,5,12; 9,4,18; 11,2,50. Ed. M. WINTERBOTTOM. Oxonii 1970

33 VARRO, *Res rusticae* 1,17. Diese Schrift wird auf das 37 v.u.Z. datiert.

34 Aus dem *Codex Florentino*, Buch XII, Kap. 12, 13. Zit. nach LEON-PORTILLA/HEUER 1964: 49.

35 Aus dem *Codex Florentino*, zit. nach KONETZKE 1963: 118f.

36 Aus dem *Codex Florentino*, zit. nach LEON-PORTILLA/HEUER 1964: 61.

37 Zit. nach ANTKOWIAK 1976: 322.

38 Zit. nach WIMMER 1979: 78.

39 Zit. nach WIMMER 1979: 80.

40 Zit. nach KONETZKE 1963: 21f.

41 Zit. nach SCHMITT 1977: 108. – Übersetzt ins Deutsche lautet die Passage:
* [...] wir wollen und verfügen, daß sie so klar abgefaßt und geschrieben werden, daß keinerlei Zweideutigkeit auftritt und auftreten kann noch daß man Grund zur Interpretation hat. Und weil dies bei der Deutung (beim Verstehen) lateinischer Wörter, die in den genannten Beschlüssen vorkamen, oft geschehen ist, wollen wir von nun an, daß alle Beschlüsse samt allen anderen Verfahrensschritten von unseren obersten und anderen untergeordneten und unteren Gerichtshöfen ausgehend oder von Registern, Untersuchungen, Verträgen, Kommissionen, Urteilen, Testamenten und sonstigen Justizakten oder Akten, die von ihnen ausgehen, den Parteien in französischer Muttersprache vorgetragen, registriert und ausgefertigt werden und nicht auf andere Weise.

42 HENRICUS HARDER HAFNENSIS, *Typographia*. In: SCHNUR/KÖSSLING 1982: 150. Der Realität dürften die Ausführungen von HARDERs Zeitgenossen JOHN MILTON nähergekommen sein, der 1664 das englische Parlament in einer langen Sendschrift von der Notwendigkeit der Druckfreiheit zu überzeugen suchte (MILTON 1644/1956).
Die gesellschaftlichen Konsequenzen der Erfindung bzw. der praktischen Durchsetzung des Buchdrucks seit dem 16. Jh. ist Gegenstand vieler Untersuchungen geworden, unter denen die Arbeiten von EISENSTEIN hervorragen.

43 Vgl. zu diesem eingebürgerten, aber problematischen Begriff, dessen Schiefheit durch die Anführungszeichen nur unzureichend angedeutet werden kann, GLÜCK 1985/86.
Noch in diesem Jahrhundert ist verschiedentlich versucht worden, aus dieser Ironie der Sprachgeschichte Lehren zu ziehen, indem man simplifiziertes Latein konstruierte und als internationale Sprache auslobte; zu nennen sind hier etwa das *latino sine flexione* des bedeutenden Mathematikers PEANO, das unter der Bezeichnung *interlingua* eine gewisse Berühmtheit erlangte (Motto: »libertate, necessario in scientia, produce concordia, non confusione«) oder das *neolatinus* des Kapuzinerpaters MONTE ROSSO, aber auch die zaghaften Bemühungen um ein *latin vivant*, dessen Parteigänger noch gegenwärtig gegen die Übermacht der Esperantisten die Kandidatur des Lateinischen auf den Posten der internationalen Sprache der europäischen Gemeinschaft aufrechterhalten. Vgl. für Näheres RONAI 1969, insbes. 93–107, die Beiträge in HAUPENTHAL 1976 und schließlich VOSSEN 1978, der anregt, dem Lateinischen seine alte Rolle einer »Muttersprache Europas« wiederzugeben.

44 Vgl. WEISGERBER 1950: 138f. Ausführlich BORST 1957/63, Bd. II: 1048–1150; zu CELTIS: p. 1053; zu ALTHAMMER: 1072f.; zu AVENTINUS: p. 1059f.

45 So beispielsweise der Humanist GUILLAUME BUDÉ (BUDAEUS, 1467–1540) in einer Abhandlung zur Geschichte der Gallier; vgl. BORST a.a.O., p. 1122. Erwähnenswert ist auch, daß 1556 JEAN PICARD dann schließlich herausfand (in seiner *Prisca Celtopaedia*, daß das Griechische genaugenommen vom Französischen abstamme und die Griechen ihr Alphabet und die Schreibkunst von den Galliern empfangen hätten (BORST a.a.O., p. 1130f.).

46 Aus heutiger Sicht eher erheiternde Züge trägt ein bis ins 19. Jh. beliebtes Arbeitsfeld der
Graecistik, die *Nationaletymologie.* Nicht nur zweitrangige Interessenten an gutdotierten
Posten, sondern auch Leuchten der Wissenschaft produzierten Werke, in denen die unmittelbare Abkunft des jeweils nationalen Wortschatzes aus den klassischen Prestigesprachen
bewiesen wurde. Ein französisches Beispiel ist CLAUDE LANCELOTS *Jardin des racines grecques* (Paris 1657), in dem Konstruktionen wie *trouver* (finden) ‹ εὑρεῖν (finden), *taxer*
(abschätzen; besteuern) ‹ τάξειν (aufstellen) blühten. Weitere zeitgenössische Beispiele sind
coin (Ecke, Winkel) ‹ γωνία (dto.), *crouler* (einstürzen) ‹ κρούειν (schlagen, stoßen), *malade*
(krank) < μαλακός (weich, kränklich, schlaff) (zit. nach DRERUP 1930: 230).
Entsprechende Genealogien wurden, wie gesagt, in Flandern und Deutschland fabriziert.
Joh. GOROPIUS wies nach, daß das Germanische (lingua cimbrica) die Ursache sei, der
sogar das klassische Trilinguum nachgeordnet sei: »hebraicarum radicum rationes a primo
sermone, qui est teutonicus, petendae sunt.« GOROPIUS, JOHANNES, *Lingua cimbrica prima
omnium linguarum.* Hermathenae IX, Antverpiae 1580: 13, 80, zit. nach MIESES 1919: 34,
vgl. dazu auch WEISGERBER 1950: 136ff., 150f.
Ebenso in Italien, wo der Florentiner PIERFRANCESCO GIAMBULLARI (1546) das Toskani-
sche über das Etruskische aus dem Hebräischen ableitete (vgl. CALVET 1980: 13, BORST
1957/63, Bd. II: 1118 mit Lit.). Dasselbe versuchte der sorbische Gelehrte ABRAHAM FREN-
CEL (BRANCEL) in seinem voluminösen Werk *De originibus linguae Sorabicae libri*
(1693–1696) für seine Muttersprache nachzuweisen, was zeigt, daß dieses Verfahren auch
für kleine Sprachen brauchbar war, die man zu ›Sprachen‹ zu befördern bemüht war (vgl.
LORENC 1981). FRENCEL löste diesen Anspruch insoweit auch ein, als er wesentlich dazu
beitrug, daß das Sorbische als Schriftsprache entwickelt wurde; seine Evangelienüberset-
zungen und sein großes *Lexikon harmonicum-etymologicum Slavicum* sind wichtige Grundlagen für die oberlausitzische Norm geworden. Das Vorhandensein einer schriftsprachlichen Norm muß jedenfalls als unverzichtbare Vorbedingung für die Teilnahme einer
Sprache an solchen genealogischen Konkurrenzen betrachtet werden, weil eine Sprache
ohne geschriebenen Standard die Voraussetzungen für die Beförderung zur *Sprache* nicht
besäße. – CALVET hat sehr intelligent über die ideologischen Funktionen solcher Abhandlungen spekuliert; er stellt sie in dem Zusammenhang der Kämpfe um die Vorherrschaft
zwischen Habsburg und Valois: »Wenn man die Beziehungen zwischen den Sprachen theo-
retisiert, dann denkt man an die Beziehungen zwischen den Gemeinschaften, und somit ist
die herrschende Ideologie der jeweiligen Epoche weitestgehend vertreten« (CALVET 1978:
16).
Bei BORST a.a.O., p. 1048–1150 ist eine Reihe weiterer Beispiele nachzulesen.

47 MARROU 1957: 385. – In Deutschland ließ dieser Schritt noch etliche Jahrzehnte auf sich
warten. Bis weit ins 19. Jh. hinein blieb das Lateinische in vielen deutschen Gymnasien
alleinige Unterrichtssprache. G. v. GREYERZ berichtet, daß noch im Jahre 1848 ein Schul-
direktor »in Osnabrück seine Schüler [ermahnte], sich in ihren Gesprächen der lingua
vulgaris teutonica zu enthalten« (1921: 141). FRIEDRICH WILHELM THIERSCH (1784–1860),
der ›praeceptor Bavariae‹, Begründer der Tradition der Philologenversammlungen und
maßgeblicher Gestalter der Lehrpläne für die bayrischen Gymnasien, schrieb in seinen
Beiträgen *Über gelehrte Schulen* (1826–1837), daß »deutsche Grammatik ein Unding« sei
und: »Deutschen Stil lernt man am besten von Cicero« (zit. nach v. GREYERZ 1921: 167).
Dabei gehörte THIERSCH zu den Philologen, die sich durchaus für den Unterricht der
deutschen Literatur stark machten. Diese beiden Beispiele sollen lediglich illustrieren, daß
der Unterricht im Deutschen als der Nationalsprache der Deutschen noch keine sehr lange
Tradition hat, was den hier interessierenden Punkt des ›Prestige‹ angeht.

48 Zit. nach *Das Zeitalter des Barock, Texte und Zeugnisse.* Hg. von ALBRECHT SCHÖNE (Die
deutsche Literatur. Texte und Zeugnisse. Hg. v. WALTHER KILLY, Bd. 3). München 1963:
32.

49 Vgl. den in ARENS 1969/74, Bd. I: 130–132 abgedruckten Textauszug aus MONBODDOS
Werk über *Ursprung und Fortschritt der Sprache,* das 1784/85 auf Veranlassung HERDERS in
einer deutschen Übersetzung erschien.

50 STEINTHAL, Heymann, *Die Sprachwissenschaft Wilhelm v. Humboldts und die Hegelsche Philosophie.* Berlin 1848: 137.

51 ders., *Die Klassifikation der Sprachen dargestellt als die Entwicklung der Sprachidee.* 1850. In: ders., *Kleine sprachtheoretische Schriften,* hg. von W. BURMANN. Hildesheim 1970: 63.

52 ders., *Einleitende Gedanken über Völkerpsychologie als Einladung zu einer Zeitschrift für Völkerpsychologie und Sprachwissenschaft.* In: Zsf. f. Völkerpsychologie und Sprachwissenschaft 1/1860: 346. Sämtliche Hinweise auf STEINTHAL sind der ausgezeichneten Studie von M. LANG (1977) über die Sprachwissenschaft im 19. Jh. in Deutschland entnommen. In STEINTHALS Arbeit von 1852, die der Frage der Schriftentwicklung gewidmet ist, sind solche Probleme nicht direkt thematisiert; dort konzentriert sich STEINTHAL darauf, sich als Erbe der Humboldtschen Sprachtheorien zu stilisieren. Hinweise zu den hier angesprochenen Fragen finden sich auch in JELLINEK 1913 und ISING 1970.

53 In einigen früheren Arbeiten haben wir diese Probleme erheblich detaillierter behandelt. Aus der Arbeit *Sprachenpolitik* (1979) möchten wir das 1. Kapitel (»Sprachenpolitik: Bestimmung des Gegenstands der Untersuchung«) nennen, weiterhin die Aufsätze GLÜCK 1980 und GLÜCK/WIGGER 1979. Schließlich ist die in unmittelbarem Zusammenhang mit diesem Buch entstandene Arbeit über die *Speisekarte der Sprachenfresser* (GLÜCK 1985/86) einschlägig.

54 Vgl. dazu auch KRARUP 1956: 28f.

55 Vgl. für Näheres S. 147.

56 Es gibt eine kaum überschaubare Vielfalt von Untersuchungen zu den Einflüssen und gegenseitigen Beziehungen zwischen der ›Schrift‹ bzw. Schreibprozessen und Schriftprodukten und kognitiven und sozialen Entwicklungen. Einige wichtige Studien seien hier genannt: GOODY/WATT 1981, GOODY 1977, 1981, HAVELOCK 1963, 1973, 1976, ONG 1967, 1977, OLSON 1977, COLE/SCRIBNER 1974, SCRIBNER/COLE 1980, COOK-GUMPERZ/GUMPERZ 1981, LURIA 1976, die Aufsätze in BERRY/DASSEN 1973 und in KOLERS et al. 1979, 1980.

57 DIELS, H., *Fragmente der Vorsokratiker.* 6. verb. Auflage, hg. von W. KRANZ, I, frg. A 1,2,6. STRABO I.I.II., zit. nach GREENE 1951: 39 und Anm. 68.

58 HARDER 1942, zit. nach PFOHL 1968: 282. Vgl. auch ROBINSON/PETCHENIK 1976, insbes. Kapitel 3, über den Zusammenhang zwischen mimetischen und arbiträren kartographischen Verfahren und sprachlichen Bedeutungen.

59 *M. Tulli Ciceronis pro Archia poeta oratio.* In: *M. Tulli Ciceronis orationes VI,* ed. A.C. CLARK, Oxonii 1911, 7. Aufl. Oxford 1964: 1.

60 Vgl. SIEBENBORN 1976: 116ff.; AMIROVA/OL'CHOVIKOV/ROŽDESTVENSKIJ 1980: 101ff., MAROUZEAU 1911/12 und die VARRO-Bibliographie von COLLART 1964.

61 Vgl. z.B. WELCKER 1844: 377f.und HAVELOCK 1976: 78ff.

62 NERIUS/SCHARNHORST 1980b: 11, Anm. 2.

63 Die älteren Schrifthistoriographien sind in der angesprochenen Hinsicht häufig noch ergiebiger als die neueren, weil dort der Phantasie beim Erstellen von Systematiken noch weniger Riegel vorgeschoben waren, was allerdings nicht heißt, daß die neuere Forschung durchgängig von einheitlichen methodischen Standards geprägt wäre (wofür etwa BUCHHOLZ 1965 und ZELLER 1977 monströse Beispiele sind). Heute noch brauchbar scheinen in einzelnen Aspekten FAULMANN 1880, ein enzyklopädisches Werk mit einer Fülle an Material, BRANDI 1911 und STEINTHAL 1852, wo HUMBOLDTs Auffassungen über die ›innere Sprachform‹ zu Theorien über eine ›innere Schriftform‹ weiterentwickelt werden; diese Arbeit ist sicher in erster Linie wissenschaftsgeschichtlich von Interesse. Von den neueren allgemeinen Schrifthistoriographien sind vor allem die Werke von FEVRIER 1948, GELB 1952/1958, LOUKOTKA 1946, DIRINGER 1948, COHEN 1953, 1858, JENSEN 1958, ISTRIN 1965, FRIEDRICH 1966, SETHE 1972, KEKI 1976, BARTHEL 1972, FÖLDES-PAPP 1975 und EKSCHMITT 1976 zu nennen. Die Übergänge von den nordsemitischen Schriftsystemen zum griechischen Alphabet behandeln schwerpunktmäßig FALKNER 1948, JEFFERY 1961, 1962, BUNDGÅRD 1965, NILSSON 1952 und andere in PFOHL 1968 abgedruckte Beiträge. Fragen der griechischen und lateini-

schen Paläographie und Schriftgeschichte sind in den Arbeiten von CARPENTER 1945,
MENTZ 1920, RADKE 1967, SIGALAS 1934, MUZIKA 1965, EHMCKE 1927, ULLMAN 1932/
1969 und CENCETTI 1954 behandelt, um einige der für diese Arbeit konsultierten Titel zu
nennen. Wichtige Arbeiten zur slavischen Schriftgeschichte sind schließlich das nach wie
vor maßgebliche Werk von KARSKIJ 1927, ISTRIN 1963, ĐORDIĆ 1970 (zur serbischen
Kyrillica) und SCHELESNIKER 1972.

64 Wiederum kann HAVELOCK als Beispiel angeführt werden. Aufgrund seiner maßlosen
Überschätzung der Möglichkeiten phonographischer Systeme kommt er zu definitiv fal-
schen Urteilen über Systeme, die er für nichtalphabetisch hält (er hält nicht nur das chinesische und das (?) japanische, sondern, wie gesagt, auch das arabische und das hebräische
System für ›non-alphabetic‹ (1976: 48). Er übersieht dabei den Sachverhalt, daß jedes dieser
Systeme einen bestimmten Mischtypus zwischen phonographischen und nichtphonographischen Repräsentationsbeziehungen darstellt: es gibt keine ›reinen‹ Systeme dieser Art.
Entsprechend unbefriedigend fällt seine Formulierung der zentralen Kriterien für die Definition von Alphabetschriften aus: sie sollen alle Phoneme (?) der jeweiligen Sprache ausdrücken lassen, auf 30 bis 40 Schriftzeichen beschränkt sein und keine mehrfachen Repräsentationsbeziehungen für einzelne Schriftzeichen zulassen (p. 39). Solche Definitionen
sind mit einer Reihe großer Schwierigkeiten konfrontiert und entziehen sich derartigen ad-
hoc-Definitionen. Auch unter Linguisten ist die Vorstellung von der gewissermaßen ›natürlichen‹ Überlegenheit alphabetischer Systeme noch virulent, wofür HALLE (1969) zitiert
werden kann.

Anmerkungen zu Kapitel 5

1 Einige Beispiele:
DEICKE, MAREN, Analphabeten in Deutschland: Immer Angst, aufzufallen. In: *Stern* 45,
3. 11. 1983: 112–120. – REIDEL, ANNE, ›Ich habe immer Angst, daß die Leute was merken‹,
in: *Frankfurter Rundschau*, 14. 9. 1982, p. 13. – W.P., ›Das war, wie wenn ich einen Seiten-
sprung hätt' beichten müssen.‹ Über das Handicap von Schreibschwachen in der Bundesrepublik, in: *Frankfurter Rundschau*, 28. 3. 1981, Rubrik ›Frau und Gesellschaft‹, S. V. –
LEEB, HELGA, Ich will nicht mehr die Doofe sein, in: *Brigitte* 17/1981: 76–79. – Ohne Verf.:
Zittern vor dem ABC, in: *BWZ* 47/1984: 6–8. – dpa-Dokumentation/HG 3010, Archiv-
und Hintergrundmaterial der Deutschen Presse-Agentur GmbH., Hamburg, 17. 3. 1982:
Analphabetismus – auch ein Problem der Industrienationen. Von BIRGIT GRÜNHAGEN
(19 pp.). Vervielf. Manuskript.
Einen vorläufigen Überblick über den Diskussionsstand in der BRD geben die Beiträge in
OBST 23 und 26 (*Analfabetismus in der BRD*, Hgg. von H.W. GIESE und B. GLÄSS, 1983/
1984). Ziemlich problematisch sind die offiziösen, von staatlichen oder halbstaatlichen
(VHS-Verband) Stellen geförderten bzw. herausgegebenen Publikationen von EHLING/
MÜLLER/OSWALD 1981, DRECOLL/MÜLLER 1981 und OSWALD/MÜLLER 1982. Ihr psycho-
therapeutischer und sozialarbeiterischer Impetus kann kaum daürber hinwegtrösten, daß
die dort diskutierten Modelle und Didaktiken zur Alphabetisierung linguistisch weitgehend
indiskutabel sind. Daß sich die dort grassierende *Morphemmethode* nach wie vor großer
Beliebtheit in den Volkshochschulen, bei Kulturpolitikern und in der Presse erfreut, dürfte
einerseits daran liegen, daß sie sprachwissenschaftlichen Laien offenbar unmittelbar ein-
leuchtet, andererseits daran, daß es bislang kaum ernsthafte sprachwissenschaftliche Kritik
an diesen Pseudotheorien gibt.
Die – linguistisch wie politisch – begründete Kritik von FÜSSENICH/GLÄSS 1984 war notwendig und überfällig und könnte, was die grammatischen und auch didaktischen Unge-
reimtheiten der ›Morphemmethode‹ angeht, durchaus noch vertieft werden. Vgl. zur ›Vorgeschichte‹ des ›neuen Analphabetismus‹ die Arbeiten von SCHULTZ 1976, 1977 und 1980,
aus denen klar ersichtlich wird, daß das Problem alles andere als neu ist, ebenso LEWIS
1953.

2 Es ist sicher nicht unfair, hier auf die problematische Praxis des *Summer Institute of Linguistics (S.I.L.)* hinzuweisen, dem die politischen Umstände, unter denen die von ihm als Adressaten der Alphabetisierung bzw. der Bekehrung anvisierten Menschen leben, ein sekundäres Problem zu sein scheinen. Zur linguistischen und weltanschaulichen Programmatik des S.I.L. können die Klassiker der distributionalistischen Phonemik, PIKE (1947), und Morphologie, NIDA (1949) genannt werden, außerdem die Arbeiten von GUDSCHINSKY zur Theorie und Praxis der Alphabetisierungsarbeit. Vgl. außerdem die Beiträge in SHACK-LOCK 1967, NIDA 1947, 1966, PIKE 1964, WONDERLY/NIDA 1963, SCHOLZ 1981 und WEL-MERS 1974. Zur Kritik der praktischen Arbeit von S.I.L.-Linguisten und -Missionaren und vor allem zu den Folgen dieser Arbeit HVALKOF/AABY 1980 und ARBEITSKREIS ILV 1979.

3 Vgl. zu diesen Fragen ONG 1982 und PATTISON 1982.

4 z.B. bei EURIPIDES, *Herakles* 676–681:

μὴ ζῴην μετ' ἀμουσίας

αἰεὶ δ'ἐν στεφάνουστν εἴ-

ην. ἔτι τοι γέρων ἀοι-

δὸς κελαδεῖ Μνημοσύναν.

ἔτι τὰν Ἡρακλέους

καλλίνικον ἀείδω

[...]

Möge ich niemals ohne Gesang

leben, ewig von Kränzen umgrünt.

Auch der schon ergraute Sänger

Preist noch Mnemosyne:

Vom siegesfrohen Herakles

tönen unsre Lieder noch, [...]

Übers. von J.J. DONNER (Euripides 1958: 331).

und bei AISCHYLOS, *Promētheus desmōtēs* 459–461, wo die ›Gegenposition‹ formuliert ist:

[...]

καὶ μὴν ἀριθμόν, ἔξοχον σοφισμάτων

ἐξηῦρον αυτοῖς. γραμμάτων τε συνθέσεις

μνήμην ἁπάντων. μουσομήτορ' ἐργάνην.

[...]

Die Zahlen, aller Wissenschaften trefflichste,

Der Schrift Gebrauch ich [d.h. Prometheus] sie [die Menschen] lehrte, die Erinnerung,

Die sagenkundige Amme aller Musenkunst.

(Übers. v. JOH. GUSTAV DROYSEN).

5 Vgl. MARROU 1957. Der Beginn des organisierten Schreib-Lese-Unterrichts in Griechenland wird von JEFFERY (1962: 554) ins 6. Jh. v.u.Z. datiert.

6 Dieser Sachverhalt hat offenbar Anlaß dazu gegeben, daß eine Reihe von Studien über das antike Analphabetentum entstanden sind, während sich die Historiographen des Mittelalters mehr für die Frage interessieren mußten, wer überhaupt lesen oder gar schreiben konnte. Vgl. dazu die Arbeiten von MAIER-LEONHARD 1913, CALDERINI 1950, CHAYTON 1945, HAJNAL 1934, 1954, GRUNDMANN 1958, CASTLE 1965, HARVEY 1966, YOUTIE 1966, 1971a, b, 1975, BEST 1966/67, CAVALLO 1978, CLANCHY 1979, BÄUML 1980, SCHOLZ 1980, ONG 1982.

7 MARTIAL, *Epigramme.* Ed. R. HELM, Zürich/Stuttgart 1957: 352).

8 P. ANNIUS FLORUS, *Vergilius orator an poeta* 3,2. Ed. MALCOVATI 1938.

9 Vgl. die aufschlußreiche Studie von CAVALLO 1978: 466–487, hier: 470.

10 Zit. nach STEMPLINGER ²1933: 15. Die HA wird auf das 5. oder 6. Jh. u.Z. datiert.

11 Hinweise finden sich z.B. in einigen Briefen des jüngeren PLINIUS (61–ca. 102 u.Z.); *Epistolae* V 19,3; VII 1,2; IX 36,4, Ed. M. SCHUSTER/R. HANSLIK ³1958.

12 STEMPLINGER 1933: 12.

13 MARTIAL, *Epigramme* XI, 3, Ed. HELM p. 410, hier zit. nach der Übersetzung von STEMPLINGER 1933: 34f.

14 STEMPLINGER 1933: 16ff.

15 PLATON, Nómoi III 689d; vgl. auch MARROU 1933: 142, 534.

16 G.CHR. LICHTENBERG, *Sudelbücher* D 396; zit. nach: Lichtenbergs Werke in einem Band, ed. H. FRIEDERICI, Berlin/Weimar ⁴1982: 51.

17 Vgl. für Näheres ČERNY 1952, HODGE 1975 und ANDRÉ-LEICKNAM/ZIEGLER/PÉLÉGRIN 1982.

18 Eine schöne Analyse der »römischen Messe« als einer Sequenz ritueller Handlungen hat neuerdings WERLÉN 1983: 148–229 vorgelegt.

19 Vgl. neben der in Anm. 63 zu Kap. 4 genannten Literatur zur lateinischen Paläographie PRESSER 1962 (mit ausführlicher Bibliographie), EISENSTEIN 1969 (bes. pp. 38ff.), CHAYTOR 1945 und ULLMAN 1960.

20 TERRIEN DE LACOUPERIE 1894/1965: 102ff.; vgl. auch BORST 1957/1963, Bd. I: 46, 65. Vergleichbare Mythen gibt es auch in der jüdisch-christlich-islamischen Tradition; das Buch Zohar teilt mit, daß Adam im Paradiese von Gott ein Buch erhielt, »das in 670 Schriften die 72 Arten der Weisheit und die 1500 Schlüssel der Erkenntnis vermittelte«. (BERTHOLET 1950: 11). Vgl. auch MÜLLER 1923.

21 TERRIEN DE LACOUPERIE 1894/1965: 108.

22 Für die Details der historischen Zusammenhänge zwischen Schriftgeschichte und Religionsgeschichte ist wiederum MIESES 1919 als unentbehrliches Kompendium zu erwähnen.

23 Vgl. CLANCHY 1979, BÄUML 1980.

24 Vgl. für diese Diskussion neben den maßgeblichen Schrifthistoriographien z.B. PULGRAM 1976, BRICE 1976.

25 Solche Symbolsysteme für die Zeitrechnung sind noch nicht sehr lange außer Gebrauch; sie haben sich in einigen ländlichen Gebieten bis in dieses Jahrhundert erhalten. Das folgende Zitat stammt aus der Autobiographie eines westfälischen Buchhändlers, der in den 50er oder 60er Jahren des 19. Jh. in Graz arbeitete und Folgendes berichtet:
»Mit dem Lesen und Schreiben sah es im allgemeinen selbst in der überwiegend deutschen Steiermark noch ziemlich traurig aus. So zahlreiche Analphabeten gab es auch dort noch, daß wir vielfach Gelegenheit hatten, einen sogenannten »Mandlkalender« zu verkaufen, der zahlreiche kleine Bilder von Heiligen enthielt, aus denen die des Lesens Unkundigen das jeweilige Tagesdatum erfahren.
Zu den armseligen Kunden unserer Buchhandlung zählten auch die vielen alten Weiblein, die uns mit ihrem Besuche beehrten, um sich ein »Trambiachl«, das heißt ein Traumbuch zu kaufen, so daß durchschnittlich jede Woche ein bis zwei »Trambiachl« aus dem Laden gingen. Diese Erscheinung hing unmittelbar mit der Einrichtung der kleinen Volks- und Zahlenlotterie zusammen, in der die Spieler auf gewisse Zahlen setzten, den Ambo- oder Terno-Gewinn machen konnten, je nachdem zwei oder drei gesetzte Zahlen herauskamen. Gewissen Traumbildern wurden dann bestimmte Zahlen unterlegt und darauf gesetzt. Aber auch anderer Aberglauben, der sich auf Träume stützte, blühte reichlich, so daß der Verlag eines Traumbuches, vom geschäftlichen Standpunkt aus, durchaus kein schlechtes Geschäft, keine Niete war.« (PRÜMER 1920: 68).
In den Abbildungen 41 bis 43 werden weitere Beispiele für Symbolsysteme, wie sie von Analphabeten jahrhundertelang verwendet wurden, ohne längere Kommentare dokumentiert.

26 Aus: DIAZ DEL MORAL, *Historia de las agitaciones campesinas andalusas*, Madrid 1929, zit. nach HOBSBAWM 1959/1979: 120f.

27 Vgl. den Bericht UNESCO/UNDP 1967 und die Zusammenfassung in SOCHOR 1976.

28 Interessante methodische Reflexionen zu diesem Problem finden sich in FURET/OZOUF 1977. Während CIPOLLA die Fragwürdigkeit von Verallgemeinerungen, die auf solchen Quantifizierungen beruhen, durchaus sieht, ist HAVELOCK (1976: 20ff.) der Meinung, daß die »numerical ratio of this reading public to the total population using the spoken tongue [...] determines the degree to which ›literacy‹ and the ›literate man‹ have come into existence at any given historical moment.« (20) »The more readers in ratio to the population, the more literate a given population becomes. This quantitative conception once proposed seems obviously and easy to accept.« (22).

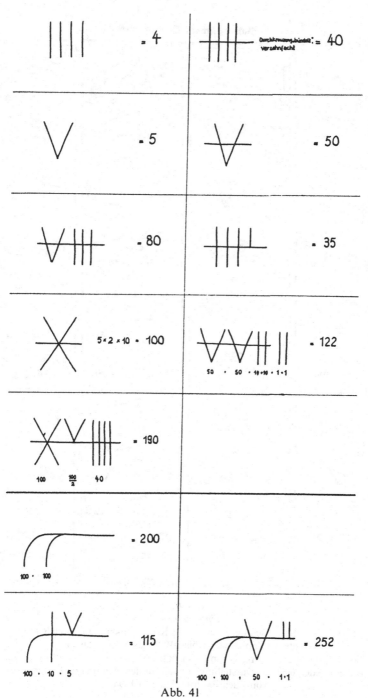

Abb. 41
Bauernzahlen in verschiedenen Schreibweisen, stilisiert.

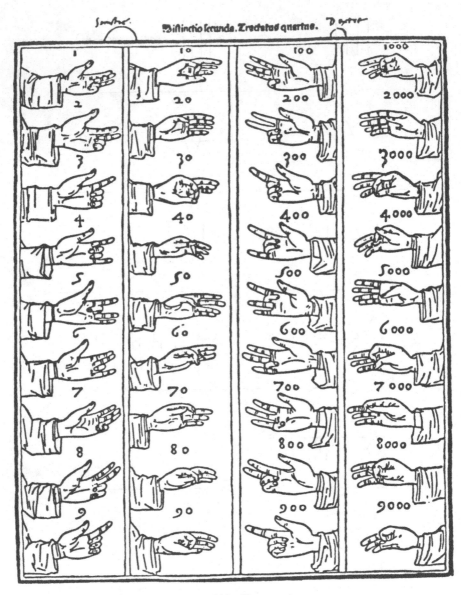

Abb. 42
Fingerzahlen.
Dieses System, das seit der Antike zum Kopfrechnen in Gebrauch war,
konnte die Zahlen von 1 bis 10000 ausdrücken lassen.
Die früheste Aufzeichnung stammt von BEDA (›VENERABILIS‹, ca. 673–735).
Die hier wiedergegebene Darstellung entstammt der »Summa de arithmetica«
von Luca PACIOLI, Venezia 1494.

Abb. 43
Bauernzahlen auf einem Kalender aus der Steiermark.
Die Wochentage sind durch die ersten sieben Buchstaben des Alphabets ausgedrückt.
(alle drei Beispiele sind entnommen aus: BÜHLER-OPPENHEIMER 1971: 37, 95f.).

Im weiteren Verlauf dieses Kapitels werden wir sehen, daß dieser Standpunkt alles andere als »obviously and easy to accept« ist; an dieser Stelle sei nur hingewiesen auf Debatten über quantitative Methoden in der Geschichtswissenschaft, die zur Herausbildung der cliometrischen Schulen in den USA geführt haben – dort sind die hier einschlägigen Probleme, die wir hier lediglich anreißen können, mit methodischer Raffinesse und theoretischem Scharfsinn erörtert worden.

29 Eine methodisch durchreflektierte Studie zu solchen Problemen ist R.S. SCHOFIELDs schöne Arbeit über die »Messung der Literalität im vorindustriellen England« (1968, dt. 1981, in: GOODY/WATT 1981). Vgl. auch SANDERSON 1972, STONE 1969, EISENBERG 1983a, LOCKRIDGE 1974 und ANDERSON/BOWMAN 1965, 1976. Für eine grundsätzliche Diskussion der Methoden, Ergebnisse und Probleme der Sozialgeschichtsschreibung vgl. WEHLER 1973, 1976.

30 Der Prozeß der Alphabetisierung ist in der historiographischen Literatur, die Theorien über Modernisierungsprozesse oder dem ›Prozeß der Zivilisation‹ (ELIAS 1976, 1978) verpflichtet ist, häufig thematisiert worden. ANDERSON/BOWMAN 1976 haben die Meinung begründet, daß Verbesserungen im Erziehungswesen und damit tendenziell Erhöhungen der Alphabetisierungraten keine direkten Einflüsse auf die ökonomische und soziale Entwicklung gehabt hätten, eine Meinung, die in der eher geistesgeschichtlich orientierten Forschung zu diesem Thema noch keineswegs als akzeptiert gelten kann. Auch wenn in der Soziologie Modernisierungstheorien inzwischen eher skeptisch betrachtet werden, kann doch festgehalten werden, daß sie für die Forschung über den Alphabetisierungsprozeß wesentliche Einsichten erbracht haben; zu nennen sind als wesentliche Beiträge die theoretische Begründung von INKELES/SMITH, die Arbeiten von EISENSTEIN zu den Folgen der Durchsetzung der typographischen Techniken für den Literalitätsprozeß, außerdem die Aufsätze in ANDERSON/BOWMAN 1965, ROGERS/SHOEMAKER 1971, wo die Rolle der Schule und der Schreib-Lese-Fähigkeit ihrer Absolventen bei der Einführung von Innovation in die Landwirtschaft untersucht wird, sowie LERNER 1958.

STONE 1969 und im Anschluß daran SANDERSON 1972 haben versucht, die Entwicklung der *literacy* in England in den ersten Etappen der Industrialisierung zu rekonstruieren. Dabei hat SANDERSON festgestellt, daß in den von ihm untersuchten ländlichen Gebieten von Lancashire zwischen 1780 und 1820 die Alphabetisierungsquoten »sometimes drastic« (75) gefallen sind: der ökonomische Umstrukturierungs- und Wachstumsprozeß bedurfte zunächst keiner Flankierung durch höhere Anstrengungen und Investitionen im Ausbildungssektor. SANDERSON hat darüber hinaus gezeigt, daß die Industrialisierung zunächst eine dramatische Verschlechterung der Schulverhältnisse bewirkte und die Alphabetisierungsquoten gegenüber dem »golden age« des 18. Jh. deutlich sanken, und er hat demonstriert, daß die entsprechenden Quoten im fraglichen Zeitraum auf dem Land doppelt so hoch (40%–50%) als in den neuen Städten (20%–30%) waren.

LOCKRIDGE 1974 hat in seiner Studie über den Alphabetisierungsprozeß in New England vor dem Unabhängigkeitskrieg festgestellt, daß die zunehmende Alphabetisiertheit der Bevölkerung nichts an den hergebrachten Einstellungen, Überzeugungen und »views« geändert habe; DAVIS 1975 kam in einer Untersuchung über die französische Situation im 17. Jh. zu dem Ergebnis, daß die Drucktechnik zu einem effektiven Instrument der sozialen Kontrolle wurde, indem sie die Voraussetzungen dafür schuf, daß rechtliche und soziale Normen in vorher ›unzugängliche‹ gesellschaftliche Strukturen eindringen und unifizierend wirken konnten. CRESSY 1980 hat entsprechende Forschungen zum England des 16. und 17. Jh. unternommen. Er kommt zu dem Ergebnis, daß die Frage des Alphabetisiertseins im alltäglichen Leben keine große Rolle spielte; zusammenfassend meint er, daß »literacy unlocked a variety of doors, but did not necessarily secure admission« (1980: 189). FURET/OZOUF 1977 legen eine umfangreiche Rekonstruktion der Alphabetisierung in Frankreich vor.

Für die deutsche Situation können neben den bereits erwähnten Arbeiten von SCHENDA, ENGELSING, KOSELLECK und GESSINGER der Beitrag von LUNDGREEN 1976, der sich auf die preußische Situation in der ersten Hälfte des 19. Jh konzentriert, sowie EISENBERG 1983a angeführt werden. Schließlich kann RIBEIRO 1971 als Versuch einer ›Weltgeschichte der zivilisatorischen Prozesse‹ genannt werden.

Es muß allerdings festgestellt werden, daß die theoretisch avancierte sozialgeschichtliche Forschung, die mit Namen wie E.P. THOMPSON, E. HOBSBAWM, den Forschern der französischen Gruppe *Annales* und für die BRD mit denen WEHLERS, KOCKAS oder BADES zu verbinden ist, in der sprachwissenschaftlichen Diskussion zu Problemen des Analphabetentums bzw. des Literalitätsprozesses noch kaum berücksichtigt wird, was als gravierendes Versäumnis charakterisiert werden muß.

31 CIPOLLA a.a.O., p. 23. Auf eine aktuelle Parallele weist HENDRIX (1981: 55) hin: »The U.S. Navy offers writing instruction to officers, and reading instruction to enlisted men.« Vgl. auch EISENSTEIN 1968: 44f.

32 CIPOLLA a.a.O., p. 49, GIESECKE 1978: 28 ff.

33 BAUER, KARL GOTTFRIED, *Über die Mittel, dem Geschlechtstriebe eine unschädliche Richtung zu geben* [...]. *Mit einer Vorrede und Anmerkungen von C.G. SALZMANN.* Leipzig 1791; zit. nach v. KÖNIG 1977: 102.

34 »Mehr Erfolge hatte die Aufklärung im ökonomischen Sektor: ihre Fleiß- und Arbeitsideologie lehrte das deutsche Volk, über dessen frühere physische Trägheit noch viele Belege zu liefern wären, die Arbeitswut, an der es noch heute leidet. Dieser Prozeß der Verfleißigung unserer Nation wäre eine Studie wert: der Enderfolg aufklärerischer Ideen zeigt sich hier bedeutend wirkungsvoller als auf dem Bildungssektor.« (SCHENDA 1977: 38 Anm.).
Um diesen Vorgang besser nachvollziehbar zu machen, möchten wir ein illustratives Beispiel, das man gewissermaßen wörtlich nehmen darf, anführen. In den Spinnschulen des Hamburger Arbeitshauses wurde in den ersten Jahren des 19. Jh. die Regelung eingeführt, daß Kinder, die besonders fleißig waren, mit Kleidungsstücken belohnt wurden: »So erhielten die Mädchen der ersten Spinnklasse der Reihe nach Leibchen, hölzerne Pantoffeln und einen Rock, während sie in der Strickklasse Tücher, Schürzen und eine Mütze empfingen. Waren sie aber befähigt, in die Nähklasse aufzurücken, wurde die Bekleidung vervollstän-

digt durch Schuhe, bessere Strümpfe, weiße Schürzen und Hauben, so daß die nötige Ausrüstung für die angehenden Dienstboten vorhanden war. Ganz entsprechend wurden die Knaben nach bestimmtem Stufengang mit Kleidung versehen, doch erhielten die angehenden Handwerker stets bessere Kleidung, um derartige Berufe begehrenswerter erscheinen zu lassen. [...] der Fleiß und das Betragen der Kinder war schließlich so eindeutig aus der Kleidung ersichtlich, daß das Armenkollegium im Jahre 1809 beschloß, die Zeugnisbücher überhaupt abzuschaffen.« (BRANDT 1983: 112f.).

Den Zusammenhang zu dem hier interessierenden Thema findet man in einem Protokoll einer Sitzung des Armenkollegiums im Jahre 1806 deutlich formuliert: »Trotzdem der Literaturunterricht kürzere Zeit beanspruchte als an den Kirchen- und Winkelschulen, war das Stoffgebiet nicht nur größer, sondern wurde auch mit besserem Erfolg durchgenommen. ›Von diesen gänzlich vernachlässigten Kindern lesen sehr viele gut, die Größeren schreiben meistens gut, außerordentlich korrekt und beweisen durch Briefe, die sie zu Hause schreiben und wöchentlich einliefern, daß sie imstande sind, ihre Gedanken und Empfindungen in einem ordentlichen Vortrage auszudrücken‹. Ebenso haben sich die Kinder durch den Arbeitsunterricht ›an mannigfaltige, dauernde Tätigkeit gewöhnt; daher haben wir denn endlich die Erfüllung unserer Hoffnung erlebt, diese armen Kinder so weit zu erziehen, daß sie weder ihren Eltern noch dem Publikum länger zur Last fallen.« (BRANDT, a.a.O. 121).

35 Vgl. etwa die Studie von LAQUER 1976, die davon ausgeht, daß »the popular culture of seventeenth and eighteenth century England was fundamentally literate and thus inexorably bound to the processes and culture of a society beyond the village community« (p. 255), weil der Schriftlichkeitsprozeß schon so weit fortgeschritten gewesen sei, daß den Bewohnern ländlicher Gebiete gar nichts anderes übriggeblieben sei, als selbst lesen und schreiben zu lernen. Diese Interpretation scheint uns fragwürdig; LAQUERS Beitrag insgesamt ist nützlich, weil er die Geleise der traditionellen Literalitätsgeschichtsschreibung (vom Typ der Arbeit CIPOLLAS) verläßt und in erster Linie nach der alltagspraktischen Bedeutung des Lesens und Schreibens und der Tradierung dieser Fähigkeiten fragt.

36 LENIN 1920/1952: 272.

37 ZETKIN 1929/1961: 19.

38 Vgl. dazu FOREMAN 1959, WHITE 1969, JENSEN 1969: 233–235 und HALLE 1972.

39 V. GRIMMELSHAUSEN, H.J.CHR., *Der abenteuerliche Simplicissimus Teutsch*. Mömpelgart [Nürnberg] 1669 1668]. Frankfurt/Hamburg 1962, Hg. A. KELLETAT.

40 Vgl. z.B. MUZIKA 1965: 29 und HAVELOCK 1976: 20f.

41 Vgl. dazu CHRISTIANSEN 1969 und STEINBAUER 1971.

42 POSTMAN scheint die in dieser Rede vorgetragenen Positionen ausführlicher in dem kürzlich erschienenen Buch »Wir amüsieren uns zu Tode. Urteilsbildung im Zeitalter der Unterhaltungsindustrie« (Frankfurt: Fischer 1985) dargelegt zu haben. Dieses Buch lag uns beim Abschluß des Manuskripts noch nicht vor.

43 *Frankfurter Rundschau*, 11. 5. 1981; *Neue Osnabrücker Zeitung*, 11. 5. 1981.

44 *Frankfurter Rundschau*, 4. 10. 1984.

45 Wir möchten hier einige Literaturhinweise zur Geschichte der Medien der geschriebenen Sprachform, insbesondere des Buches, und der sozialen Folgen und Korrelate der Entwicklung dieser Form der gesellschaftlichen Kommunikation geben, die selbstverständlich weit davon entfernt sind, vollständig zu sein. Mit dem Buch, bzw. der manufakturmäßig vervielfältigten Papyrusrolle in der Antike und den ›dunklen Jahrhunderten‹ befassen sich BIRT 1882, SCHUBART 1921, STEMPLINGER 1933, BETHE 1945, KENYON 1932 und PINNER 1948. Aus der Literatur über die Folgen des ›advent of printing‹ sind die Arbeiten von E. EISENSTEIN hervorzuheben; für die Situation in Deutschland sind v.a. die Quellensammlung von MÜLLER 1882 und aus der neueren Literatur die Beiträge von GIESECKE zu nennen, außerdem PRESSER 1962 wegen seiner umfangreichen Bibliographie. Wichtig sind auch FÈBVRE/ MARTIN 1958 und BERRY/POOLE 1966. Für die Buch- und Leserforschung des 17. bis 19. Jahrhunderts sind neben den bereits mehrfach genannten Studien von ENGELSING 1973, 1974, SCHENDA 1976, 1977, KOSELLECK 1967, 1973, 1979 und GESSINGER 1980 einige

Sammelbände zu nennen: GÖPFERT 1977, JÄGER/SCHÖNERT 1980 und BARBER/FABIAN 1981. Daneben muß noch einmal *Lesen – ein Handbuch* genannt werden. Von den neueren Monographien ist vor allem die Arbeit von KIESEL/MÜNCH 1977 erwähnenswert.

46 PASOLINI, PIER PAOLO, *Un articolo su »Il Giorno«*, 3. 3. 65, in: DERS. 1979: 32. Die linguistische Diskussion über PASOLINIS Ketzereien ist dokumentiert in PARLANGÈLI 1971.

47 Vgl. dazu die Essays von PATTISON 1982.

48 In: *Lettere luterane*. Milano 1976.

49 Zur Geschichte der Zensur in Deutschland vgl. die immer noch unentbehrlichen ›klassischen‹ Arbeiten von HOUBEN. HAIGHT 1956 ist eine populär-publizistische Skandalchronik. KIESEL/MÜNCH 1977 geben auf pp. 104–123 eine knappe Übersicht über Zensuredikte und Zensurfälle von größerer Bedeutung in Deutschland vom 15. bis zum 19. Jh.; ausführlicher sind EISENHARDT 1970 und BREUER 1982.

50 MAAS 1976: 115. Vgl. auch DE CERTEAU et al. 1975, MAAS 1974: 177–202, QUÉNIART 1981 und SCHLIEBEN-LANGE 1981, 1983.

51 Vgl. für eine eingehende Diskussion dieses Begriffs GLÜCK 1979a: 67–80.

52 PASOLINI, P.P., *Un articolo su »Il Giorno«*, 3. 3. 1965. In: DERS. 1979: 29.

53 Vgl. die Aufsätze in PARLANGÈLI 1971; am Rande möchten wir auch unsere Bemerkungen zur (postumen) Festschrift für PARLANGÈLI (*Italia linguistica nuova ed antica*. A c. di V. PISANI e C. SANTORO. Galatina 1976) erwähnen, in der diese Fragen angesprochen sind (in: OBST 15/1980: 195–197).

54 Vgl. allgemein dazu VITALE 1960, HALL 1974 und DE MAURO 1976. Zu PASOLINI als Sprachkritiker: O'NEILL 1970, 1973 und die Aufsätze in PARLANGÈLI 1971. Eine Literaturübersicht zur Behandlung dieser Probleme im italienischen Faschismus findet sich in KLEIN 1984.

Anmerkungen zu Kapitel 6

1 Vgl. LOTMAN 1972a: 22f., wo solche »sekundären Sprachen (sekundäre modellbildende Systeme)« als »Kommunikationsstrukturen, die über dem Niveau der natürlichen Sprachen errichtet werden«, bestimmt sind. Diese Systeme sind, »wie überhaupt alle semiotischen Systeme, *nach dem Typ der* [natürlichen, H.G.] *Sprache* gebaut.« Vgl. weiterhin DERS. 1972b und 1981, darin insbesondere den Abschnitt »Die Kunst als modellbildendes System (Thesen).« Aus der Literatur über LOTMANS Theorien scheint mir besonders erwähnenswert der Essay von EWALD LANG *Exkurs über den Lotmanschen Denkstil* (1981), der die Aktualität von LOTMANS Ansätzen für die Forschung über eine »exakte [...] Ästhetik« (LANG 1981: 435) demonstriert. Vgl. auch EIMERMACHER 1984, insbes. 900ff. und LACHMANN 1977. ONGS (1982: 8) Bezugnahme auf das Konzept der ›sekundären modellbildenden Systeme‹ zur begrifflichen Klärung des Verhältnisses zwischen »writing« und dem »primary system, spoken language« scheint uns hingegen ziemlich problematisch zu sein. Vgl. auch MALKIELS (1967) Arbeit über die *secondary uses of letters*.

2 Vielfältiges Anschauungsmaterial enthalten die Lexika von SCHNEIDER 1962, GESSMANN 1899/1959, BÄCHTOLD-STÄUBLI 1927–1942 und BERTHOLET/V. CAMPENHAUSEN 1952/1962. Vgl. auch FISCHER 1934, BIEDERMANN 1976 und BÜHLER-OPPENHEIMER 1971.

3 Alle Bibelzitate nach der *Stereotyp-Ausgabe der Preuß. Haupt-Bibelgesellschaft*, Berlin o.J. (ca. 1860).

4 Vgl. für Näheres HOMMEL 1914, MIESES 1919, DORNSEIFF 1922: 81ff., BERTHOLET 1950: 10ff. und BORST 1957/63, Bd. I, passim. Zur Zahlenmystik und -magie vgl. ENDRES 1935.

5 BERTHOLET 1950: 45.

6 Vgl. MIESES 1919, BIRNBAUM 1971, 1979 und WEINREICH 1980.

7 Vgl. DORNSEIFF 1922: 145f., TRAUBE 1907 passim. Über analoge Interpretationen von Abbreviaturen der ›nomina sacra‹ hat ČREMOSNIK 1925/1926 gearbeitet; einige Hinweise finden sich auch in TRUBECKOJ 1954 und ULLMAN 1932/1969: 174ff.

8 DIETERICH 1901: 104; er zitiert aus dem *Pontificale Romanum a Benedicto XIV et Leone*

XIII pont. max. recognitum et castigatum, Ratisbonae 1891, p. 130, dem auch die Abbildung entnommen ist.

9 ARISTOPHANES, *Lysistrata* 151; wir zitieren den ganzen Satz:
εἰ γὰρ καθοίμεθ᾽ ἔνδον ἐντετριμμέναι,
150 κἄν τοῖς χιτωνίοισι τοῖς ᾽Αμοργίνοις
γυμναὶ παρίοιμεν δέλτα παρατετιλμέναι,
στύοιντο δ᾽ ἄνδρες κἀπιθυμοῖεν σπλεκοῦν
ἡμεῖς δὲ μὴ προσίοιμεν ἀλλ᾽ἀπεχοίμεθα,
σπουδὰς ποιήσαιντ᾽ ἂν ταχέως, εὖ οἶδ᾽ ὅτι.
In der Übersetzung von SEEGER/NEWIGER ist diese Passage so wiedergegeben:
Wir sitzen hübsch geputzt daheim, wir gehen
Im transparenten Kleid von Kos, wie nackt
Mit glattgerupftem Schoß vorbei an ihnen,
Die Männer werden brünstig, möchten gern,
Wir aber kommen nicht – rund abgeschlagen! –
Sie machen Frieden, sag ich euch, und bald! (p. 17).

10 Die Ethnonyme für die Türken sind archaisierende Reaktualisierungen antiker Völkernamen; die Geten bewohnten Thrazien und den mittleren Balkan, das Adjektiv ›Riphaeus‹ bezeichnet eine Gegend am entferntesten Ende Sarmatiens oder Skythiens (Südrußlands), also das Ende der Welt.

11 Weitere Kommentare bei BATINI 1968, FOCKE 1948, FUCHS 1951, ENDRES 1951, BAUER 1972, DORNSEIFF 1922: 79, 179; DORNSEIFF 1964: 243; DINKLER 1961. Vergleichbare Beispiele aus der slavischen Paläographie bei KARSKIJ 1928: 243ff.

12 BERTHOLD V. REGENSBURG, I-404, Ed. PFEIFFER, FRANZ, 1862 (o.O.).

13 IRENÄUS, *Adv. haereses* I 14,3; t. I 134 ed. HARWEG. Zit. nach DIETERICH 1901: 100; vgl. auch DORNSEIFF 1922: 132f.

14 PHILSTRATOS, *Vit. Soph.* II.1, 558, zit. nach MARROU 1957: 227.

15 Vgl. WELCKER 1833, MIESES 1919: 399f. und DORNSEIFF 1922: 67f.

16 *Grammaticale bellum Nominis et Verbi regum de principalitate orationis inter se contendentium.* Cremona 1511. Abgedruckt bei BOLTE 1908: 3–54.

17 *Die Sprachkunst*, Gespräch Nr. 207 der *Gesprechspiele. Fünfter Teil.* Norimbergae 1645.

18 Der durchschlagende Erfolg scheint hingegen dem sehr schreibfreudigen und vielseitigen Osnabrücker Dilettanten RUDOLF BELLINCKHAUS (1567–1645) versagt geblieben zu sein. BELLINCKHAUS, seines Zeichens Schuster und Elfämterbote, brachte 1615 ein Schauspiel heraus mit dem Titel:
Donatus, eine liebliche, lustige vnd außermaßen schöne Comoedie von dem Methodo welchen der berühmte, sinnreiche, hochgelehrte vnd wohlverdiente Herr Donatus in seinem Kinderbüchlein sehr kunstreich observirt vnd gehalten. 37ste Comoedia Rudolphi Bellinckhusij. Anno 1615. 8°.
die G.C. LICHTENBERG noch 160 Jahre später (Dt. Museum 1779, 2, 153f., wiederabgedruckt in: Vermischte Schriften 4, 1844, 133–135) einer vernichtenden Kritik unterzog. (Näheres in BOLTE 1908: +73f.)

19 SCHENDA hat solchen ABC-Gedichten einen ganzen Abschnitt gewidmet (1977: 421); er ist der Meinung, daß ihre Domäne die Schule sei, was man – etwa unter Hinweis auf MAJAKOVSKIJS Agitationsgedicht – bezweifeln kann. Er fährt fort:
»Bei der geradezu ärgerlichen Häufigkeit von ABC-Konstruktionen in Poesie und Prosa ist man versucht, deren Faszination magisch zu nennen, wenn man es nicht vorzieht, sie als Spielereien von Mitgliedern unserer verschulten Gesellschaft zu betrachten, von Erwachsenen, die in ihrer Kindheit allzusehr zu einem sturen ABC-Kult erzogen wurden. ABC-Literatur zeugt einmal vom Stolz über die Beherrschung dieses Systems, zum anderen aber auch von der beherrschenden Kraft, die von diesem System ausstrahlt: irgendwie ist es schwierig, dieses Trauma aus der Kinderzeit loszuwerden, dieses Gefängnis zu vergessen, in welches, in hundertfacher Variation, die ganze Welt mitsamt der Gottheit eingezwängt wurde:

A – A – A!
Ruft Jeremias da;
der Anfang und das End zumal
Wird ein Kind und liegt im Stall.
A – A – A!« (422).
SCHENDA breitet eine Vielzahl von mehr oder weniger unterhaltsamen Beispielen aus verschiedenen westeuropäischen Sprachen aus, deren Durchschnitt den Eindruck ziemlich trostloser Dämlichkeit zurückläßt. Wenn man aber SCHENDAS oben zitierter Einschätzung zustimmt, dann muß wohl festgehalten werden, daß das ABC-Schema selbst dann, wenn es in den letzten 200 Jahren in der großen Mehrzahl der Fälle zu belehrendem und erbaulichem Schwachsinn verwendet wurde, doch immer einen Rest an magischer Faszination, wie er sich ausdrückt, bewahrt hat; insofern scheint uns sein Fazit über das Ziel hinauszuschießen: »Daß das ABC heute noch zu Reimereien verarbeitet wird, ist der Fluch dieses dümmsten aller Schemata« (424).

20 MEYRINCK, G., *Der Golem*. Leipzig 1915, ³München 1955. Zum Golem-Stoff vgl. ROSENFELD 1934. – Das Sujet selbst ist viel älter; schon bei FLAVIUS JOSEPHUS (37–ca. 100 u. Z.) findet sich das seither vielfach variierte Spiel mit der Zahl 22, die für die Zahl der Buchstaben des Alphabets und die Zahl der Bücher der heiligen Schrift steht (*Contra Apionem*, zit. nach BORST 1957/63, Bd. I: 171).

21 V. a. in den *Folia pataphysica* und der Folgereihe *Folia patafysica*, beide herausgegeben vom *Deutschen Institut für Pataphysische Studien (DIPS)* im Verlag CMZ in Rheinbach. Zu PAUL KLEES ›Schriftbildern‹ vgl. PEIRCE 1967; psychologisierend zum Thema ›Schrift-Bild‹ MATTENKLOTT 1982.

22 Vgl. ZAPF 1950/51: 97f. und UPDIKE 1951/I: 241ff.

23 Weitere Beispiele finden sich in HENSCHEID/LIEROW/MALETZKE/POTH 1985.

24 Wir versuchen in den folgenden vier Anmerkungen, durch Übersetzungen nachvollziehbar zu machen, wie in diesen Anzeigen operiert wird; dabei werden in lateinischen Lettern gedruckte Wörter mit Majuskeln wiedergegeben.
SEASON
Wissenschaftliche Vorsorge für Ihre Haut
Wenn Sie ein Gesicht haben, dann brauchen Sie SEASON
CAMOMILE CLEANSING MILK und CAMOMILE TONIC LOTION
   (Reinigungsmilch)   (Lotion)
CAMOMILE CLEANSING MILK
Mit der Reinigungsmilch aus *Kamille* von SEASON schaffen Sie eine ideale und tiefe Reinigung Ihres Gesichts, weil sie wichtig für die Erfrischung und Elastizität der Haut ist.

25 Neu SEASON FOAM BATH (Schaumbad) mit Nadelbaumaroma
Wenn Sie Ihre Nägel lackiert haben, dann brauchen Sie
SEASON NAIL POLISH REMOVER und NAIL HARDENER
   (Nagelentfärber)   (Nagelhärter).

26 *LEIFHEIT*
(Láif-Cháit)
Lösungen, die Ihre Hände lösen (= freimachen)

27 EAU DE GIVENCHY
voll Leben, voller Phantasie
EAU DE GIVENCHY
Erfrischung, Lachen, Sorglosigkeit
EAU DE GIVENCHY

28 GR *Die richtige PAMPERS für Ihr Baby*
Für bessere Vorsorge gegen das Naßwerden nehmen Sie:
3–5 KILO: PAMPERS MINI für Tag und Nacht.
4–10 KILO: PAMPERS NORMAL für Babys, die wenig nässen. SUPER für Babys, die etwas mehr nässen, und SUPER PLUS für Babys, die sehr viel nässen. Für die Nacht wird vorgeschlagen, die nächste Größe von PAMPERS zu nehmen.

9–18 Kilo: PAMPERS MAXI für Babys, die wenig nässen, und MAXI PLUS für Babys, die viel nässen oder für größere Babys. Und beide Größen für Tag und Nacht.
Wir danken DIMITRA KARATHANASSIS (Hannover) für ihre Hilfe bei der Übersetzung dieser Texte.

28 Vgl. z.B. SCHOLEM 1960. In der Kabbala erfreute sich der *Temurah* genannte Kunstgriff einer großen Beliebtheit, der auf dem Prinzip des Anagramms beruht; man kann damit Engel und anderes Interessierende aus dem heiligen Text herauslesen und sie gleichzeitig magisch beeinflussen (da man ihre Namen entziffert hat). Eine andere Variante der Temurah-Kunst besteht darin, den einzelnen Schriftzeichen neue Lautwerte zuzuordnen, indem man die Alphabetreihe etwa nach dem *Atbasch*-Verfahren umordnet (א, ת, ב, ש etc.).

Anhang

Benutzte Abkürzungen

a. *Ortsnamen*

Ffm	Frankfurt/Main
L.	Leningrad
Lpz.	Leipzig
M.	Moskva
N.Y.	New York
Spb.	Sanktpeterburg

b. *Zeitschriften und Reihen*

CTL	Current Trends in Linguistics. Hg. v. Th. A. Sebeok.
LB	Linguistische Berichte. Braunschweig.
Lg	Language. Baltimore.
LGL	Lexikon der germanistischen Linguistik. Hg. von H.P. Althaus, H. Henne, H.E. Wiegand. Tübingen 1973.
LiLi	Zeitschrift für Literaturwissenschaft und Linguistik. Göttingen.
LS AdW	Linguistische Studien. Zentralinstitut für Sprachwissenschaft der Akademie der Wissenschaften der DDR. Reihe A, Arbeitsberichte. Berlin (DDR).
OBST	Osnabrücker Beiträge zur Sprachtheorie. Osnabrück.
TCLP	Travaux du Cercle Linguistique de Prague. Praha.
TLP	Travaux Linguistiques de Prague. Praha.
VJa	Voprosy Jazykoznanija. Moskva.
ZDL	Zeitschrift für Dialektologie und Linguistik. Wiesbaden.
ZGL	Zeitschrift für germanistische Linguistik. Berlin.
ZS	Zeitschrift für Sprachwissenschaft. Göttingen.

c. *Sonstiges*

Sp.	Spalte
+	(hochgestellt vor einem Eintrag): der Titel hat uns nicht vorgelegen. Es handelt sich v.a. um solche Werke, die erst nach Abschluß des Buchmanuskripts erschienen oder zu unserer Kenntnis gelangt sind, aber dennoch in die Literaturliste aufgenommen werden konnten, um sie so aktuell wie möglich zu machen.
*	eigene Übersetzung
[...]	1) Auslassungen in Zitaten
[...]	2) In der Literaturliste sind Titel aus weniger bekannten Sprachen nach dem jeweiligen Eintrag in eigener Übersetzung aufgeführt; sie sind in eckige Klammern gesetzt.
Ms.	Manuskript
uvo.	unveröffentlicht
i.E.	im Erscheinen
u.d.T.	unter dem Titel

Literatur

ABERCROMBIE, D., What is a letter?, in: Lingua II, 1949/1950: 54–63.

DERS., Extending the Roman alphabet: some orthographic experiments of the past four centuries, in: Asher, R.E./Henderson, E. (eds.), Towards a history of phonetics. Edinburgh 1981: 207–224.

AGAZADE, F., Istorija vozniknovenija i proniknovenija v žizn' idei novogo tjurkskogo alfavtia v ASSR. Baku 1926. [Die Geschichte der Entstehung der Idee des neuen türkischen Alphabets in der Azerbajžanischen SSR und ihr Eindringen ins Leben (in den Alltag)].

ALARCOS LLORACH, E., Les réprésentations graphiques du langage, in: Martinet, A. (éd.), Le langage (= Encyclopédie de la Pléiade vol. 25). Paris 1968: 513–568.

Alfabete des gesammten Erdkreises aus der K.K. Hof- und Staatsdruckerei in Wien. Wien ²1876.

Allgemeine Grundsätze der Sprachkultur [des Prager Linguistenkreises, 1932], in: Scharnhorst/Ising 1976: 74–85.

ALLÉN, S., Grafematisk analys som grundval för textedering med särskilt hänsyn til Johan Ekeblads brev til brodern Claes Ekeblad 1639–1655 (= Nordistica Gothoburgensia, 1). Göteborg 1965. [Die graphematische Analyse als Grundlage für die Textedition mit besonderer Berücksichtigung von J.E.s Briefen an seinen Bruder C.E.].

DERS., Introduktion i grafonomie. Det lingvistiska skriftstudiet. Stockholm 1971. [Einführung in die Graphonomie. Die linguistische Schriftforschung].

ALLEN, W.S., Vox Graeca. A guide to the pronunciation of classical Greek. London 1968.

ALTHAUS, H.P. (1973a), Graphetik, in: LGL I, 1973: 105–110.

DERS. (1973b), Graphemik, in: LGL I, 1973: 118–132.

ALTHUSSER, L., Marxismus und Philosophie. Probleme der Marx-Interpretation. Berlin 1973.

DERS., Ideologie und ideologische Staatsapparate. Hamburg/Berlin 1977.

ALTICK, R., The English common reader. A social history of the mass reading public, 1800–1900. Chicago 1963.

AMIROVA, T.A., K istorii i teorii grafemiki. M. 1977. [Zur Geschichte und zur Theorie der Graphemik].

DIES./OL'CHOVIKOV, B.A./ROŽDESTVENSKIJ, JU.V., Abriß der Geschichte der Linguistik. Lpz. 1980.

ANDERSON, C.A./BOWMAN, M.J., Education and economic development. Chicago 1965.

DIES., Education and economic modernization in historical perspective, in: Stone 1976: 3–19.

ANDRÉ-LEICKNAM, B./ZIEGLER, C./PÉLÉGRIN, G. (éds.), Naissance de l'écriture. Cunéiformes et hiéroglyphes. Paris ³1982.

ANDREN, H., Schriftspracherwerb und die Bewußtwerdung von Sprache. Habil.schrift Osnabrück 1983 (Ms.). Opladen 1985 i.E.

ANDRESEN, H./GIESE, H.W./JANUSCHEK, F. (Hgg.), Schriftspracherwerb. 2 Bde. (= OBST 11, 13). Osnabrück 1979.

ANDRESEN, H./GIESE, H.W. (Hgg.), recht schreiben lernen (= OBST Beihefte, 7). Osnabrück 1983.

ANTKOWIAK, A., EL DORADO. Die Suche nach dem Goldland. Berlin (DDR) 1976.

Arbeitskreis ILV (Hg.), Die frohe Botschaft unserer Zivilisation. Evangelikale Indianermission in Lateinamerika. Göttingen/Wien 1979 (= pogrom Nr. 62, 63).

ARENS, H., Sprachwissenschaft. Der Gang ihrer Entwicklung von der Antike bis zur Gegenwart. 2 Bde. Ffm. o.J. (1974). 2. Aufl.

ARIÈS. P., Geschichte der Kindheit. München 1978.

ARISTOPHANES, Lysistrate. Übers. von Ludwig Seeger, neubearbeitet von H.J. Newiges. Mit Anmerkungen und einem Nachwort von T. Bodmer. Zürich 1981.

ARONOFF, M., Orthography and linguistic theory: the syntactic basis of Masoretic Hebrew punctuation, in: Lg. 61/1, 1985: 28–72.

ARNTZ, H. Die Runenschrift. Ihre Entwicklung und ihre Denkmäler. Halle a.S. 1938.

ASSMANN, A./ASSMANN, J./HARDMEIER, C. (Hgg.), Schrift und Gedächtnis. Beiträge zur Archäologie der literarischen Kommunikation. München 1983.

AUGST, G. [1974a] (Hg.), Deutsche Rechtschreibung mangelhaft? Materialien und Meinungen zur Rechtschreibreform. Heidelberg 1974.

DERS. [1974b], Die linguistischen Grundlagen der Rechtschreibung, in: ders. 1974a: 9–47.

DERS., Über die Schreibprinzipien, in: Zeitschrift für Phonetik, Sprachwissenschaft und Kommunikationsforschung 34/1981: 734–741.

AVANESOV, R. I., Fonetika sovremennogo russkogo literaturnogo jazyka. M. ⁴1956. [Die Phonetik der gegenwärtigen russischen Literatursprache].

AZIMOV, P. A./DEŠERIEV, JU. D., Sovetskij opyt razvitija nacional'nych kul'tur na base rodnych jazykov, in: Sociolingvističeskie problemy razvivajuščich stran. M. 1975: 214–223. [Die sowjetische Erfahrung bei der Entwicklung nationaler Kulturen auf der Grundlage der nationalen Sprachen].

BÄCHTOLD-STÄUBLI, H., Handwörterbuch des deutschen Aberglaubens. Berlin 1927–1942.

BAHNER, W., Das Sprach- und Geschichtsbewußtsein in der rumänischen Literatur von 1780–1880. Berlin DDR 1967.

BALÁZS, J., Zur Frage der Typologie europäischer Schriftsysteme mit lateinischen Buchstaben, in: Studia Slavica Acad. Sc. Hungaricae t. IV, fasc. 3–4. Budapest 1968: 251–292.

BALOGH, J., Voces paginarum, in: Philologus LXXXII/1927: 84–109, 202–240.

BANTOCK, G. H., The implications of literacy. Leicester 1966.

BAOTIĆ, J., Književnojezička politika i jezičko planiranje, in: Književni jezik (Sarajevo) VII, 2/ 1978: 17–29. [Schriftsprachenpolitik und Sprachplanung].

BARAC, A., Geschichte der jugoslavischen Literatur von den Anfängen bis zur Gegenwart. Übers., bearb. und hg. von R.-D. Kluge. Wiesbaden 1977.

BARBER. G./FABIAN. B. (Hgg.), Buch und Buchhandel im 18. Jahrhundert (= Vorträge des 5. Wolfenbütteler Symposion, 1977). Hamburg 1981.

BARNHART, C. L., The story of the Bloomfield system, in: Bloomfield/Barnhart 1961: 9–17.

BARON, N., Speech, writing, and sign. A functional view of linguistic representation. Bloomington, Indiana 1981.

BARTHEL, G., Konnte Adam schreiben? Weltgeschichte der Schrift. Köln 1972.

BARTOLI LANGELI, A./PETRUCCI, A. (eds.), Alfabetismo e cultura scritta (Quaderni storici vol. XIII, fasc. II, no. 38). Urbino/Ancona und Bologna 1978.

BASKAKOV, N. A., O sovremennom sostojanii i dal'nejšem soveršenstvovanii alfavita tjurskich jazykov narodov SSSR, in: VJa 1967, no. 5: 33–46. [Über den gegenwärtigen Zustand und die weitere Verbesserung des Alphabets der Sprachen der türkischen Völker der UdSSR].

DERS., Jazykovaja politika tureckogo lingvističeskogo obščestva, in: Sociolingvističeskie problemy razvivajuščichsja stran. M. 1975: 20–26. [Die Sprachpolitik der türkischen Sprachgesellschaft].

BASSE. B./JENSEN, K. (eds.), Eskimo Language. Their present-day conditions. Aarhus 1979.

BASSO, K., The ethnography of writing, in: Baumann, R./Sherzer, J. (eds.), Explorations in the ethnography of speaking. Cambridge 1974: 425–432.

BATINI, G., L'Italia sui muri. Firenze 1968.

BAUDOUIN DE COURTENEY, J., Neskol'ko slov″ po povodu »Obščeslavjanskoj azbuki« (A. Gil'ferdinga), in: Žurnal Ministerstva Narodnogo Prosveščenija, t. 153 no. 15, (maj) 1871: 149–195. [Einige Worte anläßlich des »gemeinslavischen Alphabets (von A. Hilferding)].

DERS., Ob otnošenii russkogo pis'ma k russkomu jazyku. SPb. 1912. Teilweise wiederabgedruckt in ders. 1963/II: 209–235. [Über die Beziehung der russischen Schrift zur russischen Sprache].

DERS., Izbrannye trudy po obščemu jazykoznaniju. 2 Bde. M. 1963. [Ausgewählte Arbeiten zur allgemeinen Sprachwissenschaft].

DERS., Ausgewählte Werke in deutscher Sprache. Hg. von J. Mugdan. München 1984.

BAUDUSCH, R., Die Prinzipien unserer Rechtschreibung, in: Sprachpflege 30/1981: 113–116.

BAUER, J.B., Die Sator-Formel und ihr ›Sitz im Leben‹, in: ADEVA-Mitteilungen (Graz) 6/ 1972: 1ff.

BÄUML, F.H., Varieties and consequences of medieval literacy and illiteracy, in: Speculum 55/ 1980: 237–265.

BAZELL, C.E., The Grapheme, in: Litera (Istanbul) 3/1956: 43–46. Wiederabgedruckt in: Hamp et al. 1966: 359–361.

BAZIN, L., La réforme linguistique en Turquie, in: Fodor/Hagège 1983/I: 155–177.

BEAULIEUX, C., Histoire de l'orthographe française. 2 Bde. Paris 1927, ²1967.

Behaghel, O., Anarchie und Diktatur, 1880. In: ders. 1927: 154–156.

DERS., Schriftsprache und Mundart. Gießen 1896.

DERS., Geschriebenes Deutsch und gesprochenes Deutsch. 1899. In: ders. 1927: 11–34.

DERS., Von deutscher Sprache. Aufsätze, Vorträge und Plaudereien. Lahr i.B. 1927. Reprint Wiesbaden 1967.

DERS., Die deutsche Sprache. Halle a.S. ¹⁴1968.

BENEDIKTSSON, H., Early Icelandic script, as illustrated in vernacular texts from the 12th and 13th centuries. (Íslenzk handrit series in folio, 2.) Reykjavík 1965.

BENEŠ, E./VACHEK, J., (Hgg.), Stilistik und Soziolinguistik. Beiträge der Prager Schule zur strukturellen Sprachbetrachtung und Spracherziehung. Berlin (West) 1971.

BENGTSON, H., Hellenen und Barbaren. Gedanken zum Problem des griechischen Nationalbewußtseins, in: ders., Unser Geschichtsbild. Wege zu einer universalen Geschichtsbetrachtung. München 1954: 25–40.

BERNT, A., Die Entstehung unserer Schriftsprache. Berlin 1934.

BERRY, J., The making of alphabets (1958), wiederabgedruckt in: Fishman, J.A. (ed.), Readings in the sociology of language. Den Haag/Paris 1968: 737–753.

DERS., The making of alphabets revisited, in: Fishman 1977: 3–16.

DERS./DASSEN, P.R. (eds.), Culture and cognition. London 1973.

BERRY, W.T./POOLE, H.E., Annals of printing. A chronological encyclopedia from the earliest times to 1950. London 1966.

BERTHOLET, A., Die Macht der Schrift in Glauben und Aberglauben (= Abh. der dt. Akad. der Wiss. zu Berlin, Phil.-Hist. Kl. Jg. 1948). Berlin 1950.

DERS./V. CAMPENHAUSEN, F., Wörterbuch der Religionen. Stuttgart 1952, ²1962.

BEST, E.E., The literate Roman soldier, in: The Classical Journal LXII/1966–67: 122–127.

BETHE, E., Buch und Bild im Altertum. Lpz./Wien 1945.

BETTS, E.A./BETTS, TH.M., An index to professional literature on reading and related topics. N.Y. 1945.

BIEDERMANN, H., Handlexikon der magischen Künste von der Spätantike bis zum 19. Jahrhundert. München/Zürich 1976.

BIERWISCH, M., Schriftstruktur und Phonologie, in: Probleme und Ergebnisse der Psychologie 43/1972: 21–44.

DERS., Lautstruktur und Schriftstruktur (= Studia Grammatica, XI). Berlin DDR 1973.

DERS., Struktur und Funktion von Varianten im Sprachsystem, in: Motsch, W. (Hg.), Kontexte der Grammatiktheorie (= Studia Grammatica, XVII). Berlin DDR 1978: 81–130.

BIRNBAUM, S.A., The Hebrew script. Leiden 1971.

DERS., Yiddish. A survey and a grammar. Toronto 1979.

BIRT, TH., Das antike Buchwesen in seinem Verhältnis zur Litteratur. Mit Beiträgen zur Textgeschichte des Theokrit, Catull, Properz und anderer Autoren. Berlin 1882.

BLACKALL, E.A., The emergence of German as a literary language. Cambridge 1959.

BLAKAR, R.M., Språk er makt. Oslo 1973, ³1977. [Sprache ist Macht].

BLANÁR, V., Die Einbürgerung entlehnter Wörter in graphischer Darstellung, in: TLP 3/1968: 155–178.

BLANCHE-BENVENISTE, C./CHERVEL. A., L'orthographe. Paris 1969, ²1978.

BLEKEN, B., Om norsk sprogstrid (= Skrifter utgitt av Det Norske Akademi for sprog og litteratur, IV). Oslo 1966. [Zum norwegischen Sprachenstreit].

BLISS, C.K., Semantography. Sydney 1945.

BLOOMFIELD, L., Literate and illiterate speech, in: American Speech 10/1927: 423–429. Wiederabgedruckt in: Hymes 1964: 391–396.

DERS., Language. N.Y. 1933, ²1935 (London).

DERS., Linguistics and reading, in: The Elementary English Review 19/1942, No. 4: 123–130 and No. 5: 183–186.

DERS., Teaching children to read, in: ders./Barnhart 1961: 19–42.

DERS./BARNHART, C.L. (eds.), Let's read: a linguistic approach. Detroit 1961, ⁵1968.

BODMER, F., Die Sprachen der Welt. Geschichte – Grammatik – Wortschatz in vergleichender Darstellung. Köln/Berlin o.J. (5. Aufl.).

BOEDER, W., Alphabetlisten der kaukasischen Sprachen, in: Klimov 1969: 145–150.

BOLINGER, D., Visual morphemes, in: Lg. 22/1946: 333–340.

DERS., Aspects of language. N.Y. etc. 1968, ²1975.

BOLLAND, W., Schriftreform in der Türkei, in: Mitteilungen des Seminars für orientalische Sprachen, II. Abt.: Westasiatische Studien, Bd. XXXI. Berlin 1928: 70–90.

BOLTE. J. (Hg.), Andrea Guarnas Bellum Grammaticale und seine Nachahmungen (= Monumenta Germaniae Paedagogica, XLIII). Berlin 1908.

BORST A., Der Turmbau zu Babel. Geschichte der Meinungen über Ursprung und Vielfalt der Sprachen und Völker. Stuttgart 1957–1963. 6 Bde.

BOUEKE. D./HOPSTER, N. (Hgg.), Schreiben – Schreiben lernen. Festgabe für Rolf Sanner. Tübingen 1985.

BRANDI. K., Unsere Schrift. Drei Abhandlungen zur Einführung in die Geschichte der Schrift und des Buchdrucks. Göttingen 1911.

BRANDT, M., Die Bestrebungen der Hamburger Armenanstalt von 1788 zur Erziehung der Armenbevölkerung (1937), in: Preusser, N. (Hg.), Armut und Sozialstaat, Bd. 4: Nachrichten aus der gefahrvollen Welt der unteren Klassen (= AG SPAK, M 51). München 1983: 71–140.

BRAUN, C. (ed.), Language, reading, and the communication process. Newark, Del. 1971.

BRAUNE, W., Über die Einigung der deutschen Aussprache. Akademische Rede. Heidelberg 1904.

BRECHT, B., Gesammelte Werke. 20 Bde. Ffm. 1967.

BREUER. D., Geschichte der literarischen Zensur in Deutschland. Heidelberg 1982.

BRICE, W.C., The principles of non-phonetic writing, in: Haas 1976: 29–44.

BRIEGLEB, O., Wider die Sprachverderbnis. Ein Beitrag zur Wahrung des Standes der deutschen Sprache. Mit einem Wortverzeichnisse. Bonsdorf bei Lpz. 1911.

BRITTON, J./BURGESS, T./MARTIN, N./McLEOD, A./ROSEN, H., The development of writing abilities. London 1975.

BROZ, J./HAYES, A.S. (eds.), Linguistics and reading. A selective annotated bibliography for teachers of reading. Washington D.C. 1966.

BRUEGELMANN, H., Kinder auf dem Weg zur Schrift. Konstanz-Litzelstetten 1983.

BUBEN, V., Influence de l'orthographe sur la prononciation du français moderne. Bratislava/Paris 1935.

BUCHHOLZ, E., Schriftgeschichte als Kulturgeschichte. Bellnhausen ü. Gladenbach 1965.

BUGARSKI, R. Writing systems and phonological insights, in: Papers of the Chicago Linguistic Society 1970: 453–458.

BÜHLER-OPPENHEIMER, K., Zeichen, Marken, Zinken. Stuttgart 1971.

BUNDGÅRD, J.A., Why did the art of writing spread to the West? Reflexions on the alphabet of Marsiliana, in: Analecta Romana Instituti Danici 3/1965: 11–72.

BURNS, D., Social and political implications in the choice of an orthography, in: Fundamental and Adult Education 5/1953: 80–85.

BUSCH, W., Naturgeschichtliches Alphabet (für größere Kinder und solche, die es werden wollen). 1860. In: ders., Gesamtausgabe in 4 Bdn., hg. von F. Bohne. Wiesbaden o.J., Bd. 1: 56–67.

CALDERINI. R., Gli agrammatoi nell'Egitto Greco-Romano, in: Aegyptus 30/1950: 14–41.

CALVET, L.J., Linguistique et colonialisme. Petit traité de glottophagie. Paris 1974. Dt. u.d.T. ›Die Sprachenfresser. Ein Versuch über Linguistik und Kolonialismus‹. Berlin (West) 1978.

CARPENTER, R., Das Alter des griechischen Alphabets (1933), wiederabgedruckt in: Pfohl 1968: 1–39.

DERS., Noch einmal das griechische Alphabet (1938), wiederabgedruckt in: Pfohl 1968: 84–105.

DERS., The alphabet in Italy, in: American Journal of Archeology XLIX (2nd series) 1945: 452–464.

CARTER, J./MUIR, P. (eds.), Printing and the mind of man. Cambridge 1967.

CASSIRER, E., Language and mind. N.Y. 1953.

CASTLE, E.B., Die Erziehung in der Antike und ihre Wirkung in der Gegenwart. Stuttgart 1965.

CAVALLO, G., Dal segno incompiuto al segno negato. Per una ricerca su alfabetismo, produzione e circolazione di cultura scritta in Italia nei primi secoli dell'Imperio, in: Bartoli Langeli/Petrucci 1978: 466–487.

CENCETTI, G., Lineamenti di storia della scrittura latina. Bologna 1954.

ČERNY, J., Paper and books in ancient Egypt. Inaugural lecture, delivered at University College London, 29th May 1947. London 1952.

DE CERTEAU, M./JULIA, D./REVEL, R., Une politique de la langue. La Révolution française et les patois. Paris 1975.

CHAFE, W.L., Integration and involvement in speaking, writing, and oral literature, in: Tannen 1982a: 35–53.

CHALL, J.S., Learning to read: the great debate. New York 1967.

CHAO, YUEN REN, Language and symbolic systems. London 1968.

CHARBONNIER, G., Conversations with Claude Lévi-Strauss. London 1969.

CHAYTOR, H.J., From script to print. Cambridge 1945.

CHERVEL. A., Et il fallut apprendre à écrire à tous les petits Français: Histoire de la grammaire scolaire. Paris 1977.

CHLEBNIKOV, V., Werke. Bd. 1: Poesie. Hg. von P. Urban. Reinbek 1972.

CHOMSKY, C., Reading, writing, and phonology, in: Harvard Educational Review 40/1970: 287–309. Teilweise wiederabgedruckt in Smith 1973: 91 ff.

CHOMSKY, N., Aspekte der Syntax-Theorie (1965). Übers. von E. Lang, Ffm. 1969.

DERS., Phonology and reading, in: Levin, H./Williams, J.P. (eds.), Basic Studies on Reading. N.Y. 1970: 3–18.

DERS./HALLE, M., The sound pattern of English. N.Y. 1968.

CHRISTENSEN, B.W., Phonèmes et graphèmes en français moderne. Quelques réflexions typologiques, in: Acta Linguistica Hafnensia X, no. 4: 217–240.

CHRISTIANS, D., Die Sprachrubrik der ›Literaturnaja Gazeta‹ von 1964 bis 1978. Dokumentation und Auswertung. Phil. Diss. Bonn 1981. München 1983 (= Slav. Beiträge Bd. 165).

CHRISTIANSEN, P., The Melanesian cargo cult. Milleniarism as a factor in cultural change. Copenhagen 1969.

CIPOLLA, C., Literacy and development in the West. London 1969.

CIS (Centre International de Synthèse): L'écriture et la psychologie des peuples. XXIIe semaine de synthèse. Avec la collaboration de Marcel Cohen, Jean Sainte Fare Garnot et al. Paris 1963.

CLANCHY, M.T., From memory to written record: England, 1066–1307. Cambridge, Mass. 1979.

CLÉMENT, D./THÜMMEL, W., Grundzüge einer syntax der deutschen standardsprache. Ffm. 1975.

CLOSE, E., The development of modern Rumanian. Oxford 1974.

COHEN, M., L'écriture. Paris 1953.

DERS., La grande invention de l'écriture et son évolution. 2 Bde. Paris 1958.

COLE, M./SCRIBNER, S., Culture and thought: a psychological introduction. N.Y. 1974.

COLLART, J., Varron grammarien et l'enseignement grammatical dans l'antiquité romaine 1934–1963, in: Lustrum IX/1964: 213–241.

COMRIE, B., The languages of the Soviet Union. Cambridge 1981.

COOK-GUMPERS, J./GUMPERZ, J.J., From oral to written culture: the transition to literacy, in: Whiteman 1981: 89–109.

COSERIU, E., System, Norm und Rede, in: ders., Sprache: Strukturen und Funktionen. 12 Aufsätze zur allgemeinen und romanischen Sprachwissenschaft. Tübingen ²1971: 53–72.

COULMAS, F., Über Schrift. Ffm. 1981.

⁺DERS./EHLICH, K., (eds.), Writing in focus. Berlin (West) 1983.

ČREMOŠNIK, G., Kratice »Nomina sacra« u cksl. spomenicima, in: Slavia IV, 1925/1926: 238–264, 485–498. [Die Abkürzungen der »nomina sacra« in den kirchenslavischen Denkmälern].

CRESSY, D., Literacy and the social order: Reading and writing in Tudor and Stuart England. Cambridge 1980.

CROSSLAND, R.A., Graphic linguistics and its terminology, in: Proceedings of the Univ. of Durham Philosophical society vol. 1, ser. B (Arts), no. 2. Durham 1957.

CURTIUS, E.R., Europäische Literatur und lateinisches Mittelalter. Bern 1948.

CYPRIAN, T./SAWICKI, J., Nazi rule in Poland 1939–1945. Warszawa 1961.

DALY. L.S., Contributions to a history of alphabetization in antiquity and the Middle Ages (= Collection Latomus, XC). Bruxelles 1967.

DANEŠ, F., Einige soziolinguistische Aspekte der Schriftsprachen, in: Die Welt der Slaven 13/1968: 17–27.

DANZEL, TH.W., Magie und Geheimwissenschaft in ihrer Bedeutung für Kultur und Kulturgeschichte. Stuttgart 1924.

DAVIS, M., Transformational grammar and written sentences. The Hague 1973.

DAVIS, N., Printing and the people, in: Society and culture in modern France. Stanford 1975.

DEBON, G., Grundbegriffe der chinesischen Schrifttheorie und ihre Verbindung zu Dichtung und Malerei. Wiesbaden 1978.

DEGERING, H., Die Schrift. Atlas der Schriftformen des Abendlandes vom Altertum bis zum Ausgang des 18. Jahrhunderts. Berlin 1926, Tübingen ³1952.

DELITSCH, H., Geschichte der abendländischen Schreibschriften. Lpz. 1928.

DERRIDA, J., Die Schrift und die Differenz. Ffm. 1972.

DERS., Grammatologie. Ffm. 1974.

DIELS, P., Altkirchenslavische Grammatik. 1. Teil: Grammatik. Heidelberg 1932.

DERS., Aus der Geschichte der lateinischen Schrift bei den Südslaven (= Sitz. Ber. der Bay. Akad. der Wissenschaften, Phil.-Hist. Kl. 1950, H. 10). München 1951.

DIETERICH, A., ABC-Denkmäler, in: Rhein. Museum für Philologie Bd. 56/1901: 77–105.

DINKLER, E., Sator arepo, in: Religion in Geschichte und Gegenwart. Bd. V. Tübingen ³1961: Sp. 1373f.

DIRINGER, D., The alphabet. A key to the history of mankind. London/N.Y. 1948, ³1968.

DERS., Writing. N.Y./London 1962 (= Ancient peoples and places, vol. 25).

DERS., The Greek script, in: Studium Generale XX/1967, H. 7: 395–401.

DISCH, R. (ed.), The future of literacy. Englewood Cliffs, N.J. 1973.

DERS. [1983b], Introduction, in: ders. 1983a: 1–10.

DITTMANN, J., Sprechhandlungstheorie und Tempusgrammatik. Futurformen und Zukunftsbezug in der gesprochenen deutschen Standardsprache. Phil. Diss. Freiburg 1974. München 1976.

DOKULIL, MILOŠ, Zur Frage der Norm der Schriftsprache und ihrer Kodifizierung (1952), in: Beneš/Vachek 1971: 94–101.

DOLCH, J., Lehrplan des Abendlandes. Zweieinhalb Jahrtausende seiner Geschichte. Ratingen ²1965.

ÐORĐIĆ, P., Istorija srpske ćirilice. Paleografsko-filološki priloži. Beograd 1970. [Die Geschichte der serbischen Kyrillica. Paläographisch-philologische Beiträge].

DORNSEIFF, F., Das Alphabet in Mystik und Magie. Lpz. 1922, ³1980.

DERS., ABC, in: Bächtold-Stäubli I/1927: Sp. 14–18.

DERS., Buchstaben, in: Reallexikon für Antike und Christentum II/1954: 775–778, wiederabgedruckt in: ders., Kleine Schriften. Bd. 2: Sprache und Sprechender. Lpz. 1964: 240–243.

DOWNING, J., tω bεε or not to be. The New Augmented Roman Alphabet explained and illustrated. London 1962.

DERS., The Initial Teaching Alphabet explained and illustrated. London 1965.

DRECOLL, F./MÜLLER, U. (Hgg.), Für ein Recht auf Lesen. Analphabetismus in der Bundesrepublik Deutschland. Ffm./Berlin(West)/München 1981.

DREITZEL, H.P., Theorielose Geschichte und geschichtslose Soziologie, in: Wehler 1976: 37–52.

DRERUP, E., Die Schulaussprache des Griechischen von der Renaissance bis zur Gegenwart. Im Rahmen einer allgemeinen Geschichte des griechischen Unterrichts (= Studien zur Geschichte und Kultur des Altertums, Ergänzungsbände 6, 7). Paderborn 1930, 1932.

DRIEMAN, G.H.J., Differences between written and spoken language: an exploratory study, in: Acta Psychologica 20/1962: 36–57, 78–100.

DÜCK, J., Gleichschaltung der deutschen Rechtschreibung, in: Schrift und Schreiben 5/1933–1934: 21–23.

ECKARDT, A., Philosophie der Schrift. Heidelberg 1965.

ECKHARDT, T., Die slavischen Alphabete, in: Studium Generale XX/1967, H. 8: 457–470.

EDGERTON, F., Ideograms in English writing, in: Lg. 17/1941: 148–150.

EDSMANN, C.M., Alphabet- und Buchstabenmystik, in: Religion in Geschichte und Gegenwart Bd. I. Tübingen ³1957: Sp. 246.

EHLING, B./MÜLLER, H.M./OSWALD M.-L., Über Analphabetismus in der Bundesrepublik Deutschland (= Werkstattberichte des Bundesministeriums für Bildung und Wissenschaft, 32). Bonn 1981.

EHMCKE, F., Die historische Entwicklung der abendländischen Schriftformen. Ravensburg 1927.

EICHLER, W./HOFER, A. (Hgg.), Spracherwerb und linguistische Theorien. München 1974.

EIMERMACHER, K., Sowjetische Semiotik – Probleme und Genese, in: Jachnow 1984: 881–910.

EISENBERG, P., Grammatik oder Rhetorik? Über die Motiviertheit unserer Zeichensetzung, in: ZGL VII, 3/1979: 323–337.

DERS., Substantiv oder Eigenname? Über die Prinzipien unserer Regeln zur Groß- und Kleinschreibung, in: LB 72/1981: 77–101.

DERS. [1983a], Arbeiterbildung und Alphabetisierung im 19. Jahrhundert, in: OBST 23/1983: 13–32.

DERS. [1983b], Orthographie und Schriftsystem, in: Günther/Günther 1983: 41–68.

DERS. [1983c], Writing system and morphology. A pilot study about certain regularities of German. Ms. Berlin(West) 1983.

DERS., Grundriß der deutschen Grammatik. Stuttgart 1986.

EISENHARDT, U., Die kaiserliche Aufsicht über Buchdruck, Buchhandel und Presse im Heiligen Römischen Reich Deutscher Nation (1496–1806). Ein Beitrag zur Geschichte der Bücher- und Pressezensur. Karlsruhe 1970.

EISENSTEIN, E.L., Some conjectures about the impact of printing on western society and thought: a preliminary report, in: The Journal of Modern History XL,1/1968: 1–56.

DIES., The advent of printing and the problem of the Renaissance, in: Past and Present 45/1969: 19–89.

DIES., The printing press as an agent of change. 2 vols. Cambridge 1979.

EKSCHMITT, W., Das Gedächtnis der Völker. Hieroglyphen, Schriften und Schriftfunde. München 1980.

ELIAS, N., Über den Prozeß der Zivilisation. 2 Bde. Ffm. 1976, 1978.

ELZER, H.M., Bildungsgeschichte als Kulturgeschichte. Eine Einführung in die historische Pädagogik. Bd. I: Von der Antike bis zur Renaissance. Ratingen 1965.

ENDRES, F.C., Mystik und Magie der Zahlen. Zürich ³1951.

ENGELIEN, A., Geschichte der neuhochdeutschen Grammatik sowie der Methodik des grammatischen Unterrichts in der Volksschule, in: Geschichte der Methodik des deutschen Volksschulunterrichts. Hg. von C. Kehr. Bd. I. Gotha ²1889: 252ff.

ENGELSING, R., Analphabetentum und Lektüre. Stuttgart 1973.

DERS., Der Bürger als Leser. Lesergeschichte in Deutschland 1500–1800. Stuttgart 1974.

ERNING, G., Das Lesen und die Lesewut. Beiträge zu Fragen der Lesergeschichte, dargestellt am Beispiel der schwäbischen Provinz. Bad Heilbrunn/Obb. 1974.

ESCARPIT, R., L'écrit et la communication. Paris 1973.

EURIPIDES, Herakles. Übers. von J.J. Donner, in: Sämtliche Tragödien in zwei Bänden, Bd. I. Stuttgart 1958: 307–358.

FALKNER, M., Zur Frühgeschichte des griechischen Alphabetes (1948), in: Pfohl 1968: 143–171.

FAL'KOVIČ, É.M., Evrejskij jazyk (idiš), in: Jazyki narodov SSSR I/1966: 599–629. [Die jüdische Sprache (Jiddisch)].

FANON, FRANTZ, Die Verdammten dieser Erde. Ffm. 1969.

FAULMANN, K., Illustrierte Geschichte der Schrift. Populärwissenschaftliche Darstellung der Entstehung der Schrift, der Sprache und der Zahlen sowie der Schriftsysteme aller Völker der Erde. Wien/Pest/Lpz. 1880.

FAUST, G., Speech Variation and the Bloomfield system, in: Bloomfield/Barnhart 1961: 43f.

FÈBVRE, L./MARTIN, H.J., L'apparition du livre (= L'évolution de l'humanité vol XLIX). Paris 1958.

⁺FELDBUSCH, E., Geschriebene Sprache. Untersuchungen zu ihrer Herausbildung und Grundlegung ihrer Theorie. Berlin (West)/N.Y. 1985.

FERGUSON, C.A., St. Stefan of Perm and applied linguistics, in: To Honor Roman Jakobson. Den Haag/Paris 1967: 643–653.

DERS., Language structure and language use. Stanford, Cal. 1971.

DERS., Contrasting patterns of literacy acquisition in a multilingual society, in: Whiteley, W.H. (ed.), Language use and social change. Oxford 1971: 234–253.

FÉVRIER, J., Histoire de l'écriture. Paris 1948, ²1958.

FICHTENAU, H., Mensch und Schrift im Mittelalter (Veröffentlichungen des österr. Inst. für Geschichtsforschung, 5). Wien 1946.

FIRTH, J.R., Speech. (1930). Wiederabgedruckt in: ders. ›The tongues of men‹ and ›Speech‹, London ³1970.

DERS., Alphabets and phonology in India and Burma (1936), in: ders., Papers in Linguistics 1934–1951. London 1957, ⁵1969: 54–75.

FISCHER, H.-TH., Priestertalen. Een ethnologiese studie. Groningen 1934.

FISCHER-JØRGENSEN, E., On the definition of phoneme categories on distributional basis, in: Acta Linguistica 7/1952: 8–39, wiederabgedruckt in: Hamp et al. 1966: 299–321.

DIES., Trends in phonological theory. A historical introduction. Copenhagen 1975.

FISHMAN, J.A. (ed.), Advances in language planning. Den Haag 1974.

DERS. (ed.), Advances in the creation and revision of writing systems. Den Haag 1977.

DERS, Advances in the study of societal mutlilingualism. Den Haag 1978.

DERS./COBARRUBIAS, J. (eds.), Progress in language Planning. N.Y. 1982.

FLEMING, J.T., Introduction, in: Goodman/Fleming 1969: 1–7.

FLESCH, R.F., Why Johnny can't read – and what you can do about it. N.Y. 1955.

FLORUS, P. ANNIUS, Vergilius orator an poeta. Ed. H. Malcovati, Milano 1938.

FOCKE, F., Sator arepo, in: Würzburger Jahrbücher für die Altertumswiss. 3/1948: 366–401.

FODOR, I./HAGÈGE, C., Language Reform. History and Future. 3 Bde. Hamburg 1983, 1984.

FÖLDES-PAPP. K., Vom Felsbild zum Alphabet. Die Geschichte der Schrift von ihren frühesten Vorstufen bis zur modernen lateinischen Schreibschrift. Bayreuth 1975.

FOLEY, J. M., Oral literature: premises and problems, in: Choice XVIII, dec. 1980: 487–496.

FOLLICK, M., The case for spelling reform. London 1965.

FORCHHAMMER, J., Die Grundlage der Phonetik. Heidelberg 1924.

DERS., Weltlautschrift, in: Heepe 1926: 14–17.

FOREMAN, G., Sequoia. Norman, Oklahoma 1959.

FOURQUET, J., Sprache-Dialekt-Patois, in: Göschel/Nail/van der Elst 1976: 182–204.

DE FRANCIS, J., Language and script reform, in: CTL 2/1968: 130–150, wiederabgedruckt in Fishman 1977: 121–148.

DERS., Chinese Language and script reform in: Fishman, J. A. (ed.), Advances in the sociology of language, vol. II. Den Haag/Paris 1972: 450–475.

FRAWLEY, W. (ed.), Linguistics and literacy. N. Y./London 1982.

FREDERISKEN, C. H./DOMINIC, J. F. [1981 a] (eds.), Writing: the nature, development and teaching of written communication, vol. 2: Writing: process, development and communication. Hillsdale, N. J. 1981.

DIES. [1981 b], Introduction: perspective on the activity of writing, in: dies. 1981 a: 1–20.

FREEDMAN, A./PRINGLE, I./YALDEN, J. (eds.), Learning to write: first language/second language. Selected papers from the 1979 CCTE conference, Ottawa, Canada. London/N. Y. 1983.

FREGE, G., Kleine Schriften, Hg. von I. Angelelli. Darmstadt 1967.

FRIEDRICH, J., Geschichte der Schrift, unter besonderer Berücksichtigung ihrer geistigen Entwicklung. Heidelberg 1966.

FRIES, C. C., Linguistics and reading. New York ²1963.

FRITH, U., Reading by eye and writing by ear, in: Kolers et al. 1979/I: 379–390.

FRITSCHE, M., Sprachkonzeption und Sprachpolitik am Beispiel des rumänischen Sprachnationalismus, in: OBST 12/1979: 90–108.

FUCHS, H., Die Herkunft der Sator-Formel, in: Schweizerisches Archiv für Volkskunde 47/ 1951: 28–54.

FÜHMANN, F., Die dampfenden Hälse der Pferde im Turm von Babel. Eine Sprachbuch voll Spielsachen. Ein Spielbuch in Sachen Sprache. Ein Sachbuch der Sprachspiele. Mit Beratung von Dr. Manfred Bierwisch. Berlin (DDR) 1978, ²1981 Frauenfeld.

FUNKE, F., Buch und Schrift von der Frühzeit bis zur Gegenwart. Rundgang durch die Dauerausstellung des deutschen Buch- und Schriftmuseums der deutschen Bücherei in Leipzig. Lpz. 1968.

FÜSSENICH, I./GLÄSS, B., Alphabetisierung und Morphemmethode, in: OBST 26/1984: 39–70.

FURET, F./OZOUF, J., Lire et écrire. L'alphabétisation des français de Calvin à Jules Ferry. Paris 1977.

GAGNÉ, R. C., Tentative standard orthography for Canadian Eskimos. Ottawa 1965.

GALBRAITH, V. H., The literacy of medieval kings, in: Proceedings of the British Academy 21/ 1935: 201–238.

GALLAGHER, C. F., Language reform and social modernization in Turkey, in: Rubin/Jernudd 1971: 159–178.

GARBE, B., Die deutsche rechtschreibung und ihre reform 1722–1974 (= RGL, 10). Tübingen 1978.

DERS., Rez. von Nerius/Scharnhorst 1980, in: ZS II/2, 1983: 265–277.

GÄRTNER, H., Kunterbunte Knobelkiste. Esslingen o.J.

GARVIN, P., Literacy as a problem in language and culture, in: Mueller, H.J. (ed.), Report on the 5th Annual Round Table Meeting on Linguistics and Language Teaching (= Monograph Series on Language and Linguistics, 7). Washington D.C. 1954: 117–129.

DERS., Some comments on language planning, in: Rubin/Shuy 1973: 24–33.

+GAUR, A., A history of writing. London 1984.

GEERTS, G./VAN DEN BROEK. J./VERDOOT, A., Success and failure in Dutch spelling reform, in: Fishman 1977: 179–245.

GEIER, M., Schriftbilder. Zur Funktion der Sprache in den Merz-Collagen von Kurt Schwitters, in: Kritische Berichte 4–5/1980: 59–76.

DERS., Jenseits der Grammatik. Uvo. Vorlesungsmanuskript, Hannover 1984. Erscheint 1986 (Tübingen) u.d.T. Linguistische Analyse und literarische Praxis. Eine Orientierungsgrundlage für das Studium von Sprache und Literatur.

GEIJER, HERMAN, Skriftspråksnormer och talspråksnormer. Uppsala 1934. [Die Normen der Schriftsprache und die Normen der gesprochenen Sprache].

GELB, I.J., A Study of Writing. Chicago 1952.

DERS., Von der Keilschrift zum Alphabet. Stuttgart 1958 (Übers. von ders. 1952).

DERS., Written records and decipherment, in: CTL 11: 253–284.

GEORGIEV, E., Kiril i Metodij, osnovopoložnici na slavjanskite literaturi. Sofija 1956. [Kyrill and Method, die Schöpfer der Grundlagen der slavischen Literaturen].

GERNHARDT, R./BERNSTEIN, F.W./WAECHTER, F.K., Die Wahrheit über Arnold Hau. Ffm. 1966, ³1981.

GERNENTZ, H.-J., Das Vordringen des Hochdeutschen in Norddeutschland. Ein Beitrag zur Entstehung der deutschen Hochsprache (= Arbeiten zur deutschen Philologie, VI). Debreczen 1972.

GESSINGER, J., Schriftspracherwerb im 18. Jh. Kulturelle Verelendung und politische Herrschaft, in: OBST 11/1979: 26–47.

DERS., Sprache und Bürgertum. Zur Sozialgeschichte sprachlicher Verkehrsformen im Deutschland des 18. Jahrhunderts. Stuttgart 1980.

DERS./GLÜCK, H., Historique et état du débat sur la norme linguistique en Allemagne, in: Bédard, É./Maurais, J. (éds.), La norme linguistique. Québec/Paris 1983: 203–252.

GESSMANN, C.W., Die Geheimsymbole der Alchymie, Arzneikunde und Astrologie des Mittelalters. Graz 1899. (Reprint Ulm 1964).

GIBSON, J.W./GRUNER, C.R./KIBLER, R.J./KELLY, F., A quantitative examination of differences and similarities in written and spoken messages, in: Speech Monographs 33/1966: 444–451.

GIESE, H./GLÄSS, B. (Hgg.), Analphabetismus in der BRD. 2 Bde. (= OBST 23, 26). Osnabrück 1983, 1984.

GIESECKE, M., Schriftsprache als Entwicklungsfaktor in Sprach- und Begriffsgeschichte, in: Koselleck, R. (Hg.), Historische Semantik und Begriffsgeschichte. Stuttgart 1979: 262–302.

DERS. [1979b], Schriftspracherwerb und Erstlesedidaktik in der Zeit des ›gemein teutsch‹ – eine sprachhistorische Interpretation der Lehrbücher Valentin Ickelsamers, in: OBST 11/1979: 48–72.

GILJAREVSKIJ, R.S./GRIVNIN, V.S., Opredelitel' jazykov mira po pis'mennostjam. M. 1961. [Bestimmungsbuch für die Sprachen der Welt nach den Schriften].

GIRKE, W., Probleme der intraethnischen Sprachpolitik. Eine kritische Betrachtung der Sprachkulturtheorie in der Tschechoslowakei, in: OBST 4/1977: 134–145.

DERS./JACHNOW, H., Sowjetische Soziolinguistik. Probleme und Genese. Kronberg/Ts. 1974.

DIES., Sprache und Gesellschaft in der Sowjetunion. München 1975.

GLADT, K., Deutsche Schriftfibel. Anleitung zur Lektüre der Kurrentschrift des 17. bis 20. Jh. Graz 1976.

GLEASON, H.A., An introduction to descriptive linguistics. London ²1961.

GLEICHEN, E./REYNOLD, J.H., Alphabets for foreign languages. London ²1933.

GLEITMAN, L.R./ROZIN, P., Teaching reading by use of a syllabary, in: Reading Research Quarterly 8/1973: 447–483.

DIES., The structure and acquisition of reading, I: relations between orthographies and the structure of language, in: Reber, A./Scarborough, D. (eds.), Toward a psychology of reading. Hillsdale N.J. 1977.

GLOY, K., Sprachnormen I. Linguistische und soziologische Analysen. Stuttgart-Bad Cann-
statt 1975.

GLÜCK, H., Einleitung, in: Medvedev, P.N., Die formale Methode in der Literaturwissenschaft. Stuttgart 1976: XIII–LV.

DERS., Die preußisch-polnische Sprachenpolitik. Hamburg 1979.

DERS., Der norwegische Sprachenstreit. Rez. von Vikør 1975, in: OBST 12/1979: 177–181.

DERS., Über einige methodische Probleme der historischen Sprachensoziologie, in: Sprache und
Herrschaft 8/1980: 2–10.

DERS., Rez. von Pisani, V./Santoro, C. (eds.), Italia linguistica nuova ed antica. Studi linguistici
in memoria d'Oronzo Parlangèli. Galatina 1976, in: OBST 15/1980: 195–197.

DERS. (Hg.), Sprachtheorie und Sprach(en)politik (= OBST 18). Osnabrück 1981.

DERS. [1981b], Rez. von Fishman 1977, in: OBST 18/1981: 159–162.

DERS. [1981c], Rez. von Fishman 1978, in: OBST 18/1981: 163–166.

DERS. [1983a], ›Sprache‹ und ›Sprachen‹ als methodisches Hauptproblem der Forschung über
Sprachenpolitik, in: Sprache und Herrschaft 12/1983: 3–15.

DERS. [1983b], Aspekte der sowjetischen Sprachenpolitik. Ein Beitrag zur vergleichenden
Mehrsprachigkeitsforschung, in: Hinderling, R./Eichinger, L. (Hgg.), Europäische Sprach-
minderheiten im Vergleich. Stuttgart 1986 i.E.

DERS., Sowjetische Sprachenpolitik, in: Jachnow 1984: 519–559.

DERS., Die Speisenkarte der Sprachenfresser. Zur Aktualität von Jan Baudouin de Courtenay
für die sprachensoziologische Forschung. Als Ms. gedruckt, Osnabrück 1985. In rev. Fassung i.E. in: Germanistische Mitteilungen 23/1986.

DERS./WIGGER, A., Kategoriale und begriffliche Probleme der Forschung über Sprach(en)poli-
tik, in: OBST 12/1979: 6–18.

DERS./SAUER, W.W., La crise de l'allemand, in: Maurais, J. (éd.), La crise des langues. Qué-
bec/Paris 1985: 219–279.

GLUSHKO, R.J., Cognitive and pedagogical implications of orthography, in: Quarterly News-
letter of the Laboratory of Comparative Human Cognition 1(2)/1979: 22–26.

GOLD, D., Successes and failures in the standardization and implementation of Yiddish spelling and romanization, in: Fishman 1977: 307–369.

GOODMAN, K.S. (ed.), The psycholinguistic nature of the reading process. Detroit 1968.

DERS./FLEMING, J.T. (eds.), Psycholinguistics and the teaching of reading. Newark, Del. 1969.

GOODMAN, Y.M./GOODMAN, K.S., Linguistics and the teaching of reading: an annotated
bibliography. Newark, Del. 1967.

DIES., Linguistics, psycholinguistics and the teaching of reading. An annotated bibliography.
Newark, Del. 1971.

GOODY, J. (Hg.), Literalität in traditionalen Gesellschaften. Ffm. 1981.

DERS. [1981b], Einleitung, in: ders. 1981: 7–43.

DERS. [1981c], Beschränkte Literalität im nördlichen Ghana, in: ders. 1981: 283–388.

DERS., The domestication of the savage mind. London 1977.

DERS., Alternative paths to knowledge in oral and literate cultures, in: Tannen 1982: 201–215.

DERS./WATT, I., Konsequenzen der Literalität (1963), in: Goody 1981: 45–104.

GOOLD, G.P., Homer and the alphabet, in: Transactions and Proceedings of the American
Philological Association 91/1960: 272–291.

GÖPFERT, H.G., (Hg.), Buch und Leser. Hamburg 1977.

GÖSCHEL, J./NAIL, N./VAN DER ELST, G. (Hgg.), Zur Theorie des Dialekts. Aufsätze aus
100 Jahren Forschung mit biographischen Anmerkungen zu den Autoren (= ZDL, Beihefte
N.F. 16). Wiesbaden 1976.

GOUDY, F.W., The alphabet. London 1922.

GRAY, C., The Russian experiment in art 1863–1922. London 1962.

GREEN, G., Colloquial and literary uses of inversion, in: Tannen 1982: 119–153.

GREENE, W.C., The spoken and the written word, in: Harvard Studies in Classical Philology
60/1951: 23–59.

v. GREYERZ, O., Der Deutschunterricht als Weg zur nationalen Erziehung. Eine Einführung für junge Lehrer (Pädagogium, III.) Lpz. ²1921.

GRIMES, B.F. (ed.) Languages of the world. Ethnologue. 10th edition. Dallas 1984.

v. GRIMMELSHAUSEN, H.J.CH., Der abenteuerliche Simplicissimus Teutsch. Mömpelgart (Nürnberg) 1669 (1668). Hg. von A. Kelletat, Ffm./Hamburg 1962.

⁺GROSSE, S. (Hg.), Schriftsprachlichkeit. Düsseldorf 1983.

GRUNDMANN, H., Litteratus – illiteratus. Der Wandel einer Bildungsnorm vom Altertum zum Mittelalter, in: Archiv für Kulturgeschichte 40/1958: 1–65.

GUCHMAN, M.M. (red.), Voprosy formirovanija i razvitija nacional'nych jazykov. M. 1960. [Fragen der Formierung und Entwicklung nationaler Sprachen].

DIES., Der Weg zur deutschen Nationalsprache. 2 Bde. Berlin DDR 1964, 1969.

GUDSCHINSKY, S.C., Handbook of literacy. Norman, Okla. ²1953.

DIES., A manual of literacy for preliterate peoples. Ukarumpa, Papua New Guinea 1973.

DIES., Linguistics and literacy, in: CTL 12/1974.

DIES., Literacy. The growing influence of linguistics. Den Haag/Paris 1976.

GÜMBEL, R., Erstleseunterricht. Entwicklungen – Tendenzen – Erfahrungen. Kronberg/Ts. 1980.

GUMBRECHT, H.U. et al. (Hgg.), Sozialgeschichte der Aufklärung in Frankreich. 2 Bde. München/Wien 1981.

GUNDERSEN, D., Successes and failures in the reformation of Norwegian orthography, in: Fishman 1977: 247–265.

GÜNTHER, H., Das Prinzip der Alphabetschrift begreifen lernen – einige Thesen zu einem fragwürdigen Konzept, in: Andresen/Giese 1983: 161–175.

GÜNTHER, K.B./GÜNTHER, H. (Hgg.), Schrift, Schreiben, Schriftlichkeit. Arbeiten zur Struktur, Funktion und Entwicklung schriftlicher Sprache. Tübingen 1983.

GÜNTERT, H.. Von der Sprache der Götter und Geister. Bedeutungsgeschichtliche Untersuchungen zur homerischen und eddischen Göttersprache. Halle a.S. 1921.

GUTENBRUNNER, S./KLINGENBERG. H., Runenschrift, die älteste Buchstabenschrift der Germanen, in: Studium Generale XX/1967, H. 7: 432–448.

GUYONVARC'H, C.H., Die irische Ogham-Schrift, in: Studium Generale XX/1967, H. 7: 448–456.

GVOZDEV, A.N., Osnovy russkoj orfografii, in: ders., Izbrannye raboty po orfografii. K 70-letiju so dnja roždenija (1892–1957). M. 1963. [Die Grundlagen der russischen Orthographie].

DERS., Sovremennyj russkij jazyk. Sbornik upražnenij. M. ⁴1964. [Die russische Gegenwartssprache. Eine Sammlung von Übungen].

GWOSDOWITSCH (GVOZDOVIČ), B.N., Deutsche Grapheme, in: Wiss. Zeitschrift der Martin-Luther-Univ. Halle-Wittenberg XXV/1976, Ges.- und Sprachwiss. Reihe, H. 1: 61–81, 91–95.

HAAS, W., (ed.), Alphabets for English. Manchester 1969.

DERS., Phono-graphic translation. Manchester 1970.

DERS. (ed.), Writing without letters. Manchester 1976.

DERS. [1976b], Writing: the basic options, in: ders. 1976: 131–208.

DERS. (ed.) [1982a] Standard languages, spoken and written. Manchester/Totawa N.J. 1982 (= Mont Follick Series, 5).

DERS. [1982b], Introduction. On the normative character of language, in: ders. 1982a: 1–36.

HABERMAS, J., Strukturwandel der Öffentlichkeit. Neuwied 1962.

HAGÈGE C./MÉTAILIÉ G./PEYRAUBE, A., Réforme et modernisation de la langue chinoise, in: Fodor/Hagège 1983/II: 189–210.

HAIGHT, A.L., Verbotene Bücher von Homer bis Hemingway. Düsseldorf 1956.

HAJNAL, I., Le rôle social de l'écriture et l'évolution européenne, I, in: Revue de l'institut de sociologie Solvay 14, Bruxelles 1934: 24–53.

DERS., L'enseignement de l'écriture aux universités mediévales. Budapest 1954.

HAKKARAINEN, H.J., Graphemik und Philologie, in: LiLi 1/1971: 191–204.

HALL, R.A. jr., Sound and spelling in English. Philadelphia 1961.

DERS., External history of the Romance languages. N.Y./London/Amsterdam 1974.

HALLE, M., Phonemics, in: CTL 1, 1963: 5–21.

DERS., On the bases of phonology, in: Fodor, J.A./Katz, J.J. (eds.), The Structure of language. Readings in the philosophy of language. Englewood Cliffs, N.J. 1964: 324–333.

DERS., Some thoughts on spelling, in: Goodman/Fleming 1969: 17–24.

DERS.. On a parallel between conventions of versification and orthography; and on literacy among the Cherokee, in: Kavanagh/Mattingly 1972: 149–154.

HAMP, E.P., Graphemics and paragraphemics, in: Studies in Language 14/1959: 1–17.

DERS./Householder, F.W./Austerlitz, R. (eds.), Readings in linguistics, II. Chicago/London 1966.

HANSSEN, E. (udg.), Om norsk språkhistorie. En antologi. Oslo o.J. (1970). [Über die norwegische Sprachgeschichte].

DERS./WIGGEN, G. (udg.), Målstrid er klassekamp. Målpolitiske artikler. Oslo 1973. [Sprachenkampf ist Klassenkampf. Sprachpolitische Artikel].

HARDER, R., Die Meisterung der Schrift durch die Griechen, in: Das neue Bild der Antike I: Hellas. Lpz. 1942: 91–108. Wiederabgedruckt in: Pfohl 1968: 269–292.

DERS., Bemerkungen zur griechischen Schriftlichkeit, in: Die Antike XIX/1943: 86–108.

DERS., Kleine Schriften. Hg. von W. Marg. München 1960.

HARPER, K., Writing systems and translations. Inuktitut 53, Sept. 1983. Ottawa.

HARRIS, Z., Methods in structural linguistics. Chicaco 1951.

HARRISON, M., Instant reading. The story of the Initial Teaching Alphabet. N.Y./Toronto/London 1964.

HARTMANN G., Zur Geschichte der italienischen Orthographie, in: Romanistische Forschungen XX/1907: 199–283.

HARTUNG, W., Zum Inhalt des Normbegriffs in der Linguistik, in: Normen in der sprachlichen Kommunikation. Berlin DDR 1977: 9–69.

HARVEY, F.D., Literacy in the Athenian democracy, in: Révue des études grecques LXXIX, no. 376–378. Paris 1966: 585–635.

HAUGEN, E., Dialect, language, nation (1966), in: ders. 1972: 237–254.

DERS. (1966b), Linguistics and language planning, in: ders. 1972: 159–186.

DERS. (1966c), Language conflict and language planning: the case of Modern Norwegian. Cambridge, Mass. 1966.

DERS. First grammatical treatise. The earliest Germanic phonology. Baltimore 1950. London ²1972.

DERS., The ecology of language. Essays. Ed. by A.S. Dil. Stanford, Cal. 1972.

DERS., The Scandinavian languages. An introduction to their history. London 1976.

HAUPENTHAL, R. (Hg.), Plansprachen. Beiträge zur Interlinguistik. Darmstadt 1976 (= WdF Bd. CCCXXV).

HÄUSLER F., Das Problem Phonetik und Phonologie bei Baudouin de Courtenay und in seiner Nachfolge. Halle a.S. 1968, ² 1976.

HAVELOCK, E., Preface to Plato. Cambridge, Mass. 1963.

DERS., Prologue to Greek literacy, in: Lectures in memory of Louise Taft Semple, 2nd series. Norman, Okla. 1973: 329–391.

DERS., Origins of Western literacy. Four lectures. Ontario 1976.

HAVRÁNEK, B., Zur Adaptation der phonologischen Systeme in den Schriftsprachen (1931), in: Vachek 1964: 270–283.

DERS., Zum Problem der Norm in der heutigen Sprachwissenschaft und Sprachkultur, in: Actes du 4ème Congrès Intern. de linguistes, Copenhagen 1936: 151–156, wiederabgedruckt in: Vachek 1964: 413–420.

DERS., Studie o spisovném jazyce. Praha 1963. [Studien zur geschriebenen Sprache]

DERS., Die Theorie der Schriftsprache, in: Beneš/Vachek 1971: 19–37.

HAYMES, E.R., A bibliography of studies relating to Parry's and Lord's oral theory (Publications of the Milman Parry Collection: Documentation and Planning Series, 1). Cambridge, Mass. 1973.

HEATH, S.B., Toward an ethnohistory of writing in American education, in: Whiteman 1981: 25–45.

DIES., Protean shapes in literacy events. Evershifting oral and literate traditions, in: Tannen 1982: 91–117.

HEEPE, M. (Hg.), Lautzeichen und ihre Anwendung in verschiedenen Sprachgebieten. Berlin 1928.

HEIKE, G. (Hg.), Phonetik und Phonologie. Aufsätze 1925–1957. München 1974.

HEINEVETTER, N., Würfel- und Buchstabenorakel. Phil. Diss. Breslau 1912.

HEINZE, H., Gesprochenes und geschriebenes Deutsch. Düsseldorf 1979.

HELLER, K. [1980a], Zum Graphembegriff, in: Nerius/Scharnhorst 1980: 74–108.

DERS. [1980b], Zum Problem einer Reform der Fremdwortschreibung unter dem Aspekt von Zentrum und Peripherie des Sprachsystems, in: Nerius/Scharnhorst 1980: 162–192.

HENDERSON, L. (ed.), Orthographies and reading: perspectives from cognitive psychology, neuropsychology and linguistics. London 1983.

DIES. (1984b), Introduction, in: dies., 1984a: 1–9.

DIES. (1984c), Writing systems and the reading process, in: dies. 1984a: 11–24.

HENDRIX, R., The status and politics of writing instruction, in: Whiteman 1981: 53–70.

HENDRICKSON, G.L., Ancient reading, in: Classical Journal XXV/1929–30: 182–196.

HENSCHEID, E./LIEROW, C./MALETZKE, E./POTH, C., Dummdeutsch. Ein satirisch-polemisches Wörterbuch. Ffm. 1985.

v. HENTIG, H., Das allmähliche Verschwinden der Wirklichkeit. Ein Pädagoge ermuntert zum Nachdenken über die Neuen Medien. München 1984.

HENZE, P.B., Politics and alphabets, in: Royal Central Asian Society Journal 43/1956: 29–51.

DERS., Politics and alphabets in Inner Asia, in: Fishman 1977: 371–420.

HERBERG, D., Wortbegriff und Orthographie, in: Nerius/Scharnhorst 1980: 140–161.

HERING, E., Rätsel der Schrift. Lpz. 1969.

HERINGER, H.J., Normen? – Ja, aber meine!, in: Deutsche Akademie für Sprache und Dichtung (Hg.), Der öffentliche Sprachgebrauch. Stuttgart 1980: 58–72.

HERINGER, H.J., (Hg.) Holzfeuer im hölzernen Ofen. Aufsätze zur politischen Sprachkritik. Tübingen 1982.

DERS. 1982b, Sprachkritik – die Fortsetzung der Politik mit anderen Mitteln, in: ders. 1982: 3–34.

HEUBAUM, A., Geschichte des deutschen Bildungswesens seit der Mitte des 17. Jh. Bd. I. Berlin 1905.

HEYD, U., Language reform in modern Turkey. Jerusalem 1954.

HILL, A., The typology of writing systems, in: Papers in linguistics in honor of Léon Dostert. The Hague 1967: 92–99.

HJELMSLEV, L., Über die Beziehungen der Phonetik zur Sprachwissenschaft, in: Archiv f. vergleichende Phonetik 2/1938: 129–134.

DERS., Omkring sprogteoriens grundlæggelse. København 1943. Dt. Übers. u.d.T. ›Prolegomena zu einer Sprachtheorie‹ von R. Keller et al. München 1974. Dt. Übers. u.d.T. ›Zur grundlegung einer sprachtheorie‹ von W. Thümmel. Göttingen 1973 (mimeo).

DERS., Aufsätze zur Sprachwissenschaft. Hg. von E. Barth. Stuttgart 1974.

DERS./ULDALL, H.J., Synoptischer Abriß der Glossematik (1936), in: ders. 1974: 1–6.

HOBSBAWM, E., Die Blütezeit des Kapitals. Eine Kulturgeschichte der Jahre 1848–1875. München 1977.

DERS., Sozialrebellen. Archaische Sozialbewegungen im 19. und 20. Jh. (1959). Gießen 1979.

HÖCHLI, S., Zur Geschichte der Interpunktion im Deutschen. Eine kritische Darstellung der Lehrschriften von der 2. Hälfte des 15. Jh. bis zum Ende des 18. Jh. Berlin (West) 1981.

HODGE, C.T., Ritual and writing, An inquiry into the origin of Egyptian script. Lisse 1975.

HOFER, A., Linguistik und Orthographieunterricht: Überlegungen zu den Abbildbeziehungen zwischen Fonem- und Grafemebene, in: Hiestand, W. (Hg.), Rechtschreibung. Müssen wir neu schreiben lernen? Weinheim/Basel 1974: 69–85.

DERS. (Hg.), Lesenlernen: Theorie und Unterricht. Düsseldorf 1976.

HOGGART, R., The uses of literacy. London 1957.

HOLOKA, J.P., Homeric originality: a survey, in: Classical World 66/1973: 257–293.

HÖLSCHER, U., Die Odyssee – Epos zwischen Märchen und Literatur, in: Assmann et al. 1983: 94–108.

HOMMEL, F., Die Anordnung unseres Alphabets, in: Archiv für Schriftkunde I/1914 Nr. 1: 30–51.

HOPSTER, N., Das »Volk« und die Schrift. Zur Schriftpolitik im Nationalsozialismus, in: Boueke/Hopster 1985: 57–77.

HOŘEJŠI, V., Analyse structurale de l'orthographe française, in: Philologica Pragensia V, No. 4, 1962: 225–236.

DERS., Formes parlées, formes écrites et systèmes orthographiques des langues, in: Folia Linguistica 5/1971, No. 1/2: 185–193.

HOUBEN, H.H., Verbotene Literatur von der klassischen Zeit bis zur Gegenwart. 2 Bde. (1924). Reprint Hildesheim 1965.

HOUSEHOLDER, F.W., Linguistic Speculations. London 1971.

HOYLES, M. (ed.), The politics of literacy. London 1977.

v. HUMBOLDT, W., Über die Buchstabenschrift und ihren Zusammenhang mit dem Sprachbau (1824), in: W. v. Humboldt-Studienausgabe. Hg. v. A. Flitner und K. Giel. 5 Bde. Bd. 3: Schriften zur Sprachphilosophie, ⁴1972: 82–112.

HUNTER, C.ST.J./HARMANN, D., Adult illiteracy in the United States. N.Y. 1979.

HVALKOF, S./AABY, P., (Hgg.), Ist Gott Amerikaner? Bornheim 1980.

HYMES, D. (ed.), Language in culture and society. A reader in linguistics and anthropology. N.Y. 1964.

ILLICH, I., Vom Recht auf Gemeinheit. Reinbek 1982.

IMART, G., Développement et planification des vernaculaires: l'experience Sovietique et le Tiers-Monde, in: Fodor/Hagège 1983/II: 211–240.

INKELES, A./SMITH, D.H., Becoming modern. London 1974.

ISING, E., Die Herausbildung der Grammatik der Volkssprachen in Mittel- und Osteuropa. Berlin DDR 1970.

ISTRIN, V., Nekotorye voprosy teorii pis'ma (Tipy pis'ma i ich svjaz' s jazykom), in: VJa 1953/4: 109–121 [Einige Fragen der Theorie der Schrift (Die Typen der Schrift und ihr Zusammenhang mit der Sprache)]. Frz. Übers. u.d.T. ›Rélations entre les types de l'écriture et la langue‹, in: Récherches internationales à la lumière du marxisme, no. 7, Paris 1958: 35–60 (Übers. M. Cohen).

DERS., 1100 let slavjanskoj azbuki (863–1963). M. 1963 [1100 Jahre slavisches Alphabet].

DERS., Vozniknovenie i razvitie pis'ma. M. 1965. [Entstehung und Entwicklung der Schrift].

IVANOVA, V.F., Razvitie teorii orfografii v trudach sovetskich lingvistov, in: Razvitie russkogo jazyka posle Velikoj Oktjabr'skoj socialističeskoj revoljucii. L. 1967: 146–175. [Die Entwicklung der Theorie der Orthographie in Arbeiten sowjetischer Linguisten].

DIES., Sovremennyj russkij jazyk. Grafika i orfografija. M. 1976. [Die russische Gegenwartssprache. Graphie und Orthographie].

DIES., Principy russkoj orfografii. L. 1977. [Die Prinzipien der russischen Orthographie].

IVES, S./IVES, J.P., Linguistics and the teaching of reading and spelling, in: CTL 10/1973: 228–249.

JACHNOW, H., Sprachenpolitik in der Sowjetunion, in: OBST 5/1977: 60–88.

DERS., (Hg.), Handbuch des Russisten. Wiesbaden 1984.

DERS., Zur theoretischen und empirischen Soziolinguistik in der UdSSR, in: ders. 1984: 790–819.

JÄGER, G./SCHÖNERT, J. (Hgg.), Die Leihbibliothek als Institution des literarischen Lebens im 18. und 19. Jahrhundert. Hamburg 1980.

JAKOBSON, R., Novejšaja russkaja poėzija. Nabrosok pervyj: Velimir Chlebnikov. Praha 1921. Wiederabgedruckt (mit deutscher Übers. ›Die neueste russische Poesie‹) in: Stempel 1972: 18–135.

DERS., Z fonologie spisovné slovenštiny, in: Slovenská miscellanea. Festschrift Albert Pražak. Bratislava 1931: 155–163. [Zur Phonologie der slovakischen Schriftsprache].

DERS., Prinzipien der historischen Phonologie, in: TCLP 4/1931, wiederabgedruckt in: Heike 1974: 122–139.

DERS., Über die phonologischen Sprachbünde, in: TCLP 4/1931: 234–240.

DERS., Nikolai Sergejevič Trubetzkoy (Nekrolog, 1939), in: Sebeok 1976/II: 526–542.

DERS./Halle, M., Fundamentals of language. Den Haag 1956.

JAKOVLEV, N. F., Problemy nacional'noj pis'mennosti vostočnych narodov SSSR, in: Novyj Vostok 10–11/1925: 236–242. [Probleme der nationalen Schriftsysteme der östlichen Völker der UdSSR].

DERS., Matematičeskaja formula postroenija alfavita, in: Kul'tura i pis'mennost' Vostoka, M. 1928: 41–64. [Eine mathematische Formel für die Konstruktion eines Alphabets].

DERS., Itogi unifikacii alfavitov v SSSR, in: Sovetskoe stroitel'stvo Nr. 8 (61), M. 1931: 104–117. [Ergebnisse der Vereinheitlichung der Alphabete in der UdSSR].

JAKUBINSKIJ, L.. O dialogičeskoj reči, in: Russkaja reč' I, Petrograd 1923: 1–194. [Über die dialogische Rede].

JANUSCHEK, F., Sprache als Objekt. »Sprechhandlungen« in Werbung, Kunst und Linguistik. Kronberg/Ts. 1976.

DERS., Anmerkungen zum Wesen der Schriftsprache – im Hinblick auf den schulischen Schriftsprachenerwerb, in: OBST 6/1978: 60–87.

DERS./MAAS, U., Zum Gegenstand der Sprachpolitik: Sprache oder Sprachen?, in: OBST 18/1981: 64–94.

Jazyki narodov SSSR. 5 Bde. M. 1966–1968. [Die Sprachen der Völker der UdSSR].

JEDLIČKA, A., Zur Prager Theorie der Schriftsprache, in: TLP 1/1964: 47–56.

DERS., Die Sprechsituation und der Typ der Schriftsprache (Standardsprache), in: Mareš, F. V. et al. (Hgg.), Bereiche der Slavistik. Festschrift Josip Hamm. Wien 1975: 113–121.

DERS., Die Schriftsprache in der heutigen Kommunikation. Lpz. 1978.

JEFFERY, L., The local scripts of archaic Greece. A study of the origin of the Greek Alphabet and its development from the 8th to the 5th centuries B.C. Oxford 1961.

DIES., Writing, in: Wace, A.J.B./Stubbings, F.H. (eds.), A companion to Homer. London 1962: 545–559.

JELLINEK, M.H., Geschichte der neuhochdeutschen Grammatik von den Anfängen bis auf Adelung. Heidelberg 1913.

DERS., Zur Aussprache des Lateinischen im Mittelalter, in: Aufsätze zur Sprach- und Literaturgeschichte. Wilhelm Braune zum 20. 2. 1920 dargebracht. Dortmund 1920: 11–26.

DERS., Über die Aussprache des Lateinischen und deutsche Buchstabennamen. Sitz. Ber. Akad. der Wiss. zu Wien, Phil.-Hist. Kl. Bd. 212, Abh. 2. Wien 1930.

JENNINGS, F., This is reading. N. Y./London 1965, [2]1982.

JENSEN, H., Die Schrift in Vergangenheit und Gegenwart. Berlin 1935. 2. neubearb. und erw. Aufl. Berlin DDR 1958, [3]1968.

JESPERSEN, O., Language. Its nature, development, and origin. London 1922, [13]1968.

DERS., Growth and structure of the English language. 9th revised ed. 1938, reprinted Oxford 1972.

JIRIČEK, J., Über den Vorschlag, das Ruthenische mit lateinischen Schriftzeichen zu schreiben. Im Auftrag des K.K. Ministeriums für Cultus und Unterricht. Wien 1859.

JUNGIUS-GESELLSCHAFT (Hg.), Frühe Schriftzeugnisse der Menschheit. Vorträge gehalten auf der Tagung der Joachim-Jungius-Gesellschaft der Wissenschaften, Hamburg, am 9. und 10. Oktober 1969. Göttingen 1969.

JÜTHNER, J., Hellenen und Barbaren. Aus der Geschichte des Nationalbewußtseins (= Das Erbe der Alten, N.F. 8). Lpz. 1923.

KANNGIESER, S., Aspekte der synchronen und diachronen Linguistik. Tübingen 1972.

KAPR, A., Schriftkunst. Dresden 1976.

KARCH, R. R., The Deseret alphabet – noble experiment, in: The Inland Printer, Febr. 1953: 44f.

KARSKIJ, E. F., Slavjanskaja kirillovskaja paleografija. L. 1928. Reprint M. 1979. [Slavische kyrillische Paläographie].

⁺KARTHEOS, K., L'adaption universelle des charactères latins. Genève 1934.

KAŠEVAROVA, A. E., Problema pis'ma v svete vozniknovenija novych techničeskich sredstv, in: Materialy naučnogo seminara »Semiotika sredstv massovoj kommunikacii«, č. II. M. 1973: 18–37. [Das Problem der Schrift im Lichte des Aufkommens neuer technischer Mittel].

KATAGOŠČINA, N. A., Die Rolle sozialer Faktoren bei der Formierung und Entwicklung von Schriftsprachen, in: Kjolseth/Sack 1971: 128–135.

KAVANAGH, J. F./MATTINGLY, I. F. (eds.), Language by ear and by eye: the relationships between speech and reading. Cambridge, Mass. 1972.

KEIL, H. (Hg.), Grammatici Latini. VIII vols. Lpz. 1857. Reprint Hildesheim 1961.

KEIM, I., Unter welchen Bedingungen lernen und sprechen ausländische Arbeiter Deutsch: am Beispiel einer Türkin, in: OBST 22/1982: 51–62.

KÉKI, B., 5000 Jahre Schrift. Lpz./Jena/Berlin DDR 1976.

KENYON, F., Books and readers in ancient Greece and Rome. Oxford 1932, ²1951.

KIESEL, H./MÜNCH, P., Gesellschaft und Literatur im 18. Jh. München 1977.

KJOLSETH, R./SACK, F. (Hgg.), Zur Soziologie der Sprache. Ausgewählte Beiträge vom 7. Weltkongreß der Soziologie. Opladen 1971.

KLAGES, L. (Hg.), Graphologisches Lesebuch. Lpz. ²1930.

KLEIN, G., Tendenzen der Sprachpolitik des italienischen Faschismus und des Nationalsozialismus in Deutschland, in: ZS III/1, 1984: 100–113.

KLEIN, W., Variation in der Sprache. Ein Verfahren zu ihrer Beschreibung. Kronberg/Ts. 1974.

KLIMA, E., How alphabets might reflect language, in: Kavanagh/Mattingly 1972: 57–80.

DERS./BELLUGI, U., The signs of language. Cambridge, Mass. 1979, ³1980.

KLIMOV, G. A., Die kaukasischen Sprachen. Hamburg 1969.

KLINGENBERG, H., Möglichkeiten der Runenschrift und Wirklichkeit der Inschriften, in: Jungius-Gesellschaft 1969: 177–211.

KOEPPEL, E., Spelling – pronunciations: Bemerkungen über den Einfluß des Schriftbildes auf den Laut im Englischen. Straßburg 1901.

KOEPPEL, M., Starckdeutsch I, II. Tegel usw. 1980, 1982.

KNOOP, U., Dialekt und Schriftlichkeit, in: Germanistische Linguistik 3–4/1976: 22–54.

DERS., Zum Status der Schriftlichkeit in der Sprache der Neuzeit, in: Günther/Günther 1983: 159–167.

KOHN, H., Geschichte der nationalen Bewegung im Orient. Berlin-Grunewald 1928.

KOHRT, M., Rechtschreibung und ›phonologisches Prinzip‹. Anmerkungen zu einer ›Standarddarstellung‹ der Beziehungen zwischen Laut- und Schriftsprache, in: OBST 13/1979: 1–27.

KOLERS, P. A./WROLSTAD, M. E./BOUMA, H. (eds.), Processing of visible language. 2 vols. N. Y. 1979, 1980.

KONDRATOV, A. M., Grammatologija i poroždajuščie modeli pis'ma, in: Učenye zapiski Tartusskogo gos. universiteta 228, 1969: 74–84. [Grammatologie und generative Modelle der Schrift].

KONESKI, B., Gramatika na makedonskiot literaturen jazik. 2 Bde. Skopje 1952, 1954. [Grammatik der makedonischen Literatursprache].

KONETZKE, R., Entdecker und Eroberer Amerikas. Ffm. 1963.

V. KÖNIG, D., Lesesucht und Lesewut, in: Göpfert 1977: 89–112.

KORLÈTJANU, N. G., Moldavskij jazyk, in: Jazyki narodov SSSR I/1966: 528–561. [Die moldauische Sprache].

KOSELLECK, R., Preußen zwischen Reform und Revolution. Allgemeines Landrecht, Verwaltung und soziale Bewegung von 1791 bis 1848. Stuttgart 1967, ²1975.

DERS., Kritik und Krise. Eine Studie zur Pathogenese der bürgerlichen Welt. Ffm. 1973.

DERS., Begriffsgeschichte und Sozialgeschichte, in: ders. (Hg.), Historische Semantik und Begriffsgeschichte. Stuttgart 1979: 19–36.

KRAG, H. L., Sovjetunionens mange sprog. Maal og midler i sovjetisk sprogpolitik. (Københavns universitets slaviske institut, Rapporter 5). København 1982. Deutsche Übers. u.d.T. ›Die Sowjetunion – Staat, Nationalitätenfrage und Sprachenpolitik‹. (= Sprache und Herrschaft, 13). Wien 1983.

KRARUP, P., Homer and the art of writing, in: Eranos (Uppsala) 54/1956: 28–33.

KREMNITZ, G., Versuche zur Kodifizierung des Okzitanischen seit dem 19. Jh. und ihre Annahme durch die Sprecher. Tübingen 1974.

KRESS, G., Learning to write. London 1982.

KRISTOPHSON, J., Klassifikation von Orthographiesystemen. Ein Beitrag zum Verhältnis von Sprache und Schrift, dargestellt am Beispiel slavischer kyrillischer Orthographien. Uvo. Habilitationsschrift, Bochum 1977.

KUHN, W., Drei Prinzipien der Orthographieformierung. Ein Beitrag zum Problem der Verschriftung von Sprachen. Trier 1981 (= KLAGE Nr. 7).

KUHN, F., Überlegungen zur politischen Sprache der Alternativbewegung, in: Sprache und Literatur in Wissenschaft und Unterricht, 14. Jg. Nr. 51/1983: 61–79.

KÜHNERT, F., Allgemeinbildung und Fachbildung in der Antike (= AdW zu Berlin, Schriften der Sektion für Altertumswiss. Bd. 30). Berlin. DDR 1961.

LACHMANN, R., Zwei Konzepte der Textbedeutung bei Jurij Lotman, in: Russian Literature V/ 1977, No. 1: 1–36.

DIES., Konzepte der poetischen Sprache in der russischen Sprach- und Literaturwissenschaft, in: Jachnow 1984: 853–880.

LAKOFF, R.T., Some of my favorite writers are literate: the mingling of oral and literate strategies in written communication, in: Tannen 1982: 239–260.

LANDAUER, G., Sprache und Schrift, in: Das Magazin für Litteratur 61/1892, Nr. 10: 155f.; Nr. 12: 189–191.

LANG, M., Sprachtheorie und Ideologie (= OBST Beihefte, 1). Osnabrück 1977.

LANG, E., Exkurs über den Lotmanschen Denkstil, in: Lotman 1981: 433–448.

LAQUER, T., The cultural origins of popular literacy in England 1500–1800, in: Oxford Review of Education 2/1976: 255–275.

LAUBACH, F., Teaching the world to read. A handbook for literacy campaigns. N.Y. 1947.

DERS./LAUBACH, R.S., Toward world literacy. The each one teach one method. Syracuse, N.Y. 1960.

LECHT, M. (ed.), di sovetishe yidishe ortografye: klolim funem nayem yidishn oysleyg. Charkov/Kiev 1932.

LEFÈBVRE, G.R., A draft orthography for the Canadian Eskimo. Ottawa 1957.

LEIBNIZ, G.W., Sur la langue universelle, in: Opuscules inédits. Ed. L. Couturat, 281ff.

LEIBOWITZ, A.H., English literacy: legal sanction for discrimination, in: Revista Jurídica de la Universidad de Puerto Rico, 39, No. 3, 1970: 313–400.

LEKER, S., Das Leseverhalten Osnabrücker Einwohner zwischen 1750 und 1820. Uvo. Staatsexamensarbeit, Univ. Osnabrück, 1983.

LENDLE, O., Die Schreibung der germanischen Sprachen und ihre Standardisierung. Copenhagen 1935.

LENIN, V.I., Zadači sojuzov molodeži (1920), in: ders., Sočinenija t. 31, M. ⁴1952: 258–275. [Die Aufgaben der Jugendverbände].

LEON-PORTILLA, M./HEUER, R. (Hgg.), Rückkehr der Götter. Die Aufzeichnungen der Azteken über den Untergang ihres Reiches. Lpz. 1964.

LEONI, F.A., Il primo trattato grammaticale islandese (Studi linguistici e semiologici, 5). Bologna 1975.

LEONT'EV, A.A., Nekotorye voprosy lingvističeskogo teorii pis'ma, in: Voprosy obščego jazykoznanii. M. 1964. [Einige Fragen der linguistischen Theorie der Schrift].

DERS. (red.), Osnovy teorii rečevoj dejatel'nosti. M. 1974 [Grundlagen einer Theorie der Rede-tätigkeit].

DERS. [1974b], Funkcija i formy reči, in: ders. 1984: 241–254. [Die Funktion und die Formen der Rede].

DERS. [1974c], Lingvističeskoe modelirovanie rečevoj dejatel'nosti, in: ders. 1974: 36–63. [Lin-guistische Modellbildung über die Redetätigkeit].

LERNER, D., The passing of traditional society. N.Y. 1958.

Lesen – Ein Handbuch. Hg. von C. Baumgärtner unter Mitarbeit von A. Beinlich u.a. Ham-burg 1974.

LESKY, A., Mündlichkeit und Schriftlichkeit im homerischen Epos, in: Festschrift für Dietrich Kralik. Horn 1954: 1–9.

LÉVI-STRAUSS, C., Das wilde Denken (1962). Ffm. 1973.

DERS., Tristes tropiques. London 1973.

LEVITT, J., The influence of orthography on phonology: a comparative study (English, French, Spanish, Italian, German), in: Linguistics 208/1978: 43–67.

LEWIS, M.H., The importance of illiteracy. London 1953.

LICHTENBERG, G.C., Aphorismen. Nach den Handschriften herausgegeben von A. Leitz-mann. Berlin 1902–1908 (= Deutsche Literatur-Denkmale des 18. und 19. Jh., 3. Folge).

DERS., Die Bibliogenie oder die Entstehung der Bücherwelt. Eingeleitet und herausgegeben von E. Volkmann. Weimar 1942.

DERS., Werke in einem Band. Hg. v. Hans Friederici. Berlin. DDR/Weimar ⁴1982.

LIEBKNECHT, W., Wissen ist Macht – Macht ist Wissen. 1872. Überarb. Fassung, Hottingen-Zürich 1888 (= Sozialdemokratische Bibliothek, H. 22). Wiederabgedruckt in: ders., Kleine politische Schriften. Hg. von W. Schröder. Ffm. 1976: 133–173.

LITVANKOV, M. (red.), yidishe ortografye. proyektn un materyaln tsum tsveytn alfarbandishn yidishn kultur-tsuzamenfor. Kiev 1928.

LOCKRIDGE, K.A., Literacy in colonial New England. N.Y. 1974.

LOH, Ning-ning, Schriftreform in der Volksrepublik China, in: OBST 4/1977: 23–35.

LOHFF, C., Zur Herausbildung einer einheitlichen deutschen Orthographie zwischen 1876 und 1901, in: Nerius/Scharnhorst 1980: 306–329.

LORD, A., The singer of tales. Cambridge, Mass. 1960.

LORENC, K. (Hg.), Serbska čitanka. Sorbisches Lesebuch. Lpz. 1981.

LORIMER, H.L., Homer and the art of writing, in: American Journal of Archeology LII/1948: 11–23.

DERS., Homer and the monuments. London 1950.

LOTMAN, JU.M. [1972a], Die Struktur literarischer Texte. Übers. von R.D. Keil. München 1972.

DERS. [1972b], Vorlesungen zu einer strukturellen Poetik. Hg. von K. Eimermacher, übers. von W. Jachnow. München 1972.

DERS., Kunst als Sprache. Untersuchungen zum Zeichencharakter von Literatur und Kunst. Lpz. 1981.

LOUKOTKA, C., Vývoj pisma. Praha 1946. [Die Entwicklung der Schrift].

LÜDTKE, H., Die Alphabetschrift und das Problem der Lautsegmentierung, in: Proceedings of the 6th International Congress of Phonetic Sciences. München/Praha 1970: 579–583.

LUDWIG, O., Funktionen geschriebener Sprache und ihr Zusammenhang mit Funktionen der gesprochenen und der inneren Sprache, in: ZGL VIII/1, 1980: 74–92.

DERS. [1983a], Einige Gedanken zu einer Theorie des Schreibens s.Ms. Hannover 1983. Er-scheint in: Grosse, S. (Hg.), Schriftsprachlichkeit. Düsseldorf 1983 i.E.

DERS. [1983b], Einige Vorschläge zur Begrifflichkeit und Terminologie von Untersuchungen im Bereich der Schriftlichkeit, in: Günther/Günther 1983: 1–15.

DERS. [1983c], Der Schreibprozeß: Die Vorstellungen der Pädagogen, in: Günther/Günther 1983: 191–210.

DERS. [1983d], Writing systems and written language. Ms. Hannover 1983, i.E. in Coulmas/Ehlich 1983: 31–43.

DERS., Ein Plädoyer für den Konjunktiv im Deutschunterricht. Ms. Hannover 1984 (erscheint in ›Praxis Deutsch‹, 1985).

LUKIAN, Werke. Übers. von C.M. Wieland. Hg. von J. Werner/H. Greiner-Mai. 3 Bde. Weimar ²1981.

LUNDELL, J.A., Svensk rättskrivning. Principutredning. Stockholm 1934. (Die schwedische Rechtschreibung. Eine Ermittlung ihrer Prinzipien].

LUNDGREEN, P. Educational expansion and economic growth in nineteenth-century Germany: a quantitative study, in: Anderson/Bowman 1976: 20–66.

LUNT, H., A grammar of the Makedonian language. Skopje 1952.

LURIJA, A.R., Očerki psichofiziologii pis'ma. M. 1960 [Skizzen zur Psycho-Physiologie der Schrift].

DERS., Cognitive development: its cultural and social foundations. Cambridge, Mass. 1976.

MAAS, U., Argumente für die Emanzipation von Sprachstudium und Sprachunterricht. Ffm. 1974.

DERS., Kann man Sprache lehren? Für einen anderen Sprachunterricht. Ffm. 1976.

DERS., Sprachpolitik. Grundbegriffe der politischen Sprachwissenschaft, in: Sprache und Herrschaft 6–7/1980: 18–77.

DERS., Chrestographie – Überlegungen zu einem nicht phonologisch reduzierten Schriftverständnis. Uvo. Ms. Osnabrück 1980.

MACCARTHY, P.A.D., The Bernard Shaw Alphabet, in: Haas 1969: 105–117.

MACDONALD, J.B. (ed.), Social perspectives on reading. Delaware 1973.

MAIER-LEONHARD, E., ΑΓΡΑΜΜΑΤΟΙ. In Aegypto qui litteras scriverunt, qui nescriverunt, ex papyris Graecis quantum fieri potest exploratur. Phil. Diss. Marburg 1913. Ffm. 1913.

MAJIDI, M.-R., Das arabisch-persische Alphabet in den Sprachen der Welt. Eine graphemisch-phonemische Untersuchung. Hamburg 1984.

MAJAKOVSKIJ, V., Sovetskaja azbuka, in: ders., Polnoe sobranie soč. t. 2, M. 1956: 92–95, 454. [Sowjetisches Alphabet].

MAKAROVA, R.V., Nužno li menjat' russkuju azbuku?, in: Russkaja reč' No. 6/1968: 60–63. [Muß man das russische Alphabet ändern?].

DIES., Ponjatie grafiki i grafemy, in: Makaev, E.A. (red.), Sistema i urovni jazyka. M. 1969: 78–89. [Der Begriff der Graphie und des Graphems].

DIES., Osnovnye voprosy grafiki sovremennogo russkogo jazyka (alfavit i punktuacija). M. 1969. [Grundfragen der Graphie der russischen Gegenwartssprache (Alphabet und Interpunktion)].

DIES., Nužna li latinizacija?, in: Russkaja reč', No. 4/1969: 123f. [Ist die Latinisierung notwendig?].

MALINOWSKI, B., Coral gardens and their magic. 2 vols. Bloomington, Ind. 1965.

MALKIEL, Y., Secondary uses of letters in language, in: Journal of Typographic Research I/1967: 96–110, 169–190.

MANTEL, F., Leicht besoffene Syntax. Nebst Offenbarungseid, in: Weltbühne 47/1983: 1484–1486.

MAROUZEAU, J., Notes sur la fixation du latin classique, in: Mémoires de la société linguistique de Paris, 17, 1911/12: 266–280.

MAROUZEAU, J., Introduction au latin. Paris 1954. Dt. Übers. u.d.T. ›Einführung ins Latein‹, Zürich/Stuttgart 1966 und u.d.T. ›Das Latein. Gestalt und Geschichte einer Weltsprache‹, München 1969.

MARR, N.JA., Abchazskij analitičeskij alfavit. L. 1926. [Das abchazische analytische Alphabet].

DERS., Jazyk i pis'mo (= Izvestija GAIMK t. VI vyp. VI). L. 1930. [Sprache und Schrift].

MARROU, H.-I., Geschichte der Erziehung im klassischen Altertum. Freiburg/München 1957.

MARTIAL, Epigramme. Eingeleitet und im antiken Versmaß übertragen von R. Helm. Zürich/Stuttgart 1957.

MARTIN, H.-J., Culture écrite et culture orale, culture savante et culture populaire dans la France d'Ancien Régime, in: Journal des Savants 1975: 225–282.

MARTINET, A., Grundzüge der allgemeinen Sprachwissenschaft (1960). Stuttgart 1963, ⁵1971.

DERS., Le parler et l'écrit, in: Martinet, J. (éd.), De la théorie linguistique à l'enseignement de la langue. Paris 1972: 53–71.

DERS. (1972b), Langue parlée et code écrit, in: Martinet, J. (éd.), De la théorie linguistique à l'enseignement de la langue. Paris 1972: 73–82.

MASLOV. JU.S., Zametki po teorii grafiki, in: Philologica. Issledovanija po jazyku i literature. Pamjati akad. V.M. Žirmunskogo. L. 1973: 220–225. [Bemerkungen zur Theorie der Graphie].

MATHEWS, M., Teaching to read, historically considered. Chicago/London 1966.

MATTENKLOTT, GERD, Schriftbilder, in: ders., Der übersinnliche Leib. Beiträge zur Metyphysik des Körpers. Reinbek 1982: 132–162.

MATTENKLOTT, GUNDEL, Bergwerk. Tintenfaß. Palimpsest. Phantasien der Schrift, in: Boueke/Hopster 1985: 14–39.

DE MAURO, T., Storia linguistica dell'Italia unita. 3 Bde. Roma/Bari 1976.

DE MAURO, T., Le parole e i fatti. Cronache linguistiche degli anni sessanta. Roma 1977.

McINTOSH, A., The analysis of written middle English, in: Transactions of the Philological Society, Oxford 1956: 26–55.

McLAUGHLIN, J.C., A graphemic-phonemic study of a Middle English manuscript. Den Haag 1963.

McLUHAN, M., Die Gutenberg-Galaxis. Das Ende des Buchzeitalters. Düsseldorf 1968.

MEGGITT, M., Anwendungen der Literalität in Neuguinea und Melanesien (1968), in: Goody 1981: 437–450.

MEINHOLD, G./STOCK, E., Untersuchungen zu einer Reform der deutschen Orthographie auf dem Gebiet der Phonem-Graphem-Beziehungen, in: Linguistische Studien A 83/I, Berlin DDR 1981: 55–153.

DIES., Phonologie der deutschen Gegenwartssprache. Lpz. ²1982.

MEMMI, A., Der Kolonisator und der Kolonisierte. Zwei Porträts. (1966) Ffm. 1980.

DERS., Le racisme. Paris 1982.

MENZEL, W., Zur Didaktik der Orthographie, in: Praxis Deutsch 32/1978: 14–24.

MENTZ, A., Geschichte der griechisch-römischen Schrift bis zur Erfindung des Buchdrucks mit beweglichen Lettern. Ein Versuch. Lpz. 1920.

DERS., Die tironischen Noten. Eine Geschichte der römischen Kurzschrift, in: Archiv für Urkundenforschung XVI/1941: 287–384 und XVII/1942: 155–303.

MERIGGI, B., Le letterature ceca e slovaca con un profilo della letteratura serbo-lusaziana. Firenze/Milano ²1968.

MEŠČANINOV, I.I., K voprosu o stadial'nosti v pis'me i jazyke, in: Izv. GAIMK t. VII no. V–VI, L. 1931. [Zur Frage der Stadialität in der Schrift und in der Sprache].

MÉTRAUX, A., Les primitifs. Signaux et symboles, pictogrammes et protoécritures, in: CIS 1963: 9–19.

MEYER, E., Ursprung und Geschichte der Mormonen. Mit Exkursen über die Anfänge des Islâms und des Christentums. Halle a.S. 1912.

MEYRINCK, G., Der Golem. Lpz. 1915, München ³1955.

MIESES, M., Die Gesetze der Schriftgeschichte. Konfession und Schrift im Leben der Völker. Ein Versuch. Wien/Lpz. 1919.

MILLER, GEORGE, Reflection on the conference, in: Kavanagh/Mattingly 1972: 373–381.

MILTON, J., Für die Druckfreiheit! Rede an das englische Parlament, 1644, In: Haight 1956: 11–67.

MOISEEV, A.I., Bukvy – zvuki. O sovremennom russkom pis'me. L. 1969. [Buchstaben – Laute. Über die derzeitige russische Schrift].

DERS., Alfavit, grafika i orfografija, in: Russkij jazyk v škole, 1970, No. 4: 77–82. [Alphabet, Graphie und Orthographie].

MOORHOUSE, A.C., The triumph of the alphabet. A history of writing. New York 1953.

MOSCHEROSCH, J.M., Wunderliche wahrhaftige Gesichten Philander von Sittewalds. Straßburg 1665. Ander Theil, 6. Gesichte: Soldaten-Leben. Hg. von F. Bobertag, Tübingen 1974.

MOSER, H., Rechtschreibung und Sprache. Von den Prinzipien der deutschen Orthographie, in: Der Deutschunterricht 3/1955: 5–29.

MÖSER, J., Patriotische Phantasien. Hg. von J.W.J. v. Voigts. Neue vermehrte Auflage. 2 Bde. Berlin. 1868.

MOTSCH, W., K voprosu ob otnošenii meždu ustnym i pis'mennym jazykom, in: VJa 1963, No. 1: 90–95. [Zur Frage nach der Beziehung zwischen mündlicher und schriftlicher Sprache].

MOUNIN, G., Die Übersetzung. Geschichte, Theorie, Anwendung. München 1966.

MUGDAN, J., Jan Baudouin de Courtenay (1845–1929). Leben und Werk. München 1984.

v. MÜLINEN, E., Sprachen und Schriften des vorderen Orients im Verhältnis zu den Religionen und Kulturkreisen, in: Zeitschrift des deutschen Palästinavereins 47/1924: 65–90.

MÜLLER, E., Der Sohar und seine Lehre. Lpz. 1923.

MÜLLER, J., Handschriftliche Ratichiana, in: Pädagogische Blätter für die Lehrerbildung und die Lehrerbildunganstalten, Bd. 9/1880: 156–168.

DERS., Quellenschriften und Geschichte des deutschsprachigen Unterrichts bis zur Mitte des 16. Jahrhunderts. Gotha 1882. Reprint Darmstadt 1969.

MÜLLER, R., Die Merkmale für »Abhängigkeit« bei uneingeleiteten Gliedsätzen in Transkriptionen gesprochener Sprache, in: Forschungen zur gesprochenen Sprache und Fragen ihrer Didaktisierung. Werkstattgespräche. Herausgegeben von der Wiss. Arbeitsstelle des Goethe-Instituts München. München 1971: 111–125.

MUMBY, F.A./NORRIE, I., Publishing and Bookselling. Part I: From the earliest times to 1870, by F.A. Mumby, Part II: 1870–1970. London 1974.

MUSAEV, K.M., Grammatika karaimskogo jazyka: fonetika i morfologija. M. 1964. [Grammatik der karaimischen Sprache: Phonetik und Morphologie].

DERS., Alfavity jazykov narodov SSSR. M. 1965. [Die Alphabete der Sprachen der Völker der UdSSR].

DERS., Voprosy razrabotki i dal'nejšego soveršenstvovanija orfografij tjurskich literaturnych jazykov Sovetskogo Sojuza, in: ders. (red.), Orfografii tjurskich literaturnych jazykov SSSR. M. 1973: 4–49. [Fragen der Ausarbeitung und weiterer Vervollständigung der Orthographien der türkischen Literatursprachen der Sowjetunion].

DERS., Iz opyta sozdanii pis'mennostej dlja jazykov narodov Sovetskogo Sojuza, in: Sociolingvističeskie problemy razvivajuščichsja stran. M. 1975: 243–259. [Aus der Erfahrung mit der Schaffung von Schriftsystemen für die Sprachen der Völker der Sowjetunion].

MUZIKA, F., Die schöne Schrift in der Entwicklung des lateinschriftlichen Alphabets. Bd. I. Hanau/Main 1965.

National Book League (ed.), The Initial Teaching Alphabet: Books for the teacher and the child. London 1965.

NAVON, D./SHIMRON, J., Reading Hebrew: How necessary is the graphemic representation of vowels?, in: Henderson 1984: 91–102.

NELIS, H., L'écriture et les scribes. Bruxelles 1918.

NERDINGER, E., Zeichen, Schrift und Ornament. München 1960.

NERIUS, D., Untersuchungen zur Herausbildung einer nationalen Norm der deutschen Literatursprache im 18. Jh. Halle a.S. 1967.

DERS., Untersuchungen zu einer Reform der deutschen Orthographie. Berlin DDR 1975.

DERS./SCHARNHORST, J. (Hgg.), Theoretische Probleme der deutschen Orthographie. Berlin DDR 1980.

DIES. [1980b] Grundpositionen der Orthographie, in: dies. 1980: 11–73.

NIDA, E., Bible Translating. N.Y. 1947.

DERS., Morphology: the descriptive analysis of words. Ann Arbor 1949.

DERS., Practical limitations to a phonemic orthography, in: Bible Translator 5/1954: 58–62.

DERS., Gott spricht viele Sprachen. Der dramatische Bericht von der Übersetzung der Bibel für alle Völker. Stuttgart 1966.

DERS., Sociological dimensions of literacy and literature, in: Shacklock 1967: 127–141.

DERS., Linguistic dimensions of literacy and literature, in: Shacklock 1967: 142–161.

NILSSON, M.P., Übernahme und Entwicklung des Alphabets durch die Griechen (1952), in: Pfohl 1968: 172–196.

DERS., Die hellenistische Schule. München 1955.

NOREEN, A., Rättskrivningens grunder. Stockholm 1892. [Die Grundlagen der Rechtschreibung].

NOTOPOULOS, J.A., The introduction of the alphabet into oral societies. Some case histories of conflict between oral and written literature. in: Kakrídes, I.Th. (ed.), Prosforá eis Stilpōna P. Kyriakidēn (= Hellēniká. Periodikón syngramma hetaeireîa Makedonikón spoudón. Parárthēma 4). Thessalonikē 1953: 516–524.

+NYSTRAND, M. (ed.), The language, process, and structure of written discourse. N.Y. 1981.

O'DONNELL, R.C., Syntactic differences between speech and writing, in: American Speech 49/ 1974: 102–110.

OGDEN, C.K./RICHARDS, I.A., The meaning of meaning. London 1923.

OLSON, D.R., From utterance to text: the bias of language in speech and reading, in: Harvard Educational Review 47/1977: 257–281.

+OLSON, D.R., et al. (eds.), Literacy, language, and learning. London 1985.

O'NEILL, T.O., Il filologo come politico: Linguistic theory and its sources in P.P. Pasolini, in: Italian Studies 25/1970 (Cambridge): 63–78.

DERS., ›Passione e ideologia‹: The critical essays of P.P. Pasolini within the context of post-war criticism, in: Forum for Modern Language Studies 9/1973, No. 4: 346–362.

ONG, W.J., Latin language study as a Renaissance puberty rite, in: Studies in Philology LIV/ 1959: 103–124.

DERS., The presence of the word. New Haven 1967.

DERS., Interfaces of the word. Studies in the evolution of consciousness and culture. Ithaka, N.Y. 1977.

DERS., Orality and literacy. The technologizing of the word. London/N.Y. 1982.

OSWALD, M.L./MÜLLER, H.-M., Deutschsprachige Analphabeten. Lebensgeschichte und Lerninteressen von erwachsenen Analphabeten. Ffm./Stuttgart 1982. ·

Padley, G.A., Grammatical theory in Western Europe 1500–1700: the Latin tradition. London 1976.

+DERS., Grammatical theory in Western Europe 1500–1700: the trend in vernacular grammar, 1. London 1984.

PADLYŽNY, A.I., Ab fanematyčnym pryncype ǔ belaruskaj arfagrafii, in: Biryla, M.V. (red.), Lingvistyčnyja dasledavannija. Minsk 1968: 19–25. [Über das phonematische Prinzip in der belorussischen Orthographie].

PANOV, M.V., I vsë-taki ona chorošaja. Rasskaz o russkoj orfografii, ee dostoinstvach i nedostatkach. M. 1964. [Und dennoch ist sie gut. Eine Erzählung über die russische Orthographie, ihre guten und schlechten Seiten].

PARLANGÈLI, O. (ed.), La nuova questione della lingua. Saggi. Brescia 1971.

PARRY, M., The making of Homeric verse: The collected papers of Milman Parry. Ed. by Adam Parry. Oxford 1971.

PASOLINI, P.P., Lettere luterane. Milano 1975.

DERS., Empirismo eretico. Milano 1979.

PÁTA, J., Úvod do studia lužickosrbského písemnictví. Praha 1925 [Einführung in das Studium der sorbischen Literatur].

PATTISON, R., On literacy. The politics of the word from Homer to the age of rock. N.Y./ Oxford 1982.

PAUL, H., Gab es eine mittelhochdeutsche Schriftsprache? Halle a.S. ²1873.

DERS., Prinzipien der Sprachgeschichte. Halle a.S. 1880. Tübingen ⁹1975.

DERS. [1880b], Zur orthographischen Frage (= Deutsche Zeit- und Streitfragen, 143). Berlin 1880.

DERS., Deutsche Grammatik. 5 Bde. Halle a.S. 1919, 1920, ⁶1959.

PAULSEN, F., Geschichte des gelehrten Unterrichts auf den deutschen Schulen und Universitäten vom Ausgang des Mittelalters bis zur Gegenwart. Lpz. 1885.

PEIRCE, J.S., Pictograms, ideograms and alphabets in the work of Paul Klee, in: Journal of Typographic Research I, 1967, No. 3.

⁺PELLEGRINI, A.D./YAWKEY, T.D. (eds.), The development of oral and written language in social contexts. London 1984.

PENTTILÄ, A., Zur Grundlagenforschung der geschriebenen Sprache, in: Acta societatis linguisticae Uppsalensis, nova series 2,2. Uppsala 1970: 31–55.

PETERSILIE, A., Analphabeten, in: Handwörterbuch der Staatswissenschaften, I. Jena 1890. 4. gänzlich umgearb. Auflage Jena 1923: 271–276.

PETRAU, A., Schrift und Schriften im Leben der Völker. Essen 1939.

DERS., Schrift und Schriften in ihrer politischen Bedeutung, in: Jahrbuch der Hochschule für Politik, Berlin 1939: 254–274.

PETRUCCI, A., Per la storia dell'alfabetismo e della cultura scritta: metodi – materiali – quesiti, in: Bartoli Langeli/Petrucci 1978: 451–465.

PETZOLDT, L. (Hg.), Magie und Religion. Beiträge zu einer Theorie der Magie. Darmstadt 1978 (= WdF 337).

PFEIFFER-RUPP, R., Dimensionen der Umschrifttypologie, in: Kelz, H.P. (Hg.), Phonetische Grundlagen der Ausspracheschulung (= Forum Phoneticum, 5). Hamburg 1978: 137–192.

DERS., Neuere Alternativorthographien des Englischen. Vortrags-Manuskript (uvo.), Ffm. 1982.

PFOHL, G. (Hg.), Das Alphabet. Entstehung und Entwicklung der griechischen Schrift. Darmstadt 1968.

PIIRAINEN, I.T., Graphematische Untersuchungen zum Frühneuhochdeutschen. Berlin (West) 1968.

DERS., Grapheme als quantitative Größen, in: LB 13/1971: 81f.

PIKE, K.L., Phonemics. A technique for reducing language to writing. Ann Arbor 1947 (u.ö.).

DERS., With heart and mind. Grand Rapids, Mich. 1964.

PINNER, H.L., The world of books in classical antiquity. Leiden 1948.

PIOU, N., Linguistique et idéologie: ces langues appelées »créoles«, in: dérives no. 16, Montréal 1979: 13–30.

PITMAN, SIR J., Oracy and literacy. The part played by the learning medium in the acquisition of both language skills in a second language, in: The Incorporated Linguist 11/1972, No. 1: 1–6.

DERS./ST. JOHN, J., Alphabets and reading. The Initial Teaching alphabet. London 1969.

PLATON, Phaidros. Nach der Übersetzung von F. Schleiermacher [...] hg. von W.F. Otto, E. Grassi und G. Plamböck (= Sämtl. Werke, Bd. 4). Reinbek 1958: 10–60.

PLATON, Nomoi. Nach der Übersetzung von H. Müller hg. von W.F. Otto, E. Grassi und G. Plamböck (= Sämtliche Werke, 6). Reinbek 1959.

PLATON, Politeia. In der Übersetzung von F. Schleiermacher hg. von W.F. Otto, E. Grassi und G. Plamböck (= Sämtliche Werke, 4). Reinbek 1958.

PLATON, Klassische Dialoge. Phaidon. Symposion. Phaidros. Übertragen von R. Rufener. Zürich 1958. München ²1975.

PLATONOV, A., In der schönen und grimmigen Welt. Ausgewählte Prosa in 2 Bdn. Berlin DDR 1969.

DERS., Die Epifaner Schleusen (1927), in: ders. 1969/I: 5–42.

PLEINES, J./WIGGER, A. (Hgg.), Sprachen aus Europa – sprachpolitische Folgen des Kolonialismus. Osnabrück 1984 (= OBST 25).

C. Plinius Caecilius Secundus, Epistolae. Ed. M. Schuster/R. Hanslik, ³1958.

POLIVANOV, E.D., Za marksistskoe jazykoznanie. M. 1931. [Für eine marxistische Sprachwissenschaft].

DERS., Die Phonetik in der Sprache der Gebildeten (1931), in: Girke/Jachnow 1975: 127–136.

DERS., Stat'i po obščemu jazykoznaniju. 2 Bde. Hg. von A.A. Leont'ev. M. 1968. [Aufsätze zur allgemeinen Sprachwissenschaft].

DERS., Selected works. Articles on general linguistics. Compiled by A.A. Leont'ev. Den Haag 1974.

POLJANEC, F., Istorija srpskohrvatskoslovenačkog književnog jezika. Zagreb 1936. [Geschichte der serbisch-kroatisch-slovenischen Literatursprache].

POSTMAN, N., Das Verschwinden der Kindheit. Ffm. 1983.

DERS., Wie man sich zu Tode vergnügt. Eröffnungsrede zur Buchmesse in Frankfurt/M. 1984, in: Frankfurter Rundschau Nr. 52 v. 2. 3. 1985: 10.

PRESSER, H., Das Buch vom Buch. Mit einer Übersetzung des Philobiblions von L. Mackensen und einer Bibliographie von H. Wegener. Bremen 1962.

PRUNNER, G., Die Schriften der nicht-chinesischen Völker Chinas, in: Studium Generale XX/ 1967, H. 8: 480–520.

PRÜMER, K., Daseinshumor eines alten Buchhändlers aus seinen Wandertagen. Dortmund 1920.

PULGRAM, E.. Phoneme and grapheme: a parallel, in: Word VII/1951, No. 1: 15–20.

DERS., Graphic and phonic systems: Figurae and signs, in: Word XXI/1965, No. 2: 208–224.

DERS., The typology of writing systems, in: Haas 1976: 1–28.

QUÉNIART, J., Alphabetisierung und Leseverhalten der Unterschichten in Frankreich im 18. Jahrhundert, in: Gumbrecht et al. 1981: 113–146.

(M. FABII) Quintiliani institutionis oratoriae libri XII. Hg. und übers. von H. Rahn. 2 Bde. Darmstadt 1972, 1975 (= Texte zur Forschung 2, 3).

RADER, M., Context in written language: the case of imaginative fiction, in: Tannen 1982: 185–198.

RADKE, G., Die Italischen Alphabete, in: Studium Generale XX/1967, H. 7: 401–431.

RAHNENFÜHRER, I., Zu den Prinzipien der Schreibung des Deutschen, in: Nerius/Scharnhorst 1980: 231–259.

RAIBLE, W.. Vom Text und seinen vielen Vätern oder: Hermeneutik als Korrelat der Schriftkultur, in: Assmann et al. 1983: 20–23.

REBER, A./SCARBOROUGH, D. (eds.), Toward a psychology of reading. Hillsdale, N.Y. 1977.

REFORMATSKIJ, A.A., Vvedenie v jazykovedenie. M. ⁴1967. [Einführung in die Sprachwissenschaft].

DERS., Iz istorii otečestvennoj fonologii. M. 1970. [Aus der Geschichte der vaterländischen Phonologie].

Reichsdruckerei (Hg.), Alphabete und Schriftzeichen des Morgen- und Abendlandes. Berlin 1924. 2. überarb. und erw. Aufl. zum allg. Gebrauch mit bes. Berücksichtigung des Buchgewerbes, Berlin(West)/Wiesbaden (Bundesdruckerei) 1969.

RIBEIRO, D., Der zivilisatorische Prozeß. Ffm. 1971.

RIEHME, J., Probleme und Methoden des Rechtschreibunterrichts. Berlin DDR 1964, ⁵1981.

ROBINSON, B./PETCHENIK, B., The nature of maps. Chicago 1976.

ROGERS, E.M./SHOEMAKER, F., Communication of innovations: a cross-cultural approach. N.Y. 1971.

RÖMER, R., Mit Mutter Sprache gegen die Nazis?, in: LB 14/1971: 68f.

RÓNAI, P., Der Kampf gegen Babel oder Das Abenteuer der Universalsprachen. München 1969.

ROSENFELD, B., Die Golemsage in der deutschen Literatur. Breslau 1934.

RÖSLER, W., Schriftkultur und Fiktionalität. Zum Funktionswandel der griechischen Literatur von Homer bis Aristoteles, in: Assmann et al. 1983: 109–122.

ROYEN, G., Nieuwe en oude spelling. Brussel 1934.

ROZIN, P./GLEITMAN, L., The structure and acquisition of reading II: The reading process and the acquisition of the alphabetic principle, in: Reber/Scarborough 1977: 55–141.

RUBIN, J. et al. (eds.), Language Planning Processes. Den Haag 1977.

DIES./JERNUDD, B. (eds.), Can language be planned? Honolulu 1971.

DIES./SHUY, R. (eds.), Language Planning. Current Issues and Research. Washington D.C. 1973.

RUDDELL, R.B., Psycholinguistic implications for a system of communication models, in: Goodman/Fleming 1969: 61–78.

RYAN, J., Analphabetentum – eine globale Herausforderung, in: Drecoll/Müller 1981: 13–18.

SAMPSON, R., Phonetik und Phonologie. Düsseldorf/Bern/München 1976.

SANDERSON, M., Literacy and social mobility in the industrial revolution in England, in: Past and present 56/1972: 75–103.

SANDØY, H., Språk og politikk. Oslo 1975. [Sprache und Politik].

SANFORD, A.J./GARROD, S.C., Understanding written language. Explorations in the comprehension beyond the sentence. Chicester 1981.

SAPIR, E., Language. An introduction to the study of speech. N.Y. 1921, London ³1971.

ŠAPIRO, A.B., Russkoe pravopisanie. M. 1961. [Russische Rechtschreibung].

SATTLER, .P./v. SELLE, G., Bibliographie zur Geschichte der Schrift bis in das Jahr 1930 (= Archiv für Bibliographie, Beiheft 17). Linz 1935.

SAUER, C., Sprachpolitik und NS-Herrschaft, in: Sprache und Literatur in Wissenschaft und Unterricht 51/1983: 80–99.

DE SAUSSURE, F., Grundfragen der allgemeinen Sprachwissenschaft (1916). Berlin (West) ²1967.

SCEATS, J., i.t.a. and the teaching of literacy. London/Sydney/Toronto 1967.

ŠČERBA, L.V., Osnovnye principy orfografii i ich social'noe značenie (1926), in: ders., Izbrannye raboty po russkomu jazyku. M. 1957: 45–49. [Die grundlegenden Prinzipien der Orthographie und ihre soziale Bedeutung].

DERS., Bezgramotnost' i eë pričiny, in: Voprosy pedagogiki, II. Izd. Gos. Inst. naučnoj pedagogiki. L. 1927: 82–87.

DERS., Teorija russkogo pis'ma (1942/1943), in: Jazykovaja sistema i rečevaja dejatel'nost'. L. 1974: 191–229. [Theorie der russischen Schrift].

SCHALLERT, D.L./KLEIMANN, G.M./RUBIN, A.D., Analysis of differences between oral and written language. Technical report no. 29 (Center for the Study of Writing). Urbana, Ill. 1977.

SCHANK, G./SCHOENTHAL, G., Gesprochene Sprache. Eine Einführung in Forschungsansätze und Analysemethoden. Tübingen ²1983.

SCHARNHORST J./ISING, E. (Hgg.), Grundlagen der Sprachkultur. Beiträge der Prager Linguistik zur Sprachtheorie und Sprachpflege. 2 Bde. Berlin DDR 1976, 1982.

SCHEERER, ECKART, In welchem Sinn beruht das Lesen auf dem Prinzip der Alphabetschrift? Eine Antwort auf die Thesen von H. Günther, in: Andresen/Giese 1983: 176–209.

SCHEERER-NEUMANN, G., Kognitionspsychologische Überlegungen zum Schreiben nach Diktat, in: Andresen/Giese 1983: 256–287.

SCHELESNIKER, H., Schriftsysteme bei den Slaven (= Innsbrucker sprachwissenschaftliche Vorträge, 4). Innsbruck 1972.

SCHENDA, R., Die Lesestoffe der kleinen Leute. München 1976.

DERS., Volk ohne Buch. Studien zur Geschichte der populären Lesestoffe 1770–1910. Ffm. 1970, Ffm./München ²1977.

SCHERER, W., Die deutsche Spracheinheit, in: ders., Vorträge und Aufsätze zur Geschichte des geistigen Lebens in Deutschland und Österreich. Berlin 1874: 45–70.

SCHLAEFER, M., Kommentierte Bibliographie zur deutschen Orthographietheorie und Orthographiegeschichte im 19. Jh. Heidelberg 1980.

SCHLEYER, J.M., Mittlere Grammátik der Universálspráche Volapük. Vom Erfinder derselben. Konstanz ⁹1888.

SCHLIEBEN-LANGE, B. (Hg.), Sprache und Literatur in der Französischen Revolution (= LiLi,
41). Göttingen 1981.

DIES., Für eine Geschichte von Schriftlichkeit und Mündlichkeit, in: LiLi 47/1982: 104–118.

DIES., Schriftlichkeit und Mündlichkeit in der französischen Revolution, in: Assmann et al.
1983: 194–211.

DIES., Tradition des Sprechens. Elemente einer pragmatischen Sprachgeschichtsschreibung.
Stuttgart 1983.

SCHLUTZ, E., Deutschunterricht in der Erwachsenenbildung. Grafenau/Württemberg 1976.

DERS., Normierte Kommunikation in der Erwachsenenbildung, in: OBST 2/1977: 97–117.

DERS., Alphabetisierung in Mitteleuropa, in: Volkshochschule im Westen 4/1980.

SCHMIDT, W., Bemerkungen zum Terminus »deutsche Nationalsprache«, in: Sprache – Nation
– Norm (Linguistische Studien Reihe A, Nr. 3), Berlin DDR 1973: 48–53.

SCHMIDT-ROHR, G., Mutter Sprache. Vom Amt der Sprache bei der Volkwerdung (= Schriften
der deutschen Akademie, 12). Jena ²1933.

DERS., Von der Notwendigkeit eines Geheimen politischen Sprachamts (1940), in: Simon 1979:
166–170.

DERS. (1940b), Sprache und Schrift, in: Muttersprache 55/1940: Sp. 117f.

DERS., Vorschläge zur Pflege und Nutzung geistig-seelischer Kraftmöglichkeiten für die Macht-
politik (1942), in: Simon 1979: 185–196.

SCHMITT, A., Die Schallgebärden der Sprache, in: Wörter und Sachen XVII/1936: 57–97.

DERS., Über den Begriff des Lautes, in: Archiv für vergleichende Phonetik 2/1938: 65–77,
161–176.

DERS., Die Alaska-Schrift, in: Studium Generale XX/1967, H. 9: 565–574.

DERS., Die Bamum-Schrift, in: Studium Generale XX/1967, H. 9: 594–604.

DERS., Entstehung und Entwicklung von Schriften. Ed. postuma von C. Haebler. Köln/Wien
1980.

SCHMITT, CH., Sprachengesetzgebung in Frankreich, in: OBST 5/1977: 104–117.

SCHNEIDER, W., Lexikon alchemistisch-pharmazeutischer Symbole. Weinheim 1962.

SCHNUR, H.C./KÖSSLING, R. (Hgg.), Galle und Honig. Fel et mel. Humanistenepigramme.
Lpz. 1982.

SCHOBER, H./RENTSCHLER, I., Das Bild als Schein der Wirklichkeit. Optische Täuschungen in
Wissenschaft und Kunst. München 1972.

SCHOENTHAL, G., Das Passiv in der deutschen Standardsprache. Darstellung in der neueren
Grammatiktheorie und Verwendung in Texten gesprochener Sprache. Phil. Diss. Freiburg
1973. München 1976.

SCHOFIELD, R.S., Messung der Literalität im vorindustriellen England (1968), in: Goody 1981:
451–471.

SCHOLEM, G., Zur Kabbala und ihrer Symbolik. Zürich 1960.

SCHOLZ, H.J., Handbuch der Alphabetisierung. Burbach-Holzhausen 1981 (= Praktische
Handbücher zur Sprachmethodik, 6).

SCHOLZ, M.G., Hören und Lesen. Studien zur primären Rezeption der Literatur im 12. und
13. Jh. Wiesbaden 1980.

SCHOTT, R., Das Geschichtsbewußtsein schriftloser Völker, in: Archiv für Begriffsgeschichte
XII/1968: 166–203.

SCHRÖPFER, J., Hussens Traktat »Orthographia Bohemica«. Die Herkunft des diakritischen
Systems in der Schreibung der slavischen Sprachen und die älteste zusammenhängende
Beschreibung slavischer Laute. (= Slavistische Studienbücher, IV). Wiesbaden 1968.

SCHUBART, W., Das Buch bei den Griechen und Römern. Berlin/Lpz. ²1921 (= Handbücher
der Staatl. Museen zu Berlin, 12).

SCHUCHARDT, H., Bericht über die auf Schaffung einer internationalen künstlichen Hilfsspra-
che gerichtete Bewegung (1904), in: Haupenthal 1976: 46–58.

SCHUPP, V., Deutsches Rätselbuch. Stuttgart 1972.

SCRAGG, D. G., A history of English spelling. Manchester/N.Y. 1974 (= Mont Follick Series, 3).

SCRIBNER, S./COLE, M., The psychology of literacy. Cambridge, Mass. 1981.

DIES., Unpackaging literacy, in: Whiteman 1981: 71–87.

SEBEOK, TH. (ed.), Portraits of linguists. 2 vols. Bloomington 1966, Westport, Conn. ²1976.

SETHE, K., Vom Bilde zum Buchstaben. Die Entstehungsgeschichte der Schrift (= Untersuchungen zur Geschichte und Altertumskunde Ägyptens, 12). Lpz. 1939. Reprint Hildesheim 1964.

SHACKLOCK, F. (ed.), World literacy manual. N.Y. 1967.

SHAW, G. B., Androcles and the lion. The Shaw alphabet Edition. Harmondsworth 1962.

SHEPHERD, W., Shepherd's glossary of graphic signs and symbols. London 1971.

SIEBENBORN, E., Die Lehre von der Sprachrichtigkeit und ihren Kriterien. Studien zur antiken normativen Grammatik (= Studien zur antiken Philosophie, 5). Amsterdam 1976.

SIGÁLAS, A., Istoría tēs Hellēnikēs grafēs. Thessalonikē 1934, ²1974.

SIMON, G. (Hg.), Sprachwissenschaft und politisches Engagement. Weinheim/Basel 1979.

DERS., Die sprachsoziologische Abteilung der SS. Uvo. Ms. Tübingen 1984.

SINGER, S., Die mittelhochdeutsche Schriftsprache (= Mitteilungen der Gesellschaft für deutsche Sprache in Zürich, Heft V). Zürich 1900.

SJOBERG, A. F., Writing, speech, and society: some changing interrelationships, in: Proceedings of the 9th Intern. Congress of Linguists. Den Haag 1964: 892–898.

DERS., Socio-cultural and linguistic factors in the development of writing systems for preliterate peoples, in: Bright, W. (ed.), Sociolinguistics. Den Haag/Paris 1966: 260–276.

SMALLEY, W. (ed.), Orthography studies: articles on new writing systems (= Helps for translators, 6). London 1964.

SMITH, F., Understanding reading: a psycholinguistic analysis of reading and learning to read. New York 1971.

DERS., Psycholinguistics and reading. New York 1973.

SOCHOR, E., Kritische Prüfung der berufsbezogenen Alphabetisierung, in: Gewerkschaftliche Bildungspolitik Nr. 1, 1976: 24–26.

SOCIN, A., Schriftsprache und Dialekte im Deutschen nach Zeugnissen alter und neuer Zeit. Heilbronn 1888.

SPEHR, H., Der Ursprung der isländischen Schrift und ihre Weiterentwicklung bis zur Mitte des 13. Jh. Halle a.S. 1929.

SPENGLER, O., Der Untergang des Abendlandes II: Welthistorische Perspektiven. München 1922.

STALIN, J. V., Marxismus und Fragen der Sprachwissenschaft. (1950/51). Hg. von H. P. Gente. München 1968.

STEBLIN-KAMENSKIJ, M. I., Vozmožno li planirovanie jazykovogo razvitija? (norvežskoe jazykovoe dviženie v tupike), in: VJa 1968, Nr. 3: 47–56. [Ist die Planung der Sprachenentwicklung möglich? (Die norwegische Sprachbewegung in der Sackgasse)].

STECHE, TH., Deutsche Sprache und deutsche Schrift, in: Die deutsche Schule 38/1934, Nr. 8: 373–378.

STEINBAUER, F., Melanesische Cargo-Kulte. Neureligiöse Heilsbewegungen in der Südsee. München 1971.

STEINBERG, D., Would an orthography based on Chomsky's and Halle's underlying representations be optimal?, in: Working papers in linguistics, U. of Hawaii, Nr. 3. Honolulu 1971: 1–18.

DERS., Phonology, reading, and Chomsky's and Halle's optimal orthography, in: Journal of Psycholinguistic Research 2/1973: 239–258.

STEINBERG, S. H., Five hundred years of printing. Bristol ²1961. Dt. Übers. u.d.T. ›Die schwarze Kunst. 500 Jahre Buchwesen.‹ München ²1961.

STEINBERG, H./TECKENTRUP, K. H. (Hgg.), Bibliographie Buch und Lesen, Gütersloh 1979.

STEINER, G., After the book?, in: Visible Language 6/1972: 197–210.

STEINTHAL, H., Die Entwicklung der Schrift. Berlin 1852.

STEMPEL, W.D. (Hg.), Texte der russischen Formalisten. Bd. II. Texte zur Theorie des Verses und der poetischen Sprache. München 1972.

DERS., Zur formalistischen Theorie der poetischen Sprache, in: ders. 1972: IX–LIII.

STEMPLINGER, E., Buchhandel im Altertum. München ²1933.

+STENGEL, H.G., Annasusanna. Ein Pendelbuch für Rechts- und Linksleser. Berlin DDR 1984.

STETSON, R.H., The phoneme and the grapheme, in: Mélanges de linguistique et de philologie offerts à Jacques van Ginneken. Paris 1937: 353–356.

STOCKWELL, R.S., Chaucerian graphemics and phonemics: a study in historical methodology. Charlottesville, Va., Phil. Diss. 1952.

DERS./BARRITT, C.W., Some Old English graphemic phonemic correspondences. Washington D.C. 1954.

STONE, L., Literacy and education in England 1640–1900, in: Past and Present 42/1969: 69–139.

DERS. (ed.), Schooling and society. Studies in the history of education. Baltimore/London 1976, ²1978.

STOTTS, D.S., Roads to literacy. Glasgow 1964.

STRECKER, B., Das Geschäft mit der Sprachkritik und die Verantwortung des Sprachwissenschaftlers, in: Geier, M./Woetzel, H., Das Subjekt des Diskurses (= AS 98). Berlin (West) 1983: 7–27.

STRUNK, K. (Hg.), Probleme der lateinischen Grammatik. Darmstadt 1973.

STUBBS, M., Language and literacy: the sociolinguistics of reading and writing. London 1980.

STUDER, E.J., Essai de réforme orthographique internationale en 40 langues. Paris 1902.

ŠVARCKOPF, B.S., Überblick über die Entwicklung der theoretischen Ansichten zur Norm in der sowjetischen Sprachwissenschaft (1970), in: Girke/Jachnow 1974: 175–200.

ŠVEJCER, A.D./NIKOL'SKIJ, L.B., Vvedenie v sociolingvistiku. M. 1978. [Einführung in die Soziolinguistik].

SZWED, J., The ethnography of literacy, in: Whiteman 1981: 13–23.

TAMBIAH, S.J., The magical power of words, in: Man 3/1968: 175–208.

TANNEN, D. (ed.), Spoken and written language. Exploring Orality and Literacy (= Advances in discourse analysis, IX). Norwood, N.J. 1982.

DIES. [1982b], The oral/literacy continuum in discourse, in: dies. 1982: 1–16.

+DIES. (ed.), Coherence in spoken and written English. London 1984 i.E.

TAULI, V., Introduction to a theory of language planning. Uppsala 1968.

TERRIEN DE LACOUPERIE, A., Beginning of writing in central and eastern Asia. London 1894. Reprint Osnabrück 1965.

Thesen des Prager Linguistenkreises zum I. Internationalen Slawistenkongreß (1929), in: Scharnhorst/Ising 1976: 43–73.

THIERFELDER, F., Die volkspolitische Bedeutung der Schriftpflege, in: Schrift und Schreiben 5/1933–34: 14–17.

DERS., Deutsch als Weltsprache. Bd. 1. Die Grundlagen der deutschen Sprachgeltung in Europa. Berlin 1938.

DERS., Vorschläge zur Schreibung fremder Eigennamen und Bezeichnungen im Deutschen (Gutachten für den Bund für Deutsche Schrift), in: Die Deutsche Schrift 17/1940: 10–14.

DERS., Sprachpolitik und Rundfunk (Schriften des Instituts für Rundfunkwissenschaft an der Univ. Freiburg/Brsg., 1). Berlin 1941.

DERS./v. LOERSCH, C., Die volkspolitische Bedeutung der Schriftfrage. Gemeinsamer Bericht über das Ergebnis von Rundfragen der Deutschen Akademie und des Deutschen Schutzbundes, in: Mitteilungen der Akademie zur wiss. Erforschung und zur Pflege des Deutschtums/Deutsche Akademie, Nr. 16. München 1927: 681–704.

THOMSON, R.M., Language planning in frontier America: the case of the Deseret alphabet, in: Language Problems and Language Planning 6, No. 1/1982: 46–62.

THÜMMEL, W., Kann man Sprachen zählen? Anmerkungen zu den Werken von H. Haarmann, in: OBST 4/1977: 36–60.

TITZE, H., Die Politisierung der Erziehung. Ffm. 1973.

TOPOROV, V. N., Materialy dlja distribucii grafem v pis'mennoj forme russkogo jazyka, in: Strukturnaja tipologija jazykov (red. V. V. Ivanov). M. 1966: 65–145 [Materialien zur Distribution der Grapheme in der geschriebenen Form der russischen Sprache].

TRAGER, G. L., Writing and writing systems, in: CTL 12/I, 1974: 373–496.

TRAUBE, L., Nomina Sacra. Versuch einer Geschichte der christlichen Kürzung (= Quellen und Untersuchungen zur lateinischen Philologie des Mittelalters, II.) München 1907.

TRUBECKOJ, N. S., Das Münchner slavische Abecedarium, in: Byzantoslavica II/1930: 29–31.

DERS. [1931a] Die Konsonantensysteme der ostkaukasischen Sprachen, in: Caucasica, fasc. 8, Lpz. 1931: 1–52.

DERS. [1931b] Phonologie und Sprachgeographie, in TCLP 4/1931: 228–234, wiederabgedruckt in: Heike 1974: 116–121.

DERS. [1932a] Charakter und Methode der systematischen phonologischen Darstellung einer gegebenen Sprache, in: Proceedings of the 1st Intern. Congress of Phonetic Sciences, Amsterdam 1932: 18–22, wiederabgedruckt in Hamp et al. 1966: 33–37 und in: Heike 1974: 40–44.

DERS. [1932b] Das mordwinische phonologische System verglichen mit dem Russischen, in: Charisteria V. Mathesio oblata, Praha 1932: 21–24, wiederabgedruckt in Hamp et al. 1966: 38–41.

DERS., Les systèmes phonologiques envisagés en eux-mêmes et dans leurs rapports avec la structure générale de la langue, in: Actes du 2ème Congrès Intern. de linguistes, Genève 1931. Paris 1933: 109–113, 120–125.

DERS., Anleitung zu phonologischen Beschreibungen. (1935). Göttingen ²1958.

DERS. [1935b] Psaní, in: Slovo a slovesnost 1/1935: 133 [Geschriebenes].

DERS., Über eine neue Kritik des Phonembegriffs, in: Archiv für vergleichende Phonetik 1/1937: 129–153.

DERS., Die phonologischen Grundlagen der sog. »Quantität« in den verschiedenen Sprachen, in: Scritti in onore di A. Trombetti, Milano 1938: 155–174.

DERS., Grundzüge der Phonologie (= TCLP, 7). Praha 1939. Reprint Nendeln 1968.

DERS., Altkirchenslavische Grammatik. Schrift-, Laut- und Formensystem. Hg. von R. Jagoditsch. Wien 1954. Reprint Köln 1968.

UBRJATOVA, E. I., Nekotorye voprosy grafiki i orfografii pis'mennostej jazykov narodov SSSR, pol'zujuščichsja alfavitami na russkoj osnove. M. 1959. [Einige Fragen der Graphie und der Orthographie der Schriftsysteme der Sprachen der Völker der UdSSR, die Alphabete benutzen, welche das russische Alphabet zur Grundlage haben].

UHLIG, G. et al. (Hgg.), Grammatici Graeci. Lpz. 1867–1910. Reprint der Bde. I, I–IV, II. Hildesheim 1965.

ULDALL, H. J., Speech and writing, in: Acta Linguistica 4/1944: 11–16, wiederabgedruckt in Hamp et al. 1966: 147–151.

ULLMAN, B. L., Ancient writing and its influence, N. Y. 1932, Reprint Cambridge, Mass. 1969.

DERS., The origin and development of Humanistic script. (= Storia e letteratura. Raccolti di studi e testi, 79). Roma 1960.

UNESCO, Die Kunst der Schrift. UNESCO-Ausstellung in 50 Tafeln. Baden-Baden 1964.

UNESCO/UNDP, The experimental world literacy programme: a critical assessment. Paris 1976.

UPDIKE, D. B., Printing Types: their history, forms, and use. Cambridge, Mass. ²1951

VACHEK, J., Zum Problem der geschriebenen Sprache, in: TCLP VIII/1939; 94–104. Wiederabgedruckt in: Vachek 1964: 441–452 und in: Scharnhorst/Ising 1976: 229–239.

DERS., Písmo a transkripce ve světle strukturálního jezykopytu, in: Časopis pro moderní filologii XXVIII/1942: 403–415. [Schrift und Transkription im Lichte der strukturalen Sprachwissenschaft].

DERS. [1948a], Written language and printed language, in: Recueil linguistique de Bratislava I/ 1948: 67–75, wiederabgedruckt in: ders. 1964: 453–460.

DERS. [1948b], K teorii jazyka tisteného, in: Pocta F. Trávníckovi a F. Wollmanovi, Brno 1948: 423–429. [Zur Theorie der gedruckten Sprache].

DERS., On the linguistic status of written utterances, in: Omaggi lui Alexandru Rosetti la 70 de ani. Bukureşti 1965: 959–963.

DERS., Some remarks on writing and phonetic transcription, in: Acta Linguistica 5, 1945–1949: 86–93, wiederabgedruckt in Hamp et al. 1966: 152–157.

DERS. (ed.), A Prague School reader in linguistics. Bloomington, Ind. 1964.

DERS. [1964b], Zu allgemeinen Fragen der Rechtschreibung und der geschriebenen Norm der Sprache. 1964. In: Beneš/Vachek 1971: 102–122.

DERS., Written language. General problems and problems of English. Den Haag 1973.

DERS., English orthography. A functionalist approach, in: Haas 1982a: 37–56.

(VARRO) M. Terentii Varronis de lingua latina quae supersunt. Accedunt grammaticorum Varronis librorum fragmenta. Ed. G. Goetz et F. Schoell. Lpz. 1910. Reprint Amsterdam 1964.

VEITH, W.H., Vorüberlegungen zu einer grapheologischen Theorie, in: ders./Beermans, F. (Hgg.), Materialien zur Rechtschreibung und ihrer Reform (= ZDL, Beiheft 10). Wiesbaden 1973: 1–13.

VENEZKY, R.L., The structure of English Orthography. Den Haag 1970.

DERS., Theoretical and experimental base for teaching reading. Den Haag 1976.

DERS., Principles for the design of practical writing systems, in: Fishman 1977: 37–54.

VIKØR, L.S., The New Norse language movement. Oslo 1975.

VINOKUR, G.O., Orfografija kak problema istorii jazyka (1945), in: ders., Izbrannye raboty po russkom jazyku. M. 1959:. 463–467. [Die Orthographie als Problem der Sprachgeschichte].

VITALE, M., La questione della lingua. Palermo 1960.

VOEGELIN, C.F./VOEGELIN, F.M., Typological classification of systems with included, excluded and self-sufficient alphabets, in: Anthropological Linguistics 3/1961: 55–96.

VOLOCKAJA, Z.M./MOLOŠNAJA, T.N./NIKOLAEVA, T.M., Opyt opisanija russkogo jazyka v ego pis'mennoj forme. M. 1964 [Versuch einer Beschreibung der russischen Sprache in ihrer geschriebenen Form].

VOLOŠINOV, V.N., Marxismus und Sprachphilosophie (1930). Ffm. 1975.

VOSSEN, C., Latein – Muttersprache Europas. Düsseldorf 1978, ⁴1980.

VYGOTSKIJ (WYGOTSKI), L.S., Denken und Sprechen. (1934). Ffm. 1974.

WACKERNAGEL-JOLLES, B. (Hg.), Aspekte der gesprochenen Sprache. Deskriptions- und Quantifizierungsprobleme (= Göppinger Arbeiten zur Germanistik, 92). Göppingen 1973.

WADE-GERY, H.T., The poet of the Iliad. Cambridge 1952.

WALLER, T.G./MACKINNON, G.E. (eds.), Reading research: advances in theory and practice, vol. I. N.Y. 1979.

WARDHAUGH, R., Reading: a linguistic perspective. N.Y. 1969.

WEHLER, H.U. (Hg.), Geschichte und Ökonomie. Köln 1973.

DERS. (Hg.), Geschichte und Soziologie. Köln 1976.

WEIGL, E., Zur Schriftsprache und ihrem Erwerb – neuropsychologische und psycholinguistische Betrachtungen, in: Eichler/Hofer 1974: 94–173.

DERS., Lehren aus der Schriftgeschichte für den Erwerb der Schriftsprache, in: OBST 11/1979: 10–25.

DERS./BIERWISCH, M., Neuropsychologie und Linguistik. Themen gemeinsamer Untersuchungen, in: Eichler/Hofer 1974: 437–457.

WEINREICH, M., Der eynheytlicher yidisher oysleyg: materyaln un proyektn tsu der ortografisher konferents fun yivo (Y.I.V.O.). Vilne 1930.

DERS., History of the Yiddish language. Translated by S. Noble with the assistance of J.A. Fishman. Chicago/London 1980 (Geshikhte fur der yidisher shprakh. N.Y. 1973).

WEIR, R./VENEZKY, R., English orthography – more reason than rhyme, in: Goodman 1968: 18–32.

WEIS, H., Bella bulla. Lateinische Sprachspielereien. Bonn ³1960.

WEISGERBER, L., Die Entdeckung der Grammatik im europäischen Denken. Lüneburg 1948.

DERS., Die geschichtliche Kraft der deutschen Sprache. (Von den Kräften der deutschen Sprache. Bd. IV). Düsseldorf 1950.

DERS., Die Verantwortung für die Schrift. Mannheim 1964.

WELCKER, F.G., Das Alphabetbuch des Kallias in Form einer Tragödie, in: Rhein. Museum 1/ 1833 und in: ders., Kleine Schriften zur griechischen Literaturgeschichte. Bonn 1844: 371–394.

WELMERS, W.E., Christian Missions and Language Policies in Africa, in: Fishman 1974: 191–203.

WENZEL, F., Sicherung von Massenloyalität und Qualifikation der Arbeitskraft als Aufgabe der Volksschule, in: Hartmann, K. et al. (Hgg.), Schule und Staat im 18. und 19. Jh. Ffm. 1974: 323–386.

WERLEN, I., Ritual und Sprache. Zum Verhältnis von Sprechen und Handeln in Ritualen. Tübingen 1983.

WEULE, K. Vom Kerbstock zum Alphabet. Stuttgart 1921.

WHITE, J.K., On the revival of printing in the Cherokee language, in: Current Anthropology 3/ 1962: 511–514.

WHITEMAN, M.F. (ed.), Variation in writing. Functional and linguistic-cultural differences. Hillsdale, N.J. 1981.

WIEGAND, W., Über Schrift und Sprache, in: Mitteilungen der Akademie zur wiss. Erforschung des Deutschtums und zur Pflege des Auslandsdeutschtums/Deutsche Akademie, Nr. 16, München 1927: 601–609.

WIEMER, R.O. (Hg.), bundes deutsch. Lyrik zur sache grammatik. Wuppertal 1974.

WIGGEN, G., Ny malstrid. Ei samling artikler og innlegg om språk, samfunn og ideologi. Oslo 1973, ²1974. [Neuer Sprachenstreit. Ein Sammlung von Artikeln und Beiträgen über Sprache, Gesellschaft und Ideologie].

WIGGER, A., Kritische Gedanken zum phonematischen Prinzip in Theorie und Praxis der Verschriftung. Vortrag in der Sektion »Sprachplanung und Alphabetisierung« der IV. Jahrestagung der Deutschen Gesellschaft für Sprachwissenschaft in Köln, 1982. Uvo. Ms. Wuppertal 1982.

WILLS, F.H., Bildmarken, Wortmarken. Düsseldorf/Wien 1968.

WIMMER, W., Die Sklaven. Herr und Knecht – eine Sozialgeschichte mit Gegenwart. Reinbek 1979.

WINNER, T.G., Problems of alphabetic reform among the Turkic peoples of Soviet Central Asia, in: Soviet and East European Journal 31/1952: 133–147.

⁺WITTMANN, R., Buchmarkt und Lektüre in Deutschland 1750–1880. Beiträge zum literarischen Leben des 18. und 19. Jahrhunderts. Tübingen 1983 i.E.

v. WOLZOGEN, H., Über Sprache und Schrift. Gesammelte Beiträge zur Ethnologie, Sprachwissenschaft, Stilistik und Orthographie (= Kleine Schriften, I). Lpz. 1886.

WONDERLY, W./NIDA, E., Linguistics and Christian missions, in: Anthropological Linguistics 5,1, 1963: 104–144.

WUNDERLICH, D., Grundlagen der Linguistik. Reinbek 1974.

WURZEL, W.U., Studien zur deutschen Lautstruktur. Berlin DDR 1970 (Studia Grammatica, VIII).

DERS., Grammatik und Nationalsprache, In: LS AdW, Reihe A, Nr. 19, 1975: 138–168.

WURZEL, W.U., Zur Dialektik im Sprachsystem. Widerspruch – Motiviertheit – Sprachveränderung, in: Deutsch als Fremdsprache XXI/4, Lpz. 1984: 202–211.

WUSTMANN, G., Allerhand Sprachdummheiten. Lpz. 1891, Berlin ¹⁴1966.

YATES, F., The art of memory. London 1966.

YOUTIE, H.C., Pétaus, fils de Pétaus, ou le scribe qui ne savait pas écrire, in: Chronique d'Egypte XLI/1966: 127–143.

DERS., Ἀγράμματος: an aspect of Greek society in Egypt, in: Harvard Studies in Classical Philology LXXV/1971: 161–176.

DERS., Βραδέως γράφων between literacy and illiteracy, in: Greek, Roman, and Byzantine Studies XII/1971: 239–261.

DERS., Ὑπογραφεύς. The social impact of illiteracy in Graeco-Roman Egypt, in: Zeitschrift für Papyrologie und Epigraphik XVII/1975: 202–211.

ZAJĄCZKOWSKI, A., Die karaimische Literatur, in: Philologiae Turcicae Fundamenta, vol. 2. Wiesbaden 1964: 793–801.

ZAPF, H., Zur Stilgeschichte der Druckschriften, in: Imprimatur X/1950–1951: 83–108.

ZAVALANI, T.S./PISER, M.K., Jet Era Glyphs: a utilitarian graphic sign language: concept. development and usage, in: Information Design Journal 3(2), 1982: 151–156.

ZELLER, O., Der Ursprung der Buchstabenschrift und das Runenalphabet. Osnabrück 1977.

ZETKIN, C., Erinnerungen an Lenin. Wien/Berlin 1929, ²1961.

ZINDER, L.R., Fonologija i fonetika, in: Teoretičeskie problemy sovetskoj jazykoznanija. M. 1968: 193–231. (Phonologie und Phonetik]

ZINTZEN, C., Zauberei (mageia), Zauberer (magos), in: Der Kleine Pauly Bd. V, München 1979: 1460–1472.

ŽIRMUNSKIJ, V.M., Problema social'noj differenciacii jazykov, in: Filin, V.P. (red.), Jazyk i obščestvo. M. 1968: 22–38. [Das Problem der sozialen Differenzierung der Sprachen].

⁺ZITOMIRSKIJ, K.G., Moloch XX. veka (orfografija). M. 1915. [Der Moloch des 20. Jahrhunderts (Die Orthographie)].

Printed in the United States
By Bookmasters